D1722422

Reiner Maldener

Schlaglichter der Chemiegeschichte

Reiner Maldener

Schlaglichter der Chemiegeschichte

Mit zahlreichen Abbildungen
und einem ausführlichen
Personen- und Sachwortverzeichnis

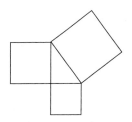

Verlag Harri Deutsch
Thun und Frankfurt am Main

Reiner Maldener lehrt seit 1971 das Fach Chemie an Real- und Gesamt-schulen des Saarlandes. Er ist Autor des ebenfalls im Verlag Harri Deutsch erschienenen Titels „Malles Chemiebuch".

Die Deutsche Bibliothek · CIP-Einheitsaufnahme

Maldener, Reiner:
Schlaglichter der Chemiegeschichte : mit einem
ausführlichen Personen- und Sachwortverzeichnis /
Reiner Maldener. - Thun ; Frankfurt am Main :
Deutsch, 1998
    ISBN 3-8171-1538-5

ISBN 3-8171-1538-5

1. Auflage 1998
© Verlag Harri Deutsch, Thun und Frankfurt am Main, 1998
Druck: Freiburger Graphische Betriebe, Freiburg
Printed in Germany

Inhaltsverzeichnis

Vorwort.. VII

Döbereiner Feuerzeug 1
Davys Glühlampe 10
Explosion im Kugeltrichter 16
Lötrohr und Bunsenscher Brenner 26
Knallgasgebläse und Acetylenbrenner 42
Auer-Licht und elektrische Glühlampe 58
Voltas elektrische Pistole 66
Knallgaseudiometer 72
Silberspiegel und Dianenbäume 83
Diamentenfeuer und Bleyweißstift 102
Pottasche, Soda und Alkalien 123
Animalische Elektrizität und Voltas Säule 148
Davys Basen der Alkali 172
Daguerreotypie und Magnesiumblitz 198
Feuerwerk zu Schimpf, Ernst und Lust 225
Dinten, Tuschen und Wetterbilder 270
Brennender Berg und Blaufabrik 299

Literatur 346
Lebensdaten 361
Register 365

Vorwort

Wäre es nicht toll, wenn Wolfgang v. *Goethe* noch unter uns weilte, interessierten ihn doch *"die persönlichen Bedürfnisse der Chemielehrer"*. Ein heute leider ausgestorbenes Phänomen. *"Er sorgt für den Wohnungsausbau und für die Gehaltsaufbesserung Döbereiners, er verhilft zu materiellen Unterstützungen für wissenschaftliche Versuche usw."* So schreibt Paul *Walden* in seinem Band *"Goethe als Chemiker und Techniker"* im Jahre 1943.

C. *Vogt* fügt hinzu: *"Goethe war ein Phänomen in der geistigen Verwandlungsfähigkeit. Noch heute erleben wir es leider oft genug, daß Vertreter der Geisteswissenschaften eine Art Privileg zu beanspruchen glauben, um von den Naturwissenschaften möglichst wenig, von den technischen aber gar nichts zu wissen und zu verstehen: diese sind die Domäne von minder hervorragenden Menschen. Nannte nicht ein Schopenhauer spöttisch die Chemiker "die Herren von Tiegel und der Retorte"? Wurde nicht die Definition verbreitet: "Chemie ist, was stinkt und knallt"? Oder war es nicht noch zu Bunsens Zeiten, daß in der Philosophischen Fakultät von den Chemikern als von den "Mistfahrern und Apothekern" gesprochen wurde? Oder nannte man nicht in Gießen die Chemiker unter Liebigs Leitung die "Barbaren-Kohorte"?*

Genug der Häme. Zurück in die Zukunft! Ständig muß sich die Chemie mit ihrem miserablen Image herumschlagen. Die Schüler haben jeden nur erdenklichen "Minderbock" auf Chemie, die Eltern klagen lauthals, daß ihre "lieben Kleinen" sich mit unverständlichem Lehrstoff herumplagen müßten und schimpfen gegen Lehrpläne und über Lehrer, die versuchten, ihren armen Kindern schon in der 8. Klasse den Hochschulstoff der ersten Semester mithilfe eines "Nürnberger Trichters" ins ach so arg strapazierte Gedankenfach zu drücken.

Dennoch. Ich wage zu behaupten: Chemie ist anders! Es hilft wenig, Chemie zu verdammen! Besser ist, wenn wir versuchen, sie zu verstehen! Leider ist das, was der *"Gebildete von der Chemie wissen sollte"* auf einem historischen Tiefststand, wenn auch tagtäglich die Chemie verteufelt wird. Quacksalber und Jahrmarktschreier haben heute dank ständiger Werbeberieselung Hochkonjunktur. Gerade den Gegnern der Chemie – ein noch unerforschtes chemisches Paradoxon ?! – werden tagtäglich Billigchemikalien, gefährliche Substanzen unter Fantasianamen, gesundheitsruinierende Medikamente aufgeschwatzt und ihnen vorgegaukelt, daß Dummheit glücklich macht.

Chemie wird schon seit Jahrhunderten an deutschen Universitäten gelesen. Johann *Beckmann* schreibt 1785 in seinem *"Grundriß zu Vorlesungen über die Naturlehre"*: *" Sie lehrt ... unsere Gesundheit zu erhalten, Körper zu unserm Nutzen und unserer Bequemlichkeit anzuwenden, Gefährlichkeiten auszuweichen, schimpfliche Verwunderung, einfältigen und schädlichen Aberglauben, unbegründete thörichte Furcht, lächerliche Fabeln und Irrthümer vermeiden."* Daniel *Richter* fügt in seiner *"faßlichen Naturlehre"* hinzu: *"Eine Erkenntnis vom Wasser, Feuer, Luft, Regen, Schnee, Reif, Thau, Pflanzen und Thieren, können einen künftigen Kauf- und Handelsmann, Künstler und Handwerker, ja auch den Land- und Haußwirthen mehr nützen, als viel hundert lateinische Wörter, die er in der Schule gelernet hatte ... Anbey kann die Erkenntniß natürlicher Dinge bey der Jugend nichts anders als Lust und Vergnügen erwecken; und es müßten Kinder und Jünglinge seyn,* denen die Natur selbst kein natürliches Gefühl gegeben hätte, wenn ihnen ein faßlicher Vortrag in der Naturlehre trocken und unschmackhaft erscheinen sollte, sonderlich, wenn der Lehrer dann und wann etwas durch Versuche bestätigen kann."

Das Experiment wird schon im 18. Jahrhundert gefordert. C.P. *Erxleben* schreibt 1777 in seiner *Naturlehre*: "Die ganze Naturlehre gründet sich auf Erfahrungen, die wir vermittelst der Werkzeuge unserer Sinne über die Körper machen.... Die Versuche lehren uns öfters Eigenschaften der Körper, die wir aus blossen Erfahrungen nicht würden kennengelernt haben." Dennoch bedarf es keines großen Aufwandes, um in die Gesetze der Natur einzudringen: "In Darlegungen der Chemie braucht man sich nicht mit verwickelten Instrumenten einzulassen ... In den Lehranstalten, wo dergleichen Versuche angestellt wurden, gingen die Zöglinge mit Eifer auf die vorgeschriebenen Übungen ein... Die Vereinigung eines gewissen Betrages praktischer Ausübung mit der Theorie ist stets für die Erreichung dieser Zwecke von großer Wichtigkeit ..."

Schon im Jahre 1910 wird über mangelhafte Lehrmittel an den Schulen geklagt. Besonders fehlt es an geeigneten Lehrkräften. Wurden früher Theologen, Philologen, ausgediente Offiziere und ruheständlerische Apotheker mit dem Unterricht der Chemie betraut, sollen heute häufig Biologen und Physiker den Chemieunterricht der Schüler bestreiten. Dennoch sind wir noch nicht soweit (oder doch bald wieder??) wie weiland 1815, als der frisch gegründete "polytechnische Verein" forderte, in den Laboratorien der Apotheken an Sonntagen chemische Versuche anzustellen.

Wer *eine* Naturwissenschaft studiert hat, beherrscht *alle*! Wer Englisch studiert hat, kann auch Latein!? Wird durch solche Auffassung der erforderlich hohe Qualitätsstandard an Schulen gewährleistet? Verflachen da nicht Anforderungen und Niveau? Es ist zwar klar, daß die Phänomene der Natur von vielen Wissenschaften her gleichzeitig untersucht werden müssen, aber ist es nicht erforderlich, zunächst tiefe Kenntnisse der Einzelwissenschaften zu erwerben, bevor diese "integrativ" gesehen werden können? Es ist zwar richtig, daß das Kind sein Wissen zunächst in "Schubladen" ablegt. Die Inhalte der Schubladen werden aber erfahrungsgemäß mit dem Zuwachs an Bildung miteinander verknüpft. Größere Schwierigkeiten entwickeln da Pädagogen, die nur für ein Fach kompetent ausgebildet sind und den Rest auf dem Niveau ihrer mittleren Reife an die Schüler herantragen. Wie soll da eine optimale Bildung in den Naturwissenschaften zum Wohle der Schüler stattfinden?

Wenn auch sogenannter "integrativer Unterricht" nicht in die Denk- und Arbeitsweisen der Fachwissenschaft Chemie einführen kann, ist es dennoch sinnvoll, den Schülern an Projekten die Verknüpfung der Naturwissenschaften aufzuzeigen. Auf einem schon gewachsenen, begrifflich fundierten Wissensgebäude kann ein fachübergreifender Projektunterricht mit "der jeweiligen Klassenstufe und dem Unterrichtsstoff angemessenen Methoden" durchaus fruchtbringend sein. Die Selbständigkeit der Schüler wird gefördert, die Denkstukturen der Chemie werden vertieft. Wissen wird miteinander verbunden, die Lust am Entdecken gefördert.

Warum dies nicht alles durch ein historisches, chemisches Experiment? Experimente haben in der Geschichte der Chemie einen hervorragenden Stellenwert. Sie haben Zugang zu neuen Teilgebieten der Chemie verschafft, wichtige Fragen beantwortet, kurz, die Chemie vorwärts gebracht. Selbstverständlich können wir die geschichtlichen Bedingungen nicht herbeizaubern. Aber wir können sie verdeutlichen. "Durch Aufzeigen der Zusammenhänge zwischen Naturwissenschaften und der Geschichte der allgemeinen Kultur werden die Naturwissenschaften in ihrer kulturwissenschaftlichen Bedeutung zum Verständnis gebracht" heißt es in einem Rahmenlehrplan dieses Jahrhunderts.

Welche Vorteile bringt das historische Experiment? Das historische Experiment ist einfach. Der Forscher der Vergangenheit hatte nicht die Mittel der Neuzeit. Einfachheit bringt besseres Verständnis. "In der Wissenschaft besitzt jeder so viel, wie er wirklich erkennt und erfaßt" sagt John *Locke* über den menschlichen Verstand. Je einfacher die Mittel, um so evidenter das Experiment. Das historische Experiment ist nicht überfrachtet, der Schüler kann es leicht durchschauen. Und dennoch ist das Interesse erfahrungsgemäß hoch. Die Materialien sind leicht zu beschaffen, manches kann selbst hergestellt werden. Besonders günstig ist es, wenn das historische Experiment in den aktuellen Geschichts- oder Kunstunterricht eingebettet ist. Es erscheint dann nicht aufgepfropft oder -gezwungen, es ergibt sich gerade so. Besonders anregend auf Schüler wirkt ein historischer Text. Er versetzt den Schüler in die Umstände der damaligen Zeit und erzeugt ein förderndes Spannungselement. Der Schüler verwandelt sich: Er selbst wird zu *Lavoisier* oder zu einem *Entdecker* der chemischen Elemente. Neben den Lustgewinn tritt die ungeheuer wichtige Bestätigung, selbst etwas herausgefunden zu haben, was anno dazumal nur den Besten eines Volkes zuteil wurde.

Zur Freude am Entdecken, zum Graben in der Geschichte, zum Lernen am Experiment, zum Staunen über die Phänomene sollen die vorliegenden "Schlaglichter" jeden Freund der Chemie anregen. Die Versuche des Werkes wurden auf alle erdenklichen Schwierigkeiten hin abgeklopft. Die vielfältigen Hinweise - insbesondere zur Sicherheit - werden dies bestätigen. Dennoch entfaltet jedes chemische Experiment - vom Publikum mit Spannung erwartet und kritisch beäugt - sein Eigenleben. Daher sollte man es nicht versäumen, *"selbst die allereinfachsten Versuche vor der Vorlesung zu probiren. Man hat oft einen wahren Teufelsspuk mit den ungewohnten Geräthen im neu übernommenen Laboratorium ..."* Gut durchdachte, gekonnt präsentierte Experimente erläutern nach Otto *Krätz "nicht nur einen wissenschaftlichen Sachverhalt, sondern sie werben auch schlechthin für die Wissenschaft selbst."* Dennoch ist trotz intensiver Vorbereitung und bester Übung äußerste Vorsicht angebracht, damit es nicht - wie bei *Flaubert* geschildert - heißt: *"Plötzlich zersprang mit dem Knall einer Granate die Retorte in tausend Stücke, die bis unter die Decke flogen, die Töpfe zerschlugen, die Schaumlöffel platt drückten, die Gläser zertrümmerten ..."* So mancher Experimentator wurde von seinem eigenen Experiment überwältigt. So ereilte es sogar den großen Humphrey *Davy*, der im Jahre 1812 seinem Bruder anläßlich seiner Experimente mit Chlorstickstoff berichten mußte: *"Es ist schon gefährlich, mit einem Kügelchen, das größer ist als eine Stecknadel, zu experimentieren. Ich bin durch ein nicht viel größeres Stück sehr bedeutend verwundet worden. Die Sehkraft wird, wie man mir versichert, nicht darunter leiden. Jetzt ist sie aber sehr schwach. Ich kann nicht gut sehen, um Dir mehr zu schreiben."*

Zum Schluß noch ein Wort des Dankes an alle, die an diesem Werk mitgewirkt haben. An meine Schüler, die durch ihre Fragen und ihre Mitarbeit mir "auf die Sprünge" geholfen haben. An die Bibliothekare der Universität des Saarlandes, der Stadtbücherei Sulzbach (hier insbesondere sei Dank gesagt Herrn Degen) und des Archivs der Stadtbücherei Saarbrücken, die mir manch wertvollen Tip gegeben haben. Aufrichtigen Dank auch an Herrn Dr. Staerck in Sulzbach, der mir liebenswerterweise das Archiv der Stadt Sulzbach geöffnet hat. Ich möchte auch meinem Schwager, Dr. Andreas Roßberg sehr herzlich danken, der mich in vielen Fragen meines Werkes freundlich unterstützt hat. Eine große Hilfe war auch Herr Professor Otto Krätz, den ich anläßlich eines Aufenthaltes als "Kollegiat" im Deutschen Museum kennenlernen durfte und der mir durch seine offenherzigen und erfrischenden Auslassungen über seine Werke und seine Autorentätigkeit den richtigen Weg zeigte. Ich möchte mich auch bei Frau Jann bedanken, welche in der Fotostelle der Universitätsbibliothek Saarbrücken, die vielen Zeichnungen und Bilder abgelichtet hat. Auch dem Verlag Harri Deutsch sei für seine freundliche Unterstützung gedankt. Besonderer Dank gebührt meiner lieben Ehefrau Constance, die mich trotz Streß und Arbeit "am Buch" immer wieder aufgemuntert und "bei Laune" gehalten hat.

Anno 1997

R. Maldener

Döbereiner-Feuerzeug

Im Altertum war es für den Menschen schwierig, Feuer zu entfachen. Er erzeugte Feuer durch Reiben von Hartholzstäbchen in weichem Holz (Feuerquirl). Eine andere Möglichkeit war, Feuerstein gegen Eisenkies (Pyrit, Markasit, FeS_2) zu schlagen und den Funken auf leichtentzündliches Material, z.B. Zunder (getrockneter Zunderpilz) zu lenken. 1812 erfand *Chancel* in Paris ein *Tunkfeuerzeug*. Es bestand aus einem Holzstäbchen, dessen Ende einen Schwefelkopf trug, der mit Kaliumchlorat und Zucker überzogen war. Dieses Zündholz wurde in konz. Schwefelsäure "getunkt". Die konz. Schwefelsäure setzte durch Verdrängungsreaktion aus Kaliumchlorat ($KClO_3$) die Chlorsäure ($HClO_3$), ein starkes Oxidationsmittel, frei, die Zucker, Schwefel und Holz entzündete. Dabei verspritzte leicht Schwefelsäure, was immer wieder zu Unfällen führte.

Die Entwicklung des Feuerzeugs wurde von Johann Wolfgang *Döbereiner* (1780 - 1849) weitergeführt. Döbereiner stieg vom arbeitslosen Apotheker auf Anraten Johann Wolfgang *von Goethes* zum Professor der Chemie in Jena auf und beschäftigte sich im Auftrag des sächsischen Großherzogs mit der Wirkung des Platins auf Flüssigkeiten und Gase. Döbereiner wußte von Wasserzersetzungsexperimenten *Lavoisiers* (1743 - 1794), daß sich Wasser aus den Gasen Wasserstoff und Sauerstoff zusammensetzte und sich auch aus diesen Gasen synthetisch herstellen ließ. Wasserstoff war schon 1766 von *Cavendish* (1731 - 1810) und Sauerstoff 1774 von *Priestley* (1733 - 1804) entdeckt worden. Döbereiner benutzte zu seinen Experimenten *Platinmohr* (Platinschwarz), das er durch Kochen einer alkoholischen Platinsulfatlösung gewann. Außerdem stellte Döbereiner durch schwaches Glühen aus zitronengelbem Platinsalmiak (Ammoniumchloroplatinat, $H_4[PtCl_6]$) *Platinschwamm* her. Platinschwamm ist eine grauweiße, poröse, Masse, die sich aus feinstverteiltem und damit hochwirksamem Platin zusammensetzt. Das schon damals sehr teure Platinmetall ließ ihm die Großherzogin von Sachsen (Paulowna) aus ihrer russischen Heimat zukommen. Am 27. Juli 1823 gelang es Döbereiner, ein Wasserstoff-Sauerstoff-Gemisch im Volumenverhältnis 2:1 (Knallgas) "*durch bloße Berührung*" mit Platinschwarz zu entzünden. Am 3. August 1923 entwickelte Döbereiner aus diesem Platinexperiment sein "dynamisches Feuerzeug", das wir heute *Döbereiner-Feuerzeug*

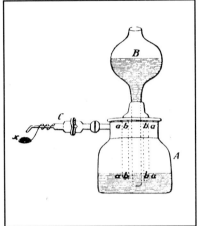

Döbereiner-Feuerzeug 1823

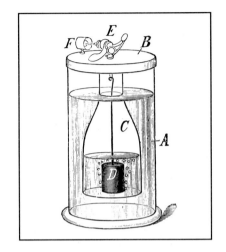

Döbereiner-Feuerzeug 1850

oder *Döbereiner-Zündmaschine* nennen. Lassen wir Döbereiner aus seiner in Jena veröffentlichten Arbeit *"Über neu entdeckte, höchst merkwürdige Eigenschaften des Platin"* selbst berichten: *"Die ... feuererregende Tätigkeit des mit Knallgas in Berührung gesetzten Platins brachte mich auf den Gedanken, dieselbe zur Darstellung einer neuen Art von Feuerzeugen ... zu benutzen. Ich stellte eine zahlreiche Menge von Versuchen an, um die Bedingungen auszumitteln, unter welchen das Glühendwerden des Platins mit dem kleinsten Aufwande von Wasserstoffgas erfolgt, und fand endlich, dass das gewünschte Phänomen im höchsten Glanze hervortritt, wenn man das Wasserstoffgas aus einem Gasreservoir (oder sogenannten elektrischen Feuerzeuge) durch ein nach unten gebogenes Haarröhrchen von Glas auf den schwammigen Platinstaub ... ausströmen lässt ... Der Platinstaub wird dann fast augenblicklich erst roth- dann weißglühend und bleibt diess so lange, als Wasserstoffgas ausströmt. Ist der Gasstrom stark, so entflammt das Wasserstoffgas."*

Von *Schmidt* und *Drieschel* wurde in der *"Naturkunde für höhere Mädchenschulen und Mittelschulen"* in der in Breslau herausgegebenen 3. Ausgabe von 1906 die Döbereiner-Zündmaschine wie folgt beschrieben: *"Das große Glasgefäß der Döbereinerschen Zündmaschine ist mit verdünnter Schwefelsäure angefüllt, die auch in die unten offene, innere Glasglocke hineinströmt, wenn durch einen Druck auf den oberen Handgriff die Glocke nach oben geöffnet wird. In der inneren Glocke hängt ein Stück Zink, das sich mit der Schwefelsäure zu Zinksulfat verbindet, so daß der Wasserstoff der Schwefelsäure frei wird. Durch den Druck dieses Gases wird aber bei geschlossenem Hahne die Schwefelsäure aus der inneren Glasglocke wieder hinausgetrieben, so daß der Zinkkolben, von Schwefelsäure unberührt, frei im Wasserstoff hängt. Wird nun oben auf den Handgriff gedrückt und dadurch der Hahn geöffnet, so strömt aus der seitlichen oberen Öffnung Wasserstoffgas heraus und trifft dabei auf sogenannten Platinschwamm. Das ist metallisches Platin, das in ungemein feinen Stäubchen abgesondert ist; an ihrer Oberfläche wird der Wasserstoff so stark verdichtet, daß er sich entzündet."*

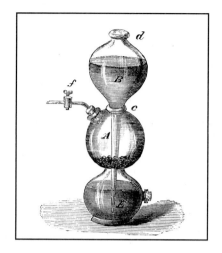

Kippscher Gasentwickler

Elektrisches Feuerzeug

Diese bis etwa 1850 verwendete Zündmaschine beruht auf dem Prinzip des Wasser-
stoffautomaten, wie er im *Kippschen Apparat* verwirklicht ist. Der *Kippsche Apparat*
wurde im Jahr 1862 als eigenständiger chemischer Apparat vom Apotheker Petrus
Jacobus *Kipp* (1808 - 1864, Delft/ Holland) in das chemische Laboratorium eingeführt. Die Wasserstoffentwicklung schaltet sich durch Verdrängung der Säure vom
Metall selbsttätig bei Nichtbenutzung ab. R. *Waeber* beschreibt in seinem "*Lehrbuch
für den Unterricht in der Chemie mit besonderer Berücksichtigung der Mineralogie
und chemischen Technologie*" den *Kippschen Apparat* folgendermaßen: "*Derselbe ist
für die Darstellung des Wasserstoffs sehr bequem und vorteilhaft, weil nur so viel
Gas entwickelt wird, als man gerade braucht. In dem Raum A werden Zinkabfälle,
Eisen sc. gebracht; das Gefäß B, welches bei c luftdicht eingeschliffen ist, wird
aufgesetzt; durch die Öffnung bei d gießt man verdünnte Schwefelsäure (oder
Salzsäure), bis das Gefäß E gefüllt ist und das in A befindliche Metall in der
Flüssigkeit liegt. Es entwickelt sich Wasserstoffgas. Dasselbe sammelt sich in A über
der Flüssigkeit, und strömt bei f aus. Es ist auch hier erforderlich, einige Minuten
das Gas frei entweichen zu lassen, damit die atmosphärische Luft vollständig her-
auskommt. Durch einen Hahn schließt man darauf die Öffnung bei f. Das sich
weiter entwickelnde Gas drängt die verdünnte Säure aus dem Gefäß A nach E
durch das Rohr nach B, bis das Metall bloß liegt. Dann hört die Gasentwicklung
auf. Öffnet man den Hahn f, so strömt das Gas unter dem Drucke des in B befindlichen Wassers aus, die Säure tritt wieder an das Metall, und die Gasentwicklung
erfolgt aufs neue. Dieser Apparat ersetzt einen Gasbehälter.*"

Der ursprüngliche "Kipp" bestand übrigens aus 3 Teilen, die durch Schliffe überein-
andergesetzt wurden. Aus Vereinfachungs- und Sicherheitsgründen wurde später die
mittlere Vollkugel und der halbkugelförmige Fuß aus einem Stück mit Einschnürung
gefertigt. Im Kippschen Apparat leben die wasserstoffbetriebenen Feuerzeuge heute
noch fort.

Heumann veröffentlichte 1876 ein Rezept für die Herstellung des im Döbereiner-
Feuerzeug benutzten Platinschwamms: Man kann Platinschwamm "*in wenigen Minu-*

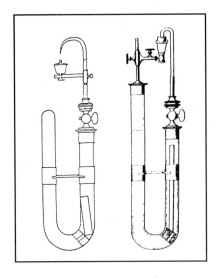

Döbereiners "portative Platinfeuerzeuge"

ten darstellen, wenn man einige Tropfen Platinlösung auf Fließpapier tröpfelt, dieses an einen Draht steckt und über einer Weingeistlampe so erhitzt, bis nur noch eine graue, zusammenhängende Asche übriggeblieben ist. In der Asche ist das Platin außerordentlich fein verteilt und porös, und in diesem Zustande zeigt es die merkwürdige Eigenschaft, im Wasserstoffgas glühend zu werden und dasselbe zu entzünden. Man nennt solches poröse Platin Platinschwamm und wendet es,... als Zünder bei den Döbereinerschen Wasserstoff- oder Platinfeuerzeugen an..."

Döbereiners Feuerzeuge waren sehr verbreitet. Er selbst sagt darüber: *"Meine Platinfeuerzeuge werden immer beliebter. Gegen 20000 derselben sind bereits, teils in Deutschland, teils in England im Gebrauch. Wie wohlhabend wäre ich jetzt, wenn ich mit meiner Entdeckung nach England gegangen wäre, und mir dort auf technische Benutzung derselben hätte ein Patent geben lassen. Aber ich liebe die Wissenschaft mehr als das Geld, und das Bewußtsein, daß ich damit vielen mechanischen Künstlern nützlich gewesen, macht mich glücklich."* Die Ausbreitung der "Platina-Zündmaschine" wurde erst durch die Erfindung der *Sicherheitszündhölzer* durch Rudolph *Böttger* im Jahre 1848 gehemmt. Eine gewisse Nachfolgerschaft trat viele Jahre später das sogenannte *Dauerfeuerzeug Vulkan* an, bei dem eine Platinpille Methylalkohol entzündete.

Natürlich hat Döbereiners Feuerzeug Vorläufer. So hat schon 1778 ein Instrumentenbauer *Brander* eine einfache Zündmaschine entwickelt, bei der der Wasserstoff mit Hilfe einer elektrisch geladenen *Leidener Flasche* (Vorläufer des elektr. Kondensators) gezündet wurde. Das *"elektrische Feuerzeug"*, wie man diese Zündmaschine kurz nannte (von Döbereiner selbst oben erwähnt), wurde weiterentwickelt und fand in der *"Pinzenbergerschen Zündmaschine"* eine "fast unfehlbare" Entwicklung. Gezündet wurde mit Hilfe eines *Elektrophors*. Dieser bestand aus einem Blechteller, in dem ein Harzkuchen lagerte, den man durch vielfaches Peitschen mit einem Katzenschwanz (!) elektrisch negativ auflud. Darauf wurde ein Blechteller gelegt, in dem der aufgeladene Harzkuchen eine positive Ladung induzierte. Hob man nun den Blechteller nach oben ab, so bildete sich zwischen zwei Elektroden ein Funke (Funkenstrecke), der den Wasserstoff entzündete. In manchen elektrischen Feuerzeugen wurde zur Verbesserung ein Wasserstoffautomat eingebaut.

Im Jahre 1825 entwickelte Döbereiner sogar ein Reisefeuerzeug und 1831 unter Verwendung des Iridiums ein *"Iridfeuerzeug"*. Der berühmte *v. Goethe* schreibt am 7. Okt. 1826 wohlwollend über das ihm von Döbereiner geschenkte Feuerzeug: *"Ew. Wohlgeboren sind aus Erfahrung selbst überzeugt, daß es eine höchst angenehme Empfindung sei, wenn man eine bedeutende Entdeckung irgendeiner Naturkraft technisch alsobald zu irgend einem nützlichen Gebrauch eingeleitet sieht, und so bin ich in dem Falle, mich Ew. Wohlgeboren immer dankbar zu erinnern, da ihr so glücklich erfundenes Feuerzeug mir täglich zur Hand steht und mir der entdeckte wichtige Versuch von so tatkräftiger Verbindung zweier Elemente, des schwersten und des leichtesten* (Platin und Wasserstoff) *immerfort auf eine wunderbare Weise nützlich wird..."*

Interessant ist, daß Döbereiner schon Platinstaub auf feuchte Tonkügelchen übertrug, die er durch Glühen trocknete. Er ist damit nicht nur der Erfinder des *Katalysators* sondern auch der *Kontaktträger*, wie sie heute abgewandelt u.a. im Autokatalysator zur Abgasreinigung verwendet werden. *Berzelius* schreibt über die Katalysatorwirkung des Platins auf Wasserstoff in seinem 1825 in Dresden herausgegebenen *"Lehrbuch der Chemie"*: *"Um diese höchst interessante Erscheinung hervorzubringen, braucht man das Platin nur mit einer kleinen Zange in einigem Abstande vor die Öffnung einer Röhre zu halten, durch welche man Wasserstoff-Gas in die Luft ausströmen läßt. Das Platin wird im Augenblicke weißglühend, und kurz darauf entzündet sich das Gas. Die Erklärung hiervon ist, daß sich, durch eine Wirkung des Platins, dessen Ursache wir noch nicht verstehen, der Sauerstoff der Luft mit dem ausströmenden Wasserstoff-Gase an den Berührungspunkten mit dem Metalle verbindet, und daß durch die Wärme, welche dabei entsteht, das Metall zum Glühen erhitzt wird, welche endlich so hoch steigt, daß sich das Gas entzündet."*

Experiment: Döbereiner-Feuerzeug

Aufbau und Durchführung

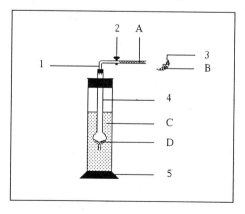

Geräte
1 Winkelrohr
2 Absperrhahn
3 Porzellanschale
4 Trockenrohr
5 Standzylinder

Stoffe
A Kupferspäne
B Pt-Pd-Kugeln (Katalysator)
C Schwefelsäure (verd.)
D Zinkgranalien auf Glaswolle

Das Feuerzeugmodell besteht aus einem zur Hälfte mit verd. Schwefelsäure gefüllten Standzylinder. In diesen ragt ein Trockenrohr, dessen Kugel zur Hälfte Zinkgranalien auf Glaswolle enthält. Das Trockenrohr wird durch ein Winkelrohr mit Hahn geschlossen, das eine Rückschlagsicherung aus Kupferspänen besitzt. Das sich entwickelnde Gas wird durch eine *Knallgasprobe* geprüft. Der Gasstrom wird auf eine Porzellanschale geleitet, in der sich mehrere Katalysatorkugeln befinden.

Beobachtung

An den Zinkgranalien entwickeln sich farblose Gasblasen, die nach oben steigen. Im Trockenrohr verdrängt das Gas die Säure vom Zink. Die Knallgasprobe fällt positiv aus. Der Platin-Palladium-Katalysator wird beim Öffnen des Hahnes rotglühend. Das Gas entzündet sich und verbrennt.

Auswertung

a. Zink reagiert mit verd. Schwefelsäure zu Zinksulfat und Wasserstoffgas.

$$Zn + H_2SO_4 \longrightarrow ZnSO_4 + H_2 \uparrow$$

b. Das aus dem Winkelrohr austretende Wasserstoffgas wird am Platin-Palladium-Katalysator entzündet und verbrennt zu Wasserdampf.

$$2\,H_2 + O_2 \xrightarrow{\text{Pt/Pd}} 2\,H_2O + \text{Energie}$$

Tips und Tricks

a. Lange Jahre wurde zu diesem Versuch Platinasbest als Katalysator verwendet. Dabei ist Asbest ein guter Wärmeisolator, während Platin die Wärme rasch ableitet, so daß die zum Entzünden des Wasserstoffs erforderliche Temperatur ohne Asbest nicht erreicht würde. Asbest ist aber krebserregend und verursacht die Krankheit Asbestose. Daher wird im Versuch Platinasbest durch einen Platinkatalysator ersetzt, der 0,15% Platin und 0,15% Palladium auf Aluminiumoxid-Aktivtonerde-Kugeln von 2 bis 4 mm Durchmesser enthält. Man sollte vor Beginn des Versuchs den Platinkat durch Überleiten von Wasserstoff aktivieren, damit er schneller anspringt. Man läßt den im Gasentwickler erzeugten Wasserstoff in mehreren Zentimetern Abstand auf den Katalysator strömen. Durch Veränderung der Entfernung und der Wasserstoffausströmmenge soll erreicht werden, daß die Katalysatorperlen in der Porzellanschale rotglühend werden und schließlich den Wasserstoff entzünden.

b. Die Zinkgranalien sollten vor dem Versuch in eine konz. Kupfersulfatlösung ($CuSO_4$) z.B. in einem Erlenmeyerkolben gegeben und kräftig durchgeschüttelt werden. Es bildet sich auf dem Zink ein leichter Kupferüberzug, wodurch die Überspannung herabgesetzt wird und die Säure besser angreifen kann. Nur *arsenfreie* Zinkgranalien verwenden, da sich sonst hochgiftiger *Arsenwasserstoff* bildet! $\boxed{\text{T+}}$

c. Damit die Wasserstoffflamme nicht in die Apparatur gelangen kann, ist es nützlich, als *Rückschlagsicherung* etwas Kupfer- oder Eisenwolle in das Gasableitungsrohr zu füllen. Diese leitet die Hitze ab, so daß die Flamme nicht ins Innere der Apparatur "durchschlagen" kann.

d. Der nutzbare Gasdruck ergibt sich aus dem *hydrostatischen Druck* der verdrängten Flüssigkeit und dem Druck, der auf die im Standzylinder eingeschlossene Luft durch den entwickelten Wasserstoff ausgeübt wird. Der Stopfen des Standzylinders sollte gut angedrückt werden, damit er nicht herausgehoben wird.

e. Die Pt-Pd-Katalysatorkugeln sind gut verschlossen aufzubewahren, da ihre Aktivität durch Luftverunreinigung nachlassen kann.

f. Der verd. Schwefelsäure sollte etwas Kochsalz (NaCl) zugemischt werden, damit die Wasserstoffflammc sich gelb färbt und deutlich sichtbar wird.

g. *Sicherheitshinweise*

- *Wasserstoff* ist hochfeuergefährlich! Es bildet sich mit Sauerstoff leicht *Knallgas*. Eine *Knallgasprobe* sollte durchgeführt werden! *Schutzscheibe* aufstellen!
- *Schwefelsäure (konz. oder verd.)* ist ätzend. Daher *Schutzbrille* aufsetzen!
- *Kupfersulfatlösung* ist mindergiftig.

Glossar und Zusätze

Döbereiner Feuerzeug als Modell:

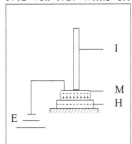

1 Platinschwamm
2 Sperrhahn
3 Wasserstoff
4 Schwefelsäure (verdünnt)
5 Zinkscheibe

Originale des Döbereiner-Feuerzeugs sind heute in technischen Museen (z.B. im Deutschen Museum in München) zu bewundern. In manchen Schulen haben sich noch Glasmodelle gehalten, die meist bis zu 30 cm hoch sind. Sie bestehen aus zwei ineinandergesteckten Zylindern. Im inneren Zylinder, im eigentlichen Reaktionsraum befindet sich ein Stab, an dem eine Zinkplatte befestigt ist. Andere Modelle enthalten einen Reaktionsteller für granuliertes Zink. Vor einer Düse mit Hahn ist in einem Abstand von mehreren Zentimetern ein Behälter für Platinschwamm untergebracht.

Elektrophor [

"Elektrizitätsträger" von gr. elektron = Bernstein (an dem man zuerst die elektrische Kraft beobachtete); gr. phero = trage, -phor = Träger]. Ein 1762 von J.C. Wilke erfundener und 1775 von A. Volta verbesserter Apparat zur Erzeugung größerer Elektrizitätsmengen durch elektrische Influenz (Ladungstrennung). Der Elektrophor besteht aus einer durch Reibung (z.B. mit einem Wolletuch) elektrisch negativ aufgeladenen, geerdeten Hartgummiplatte H (im Pinzenbergerschen Feuerzeug ein Harzkuchen) auf der eine Metallplatte M liegt. Auf dieser treten durch Influenz positive und negative Ladungen auf. Berührt man nun die Oberseite der Metallplatte, so fließt negative Ladung zur Erde E ab, die Platte ist positiv geladen. Hebt man nun die Metallplatte an einem Isoliergriff I ab, so besteht zwischen beiden Platten aufgrund ihrer entgegengesetzten elektr. Ladung eine Spannung. Es wird mechanische in elektrische Energie umgewandelt. Die elektrische Ladung wird mit einer Metallkugel abgegriffen. Über eine Funkenstrecke findet Entladung zur Erde statt. Der Versuch läßt sich beliebig wiederholen: die Hartgummiplatte bleibt negativ geladen. Daher bedarf der Elektrophor keiner Wartung.

8   **Katalysatorwirkung von Platin und Palladium** (gr. katalysis = Auflösung eines Hindernisses). Der Ausdruck Katalysator wurde 1835 von *Berzelius* nach den spektakulären Platin-Wasserstoff-Experimenten von *Döbereiner* in die Chemie eingeführt und von *Ostwald* präzisiert: *"Ein Katalysator ist ein Stoff, der ohne im Endprodukt einer chemischen Reaktion zu erscheinen, ihre Geschwindigkeit ändert."* Der von *Mitscherlich* eingeführte Name *Kontakt* für Katalysator ist heute veraltet. Durch Platin werden viele Reaktionen katalysiert: Verbrennung von Wasserstoff, Zersetzung von Wasserstoffperoxid, Oxidation von Ammoniak, Überführung von Schwefeldioxid in Schwefeltrioxid. Man nimmt an, daß bei der Katalyse durch Platin die miteinander reagierenden Stoffe durch *Adsorption* an die Oberfläche des Katalysators *aktiviert* werden. Die Bindungskräfte z.B. der Wasserstoff- und Sauerstoffmoleküle werden soweit gelockert, daß energiereiche Einzelatome, bei Wasserstoff sogar Protonen auftreten, die äußerst leicht miteinander reagieren. Bei Katalysen kommt es sehr auf die Oberflächenbeschaffenheit und die Größe der Oberfläche des Katalysators an. Man nimmt an, daß nur bestimmte "aktive Stellen" (Ecken, Spitzen, Gitterstörungen) eines Stoffes katalysierend wirken. Um die Oberfläche eines Katalysators zu vergrößern, entwickelte man aus mehreren Stoffen bestehende *Mischkatalysatoren* (z.B. einen Platin-Palladium-Katalysator auf Tonerdebasis). Katalysatoren werden nach einer chemischen Reaktion wieder freigesetzt. Die Adsorption wird vollständig aufgehoben. In den feinstverteilten Formen des Platins wie *Platinmohr* oder *Platinschwamm* "löst" das Platin ähnlich wie Palladium Wasserstoff. Palladium löst das 850-fache, in kolloidalem Zustand das 3000-fache seines Volumens an Wasserstoff und lagert es ein. Dabei platzt es auf und wird rissig. Der von Palladium unter Hitzeeinwirkung abgegebene Wasserstoff ist äußerst reaktionsfähig. Katalysatoren können durch sog. *Kontaktgifte* (Schwefel, Arsen, Phosphor, Chlor) vergiftet, d.h. unwirksam werden, weil sich durch diese die wirksamen Stellen gewaltig verringern.

Kippscher Gasentwickler. Wasserstoffautomat. Funktion

Bei geöffnetem Hahn: Bei geschlossenem Hahn:

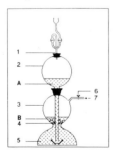   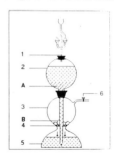

Bei geöffnetem Hahn 6 greift die in einen Kugeltrichter 2 eingefüllte verdünnte *Schwefelsäure* A die in der mittleren Vollkugel 3 befindlichen *Zinkspäne* B an, die auf dem durchlöcherten Bleiring 4 liegen. Es bildet sich bei dieser chem. Reaktion *Wasserstoff*, der durch das Gasableitungsrohr 7 entweicht.

Schließt man den Hahn 6, so drückt der Wasserstoff, der sich in der mittleren Vollkugel ansammelt, die Säure vom Zink weg in den Fuß 5. Sie strömt von da durch das Steigrohr des Kugeltrichters in die obere Kugel, bis das Zink nicht mehr von der Säure benetzt wird. Damit endet die Wasserstoffentwicklung.

Um den Säurevorratsbehälter 2 von der Außenluft abzuschotten, wird ein halb mit
Wasser gefülltes *Sicherheitsrohr* 1 aus Glas aufgesetzt. Der "Kipp" eignet sich auch
gut zur Darstellung von Kohlenstoffdioxid und anderen Gasen. Er war vor der
Verwendung von Flaschengasen ein sehr wichtiges Laborgerät.

Leidener Flasche (auch Kleistsche Flasche; wurde von J.W. *v. Kleist* im Jahre
1745 und *Cunäus* 1746 in Leiden unabhängig erfunden). Sie stellt eine alte Konden-
satorform dar und besteht aus einem zylindrischen Glasgefäß, das auf der Innen-
und Außenseite mit leitenden Belägen (z.B. Stanniol) versehen ist. Die Elektrizität
wird über eine mit einer Kugel versehenen Metallstange auf den inneren Belag der

 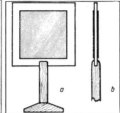

Flasche geleitet. Die Leidener Flasche ist von sehr geringer Kapazi-
tät. Eine andere sehr alte Konden-
satorform, eine Abänderung der
Leidener Flasche, ist die *Franklinsche Tafel*, welche aus einer beidseitig mit Stanniol beschichteten
Glasplatte besteht.

Platin (Pt, span. platina = kleines Silberkorn, minderwertiges Silber). Silbrig
glänzendes, weiches, zähes Edelmetall. Es besitzt große Ähnlichkeit mit Palladium
(Pd). Es wurde schon um 1500 v.u.Z. in Ägypten zusammen mit Gold und Silber zur
Herstellung von Gefäßen benutzt. Im 18. Jhdt. beschrieb der Seeoffizier *de Ulloa*
das neuentdeckte Metall Platin als eine Substanz, die sehr schlecht schmiedbar sei
und sich von Gold kaum trennen lasse. Das in Südamerika, Kanada und auch in
Rußland (Ural) bisweilen in Brocken von bis zu 12 kg Masse gefundene Platin war,
wie die Chemiker *W. Wollaston* und *S. Tennant* im Jahre 1803 durch Auflösen in
Königswasser (aqua regis, da es den "König der Metalle", das Gold löst; Mischung
von Salz- und Salpetersäure im Verhältnis 3:1) nachwiesen, unrein. Es enthielt noch
weitere Metalle der sog. Platingruppe (8. Nebengruppe des Periodensystems): Palladium, Osmium (mit der Dichte von 22,7 g/cm³ das schwerste chem. Element),
Rhodium und Iridium. Später fand *K. Klaus* noch zusätzlich das Ruthenium. Platin ist
ein Schwermetall der Dichte 21,45 g/cm³. Es ist ähnlich wie Palladium für Wasserstoff durchlässig. Platin widersteht Sauerstoff und allen Säuren (außer Königswasser!). Platin neigt sehr stark zur Bildung farbiger Komplexsalze. *Verwendung:* Zu
Schmuck, medizinischen Geräten, zur Herstellung von Schalen, Tiegeln, Elektroden,
elektr. Kontakten, Füllfederspitzen, zur Verzierung von Porzellangeschirr, zur
Herstellung "ewiger Gasanzünder", für Katalysatoren jeder Art, zur Herstellung von
Eichmaßen (das *Urmeter* und das *Urkilogramm* sind aus Legierungen von 90% Platin
und 10% Iridium gefertigt, da sie sich bei Temperaturschwankungen nicht ändern
dürfen).

Platinschwamm (Platinum metallicum spongiosum). Grauweiße, zerreibbare
Masse, die sehr porös ist. Platinschwamm läßt sich aus braunroter Hexachloro-
platin(IV)-säure $\{H_2[PtCl_6] \bullet 6H_2O\}$ herstellen. Fügt man dieser Säure Ammo-
niumsalze zu, so fällt das *Platinsalmiak* {Platinammoniumchlorid, $(NH_4)_2[PtCl_6]$} als
schwerlösliches Salz in zitronengelben Oktaedern aus. Dieses wird geglüht. Es bleibt
Platinschwamm zurück. *Döbereiner* schreibt im Jahre 1823 in seiner Platinschrift:
"Das schwarze Pulver [Platinschwamm] *verhält sich gegen Knallgas ... wie funkende
Elektrizität."*

Platinschwarz (Platinmohr). Tiefschwarzes Platinpulver, katalytisch hoch-
wirksam. Wird durch Reduktion einer Platinchloridlösung gewonnen.

Davys Glühlampe

Auch der Mensch der Vorzeit wollte vom natürlichen Licht der Sonne und des Mondes unabhängig sein. So folgte auf das auch Wärme spendende Herdfeuer der Kienspan als Lichtquelle. Noch besser leuchteten Fackeln, die aus Kienspänen oder Weinreben, die man mit Harzen und Pech versah, hergestellt wurden. Die Fackeln halterte man in Tonhülsen. Schließlich füllte man Fackelhülsen statt mit Harz oder Pech mit Öl (Oliven-, Rizinus- oder Leinöl), gab ihnen noch einen schwimmenden Docht aus Flachs oder Hanf und erhielt damit Öllampen. Die Helligkeit dieser antiken Lampen aus Ton oder Bronze ließ trotz großem Verbrauch an Öl sehr zu wünschen übrig, zudem qualmten und rauchten sie stark. Aus den Fackeln entwickelte man auch Kerzen aus Talg und Wachs, die nicht wie heute gegossen, sondern "gezogen" wurden, d.h. ein mit Schwefel getränkter Docht wurde immer wieder in flüssigen Wachs oder Talg eingetaucht, bis die Kerze "eingetalgt" war, d.h. ihre gewünschte Dicke erreicht hatte. Die Kerzen wurden ähnlich wie heute in Laternen oder auf Leuchter gesteckt. Sie rußten weit weniger als Fackeln und Öllampen. Diese offenen Lichtspender wurden auch in Bergwerken benutzt, was besonders in Steinkohlenflözen durch ausströmendes Grubengas (Methan, CH_4) zu heftigen Explosionen führte.

Sir Humphrey *Davy* (1778 - 1829), ein englischer Wissenschaftler, nahm sich der Probleme der unter Tage arbeitenden Bergleute an. Er experimentierte mit weißem Phosphor, Leuchtsteinen und sogar schon 1801 mit elektrischem Licht - die elektrische Glühlampe wurde erst 1854 von Heinrich *Göebel* erfunden -, das er dadurch erzeugte, daß er mit Hilfe einer galvanischen Batterie eine Platinspirale hell aufglühen ließ. Im Jahre 1815 konnte er der "Royal Institution", deren Mitglied er war, seine *"Sicherheitslampe"* vorstellen. Davy hatte durch Experimente erkannt, daß die Ausbreitung von Flammen durch feinmaschige Metalldrahtnetze verhindert wird. In der von Ernst *Postel* im Jahre 1879 in Langensalza herausgegebenen *"Laien-Chemie oder Leichtfaßliche, an einfache Versuche geknüpfte Darstellung der Hauptlehren der Chemie für Gebildete aller Stände insbesondere für Lehrer, Oekonomen und Gewerbetreibende"* finden wir hierzu eine Erklärung: *"Durchschneide die Flamme eines Lichtes mit einem feinen Drahtnetze, z.B. mit dem Boden eines Drahtsiebes,*

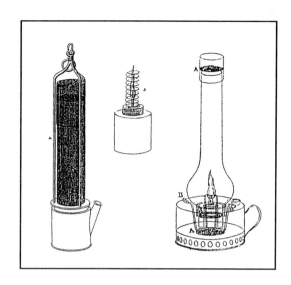

Davys Sicherheitslampe

welches 200 bis 300 Oeffnungen auf einen Quadratcentimeter enthält: es geht nur Rauch durch die Oeffnungen des Netzes, aber keine Flamme. Diesen Rauch kann man mittelst eines brennenden Fidibus entzünden, denn er besteht aus den durch das Netz dringenden brennenden Stoffen, denen beim Durchgang durch dasselbe so viele Wärme entzogen wird, daß sie nicht fortbrennen können. .... Diese Beobachtungen führten den berühmten englischen Chemiker D a v y zur Erfindung einer nach ihm benannten S i c h e r h e i t s l a m p e, welche für die Arbeiter in Steinkohlengruben von höchster Wichtigkeit ist. Es bildet sich nämlich in vielen Kohlenbergwerken, besonders in England und Belgien, ein gefährliches Knallgas (schlagende Wetter, Schwaden), welche sich unter einer heftigen, alles zerschmetternden Explosion entzündet, sobald man mit einem brennenden Licht hinzukommt. Eine solche Entzündung wird nun eben durch die Davy'schen Sicherheitslampen verhindert. Die Flamme ist in denselben von einem cylinderförmigen Drahtnetze umgeben, welches über 300 Oeffnungen auf das Quadrat-Centimeter hat, und oben, wo es heiß wird, doppelt ist. Nachdem der Docht angezündet ist, wird die Drahthülle aufgesetzt, und braucht während der Arbeit in der Grube nicht wieder abgenommen zu werden, da sowohl das Putzen des Dochtes, als das Nachfüllen des Oeles von Außen geschieht.... Das Knallgas kann nun bloß im Innern der Drahthülle verbrennen, ohne daß die Flamme durch den Draht hindurch das äußere Gas entzündete, doch muß sich der Bergmann schleunigst entfernen, sobald er bläuliche Gasflammen in seiner Lampe erblickt, denn bei längerem Fortbrennen derselben würde das Drahtnetz dergestalt erhitzt werden, daß es auch das außen befindliche Gas entzünden würde. - Da es zuweilen vorkam, daß eine Lampe durch Stickgase ausgelöscht wurde, und daß sich dann der Bergmann in den unterirdischen Gängen nicht zurecht finden konnte, so brachte Davy über der Lichtflamme noch ein Büschel feinen Platindraht an, der einmal ins Glühen gekommen, auch noch dem Erlöschen der Lampe noch eine Zeitlang so hell glüht, daß man bei seinem Scheine einigermaßen sehen kann."

Davy hatte also in seine Sicherheitslampe eine "Lampe ohne Flamme" eine sog. "aphlogistische Lampe" (gr. phlox = Flamme) eingebaut. Er hatte nämlich bei der

 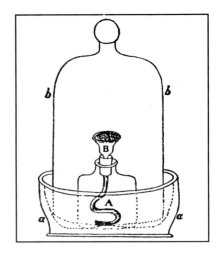

Davys Nachtlampe   Döbereiners Essiglämpchen

Untersuchung der Bedingungen, unter denen unter Tage auftretende Methan-Luft-Gemische entflammbar waren, beobachtet, daß sich dieses Gasgemisch am vorerhitzten Platindraht flammenlos vereinigte. Es wurde bei dieser chemischen Reaktion soviel Wärme freigesetzt, daß der Platindraht heftig aufglühte, auch wenn infolge Sauerstoffmangels die Flamme längst erloschen war. Der Grubensteiger konnte an der Art der Flamme der Sicherheitslampe auf vorhandenes Grubengas schließen und Vorsichtsmaßnahmen treffen. Obwohl Davy nicht der Urheber der "flammenlosen Lampe" war, wurde sie ihm dennoch häufig zugeschrieben und als *"Davy'sche Glühlampe"* bezeichnet. Postel schreibt über die "Davy'sche Glühlampe" in der "Laienchemie": *"Man bilde eine Spirale aus einem dünnen Platinadraht, indem man ihn um einen Stift wickelt und dann von diesem abzieht. Macht man ihn nun in einer Weingeistflamme (Ethanol) weißglühend, und hält ihn in ein erwärmtes Glas, in welchem sich etwas starker Weingeist befindet, so glüht er in dem Weingeistdampfe fort, indem der Weingeist langsam verbrennt, wobei genügende Wärme entwickelt wird, um den Draht glühend zu erhalten. Man kann auch mittelst der gewöhnlichen Weingeistlampe eine solche Glühlampe darstellen, indem man das Docht mit der beschriebenen Spirale von Platindraht umgiebt, so daß es von derselben etwas überragt wird. Wird nun die Lampe angezündet und, sobald die Spirale glüht, wieder ausgelöscht, so dauert die Oxidation des Weingeistes und das Glühen des Drahtes fort, bis die Lampe leer ist."* Die übelriechenden Reaktionsprodukte der "Davy' schen Glühlampe" führt Postel auf eine unvollständige Verbrennung des Ethanols zurück. Der katalytische Effekt des Platins, auf dem das Experiment beruht, wurde erst durch *Berzelius* im Jahre 1835 klar in seiner noch heute üblichen Bedeutung formuliert.

Auch Döbereiner entwickelte eine Nachtlampe, welche der Davyschen sehr ähnlich war. Man nannte sie *"Döbereiners Essiglämpchen"*. Um den unangenehmen Essiggeruch zu vertreiben, füllte Döbereiner Eau de Cologne oder parfümierten Alkohol ein. So wandelte sich die "Essiglampe" zu einer "Duftlampe". Außerdem ersetzte Döbereiner den Platindraht der Davy-Nachtlampe durch platinierte Glaskugeln.

Die "aphlogistische Lampe" wurde in vielen Ausführungen als modische Nachtlampe benutzt. Sie hatte gegenüber Feuerzeugen den Vorteil, daß sie nicht offen brannte, sondern nur glühte. Dadurch war sie weit weniger gefährlich als eine Kerze oder gar eine Öllampe. Sie glühte auch nur solange, bis der Alkohol verbraucht war. Jederzeit ließ sich an ihr ein Feuer entfachen. Nachteilig war der unangenehme Ethanalgeruch (daher auch der Name Essiglämpchen) und der hohe Platinpreis.

Experiment: Davys Glühlampe

Aufbau und Durchführung

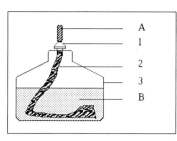

Geräte
1 Dochthalter
2 Docht
3 Spiritusbrenner (Glas)

Stoffe
A Platin- oder Kupferspirale
B Ethanol

Ein Spiritusbrenner aus Glas wird mit etwas Ethanol gefüllt. Man hängt den Docht des Brenners in das Ethanol und verschließt den Brenner. Über das Dochtende wird eine Platin- oder Kupferspirale gezogen, die zur Hälfte frei nach oben herausragen soll. Das Ethanol wird entzündet. Sobald die Metallspirale rotglühend ist, pustet man die Ethanolflamme mithilfe einer Glasröhre aus.

Beobachtung

Der Docht glüht, nachdem die Flamme ausgepustet wurde, in Höhe der Metallspirale weiter. Es tritt ein intensiver Ethanalgeruch auf. Die Metallspirale glüht solange, bis die gesamte Flüssigkeit des Vorratsgefäßes verbraucht ist.

Erklärung

a. Hauptreaktion:

Ethanol	+	Sauerstoff	$\xrightarrow{\text{Kat}}$	Kohlenstoffdioxid	+	Wasser
$C_2H_5\text{-OH}$	+	$3\,O_2$		$2\,CO_2$	+	$3\,H_2O$

b. Nebenreaktion:

Ethanol	+	Sauerstoff	$\xrightarrow{\text{Kat}}$	Ethanal	+	Wasser
$2\,C_2H_5\text{-OH}$	+	O_2		$2\,CH_3\text{-CHO}$	+	$2\,H_2O$

Die Metalle Platin oder Kupfer katalysieren in der "Davy-Glühlampe" die flammenlose Verbrennung des Ethanols. Direkt über der Metallspirale beträgt die Temperatur bis zu 400^0C.

a. Es können bei diesem Versuch verschiedene Metalle ausprobiert werden. Am besten zeigt sich der Effekt, wenn das leider sehr teure Platin (meist mit Iridium legiert) verwendet wird. Es läßt sich eine Wirkungsreihe der Metallspiralen aufstellen:

> Pt > Cu > Ag > Konstantan > Ni

Konstantan wird in der Physik als Widerstandsdraht und in Thermoelementen benutzt und ist eine Legierung von 54% Kupfer, 45% Nickel und 1% Mangan.

b. Viele Metalldrähte sind oberflächlich katalytisch vergiftet. Deshalb kann es günstig sein, die Metalldrähte (Platin ausgenommen!) vor dem Gebrauch kurzfristig (!) in heiße, verd. Schwefelsäure und dann in warme verd. Salzsäure zu geben. Anschließend gut in aqua dest. wässern! Die Metalloberfläche wird auf diese Weise aktiviert, das Metall wird frisch reduziert. Der verwendete Draht sollte natürlich nicht lackiert sein.

c. Zur Fertigung der Metallspirale reicht eine Drahtlänge von 20 cm aus, der Drahtdurchmesser sollte 0,3 oder 0,4 mm betragen.

d. Auch die Flüssigkeiten können variieren. Interessant sind z.B. unterschiedliche Mischungen von Alkohol und Ether, wobei der Alkohlgehalt überwiegen sollte. Auch Propanon (Aceton) und Petrolether können getestet werden. Bei Petrolether entsteht zwar kein Ethanalgeruch, dafür rußt aber die Flamme stark. Bei der Verwendung von Methanol tritt giftiges Methanal (Formaldehyd) auf!!

e. **Sicherheitshinweise**

- *Diethylether* (Ether) ist eine hochfeuergefährliche Flüssigkeit von eigenartigem Geruch. Diethyletherdämpfe sind schwerer als Luft und sinken nach unten. Etherdampfluft-Gemische explodieren bei Entzündung heftig. Ether ist in Ethanol gut, in Wasser wenig löslich. |F+|

- *Ethanal* (Acetaldehyd) ist eine hochfeuergefährliche und mindergiftige Flüssigkeit. Ethanaldämpfe riechen unangenehm, wirken betäubend und rufen Kopfweh hervor. Es besteht Verdacht, daß Ethanal krebserregend ist. |F+|

- *Ethanol* (Ethylalkohol) ist eine leichtentzündliche Flüssigkeit. Brennspiritus ist denaturiertes Ethanol. Vorsicht: Feuergefahr. |F|

- *Methanal* (Formaldehyd)ist eine gefährliche Substanz. Methanallösung unter 30% wird als mindergiftig, über 30% sogar als toxisch eingestuft. Es besteht Verdacht auf Krebserregung. Methanal sollte unbedingt vermieden werden. |Xn| |T|

- *Methanol* (Methylalkohol) ist eine leichtentzündliche und toxische Flüssigkeit. Schon geringe Mengen führen zu Erblindung. Methanol sollte unbedingt vermieden werden! Oft ist es durch ungefährlichere Alkohole, z.B. Butanol ersetzbar. |F|

- *Petrolether* ist eine leichtentzündliche Flüssigkeit und mit Ether und Alkohol, nicht aber mit Wasser mischbar. |F|

- *Propanon* (Aceton) ist eine leichtentzündliche Flüssigkeit von aromatischem Geruch. |F|

Aureole (lat. aureolus = goldfarben): Bei "Wetterlampen" versteht man darun-

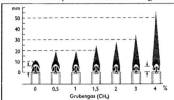

ter einen blauen Saum um die Flamme, der sich bei Anwesenheit von Grubengas bildet und als Warnung dient. Das Grubengas verbrennt dann innerhalb der Lampe hell ab, kann aber keine Explosion erzeugen, da die Flamme durch das engmaschige Kupferdrahtnetz nicht nach außen dringen kann.

Grubenlampen im Saarbergbau. Im Saarbergbau wurden 1816 in den unter preußischer Verwaltung stehenden Gruben Öllampen verwendet, die mit "gutem,

Froschlampe

klaren und abgelagertem" Rüböl betrieben wurden. Das Lampenöl wurde von den Schichtmeistern beschafft und von den Steigern an die Bergleute ausgegeben. Man rechnete mit 3 Pfund Ölverbrauch pro Mann und Monat. Die Saargruben lagerten das Rüböl in eigenen Ölkellern. Zurückbleibendes trübes Öl wurde zum Schmieren der Förderwagen benutzt. Als Lampe diente im Saarland die *Froschlampe*, die man aus dem Harzer Erzbergbau übernommen hatte und die aus Stahlblech zusammengelötct war. Später kam der *Gießer* auf, eine Lampe aus Eisenguß. Ab 1824 wurden in den Saargruben Friedrichsthal, Quierschied und "Prinz Wilhelm" (Gersweiler) zum ersten Male 12 *Davy-Sicherheitslampen* eingesetzt. Sie waren aber für eine Arbeitsplatzbeleuchtung zu schwach. Sie wur-

Gießer

den als *"Wetterlampen"* von besonderen Lampenmännern verwendet, die als "Vorfahrer" in der Frühschicht die Grubenbaue auf explosibles Methangas untersuchten. Die Sicherheitslampen wurden immer wieder verbessert. Sie erhielten eine innere Zündung, einen Sicherheitsverschluß und schließlich setzte *Dr. Clanny* 1842 um die Lampenflamme einen Glaszylinder, was die Lichtausbeute gewaltig erhöhte. Dadurch wurde die Lampe bei der Arbeit einsetzbar. 1882 entwickelte der Mechaniker *C. Wolf* aus Zwickau in Sachsen eine *Benzin-Sicherheitslampe*. Sie hatte den Vorteil einer höheren Lichtausbeute und rußte weniger. Heute werden unter Tage ausschließlich elektrische Grubenlampen verwendet.

Quelle 1 (Brief Döbereiners an v. Goethe vom 9. März in Jena): *"Hochwohlgeborener Herr, Gnädigster Herr Staatsminister! Es ist mir bei meinen fortgesetzten Versuchen über die mechanischen, dynamischen und chemische Verhältnisse des Platins gelungen, Glas mit diesem Metall so zu überziehen - zu verplatinen - daß es fast silberweiß und ganz spiegelglänzend erscheint. Ich benutze diese kleine Erfindung vorläufig zur Darstellung einer neuen Form von Duft- oder Räucherlampen, welche wie Glüh- oder Nachtlampen gebraucht und behufs des Parfümierens der Zimmer mit rektifiziertem Eau de Cologne oder einem anderen wohlriechenden Geist gefüllt werden... Ew. Exzellenz untertänigsten und dankbaren Döbereiner."*

Quelle 2 (Beschreibung durch George *Merryweather*): *"Ich habe eine ähnliche Lampe [Platinglühlampe] in kleinerem Maßstabe construiert, welche 8 bis 10 Stunden lang fortglühet; diese gewährt eine hinreichende Menge Licht, um das Zifferblatt einer Uhr in der Dunkelheit der Nacht zu erkennen. ... Wenn man Licht braucht, darf man ... das Platin leise mit einem Zündhölzchen von chlorsaurem Kali berühren, um dasselbe augenblicklich zu entzünden."*

Explosion im Kugeltrichter

Das für den Menschen lebenswichtige Feuer regte ihn zu philosophischen Gedanken an. So gehörte es in der altgriechischen Philosophie neben Luft, Erde und Wasser zu den vier Elementen, aus denen die Welt bestand. Der griechische Philosoph *Aristoteles* (384 - 322 v.u.Z.) ordnete diesen vier Elementen vier Grundeigenschaften zu: Wasser bildet sich aus Kälte und Feuchtigkeit, die Luft aus Feuchtigkeit und Hitze, das Feuer aus Hitze und Trockenheit und die Erde aus Trockenheit und Kälte. Die vier Elemente sind ideale Grundtypen der Materie. Die Vielfalt der Erscheinungswelt läßt sich durch Mischung aus ihnen erzeugen. Den Metallen werden trockene und kalte Eigenschaften zugeordnet, wobei die trockene überwiegt. Durch Wärmezufuhr (aus dem Element Feuer) wird das Trockene aus dem Metall verdrängt. Es entsteht das Element Wasser: das Metall wird flüssig.

Die *Vierelementenlehre* des *Aristoteles* wurde durch den Arzt *Paracelsus* (1494 - 1541) im 16. Jhdt. ergänzt. Angeregt durch arabische Gelehrte, fügt er den vier Grundelementen drei speziell für die Chemie geprägte Elemente (tria prima) hinzu: Quecksilber, Schwefel und Salz. Aus diesen sollen alle Stoffe der unbelebten und belebten Natur mischbar sein. Quecksilber stand für Schwere, Flüssigkeit und Flüchtigkeit; Schwefel für Brennbarkeit und Wärme; Salz für Wasserlöslichkeit und Feuerbeständigkeit. Die *Dreielemententheorie* des Paracelsus wurde von Johann J. *Becher* (1635 - 1682) in eine *Theorie der drei Erden* umgewandelt, die er in dem Werk "Physica subterranea, 1669" als Erscheinungsform einer Urerde ansah. Eine der drei Erden nennt Becher *brennbare Erde* (terra pinguis). Sie soll in allen brennbaren Körpern enthalten sein und beim Verbrennen daraus entweichen. Die brennbare Erde Bechers entsprach dem Schwefel des Paracelsus, nur daß sie ein hypothetischer Stoff war.

Auf der Theorie von Becher baute Georg Ernst *Stahl* (1660 - 1734) auf, der die terra pinguis in *Phlogiston* (gr. phlox = Flamme), das *brennbare Wesen*, umbenannte. Stahl behauptete, daß alle brennbaren Körper Phlogiston enthielten, das beim *Verbrennungsvorgang* oder beim *Verkalken* (Rosten) entweichen sollte.

$$\text{Stoff} \xrightarrow[\text{verkalkt}]{\text{verbrennt}} \text{Stoffkalk} + \text{Phlogiston}$$

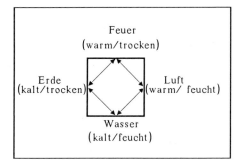

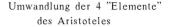

| Umwandlung der 4 "Elemente" des Aristoteles | Erhitzen eines Kolbens mithilfe von Lupe und Brennspiegel |

Die Luft nähme das entwichene Phlogiston auf. Der verbrannte Stoff hieß *dephlogistierte Materie* [Stoffkalk, auch *Phlegma* (gr. Hitze, Brand)]. Natürlich ließ sich der oben beschriebene Vorgang auch umkehren. Man brauchte hierzu einen stark phlogistonhaltigen Stoff, z.b. Kohlenstoff oder Wasserstoff (= phlogistonierte Luft). Wenn man diesen z.b. mit einem Metallkalk (heute Metalloxid) reagieren ließ, ging das Phlogiston nach Stahls Auffassung in diesen über und wurde in reines Metall rückgeführt. Phlogiston selbst wurde als ein aus feinsten Partikeln bestehendes "Agens", eine Art Energie, vergleichbar mit Wärme und Licht aufgefaßt. Unbrennbare Stoffe hielt man für phlogistonfrei, die brennbaren Stoffe sollten um so mehr Phlogiston enthalten, je leicher und je energiereicher sie verbrannten. Die *Phlogistontheorie* wurde auf alle – wir würden heute sagen – Oxidations- und Reduktionsprozesse angewandt und stellte die erste geschlossene *Verbrennungstheorie* der Chemie dar.

Allerdings ließen sich mit der Phlogistontheorie manche Phänomene nicht oder nur mit viel Spekulation erklären. So glaubte Stahl, daß in einem Gefäß luftdicht verschlossener Ruß nicht verbrennt, weil das Phlogiston nicht entweichen könne. Die bei der Verbrennung von Metallen beobachtete Gewichtszunahme blieb unerklärbar. Stahl maß diesem Umstand keine wesentliche Bedeutung bei und nahm einfach für das Phlogiston ein "negatives Gewicht" an. Dies brachte natürlich Zweifler auf den Plan, die nicht glauben wollten, daß das Phlogiston mal Gewicht, mal kein Gewicht oder sogar ein "negatives" Gewicht haben sollte.

Schließlich entlarvte der französische Chemiker Antoine Laurent *Lavoisier* (1743 – 1794) die Phlogistontheorie von Stahl als Irrlehre. Er nutzte einen Versuch *Priestleys*, der mit Hilfe eines Brennspiegels deplogistierte Luft (= Sauerstoff) aus Quecksilberkalk erzeugt hatte. Ein alter Holzschnitt aus dem 16. Jhdt. belegt, daß man nicht nur Brennspiegel, sondern auch Vergrößerungsgläser in Kombination nutzte, um chemische Experimente durchzuführen. Lavoisier führte bei der Nachahmung des Priestley-Experimentes eine genaue Gewichtsmessung durch. Außerdem vereinigte er das Quecksilber und den entstandenen Sauerstoff wieder restlos zu Quecksilberkalk. Somit war der Verbrennungsprozeß von Lavoisier qualitativ und quantitativ aufgeklärt. Ab jetzt konnte man auf Phlogiston verzichten. Lavoisier löste aufgrund seiner neuen Erkenntnisse den alten Elementbegriff des Aristoteles und Paracelsus durch den heute allgemein gültigen ab: Als Element sollten nur noch Stoffe gelten, die durch eine chemische Analyse nicht weiter zerlegt werden können. Im Jahre 1789

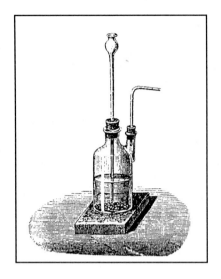

Darstellung von Wasserstoff

veranstaltete Lavoisier einen Schauprozeß: Das Phlogiston, das durch einen alten Mann mit Stahls Gesichtszügen verkörpert war, wurde vom Jüngling "Sauerstoff" angeklagt, das Ehepaar Lavoisier spielte Richter und Henker. Die Irrlehre Stahls wurde durch seine Schriften symbolisch dem Feuer übergeben. Obwohl Lavoisier die Stahlsche Phlogistontheorie als Irrlehre entlarvt hatte, hielt sich dieses erste geschlossene logische System der Chemie weit bis ins 19. Jhdt.

Lavoisier untersuchte den neu entdeckten Sauerstoff (die Entdeckerehre teilen sich Priestley, Scheele und Lavoisier) gründlich. Er nahm an, daß er für den sauren Charakter von Stoffen verantwortlich sei. Er nannte ihn daher *Oxigine*, ein Wort, das wegen eines Verständnisfehlers von der Pariser Akademie in *Oxigène* (gr. oxis = Säure, gr. gennao = ich erzeuge) umbenannte wurde, woraus auch der Fachbegriff Oxidation und das Symbol O für Sauerstoff hervorgegangen sind.

Auch das Gas Wasserstoff war als "brennbare Luft" seit langer Zeit bekannt. Wasserstoff erhielt man zunächst, indem man Säuren auf Metalle einwirken ließ. Paracelsus schrieb, als er Vitriolöl (Schwefelsäure) zu Eisen gab: *"Luft erhebt sich und wirkt herfür als wie ein Wind"*. Er bemerkte aber nicht, daß die entwickelte "Luft" brennbar war. Dies stellte um 1700 *Lewery* fest, der die Entzündung des entstandenen Gases *"une fulmination violente et éclatente"* nannte [frz. la fulmination = Explosion]. Parcelsus und *Boyle* beobachteten auch die Explosion von Knallgas. *Lomonossow* erwähnt in seiner Abhandlung *"Über metallischen Glanz"* die Herstellung des Wasserstoffs durch Reaktion *"saurer Spiritusse"* (gemeint sind Säuren) auf Eisen und andere Metalle. Lomonossow nahm 1745 an, daß Wasserstoff als *"vapor inflammabilis"* [lat. "Feuerdampf"] reines Phlogiston sei. Auch *Cavendish* hatte als eifriger Anhänger der Phlogistontheorie denselben Gedanken. Bei ihm hieß der Wasserstoff *"inflammable air from metals"*. Er stellte ihn her aus verd. Schwefelsäure, die er zu Zink, Eisen oder Zinn gab. Er schreibt über seine Versuche: *"es fließt ihr (der Säure) Phlogiston weg, ohne daß sich die Natur der Säure geändert hat, und bildet brennbare Luft (= Wasserstoff) oder Phlogiston"*. Cavendish fand auch heraus, daß "Phlogiston" sich nicht in Wasser löst. Als er "Phlogiston" mit "Feuerluft"

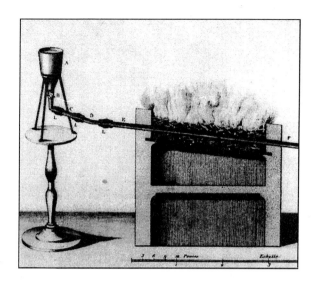

Röhrenofen von Lavoisier

(= Sauerstoff) mischte, kam es zu einer ungeheuren Explosion (Knallgas!), die ihn am Arm erheblich verletzte. Cavendish blieb zeit seines Lebens bei der falschen Annahme, daß das "Phlogiston" aus dem Metall entweiche. Erst Lavoisier räumte grundlegend mit dieser falschen Vorstellung auf. Er hatte - anders als seine Vorgänger - Wasserstoff aus glühendem Eisen entwickelt:

$$Fe + H_2O \longrightarrow FeO + H_2 \uparrow$$

Er konnte damit klar beweisen, daß der Wasserstoff aus dem Wasser kommen müsse. Über einen ähnlichen Versuch mit Platin schreibt 1863 *H.Sainte-Claire Deville* in den *"Annalen der Chemie und Pharmazie"*: *"Wenn man 1 bis 2 Kilogramm geschmolzenes Platin in Wasser gießt, ... so beobachtet man eine reichliche Entwicklung eines explosiven Gases, das aus Wasserstoff nebst einer gewissen Menge Stickstoff besteht, welcher letztere im Wasser gelöst war und durch die Wärme frei gemacht wird."* Deville bemerkte auch, daß Knallgas, wenn ihm ein unbrennbares Gas wie Stickstoff oder Kohlenstoffdioxid zugemischt wird, sich nicht entzünden läßt. Lavoisier sah keinen Grund, ein an ein Metall gebundenes Phlogiston anzunehmen. Einen weiteren Beweis dafür, daß die Phlogistontheorie eine Irrlehre der Chemie war, lieferte ihm die Synthese von Wasser aus Wasserstoff und Sauerstoff. Der Beweis, ein Fläschen von 45 cm^3 synthetischem Wasser (heute noch in Paris in der Académie des Sciences zu bewundern), kostete ihn 50.000 frs. Der Name Wasserstoff stammt übrigens nicht von Cavendish, sondern von Lavoisier, der ihn in seiner *"Neuen Nomenklatur der Chemie"* als *hydrogène* (lat. hydrogenium, von gr. hydor = Wasser und gr. gennao = ich erzeuge) bezeichnete. Im Jahre 1785 schrieb der Herausgeber der "Annalen" *Crell: " Unter den jetzigen Entdeckungen ist keine so unerwartet und auffallend als die Erscheinung, daß wenn eine Mischung von "Feuerluft" und "brennbarer Luft" angezündet wird, beide Luftarten zu verschwinden scheinen und statt dessen Wasser im gleichen Gewicht der zerstörten luftförmigen Stoffe erscheint "*.

Schon Cavendish hatte erkannt, daß Wasserstoff sehr leicht war und sofort nach

Wasserstoffentwickler   Aerostatischer Mann

oben stieg. Dazu finden wir in der "Laienchemie" von Postel einen interessanten Versuch: *"Man verbinde mit dem Ausgangsrohr der Flasche, in welcher Wasserstoff entwickelt wird eine Thon- (oder sogenannte Gypspfeife), in deren Kopf man etwas Seifenwasser gegossen hat. Die luftdichte Verbindung verschiedener Röhren bewirkt man am leichtesten durch Kautschouk (Gummi elasticum). Indem das Gas durch diese strömt, bildet es Seifenblasen, welche in der Luft emporsteigen, und welche man mit einem brennenden Fidibus* [= gefalteter Papierstreifen zum Pfeifeanzünden, Scherzwort ohne tiefgründige Etymologie] *anzünden kann. Das Aufsteigen der Seifenblasen ist eine Folge der oben besprochenen Leichtigkeit des Wasserstoffgases, welches 141/2 mal so leicht ist, als die atmosphärische Luft. Daher entweicht es so rasch aus unverschlossenen Gefäßen... Ein mit Wasserstoff gefüllter Luftballon (eine sog. Charlière) steigt in der atmosphärischen Luft mit großer Leichtigkeit empor."*

Wiegleb schreibt 1793 in seiner "Magie" über dasselbe Thema: *"Nachdem Cavendisch um das Jahr 1766 die große Leichtigkeit der brennbaren Luft (Wasserstoff) entdeckt hatte, kam D. Black in Edinburgh ein oder zwey Jahre darauf zuerst auf den Gedanken, daß eine dünne Blase, mit solcher Luft gefüllt, in die Athmosphäre aufsteigen würde, ohne jedoch Versuche darüber anzustellen. Cavallo, der diesen Gedanken ebenfalls gehabt hatte, fing im Jahre 1782 eine Reihe von Versuchen hierüber an, fand aber das Papier, in welches er die brennbare Luft einschließen wollte, zu durchdringlich, die Schweinsblasen hingegen zu schwer. Das einzige was ihm gelang, war, Seifenblasen mit brennbarer Luft gefüllt, hervorzubringen, welche aufstiegen und an der Decke des Zimmers zerplatzten."*

Interessant ist in diesem Zusammenhang auch eine Karikatur von 1783, die des "aerostatischen Mannes". Nach Wiegleb ist ein aerostatischer Luftball *"eine Maschine, welche in der uns umgebenden Luft von selbst aufsteigt."* Die Karikatur zeigt einen Mann, der mithilfe einer Klistierspritze mit Wasserstoff gefüllt wurde. Der dadurch "erleichterte" Mann fliegt aus dem Fenster eines Gebäudes. Der heitere Gesichtsausdruck des "Fliegers" widerlegt die oft gehegte Behauptung, sein "getankter" Wasserstoff habe sich zufällig an einer Kerze entzündet und ihm einen kräftigen Schub ins Freie verliehen.

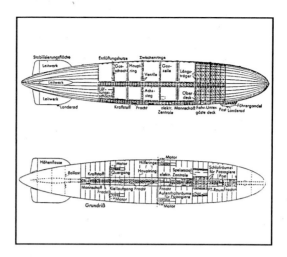

Füllen einer Charliere   Zeppelin

Die oben von Postel erwähnte Charlière wurde von dem Physiker Jacques Alexandre Cesar *Charles* erfunden. Sie setzte sich aus gummierten Taftstreifen (Taft = mattglänzender Seidenstoff) zusammen, die Charles zu einem Ballon von 4m Durchmesser zusammenfaßte. Den Wasserstoff für die Ballonfüllung stellte er mühsam durch chem. Reaktion von verd. Schwefelsäure mit Eisenspänen her. Am 27. Aug. 1783 ließ er in Paris auf dem Marsfeld seinen ersten Wasserstoffballon aufsteigen. Dieser schoß in 2 Minuten 3000 m in die Höhe. Durch die dünner werdende Luft nahm der Ballon so stark an Volumen zu, daß er schließlich zerplatzte. In einer Entfernung von 17 km vom Ausgangspunkt fiel der fledermausgraue Stoffsack des Ballons bei Bauern, die an den Teufel glaubten, auf einem Feld herunter. Diese zerfetzten die Ballonreste völlig. Charles verbesserte den Ballon. Er erhielt einen Kautschuküberzug, eine Gondel, Reißklappen und ein Barometer. Am 1. Dez. 1783 stieg Charles mit seinem Ballon auf. Am 7. Jan. 1785 überquerte François *Blanchard* mit einer Charlière den Atlantik. Ballonfahren mit Wasserstoff kam aber nie richtig in Mode.

Dagegen machte das im Jahre 1899 von Graf *v. Zeppelin* erfundene Starrluftschiff, *Zeppelin* genannt, Karriere. Es bestand aus einem Aluminiumgerippe. Die Hülle setzte sich aus wasserstoffgefüllten Zellen zusammen. Unter dem Luftschiff hingen Gondeln (Kabinen für Mannschaft und Passagiere). Das 1. Luftschiff war 128m lang und wurde durch Propeller angetrieben. Die Luftschiffe beförderten Passagiere, Fracht und Luftpost. Das Luftschiff "Graf Zeppelin" flog 1929 in nur 10 Tagen um die ganze Welt. Die Luftschiffzeit ging gerade mit dem schönsten und größten Luftschiff, der "Hindenburg" (Länge: 248m, Durchmesser: 41m, Geschwindigkeit: 125 km/h) zu Ende. Am 6. Mai 1937 explodierte es bei der Landung am Ankermast von Lakehurst/ USA. Dieses Unglück zeigte wiederum die große Gefährlichkeit und Explosivität des Wasserstoffgases. Schon *Döbereiner* bemerkte im Jahre 1836 in seinem "populären Experiment" zu Knallgas: *"Wer die zerstörende Wirkung des explodierenden Knallgases kennt, wird einsehen, daß man sich beim Gebrauche des eben beschriebenen Apparates [Zündmaschine] höchst vorsichtig genehmen müsse. Will man angehende Experimentatoren mit jener Wirkung bekannt machen, so fülle man*

2 hohe starke Glaszylinder von 8 bis 10 Kubikzoll Capacität mit reinem Knallgas an und lasse dann in den einen der Cylinder einige Staubtheilchen Platinschwarz fallen: das Knallgas wird augenblicklich, wie vom Blitz entzündet, explodiren und zwar mit einem fast betäubenden Knalle, wenn die Cylinder hoch und eng sind... Diese Versuche dienen nicht allein zur Mahnung an Vorsicht beim Experimentiren mit Knallgas, sondern auch zur physikalischen Unterhaltung, denn sie überraschen jeden Beobachter, stellen die wunderbare, gleichsam magische Wirkung des Platins recht auffallend dar, und geben reichen Stoff zum Denken über die Ursache dieser Wirkung eines Metalles, welches seiner physischen Natur nach alle Eigenschaften der Trägheit der irdischen Materie in sich vereinigt und die Trägheit selbst zu repräsentieren scheint." Heute werden Ballons und Luftschiffe ausschließlich mit Helium gefüllt.

Experiment: Explosion im Kugeltrichter

Aufbau und Durchführung

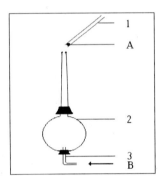

Geräte

1 Glasröhre
2 Kugeltrichter
  (v. Kippschen Apparat)
3 Winkelrohr mit Stopfen

Stoffe

A Pt-Pd-Katalysator
B Wasserstoff aus Gasflasche,
  Stadtgas

Der Kugeltrichter eines Kippschen Gasentwicklers wird mit einem Winkelrohr mit Stopfen versehen und an einem Stativ befestigt. Aus einer Stahlflasche wird Wasserstoff eingeleitet, der mit Hilfe eines "ewigen Feuerzeugs" entzündet wird. Nun wird der Stopfen ruckartig aus dem Kugeltrichter entfernt.

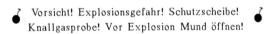

Vorsicht! Explosionsgefahr! Schutzscheibe!
Knallgasprobe! Vor Explosion Mund öffnen!

Beobachtung

Das Gas läßt sich durch ein "ewiges Feuerzeug" (Pt-Pd-Kat) entzünden. Das zugeführte Gas brennt am Ende des Kugeltrichters in einer meterlangen Flamme ruhig ab. Nachdem der Stopfen mit dem Zuleitungsrohr entfernt ist, wandert die Flamme von oben in die Kugel hinein. Es knallt ohrenbetäubend. Die Glaskugel zeigt einen Beschlag von Wassertröpfchen.

Erklärung

Der Pt-Pd-Tonerde-Kat des "ewigen Feuerzeugs" glüht im Gasstrom hell auf. Dadurch entzündet sich das Wasserstoffgas (oder wasserstoffhaltige Stadtgas). Durch die Entfernung des Zuleitungsrohres wird die Gaszufuhr abgestoppt. Das noch im Trichterrohr vorhandene Gas brennt langsam von oben nach unten ab. Man sagt auch: "die Flamme schlägt zurück". Es entsteht eine "wandernde Flamme", die auch bei der *Knallgasprobe* und beim *Durchschlagen des Bunsenbrenners* auftritt. Während die Wasserstoffflamme langsam herunterbrennt, strömt Luft durch die untere Öffnung des Kugeltrichters ein. Luftsauerstoff und Wasserstoff vermischen sich durch Diffusion. Es bildet sich *Wasserstoffknallgas.* Sobald die Flammenfront der "wandernden Flamme" dieses Mischgas erreicht, explodiert es mit fürchterlichem Knall. Dabei bildet sich *Wasserdampf,* der an der kalten Glaswand zu Wassertröpfchen kondensiert nach folgender Synthesegleichung:

$$2 H_2 + O_2 \longrightarrow 2 H_2O$$

Tips und Tricks

a. Der Wasserstoff wird mit nicht zu starkem Druck durch die Apparatur geleitet, da sonst der Stopfen mitsamt Zuleitungsrohr wegfliegt. Das ausströmende Gas erzeugt einen scharfen Pfeifton.

b. Die Apparatur vor dem Entzünden gut mit Wasserstoff "durchspülen", damit auch Luftreste im Kugeltrichter ausgetrieben werden! Die *Knallgasprobe* ist unerläßlich. Da am Anfang die Knallgasprobe meist positiv ausfällt, mehrere Reagenzgläser bereitlegen! Jede Knallgasprobe erfordert ein frisches Reagenzglas, da es sonst leicht vorkommt, daß noch ein "wanderndes Flämmchen" im Reagenzglasinneren abbrennt und die Wasserstoffflamme unbeabsichtigt entzündet.

c. Der "ewige Gasanzünder" besteht aus einer Glasröhre, in die eine Pt-Pd-Tonerdekugel knapp hineinpaßt. Die Katalysatorkugel wird in die Öffnung der Röhre mit leichtem Fingerdruck eingeschoben. Natürlich kann man auch einen im Handel erhältlichen "ewigen Gasanzünder" benutzen. Diese Art von Gasanzünder wirkt nur bei Wasserstoffgas oder bei wasserstoffhaltigen Mischgasen (Stadtgas). Gerade bei Anfängern kann es beruhigend sein, wenn der Gasanzünder auf einer langen Stange sitzt und sie deshalb etwas weiter "vom Schuß" sind.

d. Beim Entzünden des Wasserstoffgases soll sich eine *Schutzscheibe* zwischen Apparatur und Experimentator befinden. Man benutze auf jeden Fall eine *Schutzbrille.* Auch ein *Splitterkorb* aus engem Maschendraht (Faradaykäfig aus der Physik) zum Abfangen von Glassplittern kann eingesetzt werden. Er hat aber den Nachteil, daß die Sicht auf die Apparatur behindert wird.

e. Die Wasserstoffflasche sollte strategisch günstig aufgebaut sein, so daß der Gasstrom mit einem Handgriff jederzeit gedrosselt werden und notfalls völlig gesperrt werden kann. Meist ist am Anfang der Wasserstoffdruck zu hoch eingestellt, so daß sich eine bis zur Decke des Experimentiersaales reichende Stichflamme ergeben kann. Der Arbeitsdruck am rechten Manometer ist so einzuregulieren, daß der Wasserstoff mit flutender, nicht zu hoher Flamme ruhig abbrennt.

f. Nachdem der Stopfen mit Gasableitungsrohr vom Kugeltrichter abgezogen ist, sollte der Experimentator schnell vor der Schutzscheibe "abtauchen" und dabei auch unbedingt den Hahn der Gasflasche schließen. Die vorher gelbe Flamme wird zusehends kleiner und färbt sich fahlblau, so daß sie nur noch schwer zu erkennen ist.

g. Die langsam im Trichterrohr absinkende "wandernde Flamme" ist für das Publikum sehr eindrucksvoll und nur bei schwacher Beleuchtung zu beobachten. Bei

24   der Zündung des Knallgasgemisches wird ein bläulicher Lichtblitz sichtbar, der von einem überlauten Explosionsknall begleitet wird. Es muß unbedingt vorgewarnt werden, daß der Versuch nur für Leute mit starken Nerven ist und der Mund geöffnet sein soll. Sonst kann (wie bei Kanonendonner oder Düsenjägerknall) das Trommelfell geschädigt werden.

h. Statt reinem Wasserstoffgas kann selbstverständlich auch Stadtgas verwendet werden, das meist einen Wasserstoffgehalt von 50% hat. Der Versuch ist dann weniger riskant, knallt aber auch nicht so schön.

i. Nur Kugeltrichter mit großer Kugel, z.B. aus einem "Kipp" von 1 Liter Volumen, eignen sich. Es kommt auf das Verhältnis von Kugelgröße und Rohröffnung an. Ist der Röhrendurchmesser sehr klein, erreicht die Flammenfront die wasserstoffgefüllte Kugel, ehe sie sich mit Luftsauerstoff durchmischen konnte und der Knalleffekt ist minimal. Das Optimale kann nur durch Probieren ermittelt werden. Der Versuch läßt sich sehr gut einsetzen, um die Gefährlichkeit von austretendem Gas in Haushalt (Stadtgasexplosion) und Industrie (Gasometerexplosion) zu demonstrieren.

j. **Sicherheitshinweise**

- *Wasserstoff* ist hochfeuergefährlich! Es bildet sich mit Sauerstoff leicht *Knall-* *gas.* Eine *Knallgasprobe* sollte durchgeführt werden! *Schutzscheibe* aufstellen! *Schutzbrille!* Nur dickwandige Gefäße verwenden!

Glossar und Zusätze

"Ewiges Feuerzeug" (Gasselbstzünder). Man versteht darunter einen *katalytischen Gasanzünder*, wie er im Experiment (Glasröhre mit darin versenkter Platin-Palladium-Tonerdekugel) verwendet wurde. Käufliche Gasanzünder enthalten an dünnen Drähten aufgehängte Pillen aus *Platinmohr*, die sich in einem Gas-Luft-Gemisch, aber auch in reinem Wasserstoff bis zum Glühen erhitzen und das Gas entzünden. "Ewig" heißt der Gasanzünder, weil er sich nicht "verbraucht" und dadurch unbegrenzt lange einsetzbar ist. Neben kat. Gasanzündern sind *Reibzünder* im Gebrauch, bei denen durch Reiben einer Cereisenlegierung (Feuerstein) an einem Stahlrad (wie beim Benzin-, oder Butanfeuerzeug) Funken erzeugt werden. *Elektrische Gasanzünder* arbeiten mit elektr. geheizten Glühdrähten oder mit *Piezoelektrizität.*

Gasexplosionen im Saarland [lat. explosio = Herausklatschen; Zerknall, Sprengschlag, Sprengung von innen nach außen; Gegenwort: Implosion]. Das größte Gasunglück im Saarland ereignete sich am 10. Februar 1933. Es kostete 60 Menschenleben, über 150 Menschen wurden verletzt. Bei diesem Unglück explodierte ein großes Gasometer in Neunkirchen. Die Explosionswelle war so stark, daß sie noch deutlich im ca. 30 km entfernten Saarbrücken wahrnehmbar war. Ein Gasleitungsbruch oder Gasleck reichen oft aus, ein Haus in die Luft zu sprengen. Oder es trifft eine Telefonzelle, die durch eingedrungenes Gas explodiert. In Elversberg war 1990 in ein Haus, das selbst keinen Gasanschluß besaß, von außen Gas eingedrungen, das entzündet wurde. Zündquelle kann die elektrische Hausklingel, ein Funken im Lichtschalter oder der Funken eines elektrischen Geräts sein.

Knallgas. Leicht (oft schon durch die Energie eines Blitzlichtes) explodierendes Gasgemisch. Es sind viele Knallgasgemische bekannt, z.B. *Wasserstoffknallgas* ($H_2 : O_2$ = 2:1) oder *Chlorknallgas* ($Cl_2 : H_2$ = 1:1). Die Zahlen bedeuten Volumenverhältnisse. Wasserstoff hat einen *unteren Explosionsbereich* von 4 Vol.-% und einen *oberen Explosionsbereich* von 75 Vol.-%! *Vorsichtsmaßnahmen:* Splitterkorb, Splitterschutzwand aus Sicherheitsglas, Sicherheitsbrille, Umwickeln von Glasapparaturen mit einem feuchten Tuch, Sicherheitsabstand von mindestens 3 m, Knallgasprobe mit frischem Reagenzglas, nur kleine Gasmengen zur Explosion bringen!

Knallgasbakterien (Wasserstoffbakterien). Bei der organischen Verwesung tritt Wasserstoffgas in kleinen Mengen auf. Der freie Wasserstoff wird von sog. Knallgasbakterien in einer langsamen Oxidation zu Wasser umgesetzt nach der Gleichung

$$2\ H_2 + O_2 \longrightarrow 2\ H_2O + Energie$$

wobei die Bakterien die freiwerdende Energie für ihre Lebenvorgänge nutzen.

Knallgasprobe. Bei Wasserstoffexperimenten besteht leicht die Gefahr, daß sich durch Undichtigkeiten der Apparatur oder dadurch, daß die Apparatur nur ungenügend mit Wasserstoffgas durchspült wurde, Knallgas bildet und explodiert. Da häufig bei Wasserstoffexperimenten noch Säuren im Spiel sind, kann eine solche Explosion zu schlimmen Körperverletzungen und Sachschäden führen. Daher muß *vor jedem* Experiment mit Wasserstoff durch eine Knallgasprobe festgestellt werden, ob eventuell eine explosible Gasmischung vorliegt. Bei der *Knallgasprobe* wird das zu prüfende Gasgemisch durch Luftverdrängung in ein nach unten geöffnetes, schräggehaltenes Reagenzglas eingefüllt. Das Glas wird mit dem Daumen dicht verschlossen, einer Zündquelle genähert und geöffnet. Hört man beim Zündversuch einen *scharfen Pfeifton*, so liegt ein Wasserstoff-Sauerstoff-Gemisch im Explosionsbereich (Knallgas) vor. Es muß gut mit Wasserstoff gespült werden. Eine Wiederholung der Knallgasprobe ist anzuraten. Erst bei einer leichten *Verpuffung*, die sich als "Plopp"-Ton äußert, darf gezündet werden. Jetzt überwiegt der Wasserstoffanteil. Das Volumenverhältnis Wasserstoff zu Sauerstoff liegt außerhalb des Explosionsbereichs. Sollte bei der Knallgasprobe kein Ton zu hören sein, überwiegt noch der Luftanteil, der Wasserstoff ist wahrscheinlich noch nicht am Apparatende angelangt!

Stadtgas (Leuchtgas). Wird aus Braun- oder Steinkohle in *Kokereien* unter Luftabschluß (durch trockene Destillation) gewonnen. Es läßt sich zu Heizzwecken (Gasherd, Warmwasserbereitung, Heizung) und Beleuchtungszwecken (Gaslaternen, früher sogar in Häusern verbreitet) verwenden. Stadtgas setzt sich zusammen aus 50% Wasserstoff, 33% Methan und etwa 7% Kohlenstoffmonooxid. Stadtgas ist wegen seines Wasserstoffgehaltes hochexplosibel und wegen seines Kohlenmonooxidgehaltes hochgiftig. Zur Warnung und zur Erkennung bei Leckagen wird dem Stadtgas ein übelriechender Stoff beigemischt. Im Saarland wird das Stadtgas immer stärker durch *Erdgas* ersetzt. Dieses setzt sich zu 80 bis 100% aus Methan (Grubengas, Sumpfgas) zusammen, einem farblosen, geruchlosen und ungiftigen Gas, das mit Luftsauerstoff aber ebenfalls hochexplosible Gemische bildet.

Versuch: Explosion eines Kinderluftballons. Ein Kinderluftballon wird mit Wasserstoff gefüllt und mithilfe einer Büroklammer verschlossen. Man läßt ihn über dem Tisch des Hörsaals (nie über Personen) in die Höhe steigen. Eine Kerze oder ein Brenner am Stiel wird dem Ballon genähert: Er zerplatzt unter heftigem Knall mit Feuererscheinung. *Erklärung:* Durch die Gummihülle des Ballons dringt durch *Diffusion* Luftsauerstoff ein, so daß im Inneren Knallgas entsteht. Je nach Wartezeit ist die Explosion unterschiedlich intensiv. Nach einem Tag ist der Wasserstoff fast vollständig aus dem Ballon herausdiffundiert: der Ballon sinkt von der Raumdecke herab, eine Explosion ist nicht mehr möglich. *Sicherheitshinweise:* Luftballons zur Volksbelustigung dürfen nicht mit reinem Wasserstoff gefüllt werden, da sie in geschlossenen Räumen, Verkehrsmitteln oder belebten Plätzen leicht durch Zigaretten entzündet werden können. Gefüllt wird mit Stadtgas oder Helium.

Lötrohr und Bunsenscher Brenner

Am Anfang der Chemie war Feuer das wichtigste Agens. Schon im 13. Jhdt. konstruierte man Destillations- und Schmelzöfen. Von den Arabern wurde der *Athanor* [gr. athanatos = ewig, immerwährend], eine Art Dauerbrandofen übernommen, *"dessen Brennmaterial sich immer wieder von selbst aus einem größeren Vorrathe ersetzte."* Im 15. Jhdt. erfand man den *Galeerenofen,* in dem man gleichzeitig viele chemische Prozesse ablaufen ließ. Die Öfen wurden mit Holz, Steinkohle (schon von *Theophrast* im 4.Jhdt. v.u.Z. erwähnt), Torf oder getrocknetem Dung beheizt und waren sehr schwierig zu regulieren. Hohe Temperaturen wurden im 17. und 18. Jhdt. in Glas- und Porzellanöfen erzielt, aber auch Brennspiegel und Brennlupen brachten Temperaturen bis zu 1500 °C. Diese hatten den Vorteil, daß chemische Reaktionen nicht durch "Feuerteilchen" verunreinigt wurden. Waren nur niedrige, aber gleichmäßige Temperaturen verlangt, bediente man sich eines Wasser-, Asche-, Sand- oder Eisenfeillichtbades, aber auch Gärungsprozesse, z.B. in Dung oder Weintrester wurden zur Erzeugung gelinder Temperaturen eingesetzt.

Zur Untersuchung von Stoffen (z.B. Mineralien) benutzte man in der Chemie zunächst Kerzen und Öllampen, ab dem 16. Jhdt. die *Weingeistlampe* nach Postel *"am besten von Glas, - im Nothfalle genügt ein Dintenfaß, auf welches man vom Klemptner einen Dochthalter und einen Deckel (Dieser ist nothwendig, weil sonst der theure Spiritus zu rasch verdunstet.) von Blech besorgen läßt, - auch kann die ganze Lampe von Blech sein, und sind dergleichen bei jedem Klemptner vorräthig."* In *Lampenöfen* ließ sich die Wirkung der Lampen verstärken.

Außer dem Feuer wurden in der chemischen Experimentierkunst Gefäße eingesetzt. Diese stellte man zunächst aus Steingut her, das aber leicht porös und brüchig wurde und sich auflöste. Ab dem 13. Jhdt. kamen Glasgefäße auf. Der schwedische Chemiker Johann *Kunckel von Löwenstern* (1630 - 1702) für sein *"Kunckelglas"* genanntes Rubinglas berühmt, lehrte in seiner 1679 in Leipzig herausgegebenen *"vitraria experimentalis"* (Glasmacher-Kunst) das *"Glasblasen vor der Lampe"* als eine Kunst, die jeder Chemiker beherrschen müsse. Natürlich wurden Chemikergefäße auch aus Metallen geschaffen. Kupfer und Blei führten leicht zu Vergiftungen, Gold war äußerst teuer und zerschmolz in den Öfen, deren Hitze kaum beherrschbar war.

Probierofen mit Blasebalg

Silber reagierte leicht mit anderen Stoffe und war nicht haltbar genug. Schließlich entdeckte man die Vorzüge des Platins, die Justus v. *Liebig* so beschreibt: *"Ohne Platin wäre eine Mineralanalyse nicht ausführbar. Das Mineral muß aufgelöst, es muß aufgeschlossen, d.h. zur Auflösung vorbereitet werden. Glas und Porzellan, alle Arten von nichtmetallischen Schmelztiegeln, werden durch die zur Aufschlie-ßung dienenden Mittel zerstört, Tiegel von Silber und Gold würden in hohen Tem-peraturen schmelzen; das Platin ist wohlfeiler als Gold, härter und dauerhafter als Silber, in den gewöhnlichen Temperaturen unserer Öfen unschmelzbar, es wird durch Säuren, es wird von kohlensauren Alkalien nicht angegriffen, es vereinigt in sich die Eigenschaften des Goldes und des unschmelzbaren Porzellans. Ohne Platin würde heute vielleicht die Zusammensetzung der meisten Mineralien noch unbe-kannt sein."*

Ein großer Teil der Geräte und Verfahren der chemischen Experimentierkunst wurde einem Sonderzweig der Metallurgie, der sogenannten *Probierkunst* entlehnt. Georg *Agricola* (eigentlich Bauer; 1494 - 1555), ein bedeutender Mineraloge nennt in sei-nem Werk "De re metallica", das er 1550 in "Chemnitz im Hermundurenlande" herausgibt, u.a. Tiegel, Muffeln, Waagen, Windöfen und Blasebälge. Unter Probieren verstand man die quantitative Ermittlung von wirtschaftlich wertvollen Bestandteilen von Erzen, Zuschlägen oder Produkten. Agricola schreibt im siebten Buch der "re metallica" über die Probierkunst: *"... dieses Buch soll die Probierverfahren be-schreiben. Um nämlich die geförderten Erze gewinnbringend schmelzen und aus ih-nen durch Abtrennung der Schlacken reine Metalle darstellen zu können, ist es der Mühe wert, sie vorher zu probieren. ... Das Probieren der Erze, welches zur Er-mittelung des Metallgehaltes dient, unterscheidet sich von dem Verschmelzen der Erze nur durch die geringere Menge des verwendeten Gutes; dadurch, daß wir eine kleine Menge verschmelzen, erfahren wir, ob das Verschmelzen größerer Mengen uns Gewinn bringen wird oder nicht."*

Da zum Probieren hohe Temperaturen nötig sind, wird ein doppelseitig wirkender Lederblasebalg eingesetzt. Dieser drückt Luft in das metallhaltige Erz, wodurch die

 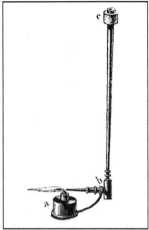

Löten mit dem Blasrohr · Ägypten 1475 v.u.Z.   Lötrohr mit Stichflamme

Temperatur so ansteigt, daß das Metall ausgeschmolzen wird. Lederne Blasebälge
waren schon im alten Ägypten von 1470 v.u.Z. hochentwickelt: Sie bestanden aus
zwei Tonzylindern, die mit einem Fell verschlossen waren. Die Fellmembranen
wurden abwechselnd heruntergetreten und dann mit einer Schnur hochgezogen. Die
Luft strömte durch ein langes Rohr mit einer Düse. Im Mittelalter wurde die Mus-
kelkraft des Menschen durch haustierbetriebene Göpel ersetzt. Durch Wasserkraft-
antrieb ließ sich die Leistung des Blasebalges weiter erhöhen.

Eine Möglichkeit, mit geringerem Aufwand Mineralien zu untersuchen, stellt die
Lötrohrprobierkunst dar, eine Analysenmethode auf trockenem Wege. Hierdurch
wurde die Anwendung des Feuers als Analysator bedeutend verbessert. In einem Bericht der *Accademia del Cimento* zu Florenz wird 1660 erwähnt, daß Glasbläser
durch ein feines Glasrohr in die Flamme bliesen und dadurch sehr hohe Temperaturen erzielten. Das Lötrohr fand auch bei Silber- und Goldschmieden Verwendung,
die mit ihm die zum Löten, d.h. zum Verbinden von Metallen nötige Temperatur
herstellten, wobei sie sich *"ihrer eigenen Wangen als Blasebalg bedienten"*. So
schrieben Schmidt und Drieschel in ihrer *"Naturkunde"* von 1906: *"Um eine Flamme
recht heiß zu machen, muß man ihr viel Luft zuführen. Dies tut der Schmied
durch den Blasebalg. Der Goldarbeiter erzeugt den Luftstrom durch das Lötrohr
und erhält durch ihn eine sehr heiße, spitze Stichflamme."*

Auch das Lötrohr ist (ähnlich wie der Blasebalg) eine uralte Erfindung der Menschheit. Die erste Abbildung finden wir auf einem Rollsiegel von 3200 v.u.Z., das man
in der sumerischen Stadt Susa gefunden hat. Die ersten Lötrohre bestanden aus
Schilf und hatten eine tönerne Spitze. Mit ihrer Hilfe wurde Luft in Holzkohlenfeuer
geblasen, um die Temperatur zu erhöhen. Sie lieferten eine heiße und spitze Stichflamme, die sich leicht auf Schmuckstücke lenken ließ. Das Lötrohr wurde schon um
3800 v.u.Z. in Ägypten zum Löten von Goldschmuckstücken benutzt. Günter *Bernsdorf* definiert das Löten in seinem neuzeitlichen Buch: *"Auf heißen Spuren"* folgendermaßen: *"Unter Löten versteht man das Verbinden von Metallen mit einem Lot,
dessen Schmelztemperatur niedriger als die der Metalle liegt."* Es wurden Draht

und Hohlkugeln auf Platten und Spangen aufgelötet. Als Lote verwendete man leichtschmelzende Gold-Kupfer- oder Gold-Silber (Elektron)-Legierungen. Später kamen Kupfer-Zinn-Legierungen (Bronzen) hinzu. Es wurden wahrscheinlich auch reine Zinnlote verwendet. In Ägypten lötete man mit Flußmitteln, um entstehende Oxide auf Metalloberflächen zu beseitigen. Möglich waren Weinstein, Alaun oder Harz. Im Zweistromland Mesopotamien wurde Soda (Natriumcarbonat), Pottasche (Kaliumcarbonat) und Pflanzenalkali (Mischung aus Soda, Pottasche und Kochsalz) als Flußmittel verwendet. Soda wurde als Mauerausblühung am Capauta-See eingesammelt, Pottasche gewann man vielleicht durch Glühen von Weinstein und Holzasche. Pflanzenalkali wurde durch Verbrennung von kalihaltigen Salzpflanzen (Halophyten), z.B. dem Glasschmalz, dem Salzkraut und der Salzmelde gewonnen. Auch das Bleilöten kam schon um 3400 v.u.Z. auf. So wurden unter den berühmten *"hängenden Gärten der Semiramis"* zur Bewässerung dienende Bleibehälter freigelegt, die bleigelötet (nach moderner Auffassung geschweißt, da zum Verbinden kein niedriger schmelzendes Metall verwendet wurde) waren.

Zeitweise wurde das Lötrohr auch in die Kriegstechnik eingeführt. So setzte *Hannibal* im Jahre 214 v.u.Z. blasebalgbetriebene Lötrohre mit Kohlestaubfeuerung ein, um sich den beschwerlichen Weg durch die Alpen freizusprengen. Um 100 u.Z. soll das Lötrohr als *Flammenwerfer* den bösen Feind in die Flucht geschlagen haben. Ein *"Feuerhandbuch"* des 16. Jhdt's erwähnt ein Blasrohr mit Schießpulverladung.

Von Johann *Kunckel* wird das Lötrohr in seiner *"Ars vitraria experimentalis"* für die Mineralanalyse empfohlen: *"Man nehme ein Stück Kohle, höhle es aus, lege einen Metallkalk hinein und blase mittels des Lötrohres eine feine spitze Flamme auf den Metallkalk."* Kunckel setzte also das Lötrohr zur Reduktion von Metalloxiden ein. Viele Chemiker haben seitdem das Lötrohr benutzt. So hat Georg Ernst *Stahl* (1660 - 1734), der Leibarzt des Preußenkönigs Friedrich I., mit den Oxidations- und Reduktionsprozessen, die sich mit dem Lötrohr zeigen lassen, seine irrige Phlogistontheorie untermauert. Er beschreibt in seinem 1702 erschienenen Werk *"Specimen Becherianum"* das Verhalten von Antimon- und Bleikalk, wenn sie auf der Kohle mit einem *"tubulo caementatario aurifabrorum"* [Lötröhrchen] erhitzt und reduziert werden. Auch Postel erläutert in seiner "Laienchemie" die Anwendung des Lötrohres: *"Für chemische Versuche im Kleinen so wie bei dem Löthen der Metalle leistet das Löthrohr dieselben Dienste. Es ist dies eine gekrümmte oder im rechten Winkel gebogene Röhre, in deren weiteres Ende der Experimentierende mit dem Munde Luft einbläst, welche durch die am anderen Ende befindliche feine Oeffnung in einem dünnen Strome zur Flamme gelangt. Das Blasen mit dem Löthrohre erfordert eine eigne Uebung, denn wenn der Luftstrom, wie er nothwendig ist, ununterbrochen fortgehen soll, so muß man durch die Nase athmen. Da das Löthrohr starke Hitze aushalten muß, so versieht man es in der Regel mit einer Platinspitze, durch deren Oeffnung das Gas ausströmt."*

Sehr eingehend wird von Postel die Lötrohrflamme und ihre Wirkung beschrieben: *"Die Lötrohrflamme besteht aus zwei deutlich zu unterscheidenden Lichtkugeln [heute Flammenkegel]. In dem bläulich gefärbten inneren befinden sich noch unverbrannte Kohlentheile, welche erst an der Spitze des gelben, schwächer leuchtenden, äußeren Kegels, wo die höchste Temperatur stattfindet, zu vollständiger Verbrennung gelangen. Bringt man nun auf einer passenden Unterlage, gewöhnlich mit einem Stückchen Holzkohle oder mittelst eines Platindrahtes, ein Metalloxyd, z.B.*

Reduktionsflamme   Lötrohrblasen am Platindraht

Kupferoxyd, in die innere Flamme, so verbindet sich der Sauerstoff des Oxydes mit dem glühenden Kohlenstoff der Flamme zu Kohlenoxyd oder Kohlensäure, und man erhält das reine Metall. Das Oxyd wird mithin entsauerstofft (desoxydiert) oder in den metallischen Zustand zurückgeführt (reducirt); daher heißt die innere Flamme Reductionsflamme. In der heißeren Spitze der äußeren Flamme hingegen können die Körper leicht geschmolzen werden, wobei sie durch den Sauerstoff der sie umgebenden Luft oxydiert werden, - daher heißt die äußere Flamme die Oxydationsflamme." Wie aus dem Text hervorgeht, bedient sich Postel schon einer recht modernen Redoxtheorie.

Johannes Andreas *Cramer* (1710 - 1777) empfahl in seinem 1739 herausgegebenen Werk *"Elementis artis docimasticae"* zur Prüfung von Metallen mit dem Lötrohr die Zugabe von Borax und den Einsatz eines Holzkohlenstückes. Er entwarf ein kupfernes *"Mundblasrohr"* mit Kugelknie, in dem sich der beim Blasevorgang abgesonderte Speichel sammeln konnte.

Weitere Verbesserungen der Lötrohranalyse wurden durch den Einsatz von Soda und Phosphorsalz, sowie die Anwendung einer Platindrahtöse erzielt. Von Andreas *Cramer* wurde in den 1774 herausgegebenen *"Anfangsgründen der Metallurgie"* ein Blaseapparat mit doppeltwirkendem Blasebalg empfohlen. Tobern *Bergmann* (1735 - 1784), Chemieprofessor zu Upsala, lehrte in einer 1779 erschienenen Abhandlung: *"Commentatio de tubo ferruminatorio..."*, die innere und äußere Lötrohrflamme zu unterscheiden. Außerdem empfahl er, neben Borax das Phosphorsalz zu verwenden. Als Lötrohrunterlage benutzte er außer Holzkohle silberne und goldene Löffelchen. Platindraht, zu einer Öse gebogen, wurde nachweislich von Johann Gottlieb *Gahn* (1745 - 1818) in die Lötrohranalyse eingeführt.

Das Lötrohrblasen wurde 1835 ausführlich von Carl Friedrich *Plattner* (1800 - 1858), Professor der Hüttenkunde in Freiberg in Sachsen, in seinem Werk *"Die Probirkunst mit dem Löthrohre"* beschrieben. Interessant ist ein kurzer Auszug aus Plattners Empfehlungen zum richtigen Lötrohrblasen: *"Das Blasen mit dem Löthrohre darf nicht*

Liebigs Laboratorium in Gießen, 1842

*mit den Lungen geschehen, weil man es in diesem Falle nicht lange aushalten und
einen ununterbrochenen Luftstrom auch nur auf sehr kurze Zeit hervorbringen
würde. Man holt durch die Nase Athem, füllt den Mund mit Luft und drückt diese
mit hülfe der Wangenmuskeln durch das Löthrohr. Während des Blasens verschließt
man den Gaumen, der gleichsam als Ventil dient, die Gemeinschaft der Brusthöhle
mit der Mundhöhle so lange, als der Mund hinreichend mit Luft gefülllt ist, und
lässt nun das Ein- und Ausathmen blos durch die Nase erfolgen."* Vielleicht versteht man nach der Lektüre dieses sehr gekürzten Anleitungstextes, warum die
Kunst des "atemlosen Blasens" aus der Mode gekommen ist. Es gab aber schon im
18. Jhdt. automatische Lötrohrgebläse, so daß sich die schwer erlernbare Atemtechnik erübrigte. Auch Freiherr Jöns Jacob v. *Berzelius* (1779 - 1848), Professor der
Chemie zu Stockholm, galt als Meister der Lötrohranalyse. Er bestimmte das Verhalten vieler Materialien vor dem Lötrohr *"mit einer Genauigkeit und Ausdauer, so
daß von dieser Seite die Kennzeichenlehre der Mineralogie mit Einem Male ein
neues und in großer Vollendung ausgearbeitetes Kapitel erhielt"* und beschrieb 1820
in einer speziellen Schrift dessen richtige Anwendung. Die Vorteile des Lötrohrs
sind seine unübertroffene Leichtigkeit und Beweglichkeit. Eine Kerze, ein Feuerzeug
oder eine kleine Lötlampe läßt sich überall hin mitnehmen und "vor Ort" anwenden.
Im chemischen Laboratorium gab es noch zur Zeit Justus v. *Liebigs* (1803 - 1873)
schwer zu handhabende Holzkohlenfeuerungen. Die Assistenten und Studenten mußten
Zylinder, Kappen oder Papiermützen tragen, um sich vor herumfliegendem Kohlenstaub zu schützen. Jacob *Volhard* (1834 - 1910), Professor der Chemie zu München,
schildert in seinem 1909 in Leipzig erschienenen Werk über Justus v. *Liebig* treffend
eine Laborszene: *"Auf dem Herd in der Mitte stehen einige kleine Öfen mit glühenden Kohlen; Gas gab es damals noch nicht, und die Weingeistflamme langte nur
für kleine Gefäße. Da dampft in einer großen Porzelanschale eine kochende Brühe,
dort destilliert man eine Säure aus einer mächtigen Glasretorte. Jetzt platzt die
Retorte, und die Säure fließt auf die glühenden Kohlen, und im Augenblick erfüllt
sich der Raum mit Qualm und ätzendem Dampf. Ventilation gibt es nicht, also
schnell werden Fenster und Türen aufgerissen und Meister und Gesellen flüchten*

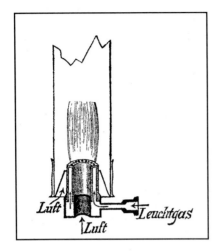

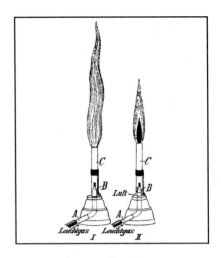

Argand-Brenner   Bunsenscher Brenner

sich ins Freie, bis sich der Qualm verzogen hat."

So war es eine wesentliche Verbesserung, als Robert Wilhelm *Bunsen* (1811 - 1899) in seinem neu erbauten Labor in Heidelberg eine Gasfeuerung einführte. R.W. Bunsen war bestrebt, die schwache und rußende *Spirituslampe* von *Berzelius*, die allgemein für Lötrohrarbeiten und zum Erhitzen kleiner Gefäße verwendet wurde, durch eine rußfreie Steinkohlengasflamme zu ersetzen. In Heidelberg produzierte seit 1853 eine "Leuchtgasanstalt" Steinkohlengas. Bunsen besaß einen englischen Gasbrenner, der nach dem Prinzip von François Pierre Ami *Argand* (1750 - 1803) arbeitete. Argand hatte 1784 einen Zylinderbrenner entwickelt, bei welchem dem Brenngas von innen und von außen Luft zugeführt wurde. Der englische Gasbrenner (durch eine Konstruktion nach Michael *Faraday* 1828 verbessert), besaß einen Kupferzylinder, der oben durch ein Drahtnetz verschlossen war, um ein Zurückschlagen der Flamme in den Brenner zu verhindern. Dieser lieferte eine nichtleuchtende Flamme, die aber sehr groß, von niederer Temperatur, unstetig und nicht regulierbar war.

Bunsen verlangte mehr von einem Laborgasbrenner. Er stellt durch Versuche fest, daß Leuchtgas, das aus einer engen Düse mit großer Geschwindigkeit in ein weites Rohr ausströmt, durch eine oder mehrere Öffnungen Luft in den Gasstrom einsaugt, so daß die Leuchtgasflamme genügend Sauerstoff erhält, um alle Kohlenstoffteilchen zu verbrennen. Es entstand eine rußfreie, "entleuchtete" Flamme, die heute allgemein "Bunsenflamme" genannt wird. Durch einen zylindrischen Schieber ließ sich die Flamme von "leuchtend bis rauschend" regulieren. Der 1855 entwickelte "Bunsensche Brenner" wurde 1857 in der zweiten *Abhandlung der photochemischen Untersuchung"* in Poggendorfs Annalen von Dr. R. Bunsen und Dr. H. Roscoe (183 - 1915) veröffentlicht. Bunsen hat durch seine Erfindung die Labortechnik revolutioniert. Im Science-Museum zu London ist eine Varietät des Bunsenbrenners zu bewundern: Der dort ausgestellte *"Argand style Bunsenbrenner"*, der 1883 von Thomas *Fletcher* (1840 - 1903) als Laborbrenner entwickelt wurde, arbeitet wie der Gasbrenner eines Gasherdes. Das Gaszuführungsrohr und die Luftzuführung sind waagerecht angeordnet. Das Gas-Luft-Gemisch strömt aus einer ringförmigen Düse (Argand-Prinzip), über der es abbrennt.

Bunsen hat neben seinem legendären Gasbrenner noch eine *Gebläselampe* für Glasarbeiten entwickelt, die durch starke Luftzufuhr hohe Temperaturen erzeugt. Bunsen war am Gebläsetisch äußerst geschickt und fertigte seine Glasgeräte selbst an. Sir Henry *Roscoe*, Bunsens Lieblingsschüler, schreibt in der am 29. März 1900 gehaltenen Gedenkrede: *"Seine Geschicklichkeit war bemerkenswert; seine Hände waren zwar groß und kräftig, dabei aber merkwürdig zart und geschickt. Er zeigte einen komischen Stolz auf seinen breiten Daumen, mit dem er das offene Ende eines großen, mit Quecksilber gefüllten Eudiometers verschließen konnte, so daß er im Stande war, es in der Quecksilberwanne umzukehren, ohne die kleinste Luftblase hineinzulassen; kleiner befingerte Sterbliche versuchten vergeblich, dies nachzumachen. Auch besaß er eine salamanderartige Fähigkeit, mit heißen Glasröhren umzugehen, und oft habe ich beim Blasetische gerösteten Bunsen gerochen und seine Finger rauchen sehen. Dann pflegte er ihre Temperatur dadurch zu erniedrigen, daß er sein rechtes Ohrläppchen zwischen den überhitzten Daumen und den Zeigefinger nahm, wobei er seinen Gefährten mit dem Lächeln des überwundenen Schmerzes ansah. Unter den Studenten ging der Scherz um, daß der Meister niemals eine Pinzette brauchte, um den Deckel von dem glühenden Porzellantiegel abzunehmen."*

Der Bunsensche Brenner kann als eine Weiterentwicklung des Lötrohres angesehen werden. Bunsen selbst beschreibt 1859 in *"Wöhlers und Liebigs Annalen"* in der Abhandlung *"Lötrohrversuche"*, wie man mit dem Bunsenbrenner typische Lötrohrversuche leichter und sicherer, sogar quantitativ ausführen konnte. Er untersuchte die Brennerflamme und fand für die Spitze des inneren Flammenkegels des äußeren Flammenmantels eine sehr hohe Temperatur. Bunsen schrieb: *"Diese Region, die ich den Schmelzraum nennen werde, benutzt man daher, um Körper auf ihr Verhalten bei einer ungefähr 2300°C betragenden Temperatur zu prüfen. Der äußere Rand dieses Schmelzraumes wirkt als Oxydationsflamme, das Innere desselben als Reductionsflamme, welche unmittelbar über dem Punkte b (Spitze des Flammenkegels) am kräftigsten reduciert."*

Weiterhin untersucht Bunsen mithilfe der hohen Flammentemperatur des Brenners und einer Salzperle in einer Platinöse die Flüchtigkeit von chemischen Stoffen. Er bestimmt Alkalimetalle quantitativ aufgrund von Flammenfärbungen, wobei er ein selbstkonstruiertes "Indigoprisma" benutzt. 1866 gibt Bunsen eine *"Abhandlung über Flammenreactionen"* (in Wöhler und Liebigs Annalen erschienen) heraus. In der Einleitung zu einer erweiterten Fassung dieser Schrift heißt es: *"Fast alle Reactionen, welche man mittels des Löthrohrs erhält, lassen sich, und zwar mit weit größerer Leichtigkeit und Präcision, in der Flamme der nicht leuchtenden Lampe unmittelbar hervorbringen. Dabei hat die Lampenflamme vor der Löthrohrflamme noch besondere Eigenthümlichkeiten voraus, die sich zu Reactionen verwerten lassen, durch welche die kleinsten Spuren mancher neben einander auftretenden Stoffe oft noch da mit Sicherheit erkennbar sind, wo das Löthrohr und selbst feinere analytische Mittel den Beobachter im Stiche lassen. Die Zahl der Reactionen, welche sich auf diese Weise hervorbringen lassen, ist so groß, daß ich hier nur die hauptsächlichsten derselben hervorheben kann und es denen, welche sich mit diesem Gegenstand vertraut machen wollen, überlassen muß, die hier beschriebenen Methoden nach nahe liegenden Analogien, noch weiter in anderen Richtungen zu verfolgen."*
Bei der "entleuchteten Flamme" unterscheidet Bunsen nach Georg *Lockemanns* Schrift *"Robert Bunsen, Lebensbild eines deutschen Naturforschers"* : *"1. die Flam-*

34

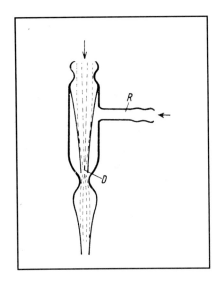

Bunsensche Wasserstrahlpumpe

*menbasis mit niedriger Temperatur, 2. den Schmelzraum etwas oberhalb des ersten
Drittels der ganzen Flammenhöhe mit der höchsten Temperatur, 3. den unteren
Oxydationsraum im äußeren Rande des Schmelzraumes, 4. den oberen Oxydations-
raum in der Flammenspitze bei völlig geöffneten Zuglöchern, 5. den unteren Re-
duktionsraum im inneren, dem dunklen Kegel zugekehrten Rande des Schmelz-
raums, 6. den oberen Reduktionsraum in der leuchtenden Spitze des inneren
Flammenkegels bei etwas vermindertem Luftzutritt durch die Zuglöcher."* Werden
Stoffe in diese einzelnen Flammenräume gebracht, lassen sich *"die meisten Elemente sicherer und empfindlicher nachweisen, als das nach dem hauptsächlich von
Berzelius ausgebildeten Lötrohrverfahren möglich ist."*

Der Bunsenbrenner ist auch Grundlage des Gasherdes und des später entwickelten
Auerlichts und damit der Gaslaterne. Zum Schluß sei noch eine weitere Erfindung
erwähnt: Die *"Bunsensche Wasserluftpumpe"*, heute kurz *"Wasserstrahlpumpe"*
genannt. Sie basiert auf demselben Prinzip wie der Bunsenbrenner (und übrigens
auch der Parfümzerstäuber und der Benzinvergaser): Wasser strömt mit großer
Geschwindigkeit aus einer Düse D aus und saugt die in der Umgebung befindliche
Luft an. Ein über das Saugrohr R angeschlossenes Gefäß wird evakuiert.

A. Versuche am Bunsenbrennermodell

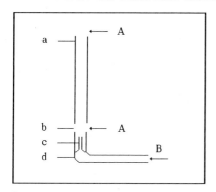

Gerät

a Kamin
b Luftlöcher
c Gasdüse
d Gaszuleitungsröhre

Stoffe

A Luft
B Brennstoff
(Stadt-, Erdgas)

Die nachfolgenden Versuche lassen sich gut an einem Bunsenbrennermodell aus Glas durchführen. Ist ein solches nicht vorhanden, läßt sich ein Modell auch leicht aus einer 15 cm hohen, schwerschmelzbaren Glasröhre mit 11 mm lichter Weite und einer dünnen, gebogenen Zuleitungsröhre mit Stopfen als Düse zusammenbauen.

Versuch 1: Das ausströmende Gas wird bei geschlossenen Luftlöchern entzündet.

Beobachtung und Auswertung 1: Nur an der Kaminöffnung des Brenners tritt zur Verbrennung notwendige Luft zu. Das Gas verbrennt mit einer langen Flamme, deren oberer Teil gelb leuchtet und daher *leuchtende Flamme* genannt wird. Die Flamme ist nicht heiß.

Versuch 2: Die Luftlöcher werden soweit geöffnet, bis die Flamme nicht mehr gelb leuchtet.

Beobachtung und Auswertung 2: Im Kamin des Brenners wird das Brenngas mit Luft durchmischt. Ein weiterer Teil der zur Verbrennung notwendigen Luft tritt an der Brenneröffnung hinzu. Die Flamme hat eine hohe Temperatur. Da die Flamme nicht mehr leuchtet, spricht man von einer *entleuchteten Flamme* oder zu Ehren von R. Bunsen auch von der *Bunsenflamme*.

Versuch 3: Die Luftlöcher des Brenners werden vollständig geöffnet. In den inneren Flammenkegel wird ein Glimmspan quer hineingehalten. Ein gewinkeltes Glasrohr wird in den Flammenkegel eingeführt.

Beobachtung und Auswertung 3: Es wird deutlich ein hellblauer innerer, scharf begrenzter Flammenkegel und ein äußerer Flammenmantel sichtbar. Der Flammenkegel enthält ein unverbranntes Gas-Luft-Gemisch und ist deshalb relativ kühl. Dies zeigt sich daran, daß der in die Flamme hineingehaltene Holzspan nur am Rande verkohlt. Dies weist auf hohe Temperaturen im Flammenmantel hin. Die Mitte des Holzstabes verbrennt nicht. Am Ende des eingeführten Glasrohres läßt

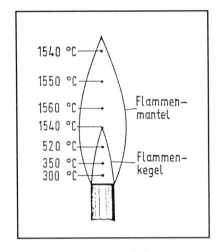

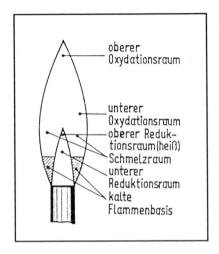

Temperaturbereiche   Reaktionsbereiche

der Bunsenbrennerflamme

sich das noch unverbrannte Gasgemisch als *Tochterflamme* entzünden. Das Gas brennt unter lautem Geräusch ab. Man spricht von einer *rauschenden Flamme*. Das Rauschen entsteht, weil Gas und Luft sich im Kamin unvollständig durchmischen, was zu Turbulenzen führt.

Versuch 4: Die Gaszufuhr wird bei geöffneten Luftlöchern gedrosselt.

Beobachtung und Auswertung 4: Beim Glasmodell läßt sich schön beobachten, wie die Flamme schon nach kurzer Zeit in den Kamin bis zur Brennerdüse hineinwandert (*"wanderndes Flämmchen"*) und auf der Brennerdüse weiterbrennt. Dadurch heizt sich das Unterteil des Brenners so stark auf, daß der Gummischlauch zu schmoren beginnt. Man spricht vom *"Durchschlagen des Brenners"*. Dieses läßt sich vermeiden, wenn man vor dem Entzünden des Gases die Luftlöcher des Brenners schließt. Ist ein Brenner durchgeschlagen, muß das Gas sofort abgestellt werden.

B. Voranalysen mit dem Bunsenbrenner

Die Bunsenbrennerflamme zeigt sehr unterschiedliche Temperaturbereiche. Außerdem unterscheidet man bei der entleuchteten und rauschenden Bunsenbrennerflamme Oxydations- und Reduktionsräume. Mithilfe einer Borax- oder Phosphorsalzperle lassen sich gute Voranalysen von Metallsalzen durchführen.

Versuch 1: Analyse von Cobalt(II)-sulfat im Reduktionsraum

In der Brennerflamme wird ein Magnesiastäbchen (oder eine Platinöse) erhitzt und in Borax getaucht. Es bildet sich nach mehrfacher Drehbewegung eine Boraxperle am

Stäbchenende. Die kalte und angefeuchtete Boraxperle wird in Cobalt(II)-sulfat getaucht und in der Reduktionszone der Bunsenbrennerflamme hoch erhitzt. Man kühlt die Substanz im inneren Flammenkegel ab.

Beobachtung und Auswertung 1: Es bildet sich eine glasartige *Reduktionsperle*, die in heißem und kaltem Zustand blauviolett gefärbt ist. Die blauviolette Farbe weist auf Cobalt hin. Borax (Natriumtetraborat) bläht sich zunächst unter Kristallwasserverlust auf und schmilzt zu einer glasartigen Perle zusammen, in der sich das Metalloxid löst. Es entsteht ein charakteristisch gefärbtes Borat nach folgender Reaktionsgleichung:

Borax + Cobaltsulfat $\longrightarrow$ Natriummetaborat + Cobaltmetaborat + Schwefeltrioxid
$Na_2B_4O_7 + CoSO_4 \longrightarrow 2\,NaBO_2 + Co(BO_2)_2 + SO_3$

Man arbeitet in der Oxydations- und auch in der Reduktionsflamme, weil durch unterschiedliche Oxidationsstufen unterschiedliche Färbungen hervorgerufen werden. Arbeitet man in der Reduktionsflamme, ist ein Abkühlen der Substanz im inneren Flammenkegel unumgänglich, um eine erneute Oxidation zu verhindern.

Versuch 2: Analyse von Kupfer(II)-oxid im Oxidationsraum

Wie in Versuch 1 wird nun Kupfer(II)-oxid mithilfe von Borax an einem Magnesiastäbchen in einer Perle gelöst, dann aber in den Oxidationsraum der Flamme gehalten.

Beobachtung und Auswertung 2: Es bildet sich eine *Oxidationsperle*, die in heißem Zustand blaugrün, in kaltem Zustand blaugrün bis hellblau ist. Die Farben im heißen und kalten Zustand weisen auf Kupfer hin.

C. Voranalysen mit dem Lötrohr

Besonders zur Reduktion von Metallsalzen läßt sich das Lötrohr zusammen mit dem Bunsenbrenner hervorragend einsetzen. Das heute gebräuchliche Lötrohr besteht aus einem Metallrohr R mit Mundstück M und seitlicher Düse D. Man bläst mit dem Lötrohr in den Flammenmantel der leuchtenden Bunsenbrennerflamme ein und erhält eine reduzierend wirkende Stichflamme.

Versuch 1: Lötrohranalyse von Nickel(II)-oxid

In die Vertiefung eines *Lindenholzkohlenstücks* werden 1 Spatelspitze Nickel(II)-oxid und 2 Spatelspitzen Soda sowie zur Befeuchtung 1 Tropfen Wasser gegeben. Es wird mit der reduzierenden Flamme des Lötrohres erhitzt.

Beobachtung und Auswertung 1: Das Gemisch schmilzt zusammen und wird blasig. Nach dem Erkalten wird auf Beschlag und Metall geprüft. Es bilden sich graue, magnetische Metallflitter ohne Beschlag. Es könnten auch Eisen und Cobalt vorliegen. Es sollte auch mit einer Boraxperlenreaktion geprüft werden. Die Reduktionsperle bei Nickel zeigt in kaltem Zustand eine violettgraue bis graue Farbe vom ausgeschiedenen Metall. Bei Eisen dagegen färbt sich die kalte Reduktionsperle flaschengrün, bei Cobalt blauviolett.

Versuch 2: Lötrohranalyse von Silber(I)-oxid und Blei(IV)-oxid

Die Analyse dieser beiden Oxide wird ausgeführt wie in Versuch 1 beschrieben.

Beobachtung und Auswertung 2

a) Das schwarze Silber(I)-oxid ergibt duktiles, weißes Silber ohne Beschlag.
b) Das braune Blei(IV)-oxid bildet ein duktiles weiches Metallkorn mit gelbem Beschlag. Zur Unterscheidung von Silber kann man mit verd. Salpetersäure prüfen.

Tips und Tricks

a. Viele Verbindungen lassen sich nur sehr schwer zum Metall reduzieren. Es hilft dann ein Zuschlag von einem Körnchen Zinn(II)-chlorid ($SnCl_2$)!
b. Reduktionen verlaufen in der Boraxperle leichter als in der Phosphorsalzperle ab. Außerdem sind die Reaktionen in der Boraxperle empfindlicher und charakteristischer als in der Phosphorsalzperle.
c. Tabelle zur Boraxperlenfärbung (Auswahl)

Oxidationsperle		Metall	Reduktionsperle	
heiß	kalt		heiß	kalt
farblos	farblos	**Blei**	farblos	grau
gelbgrün	grünoliv	**Chrom**	blaugrün	blaugrün
blauviolett	blauviolett	**Cobalt**	blauviolett	blauviolett
rotbraun	orange/gelb	**Eisen**	gelbgrün	flaschengrün
blaugrün	hellblau	**Kupfer**	farblos	rotbraun
rotviolett	rotviolett	**Mangan**	farblos	farblos
rotbraun	rotbraun	**Nickel**	violettgrau	violettgrau
farblos	farblos	**Silber**	farblos	grau
rot	rot	**Zinn**	farblos	rotbraun

d. Tabelle zur Lötrohrprobe (Auswahl):

Metall ohne Beschlag	duktil, weiß: Ag, Sn
	gelbe Metallflitter: Cu
	graue, magn. Metallflitter: Co, Fe, Ni
Metall mit Beschlag	duktiles Metallkorn, gelber Beschlag: Pb
	sprödes Metallkorn, weißer Beschlag: Sb
	sprödes Metallkorn, gelber Beschlag: Bi
Beschlag ohne Metall	weiß, Knoblauchgeruch: As
	weiß, in Hitze gelb: Zn
	braun: Cd

e. Die Lötrohrversuche können auch ohne Bunsenbrenner, z.B. in einer Kerzen- oder noch besser Spiritusflamme durchgeführt werden. Auch Lötlampen sind geeignet.

f. Gleichmäßiges Lötrohrblasen: Es kommt darauf an, während des Blasens aus dem Mund gleichzeitig ruhig durch die Nase weiterzuatmen.

g. Damit Substanzen, die auf einem Holzkohlenstück reduziert werden sollen, durch den hohen Atemdruck nicht fortgeblasen werden, gräbt man mit einem Metallspatel, einer Münze oder einem kleinen Messer eine Vertiefung ein. Es sollte die zwei- bis dreifache Menge Soda und ein Tropfen Wasser zugefügt werden.

h. *Sicherheitshinweise*

    - *Blei(IV)-oxid* ist mindergiftig.

    - *Cobalt(II)-sulfat* ist toxisch. Besonders auf Stäube achten. Atemschutz!

    - *Kupfer(II)-oxid* ist wie fast alle Kupfersalze mindergiftig.

    - *Nickel(II)-oxid* ist toxisch. Auch hier auf Stäube achten. Atemschutz!

    - *Schwefeltrioxid* ist toxisch.

| Xn |
| T |
| Xn |
| T |
| T |

Glossar und Zusätze

Borax [Dinatriumtetraborat-Decahydrat; $Na_2B_4O_7 \cdot 10\,H_2O$; früher *Tinkal* genannt]. Wichtigstes Borsäuresalz. Bildet weiße, monokline Kristalle. Völlig ungiftig. Löst Metalloxide unter Farbreaktionen auf. Dient im Boraxperlenversuch zur Erkennen von Metallen. Wird als Lötsalz zur Reinigung von Metalloberflächen verwendet. Dient zur Herstellung von Borglas. Kommt in der Natur in *Boraxseen* (Kalifornien, Mohave-Wüste) vor.

Brenneraufsätze. Für Bunsen- und Teclubrenner sind verschiedene Aufsätze im Handel. *Schlitzaufsätze* (auch Kreuzschlitz) erzeugen eine lange und schmale Flamme, mit *Pilzaufsätzen* mit feinen Löchern läßt sich eine große Fläche gleichmäßig erwärmen, durch *Schornsteinaufsätze* läßt sich durch zusätzliche Seitenluft die Flammentemperatur erhöhen. Weiterhin kennt man *Kronenaufsätze* und sogar *Aufsätze für Lötrohrarbeiten*.

Schlitz-aufsatz   Kreuzschlitz-aufsatz   Kronen-aufsatz   Kamin   Pilzaufsätze

Bunsenbrenner mit Sparflamme. Durch einen Knebel läßt sich der Hauptgasstrom bei dieser Brennervarietät absperren. Es wird nur noch eine geringe Gasmenge vom Hauptgasstrom durch ein dünnes Nebenrohr geleitet, das an der Kamininnenwand plaziert ist. An seiner Mündung brennt eine kleine Flamme, die *Sparflamme*. Beim Öffnen der Hauptgaszufuhr dient sie als Zündflamme für den Brenner. Sie ist auch nützlich, um kleine Wärmemengen zum Eindampfen im Reagenzglas oder auf dem Objektträger zu erzeugen.

Gaskocher. Die Brenner des Haushaltgasherdes arbeiten nach dem Prinzip des Bunsenbrenners. Aus einer durch einen Hahn absperrbaren *Düse* strömt Stadtgas in das Mischrohr M_A ein. Dort wird Luft angesaugt, deren Menge durch die *Luftregulierungshülse* bestimmt wird. Durch ein enges *Zuleitungsrohr* B wird ein schwacher Gasstrom entnommen, der sich im *Mischrohr* M_B mit Luft vermischt.

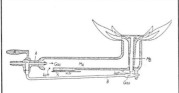

So entsteht eine *Sparflamme*. Das Brennerende des Gaskochers hat eine *Pilzform*, wodurch sich ein Flammenkranz bildet. Der Brenner des Gaskochers wurde von Thomas *Fletcher* 1883 entwickelt.

Gaslötkolben. Er wird angewendet, um kleine Lötstellen zu erhitzen. Der einfa-

che *"Hammerlötkolben"* aus Kupfer, der im Holzkohlenfeuer erhitzt wird, wurde schon von Roger *v. Helmarshausen*, dem Mönch *Theophilus* 1122 in der *"Schedula diversarum artium"* beschrieben. Dort werden auch Anleitungen zum richtigen Löten gegeben und unterschiedliche Lote und Flußmittel genannt. Mit der Erfindung des Bunsenbrenners wurde auch der Lötkolben modernisiert: Ein eingebauter Bunsenbrenner erwärmte den Kupferkolben. Eine andere Lötkolbenkonstruktion nutzte die Wärme eines Benzinbrenners. Heute werden fast ausschließlich elektrisch betriebene Lötkolben benutzt.

Gebläselampe. Ein auf R. Bunsen zurückgehender Brenner, der zur Erzeugung

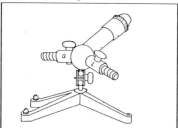

sehr hoher Temperaturen (Glasbearbeitung, besondere chem. Prozesse) dient. Er setzt sich aus zwei ineinandergeschobenen Röhren zusammen, von denen die äußere mit Gas, die innere mit Luft aus einem Gebläse (auch Wasserstrahlgebläse, Blasebalg) beschickt wird. Bei großem Luftanteil wird eine starke Stichflamme erzeugt, wie sie für feine Glasarbeiten benötigt wird.

Löten. Man versteht darunter das Verbinden metallischer Teile unter Verwendung eines geschmolzenen Zusatzmetalles (Lot), dessen Schmelztemperatur unter der des Grundwerkstoffes liegt. Man unterscheidet:

a. **Weichlöten.** Die Löttemperatur liegt unter 450°C. Sie wird erreicht durch einen *Lötkolben* (elektro-, benzin- oder gasbeheizt). Als Verbindungsmetall dient *Zinnlot* (eine Zinnlegierung), als *Flußmittel* (zum Herabsetzen des Lötschmelzpunktes und zur Reinigung des Lötkolbens und Metalls von Oxidschichten) werden *Lötsalz* (Salmiak), *Lötwasser* (Zinkchloridlösung oder verd. Salzsäure) oder *Lötfett* [Lötsalz mit Kolophonium (auch für Geigen benutztes Naturharz)] eingesetzt. Es gibt auch *Lötdraht*, dem das Flußmittel schon zugesetzt ist.

b. **Hartlöten.** Die Löttemperatur liegt über 450°C. Sie wird durch eine *Lötlampe* (Butangas- oder Benzinbrenner) erzeugt. Als Verbindungsmetall wird *Messinglot*, als *Flußmittel* wird *Borax* eingesetzt.

Lötlampe. Um größere Lötstellen zu erhitzen, eignet sich die leicht transportable

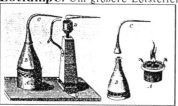

Lötlampe. Sie wurde 1787 von *Marquard* als *"Schmelzlampe"* erfunden: In eine Weingeistflamme wurde erhitzter Weingeist eingeblasen und so eine Stichflamme erzeugt. Die Lötlampe wurde von dem Franzosen Pierre Theodore *Bertin* (1751 - 1819) verbessert und mit der heute noch gebräuchlichen Form 1798 zum Patent angemeldet. Heute werden meist mit Benzin oder mit Gaskartuschen betriebene Lötlampen eingesetzt.

Lötrohrstichflamme: Bläst man mit einem Lötrohr eine feinen Luftstrom von

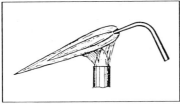

der Seite in eine Flamme, entsteht eine spitze Stichflamme. Setzt man die Lötrohrspitze in die Mitte der leuchtenden Bunsenbrennerflamme, so erhält man eine *Oxidationsflamme*. Bläst man in den Flammenrand so schwach, daß die Stichflamme leuchtend ist, erhält man eine *Reduktionsflamme*.

Mekerbrenner. Dieser Brenner besitzt ein oben kegelförmig erweitertes Gasmischrohr, welches von einem Nickelrost (Lochscheibe oder Nickeldrahtnetz) abgeschlossen wird. Dadurch wird das "Zurückschlagen der Flamme" und damit das "Durchschlagen des Brenners" verhindert und es kann mehr Luft eingesaugt werden, als beim herkömmlichen Brenner. Auf diese Weise wird die Temperatur bis auf 1700 °C erhöht. Durch den Nickelrost bilden sich über dem Brenner viele Einzelflammen, die eine sehr leise brennende Gesamtflamme ergeben.

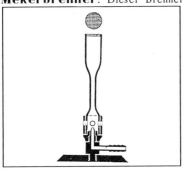

Phosphorsalz [Natriumammoniumhydrogenphosphat-Tetrahydrat; $NaNH_4HPO_4 \cdot$ 4 H_2O; Sal microcosmicum des Mittelalters]. Bildet farblose, monokline Kristalle. Beim Erschmelzen einer *Phosphorsalzperle* entweicht giftiges Ammoniak. Es entsteht Natriummetaphosphat ($NaPO_3$), das Metalloxide mit charakteristischen Färbungen auflöst. Eisen(II)-verbindungen liefern grüne, Cobaltverbindungen blaue, Kupferverbindungen blaugrüne und Manganverbindungen violette Perlenfärbungen.

Teclubrenner. Dieser Brenner wurde 1892 von Nicolaus Teclu (1839 - 1916), einem Wiener Chemieprofessor erfunden. Das Brenngas strömt meist über ein Kegelventil in ein unten kegelförmig erweitertes Mischrohr. Die Luft wird vom unteren Mischrohrrand angesaugt, die Luftmenge durch eine rändelmutterartige Luftregulierungsplatte bestimmt. Je tiefer die Regulierungsplatte durch Drehen abgesenkt wird, um so stärker wird der Luftstrom. Bei geschlossenem Kamin zeigt der Teclubrenner eine hohe, gelbe, intensiv leuchtende Flamme, die bei stärkerer Luftzufuhr in

eine entleuchtete Flamme mit raschelndem Geräusch übergeht. Ist die Luftregulierungsschraube völlig heruntergedreht, erhält man eine grüne Flamme, welche fast die Hitze einer Gebläseflamme erreicht. Der Teclubrenner wird dort eingesetzt, wo eine hohe Temperatur benötigt wird. Diese wird durch die sehr gute Durchmischung von Brenngas und Luft erreicht.

Knallgasgebläse und Acetylenbrenner

Für viele chemische Prozesse war es nötig, möglichst hohe Hitzegrade hervorzubringen. So erfand man im Mittelalter den *"Feuerbläser"*: Eine bronzene Hohlfigur in der Gestalt des Windgottes Äolus wurde mit einer brennbaren Flüssigkeit (z.B. Terpentinöl) gefüllt und mit Holzkohle beheizt. Aus dem Munde der Figur entwich das Öl als Dampf und konnte entzündet werden. Der *"Püsterich"* erzeugte eine heiße Stichflamme. In Sondershausen, Wien und Hamburg haben sich solche Metallfiguren aus dem 12. Jhdt. erhalten. Theophrastus Bombastus von Hohenheim, genannt *Paracelsus* (1494 - 1541), der bedeutendste Mediziner seiner Zeit, wandte zur Erzeugung großer Hitze Brennspiegel und "Sammelgläser" an. Hermann *Kopp* schreibt in seiner 1844 in Braunschweig herausgegebenen *"Geschichte der Chemie"*: *"Noch 1774 war der höchste Hitzegrad nur mittels großer Brenngläser zu erhalten... Bald indes trat ein neues Hülfsmittel an die Stelle dieser Werkzeuge; Priestley hatte 1774 gleich bei der Entdeckung des Sauerstoffgases die ungemeine Fähigkeit desselben, die Verbrennung zu unterhalten, dazu angewandt, um starke Hitze damit hervorzubringen. Er leitete das Gas auf eine glühende Kohle, welche den zu erhitzenden Körper trug; dieselbe Vorrichtung wandte Lavoisier 1782 an, und untersuchte die Schmelzung und Veränderung vieler bis dahin als durch Feuer unzerstörbar betrachteter Körper. Noch größere Hitze erlangte Marcet 1813, in dem er einen Strom von Sauerstoffgas auf die Flamme einer Weingeistlampe richtete. Eine noch stärkere Hitze fand man in der Verbrennung von Wasserstoff durch Sauerstoff; der älteste Apparat dafür wurde durch Hare (1801) angegeben, er ließ die beiden Gase erst im Moment der Verbrennung zusammentreten; eine Vorrichtung, um die beiden Gase zusammen zu comprimieren und das ausströmende Gemisch zu entzünden, construierte zuerst Newmann 1816."*

Kopp bemerkt weiter, *"daß Lavoisier in seiner Abhandlung über das Sauerstoffgasgebläse (in den Memoiren der Pariser Akademie für 1782) sagt: der Präsident de Saron habe ihm einen sinnreichen Gedanken mitgetheilt, Körper, welche man nicht auf Kohle legen dürfe, stark zu erhitzen. Man solle aus einer Röhre Wasserstoffgas, aus einer anderen Sauerstoffgas zusammenströmen lassen, man erhalte so eine sehr weiße, helle und heiße Flamme, welche leicht Eisen schmelze, aber nicht Platin."*

Mittelalterlicher "Püsterich"

Schon im Jahre 1777 hatte Carl Wilhelm *Scheele* (1742 - 1786) in seiner Abhandlung von Luft und Feuer entdeckt, *"die entzündliche Luft* [Wasserstoff] *verzehre beim Verbrennen ihr halbes Volumen Sauerstoff."* Henry *Cavendish* (1731 - 1810) hatte 1781 durch Versuche erkannt, daß, wenn man Wasserstoff mit Sauerstoff im richtigen Verhältnis verbrennt, fast alles Gas verschwindet und reines Wasser entsteht.

Auch Postel hat in seiner *"Laienchemie"* die Erzeugung hoher Hitze mithilfe von Wasserstoff und Sauerstoff genau beschrieben. Zuerst wird Knallgas bereitet und in einem Gasometer aufgefangen: *"Mittels des Knallgases vermag man den höchstmöglichen Grad von Hitze zu erzeugen, denn weil der Wasserstoff bei seiner Verbrennung (d.h. also bei der Knallgasbildung) mehr Sauerstoff verzehrt, als irgend ein anderer brennbarer Körper, nämlich das Achtfache seines Gewichtes, so entwickelt er auch die größte Wärme. Die Darstellung des Knallgases geschieht auf verschiedene Weise. Man füllt z.B. ein zur bequemen Auffangung von Gasen eingerichtetes Gefäß (ein Gasometer) zu zwei Drittheilen seines Raumes mit Wasserstoffgas und zu einem Drittheil mit Sauerstoffgas, mit anderen Worten, man bereitet Knallgas."*

Im *"Lehrbuch für den Unterricht in der Chemie mit besonderer Berücksichtigung der Mineralogie und chemischen Technologie"* von R. *Waeber*, das 1892 in der achten Auflage in Leipzig erschien, ist über *Gasbehälter* folgendes zu lesen: *"Kleine Mengen der Gase kann man in verkorkten Flaschen eine Zeitlang aufbewahren. Für größere Mengen ist ein Gasbehälter, uneigentlich oft Gasometer genannt, erforderlich. Einen Gasbehälter einfachster Art giebt eine große Flasche, deren Kork doppelt durchbohrt wird. Zwei oben rechtwinkelig gebogene Glasröhren führen in dieselbe. Die eine Röhre reicht bis auf den Grund der Flasche, die andere gerade durch den Pfropf. An letztere führt man den Gasentwicklungsschlauch, an erstere einen anderen Gummischlauch. Bei beiden Schläuchen müssen Klemmschrauben die äußere Luft gut absperren. Man füllt die Flasche zunächst vollständig mit Wasser und steckt dann den Pfropf mit den Röhren luftdicht auf. Soll der Behälter mit Gas gefüllt werden, so öffnet man die Klemmschrauben, das Gas strömt durch die kurze*

44 *Röhre hinein und drückt das Wasser durch die lange Röhre heraus. Ist die Gasent-*
wicklung beendet, so schließt man die Schraubhähne und bewahrt das Gas zum
beliebigen Gebrauche auf; will man das Gas verwenden, so bringt man den Schlauch
an der langen Glasröhre in ein hochstehendes mit Wasser gefülltes Gefäß, öffnet
die Hähne, und das Gas strömt unter dem Drucke des von selbst einfließenden
Wassers aus dem anderen Schlauche."

Hier haben wir es mit einem gläsernen Gefäßsystem zu tun. Schon Johann *Kunckel*
setzte sich für Glasgefäße im chemischen Laboratorium ein und lehrte das Glasblasen vor der Lampe als eine für den Chemiker unabdingbare Kunst. Carl Wilhelm
Scheele beschreibt sein Labor mit folgenden Worten: *"Meine Einrichtung und Gefä-*
ße sind die allersimpelsten, die man nur haben kann: Kolben, Retorten, Bouteillen,
Gläser und Ochsenblasen sind es, welche ich gebrauche." Justus v. *Liebig* lobte die
"wunderbaren Eigenschaften des Glases": *"In gewissen Temperaturen geschmeidiger*
und biegsamer als Wachs, nimmt es in der Hand des Chemikers, vor der Flamme
einer Öllampe, die Form und die Gestalt aller zu seinen Versuchen dienenden
Apparate an." Auch die Verbindungsglieder zwischen den Gefäßen haben eine lange
Entwicklung hinter sich. Anfangs wurden die Gefäße mit Tüchern verbunden, die
verkittet wurden. Kittrezepte wurden durch einfaches Ausprobieren von klebrigen
Substanzen ermittelt. So wandte Albertus *Magnus* Kitte an, die aus Kreide, Mehl
und Eiweiß bereitet waren. Vielleicht hatte er auf Rezepte des Römers *Plinius*
Zugriff, der Glaskitte aus Eiweiß und Kalk herstellte. Es wurde auch Ton, Kalk,
Pferdemist, Salzwasser, ja sogar Harn zur Kittherstellung verwendet. Nach Kopp
verband Raymund *Lull* *"die Fugen der Gefäße durch Leinwand, worauf Mehl, mit*
Eiweiß angerührt, gestrichen war; die Glaskolben beschlug er mit Lehm, unter
welchen Haare gemischt waren." Justus v. *Liebig* hat in seinem Laboratorium viel
Kork verwandt: *"Man denke sich eine weiche, höchst elastische Masse, welche die*
Natur selbst mit einer Substanz getränkt hat, die zwischen Wachs, Talg und Harz
steht... Wir verbinden durch Kork weite mit engen Öffnungen, und mittels Kaut-
schuk und Kork konstuieren wir die zusammengesetzten Apparate von Glas, ohne
dazu den Metallarbeiter und Mechanikus, Schrauben und Hähne zu bedürfen." Der
hier erwähnte Kautschuk war damals der "letzte Schrei" der chemischen Technik.
Seine Anwendung beschreibt Postel so: *"Die luftdichte Verbindung verschiedener*
Röhren bewirkt man am leichtesten durch Kautschouk (Gummi elasticum). Man
erweicht zu diesem Zwecke ein hinreichend großes, viereckiges, dünnes Stück
davon in heißem Wasser oder auf dem Ofen, legt dasselbe um die zu verbindenden
Röhren, durchschneidet mit einer scharfen Schere die überstehenden Streifen und
drückt die frischen Schnittflächen, ohne sie zu berühren, mit den Fingernägeln an
einander. Sie kleben luftdicht zusammen und bilden eine Röhre, welche man an
beiden Enden an die zu vereinigenden Röhren festbindet. Übrigens bekommt man
jetzt auch Röhren von vulkanisiertem Kautschouk [Gummischläuche] *sehr billig zu*
kaufen."

Nach diesem Abstecher in die chemische Technologie wieder zurück zum Knallgas
und seinen Anwendungen. Nachdem das Knallgas im Gasometer aufgefangen wurde,
treibt man es nach Postel, *"mittels einer Compressionspumpe in ein sehr starkes*
kupfernes Gefäß, welches eine mit einem Hahne versehene enge Röhre hat. Nun
läßt man die Knalluft aus dieser in einem feinen Strahle in eine Lichtflamme strö-
men, wodurch eine Hitze entsteht, in welcher Platindraht, der im heftigsten Ofen-
feuer nicht flüssig wird, wie Wachs zerfließt. Edelsteine und reine Erden, welche in

keinem andern Feuer schmelzen, werden in der Flamme des Knallgases in Fluß gebracht, man benutzt sie daher zur Bildung künstlicher Edelsteine. Natürlich ist aber eine solche Vorrichtung nicht ohne Gefahr. Springt z.B. das kupferne Gefäß in Folge zu starker Zusammenpressung der Luft in demselben, oder brennt die Flamme durch die Röhre hinein, so erfolgt die fürchterlichste Explosion."

Interessant ist, daß Postel klar erkennt, wie eng das ruhige Abbrennen von Knallgas und die Explosion desselben benachbart sind. Postel macht sich Sorgen um die Gesundheit seiner Experimentatoren und schlägt eine weniger gefährliche Arbeitsweise vor: *"Man verfährt daher gewöhnlich anders, nämlich man fülle eine Schweinsblase mit Sauerstoff, eine andere mit Wasserstoff. In der Mündung jeder der beiden Blasen ist ein in eine haarfeine Oeffnung auslaufendes Rohr mit einem Hahne angebracht, und nun treibt man, indem man die Blasen leise drückt, die Gase heraus. Zuerst öffnet man den Hals des Wasserstoffbehälters und zündet den Gasstrom an, dann läßt man den Sauerstoff hinzuströmen, so daß immer nur ganz kleine Mengen von Knallgas entstehen. Auch kann man aus einer mit Sauerstoff gefüllten Blase diesen in eine Wasserstoff-Flamme strömen lassen. Das Füllen der Blasen geschieht sehr einfach, indem man sie, nachdem man sie durch Zusammendrücken möglichst luftleer gemacht hat, mit dem in ihre Mündung fest eingebundenen Röhrchen - welches allenfalls ein abgeschlagener Flaschenhals sein kann, über das Gasleitungsrohr hält, aus welchem Sauerstoff oder Wasserstoff auströmt, und sie, sobald sie gefüllt sind, schnell unter Wasser mit einem Kork verstopft, durch welchen ein in eine feine Spitze auslaufendes Glasröhrchen gesteckt ist, dessen Oeffnung man bis zum Gebrauch mit einem Wachspfropf verklebt, wenn die Vorrichtung keinen Hahn hat."*

Postel ist nicht der Einzige, der mit Schweinsblasen experimentiert. Ähnliches, mit anders gesetzten Worten, können wir auch aus der von *Stöckardt* vor 1900 in Braunschweig herausgegebenen *"Schule der Chemie oder erster Unterricht in der Chemie versinnlicht durch einfache chemische Experimente"* entnehmen: *"In die Öffnung einer großen Schweinsblase, die man, um sie geschmeidig zu machen, etwas anfeuchtet, stecke man den von einem Fläschchen abgeschlagenen Glashals, binde diesen mit Bindfaden recht fest und suche sich zwei dazu passende Korke, die man nachher durchbohrt. Der eine Kork wird mit einer gebogenen Glasröhre verbunden, die zu einem kleinen Apparate führt, aus dem man Sauerstoffgas entwickelt, so daß man auf diese Weise die Blase leicht mit diesem Gase anfüllen kann. Ist dies geschehen, so vertauscht man den ersten Kork mit dem zweiten, in welchem ein nur etwa 15 cm langes Glasröhrchen, das an der einen Seite in eine Spitze ausgeht, eingepaßt ist, und drückt ein Stückchen Wachs auf die Öffnung... Die so hergerichtete und mit Sauerstoff gefüllte Blase legt man nun auf Ziegelsteine, in der Höhe, daß die Spitze der Glasröhre gerade bis zu der Wasserstoffflamme reicht, die man auf die im vorigen Versuch angegebenen Weise erzeugt. Drückt man die Blase mit der Hand, so muß das Sauerstoffgas ausströmen; es bläst in die Wasserstoffflamme, welche dadurch zur Seite getrieben wird. Diese Flamme leuchet nur schwach, ist aber außerordentlich heiß. Man halte einen feinen Draht von Platin, einem Metalle, welches in dem heftigsten Ofenfeuer nicht flüssig wird, in die Flamme: er schmilzt wie Wachs; man halte ein oben zu einem dünnen Stäbchen geschabtes Stück Kreide in dieselbe: es wird so glühend, daß es das blendendste Licht ausstrahlt (Drummondsches Kalklicht). Eine Uhrfeder oder ein dünner Eisendraht verbrennt in ihr mit glänzendem Funkensprühen...."*

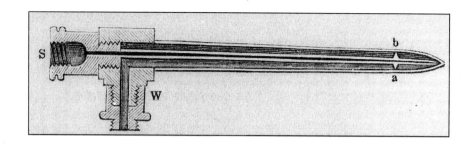

Daniellscher Hahn

Eine wesentliche Verbesserung erfuhr das Knallgasgebläse durch eine Erfindung von John Frederic *Daniell* (1790 - 1845), einen Professor der Chemie am Kings College zu London. Er entwickelte den nach ihm benannten *"Daniellschen Hahn"*, der sich aus zwei ineinandersteckenden Röhren zusammensetzt. In der *"Naturkunde für höhere Mädchenschulen und Mittelschulen"* von Schmidt u. Drischel wird der Daniellsche Hahn folgendermaßen beschrieben: *"Bei der Verbindung von Wasserstoff und Sauerstoff entsteht eine Temperatur von etwa 2000 Grad. Um die Verbrennung ohne Gefahr vornehmen zu können, läßt man Sauerstoff und Wasserstoff aus den Gasbehältern in eine Röhre strömen, die die Vereinigung der Gase erst an der Mündung gestattet. Von S aus strömt Sauerstoff in einer engen Röhre bis zur Ausflußöffnung, von W aus tritt Wasserstoff zu, kann aber den Sauerstoff erst an der Mündung der Röhre erreichen. Bei ab ist das Rohr verengt, um die Mischung des Gases im Innern der Röhre zu verhindern. In diesem "Knallgasgebläse" lassen sich alle Metalle schmelzen; selbst das sehr schwer schmelzbare Platin schmilzt hier wie Wachs, und Kreide erglänzt in blendendem Lichte."* In den *"Grundzügen der Chemie"* von Arendt-Dörmer wird zur Wirkung des Knallgasgebläses noch hinzugefügt: *"und eine Stricknadel verbrennt unter lebhaftem Funkensprühen. Dicke Eisenplatten können durch die Knallgasflamme zerschnitten werden, und Nähte an Geräten aus Stahl können damit zugeschweißt werden. An Stelle des Wasserstoffs verwendet man heute* [1941] *zum Schweißen meist Azetylengas (Gasschweißung)."*

Eine weitere Apparatur zur Erzeugung hoher Temperaturen mithilfe von Wasserstoffgas wurde 1838 von dem Franzosen E. *Desbassayns de Richemont* entwickelt. Direkt an Ort und Stelle wurde der Wasserstoff erzeugt und einem Brenner zugeführt. Im Brenner wurde das Wasserstoffgas mit einem, durch einen Blasebalg erzeugten, Luftstrom vermischt. Die Funktion des Wasserstoffentwicklers soll kurz anhand der Abbildung der folgenden Seite beschrieben werden: Aus dem Behälter 1 tropft verdünnte Schwefelsäure auf Zinkspäne, die sich in Behälter 2 befinden. In der Kammer 3 wird der freigesetzte Wasserstoff aufgefangen und dem Brenner 4 zugeführt. Bei diesem von *Richemont* selbst als *"Löth-Apparat"* bezeichneten Gerät handelt es sich nach moderner Auffassung um ein einfaches Schmelzschweißgerät. Es wurde lange Jahre zum Vereinigen von Bleiteilen für die chemische Industrie eingesetzt. In dem von Johann Gottfried *Dingler* herausgegebenen *Polytechnischen Journal* wurde 1840 ein Aufsatz über den *"Richemontschen Löthapparat"* veröffentlicht: *"Hr. E. Desbassayns de Richemont ist der Erfinder einer neuen Methode, nach welcher zwei Metallstücke ohne Anwendung eines Lothes durch Schmelzung des Metalles an*

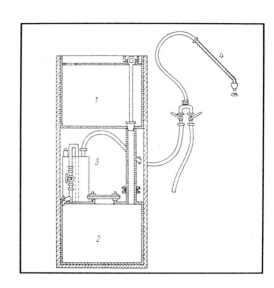

"Löth-Apparat" nach Richemont

*den zu vereinigenden Stellen solcher mahsen miteinander verbunden werden, ohne
daß man die Vereinigungsstellen weder dem Gesicht nach noch durch die chemische Analyse unterscheiden und entdecken kann. Der Erfinder nennt diese Art der
Verbindung, welche er mittels einer höchst intensiven durch Verbrennung von Luft
und Wasserstoffgas erzeugten Flamme bewerkstelligt Löthung durch sich selbst (Soudure autogene)."* Hier taucht zum erstenmal das Wort *autogene* für diese Art von
Gasschweißung auf. Der Vorteil des neuen Verfahrens bestand darin, daß man Metalle direkt miteinander verbinden, also verschweißen konnte unter Verzicht auf das
"arsenikalische Dünste" entwickelnde, und damit äußerst gesundheitsschädliche Zinnlot.

Auf der Weltausstellung von 1862, die in London stattfand, schmolz der französiche
Chemiker Henry Saint-Claire *Deville* (1818 - 1881) einen Platinblock von 125 kg
Masse mithilfe eines Wasserstoff-Sauerstoffgebläses. Dennoch konnte sich dieser
Brenner in der Technik nicht durchsetzen, da die ortsbewegliche Herstellung von
Sauerstoff in großer Menge und auch der Sauerstofftransport nicht möglich war.
Dennoch wurden weitere Knallgasbrenner konstruiert: 1888 von Thomas *Fletcher*
(1840 - 1903), 1901 von Bernhard *Dräger* (1870 - 1928) 1901 von Felix *Jottrand*
(1863 - 1907) und 1903 von Ernst *Wiss* (geb. 1870). E. *Wiss* nannte seinen Brenner
Starkbrenner. Bei ihm saugte Wasserstoff aufgrund eines erhöhten Druckes die Ver-
brennungsluft injektorartig an. *Wiss* verwendete als Erster in Gasflaschen kompri-
mierten Wasserstoff, um von der schwerfälligen und unbequemen Wasserstofferzeu-
gung auf Zink-Schwefelsäure-Basis loszukommen. Ab 1902 konnte durch das von
Carl *von Linde* (1842 - 1934) erfundene Luftverflüssigungsverfahren Flaschensauer-
stoff zum autogenen Schweißen verwendet werden. Die für die Gasflaschen benötig-
ten Armaturen (Manometer, Reduzierventile) entwickelten Heinrich und Berhard
Dräger.

Eine interessante Variante der Autogentechnik entwickelte der Chemiker Ernst
Menné (1869 - 1927). Er arbeitete in der Kreuztaler Hochofenanlage des Cöln-Mü-
sener Bergwerks-Aktienvereins. *Menné* nutzte die Autogentechnik, um das Stichloch

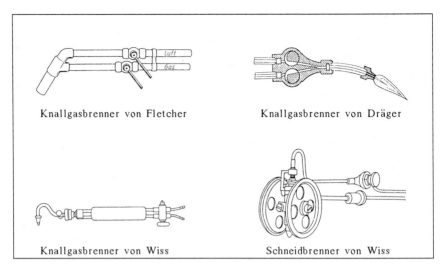

Knallgasbrenner von Fletcher Knallgasbrenner von Dräger

Knallgasbrenner von Wiss Schneidbrenner von Wiss

Knallgas- und Schneidbrenner

von Hochöfen zu öffnen. Er erdachte einen Brenner, der aus zwei konzentrisch angeordneten Röhren bestand. Durch die innere Röhre führte er Sauerstoff, durch die äußere Wasserstoff zu, bis das Stichloch hell aufglühte. Dann arbeitete er mit Sauerstoffüberschuß und erreichte dadurch eine sehr intensive Eisenverbrennung. Unter gewaltigem Funkensprühen wurde das Stichloch aufgeschmolzen, so daß das Roheisen ausfließen konnte. Dieses Verfahren setze Ernst *Wiss* in seinem 1904 erfundenen *Schneidbrenner* für die autogene Metallbearbeitung ein. Der Schneidbrenner arbeitet ebenfalls mit Sauerstoffüberschuß. Der Sauerstoffschneidestrahl tritt aus einer Düse aus, die von einem ringförmigen Schlitz umgeben ist, aus dem das Brenngas-Sauerstoffgemisch strömt. Mit dem neuen Schneideverfahren ließen sich Profile und Bleche an Ort und Stelle trennen. Der Schneidbrenner wurde auf einen Schlitten montiert, um die Genauigkeit zu erhöhen. 1913 war es mit dieser Technik schon möglich, Stahlblöcke von 1 m Dicke zu durchtrennen.

Autogenes Brennschneiden läßt sich sogar unter Wasser anwenden. Bereits 1908 wurden erste Brennschneideversuche durchgeführt. Um die Schneid- und Heizdüse wird ein zusätzlicher Preßluft- oder Sauerstoffmantel geblasen. Dieser schützt vor Wassereinwirkung. Auch in großer Wassertiefe ist Brennschneiden möglich.

Im Jahre 1862 stellt Friedrich *Wöhler* (1800 - 1882) in Göttingen als Erster aus Kalk und Kohle in der Glühhitze *Calciumcarbid* her. Aber erst im Jahre 1903 wurde das sich aus Calciumcarbid durch Zugabe von Wasser bildende *Acetylengas* (Ethin) zum Autogen-Schweißen eingesetzt. Der Franzose Edmond *Fouché* (1858 - 1931) meldete in diesem Jahr seinen *Acetylen-Sauerstoffbrenner* zum Patent an. Die Verwendung des Gases Acetylen zum Schweißen beruht auf einem Zufall. T.L. *Wilson* prüfte 1892 in den USA alle möglichen Stoffe in einem Lichtbogen. Er schmolz u.a. auch Koks und Kalk zusammen und erhielt einen braun-weißen Stoff, den er achtlos wegwarf. Bei Regen entströmte diesem Stoff ein unangenehm riechendes, brennbares Gas, das Acetylen. Da sich Calciumcarbid im Lichtbogen leicht herstellen ließ und Acetylen mit Sauerstoff eine bedeutend höhere Temperatur als

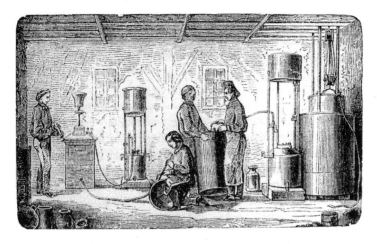

Zusammenlöten von Bleigefäßen mithilfe von Wasserstoffgas

Wasserstoff ergibt, revolutionierte die Acetylenanwendung sehr schnell die Autogentechnik. Das Acetylen wurde bis in die sechziger Jahre dieses Jahrhunderts in tragbaren *Acetylengasentwicklern* produziert. Der auf der nächsten Seite skizzierte Gasentwickler aus Eisenblech wird in *"Rüdorffs Grundriß der Chemie"* von 1902 beschrieben: *"Um für Versuche mit Acetylen größere Mengen dieses Gases zur Verfügung zu haben, kann man sich des aus Blech hergestellten Apparates ... bedienen, in welchem, ähnlich wie in einem Kippschen Apparat ..., das Gas erzeugt und gleichzeitig aufgesammelt wird. In dem mit einer Kochsalzlösung (Diese absorbiert weniger Acetylen als Wasser) gefüllten Gefäß A ist die Gasableitungsröhre B mit dem Hahn C befestigt. Die Glocke F, welche sich mittels der Gleitrollen EE an den Stäben DD je nach der Gasmenge auf und ab bewegt, trägt an ihrer Decke den mit Löchern versehenen Karbidbehälter G. Ist durch Öffnen des Hahns C die Luft aus F entfernt, so kommt G mit dem Wasser in Berührung; die Gasentwicklung geht vor sich und treibt die Glocke in die Höhe."* Wir haben es hier wieder mit einem der in der Chemie so häufigen Gasautomaten zu tun (z.B. Kippscher Gasentwickler), die sich abstellen, wenn kein Brennstoff mehr benötigt wird. Anfangs gab es wegen der Explosionsfreudigkeit des Acetylens und dadurch, daß jeder Blechschmied sein eigenes Patent, Gasentwickler zu produzieren, ausprobierte, viele schlimme Unfälle. Erst als die französischen Forscher *Claude* (um 1897) und *Hess* (um 1897) die Löslichkeit des Acetylens in Aceton (*"Dissousgas"*) entdeckten, konnte das Acetylengas in Stahlflaschen komprimiert werden. Eine solche (gelbe) Stahlflasche enthält etwa 25% Kieselgur (mindert die Explosionsgefahr), 40% Aceton und 22,5% Acetylen. Ohne die Lösung in Aceton zerfällt Acetylen schon bei 1,5 bar (0,15 MPa) Druck!

Nachdem Calciumcarbid billig und einfach im elektrischen Lichtbogen hergestellt werden konnte, entwickelte man auch eine mit Acetylengas betriebene *Carbidlampe*. Die Leuchtkraft des Acetylens übertrifft die des Leuchtgases bei weitem. Günther *Bugge* schreibt in seinem Werk *"Chemie und Technik"*: *"Da das Licht des Azetylens fast alle Strahlen des Sonnenlichts enthält, gibt es die Farben wieder wie das Tageslicht. Die Brenner für Azetylen bestehen meist aus Speckstein und sind so eingerichtet, daß zu den Durchbohrungen, durch welche das Gas ausströmt, seitliche*

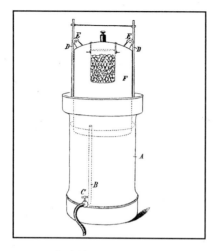

Carbidgasentwickler

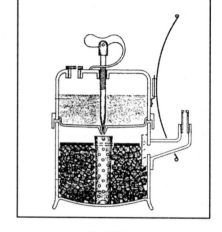

Carbidlampe

Luftlöcher führen, durch welche das Gas sich selbst bis zur Verbrennung nötige Luft ansaugt." In der "Naturkunde" von Schmidt und Drischel wird das Acetylen ebenfalls erwähnt: "In neuerer Zeit wird zur Beleuchtung vielfach reines Acetylen verwendet, ein Gas von der Zusammensetzung C_2H_2, das einen Bestandteil auch des gewöhnlichen, aus Steinkohlen hergestellten Leuchtgases bildet und äußerst stark leuchtet. Seine Darstellung ist überaus einfach; man läßt nämlich Wasser auf Calciumcarbid tropfen, das ist eine Verbindung von Kohlenstoff mit dem Element Calcium. Das Wasser wird hierbei zersetzt, verbindet sich mit dem Calcium zu Ätzkalk, und der freiwerdende Wasserstoff verbindet sich mit dem Kohlenstoffe zu Acetylen. Bei der Darstellung ist Vorsicht notwendig, weil bei der Verbindung sehr starke Erhitzung eintritt und Explosionen nicht ausgeschlossen sind."

Im folgenden soll kurz auf die Funktion der oben abgebildeten Carbidlampe eingegangen werden: Die Lampe besteht aus einem Wasserbehälter und einem Calciumcarbidreservoir. Der Wasserabfluß aus dem Reservoir wird durch eine Stellschraube feinreguliert. Das herabrinnende Wasser reagiert mit dem Calciumcarbid des unteren Gefäßes. Es bildet sich unter Aufbrausen Acetylengas, das aus einer Specksteindüse seitlich austritt und dort entzündet werden kann. Die Helligkeit des Lichtes wurde durch einen blankpolierten Messingreflektor verstärkt. Den Brennstoff konnte man früher in jeder Apotheke oder Drogerie kaufen. Die Carbidlampe eignete sich insbesondere für Bergleute im Erzbergbau (dort sind keine schlagenden Wetter durch austretende Gase zu befürchten), als Lampe für die Auto- und Fahrradbeleuchtung. Heute ist die Carbidlampe durch die leistungsfähigere und ungefährlichere Gaslampe mit Gaskartusche und Glühstrumpf (Auerbrenner) ersetzt. Problematisch war auch, daß man Calciumcarbid nicht rein herstellen konnte. Dadurch enthielt das Acetylengas giftiges Ammoniak, Schwefelwasserstoff und sogar hochgiftige Phosphorwasserstoffe. Man versuchte das Acetylen vor dem Abbrennen mit Chlorkalk von den Giftgasen zu befreien. Anfangs wurde das Carbidgas als *"Licht der Zukunft"* gefeiert. 1897 wurde sogar ein *"Calciumcarbid- und Acetylenverein"* gegründet. Dennoch lesen wir in Günther *Bugges* Reclamheft *"Chemie und Technik"*:

"Die weitere Ausbreitung der Acetylenbeleuchtung hat infolge vieler durch Azetylen verursachter Explosionskatastrophen sehr nachgelassen. Neuerdings scheint die Beleuchtung mit Azetylen wieder einen Aufschwung zu nehmen, da man im Aceton eine Flüssigkeit gefunden hat, die Azetylen in größen Mengen absorbiert und ganz gefahrlos zu handhaben ist." Im Wettbewerb mit der elektrischen Glühlampe und dem Auerbrenner hatte die Carbidlampe keine Chance.

Experiment: Daniellscher Hahn und Carbidlampe

A. Daniellscher Hahn

Aufbau und Durchführung

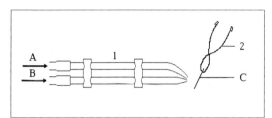

Geräte
1 Daniellscher Hahn (Modell)
2 Tiegelzange

Stoffe
A Wasserstoffgas
B Sauerstoffgas
C Eisenblech

Der Daniellsche Hahn (Schweiß- oder Schneidbrenner) wird im gekrümmten Rohr mit Wasserstoffgas, im geraden Rohr mit Sauerstoffgas beschickt. Die Gase können Stahlflaschen entnommen werden, interessanter ist es aber, sie während des Versuches selbst darzustellen. Der Wasserstoff wird zuerst entzündet (Knallgasprobe! Schutzbrille! Schutzscheibe! Handschuhe!), dann wird Sauerstoffgas zugemischt. In die entstehende Flamme wird mithilfe einer Tiegelzange ein dünner Blechstreifen gehalten, bis es rotglühend wird. Dann wird die Wasserstoffzufuhr gedrosselt und die Sauerstoffzufuhr verstärkt. Das Blech wird langsam durch die Flamme gezogen.

Beobachtung

Das rotglühende Eisenblech glüht im starken Sauerstoffstrom unter Funkensprühen heftig auf. Es wird in 2 Teile zertrennt.

Auswertung

Wasserstoff + Sauerstoff $\longrightarrow$	Wasserdampf + Energie
$2\,H_2$ + O_2 $\longrightarrow$	$2\,H_2O$ + Energie

Eisen + Sauerstoff $\longrightarrow$	Eisen(II, III)-oxid
$3\,Fe$ + $2\,O_2$ $\longrightarrow$	Fe_3O_4

Eisenblech verbrennt im Sauerstoffstrom zu schwarzem Eisen(II, III)-oxid, das auch *Glühzunder* oder *Hammerschlag* heißt. Das technische Verfahren heißt *Brennschneiden*.

Aufbau und Durchführung

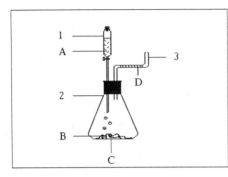

Geräte
1 Tropftrichter mit Hahn
2 Erlenmeyerkolben (100 ml)
3 Winkelrohr mit Spitze

Stoffe
A Wasser (dest.)
B Seesand
C Calciumcarbid (CaC_2)
D Kupferwolle (Rückschlagsicherung)

Der Erlenmeyerkolben wird mit etwas Calciumcarbid gefüllt, das mit Seesand überschichtet wird. Nun gibt man aus dem Tropftrichter langsam Wasser zu. Nach negativer Knallgasprobe wird das entweichende Gas entzündet.

Beobachtung

Das entweichende Gas brennt mit intensiv leuchtend gelber Flamme ab. Die Flamme
rußt stark und flackert etwas.

Auswertung

Calciumcarbid + Wasser	⟶	Ethin (Acetylen) + Kohlenstoffdioxid
CaC_2 + $2 H_2O$	⟶	C_2H_2 + $Ca(OH)_2$

Ethin + Sauerstoff	⟶	Kohlenstoffdioxid + Wasserdampf
$2 C_2H_2$ + $5 O_2$	⟶	$4 CO_2$ + $2 H_2O$

Tips und Tricks

a. *Wasserstoffdarstellung im Kippschen Gasentwickler.* Mit Hilfe des Kippschen
Gasentwicklers läßt sich der für das Experiment "Daniellscher Hahn" benötigte
Wasserstoff in genügender Menge selbst erzeugen. Hierbei reagiert eine Flüssig-
keit (Säure) mit einem Feststoff (Zink). Richtig gefüllt und gewartet, ist der
"Kipp" mit einer einzigen Füllung über Wochen arbeitsbereit.

Der "Kipp" besteht aus
1. Kugeltrichter mit Schliff
2. Entwicklungsgefäß mit Einschnürung, Schliff und Tubus
3. Stopfen mit Hahnrohr
4. Lochscheibe als Träger der Festsubstanz
5. Sicherheitsrohr

Das *Füllen* des "Kipp" geschieht auf folgende Weise:

1. Gelochte Scheibe auf Einschnürung legen.
2. Schliff des Kugeltrichters dünn fetten und einsetzen.
3. Zinkspäne in Kupfer(II)-sulfatlösung "verkupfern", um Reaktionshemmung durch Überspannungseffekt zu beseitigen. Dann Zinkspäne durch die Tubusöffnung des Gasentwicklungsgefäßes geben bis ca. 2 cm unter Tubusöffnung.
4. Hahn fetten und schließen, Hahnrohr in Tubus einsetzen.
5. 30 %ige Salzsäure (eventuell mit Fluoreszin grün einfärben, Schaueffekt!) in Kugeltrichter bis zu 3/4 füllen.
6. Hahn langsam (!) öffnen. Die Säure soweit steigen lassen, bis sich Niveaugleichheit eingestellt hat. Soviel Säure nachfüllen, daß Feststoff gerade überdeckt ist.
7. Auf den Tubus des Kugeltrichters ein mit Sperrflüssigkeit gefülltes *Gärröhrchen* (Sicherheitsrohr) aufsetzen. Hierdurch wird Austritt von Säuredämpfen vermieden.

Ist die Säure noch wirksam, das Zink aber verbraucht, kann der "Kipp" *nachgefüllt* werden:

1. Gärrohr entfernen und Stopfen auf Tubus des Trichters setzen.
2. Hahnrohr abnehmen, Zink durch seitlichen Tubus nachfüllen.
3. Hahnrohr wieder einsetzen, Stopfen auf Trichtertubus entfernen, Gärrohr wieder aufsetzen.

Reaktionsgleichung

Zink + verd. Salzsäure $\longrightarrow$ Zinkchlorid + Wasserstoff
Zn + $2\,HCl$ $\longrightarrow$ $ZnCl_2$ + H_2

b. *Sauerstoffdarstellung im schwerschmelzbaren Reagenzglas*

Ein großes, schwer schmelzbares Reagenzglas (Supremax, 200 x 30 mm) wird 5 cm hoch mit Kaliumpermanganat gefüllt. Zum Abfiltern von lästigem Kaliumpermanganatstaub wird ein Glaswollebausch ins Reagenzglas eingefüllt. Das Reagenzglas wird mit einem Stopfen mit Glasrohr verschlossen. Das Reagenzglas wird kräftig erhitzt. Es entwickelt sich Sauerstoff nach folgender Reaktionsgleichung:

KMnO₄ — Glaswolle

Kaliumpermanganat $\xrightarrow{240°\,C}$ Kaliummanganat + Braunstein + Sauerstoff
$2\,KMnO_4$ $\longrightarrow$ K_2MnO_4 + MnO_2 + O_2

Aus 10 g Kaliumpermanganat wird ca. 1 l Sauerstoff freigesetzt.

c. *Brennschneiden mit dem Daniellschen Hahn*

- Das aus vernickeltem Messing bestehende Funktionsmodell besitzt zwei Düsen, aus denen die Brenngase in feinem Strahl austreten.
- Die Temperatur der Knallgasflamme beträgt ca. 2500° C.
- Nach negativer Knallgasprobe wird der im "Kipp" entwickelte Wasserstoff durch das *gerade* Rohr des Funktionsmodells geleitet und entzündet. Der Wasserstoffstrom wird so einreguliert, daß die Flammenlänge ca. 5 cm beträgt.
- Dann wird das Kaliumpermanganat im Reagenzglas so stark erhitzt, daß sich Sauerstoff entwickelt. Diesen läßt man durch das *gekrümmte* Rohr des Funkti-

onsmodells einströmen. Der Beginn der Sauerstoffbildung wird an der intensiver werdenden Verbrennung des Wasserstoffs sichtbar.
- Der Schneidbrenner wird abgestellt, indem zuerst der unter dem Kaliumpermanganat arbeitende Bunsenbrenner gelöscht wird. Dann wird der Gashahn des "Kipp" geschlossen.

d. Carbidlampe

Vor dem Experiment sollte man eine früher im Bergbau verwendete Carbidlampe zeigen! Die Lampe läßt sich aufschrauben, so daß der Carbidbehälter und die Wasserregulierungsschraube sichtbar werden. Der Messingreflektor der Carbidlampe kann zum Experiment "entliehen" und zur Lichtbündelung eingesetzt werden.

e. Sicherheitshinweise

A. Kippscher Gasentwickler

- Wasserstoff ist hochfeuergefährlich! Schutzbrille! Sicherheitsscheibe! `F+`
- Zündgrenzen für Wasserstoff: 4 - 75 Vol.-%
- Schliffe des Gasentwicklers gut einfetten, damit keine Luft eindringt und Knallgasbildung verhindert wird.
- Stopfen mit Draht oder Metallspange sichern, damit er nicht vom Wasserstoff hinausgedrückt wird.
- Zum Tragen des "Kipp" immer das Entwicklungsgefäß anfassen!
- Nach jedem Füllen enthält das entwickelte Wasserstoffgas Luft und ist hochexplosiv. Es darf erst nach negativer Knallgasprobe verwendet werden.
- Rückschlagventil (Eisen- oder Kupferwollesicherung) vor Gashahn einbauen, damit keine Flamme zurückschlagen kann.

B. Daniellscher Hahn

- Zum Brennschneiden wegen extrem heißer Flamme und event. Funkenflug ("Eisenflöhe") Schutzhandschuhe tragen!
- Zum Schutz der Augen gegen das gleißende Licht der Knallgasflamme Schweißerbrille mit dunkelgrün gefärbten, splitterfreien Gläsern tragen!

C. Carbidlampe   `F+`

- Ethinknallgas (Acetylenknallgas) ist hochexplosiv!
- Zündgrenzen für Ethin: 2,8 - 73 Vol.-% Ethin
- Rückschlagsicherung einbauen!
- Knallgasprobe ist unerläßlich!

Acetylen (Ethin, C_2H_2, H-C≡ C-H). Farbloses, fast geruchloses Gas. Techni- $\boxed{\text{F+}}$
sches Acetylen ist meist durch Schwefel- und Phosphorwasserstoff, aber auch durch
Ammoniak verunreinigt. Es entzündet sich bei 335°C. Die Ethinflamme leuchtet intensiv und rußt stark. Ihre Temperatur beträgt 1900°C. Die Temperatur der Acety-
len-Sauerstoffflamme liegt bei 3000°C. Liter Wasser löst 1,1 Liter Acetylen, 1
1 Liter Aceton löst sogar 100 Liter Acetylen. 1 Liter Acetylen hat eine Masse von
1,17 g.

Acetylendarstellung (mithilfe des Lichtbogens, nach *"Grundriß der Chemie"*).

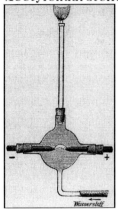

*"Das Acetylen ist der einzige Kohlenwasserstoff, der sich
synthetisch darstellen läßt. Durch den 1l großen Kolben ...
leite man Wasserstoff und zünde, nachdem alle Luft
verdrängt ist, das aus dem oben angebrachten Brenner
ausströmende Gas an. Erzeugt man nun zwischen den in
den seitlichen Tuben befestigten Kohlestäben einen elektrischen Lichtbogen, so wird die Wasserstoffflamme leuchtend, ein Zeichen, daß sich der Wasserstoff im Kolben mit
der weißglühenden Kohle verbunden hat. Bei diesem synthetischen Vorgang wird ein großer Teil der Wärme des
Lichtbogens in das Acetylen aufgenommen ... Das Acetylen
ist also ein endothermischer Stoff. Wahrscheinlich macht
die dreifache Bindung der Kohlenstoffatome diese Zufuhr
von Energie erforderlich."*

Acetylengasflasche. Acetylen wird in mit gelber Warnfarbe gestrichenen
Druckgasflaschen ("Stahlbomben") unter 15 bar Druck aufbewahrt. Eine Acetylengasflasche enthält 25% Kieselgur, wodurch die Explosionsgefahr gemindert wird und
40% Aceton, in dem sich das Acetylen gut löst. Das Acetylen macht nur 22,5% des
Flascheninhalts aus.

Autogenschweißen (gr. autogen = selbst hervorbringen, weil hierbei die
Schweißnaht aus dem Metall selbst, also ohne Fremdstoff erzeugt wird). Bei diesem
Schweißverfahren werden zwei Metallstücke durch die Verbrennung von Wasserstoff
oder Acetylen zusammen mit Sauerstoff im *Schweißbrenner* hoch erhitzt und unmittelbar zusammengefügt. Meist wird zur Auffüllung der *Schweißfuge* ein *Schweißdraht*
so eingeschmolzen, daß an der Naht eine kleine Überhöhung *(Schweißraupe)* entsteht. Der Schweißdraht entspricht dem Material des Werkstücks und ist von hoher
Reinheit.

Braunstein (MnO_2, Manganoxid). Braunschwarzes, wasserunlösliches Pulver. $\boxed{\text{Xn}}$
Braunstein dient als Entfärbungsmittel in der Glasindustrie (als sog. "Glasmacherseife") und ist ein guter Katalysator. Wasserstoffperoxid wird bei Anwesenheit von
Braunstein stürmisch unter Sauerstoffabgabe zersetzt. Braunstein ist auch Sauerstofflieferant in Streichholzkuppen. Braunstein oxidiert den in Taschenlampenbatte-
rien (hüllt im Gazesack den Kohlestab ein) freiwerdenden und schädlich wirkenden
Wasserstoff.

Brennschneiden. Das Metall wird zunächst durch eine *Schweißflamme* hoch
erhitzt. Mischt man nun Sauerstoff im Überschuß hinzu, so entsteht eine *Schneidflamme*. Das geschmolzene Eisen verbindet sich mit dem Sauerstoff zu lockerem Eisenoxid, welches zerfällt und weggeblasen wird. Es lassen sich auf diese Weise
Stahlplatten bis zu 8 cm Dicke zerschneiden. Der *Schneidbrenner* kann sogar unter
Wasser eingesetzt werden.

Calciumcarbid (kurz Carbid, CaC_2). Bildet in reinem Zustand farblose, kristalline Masse. In der Carbidlampe, im Acetylenerzeuger und zu Versuchszwecken wird meist "technisches" Carbid verwendet. Es enthält grauschwarze Kohlenbestandteile und braune Eisenoxide. Außerdem ist es durch Calciumoxid, Calciumphosphid (Ca_3P_2), Calciumsulfid und Magnesiumnitrid verunreinigt. Der knoblauchartige, unangenehme "Carbidgeruch" ist auf Phosphorwasserstoff (Phosphin, PH_3) zurückzuführen, der frei wird, wenn Calciumphosphid mit Wasser in Berührung kommt. Aus 100 g Calciumcarbid lassen sich durch Wasserzugabe 30 Liter Acetylen freisetzen. Cacliumcarbid wird technisch durch Zusammenschmelzen von Calciumoxid (Ätzkalk, CaO) mit Koks im Lichtbogenofen bei 2500° C nach folgender Reaktionsgleichung gewonnen:

Calciumoxid + Kohlenstoff $\longrightarrow$ Calciumcarbid + Kohlenstoffmonooxid
CaO + 2 C $\longrightarrow$ CaC_2 + CO

Druckgasbehälter (Stahlflasche, Stahlbombe). Besteht aus nahtlosem Stahlrohr

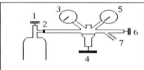

von 5 bis 50 Liter Inhalt. Zur Gasentnahme besitzt er ein *Flaschenventil 1*, das durch einen Drehknopf betätigt wird. Gase müssen grundsätzlich über ein *Reduzierventil* (Druckminderungsventil) *4* entnommen werden, das an den seitlichen *Ansatzstutzen 2* jeder Flasche angeschraubt wird. Der Ansatzstutzen hat bei brennbaren Gasen zur Warnung ein *Linksgewinde*, sonst ein *Rechtsgewinde*. Zwischen Ansatzstutzen und Reduzierventil mißt das *Manometer 3* den *Flaschendruck*, (meist 15 MPa, entspricht 150 bar), zwischen Reduzierventil und *Absperrventil 6* für den *Schlauchanschluß 7* der Flasche mißt ein zweites *Manometer 5* den *Arbeitsdruck*. *Flaschenfarben:* Ethen (Acetylen) = gelb; Sauerstoff = blau; Stickstoff = grün; sonstige brennbare Gase = rot; sonstige nicht brennbare Gase = grau.

Gasometer. Gasbehälter zum Speichern von Stadtgas und anderen technischen

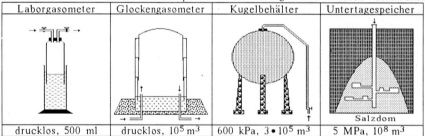

Laborgasometer	Glockengasometer	Kugelbehälter	Untertagespeicher
			Salzdom
drucklos, 500 ml	drucklos, 10^5 m^3	600 kPa, $3 \bullet 10^5$ m^3	5 MPa, 10^8 m^3

Gasen. Meist werden *Glockengasometer* verwendet. Im *"Grundriß der Chemie"* lesen wir dazu: *"Da während des Abends und der Nacht der Gaskonsum größer ist als am Tage, so sammelt man das kontinuierlich produzierte Leuchtgas in einem Gasometer an. Derselbe besteht aus einem mit Wasser gefüllten Bassin und einer aus Eisenblech genieteten Glocke .... Das oberhalb des Wasserniveaus eintretende Gas hebt die Glocke, welche sich an Gleitrollen ... zwischen eisernen Schienen aufwärts bewegt, allmählich empor. Um für große Gasometer ... die Konstruktion tiefer Bassins zu umgehen, setzt man die Glocke aus mehreren Teilen ... zusamen, welche sich beim Einleiten des Gases nach Art eines Teleskops auseinanderziehen."* Sehr große Gasmengen werden im *Scheibengasometer* gespeichert. Dieser besteht aus einem zylinderförmigen Behälter, in dem sich eine mit Teer abgedichtete Scheibe auf und ab bewegt. Weitere Möglichkeiten der Gasspeicherung sind der Kugelbehälter, in dem das Gas unter Druck steht oder die Speicherung in Salzdomen.

Kaliummanganat (K_2MnO_4). Es bildet dunkelgrüne, fast schwarze, rhombische Kristalle. Es entsteht durch Erhitzen von Braunstein (MnO_2) und Salpeter (KNO_3). Kaliummanganat löst sich in Alkalilaugen mit grüner Farbe auf. Neutralisiert man mit einer Säure, so bildet sich violettes Kaliumpermanganat. Dieser Effekt hat dem Kaliummanganat den Namen *mineralogisches Chamäleon* eingetragen.

Kaliumpermanganat ($KMnO_4$). Violettes Salz mit metallisch glänzenden, rhombischen Kristallen mit stahlblauen Anlauffarben. Bei Erhitzen gibt Kaliumpermanganat leicht Sauerstoff ab, wobei es sich in das grüne Kaliummanganat (K_2MnO_4) und Braunstein (MnO_2) umwandelt. Auch die Wirkung des Kaliumpermanganats gegen Fußschweiß, Fußpilz, Warzen, Schlangenbisse und Bienenstiche sowie beim Bleichen beruht auf der intensiven Sauerstoffabgabe. *Sicherheitshinweis:* Kaliumpermanganat ist brandfördernd und mindergiftig.

Platinschmelzofen. *Rüdorff* schreibt hierzu in seinem *"Grundriß der Chemie"*:

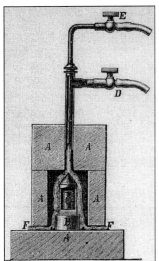

"Auch zur Konstruktion des Platinschmelzofens findet das Knallgasgebläse Verwendung. Der Ofenraum ist zur Vermeidung der durch Strahlung etwa entstehenden Wärmeverluste aus den Platten A von gebranntem Kalk zusammengesetzt. Die das Metall enthaltende Kapsel C steht auf dem Kalkklotz B. Die Hähne D und E leiten Wasserstoff, bezw. Sauerstoff zu, während bei F die Verbrennungsprodukte entweichen." Zum selben Thema steht im *"Buch der Erfindungen"* 5. Auflage, Band IV: *"In einem kleinen Ofen, der in seinen Leistungen einem Knallgasgebläse gleichkommt, gelang es in der That, Massen von einigen 20 Pfund allmälig zusammenzuschmelzen. Der Brennstoff ist ein Gemisch von Leuchtgas und reinem Sauerstoffgas, und die entwickelte Hitze ist so stark, daß die besten irdenen Schmelztiegel flüssig wie Glas würden. Man benutzt daher einen Tiegel oder vertieften Herd, der aus Kalk geformt ist."*

Sauerstofflanze. Gekühltes Stahlrohr, durch welches reiner Saurstoff geblasen wird. Die erste Sauerstofflanze wurde im Jahre 1901 von E. *Menné* zum Öffnen eines Hochofenstichloches eingesetzt. Sauerstofflanzen werden in der modernen Technik verwendet:

a) *zum Schmelzen von Gestein und Beton:* Im Jahre 1922 wurde in den USA ein Verfahren entwickelt, mit dem sich härtestes Gestein und Beton erweichen läßt. In einem hohlen Stahlrohr werden Eisendrähte bis zur Rotglut durch einen Hilfsbrenner erhitzt. Wird durch das Rohr Sauerstoff durchgeblasen, verbrennt das Eisen am glühenden Ende ähnlich wie bei einer Wunderkerze und verwandelt das Gesteinsmaterial in eine glutflüssige Schlacke.

b) *zur Stahlerzeugung:* Beim sog. Linz-Donauwitz-Verfahren wird flüssiges Roheisen in einen "Tiegel" eingefüllt und es wird ca. 30 Minuten lang Sauerstoff aus einer wassergekühlten Sauerstofflanze aufgeblasen. Dadurch werden unerwünschte Bestandteile verbrannt oder verschlackt und Roheisen wird in Stahl umgewandelt.

Auer-Licht und elektrische Glühlampe

In der Frühzeit des Menschen war Feuer die wichtigste Lichtquelle bei Nacht. Holz wurde auf Holz gerieben, trockener Lorbeer oder Efeu diente als Zunder, um Feuer zu entfachen. So erzählt *Homer* vom listenreichen *Hermes*, dem Götterboten: *"Er doch sammelte Holz und sann, wie er Feuer bereite. Nehmend den stattlichen Ast von dem Lorbeer, rieb er mit Eisen ihn mit der Hand recht haltend, und glühender Hauch entdampfte. Drauf noch nahm er und legte getrockneten Holzes die Fülle auf in ein Loch, in den Boden gemacht, und es loderte Flamme, weithin sengend das Blasen des hochaufflammenden Feuers."* Sogar silberne Spiegel und Brenngläser aus Bergkristall wurden zum "Feuermachen" eingesetzt.

Im Altertum diente auch schon hier und da zutage getretenes Naphta (Erdöl) als Brennstoff für Öllampen aus behauenem Stein, gebranntem Ton, Bronze oder Alabastergips. Rußende Öllampen haben sich bis in die Neuzeit gehalten. Noch im letzten Jahrhundert gruben Bergleute mit ihren "Funzeln" [wahrscheinlich mit Funken (= "Feuerbröckchen") verwandt; düster brennende Lampe] nach Silber und Gold, wurden Steinkohlen ans Tageslicht gefördert. Erst 1550 wurden für Öllampen bandförmige Flachdochte und röhrenförmige Hohldochte entwickelt.

Neben Öllampen kamen Kerzen aus Bienenwachs und Talg (tierische Abfallfette) auf. Die Autoren des 1941 herausgegebenen Lehrbuches *"Grundzüge der Chemie" Arendt* und *Dörmer* haben wohl Michael *Faradays* (1791 - 1867) *"Naturgeschichte einer Kerze"*, die er im 19. Jhdt. publizierte, genau studiert: *"Die Kerze stellt eine Gasfabrik im kleinen dar. Der Kerzenstoff (Paraffin, Stearin) schmilzt zuerst, steigt in dem Docht hoch, verdampft und zerfällt in brennbare Gase, die mit leuchtender Flamme brennen. Man unterscheidet an der Kerze einen innersten blauen wenig leuchtenden Teil und dann um das Ganze eine fast gar nicht leuchtende Hülle."* Aber auch die Öllampen werden im "Arndt-Dörmer" nicht ausgelassen: *"Die Öllampen der Alten und die Erdöllampen ähneln der Kerze insofern, als auch bei ihnen der Brennstoff in den Haarröhrchen des Dochtes hochgesaugt und dann verdampft und verbrannt wird. Das Lampenglas sorgt für stärkeren Luftzug und damit für höhere Leuchtkraft und für ruhiges Brennen der Flamme. Das Leuchten der Flamme wird bei der Kerze, der Öllampe und der Erdöllampe hervorgerufen durch das*

Glühen der Kohlenstoffteilchen, die aus den Kohlenwasserstoffverbindungen in der Hitze der Flamme ausgeschieden werden."

Immer wieder wurde in der Menschheitsgeschichte versucht, die Leuchtkraft von Lampen zu steigern. 1826 machte der englische Ingenieur Thomas *Drummond* (1797 – 1840) die interessante Entdeckung, daß man ein äußerst helles Licht erhält, wenn man eine *Knallgasflamme* (durch einen *Daniellschen Hahn* erzeugt) auf eine *Kalkkugel* richtete. Postel schreibt in der "Laienchemie" darüber: *"Ein Stück Kreide glüht in der Flamme des Knallgasgebläses mit einem außerordentlich hellen Lichte, welches man nach seinem Entdecker das "Drummondsche Kalklicht" oder auch das "Siderallicht" (d.i. Sternlicht) nennt. Drummond benutzte dasselbe als Signallicht für Leuchtthürme; bei dem Hydro-Oxygengas-Microscop werden die zu vergrößernden Gegenstände damit beleuchtet."* Interessant ist, daß Postel in einem Nachsatz auf die Nachteile der Drummondschen Erfindung hinweist und gleich zur elektrischen Beleuchtung überleitet: *"Überhaupt ist das Drummondsche Kalklicht wegen der mit ihm immerhin verbundenen Gefahr* [treten doch Temperaturen um 2000 °C auf!] *in der Neuzeit fast ganz von dem electrischen Lichte verdrängt worden. Die Beleuchtung der Objekte bei dem Sonnenmikroscop geschieht jetzt nur durch electrisches Licht, und so eben hat sich in Paris eine Gesellschaft gebildet, um alle Straßen und Plätze mit elektrischem Lichte zu erleuchten."*

1865 entwickelte *Tessié du Motay* das Kalklicht weiter und erfand eine *Leuchtgaslampe*, die im Ballsaal der Tuillerien zu Paris Licht spendete. Leuchtgas war 1803 erstmals bei der trockenen Destillation der Steinkohle gewonnen worden. Die Leuchtgaslampe war ein großer Fortschritt gegenüber den offenen "Gaslampen" in amerikanischen Städten des 19. Jahrhunderts, die lediglich aus senkrechten Röhren (anfangs noch ohne Brennaufsatz!) bestanden, aus denen man Leuchtgas "abfackelte". Der Wettstreit zwischen der mittlerweile aufgekommen Petroleumlampe (das erste Erdöl wurde 1859 in Titusville/ Pennsylvanien durch Bohrung gefördert) und der Leuchtgaslampe führte zu einer weiteren Verbesserung der Beleuchtungstechnik. Dr. Carl *Auer von Welsbach* (1858 - 1929), ein österreichischer Chemiker und Schüler Bunsens entdeckte 1886, daß eine bestimmte Mischung von *Thorium-* und *Ceroxiden* bei gleichem Brennstoffverbrauch die Lichtausbeute gewaltig erhöhten. In seinem (*"Auerlicht"* auch "Auerbrenner") wurde aus nur schwach leuchtenden Gasflammen das *"Gasglühlicht"*. Auer von Welsbach entdeckte, daß die Oxide um so heller leuchteten, je höher sie erhitzt wurden. Die Funktion des "Auerbrenners" ist im "Arendt-Dörmer" genau beschrieben: *"Mit Hilfe eines über die Mündung des Mischrohres eines Bunsenbrenners gesetzten Drahtnetzes kann man sauerstoffreichere Gas-Luftgemenge verbrennen und damit höhere Temperaturen erzielen... Aus diesem Grunde tritt beim Auerbrenner das Stadtgas-Luftgemenge durch ein Drahtnetz aus. Ein Tüllgewebe mit den Metalloxyden wird an einem Magnesiastäbchen über der nichtleuchtenden Gasflamme aufgehängt und durch die höhe Temperatur der Flamme zum Leuchten gebracht. Man verwendet stehendes und hängendes Gasglühlicht; bei diesem wärmen die Verbrennungsgase das in den Brenner tretende Stadtgas-Luftgemisch vor, wodurch bei gleichem Gasverbrauch eine höhere Temperatur und größere Leuchtkraft erzielt wird."*

Im engen Zusammenhang mit der Gasbeleuchtung wird in demselben Buche das *"Cereisen-Feuerzeug"* gesehen:*"Das helle Leuchten des Ceroxyds beobachten wir auch, wenn eine Legierung von Cer und Eisen, das Cereisen, in Form der bekannten*

Zündsteine mit Stahl geritzt wird, so daß kleine Splitter abspringen, die, durch die Reibung erhitzt, an der Luft verbrennen, wobei sie hell aufleuchten und den Brennstoff (Benzin, Benzol, Alkohol) entzünden. Ich will dem geneigten Leser auch nicht vorenthalten, was dasselbe Buch über "Geschichtliches zur Entwicklung des Beleuchtungswesens" zu berichten weiß: "Zu Anfang des 19. Jahrhunderts lernte man aus Stearin und Paraffin Kerzen herzustellen, und um 1860 kamen die Erdöllampen auf. Die erste kleine Stadtgasfabrik in Deutschland errichtete der Professor der Chemie Wilh. Aug. Lampadius [1772 - 1842], der 1811/12 eine Gasse und den Obermarkt in Freiberg in Sachsen mit Gasbeleuchtung versah. Eine wesentliche Verbesserung der Gasbeleuchtung bedeutete die Einführung des Auerbrenners, der noch heute (1941! wurde das Buch herausgegeben) mit den elektrischen Metallfadenlampen in Wettbewerb steht."

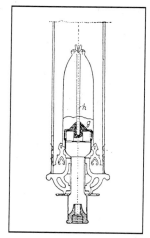 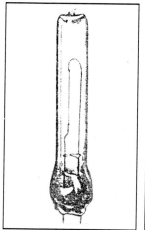 

Auer-Lampe   Goebel-Glühlampe   Edison-Glühlampe

Dennoch war die Einführung des mit *Leuchtgas* betriebenen Auer-Lichts mit Schwierigkeiten verbunden, setzte man Leuchtgas mit Feuer- und Explosionsgefahr gleich. So wurde in der *"Kölnischen Zeitung"* vom 28. März 1819 unter dem Aufmacher: *"Warum Gas-Straßenbeleuchtung abzulehnen ist..."* gegen das Auerlicht argumentiert:"

1. Aus theologischen Gründen: weil sie als Eingriff in die Ordnung Gottes erscheint. Nach dieser ist die Nacht zur Finsternis eingesetzt, die nur zu gewissen Zeiten vom Mondlicht unterbrochen wird...

2. Aus juristischen Gründen: weil die Kosten dieser Beleuchtung durch indirekte Steuern aufgebracht werden sollen. Warum soll dieser und jener für eine Einrichtung zahlen, die ihm gleichgültig ist, da sie ihm keinen Nutzen bringt ...

3. Aus medizinischen Gründen: die Gasausdünstung wirkt nachteilig auf die Gesundheit schwachleibiger und zartnerviger Personen ...

4. Aus philosophischen Gründen: die Sittlichkeit wird durch Gassenbeleuchtung verschlimmert. Die künstliche Helle verscheucht in den Gemütern das Grauen vor der Finsternis, das die Schwachen vor mancher Sünde abhält. Die Helle macht den Trinker sicher, daß er in den Zechstuben bis in die Nacht hinein schwelgt, und sie verkuppelt verliebte Paare.

5. Aus polizeilichen Gründen: sie macht die Pferde scheu und die Diebe kühn."

Auch heute noch spielt das "Auer-Licht" eine kleine Rolle bei der Campinggasleuchte, die mit einem Glühgasstrumpf arbeitet. In manchen Altstädten gibt es eine gasbetriebene Straßenbeleuchtung mit "Auerbrennern", die durch Druckwellen zentral gesteuert wird: Eine Druckerhöhung betätigt ein Ventil, worauf sich ausströmendes Gas an einer Zündflamme entzündet, eine weitere Druckwelle schließt das Gasventil wieder. Vorbei also sind die Zeiten, in denen der Nachtwächter mit einer Hakenstange am Abend jede Lampe einzeln durch einen Seilzug mit Ring "anknipste" und nach seinen Rundgängen wieder auslöschte!

In Konkurrenz zum Gaslicht hatte schon 1854 der deutsch-amerikanische Optiker Heinrich *Goebel* (1818 - 1893) die erste *elektrische Glühlampe* erfunden. Er schmolz verkohlte Bambusfasern in luftleer gepumpte Kölnisch-Wasser-Flaschen ein. Ein in einem galvanischen Element erzeugter elektrischer Strom (Siemens hat die Erfindung der Dynamomaschine erst 1867 vor der Berliner Akademie der Wissenschaft veröffentlicht!) ließ die verkohlten Bambusfäden der *"Goebel-Lampe"* in seinem Brillengeschäft in Chicago hell erstrahlen. Die Lichtabstrahlung beruhte bei seiner *"Kohlefadenlampe"* wie bei allen elektrischen Lampen auf der Wärmeentwicklung durch den elektrische Strom. Der Kohefaden verbrannte in der nur schwach verdünnten Atmosphäre (die Vakuumpumpe war noch nicht erfunden) recht schnell.

Auch der große Erfinder Thomas Alva *Edison* (1847 - 1931) versuchte sich an der elektrischen Glühlampe. Nach seiner Auffassung mußte *"eine Lampe billig und dauerhaft sein, gefahrlos und leicht zu handhaben, und bei voller Leuchtkraft lange Lebensdauer besitzen"*. Edison begann mit seinen Glühlampenforschungen in seiner Erfinderfabrik Menlo Park (New Jersey) 1878 und entdeckte - nach einem Jahr intensiver Forschungsarbeit mit 6000 verschiedenen Faserarten - die verkohlte Bambusfaser des Heinrich Goebel als idealen Leuchtfaden wieder! Wegen des Kohlefadens gab es dann 1893 zwischen Goebel und Edison einen Patentstreit, in dem Goebel die erstmalige Verwendung des Kohlefadens nachwies. Die Edison-Glühlampe leuchtete anfangs nur 40 Stunden lang und besaß eine Leuchtkraft von 2 Lumen/Watt (Lichtstrom pro Leistung). Der Kohlefaden, der eine Schmelztemperatur von 3550 °C besitzt, wurde durch Verdampfung bei einer Glühtemperatur von 2000 °C sehr schnell so dünn, daß er schließlich "durchbrannte". Man erkannte bald, daß sich die Verdampfung des Kohlenstoffs durch Edelgaszusätze vermindern ließ. Unerwünschte Restgase im Lampenkolben schaltete man durch Zugabe von Alkalimetallen oder rotem Phosphor aus, die mit den Restgasen chemisch reagierten und sie unschädlich machten.

Das besondere Verdienst Edisons ist es, daß er das noch heute im Gebrauch befindliche *Schraubgewinde* der Glühlampe erfunden hat. Hierdurch läßt sich jede Glühlampe problemlos austauschen und hält optimalen Kontakt zu den Anschlußelektroden. Edison hat auch als Erster mehrere Glühlampen zu einem Beleuchtungssystem zusammengeschaltet und damit 1879 auf dem Dampfer "Columbia" für elektrische Festbeleuchtung gesorgt. Die Haltbarkeit des Glühfadens und die Lichtausbeute wurden durch weitere Erfindungen heraufgesetzt.

1900 schuf Walter *Nernst* (1864 - 1941) die heute nur noch zu wissenschaftlichen Zwecken genutzte *Nernstlampe*. Hier besteht der elektr. Leiter aus einem dünnen Stäbchen aus Magnesiumoxid, das vorgewärmt werden muß. Der elektr. Strom heizt es dann auf Weißglut auf. Der Vorteil der Nernstlampe besteht darin, daß man sie auch im lufterfüllten Raum nutzen kann. 1902 schuf der schon bei der Gasbeleuchtung als Erfinder berühmt gewordene *Auer v. Welsbach* eine brauchbare *Osmium-Metallfadenlampe*. W. v. *Bolton* führte 1905 den *Tantalfaden* ein und 1908 ersetzte der Amerikaner William David *Coolidge* (1873 - 1975) den Kohlefaden der Edison-Glühlampe durch einen *Wolframfaden* von 0,01 mm Durchmesser. Wolfram hat mit 3410 °C den höchsten Schmelzpunkt der Metalle und verdampft 300 mal schwerer als Kohlenstoff. Später wurde die Gasfüllung der Glühlampe geändert. Heutige Haushaltslampen sind mit 93% *Argon* und 7% *Stickstoff* gefüllt. Trotz dieser Inertgasfüllung verbleiben meist kleinste Restgasmengen im Lampenkolben, die mit dem glühenden Wolfram etwa nach folgenden Gleichungen chem. reagieren:

$$W + O_2 \longrightarrow WO_2 \qquad W + 2H_2O \longrightarrow WO_2 + 2H_2$$

Es bilden sich in der heißen Zone um den Wolframdraht herum (das Gleichgewicht verschiebt sich nach dem Braun-Le-Chatelierschen Prinzip nach rechts) Wolframoxide, z.B. WO_2 oder WO_3 sowie Wasserstoffgas. Am kälteren Glaskolben bildet sich durch Thermolyse bzw. Reduktion wieder metallisches Wolfram zurück: der Glaskolben wird schwarz! Es findet eine sog. *"Transportreaktion"* statt. Heute kann man Wolframdrähte von 0,023 mm Durchmesser herstellen, die mit einer Temperatur von 2600 °C glühen. Der in einer modernen Glühlampe eingebaute Draht hat eine Durchschnittslänge von 1 m. Durch *Doppelwendelung* erreicht man eine Verkürzung des Metallfadens auf 3 cm Länge und eine wesentliche Abschwächung der nach außen abgestrahlen Wärme (Energieeinsparung). Eine heutige Glühlampe hält ca. 1000 Betriebsstunden aus. Es sind auch *Langzeit-Glühlampen* von einer Betriebsdauer von 9 Jahren (80000 Stunden) entwickelt worden, die aber bedeutend mehr Strom verbrauchen, eine schlechtere Lichtausbeute haben und auch noch um vieles teurer sind als herkömmliche Glühlampen. In sog. *K-Lampen* ist das oben erwähnte Argon durch das Edelgas *Krypton* ausgetauscht. Dieses hemmt das Verdampfen des Glühfadens so stark, daß man höher erhitzen kann und 1/10 mehr Lichtausbeute erhält. In *Halogenlampen* befindet sich statt einer Edelgasfüllung das dampfförmige Halogen *Iod*. Die Betriebstemperatur und damit die Lichtausbeute lassen sich hiermit noch weiter steigern. Die Temperatur ist so hoch, daß der kleine Lampenkolben aus Quarzglas gefertigt ist. Das Iod verbindet sich mit den verdampfenden Wolframmolekülen zu Wolframiodid, das am heißen Glühfaden wieder durch Thermolyse in Wolfram und Iod aufgespalten wird. Dadurch wird der schwarze Wolframbelag verhindert und die Glühbirne ständig regeneriert. Leider geht dies nicht beliebig lange, da die abgespaltenen Wolframteilchen nicht mehr genau an ihrer Ausgangsposition andocken. Auch bei der Halogenlampe kommt es zu Verminderung der Glühdrahtdicke, nur dauert es wesentlich länger.

Experiment: Auer-Licht

Durchführung

Geräte	Stoffe		
Porzellanschale	Thoriumnitratlösung (0,1 M; 5%ig)	**radioaktiv!!**	Xi O
Tiegelzange	Cerium(IV)-nitratlösung (0,2 M; 7%ig)	**radioaktiv!**	
Bunsenbrenner	Baumwolle (5 x 5 cm)		
Geigerzählrohr	Glühstrümpfe		

Äußerste Vorsicht! Thoriumnitratlösung enthält das Thoriumisotop Th^{232} und ist deshalb radioaktiv! Die spezifische Aktivität beträgt 3290 Bq/g. Cerium(IV)-nitratlösung enthält das Ceriumisotop Ce^{142} und ist schwach radioaktiv! Da beim Versuch giftige Gase entstehen, sollte er in einem **Abzug** mit *Schutzhandschuhen* durchgeführt werden. Es tritt bei diesem Versuch das hochgiftige Stickstoffdioxid auf! Der Versuch sollte nur durchgeführt werden, wenn eine sachgerechte Aufbewahrungsmöglichkeit für radioaktive Präparate in einem *Giftschrank* möglich ist und eine Entsorgungsmöglichkeit, z.B. über eine Universität besteht. Ansonsten besser auf das Experiment verzichten! Die Chemikalien können innerhalb der Freigrenzen für thoriumhaltige Substanzen im Chemikalienhandel ohne Genehmigungs- und Anzeigepflicht erworben werden! (Gem. Strahlenschutzverordnung für radioaktive Stoffe mit natürlicher Radioaktivität). *Glühstrümpfe* können auch im örtlichen Campinghandel problemlos erworben werden (wegen ihrer sehr geringen Radioaktivität).

Thorium- und Ceriumnitratlösung werden mit dem Geigerzähler auf erhöhte Radioaktivität untersucht. In eine Porzellanschale werden 30 Tropfen der Thoriumnitratlösung und 3 Tropfen der Cerium(IV)-nitratlösung gegeben. Ein Stück Baumwolle- oder Ramiefasergewebe wird in der Lösung getränkt und anschließend getrocknet. Es wird mit dem Geigerzählrohr auf Radioaktivität untersucht. Nach dem Trocknen wird das präparierte Textilgewebe (oder ein käuflich erworbener Glühstrumpf) mit einer Tiegelzange in eine Gasflamme (Campinggasbrenner oder Bunsenbrenner) gehalten.

Beobachtung

Das Textilgewebe brennt und rollt sich zusammen. Es macht nach dem Abbrennen einen bröckeligen Eindruck und erscheint weiß überpudert. Die Gewebestruktur bleibt erhalten. In einer entleuchteten Gasflamme glüht das Gewebe hell auf.

Erklärung

a. Die Nitrate zerfallen beide in Oxide, Stickstoffdioxd und Sauerstoff:

$$Th(NO_3)_4 \longrightarrow ThO_2 + 4\,NO_2 + O_2$$

$$Ce(NO_3)_4 \longrightarrow CeO_2 + 4\,NO_2 + O_2$$

b. Reines Thoriumoxid läßt eine entleuchtete Gasflamme schwach rötlich aufleuchten. Reines Ceriumoxid ruft dagegen ein etwas helleres, rotgelbes Licht hervor. Die Leuchtkraft des Ceriumoxids wird aber gewaltig gesteigert, wenn es in viel Thoriumoxid eingelagert wird. Die Wärmeausstrahlung des Ceriumoxids wird durch die Einlagerung stark herabgesetzt und die Temperatur steigt so stark an, daß ein blendend-helles Licht entsteht. Thorium- und auch Ceriumoxid besitzen außerordentlich hohe Schmelzpunkte, so daß sie die Betriebstempereratur des Auerlichts, die bei fast 2000 °C liegt, über 1000 Betriebsstunden aushalten. Dann allerdings muß der Glühstrumpf der Lampe erneuert werden.

c. Das Müller-Geigerzählrohr zeigt bei den Edukten, aber auch bei dem entstehenden Oxidgemisch, eine schwache Radioaktivität an. Das entstehende Thorium(IV)-oxid weist eine spezifische Aktivität von 7087 Bq/g auf!

Tips und Tricks

a. Für die Vorführung des Auerlichtes eignet sich sehr gut ein käuflicher Glühstrumpf. Dieser ist für Campinggasleuchten paßgenau zugeschnitten. Es bietet sich hier an, einen Glühstrumpf wie im Experiment aufgezeigt, in eine entleuchtete Gasflamme zu halten und einen zweiten Glühstrumpf dem Brenner der Campinglampe überzustülpen und die Flamme zu entzünden. Nach kurzer Zeit springt die "Auerlampe" an. Die Radioaktivität läßt sich am Glühstrumpf mit einem *Geiger-Müller-Zählrohr* problemlos nachweisen.

b. Der Versuch sollte wegen des Auftretens von Radioaktivität unter dem Abzug durchgeführt werden! Hier muß diskutiert werden, ob das Abbrennen des Glühstrumpfes, bei dem offensichtlich das Giftgas Stickstoffdioxid entsteht, überhaupt im Zelt oder sogar in einem Wohnwagen durchgeführt werden darf! Dann bliebe auch noch nachzuprüfen, ob während des Betriebes des Auerglühstrumpfes nicht feine, radioaktive Partikel über den warmen Luftstrom zum Menschen gelangen können. Es bliebe auch die Frage der Entsorgung der ausgedienten radioaktiven Glühstrümpfe zu klären. Bisweilen lösen sich Glühstrümpfe wegen ihrer bröckeligen Konsistenz schon bei leichten Erschütterungen ab und könnten im Campingbetrieb z.B. in die Nahrungskette gelangen. *Technische Glühstrümpfe* werden aus lockerem, zylindrisch-konischem oder halbkugelig geformtem Baumwoll-, Ramie- oder Kunstseidegewebe hergestellt, die man ähnlich wie im Versuch angegeben, mit Thoriumnitrat (99,1 %) und Ceriumnitrat (0,9 %) tränkt. Oft führt man die Verbrennung des Gewebes schon im Herstellungswerk durch, muß sie dann aber für den Transport mit Kollodiumlösung präparieren.

Glossar und Zusätze

Cereisen (Auermetall). Wird als Zündmetall zur Funkenbildung in Taschenfeuerzeugen und Reibfeuerzeugen verwendet. Cereisen enthält bis 50% Cer, viel Lanthan und etwas Eisen. Abgeriebene Metallteile entzünden sich schon bei niedriger Temperatur an einer Reibfläche und sprühen Funken, woran sich dann brennbare Gase oder Dämpfe entzünden können.

Cerium (Ce; Zer; 1803 von Martin Heinrich *Klapproth* (1743 - 1817) entdeckt und nach dem Planeten Ceres benannt). Reines Cerium zeigt eisenähnliche Farbe und Metallglanz. An der Luft läuft es bald gelb an. Cerium verbrennt an der Luft noch intensiver als Magnesium. Cerium wird aus dem radioaktiven Monazitsand (gr. monazo = einzeln sein; da er selten vorkommt; Vorkommen im Bayrischen Wald, in Indien und Brasilien; er enthält bis zu 70% seltene Erden wie Cerium, Lanthan, Thorium u.a. ; als Zerfallsprodukt radioaktiver Prozesse enthält er Helium) gewonnen. Um die Erforschung des Ceriums hat sich besonders *Auer v. Welsbach* verdient gemacht.

Ceriumnitrat [$Ce(NO_3)_3 \cdot 6 H_2O$]. Farblose, zerfließliche Masse. Wird in der "Auerlampe" und in der Fotografie als Abschwächer verwendet. $\boxed{\text{o}}$

Cerium(IV)-oxid [CeO_2]. Weißes Pulver, das beim Verbrennen von Cerium oder beim Glühen von Ceriumnitrat entsteht. Wird als Poliermittel für opt. Gläser benutzt.

Linnemannsches Licht. Das *Drummondsche Kalklicht* wurde von *Linnemann*

dadurch verbessert, *"daß er die Scheibe aus gebranntem Kalk durch eine solche aus edlen Erden ersetzte. Indessen bedarf man, um die Erden zum Glühen zu bringen, eines Gebläses, welches nach Art des Daniellschen Hahnes konstruiert ist."* Von Erden ausgestrahltes Licht hieß *Incandescenzlicht*.

Thorium (Th; wurde von 1828 von Jöns Jacob v. *Berzelius* (1779 - 1848) entdeckt und nach dem Donnergott Thor benannt). Schwermetall, das zu Thoriumdioxid verbrennt. Tritt gemeinsam mit Cerium und Uran in Monazitsanden auf. Thorium ist *radioaktiv* und besitzt eine Halbwertszeit von 16 Milliarden Jahren!

Thoriumnitrat [$Th(NO_3)_4$]. Bildet große, farblose, hygroskop. Tafeln (Hydrate). $\boxed{\text{Xi}\,\text{o}}$
Thoriumnitrat ist schwach radioaktiv. Ist als Nitrat brandfördernd!

Thoriumoxid [ThO_2]. Schweres, weißes, gut kristallisierendes Pulver, unlöslich in Wasser. Wird zur Herstellung feuerfester Tiegel verwendet.

Voltas elektrische Pistole

Im experimentierfreudigen 18. Jhdt. - der Zeit des galanten Rokoko - endete so mancher Versuch mit brennbaren Gasen in einer fürchterlichen Explosion. Besonders Gasexplosionen führten auch bei berühmten Experimentatoren wie z.B. bei *Cavendish* zu schlimmen Unfällen. Um Versuche mit Gasen unter Kontrolle zu halten und zur philosophischen Erbauung des Publikums erfand Graf Alessandro *Volta* (1745 - 1827), der schon 1771 den im elektrischen Feuerzeug verwendeten Elektrophor erdacht hatte, die elektrische Pistole, oder wie sie von den zeitgenössischen Naturforschern lateinisch benannt wurde, die *bombarda electrica*. In der elektrischen Pistole ließen sich die mannigfachsten Gase und Gasgemische auf ihre Explosionsfähigkeit hin austesten und ihr oft formidabler Knalleffekt trug in Galavorlesungen sehr zur Erheiterung des Publikums und zum Staunen über die naturwissenschaftlichen Phänomene bei.

Sehr beliebt waren Knallgasgemische von Sauerstoff mit Wasserstoff, Ethylen und Methan. Für Methanknallgas wird von Jan *Ingenhousz* (1730 - 1799) sogar *"eine leichte Art, der brennbaren Luft sumpfichter Wässer habhaft zu werden, ohne daß man einen kleinen Nachen nötig hätte"* durch einen Trichter mit angeschlossener Schweinsblase skizziert, den man am Stock über eine Sumpfgasquelle, z.B. eines Seeufers schiebt.

Postel beschreibt in seiner *"Laienchemie"* die Wasserstoffgewinnung für Knallgasversuche so: *"Man verschaffe sich von einem Klempiner eine Handvoll kleiner Zinkabschnitte, wie sie bei den Arbeiten desselben in Menge abfallen. Hierauf bereite man verdünnte Schwefelsäure, indem man ein starkes Fläschchen etwa zu 2/3 mit Wasser füllt, und den sechsten Theil soviel englische Schwefelsäure sehr langsam und allmälig hinzugießt. ... Nun schütte man eine Anzahl von den Zinkstückchen in ein Fläschchen und gieße etwas von der verdünnten Schwefelsäure auf dieselben: es entsteht sogleich lebhafte Unruhe in der Flasche, große Blasen entwickeln sich, während das Zink allmählich verschwindet, und die Flasche füllt sich mit einer Luftart, welche aus derselben emporsteigt. Dies ist das Wasserstoffgas."*

Interessant ist auch, daß Postel auf Verunreinigungen des Zinks und damit vorhande-

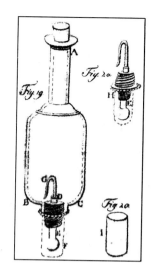

Elektrische Pistole mit Zündkerze

ne Gefahren hinweist: *"Gewöhnlich entsteht allerdings bei der Entwickelung des Wasserstoffs aus Zink ein unangenehmer Geruch, weil das im Handel vorkommende Zink nie chemisch rein ist, daher auch keinen vollkommen reinen Wasserstoff liefert. Ist das Zink mit Schwefel verunreinigt, so enthält das Gas den nach faulen Eiern stinkenden giftigen Schwefelwasserstoff beigemengt; enthält das Zink, wie dies häufig der Fall ist, Arsen, so kann sich leicht die giftigste aller Luftarten, das Arsenikwasserstoffgas erzeugen."*

Nun schreitet Postel zur Tat und entzündet den aufgefangenen Wasserstoff: *"Während das Wasserstoffgas aus der Entwicklungsflasche aufsteigt (bevor es angezündet wird), halte man ein starkes, nicht schadhaftes Trinkglas über die Oeffnung der Flasche, wende es dann schnell um, entferne es eben so rasch von der Flasche, und halte, indem man die Oeffnung von sich abkehrt, einen brennenden Fidibus hinein: es fährt eine Flamme aus dem Glase und man vernimmt einen schwächeren oder stärkeren Knall. Ist man bei der Bereitung der Wasserstofflampe* [gemeint ist eine Glasflasche, in der Wasserstoff entwickelt wird, mit aufgesetztem Glasrohr, an dem sich der Wasserstoff entzünden läßt und mit ruhiger Flamme abbrennt] *unvorsichtig, indem man der Flasche zu frühe mit dem Lichte nahe kommt, so wird der Kork mit großer Gewalt und lautem Knalle in die Höhe geschleudert, oder, wenn er zu fest sitzt, zerspringt die Flasche und die umherfliegenden Scherben und Splitter können großes Unheil anrichten."*

Der eben geschilderte Wasserstoff-Knallgasversuch ließ sich nun vortrefflich in Voltas elektrischer Pistole vorführen. Diese bestand aus einem zylindrischen oder eiförmigen Glas- oder Blechkörper, in den blanke, zugespitzte Drähte eingeführt waren. Wurden diese mit einer aufgeladenen Leidener Flasche oder einer Elektrisiermaschine verbunden, so sprang von Draht zu Draht ein elektrischer Funke über und war imstande, das Gasgemisch zu entzünden. Alessandro Volta verbesserte die elektrische Pistole durch eine *Zündkerze*, wie sie heute noch, wenn auch in abgewandelter Form, zum Zünden eines Benzin-Luft-Gemisches im Ottomotor Verwendung findet. Die Zündkerze bestand aus einer Metallkugel, von der ein hakenförmig

68

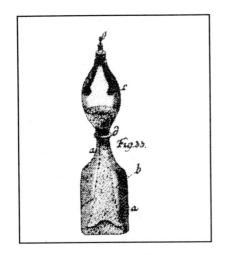

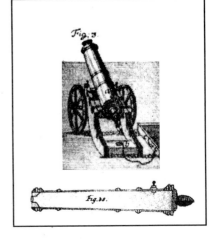

Füllen der elektr. Pistole   Elektrische Kanone

gebogener Draht ausging, der in der elektrischen Pistole endigte. Die Zündkerze war mit einem Stopfen versehen, so daß sie auf das Knallgasgefäß der elektrischen Pistole aufgesteckt werden konnte. Die Wirkungsweise der elektrischen Pistole läßt sich bei Postel nachlesen: *"In der Physik pflegt man bei den elektrischen Experimenten auch die elektrische Pistole vorzuführen. Dies ist ein Gefäß von Blech, in dessen Seitenwand ein Draht eingekittet ist, der sowohl an seinem außen befindlichen, als an dem der entgegengesetzten Wand nahe stehenden inneren Ende eine Kugel hat. Man füllt das Gefäß mit der Mischung von einem Theile Sauerstoff- und 2 Teilen Wasserstoffgas und verschließt es dann durch einen festsitzenden Korkpfropf. Läßt man sodann auf die äußere Kugel einen electrischen Funken (z.B. von dem Deckel eines Electrophors oder von dem Conductor einer Electrisiermaschine) überspringen, so leitet ihn der Draht zu der zweiten, inneren Kugel und von dieser springt er auf die Wand des Gefäßes über. Indem er dabei das Gasgemenge durchfliegt, entzündet er dasselbe; die Wasserbildung erfolgt unter heftiger Explosion und der Kork wird mit lautem Knalle fortgeschleudert."*

Aus diesem Bericht geht hervor, daß hier eine elektrische Pistole ohne Zündkerze beschrieben wird. Besonders schwierig war der Füllvorgang der Pistole, gab es doch damals keine Gasflaschen, aus denen das Gas mit Druck ausströmt. Volta ersann zur Vereinfachung eine *"Hirsekörnermethode"*: Er füllte die elektrische Pistole zunächst mit Hirsekörnern und setzte die Pistole auf eine knallgasgefüllte Glasflasche. Dann rieselten die Hirsekörner in die Gasflasche und der in der elektrischen Pistole entstandene Hohlraum füllte sich mit Knallgas. Heumann schildert das "Abfeuern der Pistole wie folgt: *"Dann verschließt man das noch offene Ende [der elektrischen Pistole] mit einem nicht zu fest sitzenden Kork, bewirkt durch Umkehrung der Pistole die nöthige Mischung der in ihr enthaltenen Gase und lässt nun, während man die Pistole in der Hand hält, einen electrischen Funken auf den Knopf derselben überspringen. Sofort wird unter starkem Knall der aufgesetzte Pfropf weggeschleudert."* Heumann empfiehlt schon damals, daß man für reines Wasserstoffknallgas nur sehr starkwandige Apparaturen aus Metall verwenden solle. Pistolen aus Glas *"dienen gar nicht zu starken, sondern nur zu kleinen gemeinen Versuchen und gleichwohl hat man auch hierbey Vorsicht des Zerspringens wegen nöthig..."*

Elektrische Pistolen wurden bei Schaustellungen, Vorlesungen und Zauberabenden in reichhaltiger Variation eingesetzt. Manche davon besaßen die Form eines Eies, andere waren als Pistole oder auch als Gewehr ausgebildet, die sogar echte Kugeln verschießen konnten. Besonders interessant war eine automatische Versuchsanordnung der Gaschemie des Rokoko: Eine Elektrisiermaschine lud eine große, hohle Metallkugel elektrostatisch auf. Von hier wurde die elektrische Ladung zur Speicherung in eine Leidener Flasche geleitet und von hier zu einer kleinen Kugel transportiert. Eine Spielzeugmarionette in Soldatenform griff mittels einer Metallkugel die elektrische Ladung ab und drehte sich zur Zündvorrichtung einer Knallgaskanone, wodurch eine Knallgasexplosion ausgelöst wurde.

Experiment: Voltas elektrische Pistole

Aufbau und Durchführung

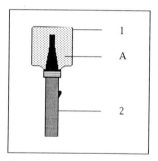

Geräte
1 Polyethylenflasche
2 Piezoelektrischer Gasanzünder

Stoffe
A Wasserstoff-Sauerstoffgemisch
(Volumenverhältnis 2:1)
oder statt Wasserstoff, Methan, Ethin, Butan,
Petrolether, Ethanol, Benzin, Stadtgas

Eine Weithals-Polyethylenflasche wird pneumatisch mit Wasserstoffknallgas gefüllt und auf einen piezoelektrischen Gasanzünder aufgesteckt. Mit weit ausgestrecktem Arm zünden!

Beobachtung

Das Gasgemisch explodiert in der Flasche mit blauem Lichtblitz und ohrenbetäubendem Knall. Die Kunststoffflasche fliegt in weitem Bogen fort.

Auswertung

Der piezoelektrisch hervorgerufene Zündfunke des Gasanzünders läßt das Wasserstoff-Sauerstoffgemisch explodieren.

$$2\ H_2 + O_2 \longrightarrow 2\ H_2O + \text{Energie}$$

a. Soll der Versuch im Hörsaal durchgeführt werden, lassen sich Polyethylen-Weit-

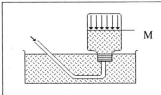

halsflaschen von 50 bis 250 ml verwenden. Diese werden am günstigsten pneumatisch gefüllt: Man taucht die wassergefüllte Kunststoffflasche mit ihrer Öffnung nach unten in eine Wasserwanne (pneumatische Wanne) und verdrängt aus ihr das Wasser im Verhältnis der gewünschten Gasvolumina. Durch eine Filzschreibermarke M auf der Polyethylenflasche läßt sich das Mischungsverhältnis bequem festlegen.

b. Günstige Gasmischungen und die beim Experiment freiwerdende Energie zeigt folgende Tabelle:

Gasarten	Gasvolumina	Sauerstoffvol.	Flaschenvol.	freiw. Energie
Wasserstoff	2/3	1/3	100 ml	792 J
Methan	1/3	2/3	100 ml	1238 J
Ethin	2/7	5/7	50 ml	772 J
Butan	1/6	5/6	50 ml	771 J

Bei Ethin und Butan wurden kleinere Gefäße gewählt, da sonst eine zu hohe Energie und damit ein für Experimentator und Auditorium schädlicher Schalldruckpegel entstünde. Die bei diesem Experiment freiwerdende Energie sollte 1500 J nicht überschreiten!

c. Mithilfe der oben beschriebenen Apparatur lassen sich sofort nacheinander Versuche mit unterschiedlichen Gasgemischen durchführen. Die Polyethylenflaschen werden im gewünschten Gasverhältnis pneumatisch gefüllt und mit einem Gummistopfen verschlossen. Der Stopfen wird beim Versuch entfernt, die Flasche schnell auf den Piezoanzünder aufgesteckt und es wird sofort gezündet. Die Flasche darf auf keinen Fall in Richtung des Publikums abgefeuert werden!

d. Mit der elektrischen Pistole können auch leicht entflammbare Flüssigkeiten wie Ethanol, Petrolether und Benzin mit Sauerstoff zur Explosion gebracht werden. Man füllt hierzu die Weithalsflasche zunächst mit Sauerstoff und korkt sie zu. Bei leicht angehobenem Stopfen werden mithilfe einer Pipette 2 Tropfen der Flüssigkeit zugegeben. Man schüttelt die Flasche leicht, um das Vermischen der entstehenden Flüssigkeitsdämpfe mit Sauerstoff zu unterstützen. Bei einem zu hohen Dampfanteil kann es statt zur Explosion zum Abbrennen mit heißer Flamme kommen. Daher ist ein *Lederhandschuh* unerläßlich. Besondere Vorsicht ist bei der Verwendung von Benzin angebracht!

e. *Sicherheitshinweise:*
   - *Benzin* ist als Ottokraftstoff nicht nur feuergefährlich, sondern auch toxisch, da es das giftige *Benzol* enthält. Im verbleiten Ottokraftstoff sind als Antiklopfmittel hochgiftige Bleialkyle [**T+**, bei w < 0,1 nur noch **Xn**] zugesetzt! Die im Benzin enthaltenen Erdöldestillate *Heptan* und *Octan* tragen den Warnhinweis **F**, *Hexan* noch zusätzlich den Hinweis **Xn**.
   - *Butan* ist hochfeuergefährlich!
   - *Ethanol* (Ethylalkohol) ist eine leichtentzündliche Flüssigkeit. Brennspiritus ist denaturiertes Ethanol.

F+ - *Ethin* (Acetylen) ist ein hochfeuergefährliches Schweißgas!

F+ - *Methan* (Sumpfgas, Grubengas) ist hochfeuergefährlich!

F - *Petrolether* ist eine leichtentzündliche Flüssigkeit und mit Ether und Alkohol, nicht aber mit Wasser mischbar.

F+ - *Wasserstoff* ist hochfeuergefährlich!
- Das Publikum vor der Explosion auf die Schädlichkeit des Explosionsknalls (Trommelfell, Herz) hinweisen! Bei diesem Experiment sollte der Mund geöffnet sein, um einen Druckausgleich über die Eustachische Röhre (Ohrtrompete) herbeizuführen!
- Experimente, bei denen eine Flasche mit größerem Volumen als 250 ml verwendet wird, sollten unbedingt *im Freien* durchgeführt werden. Der Experimentator trägt an der gefährdeten Hand einen *Lederhandschuh*! Ein *Gehörschutz* ist unerläßlich! Das Publikum sollte eine *Sicherheitsentfernung* zum Experimentator einhalten!
- Bei der Explosion sollte der Experimentator den Zündfunkengeber mit nach oben ausgestrecktem Arm möglichst weit von sich weg halten.

Glossar und Zusätze

Piezoelektrischer Effekt [gr. piezo = drücke]. Im Jahre 1880 wurde von den Gebrüdern J. und P. *Curie* entdeckt, daß bei Kristallen von Turmalin, Quarz, Zinkblende u.v.a. elektrische Ladungen entstehen, wenn ein Druck oder Zug auf sie einwirkt. Man nennt diese Erscheinung piezoelektrischen Effekt. Sie wird ausgenutzt im Zündfunkengeber. Läßt man auf piezoelektrische Kristalle elektrische Felder einwirken, so ändert sich deren Form. Dieser Umkehreffekt ist z.B. die Grundlage des Ultraschalls.

Piezoelektrischer Zündfunkengeber (Piezozünder): Das Gerät enthält zwei aufeinanderliegende piezoelektrische Zylinder. Wirkt ein mechanischer Druck (z.B. durch einen Schlagbolzen) auf diese ein, so entsteht eine Hochspannung von bis zu 20 Kilovolt, die sich über eine Funkenstrecke entlädt. Piezozünder sind im Haushaltsgasanzünder und in Gasfeuerzeugen gebräuchlich. In Ottomotoren sind Piezozünder nicht anwendbar, weil der piezoelektrische Effekt bei häufiger Betätigung nachläßt.

Versuchsvariation zur elektrischen Pistole.

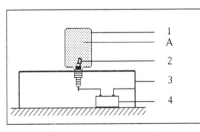

Geräte
1 Enghalspolyethylenflasche (50 - 250ml)
2 Zündkerze
3 Gestell
4 Piezozünder

Stoffe
A Gasmischung oder
  brennbarer Dampf und Sauerstoff

Eine Enghals-Propylenflasche (250 ml nicht überschreiten!) wird mit Knallgas pneumatisch gefüllt oder es wird eine leicht verdampfbare Flüssigkeit (Benzin, nur 2!! Tropfen) in die Flasche gegeben und dann geschüttelt! Dann steckt man die Enghalsflasche auf die Zündkerze, die in einem Metallgestell befestigt ist. Nach Betätigung des piezoelektrischen Zündfunkengebers explodiert der Flascheninhalt. Da die Flasche nicht lose wie beim Hauptversuch aufsitzt, zerplatzt sie meist unter fürchterlichem Knall. (Bezugsquelle zum Exp.: Fa. Hedinger, Stuttgart).

Knallgaseudiometer

Im ausgehenden 18. Jhdt. blühten in Deutschland schon mancherorts Industriebetrie-
be, welche die Luft - ähnlich wie heute in Entwicklungsländern - gewaltig verpesteten. So schreibt der Chemiker Johann Bartholomä *Trommsdorff* (1770 - 1837) über
eine Reise nach dem im Harz gelegenen Sondershausen: *"Bey dieser Gelegenheit*
berichtige ich einen chemischen Lehrsatz, daß nämlich die athmosphärische Luft
immer aus 3 Theilen Stickgas [Stickstoff] *und einem Theil Sauerstoffgas besteht,*
wenigstens vermuthe ich, daß sich in der Sonderhäuser Luft noch zwei Theile
gechlortes Wasserstoffgas befinden - in Ermangelung eines Eudiometers habe ich
dies durch die Nase bestimmt ...".

Das von Trommsdorf erwähnte *Eudiometer* [gr. eudios = heiter; gr. eudia = heiteres
Wetter; "Gute-Luft-Messer"] geht auf eine Entdeckung des Chemikers Joseph
Priestley (1733 - 1804) zurück, der zwei Jahre vor seiner bedeutenden Entdeckung
des Sauerstoffs (im Jahre 1774) beim Zusammengeben von Kupferspänen mit Salpetersäure ein *"nitrous air"*, ein farbloses Gas erhalten hatte, das sich in der Luft
braun färbte. Dabei verbrauchte das Gas (es war Stickstoffmonooxid), einen gewissen Teil der Luft durch Oxidation. Die zurückgebliebene Restluft erstickte alle
Lebensvorgänge. Bereits 1748 hatte Stephen *Hales* (1677 - 1764) *einen "Gute-Luft-*
Messer", ein Eudiometer erfunden. Hales hat sich darüber hinaus durch die Erfindung der *pneumatischen Wanne* (1727) um die Gaschemie verdient gemacht. Er
entwickelte Gase in einer Retorte, deren lang ausgezogenen Hals er in ein umgekehrt in Wasser stehendes wassergefülltes Glasgefäß münden ließ. Erst Priestley
und Cavendish ersetzten beim *"pneumatischen Auffangen von Gasen"* die Sperrflüssigkeit Wasser, mit der viele Gase reagieren, durch Quecksilber. Damals wußte man
noch nicht, daß die Luft ein Mischgas ist, das an allen Orten der Erde die gleiche
Zusammensetzung hat und nahm an, daß dort, wo die Bevölkerung besonders gesund
sei, die Luft von besserer Güte sei, d.h. mehr Sauerstoff enthalten müsse. Hales
hielt die Luft für ein Chaos von elastischen und unelastischen Teilchen. Über die
Bedeutung der Luft schreibt Postel 1876 : *"Das Luftmeer, welches die Erde rings*
umgiebt, und in unbekannter Höhe und in immer dünneren Schichten sich gegen
den Weltraum abgrenzt, ist von der höchsten Bedeutsamkeit für das Leben der

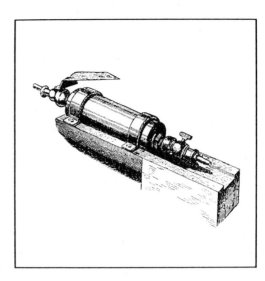

Metalleudiometer nach Cavendish

organischen Wesen. Die atmosphärische Luft reicht den Menschen und Thieren den zum Athmen erforderlichen Sauerstoff in angemessener Verdünnung dar; sie trägt die aufsteigenden Wasserdünste über die Länder dahin und spendet diesen die nothwendige Feuchtigkeit; sie mäßigt den Glanz der Sonne am Tage und die Finsterniß der Nacht; sie verhindert die allzuschnelle Abkühlung der Erdoberfläche; sie bildet das schöne blaue Firmament."

Die ersten Eudiometer waren äußerst umständlich zu handhaben und sehr ungenau, was ja schon aus der obigen Schilderung von Trommersdorf hervorgeht, nach der die Luft 25 statt 21% Sauerstoff enthalten hätte. Neben dem *Salpeterlufteudiometer*, das auf der Oxidation von Stickstoffoxiden (sog. Salpeterluft) beruhte, wurden noch weitere, ebenso umständlich zu handhabende Apparate wie das *Phosphoreudiometer* entwickelt, bei dem giftiger, weißer Phosphor mit dem Luftsauerstoff zu Tetraphosphordecaoxid reagierte. Henry *Cavendish* (1731 - 1810) führte als erster die unterschiedliche Zusammensetzung der atmosphärischen Luft auf die Unzuverlässigkeit der Meßinstrumente und die Ungeschicklichkeit der Beobachter zurück. Er bewies durch 400 Versuche, daß die Luft überall auf der Erde, unabhängig von der Jahreszeit, gleich zusammengesetzt ist, obwohl er auch nur ein Salpeterlufteudiometer zur Verfügung hatte. Cavendisch gab 1783 eine *"pneumatische Abhandlung"* mit dem Titel: *"An account of a new eudiometer"* heraus. Er hatte schon 1772 erkannt, daß Luft zum Teil aus Stickstoff besteht: Er leitete Luft über glühende Holzkohle und ließ die entstehende *"fixe Luft"* (Kohlenstoffdioxid) von Ätzkali absorbieren. Er erhielt als Restgas *"mephitische Luft"* (Stickstoff). Da Cavendish seine Untersuchungen erst nach Jahren veröffentlichte, wurde statt seiner Daniel *Rutherford* (1749 - 1819) als Entdecker des Stickstoffs anerkannt.

Das interessanteste unter allen Eudiometern ist ohne Zweifel das, welches Alessandro *Volta* aus der elektrischen Knallgaspistole entwickelte. Es bestand aus einem 40 cm langen, dickwandigen Explosionsrohr aus Glas, das beidseitig von Messinghülsen eingefaßt war. Diese erweiterten sich über Hähne zu Trichtern. In einer der beiden Messingfassungen war eine *Voltasche Zündkerze* eingebaut. Das Eudiometerrohr

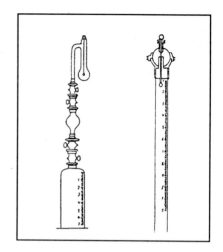

Reiseknallgaseudiometer nach Volta   Döbereiners Platineudiometer

wurde zur Prüfung der "Luftgüte" zunächst pneumatisch (unter Sperrwasser) mit einer Luftprobe gefüllt. Dann fügte man eine abgemessene Wasserstoffmenge hinzu und zündete den Gasinhalt durch einen elektrischen Funken. Aus der Restgasmenge wurde dann der Stickstoff- und Sauerstoffgehalt der Luft bestimmt. Im Nachlaß von Trommsdorf fand sich ein von Volta konstruiertes *Reiseknallgas-Eudiometer*. Mit diesem konnte man gleich vor Ort die "Güte" der Luft bestimmen. Der Wasserstoff wurde in einem urnenförmigen Gefäß mitgeführt, die zu untersuchende Luft und der Wasserstoff mit Glasröhrchen unter Wasser genau eingemessen. Den Funken lieferte ein Elektrophor oder eine Elektrisiermaschine mit angeschlossener Leidener Flasche. Auch bei diesem wasserstoffbetriebenen Gerät kam es leicht zu Unfällen. So hat Volta höchstpersönlich im Jahre 1784 ein Wasserstoffeudiometer "in die Luft gejagt". Ein Zeitgenosse schrieb entsetzt: *"Man muß also bei einer jeden Entladung der leidenschen Flasche mit Zittern vor einer bevorstehenden Gefahr das Werkzeug untersuchen, ob alles daran noch haltbar und gut verküttet ist..."*

Auch *"Döbereiner"* nahm sich in Zusammenhang mit seinen Katalyseexperimenten des Knallgaseudiometers an. Er stellte aus Mischungen von Ton und Platinschwamm kleine Kugeln her, die getrocknet und geglüht wurden. Man nannte sie *"Döbereiner-Pastillen"*. Sie wurden im Döbereiner-Eudiometer in ein über Quecksilber abgesperrtes Wasserstoffknallgas-Volumen eingefüllt und bewirkten die Vereinigung der Gase zu Wasser. Das so verbesserte Eudiometer wurde auch *"Döbereiners Platineudiometer"* genannt. Döbereiner empfahl auch, Eudiometerröhren für Wasserstoffexperimente an ihrem zugeschmolzenen Ende innen schwach zu platinieren.

Eudiometer wurden auch dort eingesetzt, wo "Ausdünstungen der Erde" festgestellt wurden. So prüfte der Naturforscher Alexander *von Humboldt* (1769 - 1859) aus südamerikanischen "Kothkratern" aufsteigende Gase vor Ort mit "Salpetergaz" und stellte fest, daß sie völlig sauerstofffrei waren. Er vermutete, daß sie reinen Stickstoff als *"Rest von eingesogener atmosphärischer, im Innern der kleinen Vulkane zersetzter Luft"* enthielten. Von Humboldt hatte auch Ende des 18. Jhdt.'s Grubenluft eudiometrisch untersucht und festgestellt, daß schlagende Wetter sich wegen ihrer

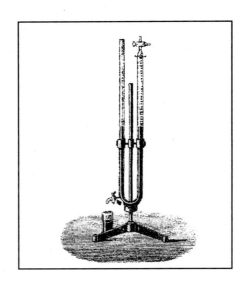

Knallgaseudiometer nach v. Hofmann

Leichtigkeit in den oberen Abschnitten der Grubenstollen ansammeln. V. Humbold ließ sich aus allen Teilen der Erde Gasproben zur Untersuchung zuschicken, darunter Proben von Wasserstoff- und Naphtaquellen des schwarzen Meeres.

August Wilhelm *von Hofmann* (1818 - 1892), ein Bonner Chemieprofessor und Schüler Justus *v. Liebigs*, hat das Voltasche Eudiometer durch Verwendung von Quecksilber als Sperrflüssigkeit verbessert. Die Benutzung dieses *Knallgaseudiometers nach v. Hofmann* wird von Heumann in seiner *"Anleitung zum Experimentieren"* genauestens beschrieben. *"Das von A.W. Hofmann angegebene Vorlesungseudiometer besteht aus einer etwa 60 cm langen und 1,5 cm weiten U-förmig gebogenen Röhre, welche nahe am Bug ein mit Hahn verschliessbares Ansatzröhrchen trägt. Der eine in 1/5 cbcm eingetheilte Schenkel, in welchen zwei Platindräthe eingeschmolzen sind, ist gleichfalls mit Glashahn versehen, dessen Zapfen jedoch auch der Länge nach durchbohrt ist; der hierdurch gebildete Kanal tritt seitlich aus und erlaubt somit (je nach Hahnstellung) das durch denselben eintretende Gas in die U-Röhre oder nach oben in die Luft austreten zu lassen. Zunächst füllt man die U-Röhre einer langen Trichterröhre so weit mit Quecksilber, dass die im graduierten Schenkel enthaltene Luft (bei gleichem Quecksilberniveau) 20 cbcm beträgt, wobei etwa zu viel eingegossenes Quecksilber durch die untere Ansatzröhre vorsichtig abgelassen wird. Dann ist der obere Glashahn so zu stellen, dass das abgemessene Luftvolumen abgeschlossen ist und der Längskanal nach oben mündet. Aus einem constanten Wasserstoffentwicklungsapparat austretendes Gas wird nun durch einen über den Zapfen des Glashahns geschobenen Kautschukschlauch in den Längskanal eingeführt."* Es folgen nun noch viele weitere Details der äußerst umständlichen Handhabung der Apparatur, die ich weglassen will, um den geneigten Leser nicht allzusehr zu ermüden. Schließlich wird *"das Quecksilberniveau in beiden Röhrenschenkeln gleich hoch gestellt und das eingeschlossene Gasvolum genau abgelesen; es betrage z.B. 35,8 cbcm. Um den Stoss bei der Explosion zu mäßigen, verschliesse man den offenen Röhrenschenkel durch einen Kork...; dann läßt man den Inductionsfunken zwischen den eingeschmolzenen Eudiometerdräthen überspringen. Nach Wegnahme*

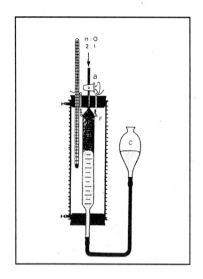

Wassersyntheseapparatur

des aufgesetzten Korks ist soviel Quecksilber einzugiessen, dass das Niveau in beiden Schenkeln gleich hoch steht, erst dann kann das wieder erkaltete, rückständige Gasvolum abgemessen werden; es betrage 23,6 cbcm. Der dritte Theil der eingetretenen Volumverminderung giebt die Menge des vorhanden gewesenen Sauerstoffs an, da 2 Vol. Wasserstoff und 1 Vol. Sauerstoff, also 3 Vol. Gas zu Wasser vereinigt und condensiert werden. In obigem Beispiel beträgt die Volumverminderung 35,8 – 23,6 = 12,2 cbcm; der dritte Theil hiervon, 4,06, ist der Sauerstoff, welcher in 20 cbcm Luft enthalten war. Aus der Proportion 20 : 4,06 = 100 : x berechnet sich x = 20,3 Proc. Sauerstoff in der atmosphärischen Luft....Die mittlere Zusammensetzung trockener, reiner Luft ist ausgedrückt in Volumen-Prozent nach neueren Analysen die folgende: Stickstoff 78,09%, Sauerstoff 20,95. Der Rest sind Edelgase 0,93% und Kohlendioxid mit 0,05%." Interessant ist in Heumanns Experimentieranleitung der Wert von 0,05% Kohlenstoffdioxid. Postel nennt in seiner Laienchemie von 1879 einen Wert von 0,04%! Der tatsächliche Wert beträgt bekanntlich 0,03%. Die anderen Werte Heumanns stimmen mit den heute gültigen genau überein. Beim eben beschriebenen Eudiometer reagierten Wasserstoff und Sauerstoff bei Zimmertemperatur zu Wasser, das im Quecksilbereudiometer nur als Beschlag sichtbar wurde.

Um die Volumengesetze von Gasen genau zu untersuchen, konstruierte A.W. *v. Hofmann* einen *Wassersynthese-Apparat*, der bei über 100 °C betrieben wurde. Heumann schreibt: *"Zur Ausführung des wichtigen Fundamentalversuches, dass 2 Vol. Wasserstoff und 1 Vol. Sauerstoff bei ihrer Vereinigung 2 Volumen Wasserdampf liefern, und also eine Condensation um 1/3 eintritt, ist es nothwendig, die betreffenden Volumina bei solchen Temperatur- und Druckverhältnissen zu betrachten, die dem gebildeten Wasser gestatten in Dampfform zu existiren. Zu diesem Zwecke hat A.W. Hofmann einen trefflich ersonnen Apparat seiner Einleitung in die moderne Chemie angegeben."* Die nun bei Heumann folgende Versuchsbeschreibung ist so umständlich beschrieben und daß ich die wesentlichen Zusammenhänge an einer etwas moderneren Wassersynthese-Apparatur anhand obiger Skizze erläutern möchte. Die folgende

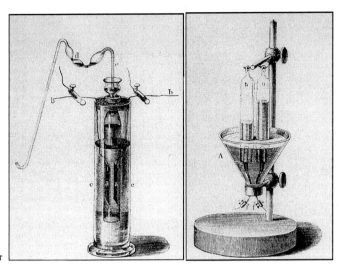

Knallgasentwickler

Beschreibung ist dem *"Lehrbuch der Chemie"* von Dr. H. *Bergler* entnommen: *"Man füllt das geeichte Gasmeßrohr b ... durch Heben des Gefäßes c bei geöffnetem Hahn vollkommen mit Quecksilber und läßt duch die Kapillare a unter gleichzeitigem Senken des Gefäßes c ein Gemisch von 2 Rtl. Wasserstoff und 1 Rtl. Sauerstoff einströmen. Dann schließt man den Hahn, ließt (nach Ausgleich der beiden Quecksilberspiegel) die ccm des eingefüllten Gasgemisches ab, heizt das Mantelrohr elektrisch auf 110 °C (Heizspirale am Mantelrohr!) und bringt schließlich das Gasgemisch bei Unterdruck durch einen Funken bei F zum Verpuffen. Nach erfolgter Explosion gleicht man sofort den Quecksilberspiegel aus und liest den neuen Rauminhalt ab. Er hat sich um 1/3 vermindert, d.h.: 2 ccm Wasserstoff + 1 ccm Sauerstoff = 2 ccm Wasserdampf."* Der eben geschilderte Versuch führte die beiden Naturwissenschaftler Louis *Gay-Lussac* (1778 - 1850) und Alexander *v. Humboldt* (1769 - 1859) gemeinsam im Jahre 1808 zu dem *Gesetz der einfachen Gasvolumina* (sog. 4. Verbindungsgesetz der Chemie): *"Gasförmige Elemente vereinigen sich - auf gleichen Druck und gleiche Temperatur bezogen - in ganzzahligen Raumverhältnissen. Entstehen dabei gasförmige Endstoffe, so stehen deren Raumteile zu den Raumteilen der reagierenden Ausgangsgase ebenfalls im Verhältnis kleiner ganzer Zahlen."* Um dieses experimentell bestätigte Gesetz zu begründen, sprach Avogadro folgende Hypothese aus: *"Gleichgroße Räume verschiedener Gase enthalten bei gleichem Druck und gleicher Temperatur die gleiche Anzahl kleinster Teilchen."*

A.W. v. Hofmann hat nicht nur einen Syntheseapparat für Wasser erdacht, sondern auch mit einem genialen und noch heute benutzen *Wasserzersetzungsapparat* die Elektrolyse des Wassers durch den elektrischen Strom untersucht. Bereits im Jahre 1789 hatten die Holländer J.R. *Deiman* und A.P. *Troostwijk* entdeckt, daß in Wasser getauchte, durch Reibungselektrizität aufgeladene Polenden, angesäuertes Wasser in Wasser- und Sauerstoff zerlegten. Nachdem Volta eine stärkere Spannungsquelle, die *"Voltasche Säule"* erfunden hatte, wurden die Versuche wiederholt und 1800 veröffentlicht. Mit diesen Versuchen ließ sich Wasserstoffknallgas auf elektrolytischem Wege darstellen. Heumann beschreibt das Verfahren so: *"Ein weithalsiges*

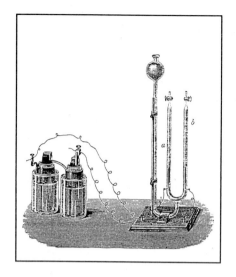

Hoffmannscher
Wasserzersetzungsapparat

sogenanntes Pulverglas wird durch einen Kork verschlossen, der eine gebogene,
beiderseits offene Gasleitungsröhre trägt; außerdem führen noch zwei Glasröhren
durch den Kork, in welchem sich Platindrähte befinden, die ausserhalb des Gefäs-
ses hakenartig umgebogen sind, innerhalb aber in Platinbleche endigen.... Das Gefäß
wird fast vollständig mit Schwefelsäure gefüllt, welche mit dem zwölffachen Gewicht
Wasser verdünnt ist., dann verbindet man die äusseren Enden der Platindrähte mit
den Polen einer aus mehreren Elementen bestehenden galvanischen Batterie."
Dieser elektrische Knallgasentwickler war recht gefährlich. Wenn sich die Bleche
innerhalb der Säure berührten, konnten sie durch den entstehenden Kurzschluß glühend werden und verursachten dann eine Knallgasexplosion!

A.W. von Hofmann entwickelte einen sicheren, leicht zu handhabenden Elektrolyseapparat, der *Dreischenkelgerät* oder nach seinem Erfinder *Hofmannscher Wasser-*
zersetzungsapparat heißt. In *"Malles Chemiebuch"* wird das Gerät wie folgt beschrieben: *"Glasgerät zur Zersetzung von Flüssigkeiten durch den elektrischen*
Strom im Labor. Der innere Schenkel dient der Flüssigkeitszufuhr und ist als
Trichter ausgebildet. Die äußeren Schenkel enthalten die Elektroden. Man legt eine
Gleichspannung von 10 - 15 Volt an. Die äußeren Schenkel sind mit Skalen verse-
hen, so daß sich die Volumina entstandener Gase genau messen lassen. Die Gase
können über Hähne den äußeren Schenkeln entnommen und untersucht werden."
Aus der quantitativen Analyse und Synthese des Wassers ergab sich nun unter der
Annahme, daß Wasserstoff, Sauerstoff und Wasser Moleküle bilden, die folgende
chemische Gleichung:

Wasserstoff + Sauerstoff	$\longrightarrow$	Wasser
$2\,H_2$ + O_2	$\longleftarrow$	$2\,H_2O$

Die Elektrolyse von Wasser läßt sich in der Elektrotechnik auch zur Messung von
Elektrizitätsmengen und Strömen anwenden. Es gilt hierbei das *1. Faradaysche Ge-*
setz: "Die Masse m des bei einer Elektrolyse an einer Elektrode abgeschiedenen

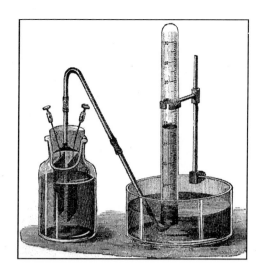

Knallgasvoltameter

Stoffes ist der Elektrizitätsmenge Q proportional, die durch den Elektrolyten hindurchgegangen ist." Bei Gasen sind die abgeschiedenen Volumina den Massen proportional. Bei einem sog. *Knallgasvoltameter* scheidet sich an den Platinelektroden in einer Sekunde 0,174 cm^3 Knallgas ab, wenn ein Strom von 1 Ampere hindurchfließt. Aus der abgeschiedenen Knallgasmenge - man beachte die Gradierung des Glaskörpers - läßt sich nach Umrechnung auf Normalwerte (0°C, 1 bar) die Stromstärke ablesen. Die Meßwerte sind bei diesem Gerät nicht ganz genau, da sich etwas Sauerstoff in Wasser löst und sich etwas Sauerstoff in Ozon verwandelt. Der Apparat kann übrigens leicht dadurch neu gefüllt werden, indem man ihn einfach umkehrt.

Experiment: Knallgaseudiometer

Aufbau und Durchführung

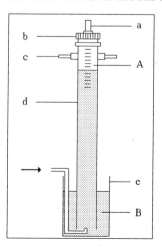

Geräte

Schlaucheudiometer mit
piezoelektrischer Zündung
a Abpumpstutzen
b Ventil
c Elektroden
d Kunststoffrohr (durchsichtig;
   0,5 m; mit Skala)
e pneumatische Wanne

Stoffe

A Wasserstoff-Sauerstoff-Gemische
   in den Verhältnissen 2:4, 6:3, 7:2
B Sperrflüssigkeit: gefärbtes Wasser

Das Schlaucheudiometer wird in 3 Versuchen mit den angegebenen Gasgemischen gefüllt, die mithilfe eines piezoelektrischen Zündfunkengebers zur Explosion gebracht werden.

Beobachtungen

Bei jeder Zündung entsteht ein Blitz, der von einem Knall begleitet ist.

Versuche	Volumina in Raumteilen		
	Wasserstoff-Volumen	Sauerstoff-Volumen	Restgas-Volumen
1. Versuch	2	4	3·
2. Versuch	6	3	0
3. Versuch	7	2	3

Weiterführung von Versuch 1 und 3.

1. Versuch: Den 3 RT Restgas werden 6 RT Wasserstoff zugefügt. Es wird erneut gezündet. Es bleibt kein Restgas zurück.
3. Versuch: Den 3 RT Restgas werden 1,5 RT Sauerstoff zugefügt. Es wird erneut gezündet. Es bleibt auch hier kein Restgas zurück.

Auswertung

Nur bei 6 Raumteilen Wasserstoff und 3 Raumteilen Sauerstoff vereinigen sich die Reaktionspartner ohne Restgas. Die Reaktion läuft hierbei am heftigsten ab. Im 1. Versuch wird überschüssiger Sauerstoff durch Zumischen von Wasserstoff mit nachfolgender Entzündung, im 3. Versuch wird überschüssiger Wasserstoff durch Zumischen von Sauerstoff mit nachfolgender Entzündung nachgewiesen.

Aus der Versuchsreihe folgt, daß Wasserstoff und Sauerstoff nur im Volumenverhältnis 2:1 vollständig reagieren. Ein Wasserstoff-Sauerstoff-Gemisch in diesem Verhältnis heißt *Knallgas*. Knallgas reagiert nach seiner Zündung vollständig zu Wasser.

Reaktionsgleichung:

$$\text{Wasserstoff} + \text{Sauerstoff} \longrightarrow \text{Wasser} + \text{Energie}$$
$$2\,H_2 + O_2 \longrightarrow 2\,H_2O + \text{Energie}$$

Tips und Tricks

a. Als pneumatische Wanne dient ein hohes Becherglas. Dieses wird mit Wasser als Sperrflüssigkeit gefüllt. Das Wasser sollte man mit Fluoreszin grün anfärben. Das Wasser muß durch Abkochen gasfrei gemacht werden. Dies erreicht man dadurch, daß man es bis zum Sieden erhitzt und unter Luftabschluß abkühlen läßt. Das Eudiometerrohr sollte mindestens 5 cm tief in das Sperrwasser einragen. Sonst besteht die Gefahr, daß während des Experimentes Luft eindringt.

b. Das aus einem Kunststoffschlauch bestehende Eudiometerrohr (Glaseudiometer zerspringen leicht) wird in die pneumatische Wanne gestellt und fest in ein Stativ eingespannt.

c. Das Eudiometerrohr ist oben mit einer drehbaren Ventilkappe abgeschlossen. Ihr Gewinde ist mit Silikonfett abzudichten. Das Ventil wird durch Linksdrehung geöffnet.

d. Auf den Absaugstutzen des Eudiometers wird ein *Peleusball* (Pipettierball) aufgesetzt. Der Peleusball wird zusammengedrückt; man läßt die Luft nach oben entweichen.

e. Das untere Ventil des Peleusballs wird geöffnet. Das Sperrwasser wird durch den äußeren Luftdruck in die Eudiometerröhre gedrückt. Das Ventil der Ventilkappe wird geschlossen, um das Absinken der Wassersäule zu verhindern.

f. Der Pumpvorgang wird solange wiederholt, bis das Eudiometerrohr randvoll gefüllt ist und keine Luft mehr enthält.

g. Die Gase werden von unten her vorsichtig blasenweise eingeleitet. Der Sauerstoff zuerst, um eine gute Gasdurchmischung zu gewährleisten.

h. Das Gasgemisch darf nur bis zum Ende der Skala (üblicherweise 9 Skalenstriche) eingefüllt werden, da die Versuchsergebnisse durch nach unten entweichendes Gas verfälscht werden.

i. Der Explosionsversuch sollte im abgedunkelten Raum durchgeführt werden, da sonst der auftretende Zündblitz nicht wahrgenommen werden kann.

j. Als Sperrflüssigkeit sollte kein Quecksilber verwendet werden, da dieses äußerst giftige Dämpfe abgibt und auch schwer zu handhaben ist.

k. Die Luft aus den Zuleitungsschläuchen der Gasflaschen muß vollständig verdrängt werden, damit nur reine Gase zur Anwendung kommen und das Versuchsergebnis nicht verfälscht wird.

l. *Sicherheitshinweise*
   - Wasserstoff ist hochfeuergefährlich! Schutzbrille! Sicherheitsscheibe!   `F+`
   - Zündgrenzen für Wasserstoff: 4 - 75 Vol.-%

Glossar und Zusätze

Elektrode [gr. elektron = Bernstein (verwandt mit *Elektrizität*, da geriebener Bernstein elektrostatische Anziehungskräfte zeigt); gr. hodos = Weg]. Stelle, an der elektrischer Strom in Flüssigkeiten oder Gasen ein- bzw. ausgeführt wird. Der Ausdruck wird auch für die in Flüssigkeiten oder Gase einragenden elektrischen Leiter verwendet. Diese bestehen aus Graphit (Kohlenstoff), Platin oder anderen Metallen. Man unterscheidet die positive *Anode* (gr. anodos = Aufweg), in die der Gleichstrom eingeleitet wird (aus der Sicht der technischen Stromrichtung von + nach -) und die negative *Kathode* (gr. kathodos = Abweg), aus der der Gleichstrom abgeleitet wird.

Eudiometer (gr. eudios = heiter; eudia = heiteres Wetter). Ursprünglich ein Gerät zur Prüfung des Sauerstoffgehalts der Luft ("Gute-Luft-Messer"), heute Glas- oder Kunststoffröhre *(Schlaucheudiometer nach Cuny)* zum Abmessen von Gasen mit eingebauter elektrischer Zündung, die einen Funken zwischen zwei Metallstäben (Elektroden) erzeugt.

Pneumatisches Auffangen von Gasen (gr. pneuma = Luft, Hauch; frz. pneu = Reifen). Gase werden häufig durch Verdrängen einer Sperrflüssigkeit aufgefangen. Dies geschieht mit Hilfe einer *pneumatischen Wanne* (große Kristallisier-

82 schale, Standzylinder oder Becherglas), in die als Gasauffanggefäße ein Standzylinder oder eine Glasglocke *(Gasometer)* ragen. Diese müssen vollständig mit Sperrflüssigkeit (meist gefärbtes Wasser, in Sonderfällen auch Quecksilber) gefüllt werden. Der Flüssigkeitsstand in der pneumatischen Wanne ist so einzustellen, daß die während des Versuchs aus dem Auffanggefäß herausgedrückte Flüssigkeit aufgenommen werden kann.

Versuch (Ergänzung zum Döbereiner-Eudiometer). In ein großes Reagenzglas werden Wasserstoff und Sauerstoff im Verhältnis 2:1 eingefüllt. Die Gasmischung kann in einem Laborgasometer vorgenommen werden. Das Reagenzglas wird waagerecht in ein Stativ eingespannt. Eine Pt-Pd-Tonerdekatalysatorkugel wird in die Mitte des Reagenzglases gegeben und das Glas mit einer Aluminiumfolie verschossen. *Vorsicht! Keinen Stopfen aufsetzen! Explosionsgefahr. Schutzbrille und Schutzscheibe verwenden!* Nach kurzer Zeit glüht die Katalysatorperle auf und es kommt zur Explosion. Im abgedunkelten Raum wird ein Blitz sichtbar, der von einem heftigen Knall begleitet ist. Ein ähnlicher Versuch wurde als *"populäres Experiment"* von *Döbereiner* durchgeführt: *"In den anderen* [mit Knallgas gefüllten] *Zylinder senke*

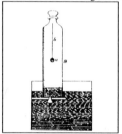

man eine der oben ... mit b und c bezeichneten Platinkugeln, die mittels eines Drahts an einer den Cylinder leicht bedeckenden Pappe oder Korkscheibe befestigt ist, und beobachte in einiger Entfernung den Erfolg: man wird wahrnehmen, daß die eingehängte Platinpille nach kurzer Zeit erst roth- und dann weißglühend wird, und daß in demselben Augenblicke das noch übrige Gas explodirt, wobei der Deckel mit der Platinkugel oft bis an die Decke des Zimmers geschleudert oder auch der Glascylinder

zerschmettert wird, wenn derselbe schwach und die Platinkugel bis in die Mitte seines Raumes eingesenkt worden war." Die Methode, nach der *Döbereiner* die *"Verplatinierung"* von Glas vorgenommen hat, geht aus *Schweiggers Jahrbuch* von 1828 ausführlich hervor: *"Wenn man Chlorplatin zu wiederholten Malen mit absolutem Alkohol in gelinder Wärme behandelt, so resultiert endlich eine braune Masse, welche sich in höherer Temperatur leicht verkohlt, in vielem Weingeist aufgelöst aber eine Flüssigkeit ergibt, die sich ganz vortrefflich eignet, um Glas mit Platin spiegelglänzend zu überziehen. Man taucht das Glas in jene Flüssigkeit, dreht es nach verschiedenen Richtungen so, daß diese sich gleichförmig verbreite, und erhitze es dann in der Flamme der Spirituslampe bis zum Glühen. Der dadurch hervorgebrachte Platinüberzug ist spiegelglänzend und adhärirt* [haftet] *so fest, daß er sich nicht abreißen läßt. Bringt man aber das platinierte Glas in salzsaures Wasser, und bringt es gleichzeitig mit Zink in Berührung, so löst sich fast augenblicklich alles adhärirende Platin in Form von metallischen Schaumblättchen ab, und zwar infolge des durch die erregte Contact-Elektrizität entwickelten Wasserstoffgases. Diese Platinblättchen sind noch durchsichtiger als die Goldblättchen und saugen, wie diese, aufgetröpfelten Alkohol capillarisch ein - eine Eigenschaft, welche ich stets in meinen Vorlesungen benütze, um die Porosität und die durch dieselbe bedingte Durchsichtigkeit der Goldblättchen zu beweisen."*

Silberspiegel und Dianenbäume

Die unbewegte, stille Wasseroberfläche malte dem Menschen der Vorzeit ein genaues, wenn auch seitenverkehrtes Konterfei. Im Gegensatz zu den Tieren erkannte er, daß er selbst, und nicht ein Rivale, ihm als Spiegelbild entgegenblickte. Die griechischen Philosophen lehrten, daß das menschliche Auge beim Sehvorgang besondere Strahlen aussende. Träfen diese dann auf einen Körper, so würden sie zurückgeworfen und machten den Körper sichtbar. Das Reflexionsgesetz der Strahlen war ihnen also bekannt, wenn auch die Annahme, daß das Auge ein Strahlensender sei, später als Irrtum entlarvt wurde. Die Griechen haben auch die geradlinige Ausbreitung des Lichtes erkannt. Der Spiegel greift in den Lichtweg ein und lenkt das Licht "um die Ecke".

Die Ägypter stellten um 2900 v.u.Z. Spiegel aus poliertem Kupfer her. Im Pfahlbau von Port-Alban am Neuenburger See wurden polierte Bronzespiegel mit Handgriff aus dem Jahr 2000 v.u.Z. gefunden. Auch die Etrusker stellten seit dem 6. Jhdt. v.u.Z. Bronzespiegel her, die bis zu 32% Zinn enthielten. Die Rückseiten der Bronzespiegel zeigten Szenen aus Mythologie und Alltag. Sie dienten magischen und kosmetischen Zwecken. Die Römer fertigten Spiegel aus Obsidian (Vulkanglas) an. Sie belegten diese mit einer Silberschicht, stellten aber auch reine Silberspiegel her. Bemerkenswert sind die Spiegel der Maya. Diese wurden aus Stein mit aufliegendem Erz geschlagen. Die metallische Oberfläche wurde poliert.

Glas- oder *Kristallspiegel* waren in Ägypten erst ab dem 1. Jhdt. v.u.Z. in Gebrauch. Gaius P. *Secundus Plinius* (der Ältere, 23 oder 24 bis 79 u.Z.) spricht von hinterlegten Spiegeln und nennt als Belegungsmaterial *Blattsilber* und *Blattgold.* Im Mittelalter stellte man Glasspiegel durch Aufgießen von *Blei* auf heiße Glastafeln her. Es gab den Beruf des *Spiegelmachers,* der auch Brennspiegel anfertigte, *"Feuwer Spiegel... darinn das Angesicht groß erscheint."* Johann Amos *Comenius* (1592 - 1670), der wohl einflußreichste Pädagoge des 17. Jhdts., schreibt 1658 in seinem Werk *"Orbis sensualium pictus"* (die sichtbare Welt): *"Die Spiegel werden zubereitet, daß die Leute sich selber sehen."* Spiegel werden für Kosmetik und Mode immer beliebter. Also wuchs die Produktion. Für den täglichen Bedarf faßte man das Spiegelglas in Rahmen, die sich je nach Kunst- und Moderichtung vielfältig veränderten. Das

Werkstatt des Glasers - 1568   Werkstatt des Spiegelmachers - 1568

Hinterlegen mit *Quecksilber* und *Zinn* wird von Giovanni *Battista della Porta* 1589 in der *"Magia naturalis"* erstmals beschrieben. *Postel* schreibt in seiner Laienchemie dazu: *"durch Quecksilber amalgamiert, aber auch als reines Stanniol, dient es [das Zinn] zur Belegung der Spiegel (Spiegelfolie)."* und weiter *"Das Quecksilber vermag andere Metalle aufzulösen und bildet mit denselben halbflüssige, oft nach einiger Zeit hart werdende Gemenge, welche man Amalgame nennt. Löst man z.B. 7 Theile Zinn in 3 Theilen Quecksilber auf, so erhält man die Spiegelfolie... Ein Metall amalgamieren heißt also: es mit Quecksilber verbinden."* Amalgame wurden auch als *Quickbreie* oder *Verquickungen* bezeichnet. Amalgame waren schon *Paracelsus* (1493 - 1541) bekannt. Er untersuchte die Verwandtschaft von Metallen zu Quecksilber und fand heraus daß *"Mercurius vivus mit den metallen amalgirt und ganz und gar vereinigt, jedoch mit einem vil behender als mit dem anderen...".*

Bald wurden Spiegelfabriken gegründet, in denen das Glas anfangs noch geblasen wurde. Im Jahre 1688 erfindet der Arbeiter Louis Lucas *de Nehon* den *Spiegelglasguß*, so daß es möglich wurde, größere Spiegelglastafeln herzustellen. Dazu schreibt R. Waeber in seinem *"Lehrbuch für den Unterricht in der Chemie"* folgendes: *"Das Spiegelglas wird meistens gegossen. Der reine Glassatz wird geschmolzen, geläutert und auf den Gießtisch gegossen. Dieser besteht aus einer 4 - 6 m langen und 2 m breiten Metallplatte, welche vor dem Gießen erwärmt wird. Auf die Platte werden Leisten aufgesetzt, deren Höhe gleich der Dicke der zu gießenden Platte ist. Die Oberfläche der Glasmasse wird durch eine schwere Metallwalze geebnet, dann fährt man die Platte in den Kühlofen. Dies rohe Spiegelglas findet vielfache Verwendung zur Bedachung von Treibhäusern, Werkstätten, Bahnhofshallen sc. Für Schaufenster und Spiegel muß die Oberfläche geschliffen werden. Zu diesem Zwecke kittet man eine große Platte auf der Schleifbank in Gips ein, eine kleinere befestigt man an den Boden eines mit Gewichten beschwerten Kastens. Zwischen beide Platten bringt man Sand und Wasser und bewegt durch Maschinenkraft die obere Platte so lange auf der unteren, bis die gröbsten Unebenheiten entfernt sind (Rauhschleifen). Zum Klarschleifen verwendet man feineren Sand und zum Feinschleifen Smirgel. Das*

Belegtisch für die Spiegelherstellung nach dem Amalgamverfahren

Polieren erfolgt durch Lederkissen, die mit Englischrot bestrichen sind. Das Schlei-
fen und Polieren muß auf beiden Seiten stattfinden."

Das *Amalgamieren* von Gläsern setzte sich im Laufe der Zeit immer weiter durch
und wurde zur einzig verwendeten Methode, Spiegel zu belegen. Nach diesem im 15.
Jhdt. entwickelten Verfahren überzog man eine geschliffene und polierte Flachglastafel mit einer Zinnamalgamschicht. Das *"Belegen der Spiegel"* beschreibt R. Waeber so: *"Auf einer Marmor- oder Eisenplatte wird Stanniol ausgebreitet, geebnet und*
mit wenig Quecksilber bestrichen. Es bildet sich ein Amalgam. Darauf bringt man so
viel Quecksilber auf das Zinn, daß es einige Millimeter hoch steht. Auf das Queck-
silber schiebt man nun die Scheibe, sie schwimmt auf demselben. Durch aufgelegte
Gewichte wird die Scheibe abwärts gedrückt, das überschüssige Quecksilber tritt aus;
nach einiger Zeit neigt man die Platte, damit die letzte Menge Quecksilber, welche
nicht am Glase haftet, abläuft." Die Spiegelbelegarbeit war körperlich nicht schwer,
aber wegen der Gefährlichkeit der Quecksilberdämpfe mörderisch. Alle Spiegelbeleger zogen sich früher oder später den sog. *"Merkurialismus"* als Berufskrankheit zu,
an dem sie unheilbar erkrankten. *R. Waeber* bemerkt *hierzu: "Die Quecksilberdämpfe*
sind giftig und erzeugen Speichelfluß und Zittern der Glieder." Es handelt sich um
die sog. *Minamata-Krankheit,* die in Japan durch den Verzehr von quecksilberver-
seuchtem Fisch aufgetreten ist. Bei chronischer Vergiftung kommt es zu Störungen
des Zentralnervensystems, die mit Gedächtnisschwäche verbunden sind. Die Gewinnung des Quecksilbers wird in dem von R. Waeber im Jahre 1891 in Breslau neube-
arbeiteten Werk: *"Samuel Schillings kleine Schul-Naturgeschichte der drei Reiche"*
anschaulich *wiedergegeben: "Das meiste Quecksilber wird aus dem Zinnober (cinna-*
baris) gewonnen. Derselbe ist Schwefelquecksilber und enthält über 80% des Me-
talls. Schon sein spez. Gewicht (8) verrät das Schwermetall; die Färbung des Erzes
ist meist rot. In Idria [Bergwerkstadt im früheren Jugoslawien, seit 1460 bekannt]
zersetzt man den Zinnober durch Rösten in Etagenöfen. Die größern Erzstücke
bringt man auf das durchbrechende Gewölbe 1, die kleineren auf 2, und die klein-
sten in Gefäßen auf 3. Das durch Holz erzeugte Feuer verwandelt den Schwefel

Quecksilberetagenofen

der Erze zu schwefeliger Säure, aber auch das Quecksilber wird dampfförmig. Die
Gase läßt man in den Kondensationskammern RD sich verdichten, und das schwere
Quecksilber fließt in Rinnen auf dem Boden ab. Man versendet das Quecksilber in
schafledernen Beuteln oder gußeisernen Flaschen."

Im Jahre 1857 veröffentlichte Justus v. Liebig (1803 - 1873) in den "Annalen der
Chemie und Pharmacie" eine Arbeit "Ueber Versilberung von Glas". Hierin beschreibt er das Verfahren der Naßversilberung wie folgt: "Man löst 100g geschmolzenes salpetersaures Silberoxyd in 200 ccm Wasser und setzt so viel ätzende Am-
moniakflüssigkeit zu, als nötig ist, um eine klare Lösung zu erhalten. Diese Flüssigkeit wird jetzt nach und nach verdünnt mit 45 ccm einer Kalilauge von 1,05 spez.
Gew. oder mit demselben Volumen einer Natronlauge von 1,035 ... Wenn alle Kali-
oder Natronlauge zugesetzt ist, verdünnt man die Mischung mit so viel Wasser, um
ein Volumen von 1450 ccm zu erhalten. Die Mischung wird jetzt tropfenweise mit
einer verdünnten Lösung von salpetersaurem Silberoxyd vermischt, bis ein bleiben-
der starker grauer Niederschlag (nicht Trübung) entsteht und zuletzt so viel Wasser
zugefügt, daß man im ganzen 1500 ccm Flüssigkeit erhält. Jeder Kubikzentimeter
enthält hiernach etwas mehr als 6,66 mg salpetersaures Silberoxyd oder 4,18 mg
Silber. Wenn die Versilberungsflüssigkeit einen reinen Spiegel ergeben soll, so darf
sie kein freies Ammoniak enthalten, sondern dieses muß mit Silberoxyd vollkommen
gesättigt sein... Unmittelbar vor der Verwendung dieser Flüssigkeit zur Versilberung
mischt man sie mit 1/10 bis 1/8 ihres Volumens der Milchzuckerlösung, welche 1
Gewichtsteil Milchzucker in 10 Teilen Wasser enthält." Zur tadellosen Versilberung
müssen folgende Grundsätze beachtet werden:"

1. die zu belegende Glasfläche muß untadelhaft geputzt sein, sonst bekommt sie
   Flecken;
2. die Glasoberfläche muß vom Boden des Gefässes gleich weit entfernt sein, damit
   die Höhe der Flüssigkeitsschicht überall dieselbe und der Silberabsatz gleich-
   mässig sei;
3. die Glasoberfläche muß vollständig von der Versilberungsflüssigkeit benetzt werden, und damit dies desto besser geschehe, vorher mit Alkohol gespült sein."

Erster Silberspiegel des
Justus v. Liebig - 1858

Das Liebigsche Verfahren wird in abgewandelter Form auch heute noch zur Beschichtung von Gebrauchsglas verwendet. Eine Lösung aus Silbernitrat und Ammoniak (ammoniakalische Silbernitratlösung) und ein Reduktionsmittel (Seignettesalz, Milchzucker u.a.) werden gemischt und auf die spiegelblank polierte Glasfläche ausgegossen. Dann wird "geschaukelt": Das Silber fällt als feine, zusammenhängende Haut, als sog. *Silberspiegel* aus. Oft wird die Silberschicht noch galvanisch verstärkt oder durch Verkupferung bräunlich getönt.

Die zugrunde liegende chemische Reaktion hatte v. Liebig schon 1835 in seiner Arbeit: *"Über die Producte der Oxydation des Alkohols"* entdeckt: Eine schwach alkalische Silbersalzlösung wurde von Aldehyden zu Silber reduziert. Ursprünglich war diese Reaktion als Nachweis für Aldehyde vorgesehen, sollte sich aber dann als praktisches und kommerziell ausschlachtbares *Naßversilberungsverfahren* entpuppen. Für v. Liebig gab es wohl drei wichtige Gründe, sich mit der Naßversilberung zu beschäftigen. Carl August *v. Steinheil* (1801 - 1870), ein mit v. Liebig befreundeter Physiker, Instrumentenbauer und Astronom bedrängte diesen, ein Verfahren zu liefern, um einwandfrei funktionierende Spiegelteleskope herstellen zu können. Die von ihm bisher aus sog. *Spiegelmetall* (bronzeartige Legierung) gefertigten Spiegel brachten keine gute Bildqualität für seine astronomischen Beobachtungen. Mit Hilfe des Liebigschen Rezeptes entwickelte Steinheil ein hervorragendes Silberspiegel-Teleskop, das in der Fachwelt mit Staunen beachtet wurde. Die beiden anderen Gründe Liebigs, sich für die Naßversilberung von Spiegeln zu interessieren, gehen aus einem Brief hervor, den er im Jahre 1858 an den Berliner Physiker Gustav *Magnus* (1802 - 1870) adressierte: *"Ich wünsche die Quecksilberspiegel mit ihrem nachtheiligen Einfluß auf die Gesundheit der Arbeiter zu verdrängen und an ihrer Stelle Spiegel in die Häuser zu bringen, welche dauerhafter, weißer und lichtreicher sind wie die amalgamirten und dabei wohlfeiler, und wenn mir als Belohnung das Glück der Unabhängigkeit zu Theil wird, so bleibt mir Nichts zu wünschen übrig... Es bietet sich in dieser Spiegelsache vielleicht ein Mittel dar, um mich frei zu machen und ich möchte es probiren; ich wünsche ein Patent in Preußen und in anderen Ländern zu haben, um einen festen Boden für diese Fabrikation zu gewinnen. Wenn*

*mir dies entgeht, so bin ich der Gefahr ausgesetzt, alles, was ich an Zeit u. unsäg-
licher Arbeit daran gewendet habe, zu verlieren."* Neben einer Verbesserung der
Arbeitsbedingungen der Spiegelmacher erhofft sich v. Liebig eine Verbesserung
seiner eigenen wirtschaftlichen Verhältnisse. Im Jahre 1858 übertrug v. Liebig seine
Versilberungsrezeptur für die Dauer von 10 Jahren an drei Nürnberger Kaufleute
und einen Chemiker, die vor den Toren Nürnbergs, in Doos, im Jahre darauf eine
Silberbeleganstalt gründeten. Mit der Spiegelfabrikation ging es auch im Laufe von
Jahren nicht recht aufwärts. Hauptgründe waren wohl die schlechte und unterschiedliche Glasqualität, eine eigene Spiegelfabrikation war aus Kostengründen nicht zu
schaffen, und der Boykott der Fürther Spiegelfabrikanten, die weiter nach ihrem
eingespielten Amalgam-Verfahren Spiegel zu wirtschaftlich günstigen Bedingungen
herstellten. Außerdem war die Naßversilberung wegen ihrer hohen Störanfälligkeit -
es wurde anfangs viel Ausschuß produziert - und ihren hohen Kosten nicht in der
Lage, das Amalgamverfahren zu verdrängen. Hierzu schreibt v. Liebig 1860 an seine
Tochter Nanny: *"Mit der Spiegelfabrik in Doos geht es nicht nach Wunsch; diese
Fabrik ist mit ihrem Absatz ausschließlich auf die Fürther Juden angewiesen und
hat keinen eignen Spiegelhandel; sie belegt Glas für die Händler und wenn der
Händler keins schickt, so hat sie nichts zu tun. Da nun diese, jeder einzelne, seine
Quecksilberbeleganstalt für sich hat und jedermann mit ihren Spiegeln zufrieden ist
und die Silberspiegel nicht kennt, so fehlt ein jeder Grund, Silberspiegel anstatt
Quecksilberspiegel in den Handel zu bringen."* Silberspiegel ließen sich auch nicht
so gut vermarkten, da sie wegen mangelhaften Anfangsprodukten, als wenig haltbar
galten und einen leichten Gelbstich aufwiesen, der nicht "en vogue" war. Somit war
das Ende der Silberbeleganstalt von Doos vorgezeichnet. Im Jahre 1862 wurde sie
endgültig aufgelöst. Erst die 1889 neu eingeführten Arbeitsschutzbestimmungen
erlegten den Amalgambelegen so teure Schutzmaßnahmen für die Arbeiter auf, daß
die Silberspiegelproduktion wirtschaftlich wurde. Diesen leider zu spät eingetretenen
Umstand sah ein Gesellschafter der Beleganstalt von Doos, C, Crämer schon 1860
vorher. Er schreibt in einem Brief an v. Liebig: *"Besser mag für uns wirken, wenn
... die Sanitätspolizei etwas mehr Augenmerk auf die große Schädlichkeit der
Quecksilberbelege für die menschliche Gesundheit richtet ... Es ist schauderhaft,
wie die Menschen oft in kurzer Zeit auf Lebensdauer unglücklich gemacht, von
ihren Arbeitgebern entlassen, dem größten Elend preisgegeben werden. Jeder ehrli-
che, humane Mann, auch in Fürth, wünscht schon deshalb unserem Unternehmen
alles Gedeihen, damit diese Plage von den armen Leuten genommen werde."*

Heute sind die Vorteile der Silberspiegel (Glasspiegel mit versilberter Rückwand)
gegenüber den Amalgamspiegeln klar erkannt:
- keine giftigen Quecksilberdämpfe bei Herstellung und Gebrauch
- keine Entsorgungsprobleme
- keine Verdünnung der spiegelnden Schicht durch Abdampfung
- das Licht wird fast doppelt so stark reflektiert; dadurch erhöhter Glanz
- die niedergeschlagene Silberschicht ist äußerst dünn (nur ca. 0,0001 mm), so daß
  man mit sehr wenig Material auskommt

Das Naßversilberungsverfahren des J. v. Liebig wurde im Jahre 1938 in den USA
zum *Silberspritzverfahren* verbessert. Sehr schnell wirkende Reduktionsmittel wie
Formalin werden mit Silbernitratlösung gemischt und auf das Spiegelglas aufge-
sprüht. Die Reduktion läuft sehr schnell ab, so daß man lange Glasbänder verspie-
geln kann, die später zerschnitten werden. Die Gebrauchsspiegel sind *Rückflächen-*

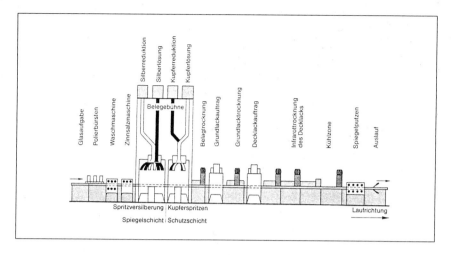

Silberspritzverfahren USA - 1938

spiegel, d.h. die reflektierende Schicht liegt auf der Rückseite der Glasplatte. Das Licht muß zunächst die Glasplatte durchdringen und wird an der Oberfläche des Glases, aber auch an der darunter haftenden Metallschicht, also doppelt reflektiert, so daß sich ein schwaches, kaum störendes Doppelbild ergibt. Die Rückfläche wird zum Schutz meist lackiert. Hochwertige Spiegel optischer Instrumente werden heute meist mit einer *Aluminiumschicht* vorderseitig metallisiert. Dadurch entsteht ein *Oberflächenspiegel*. Das Aluminium ist ein Spiegelmetall, das weniger korrosionsempfindlich als Silber ist. Außerdem wird der UV-Bereich des Lichtes von Aluminium besser reflektiert. Bei Oberflächenspiegeln entstehen keine Doppelbilder. Zum Schutz wird die Oberfläche mit einem Quarzfilm versehen.

Silber ist seit alters her ein Werkstoff, der sich zur Fertigung von Haushaltsgeräten (Geschirr), Schmucksachen und Münzen eignet. Da Silber zu weich ist, werden ihm je nach gewünschter Eigenschaft viele Metalle zulegiert. Silber wird wegen seines hohen Preises meist nur als dünne Schicht aufgetragen. Es dient zum Versilbern von Bestecken, von Christbaumschmuck oder früher für sog. *Bauernsilber*, kleinere Hohlglasobjekte, die außen und innen versilbert wurden.

R. Waeber nennt in seinem "Lehrbuch für den Unterricht in der Chemie" eine stattliche Reihe von Möglichkeiten der technischen Versilberung: *"Vielfach wird es [das Silber] auch zum Versilbern gebraucht. Dasselbe erfolgt*
1. durch Plattieren. Die Oberfläche des Kupferbleches wird metallisch blank gemacht, mit salpetersaurem Silber übergossen und alsdann zugleich mit einer aufgelegten Silberplatte geglüht und gewalzt.
2. Durch Feuerversilberung. Einen zu versilbernden Gegenstand überzieht man mit Silberamalgam und entfernt das Quecksilber durch Erhitzen.
3. Durch kalte Versilberung. Man reibt ein mit Wasser angefeuchtetes Gemenge von Chlorsilber, Kochsalz, Kreide und Pottasche mittels eines Korkes auf der gereinigten Oberfläche so lange, bis die gewünschte Silberfarbe zum Vorschein kommt.
4. Durch die nasse Versilberung. Bei dem Silbersud wird das zu versilbernde Metall in eine siedend heiße Lösung von 4 T. Weinstein, 4 T. Kochsalz und 1 T. Chlorsilber gebracht.

Silber-Fraktal-Struktur

5. Durch galvanische Versilberung. Chlorsilber in Cyankaliumlösung wird durch den galvanischen Strom zersetzt (3 T. AgCl, 7 1/2 T. KCy und 700 T. H₂O). Soll Eisen versilbert werden, so wird es erst mit einer Schicht Kupfer überzogen."

R. Waeber beschreibt außerdem in einem Versuch den sog. *Dianen-* oder *Silber-baum: "Eine Glasplatte legt man wagerecht auf eine dunkle Unterlage und gießt einige Tropfen Höllensteinlösung* [Silbernitrat] *auf das Glas. In die Mitte der Flüssigkeit legt man dann ein Stückchen blankes Zinkblech. Es wird sich metallisches Silber dendritenförmig an das Zink ansetzen und eine baumartige Zeichnung geben, die den Namen Arbor Dianae oder Silberbaum führt."* Der Name Dianenbaum ist eng mit der griechischen Mythologie verknüpft. Bei obigem Versuch entstehen Gebilde, die entfernt an Fichtenbäume erinnern. Die Fichte war der Göttin Diana (Göttin der Jagd, Schwester Apolls) geweiht. Als Zeichen war ihr der Mond zugeordnet, der auch alchemistisches Symbol für das hellglänzende Silber war. Der obige Versuch beruht auf der Redoxreihe der Metalle: Das unedle Zink bewirkt, daß das edle Silber aus seinen Salzen abgeschieden wird. Eine ähnlich dendritische Struktur wie bei diesem Versuch läßt sich auch durch Reduktion von Silberionen auf galvanischem Wege erreichen. Hierzu wird in eine mit alkalisch gemachtem Silbernitrat gefüllte Petrischale eine stabförmige, positiv geladene Elektrode mittig eingehängt. An den Rand der Petrischale wird eine kreisförmig gebogene, negativ geladene Elektrode plaziert. Ein an beide Elektroden angelegter Gleichstrom erzeugt sofort eine dendritische Struktur aus Silber, die schnell durch Kristallbildung anwächst. Dieser Versuch beruht ebenfalls auf der Reduktion von Silberionen diesmal durch den elektrischen Strom. Die Silberdendriten stellen Fraktal-Strukturen dar, deren Theorie B.B. *Mandelbrot* entwickelt hat.

Kristallisationsversuche waren die Spezialität der Alchimisten, die in ihren Experimenten immer wieder versucht haben, toter Materie eine *vis vitalis* (Lebenskraft) einzuhauchen. Der Weg zum Homunculus war doch sehr beschwerlich und so war man im Mittelalter glücklich, *"metallische Vegetation"*, die in Aufbau und Wachstum an pflanzliche Strukturen erinnerte, herstellen und dem erstaunten Publikum vorzeigen zu können. So liefert Johann Christian *Wiegleb* (1732 bis 1800), ein Apotheker und Gelehrter der Aufklärung, Verfasser der *"Magie"* und der *"Historisch-kritischen Untersuchung der Alchemie oder der eingebildeten Goldmacherkunst"* zwei interessante Versionen, einen Dianenbaum zu erzeugen: *"Man löset 2 Loth feines Silber ...*

in 6 Loth Scheidewasser, in einem kleinen Destillirkolben oder einer Bouteille von weißem Glase, mit einem langen Halse versehen, auf, über etwas warmem Sand, um die Auflösung zu befördern. Wenn diese fertig ist, so leert man sie in eine andere Flasche von weißem Glase und die gerade so groß als nöthig ist, um das Aufgelöste nebst dem, was folgen wird, zu fassen. Nun ist zu bemerken, daß sie ganz rund oben und unten gleich sey, und 36 bis 40 Loth Wasser fasse. Wenn nun vorher schon 2 Loth gut geläutertes Quecksilber hinein gethan worden, so gießt man das obgenannte Aufgelöste nebst der ebenfalls angezeigten Quantität Wasser darein, macht die Flasche sorgfältig zu, und stellt sie auf eine runde von Stroh geflochtene Platte an einen Ort, wo sie binnen 40 Tagen nicht mehr verrückt werden darf. Wenn das Quecksilber sich gehörig mit dem Silber wird krystallisiert haben, so wird man finden, daß sich nach und nach ein Baum bildet, der in einiger Zeit zu seiner ganzen Größe gelangt, sich überall in der Flasche ausbreitet, und an jeglichem Ast einen silbernen Apfel trägt." Auch dieser Versuch beruht auf der Spannungsreihe der Metalle, wobei offensichtlich Silberionen des durch Scheidewasser (konz. Salpetersäure) mit Silber gebildeten Silbernitrats durch das unedlere Quecksilber entladen wurden. Wiegleb bietet noch ein zweites Experiment an, das mit anderen Mitteln ebenfalls zu einem Dianenbaum führt: *"Man löse 2 Loth feines in kleine Stücke zerschnittenes Silber in 6 Loth Scheidewasser in einer kleinen Bouteille von weißem Glase auf, die überall glatt und mit einem ganz flachen Boden versehen, aber weit kleiner als die im Vorhergehenden [Versuch] sey. Hierin muß die Auflösung geschehen und bleiben. Wenn dieses beobachtet worden, so läßt man den Liquor ungefähr um die Hälfte ausdünsten; gießt dann 6 Loth destillirten Weingeist darauf, nachdem man denselben ungefähr so warm, als gewöhnlich Blut ist, hat werden lassen; damit nicht dadurch die Auflösung gestört werde, welche von dem heißen Sande, worauf sie geschieht, ihre gehörige Wärme behalten muß. Dann wird die Bouteille wohl zugemacht, mit beyden Händen gerüttelt, um die Mischung dieser Dinge ganz zu bewirken, auf eine Strohplatte gesetzt, und an einen ungeheizten Ort gebracht, wo sie einen ganzen Monat unverrückt bleiben muß. Während dieser Zeit wird eine Tanne zum Vorschein kommen, welche völlig diesen Baum, wie er in der Natur vorhanden ist, nachahmen, und wiewohl von Silber, dennoch die Farbe desselben annehmen, und bis an die Oberfläche des Liquors emporkommen wird..."* Dieser Versuch beruht auf der Reduktion von Silberionen unter Umwandlung von Ethanol (Weingeist) in Ethanal (Aldehyd). Auch hier findet ein Redoxprozeß statt und es kristallisiert eine dendritische Silberkristallstruktur aus. Das in den Rezepten erwähnte *Loth* ist ein altes Apothekergewicht. 1 Apothekerpfund enthielt 12 Unzen oder 24 Loth. Da 1 Pfund 345,6 g wog, maß ein Loth 14,4 g.

Dianenbäume waren nicht die einzigen "metallischen Vegetationen" der Alchimie. Man kannte auch einen *Bleybaum* oder *Arbor Saturni* (Saturnbaum). In den "Anfangsgründen der Physik" von Karl Koppe, 1881 in Essen herausgegeben, lesen wir hierzu: *"Taucht man in eine verdünnte Auflösung von essigsaurem Bleioxyd, Bleizucker (Eine angemessene Mischung ist 6 Gramm Bleizucker, 600 Gramm Wasser und 3 Gramm konzentrierter Essig), einen Zinkstab, so scheidet sich wegen der größeren Verwandtschaft des Zinks zum Sauerstoffe metallisches Blei aus. Das reduzierte Blei, das Zink und die Flüssigkeit bilden nun eine galvanische Kette, und da das Blei in der Berührung mit Zink negativ, das Zink aber positiv elektrisch wird, so findet die fortschreitende Reduktion des Bleies nicht an dem Zink, sondern an den Spitzen des schon reduzierten Bleies statt, an welches sich immer wieder neue Schüppchen metallischen Bleies ansetzen und so den Bleibaum vergrößeren."* Bei diesem Versuch entstehen die *"schönsten, glänzenden Bleykristalle".* Das Blei stand in der Alchimie unter dem Zeichen des Saturn, daher der Name Saturnbaum.

Weiterhin kannte man einen *Kupferbaum* oder *Arbor Veneris* (Venusbaum). Hierzu löste man Kupfersulfat ("blauen Vitriol") in heißem Wasser auf und hängte einen baumartig geformten Eisendraht hinein. Bald konnte man sehen *"wie an den Zweigen kleine kupferne Blätter auszuschlagen scheinen".* Eine interessante Variation des Versuches wird in Karl Koppes Physikbuch beschrieben: *"Wenn man auf eine blanke Silberplatte einige Tropfen einer Auflösung von essigsaurem Kupferoxyd ... bringt und in dieselbe ein zugespitztes Zinkstäbchen so eintaucht, daß die Spitze das Silber berührt, so schlägt sich das Kupfer ... in dünnen Schichten mit von der Mitte aus abnehmender Dicke nieder, welche nach dem Prinzip der Farben dünner Blättchen farbige Ringe bilden. Man erhält diese Ringe, welche die Nobili'schen Farbenringe* [beruhen auf der Interferenz des Lichtes an dünnen Schichten] *genannt werden, noch schöner, wenn man die Silberplatte mit dem negativen Pole einer 3 - 6 gliedrigen galvanischen Kette verbindet und in die Flüssigkeit den positiven Poldraht so eintaucht, daß er das Silber nicht berührt."* Der Name Venusbaum rührt daher, daß das Kupfer in der Alchimie der Venus gewidmet war.

Zuletzt betrachten wir den *Eisenbaum* oder *Arbor martis* (Marsbaum). Zu seiner Herstellung löste man Eisenfeillicht in konzentrierter Salzsäure auf, so daß eine Eisenchloridlösung entstand. In diese hängte man einen Zinkgegenstand. Bald wird *"der Zink mit Eisenblättgen belegt."* Dem Mars war in der Alchimie als Gott des Krieges das Eisen zugeordnet.

Alle "Baumversuche" beruhten natürlich auf der *Redoxreihe der Metalle,* versetzten aber den Laien in großes Erstaunen, da just vor seinen Augen erstaunliche, sehr lebensähnliche Gebilde heranwuchsen.

Der polnische Alchemist Michael *Sendivogius* (1566 - 1636), Sekretär des polnischen Königs Sigismund III. Waza und Hofalchemist der deutschen Kaiser Rudolf II. und Ferdinand II., hat sich mit den "Baumversuchen" sehr intensiv auseinandergesetzt und seine Erkenntnisse in seinem Werk *"Tripus Chymicus Sendivogianus"* zusammengefaßt. Das Werk erschien 1613 zu Straßburg unter dem deutschen Titel: *"Dreifaches chemisches Kleinod, das ist: Zwölf Tractatlein von dem Philosophischen Stein der alten Weisen".* In diesem Buch setzt er die wichtigen Metalle in Verbindung mit den Planeten: *"schaue den Himmel und die Sphaeras der Planeten an: Du siehst, daß Saturnus der höchste ist, demselben folget Jupiter, nach diesem Mars, hernach Sol, dem folget Venus, dieser der Mercurius, in den letzten Ort wird Luna gesetzt. Betrachte jetzt, daß die Kräfte der Planeten nicht hinauf, sondern herunter steigen, und dieses hat die Erfahrung selbst gegeben, da aus Venere nicht Mars, sondern aus dem Marte Venus wird, als einen Kreis niedriger ist. Also wird auch Jupiter gar leichte in Mercurium verwandelt, dieweilen der Jupiter der zweite an dem Firmament, und der Mercurius der zweite an der Erde ist. Saturnus der erste an dem Himmel; Luna die erste an der Erde. Sol vermischt sich mit allen; wird aber niemals durch die unteren verbessert."* Sendivogius scheint hier nur die Kosmologie des Aristoteles wiederzugeben. Dennoch ist sein Tractat nicht im astronomischen, sondern im chemischen Sinne zu verstehen: Silber (luna oder Mond) wird aus einer Silbersalzlösung von Blei (Saturnus) verdrängt, Quecksilber (Mercurius) muß dem

Zinn (Jupiter) weichen, Kupfer (Venus) dem Eisen (Mars), Gold (sol oder Sonne) wird durch alle Metalle verdrängt. Somit gibt Sendivogius schon im 17. Jhdt. eine *Spannungsreihe* der wichtigsten Metalle an. Sendivogius bezeichnete die Reduktion eines Metalls aus seiner Salzlösung als *Transmutation* und gab 1604 in Prag vor, daß ihm die Umwandlung eines Metalls in Gold gelungen sei. Andere Forscher haben sein Wissen aufgenommen und neue Versuche hinzugefügt. Angelus *Sala* (1576 - 1637) untersucht in seinem Werk *"Anatomia vitrioli "*, herausgegeben 1617, Salzlösungen und das Ausfällen von Metallen aus diesen. Sala glaubte im Gegensatz zu Sendivogius nicht an den "Stein der Weisen" und auch nicht an betrügerische Transmutationsversuche. So schrieb er 1634, daß in Königswasser Gold *"in unsichtbaren atomis darunter verborgen subsistiere wie etwan ein Saltz im Wasser, so darinne zergange; und gleich wie das Saltz auß dem Wasser in seinen vorigen standt kan gebracht werden, als kan man auch das Golt von dem bemeldeten Liquore absondern, und in seine vorige metallische form wiederumb geben."*

Joachim *Jungius* (1587 - 1657), beschäftigt sich ebenfalls in vielen Versuchen mit der "Transmutation" der Metalle und schreibt: *"Es irren diejenigen, die der Meinung sind, Eisen in Vitriollösung gelegt, werde in Kupfer verwandelt. Wahr ist allerdings, daß eiserne Stäbchen in Wasser, die blauen Vitriol reichlich enthalten, so mit Kupfer gewissermaßen bekleidet werden, daß das Eisen aus denselben wie aus einer Scheide herausgezogen werden kann."* Joachim Jungius prägt bei seinen Untersuchungen auch den Begriff der *Reduktion:* *"Ein Körper wird reduziert, ... wenn er, nachdem er durch irgendeine Änderung entstanden ist, wieder in denselben Körper übergeht, aus dem er entstanden ist."* Jungius sieht die chemische Reaktion im Lichte einer Atomtheorie. Er nimmt an, daß *"die Atome des Kupfers an die Stelle der Eisenatome treten"* und spricht nicht von einer Trans- sondern einer Permutation. Die Reaktion eines Eisenstabes mit einer Kupfersulfatlösung beschreibt er 1630 äußerst detailliert: *"*

1. *Die Ursache:*
    a) *Der spiritus sulfuris vermag das unvollkommenere Metall Eisen leichter zu korrodieren und zu bezwingen, oder*
    b) *er hat größere sympathia zu Eisen.*
2. *Der spiritus sulfuris entläßt Kupfer aus dem magisterium (bestehend aus solvens und solutum) und nimmt im Austausch dafür ebensoviel Eisen auf; sodann verbindet er sich mit Eisen.*
3. *Das Metall: An die Stelle der in Lösung gehenden Eisen-Atome treten Kupfer-Atome.*
4. *Die Figur des Metalls, dessen Eisenatome gegen Kupferatome ausgetauscht werden, ist bei langsamer und langandauernder Einwirkung gelegentlich dieselbe.*
5. *Beweis, daß Austausch (permutatio) vorliege, nicht Verwandlung (transmuatio):*
    a) *Allmähliche Grünfärbung der ursprünglich blauen Lösung und das Ende der Reaktion. Eisen kann nicht mehr verändert werden, sobald die Lösung soviel Kupfer, wie sie enthielt, abgegeben hat:*
    b) *grünes Vitriolwasser [Eisensulfat] führt nicht zu dieser 'metamorphosis'."*

Experimente: Spiegelherstellung und Silberfraktale

A. Belegen eines Amalgamspiegels

Aufbau und Durchführung

Der Boden einer Petrischale wird mit einer schwach angerauhten, kreisförmig zuge-schnittenen Klarsichtfolie vollständig bedeckt. Darauf legt man eine Fläche in Größe eines Objektträgers (76 mm x 26 mm) mit Zinnfolie aus und ebnet sie. Aus einer Pipettenflasche gibt man etwas Quecksilber auf die Zinnfolie und verstreicht es. Dann schüttet man aus einer Vorratsflasche soviel Quecksilber auf das Zinn, daß es in der Petrischale etwa 1 mm hoch steht und legt einen Objektträger über die mit Zinn versehene Fläche. Den auf Quecksilber schwimmenden Objektträger drückt man mit einer Pinzette nieder und beschwert ihn mit einem Massenstück von 2 kg aus Eisen. Das überschüssige Quecksilber wird mithilfe einer Pipette mit aufgestecktem Peleusball abgesaugt. Nach etwa 10 Minuten werden das Eisenstück und der Objekt-träger entfernt, die Klarsichtfolie wird mithilfe einer Pinzette abgehoben. Noch an der Folie haftendes Quecksilber läßt man über einen Trichter in die Vorratsflasche ablaufen.

Beobachtung

Auf der Kunststoffolie hat sich eine Spiegelfläche von der Größe eines Objektträgers gebildet, die fest an der Kunststoffolie haftet und sogar gekrümmt werden kann, oh-ne daß der Spiegel Schaden erleidet.

Auswertung

Zinn reagiert mit Quecksilber nach folgender Gleichung

$$7\ Sn + Hg \longrightarrow Sn_7Hg$$

zu *Zinnamalgam*, das zunächst noch plastisch verformbar ist. Der Amalgamteig be-ginnt aber bald auszuhärten, wobei der gesamte Härtungsvorgang erst nach etwa 10 Stunden abgeschlossen ist.

B. Herstellung eines Silberspiegels

Aufbau und Durchführung

a. *Herstellung der Verspiegelungslösung:* Man versetzt 50 ml *Silbernitrat* (w = 5%) mit konz. *Ammoniumhydroxid* solange, bis sich ein schwarzbrauner Niederschlag bildet und gerade wieder auflöst. Es wird mit dest. Wasser auf 250 ml aufgefüllt und man fügt 1 g *Ammoniumsulfat* hinzu. Die Lösung bewahrt man in einer brau-nen Vorratsflasche auf.
b. *Herstellung der Reaktionslösung:* Man löst 0,9 g *D(+)-Glucose* und 2 g festes *Ka-liumhydroxid* in 250 ml dest. Wasser auf.
c. *Verspiegelung eines Objektträgers:* Verspiegelungs- und Reduktionslösung werden in einer Petrischale im Verhältnis 1:1 zusammengegossen und gemischt. Ein im

Trockenschrank schwach angewärmter Objektträger wird mithilfe einer Pinzette oder Tiegelzange in die Lösung hineingegeben.

Beobachtung

Schon nach 1-2 Minuten kann der Objektträger der Petrischale entnommen werden: Es hat sich auf ihm eine Silberschicht abgeschieden. Die Silberschicht ist dort, wo sie mit der Luft in Berührung kommt bräunlich-schwarz angelaufen. Unter dem Schutz des Glases ist die Silberschicht spiegelglänzend geblieben.

Auswertung

a. *Chemische Vorgänge beim Bereiten der Verspiegelungslösung:*
Die Silberionen des Silbernitrats ($AgNO_3$) werden durch Zugabe des Ammonium-hydroxids (NH_4OH) als Silberoxid (Ag_2O) ausgefällt:

$$2\ Ag^+ + 2\ OH^- \longrightarrow Ag_2O \downarrow + H_2O$$

Wird weiteres Ammoniumhydroxid zugefügt, geht das ausgefällte Silberoxid wieder in Lösung. Es bildet sich ein *Diamminsilberkomplex:*

$$Ag_2O + 4\ NH_3 + H_2O \longrightarrow 2\ [\ Ag(NH_3)_2\ ]^+ + 2\ OH^-$$

b. *Reduktion des Silberions:*
Durch Zugabe der D(+)-Glucose wird das komplex gebundene Silberion (Ag^+) zu Silber reduziert:

$$Ag^+ + 1\ e^- \longrightarrow \overset{o}{Ag}$$

Dieses scheidet sich als glänzender Silberspiegel auf Glasoberflächen ab.

c. *Einfluß der Kalilauge:*
Die Kalilauge wird der Reduktionslösung zugefügt, um die chem. Reaktion zu beschleunigen. Ammoniakalische Silbernitratlösung, der man Kali- oder Natronlauge zugefügt hat, nennt man *Tollens Reagenz.*

C. Silberfractale

Aufbau und Durchführung

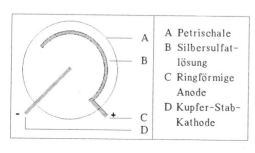

A	Petrischale
B	Silbersulfat-lösung
C	Ringförmige Anode
D	Kupfer-Stab-Kathode

In eine Petrischale, die eine ringförmige Anode (+, eventuell Büroklammer) und eine stab- oder punktförmige Kupferkathode (-) enthält, wird eine gesättigte Silbersulfatlösung gegeben. Es wird bei 4 - 10 Volt Gleichspannung auf dem Overheadprojektor elektrolysiert.

Beobachtung

An der Kathode scheiden sich dendritenartig anwachsende Silberkristalle ab, die im Innern hellgrau bis silbrig glänzend sind und in den Außenbereichen schwarze Ränder bilden. Es handelt sich um sogenannte *Silberfractale*, die sich in einem größeren Zeitraum bis zum Anodenring hin ausbreiten. An der ringförmigen Anode treten Gasblasen von Sauerstoff aus.

Auswertung

$$
\begin{array}{lll}
2\,H_2O & \longrightarrow \quad 4\,H^+ + O_2 + 4\,e^- & \text{Anode (Ox)} \\
4\,e^- + 4\,Ag^+ & \longrightarrow \quad 4\,Ag & \text{Kathode (Red)} \\
\hline
2\,H_2O + 4\,Ag^+ & \longrightarrow \quad 4\,H^+ + O_2\downarrow + 4\,Ag\downarrow & \text{Gesamt (Redox)} \\
4\,NO_3^- & \qquad\quad\; 4\,NO_3^- & \text{Begleitionen}
\end{array}
$$

Tips und Tricks

a. *Belegen eines Amalgamspiegels*
   - Das eiserne Massenstück reagiert nicht mit Quecksilber. Es kann problemlos entfernt werden.
   - Die nach oben weisende Fläche der Klarsichtfolie sollte etwas angerauht sein, damit das Amalgam gut haftet.
   - Zur Anwendung des Peleusballs siehe S. 81!
   - Beim Übergießen der Zinnfolie mit Quecksilber wird die belegte Fläche verdeckt. Daher ist es günstig, sie mit Isolierband, das über die Petrischale gespannt wird, zu markieren.
   - Die Erhärtungsgeschwindigkeit eines Amalgams hängt stark von seiner stofflichen Zusammensetzung, von der Teilchenform und der Teilchengröße ab. Wird z.B. als Ausgangsmaterial eines Amalgams eine Silber-Zinn-Legierung verwendet, so bildet sich ein Gemisch aus Silber- und Zinnamalgam nach folgender Gleichung:

$$
7\,Ag_3Sn + 29\,Hg \longrightarrow 7\,Ag_3Hg_4 + Sn_7Hg
$$

   Dieses verliert schon nach 10 Minuten seine Plastizität und kann dann nicht weiter verarbeitet werden. Das Silber-Zinn-Amalgam eignet sich wegen seiner großen Härte hervorragend zu Zahnfüllungen. Für die Spiegelfabrikation war es wegen seiner dunkelgrauen Farbe weniger geeignet.

b. *Herstellung eines Silberspiegels*
   - D(+)-Glucose darf im Versuch durch die gleiche Menge D(−)-Fructose ersetzt werden.
   - Als *Reduktionsmittellösung* eignen sich auch D(+)-Saccharose, D(+)-Lactose, lösliche Stärke, Ascorbinsäure, Glycerin, K-Na-Tartrat, Hydrazinsulfat, Formalin u.a. Bei den meisten der genannten Stoffe ist ein Erhitzen auf ca. 70 °C erforderlich. Die Reaktionszeit beträgt bis zu 8 Minuten.
   - Das Erwärmen von zu verspiegelnden Gegenständen geschieht im Wasserbad. Man kann auch eine Heizplatte einsetzen.

- Damit der Silberspiegel gleichmäßig glänzt und fest haftet, spült man ihn mit *Aceton* oder *Kalilauge* (w = 10 %).

c. *Silberfractale*

Dieser Versuch kann auch mit zwei stabförmigen Elektroden (Kathode: Kupfer, Anode: Graphit) in einem mit Silbernitratlösung gefüllten Becherglas durchgeführt werden. An der Kupferkathode bildet sich dann ein *Silberbaum*, der als teilweise silbrig glänzender "Pelz" in die Elektrolytlösung hineinwächst. Nach einiger Zeit färbt sich der Silberbaum durch Oxidationsvorgänge schwarz. Das Silber kann leicht von der Kathode abgestreift werden.

d. *Sicherheitshinweise*

A. Belegen eines Amalgamspiegels
- Quecksilber gibt bei Raumtemperatur giftige Dämpfe ab. Gefäße mit Quecksilber dürfen nicht offen stehen bleiben! Unter dem Abzug arbeiten! **T**
- Quecksilber sollte in einer Enghalsflasche, noch besser in einer Kappenflasche (100 ml) aufbewahrt werden. Diese stellt man in ein Auffanggefäß (z.B. Kristallisierschale).
- Unbedingt über einer Quecksilberauffangwanne (z.B. Fotoschale) arbeiten!
- Schmuck ist abzulegen (sonst schädliche Amalgambildung möglich)!
- Es sollte eine Pipette mit Peleusball oder eine Saugpipette zum gefahrlosen Aufsaugen von Quecksilber bereitliegen!
- *Entsorgung von Quecksilber:*
  - Kleine Quecksilbermengen: Mit feinem Pinsel zusammenkehren und mit *Mercurisorb* aufnehmen. (Der sonst oft vorgeschlagene Zinkstaub oder Schwefelblüte reagieren mit Quecksilber erst nach langer Zeit!)
  - Große Quecksilbermengen: Mit Quecksilberzange aufnehmen und einsammeln. Alle Quecksilberreste, auch fertige Spiegelfolie in einem Sammelbehälter in Giftschrank aufbewahren!

B. Herstellung eines Silberspiegels.
- Silber und seine löslichen Verbindungen sind Gift für Mikroorganismen. Sie töten die Kleinlebewesen der Kläranlagen und dürfen daher nicht ins Abwasser gelangen!
- *Entsorgung:* Silber und Silberrückstände werden gesammelt und in konz. Salpetersäure gelöst. Durch Zugabe von Salzsäure fällt man Silberchlorid aus. Dieses wird ausgewaschen und recycelt: Die zu entsilbernde Lösung L läßt man

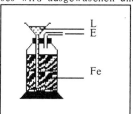

mithilfe eines Trichters von unten nach oben durch Eisenwolle Fe fließen. Hierbei scheidet sich das Silber zu 95 % an der Eisenwolle ab und fällt in der Waschflasche nach unten. Die entsilberte Lösung E fließt durch den Auslauf ab.

Reaktionsgleichung:

$$2\ AgCl + Fe \longrightarrow 2\ Ag\!\downarrow + FeCl_2$$

- *Bertholettsches Knallsilber:* Ammoniakalische Silbernitratlösungen dürfen selbst in braunen Glasflaschen nicht lange aufgehoben werden, sonst bildet sich das *Bertholettsche Knallsilber*, dessen Hauptbestandteil *Silbernitrid* (Ag_3N) ist. Zusätzlich enthält das Knallsilber noch eine Verbindung der Formel Ag_2NH.

Knallsilber bildet kleine, schwarzglänzende Kristalle auf der Reagenzglasober-
fläche, die auch in feuchtem Zustand, z.B. beim Ausgießen der Lösung explosionsartig zerfallen. Knallsilber ist ein *Initialzünder*, der auf Schlag, Wärme
und intensive Lichteinwirkung (Blitz) reagiert. Es wird durch Zugabe von konz.
Salpetersäure unschädlich gemacht. Die Explosivität des Knallsilbers wird
durch Zugabe von Ammoniumsalzen sauerstoffhaltiger Säuren [z.B.
$(NH_4)_2SO_4$] herabgesetzt.

- *Explosive Silberverbindungen:* Folgende Silberverbindungen sind ebenfalls
  hochexplosiv:
  Silberacetylid (Ag_2C_2, Silbercarbid). Es entsteht, wenn man Acetylen (Ethin) $\boxed{E}$
  durch ammoniakalische Silbernitratlösung leitet. Es bildet ein graustichiges
  Pulver.
  Silberazid (AgN_3). Dies ist ein Salz der Stickstoffwasserstoffsäure. Es zerfällt $\boxed{E}$
  in Silber und Stickstoff.
  Silberfulminat ($C = NOAg$, Knallsilber). Silbersalz der Knallsäure. Bildet wei- $\boxed{E}$
  ße Nadeln.
- *Silbernitrat:* ätzende und brandfördernde Substanz. Silbernitratlösungen hinter- $\boxed{C}$ •
  lassen auf der Haut häßliche, schwarze Silberflecken, die sich tagelang halten.
  Daher schützt man die Hände durch Handschuhe. Auch die Hornhaut des
  Auges ist durch Silbernitrat gefährdet. Man trage eine Schutzbrille. Unerwünschte Silberschichten auf Gläsern lassen sich leicht durch *konz. Salpeter-* $\boxed{C}$
  säure weglösen.

C. Silberfractale

- Kalium-, Natrium- und Ammoniumhydroxid sind ätzend! Schutzbrille! Schutz- $\boxed{C}$
  handschuhe!
- Zur Entsorgung von Silberrückständen und -verbindungen siehe Abschnitt B!

Glossar und Zusätze

Amalgam (wahrscheinlich von gr. malagma = Erweichung). Lösung eines Metalls
oder einer Legierung in Quecksilber. Blei, Zinn, Zink, Bronze und Messing lösen
sich leicht in Quecksilber; Gold, Kupfer und Silber lösen sich schwer, Platin sehr
schwer. Eisen bildet mit Quecksilber keine Legierung, so daß Aufbewahrung und
Transport von Quecksilber in Eisenflaschen erfolgt. Amalgame sind bei kleinem
Quecksilbergehalt flüssig, bei großem verfestigen sie sich. Die Amalgambildung der
Edelmetalle wird beim *Feuerversilbern* und beim *Feuervergolden* ausgenutzt. Die
Metalle werden in den Verhältnissen Ag : Hg = 1 : 10 bzw. Au : Hg = 1 : 4 angerührt, der zu veredelnde Gegenstand wird mit Amalgam bestrichen und erhitzt. Das
Quecksilber verdampft und die Edelmetalle haften fest auf der Oberfläche. Dieses
Verfahren ist sehr umweltschädlich! Von den Amalgamen besonders interessant ist
das mattgraue, spröde *Natriumamalgam* der Zusammensetzung $NaHg_2$. Man kann es
leicht herstellen, indem man einen Quecksilbertropfen von 5 mm Durchmesser auf
ein linsengroßes, entrindetes Natriumstückchen gibt und mit einem Glasstab unter-
mischt. Im abgedunkelten Raum ist ein heller Lichtblitz (stark exotherme Reaktion!)
zu sehen. In Quecksilber eingebrachte Natriumstückchen amalgamieren unter Feuererscheinung! Wird die entstandene Legierung mit Wasser überschichtet, entweicht

Wasserstoffgas. Außerdem bildet sich Natronlauge und Quecksilber wird frei. Der Zersetzungsprozeß läßt sich durch Zugabe von Ammoniumchloridlösung beschleunigen. Lesen wir noch abschließend, was Postel in seiner "Laienchemie" zu den Amalgamen schreibt: *"Das Quecksilber vermag andere Metalle aufzulösen und bildet mit denselben halbflüssige, oft nach einiger Zeit hart werdende Gemenge, welche man Amalgame nennt. Löst man z.B. 7 Theile Zinn in 3 Theilen Quecksilber auf, so erhält man die Spiegelfolie; 1 Teil Zinn, 1 Teil Zink und 2 Theile Quecksilber geben ein Amalgam, mit welchem man die Kissen der Elektrisiermaschinen bestreicht [Kienmaiersches oder Böttgers Amalgam]. Ein Metall amalgamieren heißt also: es mit Quecksilber verbinden."*

Blattgold. Gold wird auf Leder zu Schichten ausgeschlagen oder ausgewalzt, die nur 1/8000 mm dick sind. Diese Blattfolien sind so dünn, daß sie grünes Licht hindurchlassen. Blattgold läßt sich auf jede leimhaltige Fläche mit einem Pinsel auftragen. Anschließend wird es mit einem Achat poliert. Blattgold eignet sich zum Vergolden von architektonischen Bauteilen oder Statuen, zum Verzieren von Büchern durch Goldschnitt oder für vergoldete Initialen. Früher wurde mit Blattgold auch Glas belegt, um glänzende Spiegelflächen herzustellen. *"Unächtes Blattgold (Goldschaum)"* erhielt man nach Postel aus zu feinen Blättchen geschlagenem Messing. Bei der *"kalten Vergoldung"* wird nach Postel fein zerteiltes Gold auf den zu vergoldenden Gegenstand eingerieben.

Blattsilber. Silber läßt sich zu 0,0027 mm dünnen Blättchen aushämmern, durch welche Licht mit blaugrünem Schein hindurchdringt. Das so entstandene Blattsilber eignet sich zum *Versilbern* von Kunstgegenständen. *"Unächtes Blattsilber"* läßt sich nach Postel als Legierung von Zinn und Zink herstellen.

Quecksilber [Hg, althochdeutsch quecsilber = lebendiges Silber (quick, vergl. auch keck), gr. hydrargyrum von gr. hydor = Wasser und gr. argyros = Silber; engl. mercury, frz. mercure]. Einziges, bei Zimmertemperatur flüssiges Metall. Quecksilber gehörte zu den 7 im Altertum bekannten Metallen. Es wurde schon 1500 Jahre v.u.Z. aus dem roten Zinnober hergestellt. Quecksilber wurde zu "Pillen der Unsterblichkeit" verarbeitet und es wurde mit flüssigem Silber verglichen. Da Quecksilber für die Mutter der Metalle und die Grundlage zur Herstellung von Gold durch Transmutation gehalten wurde, bezeichnete man es nach dem der Sonne (Symbol für Gold) am nächsten stehenden Planeten Merkur als *mercurius.* Die Alchimisten versuchten Quecksilber in ein festes Produkt zu verwandeln. Dieses sei so rein, behaupteten sie, daß es sich leicht in Gold umwandeln ließe. Eine andere Möglichkeit, aus unedlen Metallen Gold zu gewinnen, war für die Alchimisten, mithilfe von Quecksilber den "Stein der Weisen" herzustellen mit dem dann die Transmutation unedler Metalle in Gold durchgeführt werden sollte.

Quecksilber in der Medizin des ausgeh. 18. Jhdt's. Postel schreibt hierzu: *"Quecksilberdämpfe sind sehr giftig und da das Quecksilber gleich dem Wasser und vielen anderen Flüssigkeiten auch bei gewöhnlicher Temperatur verdampft, so muß es stets mit großer Vorsicht behandelt werden. Reibt man es mit Fetten zusammen, so verliert es seinen Metallglanz, indem es sich äußerst fein zertheilt; die bekannte graue Quecksilbersalbe (Unguentum cinereum) besteht nur aus einem solchen Gemenge von Schweinefett und fein zertheiltem Quecksilber. In dieser feinen Zertheilung ist es ebenfalls sehr giftig, während es im unzertheilten zusammenhängenden Zustande in bedeutender Menge verschluckt werden kann, ohne nachtheilige Folgen zu erzeugen. Aerzte verordnen es zuweilen löffelweise, um Darmschlingen, welche sich im Unterleib eines Kranken gebildet haben, aufzu-*

100 *lösen."* Quecksilbersalbe wurde schon von *Paracelsus* gegen die Lehrmeinung *Galens* verordnet.

Silber [Ag; althochd. slabar; engl. silver; gr. argos = das Helle, weißes Gold, Silber; lat. argentum, frz. l'argent = Silber, Geld; vergl. Argentinien = Silberland]. Sehr dehnbares, weißglänzendes Schwermetall (ρ = 10,5 g/cm^3) und Edelmetall. Silber ist weicher als Kupfer und härter als Gold. Der Schmelzpunkt von Silber be-

trägt 961 °C. Silber besitzt die höchste Leitfähigkeit aller Metalle für den elektrischen Strom und für Wärme. Silber kommt als *Silberbarren* (in Quader- oder Sargform) in den Handel. Silber wurde, obwohl es als Edelmetall auch gediegen in der Natur vorkommt, weit später als Gold verarbeitet. Silber heißt ursprünglich "weißes Gold". Bereits im Ägypten der Hellenen wurde Silber mit der zunehmenden Mondsichel symbolisiert, was auch das Geheimzeichen der Alchimisten für Silber war. Man nahm an, daß sich unedle Metalle mithilfe des "weißen Steins der Weisen" durch Transmutation in Silber umwandeln ließen.

Silberauflage. Metalle werden galvanisch in silbersalzhaltigen Elektrolytbädern mit einer dünnen Silberschicht (36,7 µm) versehen (versilbert). Die Bezeichnung Silberauflage 90 (schwere Versilberung) heißt: Auf 12 genormte Eßlöffel und -gabeln werden 90 g Silber abgeschieden.

Silber, gediegen: In der Natur kommt Silber als Edelmetall vielfach in feiner

Silber baumförmig

Silber drahtförmig

Verteilung *gediegen* vor, z.B. in Mansfeld (Harz), bei Freiberg (Erzgebirge) und in Bolivien auf Erzgängen in Gneis und Tonschiefer. Das Silber ist dann oft baumförmig mit blattartigen Kristallen besetzt oder drahtförmig mit Silberwürfeln übersät. Silber kommt in der Natur auch haar- oder plattenförmig, auch als Einsprengsel vor. Seine Farbe ist nicht immer silberweiß, sondern oft gelb, braun oder schwarz angelaufen.

Silber in der modernen Medizin. Metallisches Silber ist für den Menschen ungiftig. Für Kleinlebewesen (z.B. in Kläranlagen) dagegen sind Silberionen ein heftiges Gift. Daher dürfen sie nicht ins Abwasser gelangen. Silberhaltige Verbandstoffe helfen gegen Entzündungen, Silbernägel bei Knochenbrüchen, silberhaltige Salben gegen Akne und silberhaltige Nasensprays gegen Keuchhusten. Auch manche Pillensorten sind versilbert. Silberionen haben unter allen Metallionen die stärkste fungizide (= pilztötende) Wirkung.

Silbernitrat (AgNO$_3$, lat. lapis infernalis, Höllenstein). Silbersalz der Salpetersäure. Bildet farblose, durchscheinende, tafelförmige Kristalle von guter Wasserlöslichkeit. Bitter metallischer Geschmack, wirkt stark ätzend und ist antiseptisch. Ist sehr lichtempfindlich und zersetzt sich unter Silberabgabe. Daher Aufbewahrung in braunen Glasflaschen. Gibt man zu Silbernitratlösung tropfenweise konz. Ammoniumhydroxid solange, bis sich ein brauner Niederschlag von Silberoxid (AgO$_2$) gerade wieder auflöst, so erhält man *ammoniakalische Silbernitratlösung*. Fügt man noch zur Reaktionsbeschleunigung Kali- oder Natronlauge hinzu, so spricht man von *Tollens Reagenz*. Beide Lösungen eignen sich zusammen mit Reduktionsmitteln zur *Silberspiegelreaktion*. Silbernitrat bildet auf der Haut Ätzschorf (Silberalbuminat, Eiweiß gerinnt), der sich unter Abscheidung von Silber schwarz färbt. Daher stellt man aus Silbernitrat *Höllensteinstifte* her. Hierzu wird Silbernitrat mit Kaliumnitrat verschmolzen. Postel beschreibt das technische Verfahren und die Wirkung von Höllenstein: *"Man gießt ihn* [den Höllenstein] *mittels Metallformen zu kleinen Stangen, mit denen man wildes Fleisch* [Wucherungen] *wegbeizt. Der Höllenstein schwärzt die Haut und andere organische Stoffe, indem er durch dieselben zersetzt wird, wobei sich metallisches Silber in feinster Zertheilung ausscheidet; daher dient er zum Schwarzfärben der Haare und des Elfenbeins, so wie zum Zeichnen der Wäsche* [unverlöschliche Tinte, Wäschestift]." Innerlich eingenommenes Silbersulfat färbt die Haut oberflächlich und irreversibel schwarz. In sehr verdünnter wäßriger Lösung eignet sich Silbernitrat zur Spülung der Augen von Neugeborenen.

Vitriole. Veraltete Bezeichung verschiedener kristallwasserhaltiger Sulfate zweiwertiger Metalle. Man unterschied *weißen Vitriol* (= Zinksulfat, $ZnSO_4 \cdot 7 H_2O$), *blauen Vitriol* (= Kupfersulfat; $CuSO_4 \cdot 5 H_2O$) und *grünen Vitriol* (= Eisensulfat; $FeSO_4 \cdot 7 H_2O$). Das schon bei *Plinius* vorkommende Wort Vitriol ist eine alte Bezeichnung für Eisensulfat, da seine Kristalle grünem Glas ähneln. Dieser Name übertrug sich auf die oben näher bezeichneten Sulfate und auf die aus Eisenvitriol und Alaun erzeugte Schwefelsäure, die man auch als *Vitriolsäure* bezeichnete. Postel schreibt dazu: *"Die Nordhäuser Schwefelsäure* [auch sächsische Schwefelsäure genannte] *oder das Vitriolöl ist dickflüssig und raucht an der Luft. Man stellt sie aus schwefelarmem Eisenoxydul, dem sog. grünen oder Eisenvitriol dar, und zwar dergestalt, daß man dieses Salz in irdenen Gefäßen almälig bis zum Glühen erhitzt, und sich in der irdenen Vorlage verdichtet.*" Neben dem Vitriolöl unterscheidet man in der damaligen Zeit noch die weniger konzentrierte, nicht rauchende *englische Schwefelsäure*. Aus dieser läßt sich das Nordhäuser Vitriolöl durch Destillation gewinnen. Interessant ist, daß *Scheele*, einer der Entdecker des Sauerstoffs, diesen mit dem Namen *Vitriolluft* versah, weil er ihn aus Braunstein und Vitriolöl gewonnen hatte.

Zahnamalgam. Für Zahnfüllungen wird heute meist *Silberzinnamalgam*, eine sehr harte und widerstandsfähige Legierung verwendet. Sie ist frischbereitet plastisch, paßt sich allen Zahlhohlräumen an und bildet gute *Amalgamplomben*. Zahnamalgam wird in einem Mischer aus einer Silber-Zinnlegierung durch Quecksilberzusatz bereitet.

$$7 Ag_3Sn + 29 Hg \longrightarrow 7 Ag_3Hg_4 + Sn_7Hg$$

Es verliert schon nach etwa 10 Minuten seine Plastizität und muß schnell verarbeitet werden. Dafür ist es andererseits auch sofort gebrauchsfähig. Für die Spiegelfabrikation eignete es sich dagegen nicht, da es eine dunkelgraue Farbe besitzt. Billigeres *Kupferamalgam*, das man früher als Zahnamalgam verwendete, zersetzt sich unter Speicheleinfluß im Lauf der Jahre und setzt hochgiftiges Quecksilber frei, was zu Nervenerkrankungen führen kann.

Diamantenfeuer und Bleyweißstifft

Diamant ist ein dekorativer Edelstein mit unvergleichbarer Härte und funkelndem Feuer. Schon in der Bibel schreibt der Prophet Jeremias, daß "die Sünden Judas mit der Spitze eines Diamanten in die Altartrompeten dieses Volkes eingeritzt werden sollen". Bei Hesekiel lesen wird, daß Diamant "härter ist als Kieselstein". Der römische Naturforscher *Plinius* berichtet von Diamanten, die man, in einen eisernen Handgriff gefaßt, zum Gravieren weicherer Edelsteine benutzt habe. Immer wieder ist es die Härte, die den Diamanten vor allen anderen Edelsteinen auszeichnet. Der Ritter des Mittelalters trug ihn als magisches Amulett: Die Härte des Diamanten sollte auf ihn übergehen. Der Name Diamant setzt sich aus den griechischen Wörtern *diaphainein* (= durchscheinen) und *adamantos* (= das Unbezwingliche) zusammen, wurde der Edelstein doch bis 1770 u.Z. als *"eins der unvergänglichen Dinge"* und als eine *"reinere und härtere Art Bergkristall"* betrachtet und somit den kieseligen Stoffen zugeordnet. Tobern *Bergmann* (1735 - 1784) meldete jedoch 1777 Zweifel an und stellte durch Vergleich mit kieselhaltigen Flüssen vor dem Lötrohr fest, daß im Diamanten keine Kieselsäure vorhanden sei. Er nahm an, der Diamant bestehe aus einer *terra nobilis* (Edelerde).

Daß sich die Masse des Diamanten bei großer Hitze verminderte, ja er bisweilen sogar völlig "verschwand", hatten die Italiener *Averani* und *Targioni* in den Jahren 1694 und 1695 nachgewiesen. Auf Betreiben des Großherzogs *Cosmus III.* der Toscana hatten sie Diamanten dem Brennpunkt eines starken Brennglases ausgesetzt. In der Zeitschrift *Giornale de Litterati d'Italia* (Band 8, Artikel 9) wird über diese Versuche berichtet, *"die in Florenz mit Edelsteinen durchgeführt wurden ... Mit Hilfe eines Brennglases von Tschirnhausen, das zwei Drittel einer Florentiner Elle im Durchmesser besaß und dessen Brennweite zweieinhalb Ellen maß; um seine Stärke zu vergrößern baute man noch eine zweite Linse ein; in diesem Experiment widerstand der Diamant viel weniger der Einwirkung der Sonnenstrahlen als die anderen Edelsteine. Schon nach 30 Sekunden verlor ein Diamant von ungefähr 20 grains seine Farbe, seinen Glanz und seine Transparenz, er wurde milchig wie ein Chalzedon; nach 5 Minuten bemerkte man, daß sich Blasen auf seiner Oberfläche bildeten und bald zerbrach er in kleine Stücke, die sich hier und da verstreuten;*

Brennglas mit Sammellinse　　　　　Großer Kupferhohlspiegel
Tschirnhaus 1690　　　　　　　　Tschirnhaus 1686

*am Ende blieb nur ein kleines Bruchstück in Form eines gleichseitigen Dreiecks
zurück, welches sich von einer Messerklinge zerdrücken ließ und welches sich in
feines Pulver verwandelte, das man nur mithilfe eines Mikroskops betrachten konnte."*

Im Jahre 1751 ließ Kaiser *Franz I.*, der Gemahl Maria Theresias, weitere Versuche
mit dem Diamanten ausführen, da er ausprobieren wollte, ob sich viele kleine Diamanten zu einem großen zusammenschmelzen ließen. Baron *d' Holbach* berichtete
darüber (nachzulesen in den Mémoires de Lavoisier): *"Er* [Kaiser Franz I.] *ließ für
ungefähr 6000 Gulden Diamanten und Rubine in Gefäße oder Schmelztiegel von
konischer Form setzen, die man 24 Stunden lang dem heftigsten Feuer aussetzte.
Als man nach dieser Zeit die Gefäße öffnete, fand man heraus, daß die Rubine
keine Veränderung erfahren hatten, aber die Diamanten vollständig verschwunden
waren; man fand von ihnen nicht die geringste Spur."*

D'Arcet, ein französischer Naturforscher, fand 1766 heraus, daß *"der Diamant in einer vollkommen luftdicht schließenden Hülle von Porzellanmasse sich nicht ver-
flüchtige."* Andere Forscher beobachteten, daß der Diamant bei der Verflüchtigung
von einer Flamme umgeben war, ein klarer Hinweis, daß er verbrannte. Das Geheimnis der "spurlosen Diamantenverflüchtigung" ließ auch den großen französischen
Chemiker Antoine Laurent *Lavoisier* (1743 - 1794) nicht ruhen. Er untersuchte
mithilfe des großen *"Tschirnhausschen Brennglases"*, das 1690 Ehrenfried Walter
Graf *von Tschirnhaus* (1651 - 1708), ein Physiker und Philosoph geschaffen hatte,
[Es wurde der Pariser Akademie von *d'Ons-en-Bray* vermacht.] der sog. *"Linse
des königlichen Palastes"*, im Garten der Infantin zusammen mit *Macquer, Cadet* und
Brisson im Jahre 1772 die Eigenschaften des Diamanten. Das Brennglas bestand aus
einem sphärischen *Kupferspiegel*. Mit seiner Hilfe, kombiniert mit Brennlinsen,
glückte ihm damit 1693 die Erschmelzung des ersten europäischen Porzellans (Manufaktur zu Meißen). Der Brennspiegel befindet sich heute in Dresden. In der *"acta
Eroditorum"* von 1687 ist darüber zu lesen: *"Er hat durch diese Gläser und Spiegel*

Lavoisiers Zündmaschine
zu Paris - 1780

mit Hilfe des Sonnenlichts nasses Holz im Augenblick entzündet, Wasser in einem
kleinen Gefäß zum Sieden gebracht, Blei geschmolzen, eiserne Platten durchlöchert,
Ziegel und Steine verglast." Ein blattgoldbelegter *Riesenbrennspiegel* von 1,58 m
Durchmesser wurde auch von Andreas *Gärtner* (1684 - 1724) aus Holz gefertigt. Im
Jahre 1715 wurde dazu in Dresden ein *"kurtzer Bericht von denen unlängst gantz*
neu erfundenen höltzernen parabolischen Brennspiegeln, und deren seltzamen gantz
wunderbaren Würckungen." veröffentlicht. Gärtner zeigte in Experimenten, wie
Knochen und Muscheln verbrannten, Sand und Münzen schmolzen und Edelsteine
ihren Glanz verloren. Mit seinen Spiegeln briet er Hühner, Eier und Fische. Im
Mathematisch-Physikalischen Salon zu Dresden befindet sich ein weiterer großer
Hohlspiegel aus Messing, der von Peter *Höse* um das Jahr 1740 angefertigt wurde.

Brennspiegel wurden schon von *Euklid* 300 v.u.Z. in seinem Werk *Katoptrik* erwähnt.
Bei den Inkas wurde beim Sonnenfest das Feuer mit einem Brennspiegel erzeugt, der
aus einer konkaven Metallplatte bestand. Samuel *Zümermann*, ein Augsburger Feuerwerker des 16. Jhdts. beschreibt in seinem Werk *"Dialogus oder Gesprech zwayer*
Personen, nemlich aines Büchsenmaisters mit ainem Feuerwercks-Künstler" im
Jahre 1573 die *Mittagskanone*, die genau um 12 Uhr durch einen *"metallischen oder*
christallischen Spiegell" gezündet wurde. Zümermann schreibt, daß durch seine
Brennspiegel *"also ein ganzes Blockhaus, Schiff auff dem Meer und Seen angezün-*
det und verbrennt möchte werden." Roger *Bacon* (geboren 1210 oder 1213 bei Ilce-
ster) beschreibt in seinem 1267 herausgegebenen Werk *"opus majus"* Spiegel aus
Bronze, Stahl *("indischer Spiegel")* und Silber. Er unterscheidet Plan- und Konvexspiegel, sowie parabolisch und sphärisch geformte Hohlspiegel (Bild S. 17). Roger
Bacon schreibt von sich selbst: *"Ich habe von Jugend auf in Wissenschaft und Spra-*
che geforscht und viel Nützliches gesammelt und nach Autoren geordnet."

Lavoisier legte seine Gedanken und Forschungen nieder in den *"Mémoires"*, die er
bei der Pariser *"Académie des sciences"* unter dem Titel: *"Sur la destruction du*
diamant par le feu" einreichte. In 19 Versuchen, jeder nach einer Dreiteilung in *Ex-*
periment (préparation de l'expérience), *Erfolg* (effet) und *Betrachtungen* (réflexions)

gegliedert, lüftet Lavoisier das Geheimnis des Diamanten. In den ersten 5 Versuchen prüft Lavoisier das Verhalten des Diamanten an der freien Luft (air libre) bei
starker Erhitzung. Dann untersucht er bis zum 14. Experiment die Diamantenver-
brennung in einem Luftraum unter einer Glasglocke, die er durch Wasser bzw.
Quecksilber von der Außenluft absperrt. Er stellt fest, daß die abgesperrte Luft
abnimmt und der verbleibende Luftrest aus Kalkwasser Kalk ausfällt, *"wie dies das
bei dem Aufbrausen, den Glärungen und Metallreduktionen entbundene Gas tue."*
Lavoisier identifiziert den verbleibenden Luftrest als *"fixe Luft"* (air fixe = Kohlenstoffdioxid), die selbst unbrennbar sei. Daher dürfe auch Diamant, der in einer
solchen Luft hoch erhitzt werde, nicht verbrennen. Dies kann er im 16. Versuch tatsächlich beweisen. Er schließt weiter, daß Diamant auch im Vakuum nicht verbrennen könne, was er aber wegen der damals unzulänglichen Mittel nicht experimentell
nachprüfen kann. Schließlich stellt Lavoisier eine Analogie von Diamant und Kohlenstoff durch die Verbrennung von Holzkohle zu "fixer Luft" her.

Um dem verehrten Leser die oben erläuterte Experimentenfolge noch einmal deutlich vor Augen zu führen, habe ich aus der Lavoisierschen Arbeit: *"Destruction du
diamant par le feu."* die Themen der wichtigsten Experimente herausgegriffen:*"

1. Exp.: Zerfall des Diamanten im Brennpunkt des Brennglases

2. Exp.: Verdampfung des Diamanten an der freien Luft

4. Exp.: Diamantpulver [verdampft] an der freien Luft auf einer Porzellanunterlage

*6. Exp.: Verdampfung des Diamanten in einer Retorte durch die Hitze des Brenn-
glases*

*7. Exp.: Verdampfung des Diamanten unter einer Glasglocke, die in Wasser ein-
taucht*

*8. Exp.: Prüfung des destillierten Wassers [Sperrwasser], das im 7. Experiment
behandelt wurde*

*11. Exp.: Verkleinerung des Luftvolumens, in dem man den Diamanten verdampfen
läßt*

*12. Exp.: Zustand der Luft, in der die Verdampfung des Diamanten stattgefunden
hat*

*14. Exp.: Verdampfung des Diamanten in einem Destillierkolben aus weißem Glas
durch Quecksilber abgesperrt*

*16. Exp.: Verdampfung des Diamanten in elastischer Flüssigkeit ["fluide élastique"
= Kohlenstoffdioxid] oder Gas, das bei Gärungen ["effervescences" =
Aufwallungen) frei wurde*

*18. Exp.: Verbrennung und Verdampfung von Kohle in gewöhnlicher Luft unter
einem Destillierkolben durch Quecksilber abgesperrt*

19. Exp.: Prüfung des Zustandes der Luft, in die sich die Kohle verflüchtigt hat."

Das 7. Lavoisiersche Experiment der "destruction de diamant par le feu" soll als
wichtiges Beispiel dienen, sich in die Arbeitsweise Lavoisiers hineinzudenken.
*"Vorbereitung des Experimentes. Auf einen hochfeuerfesten Porzellanscher-
ben, der eine passende Höhlung besaß, setzte ich 9 Diamanten vom Gewicht 11 3/16
grains. Der Porzellanscherben wurde auf eine Kristallstütze plaziert, die ihrerseits
inmitten einer emaillierten Faience-Schale befestigt war; der Apparat wurde mit
einer Kristallglasglocke von sechseinhalb Zoll Durchmesser bedeckt; schließlich habe
ich die Luft mit einem gekrümmten Glasrohr ausgesaugt, um das Wasser auf eine
passende Höhe steigen zu lassen und ich ließ auf die Diamanten durch die Glasglocke hindurch den Brennpunkt des Brennglases fallen."*

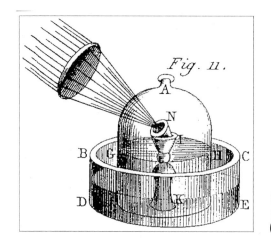

Experiment unter Glasglocke in
pneumatischer Wanne
(Traité Elémentaire de Chimie)

"Erfolg. Man hat in diesem Experiment weder merklich Dampf noch Rauch beobachtet; aber man hat sehr deutlich bemerkt, daß der Diamant, der im Zentrum des Brennpunktes lag, schäumte und Blasen warf; nach 15 Minuten hat er sich um drei Viertel verkleinert, und der Ort des Porzellanscherbens, auf dem er ruhte, war ausgehöhlt und verglast; schließlich nach 20 Minuten, war er ganz verdampft; wenige Minuten später bemerkten wir, daß die Luft im Inneren der Glasglocke sich so ausgedehnt hatte, daß sie fast überbordete und wir glaubten, das Experiment beenden zu müssen.
Nachdem die Apparatur sich ausreichend abgekühlt hatte, hoben wir den Deckel der Glasglocke mit Vorsicht an und bemerkten nicht den geringsten Geruch; an der Wand der Glocke waren Flüssigkeitstropfen während des Abkühlens haften geblieben, und sie schienen nach destilliertem Wasser zu schmecken; aber um sicher zu gehen, haben wir die Glocke mit etwa einer halben Unze destillierten Wassers ausgespült und haben sie sorgfältig zur Seite gesetzt. Wir haben das gesamte Wasser gesammelt, das sich in der Wasserschale befand. Wir haben es aufbewahrt, um ein genaueres Experiment vorzunehmen.
Die verbliebenen Diamanten hatten nur noch ein Gewicht von 71/8 statt 113/16 grain; einige von ihnen zeigten schwarze Farbe; andere waren bräunlich, einige waren gräulich und halbdurchsichtig; alle waren schwammartig und voller Höhlen wie Schleif- oder Bimssteine, und ihre Oberfläche war rauh und uneben; ein einziger war kugelförmig ausgehöhlt." Die Diamanten dieses Experimentes wurden von Lavoisiers Mitarbeiter, M. Maquer mikroskopisch untersucht. Hier sein Bericht: *"Diese Diamanten, mit schwacher Linse von 1 Zoll Brennweite unter dem Mikroskop betrachtet, schienen seltsam verändert und großenteils zerstört; die meisten waren ausgehöhlt wie die Staubbeutel einer Pomeranzenblüte; einer erschien blättrig wie ein Feldspat; ein anderer war in seinem Inneren ausgehöhlt, und die Höhlung war mit dem Äußeren durch eine Längsspalte verbunden; zwei der Diamanten, die eine halbkugelförmige Höhlung hatten, waren durchbrochen; keiner schien sicher geschmolzen oder verglast, aber das Porzellan, auf welchem sie plaziert waren, war versehen mit schwärzlichen, glänzenden Flecken, und diese Flecken, unter dem Mikroskop besehen, waren verglaste Punkte, von denen einige wiederum selbst aus-*

gehöhlt schienen: Man konnte noch auf den meisten Diamantstückchen ausmachen und alles war umgeben von einem bräunlichen Kranz in der Form eines schlichten Flecks oder einer oberflächlichen Verschmutzung.
Betrachtungen. Aus diesen Beobachtungen folgt: 1. daß sich vom Diamanten bei seiner Verdampfung kleinere Teile abgelöst haben und weggesprengt wurden, 2. daß es wahrscheinlich ist, daß diese Diamantenstückchen das Porzellan schmelzen ließen; daß sie die Verglasung und die Schmelze bewirkt haben; da ja das Porzellan selbst an den Orten, an denen es keinen Kontakt mit Diamanten gehabt hat, kein Zeichen einer Verglasung gegeben hat. Auch ist es im selben Zustand geblieben, den es hatte, bevor man es dem Brennpunkt [der Linsen] ausgesetzt hatte." Knapp und klar faßt Hermann *Kopp* in der *"Geschichte der Chemie"* die Versuche über die Natur des Diamanten zusammen: *"1773 stellte Lavoisier mit Macquer, Cadet, Brisson und Baumé Versuche an, wo der Diamant der Wirkung eines großen Brennglases ausgesetzt wurde. Sie constatirten aus Beobachtungen, wo der Diamant sich bei der Verbrennung in einer mit Wasser oder Quecksilber abgesperrten Glocke befand, daß sich bei seiner Verbrennung Kohlensäure bildet, gerade so, als ob man Kohle zu den Versuchen anwende."* Eine Identität von Kohlenstoff und Diamant wird jedoch von *Lavoisier* nicht eindeutig behauptet, wahrscheinlich erschien ihm eine solche Behauptung als zu gewagt.

Lavoisiers Experimente hatten auch auf Humphry *Davy* (1778 - 1829) einen großen Eindruck gemacht. Im Jahre 1814 arbeitete Davy im Labor der Accademie del Cimento zu Florenz über den Diamanten. Er benutzte zu seinen Versuchen das große Brennglas, das schon zur Zeit Cosmus III. der Toscana zur Prüfung des Diamanten gedient hatte. Davy fand verläßlich heraus, daß der Diamant in Sauerstoff zu Kohlenstoffdioxid verbrannte. Er wiederholte das Experiment unter gleichen Bedingungen mit gereinigter Holzkohle und erhielt ebenfalls nur Kohlenstoffdioxid. Damit war eindeutig bewiesen, daß Kohlenstoff in zwei Erscheinungsformen auftrat, also wie es *Berzelius* 1840 ausdrückte, zwei *allotrope Modifikationen* besaß.

Eine andere interessante Methode, Diamanten zu verbrennen teilt uns *Postel* in seiner *"Laienchemie"* mit: *"Um Diamant zu verbrennen - ein Versuch, welchen der geneigte Leser wohl Anderen überlassen wird - befestigt man diesen mit etwas Gyps auf ein Stück einer Tonpfeifenröhre, welches man auf das umgebogene Ende eines Drahtes steckt. Dann erhitzt man den Diamant in einer mit Sauerstoff angeblasenen Weingeistflamme, und senkt ihn, sobald er angezündet ist, in eine Flasche mit Sauerstoff; er verbrennt vollständig, ohne einen Rückstand zu lassen, indem er mit dem Sauerstoffe Kohlensäure bildet. Sehr feines Diamantenpulver wird schon mittelst der Spiritusflamme auf einem rothglühenden Platinbleche zum augenblicklichen Verbrennen gebracht."*

Weitere bemerkenswerte Einzelheiten über den Diamanten teilt uns Samuel *Schillings* "Kleine Schul-Naturgeschichte der drei Reiche" im Mineralreich mit: *"Der Diamant ist reiner, kristallisierter Kohlenstoff. Seine Kristalle sind tesseral, gewöhnlich krummkantig; man findet sie lose im Schuttlande, oder eingewachsen in Felsarten älterer Schichten. Der Diamant ist das härteste Mineral; spez. Gew. 3,5. Er ist wasserhell und durchsichtig; aber bisweilen auch weiß, grau, gelb, grün, rot, braun bis schwarz und nur durchscheinend; stark lichtbrechend; durch Reiben wird er elektrisch [elektrostatische Aufladung]; wurde er von der Sonne beschienen, so leuchtet er im Dunkeln noch eine Zeitlang fort [Phosphoreszenz]. ... Trotz seiner*

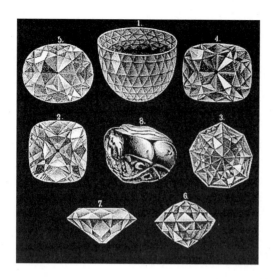

Berühmte Diamanten

Härte ist er spaltbar, gleichlaufend mit den Flächen des Oktaeders. Rohe Diamanten sehen unscheinbar aus; die Oberfläche ist meist rauh und rindig. Erst durch das Schleifen gewinnt er Glanz und Farbenspiel. Er kann nur im eignen Pulver (Diamantbord) geschliffen werden. ... Man unterscheidet nach dem Schliff: Brillanten und Rosetten." Dann folgt ein größeres Tableau, auf dem weltberühmte Diamanten abgebildet sind: "

1. Der Großmogul, 279 Karat, der größte aller bekannten Diamanten, einem Sultan auf Borneo gehörig. – Ihm ist ähnlich der Orloff, an der Spitze des russischen Kaiserzepters, 199 Karat; er soll (nach einer Sage) früher das Auge eines indischen Götzen gebildet haben. – 2. Der Regent im französischen Staatsschatze; er soll der schönste aller großen Diamanten sein wegen seines vollkommenen Schliffes. Napoleon I. trug ihn an seinem Degen. 137 Karat. Die Form ähnelt der Fig. 7; roh zeigt ihn Fig. 8. – 3. und 6. Der Florentiner, 133 Karat, gelblich, im Besitze des Kaisers von Österreich. – 4. und 7. Der Stern des Südens; er wog vor dem Schleifen 254, nachher 125 Karat, und ist der größte in Brasilien gefundene Diamant. – 5. Der Kohinur (d.h. Lichtberg); früher soll er über 700 Karat gewogen haben; durch wiederholten Schliff wiegt er noch 106 Karat; früher gehörte er einem indischen Fürsten, jetzt der Königin von England." Das im Text mehrfach erwähnte Karat ist ein altes Maß für die Masse. In Afrika wurden damit Gold, in Indien Diamanten gewogen. Ein Karat entspricht der Masse von 0,2 g, das entspricht der durchschnittlichen Masse eines Samens des Johannisbrotbaumes.

Die Untersuchungen Lavoisiers und seiner Forschergruppe bezüglich des Diamanten waren nur dadurch möglich, daß man zu dieser Zeit schon recht Genaues von der Natur des *Kohlenstoffdioxids* und der *Kohlensäure* wußte. Zwar rechnet schon *Plinius* unter die *spiritus letales* Gasausdünstungen aus kohlensäurehaltigen Quellen, gibt aber dieser besonderen Luft keinen Namen. *Libavius* (1550 – 1616) nennt in seiner 1597 erschienen Schrift *"De judicio aquarum mineralium"* eine besondere Substanz in Mineralwässern, die den sauren Geschmack hervorrufe. *Van Helmont* (1577 – 1644) schließlich benennt ein *Gas sylvestre*, das sich aus der Reaktion des Kalkes mit Säuren unter Aufbrausen entwickele. Auch entstehe es aus brennender Kohle: *"Carbo et universaliter corpora ... necessario eructant spiritum sylvestrem."* Van Helmont weiß, daß Kohlenstoffdioxid ein bei der Gärung entstehendes Stickgas ist, das sich in Kellern findet, auf Mensch und Tier erstickend wirkt und Flammen verlöschen läßt. Andere Forscher wie *Fr. Hoffmann* nannten die Kohlensäure auch *spiritus mineralis.* Sie stellten fest, daß sie sich aus Mineralwasser in Blasen (bullulae) entwickelt und imstande ist, Gefäße zu zersprengen, wenn sie eingeschlossen wird. Der Säurecharakter der Kohlensäure wurde durch Pflanzenfarbstoffe nachgewiesen.

Zur genaueren Kenntnis des Kohlenstoffdioxids trug die Arbeit von *Black* (1728 - 1799) über die Kohlensäure bei, die 1757 erschien. Black wies darin nach, daß das Gas, das sich bei der Kohlenverbrennung, beim Atmen, bei der Gärung und bei der Reaktion "kohlensaurer Alkalien" mit Säuren bildete, Kohlenstoffdioxid sei. Nach dem Vermögen des Kohlenstoffdioxids, sich an Alkalien (z.B. Kalkwasser) zu binden, benannte er das Gas neu als *gebundene Luft* oder *fixe Luft. Kopp* berichtet in *"der Geschichte der Chemie": "Der Apparat, dessen er sich zu ihrer* [d.h. der Kohlensäure] *Darstellung bediente, nähert sich schon sehr der heute gebräuchlichen pneumatischen Vorrichtung. Black warf kohlensaures Salz in eine Glasflasche, welche eine verdünnte Säure enthielt; die Flasche wurde schnell mit einem Kork verschlossen, durch welchen eine schwanenhalsförmige Röhre ging, deren anderes Ende unter ein mit Wasser gefülltes und in Wasser umgestülptes Gefäß tauchte."* Auch David *Macbride* (1726 - 1776), ein Wundarzt zu Dublin, hob in seiner Schrift *"Experimental Essays"* 1764 hervor, daß *fixe Luft* ein *"eigenthümlicher Körper sei"*, der bei Gärung und der Fäulnis *"vegetabilischer und thierischer Substanzen"* entstehe und wies sie im Blut nach. Er erkannte auch, daß *fixe* Luft fäulnishemmend wirkt. *Bergmann* führte 1774 schließlich den Beweis, daß Kohlenstoffdioxid in der Atemluft vorhanden ist, werden doch ätzende Alkalien und gebrannter Kalk an der Luft milder. Er erfand den Namen *acidum aëreum* (Luftsäure) und nahm an, daß der Kohlensäuregehalt der Luft vorwiegend von den Atmungsvorgängen herrühre.

Lavoisier untersuchte im Jahre 1781 die Zusammensetzung der *air fixe.* In der Schrift *"Mémoire sur la formation de l'acide nommé air fixe ou acide crayeux (Kreidesäure), que je désignerai désormais sous le nom d'acide du charbon"* gibt er an, Kohlenstoffdioxid bestehe zu 23,46 % aus Kohle und zu 76,54 % aus Sauerstoff; die Werte werden später von ihm auf 28 % Kohle und 72 % Sauerstoff verbessert und stimmen damit fast mit den heutigen Werten überein. Der von Lavoisier in seinem Werk von 1787 *"Methode der chemischen Nomenklatur"* endgültig in die *antiphlogistische Nomenklatur* aufgenommene Bezeichnung für Kohlensäure war *"acide carbonique."* Lavoisier hat damit einen Namen für *Kohlenstoff* (carbon) geprägt und ihn von *Kohle* (charbon) unterschieden. Das Wort *carbo* ist vom lateinischen *carboneum* abgeleitet. Es hängt wahrscheinlich mit dem lateinischen Wort *cremare*, d.h. brennen, zusammen. Das deutsche Wort *Kohle* stammt vom altgermanischen *kolo*, d.h. erwärmen. Unter der Bezeichnung *carbon* wird der Kohlenstoff auch im *"Tableau des substances simples"* [Tabelle der einfachen Körper] und im *"Elementaren Lehrbuch der Chemie"* von Lavoisier geführt. Lavoisier legte 1775 der Pariser Akademie sein *"Mémoire sur la nature du principe, qui se combine avec les métaux pendant leure calcination."* vor, in dem er behauptet, daß *"das kohlensaure Gas das Resultat der Verbindung von Kohle mit dem zum Athmen tauglichen Theil der Atmosphäre sei."* Reiner Kohlenstoff wurde aber erst 1791 von dem englischen Chemiker Smithon *Ten-*

110 TABLEAU DES SUBSTANCES SIMPLES.

	NOMS NOUVEAUX.	NOMS ANCIENS CORRESPONDANTS.
	Lumière............	Lumière.
Substances simples qui appartiennent aux trois règnes, et qu'on peut regarder comme les éléments des corps.	Calorique..........	Chaleur. Principe de la chaleur. Fluide igné. Feu. Matière du feu et de la chaleur.
	Oxygène...........	Air déphlogistiqué. Air empiréal. Air vital. Base de l'air vital.
	Azote.............	Gaz phlogistiqué. Mofette. Base de la mofette.
	Hydrogène.........	Gaz inflammable. Base du gaz inflammable.
Substances simples, non métalliques, oxydables et acidifiables.	Soufre............	Soufre.
	Phosphore.........	Phosphore.
	Carbone...........	Charbon pur.
	Radical muriatique....	Inconnu.
	Radical fluorique....	Inconnu.
	Radical boracique.....	Inconnu.
Substances simples, métalliques, oxydables et acidifiables.	Antimoine.........	Antimoine.
	Argent	Argent.
	Arsenic...........	Arsenic.
	Bismuth..........	Bismuth.
	Cobalt............	Cobalt.
	Cuivre............	Cuivre.
	Étain.............	Étain.
	Fer..............	Fer.
	Manganèse.........	Manganèse.
	Mercure..........	Mercure.
	Molybdène.........	Molybdène.
	Nickel............	Nickel.
	Or...............	Or.
	Platine...........	Platine.
	Plomb............	Plomb.
	Tungstène........	Tungstène.
	Zinc.............	Zinc.
Substances simples, salifiables, terreuses.	Chaux............	Terre calcaire, chaux.
	Magnésie..........	Magnésie, base de sel d'Epsom.
	Baryte............	Barote, terre pesante.
	Alumine...........	Argile, terre de l'alun, base de l'alun.
	Silice.............	Terre siliceuse, terre vitrifiable.

Tabelle der einfachen Körper
(entnommen der *Traité de chimie* von Lavoisier - 1789)

nant (1761 - 1815) dargestellt, indem er Phosphordämpfe über geglühte Kohle leitete. Tennant bewies 1796 auch, daß gleiche Gewichte von Kohlenstoff und Diamant, in Salpetersäure oxidiert, gleichviel Kohlenstoffdioxid ergaben. Die Identität von Kohlenstoff und Diamant wurde im darauf folgenden Jahr von Guyton *de Morveau* (1737 - 1812) erhärtet, der Schmiedeeisen durch Behandlung mit Diamant in Stahl verwandelte.

Postel schreibt über Kohlensäure in seiner 1879 erschienenen *"Laienchemie"*: *"Sie ist ein Produkt aller Verbrennungen unserer Beleuchtungs- und Heizungsmaterialien, strömt hie und da aus Erdspalten (Hundsgrotte bei Neapel, Giftthal auf der Insel Java, Todtenthal am todten Meere), wird von Menschen und Tieren ausgeathmet und erzeugt sich bei den Gährungsprozessen und bei der Verwesung. Außerdem ist sie in vielen Mineralien enthalten, namentlich ist sie im Kalkstein, Marmor und in der Kreide an das Kalkmetall (Calcium) gebunden."* Interessant ist hier die Erwähnung von Höhlen, in denen Kohlenstoffdioxid austritt. Die oben bei Postel genannte *Hundsgrotte* liegt in vulkanischem Gebiet in der Nähe des Vesuvs. Die enge Grotte, die nur 4m tief, 1,5m breit und 3m hoch ist, kann von Menschen gefahrlos betreten werden. Kleine Tiere (z.B. Hunde) dagegen ersticken, da sich am Boden Kohlenstoffdioxid, das aus den Wänden austritt, wie in einer Wanne ansammelt. Am Eingang der Höhle fließt das Gas nach außen ab. Weiterhin ist die *Dunsthöhle* von Bad Pyrmont (Niedersachsen) erwähnenswert. Sie liegt am Helvetiushügel der Stadt und wurde im Jahre 1712 von dem Brunnenarzt Johann Philipp *Seip* entdeckt. Das aus der Höhle ausströmende Gas hielt er für Schwefeldunst und nannte das Gewölbe "Schwefelgrube". Später erkannte man, daß sich mit Mineralwasser nach oben befördertes Kohlenstoffdioxid mit der Höhlenluft vermischt und sprach von *Dunst*. Mit Hilfe einer Kerze kann man zeigen, wie hoch das Gas in der Höhle steht. Früher wurden in der Höhle *Gasheilbäder* genommen. Im Jahre 1801 besuchte Johann Wolfgang *von Goethe* Pyrmont anläßlich einer Badereise. Er berichtete darüber in seinen *"Annalen"*: *"Die merkwürdige Dunsthöhle in der Nähe des Ortes* [Bad Pyrmont], *wo das Stickgas, welches mit Wasser verbunden, so kräftig heilsam auf den menschlichen Körper wirkt, für sich unsichtbar eine tödliche Athmosphäre bildet, veranlaßte manche Versuche, die zur Unterhaltung dienten. Nach ernstlicher Prüfung des Lokals und des Niveaus jener Luftschicht konnte ich die auffallenden und erfreulichen Experimente mit sicherer Kühnheit anstellen. Die auf dem unsichtbaren Elemente lustig tanzenden Seifenblasen, das plötzliche Verlöschen eines flackernden Strohwisches, das augenblickliche Wiederanzünden, und was dergleichen sonst noch war, bereitete staunendes Ergötzen solchen Personen, die das Phänomen noch gar nicht kannten, und Bewunderung, wenn sie es noch nicht im Großen und Freien ausgeführt gesehen hatten. Und als ich nun gar dieses geheimnisvolle Agens, in Pyrmonter Flaschen gefüllt, mit nach Hause trug und in jedem anscheinend leeren Trinkglas das Wunder des auslöschenden Wachsstocks wiederholte, war die Gesellschaft völlig zufrieden und der ungläubige Brunnenmeister so zur Überzeugung gelangt, daß er sich bereit zeigte, mir einige dergleichen wasserleere Flaschen den übrigen gefüllten beizupacken, deren Inhalt sich auch in Weimar noch völlig wirksam offenbarte."*

Heute ist die Dunsthöhle wegen ihrer Gefährlichkeit und Unberechenbarkeit für *"Dunstbäder"* geschlossen. Wer dennoch in Kohlenstoffdioxid baden will, tut dies im Quellgasbad an der Hylligen-Born-Allee. Man leitet das aus der "Helenenquelle" aufsteigende Kohlenstoffdioxid in Kabinen des Quellbades und erwärmt es durch elektrische Heizkörper. Kohlenstoffdioxid wird durch die Haut aufgenommen, erweitert die Gefäße und sorgt für eine verstärkte Durchblutung, was bei vielen Krankheiten heilsam wirkt. Kohlenstoffdioxid in geringer Konzentration (bis 5 %) regt die Atmung erheblich an. Bei 8 - 10 % Kohlenstoffdioxidanteil in der Luft dagegen tritt Bewußtlosigkeit ein: Der Mensch erstickt.

Der in der Eifel liegende *Wallenborn* ist eine weitere, sehr eindrucksvolle Kohlenstoffdioxdquelle. Das Gas lagert in fast 40 m Tiefe, so daß der Druck des darüberstehenden Wassers so hoch ist, daß das Gas des Lagers zurückgehalten wird. Im Rhythmus von 54 Minuten steigt jedoch der Gasdruck so stark an, daß der wallende Born zu brausen beginnt. Sein Niveau hebt sich um 50 cm, große Gasblasen blubbern an die Oberfläche. Nach jedem Ausbruch beruhigt sich der Gasborn wieder. Der Wasserspiegel sinkt auf Normalniveau. Auch an anderen Orten der Vulkaneifel (z.B. Gerolstein) sprudelt als Nachwehe der früheren Vulkantätigkeit stark kohlensaures Wasser aus der Erde. Früher bezeichnete man das darin gelöste Kohlenstoffdioxid als *"Mineralgeist von heilenden Quellen"* oder als *"Spiritus mineralis elasticus fontium medicatarum."* *Postel* schreibt in der *"Laienchemie"* zu den Mineralwässern: *"Quellen, deren Gehalt an aufgelösten Mineralsubstanzen so bedeutend ist, daß das Wasser als Arzneimittel anwendbar ist, heißen Mineralquellen oder Gesundbrunnen"*. Außerdem wird berichtet von *"Säuerlingen oder Sauerbrunnen, welche einen reichen Gehalt an 'freier Kohlensäure' besitzen, die sich durch die Bildung zahlloser Bläschen beim Eingießen in die Gläser offenbart. Tröpfelt man blaue Lackmustinktur in solches Wasser, so tritt eine röthliche Färbung ein. Gießt man das Wasser eines Säuerlings in klares Kalkwasser, so entsteht eine weiße Trübung, indem sich unlöslicher kohlensaurer Kalk bildet und ausscheidet. Gießt man hierauf mehr von dem gesäuerten Wasser hinzu, so wird die Flüssigkeit wieder klar, da der kohlensaure Kalk im kohlensauren Wasser löslich ist. Die Säuerlinge zerfallen je nach den in ihnen gelösten Salzen in verschiedene Unterabtheilungen. Enthalten sie z.B. Eisensalz, welches man durch den mehr oder weniger dintenartigen Geschmack wahrnimmt, so wie durch dunkle Färbung des Wassers, wenn man zerschnittene Galläpfel hineinschüttet, so heißen sie Eisenhaltige Säuerlinge, Eisen- oder Stahlquellen. Dergleichen Quellen sind in Pyrmont, Franzensbad, Cudowa, Flinsberg. Andere Säuerlinge enthalten viel Kochsalz, z.B. das Selterswasser, und werden muriatische Sauerbrunnen genannt. Enthält ein Sauerbrunnen neben der freien Kohlensäure viel kohlensaures Natron, so wird er ein alkalischer Säuerling genannt (Karlsbad, Teplitz, Ems)"*.

Zu dieser in Vulkangegenden ausströmenden "Luftart" hier noch ein Zitat aus *Kopps "Geschichte der Chemie"*: *"Sehr oft findet man diese Luftart aber auch als mephitische bezeichnet, und die Unbestimmtheit dieses Namens macht eine genauere Besprechung nothwendig. Mephitis hieß bei den Römern jede schädliche und erstickende Ausdünstung aus der Erde. Daher wurden die (Kohlensäure enthaltenden) Ausdünstungen in der Nähe der Vulcane Mofetten genannt; Lavoisier wandte diese Benennung auch auf das Stickgas an. Es trat jetzt eine große Verwirrung in der Bedeutung des Namens: "mephitische Luft" ein; Einige bezeichneten damit das Stickgas, mehrere noch das Kohlensäuregas, welches namentlich Guyton de Morveau (1782) als acide mephitique benannte. ... Bei anderen Schriftstellern, namentlich mehreren Deutschen um 1780, bedeutet hingegen Mephitis jede unathembare Luftart, und da wird das kohlensaure Gas als Mephitis vinosa von dem Wasserstoffgas als Mephitis inflammabilis unterschieden."* Auch das Buch von J.A. *Scherer*: *"Ge-*

schichte der Luftgüteprüfungslehre für Aerzte und Naturfreunde, Wien 1785" beweist, daß die Luftqualität schon im 18. Jhdt. ein wichtiges naturwissenschaftliches Thema war. *Scherer* schreibt hierzu: *"Die Luft, in der viele Menschen athmen, wird schädlich, zum Einathmen unfähig, tödtend,.... Überhaupt wird die Luft an jedem eingeschlossenen Orte, wo sie einer großen Menge Menschen zum Athmen dient, und wo zugleich viele Kerzen brennen, verderbt und schädlich, z.B. in Spitälern, Schauspielhäusern, in Gefängnissen, Tanzsälen und Schiffen. ... "* An anderer Stelle desselben Werkes heißt es: *"Diejenigen Länder, welche Mangel an Wäldern und Pflanzen haben, genießen keiner so guten Luft, als andere, die damit reichlich gegabt sind. Man weiß, daß ganze Länder, durch die üble Wirtschaft ihrer Einwohner, durch Ausrottung der Wälder, ihr ehemaliges gesundes Klima, ihre gute Luft verloren haben."* *Postel* schreibt zum selben Problem: *"Da wir Kohlensäure ausathmen, so häuft sie sich in Zimmern, in denen viele Menschen lange beisammen sind, z.B. in Schulstuben, die daher nicht oft und kräftig genug gelüftet werden können. Noch leichter sammelt sich die Kohlensäure in Schachten, Gruben, Höhlen, tiefen Brunnen, Gewölben und Kellern, besonders wenn dort große Mengen gärender Flüssigkeiten (Most, Bier u. dgl.) lagern. In solche verdächtige Räume muß man zunächst ein brennendes Licht hinablassen: erlischt dasselbe, so würde der Eintretende seinen augenblicklichen Tod finden. ... Wer die Rettung eines in solchen Räumen erstickten Menschen wagen will, binde sich ein zolldickes mit gleichen Theilen von gelöschtem Kalk und grobem Glaubersalzkrystallpulver gefülltes Kissen vor Mund und Nase; die Luft giebt an diese, ehe sie eingeathmet wird, die Kohlensäure ab.* Neben den *mephitischen Dünsten* unterschied man früher noch *Miasmen.* Postel definiert sie als *"gasförmige Giftstoffe, welche aus Verwesungsstätten, besonders aus Sümpfen heißer Länder in die Luft aufsteigen und sie verpesten."*

Eine weitere wichtige Erscheinungsform des Kohlenstoffs ist der *Graphit.* Es hat bis zum Jahre 1779 gedauert, um zu erkennen, daß Graphit der Zwillingsbruder des Diamanten ist. In Fundstellen der europäischen Laténezeit, dem 2. Abschnitt der Eisenzeit, die um 500 v.u.Z. begann, ist immer wieder graphithaltige Keramik aufgetaucht. Durch mikroskopische Untersuchungen konnte man nachweisen, daß der Graphit aus dem 20 km östlich von Passau (Bayern) gelegenen Graphitlager Kropfmühl stammt. Es muß also schon zur Keltenzeit einen schwunghaften Graphithandel gegeben haben. Graphit hat auch (neben Ruß) zur Körperbemalung und zum Einfärben von Leichen gedient.

Vor zweitausend Jahren wurde der verwitterte, lockere Graphit in nur kleinen Mengen in obertägigen Gruben mit Werkzeugen aus Bein und Holz geschürft, zu Pulver zerrieben und in Ledersäcke verpackt. Mit Ton verrieben, ließen sich feuerfeste Gefäße damit fertigen. Im Mittelalter ist der Bergbau bei Passau ab 1220 urkundlich belegt. Graphit wurde in Bayern zur Herstellung von Schmelztiegeln (Passauer Graphittiegel), zum Bau von Zimmeröfen aber auch als Schmierstoff für die Achsen der Bauernwagen und zur Herstellung von "Schwarzgeschirr" genutzt. Dies sind graphitkeramische Erzeugnisse wie Töpfe, Essigkrüge u.a. Die Bauern des 20. Jhdt's betrieben den Graphitabbau im Nebenerwerb, um 1900 gab es um Passau 144 private Graphitgruben, in denen nur selten ein Bergmann als "erster Graber" eingestellt war. Der Graphit wurde durch Keilbauen oder mit Hammer und Schlägel gewonnen. Das in die Gruben einbrechende Wasser wurde von Hand geschöpft oder gepumpt. Die Förderung des Graphits aus tiefer gelegenen Stollen erfolgte durch Haspel oder Pferdegöppel. Schlagende Wetter sind in Graphitgruben nicht zu befürchten, da keine

114

Essigkrug und Schmelztiegel (Hafen),
Schwarzgeschirr - 19. Jhdt.

Zimmerofen aus Graphit
Graphitkeramik - 19. Jhdt.

Gase austreten. Trotzdem mußte man das weitverzweigte, unübersichtliche Stollensystem "bewettern" was durch das Auf- und Niederschlagen geflochtener Matten erreicht wurde. Das Passauer Graphitlager weist nur maximal 40% Kohlenstoffgehalt auf. Früher konnte man nur das weiche, verwitterte und dadurch schon angereicherte Graphiterz der Oberfläche, das "Doha" verwenden. Festes Graphiterz ließ sich damals noch nicht aufbereiten. Dies wurde erst durch die Erfindung eines *Flotationsverfahrens* möglich.

Nachdem der Graphit obertägig soweit als möglich ausgebeutet war, ging man den Graphitlagern nach weiter in die Tiefe. Man teufte anfangs Schächte von bis zu 30 m Tiefe ab, die man miteinander durch Stollen verband. Dies erforderte eine immer aufwendigere Technik und auch finanzielle Mittel, die von den Besitzern der Graphitkleingruben nicht mehr getragen werden konnten. Sie schlossen sich technisch und kommerziell zusammen. Im Jahre 1916 wurde das Graphitwerk Kropfmühl gegründet mit den beiden Schachtanlagen "Friedrich" und "Heinrich". 1977 kam der Schacht "Kurt-Erhard" hinzu, mit dem eine Teufe von 270 m erreicht wurde.

Der Name *Graphit* ist ein seit der Goethezeit gebräuchliches Kunstwort und ist von griechisch *graphein* abgeleitet, was soviel wie schreiben bedeutet. Schillings "*Naturlehre*" beschreibt ihn so: "*Graphit besteht nur aus Kohlenstoff; doch führt er meist zufällige Beimischungen, wie Eisen, Kiesel oder Thon. Er krystallisiert sogar bisweilen in sechsseitigen Tafeln, gewöhnlich aber kommt er in schuppigen, derben oder dichten Massen vor. Er läßt sich leicht mit dem Fingernagel ritzen und ist schwerer als Kohle. Grauschwarz, fast metallisch-glänzend ist sein Aussehen; er fühlt sich fettig an und färbt ab. Sein Strich ist schwarz. Nur in größter Hitze ist er verbrennlich; er ist unschmelzbar. In den ältesten Erdschichten kommt er vor. Cylon, Sibirien, England, Bayern, Skandinavien, Schlesien bei Reichenstein, Reinerz sc.*" Graphit findet sich bei Passau in sehr harten Gesteinsformationen wie Gneis und Granit als *Flockengraphit* (Flinz) mit amorpher Struktur. Er setzt sich aus winzigen Flöckchen von 1 bis 2 mm Größe zusammen. Die Graphitlager von Passau sind aus organischen Resten von Algen in Süßwasserseen entstanden. Man nimmt an, daß der Kohlenstoff durch eindringendes Magma unter Luftabschluß sehr stark erhitzt wurde und dabei in Graphit überging.

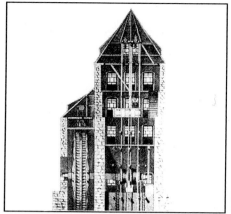

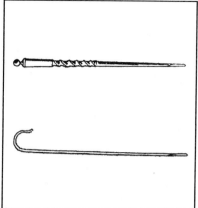

Förderschacht der Graphitgrube Kropfmühl   Silberstifte oben Lucas Cranach d.J.
1890 mit Wasserstube und Kehrrad   unten Hans Baldung

Im 16. Jhdt. hatte Graphit den Namen *plumbago*, d.h. dem Blei ähnlich, weil ihn die
Alchimisten für eine Art Bleiglanz hielten. Mancher Autor nennt ihn auch *molybdaena*, womit man bei den Alten bleihaltige Substanzen wie Bleiglätte, aber auch Molybdänglanz bezeichnete. Der deutsche Name für plumbago war *Reißblei* (auch Aschblei oder Pottlot) und für molydaena *Wasserblei*, um sie von Blei zu unterscheiden.
Die chemische Natur des Graphits wurde erst – ähnlich wie beim Diamanten – sehr
spät entdeckt. Der Italiener *Imperato* glaubte 1599, daß er wegen seiner Weichheit,
seiner Feuerbeständigkeit und vom Anfühlen her mit dem Talk verwandt sei und Blei
enthalten müsse. *Pott* untersuchte den Graphit im Jahre 1740 und konnte kein Blei
feststellen. Er war sich aber nicht sicher, ob er nun Graphit (Reißblei oder plumbago) oder Molybdänglanz (Wasserblei oder molybdaena) vor sich hatte. Diese Frage
wurde erst im Jahre 1779 durch *Scheele* (1742 – 1786) gelöst, indem er Graphit mit
Salpetersäure verbrannte und entstehendes Kohlenstoffdioxid nachwies. *Kopp* schreibt
in seiner *"Geschichte der Chemie"* darüber: *"Er [Scheele] schloß, das Graphit sei
eine Art mineralische Kohle, welche viele fixe Luft (Kohlensäure) und Phlogiston
enthalte. Das Eisen, welches er gleichfalls in dem Graphit wahrgenommen hatte,
erklärte er für einen unwesentlichen Bestandteil desselben; endlich schloß er noch,
auch in dem Gußeisen sei Graphit enthalten. "*

Graphit wurde schon im Mittelalter in kleinen, runden Scheiben, die manchmal in
Holz gefaßt waren, als Reißblei oder Praeductal zum Linienziehen verwendet.
Manchmal waren diese Scheiben auch aus Blei gefertigt. Künstler benutzten im 12.
Jhdt. nach *Theophilus* Stifte aus einer Bleilegierung, die von *Silberstiften* (Dürer, Jan
v. Eyck, Holbein) abgelöst wurden. Diese schrieben aber nur auf einer speziell
präparierten, aufgerauhten Fläche. *Graphitschreibstifte* kamen ab 1500 in England
auf. Anfangs verkaufte man einfach geschnittene Graphitstäbchen, die aber abfärbten
und die Hände verschmutzten. Daher erfand man eine Holzhülle, in welcher der
Graphitstift steckte. Ein solcher Stift ist 1565 von dem Züricher Gelehrten Konrad
Geßner in seinem Werk *"De omni rerum fossilium genere"* erwähnt und zeichnerisch
dargestellt worden. Im Jahre 1596 beschreibt *Caesalpinus* in seiner Schrift *"de
metallicis"* ebenfalls einen Graphitstift. Der Graphit der englischen Stifte stammte
aus den Graphitgruben von *Borrowdale* im Cumberlandgebirge Nordenglands, wo ab

116

Bleistifte oben nach Geßner, 1565
unten aus dem 17. Jhdt

"Fliegender" Bleistifthändler
im Jahre 1810

dem 16. Jhdt. eine rege Graphitstiftproduktion eingesetzt hatte. Zur Fabrikation der Graphitstifte war keine Aufbereitung, sondern nur eine Formgebung nötig, da der englische Graphit vollkommen rein war. In Nürnberg entwickelte sich ebenfalls eine Graphitstiftindustrie. Hier leimte man eine flache Graphitmine zwischen 2 Holzschalen fest. Als die Gruben von Cumberland im 18. Jhdt. fast völlig ausgebeutet waren, fehlte zunächst das Rohmaterial zur Graphitstiftherstellung. Zwar gab es in Passau, in der Tschechei, in Österreich und Italien Graphitvorkommen, aber deren Graphit war nicht so rein wie der englische und eignete sich nicht zur Graphitstiftproduktion durch einfaches Zerschneiden zu Stäbchen. Daher versuchte man eine Zeitlang, englischen Restbeständen von Graphit durch Beimengungen und durch Verschmelzen mit Schwefel zu strecken. Die so entwickelten Schreibstifte erhielten den Namen *Bleyweißstangen* oder *Bleyweißstifte*. Davon leitete sich durch Verkürzung als Klammerform der Name *Bleistift* ab. Im Jahre 1790 wurde der Bleistift von Nicolas Jacques *Conté* in Paris und zur gleichen Zeit von Joseph *Hartmuth* in Wien durch ein voneinander unabhängig erfundenes Herstellungsverfahren verbessert: Man vermischte gereinigtes Graphitpulver mit Ton, goß die Mischung in Formen und brannte sie bei etwa 1000 °C im Brennofen. Man erhielt feste und wenig schmierende Bleistifte, die nicht so rasch verbraucht waren wie reine Graphitstifte. Man fand heraus, daß sich Härtegrade und Farbstärke der neuen Bleistifte genau einstellen ließen: Je mehr Ton zugemischt wurde und je höher die Brenntemperatur war, um so härter und heller war der Bleistiftstrich. Es war jetzt möglich geworden, auch aus Graphit minderer Qualität hochwertige Bleistifte zu verfertigen. Bald wurden die Stifte mit Zedernholz (Bleistiftzeder) umgeben, das sich besonders gut spitzen ließ. John *Pettus* hatte dies schon 1683 vorgeschlagen. In Nürnberg und in der Nähe von Passau entwickelten sich bald große Bleistiftfirmen, von denen die Firmen *Faber-Castell* (Kaspar Faber gründete 1761 in Stein bei Nürnberg eine Bleistiftfabrik) und *Staedtler* (J.S. Staedtler gründete 1662 in Nürnberg die Mars-Bleistift- und Füllhalterfabrik) heute noch florieren.

Mit dem Graphit ist der *Ruß* aufgrund seiner atomaren Struktur eng verwandt. Ruß wurde schon vor vielen tausend Jahren in Höhlenzeichnungen verwendet. Die Chinesen und Ägyptern bereiteten Farben und Tuschen daraus. *Postel* beschreibt die Ge-

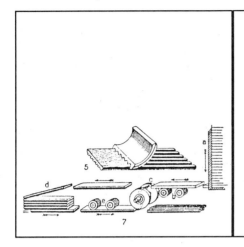

Bleistiftfabrikation nach Brockhaus 1930,
Zedernholzbrett wird gefräst (5) und mit
Bleistiftminen gefüllt (3)

"Der Bleyweisschneider"
um 1700

winnung von Kienruß im 18. Jhdt.: *"Im Großen gewinnt man den Kienruß auf folgen-de Weise. Ein Ofen hat einen fast horizontalen, nur wenig schräg aufwärt gehenden Schornstein, welcher in ein Häuschen führt, an dessen Decke ein grobes, wollenes Tuch in Form einer Haube ausgespannt ist. In diesem Ofen verbrennt man harzrei-ches Holz bei schwachem Feuer und geringem Luftzuge. Der Ruß setzt sich nun an die wollene Haube, von welcher man ihn abklopft, und an die Wände, von denen er abgekratzt wird; der letztere ist aber nicht so gut, als der erstere. In Gebirgsdörfern findet man nicht selten sogar in den Wohnzimmern eine ähnliche, allerdings sehr feuergefährliche Vorrichtung zum Auffangen des Kienrußes. Das Feuer, um welches sich die Familie versammelt, brennt auf einem mitten in der Stube stehenden Stän-der, der einen Rost trägt; an der Decke aber ist ein unten mittelst eines Reifen ausgespannter, oben eng zulaufender Sack aufgehängt, in welchem sich der Ruß ansetzt. Der Rauch wird durch einen von der oberen Oeffnung des Sackes ausge-henden Kanal in den Schornstein geführt. Der Kienruß wird als Farbematerial vielfach angewendet. Auch die schwarze, chinesische Tusche ist nichts anderes, als Ruß, den man bei Verbrennung des feinsten Oeles durch darüber gehaltenes Blech gewinnt. Mittelst eines Leimes erhält er Zusammenhang, ein geringer Zusatz von Moschus macht ihn wohlriechend, und nun wird er in hölzernen Formen zu den bekannten Täfelchen oder Stangen getrocknet, die gewöhnlich mit vergoldeten chine-sischen Buchstaben bezeichnet werden."* Im 19. Jhdt. wurde in Deutschland sogar noch *Knochenkohle* hergestellt. *Postel* schreibt darüber: *"Man erhitze einen Kno-chen in einem gut zugedeckten Topfe (ohne Wasser) mehrere Stunden lang: er wird schwarz, es entsteht Knochenkohle. Die beste Knochenkohle bereitet man aus El-fenbein (gebranntes Elfenbein). Knochenkohle ist keineswegs reiner Kohlenstoff, sie enthält vielmehr gegen 90 Procent anderer Bestandtheile. Man benutzt sie unter Anderem zu Stiefelwichse, indem man sie mit Schwefelsäure und Syrup vermischt."*

Im Jahre 1985 entdeckten der amerikanische Chemiker Richard *Smalley* und der britische Spektroskopiker Harry *Kroto* eine dritte Erscheinungsform des Kohlenstoffs, die sie als *Fulleren* benannten. Es ist auf Grund seiner Molekularstruktur nach dem amerikanischen Architekten Fuller benannt, der Gebäudekuppeln aus dreieckigen Zellen schuf. Fullerene besteht aus Riesenmolekülen, die 60 Kohlenstoffatome und Vielfache davon enthalten. Je größer sie sind, um so stabiler ist ihre Struktur. Wenn man sich vorstellt, daß bei einem Lederfußball, der aus schwarzen und weißen Fünf- und Sechsecken zusammengenäht ist, auf jeder Ecke ein Kohlenstoffatom säße, hat man ein Modell eines Fullerenmoleküls. Man hat dem Fullerenmolekül daher auch den Namen Buckyball gegeben. Das Fulleren wird in einer mit dem Edelgas Helium gefüllten Kammer hergestellt, in die mehrere Graphitstäbe hineinragen. Schickt man dann einen starken Strom durch diese Stäbe, so verdampft der Graphit und wird durch das Helium sehr schnell abgekühlt. Der Graphit kondensiert an den Kammer- wänden und wird mithilfe von Benzol zu einer weinroten Flüssigkeit gelöst. Hieraus läßt sich reines Fulleren auskristallisieren. Auf Grund seiner kugelförmigen, hoch- molekularen Struktur eigenen sich Fullerene als Schmiermittel (molekulares Kugel- lager, die Fullerenmoleküle verhalten sich wie hochelastische Ping-Pong-Bälle), als Transportmittel für Arzneien im menschlichen Körper, da sich in den Fullerenkäfig andere Stoffe einlagern lassen, zur Herstellung einer Superteflonschicht, da es sich gut mit Fluor zu einem abweisenden Kunststoff verbindet und als hochwertiger Halbleiter oder Supraleiter in der Elektrotechnik.

Um 1874 kam in Deutschland der dem Bleistift verwandte *Kopierstift* (Tintenstift) auf. Die Füllung dieser Stifte besteht aus Kaolin, Talk oder Graphit, denen man wasserlösliche Teerfarbstoffe wie Eosin, Methylenblau oder Kristallviolett zuge- mischt hat. Als Bindemittel verwendete man früher den gummiartigen *Tragant* (Gum- mi Tragacantha), der aus Astragalus-Arten gewonnen wird. Heute wird Tragant durch Methylcellulose ersetzt. Zusätzlich enthalten Kopierstifte noch Calciumstea- rat, damit sie gut über das Papier gleiten. *Holzfarbstifte* dagegen enthalten Minen aus Kaolin und aus wasserunlöslichen Teer- oder Mineralfarben. Als Bindemittel wird hier ebenfalls Methylcellulose verwendet.

Experiment: Diamant- und Graphitverbrennung

Aufbau und Durchführung

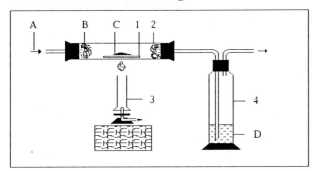

Geräte

1 Magnesiarinne
2 Verbrennungsrohr (Quarzglas)
3 Teclubrenner
4 Gaswaschflasche

Stoffe

A Sauerstoff
B Glaswolle
C Diamant bzw. Graphit
D Calciumhydroxid

Zunächst werden einige Industriediamanten, dann etwas Elektrodengraphit auf einer Magnesiarinne im Sauerstoffstrom hoch erhitzt.

Beobachtung

Diamant und Graphit glühen hell auf. Das Calciumhydroxid wird trüb. Es bildet sich ein weißer Feststoff. Die Diamanten- bzw. Graphitstückchen schrumpfen sehr und "verschwinden" nach einiger Zeit vollständig.

Auswertung

Bei hoher Temperatur verbinden sich die beiden Kohlenstoffmodifikationen Diamant (bei 800°C) und Graphit (bei 700°C) mit Sauerstoff zu Kohlenstoffdioxid nach folgender Reaktionsgleichung:

Kohlenstoff + Sauerstoff $\longrightarrow$ Kohlenstoffdioxid
$C \quad + \quad O_2 \quad \longrightarrow \quad CO_2$

Diamant und Graphit verbrennen im Sauerstoffstrom rückstandslos. Das enstehende Kohlenstoffdioxid wird durch Einleiten in Calciumhydroxidlösung (Kalkwasser) nachgewiesen. Es fällt weißes, unlösliches Calciumcarbonat (Kalk) aus. Die Lösung trübt sich.

Kohlenstoffdioxid + Calciumhydroxid $\longrightarrow$ Calciumcarbonat $\downarrow$ + Wasser
$CO_2 \quad + \quad Ca(OH)_2 \quad \longrightarrow \quad CaCO_3 \downarrow \quad + \quad H_2O$

Diamant und Graphit verbrennen im Sauerstoffstrom vollständig.

Tips und Tricks

a. Zunächst wird ein gleichmäßiger, nicht zu kräftiger Sauerstoffstrom eingestellt. Hierzu wird die Gasblasenbildung in der Gaswaschflasche beobachtet! Dann wird der Diamant (Graphit) möglichst hoch erhitzt. Der Hörsaal sollte abgedunkelt sein, damit das Aufleuchten der Brennstoffe gut zu beobachten ist.

b. Die Calciumhydroxidlösung kann durch Bariumhydroxidlösung [Ba(OH)$_2$] ersetzt werden. Es fällt beim Einleiten von Kohlenstoffdioxid weißes Bariumcarbonat [BaCO$_3$] aus.

c. Soll im Experiment möglichst schnell eine hohe Temperatur erreicht werden, oder hat das Brenngas einen niedrigen Heizwert, so wird bei Quarzglas gewinnbringend der Daniellsche Hahn (Schweißbrenner) oder eine Gebläselampe eingesetzt.

d. Diamant und Graphit nicht ohne Unterlage erhitzen, da sie sonst mit dem Quarzglas reagieren und es schädigen!

e. Die verwendeten Gummistopfen sollten bei der entstehenden hohen Temperatur unbedingt mit Glas- oder Quarzwolle geschützt werden.

f. *Sicherheitshinweise:*
   - *Calcium-* und *Bariumhydroxidlösungen* sind ätzend und schädigen die Hornhaut. Unbedingt Schutzbrille tragen!
   - Wird ein Schneidbrenner verwendet, *Schweißerbrille* mit abgetöntem Sicherheitsglas tragen!

Glossar und Zusätze

Diamantbearbeitung. Nur etwa 5 % der gefundenen Diamanten eignen sich zur Herstellung von Schmucksteinen. Sie werden durch den *Brillantschliff* (frz. briller = glänzen) so bearbeitet, daß möglichst viel einfallendes Licht total reflektiert wird und der Diamant wie poliertes Silber glänzt. Außerdem soll die Farbenzerstreuung (Dispersion) möglichst hoch sein, so daß der Diamant "feurig" wirkt. Es wurden schon im 15. Jhdt. Diamanten in Antwerpen geschliffen. Damals hat man auch schon erkannt, daß hohe Temperaturen beim Schleifvorgang den Diamanten schädigen oder schwarze Hitzeflecke entstehen lassen. Denn wird ein Diamant unter normalem Druck auf 1500 °C erhitzt, so wandelt er sich in Graphit um. Geschliffen wird mit einer hochtourigen Diamantkreissäge, eine dünne Scheibe aus Phosphorbronze, die mit sehr hoher Drehzahl läuft. Sie wird mit einer Mischung aus Olivenöl und Diamantkörnung bestrichen.

Diamantbeschichtung (Diamantfilm). Um feine Diamantfilme auf Silika-Oberflächen zu erhalten, läßt man ein Methan-Wasserstoffgemisch in einen Quarzkolben strömen, der ein Plättchen aus Silikastein enthält. Mikrowellen heizen das Gasgemisch, spalten die Gasmoleküle und erzeugen so ein "Plasma", aus dem Kohlenstoffatome wie winzige Projektile in die Silica-Oberfläche schlagen: Die Kohlenstoffatome verketten sich zu einem geschlossenen Film reiner Diamantkristalle. Vorteile: Diamantfilme sind immun gegen Chemikalien, von höchster Härte, leiten sehr gut die Wärme, sind durchlässig für Licht, IR-Strahlung und Radarwellen.

Diamantfeuer und -farbe. Diamanten besitzen wegen ihrer Brechungszahl von n = 2,4 einen sehr intensiven Glanz, den man *Diamantfeuer* nennt. Diamant soll seinem Träger eine feurige Rethorik verleihen! Etwa die Hälfte der aufgefundenen Diamanten besitzt eine Färbung. So gibt es grüne (Dresdener Diamant im grünen Gewölbe), rote, gelbe, saphirblaue und schwarze, koksartige Diamanten, die man

Carbonados nennt. Farblose Diamanten sind vollkommen durchsichtig. Die Durchlässigkeit für Licht, das *Wasser* des Diamanten, wird häufig durch trübe innere Stellen (Wolken), Porenreihen (Fahnen) und feine Klüfte (Federn) beeinträchtigt. Nur völlig farblose und durchsichtige Diamanten sind vom *reinsten Wasser*.

Diamantlagerstätten. Man findet Diamanten im sogenannten *Blaugrund*, der als Ausfüllung vulkanischer Schlote (Diamantenröhren, *pipes*; die umfangreichste der Premiergrube in Transvaal besitzt einen größten Durchmesser von 850m) oder Spalten (oft kilometerlangen Gängen, *fissures*) auftritt. Es handelt sich dabei um bläulichgraues, weiches Serpentingestein in der Gegend von Kimberley (Südafrika). Bei seiner Verwitterung werden Diamanten frei und gelangen in den Schwemmsand der Flüsse. Man spricht von *Diamantenseifen*. Im blauen Grund werden Diamanten bis zu 1000m Tiefe abgebaut. Der blaue Grund wird zerkleinert und auf Dimanten untersucht. Aus 2 t Gestein erhält man nur etwa 1 g Diamant. Der in der Natur gewonnene Diamant wird nach seiner Verwendbarkeit in *Schleifware* und *Bort* (Industriediamant; matt, trüb und bleigrau) unterschieden.

Diamantziehsteine. Größere Diamanten (Naturdiamanten) eignen sich sehr gut als Ziehsteine für Draht. Diese stellt man her, indem man eine feine, mit Diamantstaub und Öl bestrichene, sich drehende Nadel schnell auf und nieder bewegt. Für einen Diamantziehstein sind bis zu 250 Arbeitsstunden erforderlich. Neuerdings wird mit Hilfe eines elektrischen Funkens in viel kürzerer Zeit ein Ziehkanal eingebrannt. Ein einziger Diamantziehstein mit 2 mm Bohrung zieht aus 140 Tonnen Kupfer 5 Millionen Meter Draht.

Eigenschaften und innerer Aufbau des Diamanten. Diamant kristallisiert meist in Oktaeder- oder Würfelform aus. Die Elektronen sitzen beim Diamanten an festen Plätzen, so daß keine elektrische Leitfähigkeit möglich ist. Dagegen ist Diamant ein guter Wärmeleiter (fühlt sich kalt an). Beim Reiben mit textilen Geweben lädt er sich positiv elektrisch auf. Die Elektronenpaarbindungen sind im Atomgitter nach allen drei Richtungen äußerst fest, so daß Diamant neben Bornitrid zu den härtesten Stoffen zählt (Mohs-Skala: Härte 10). Diamant besitzt eine sehr hohe Sprödigkeit und läßt sich im Mörser leicht zu Pulver zerstampfen. Die Wärmeausdehnung des Diamanten ist äußerst gering. Sie liegt noch unter der von *Invar* ("invariant", Legierung aus 35,5 % Nickel, bis 0,5 % Kohlenstoff, Rest Eisen).

Eigenschaften und innerer Aufbau des Graphits. Graphit kristallisiert im *hexagonalen System*. Die Sechseckschichten des Graphitgitters werden durch freibewegliche Elektronen nur locker verbunden. Dies erklärt die leichte Beweglichkeit der Schichten übereinander: Graphit ist sehr weich (Mohls-Härte: 0,5), fühlt sich *fettig* an und wird wegen seiner Gleitfähigkeit als Schmiermittel und in Bleistiftmassen verwendet. Die freien Elektronen bewirken die hohe *elektrische Leitfähigkeit*, die hohe *Wärmeleitfähigkeit* und die grau-schwarze Farbe mit *Metallglanz* (metallische Modifikation). Bei sehr hohen Temperaturen (bis 3500 °C) können sich auch sehr große Graphitmassen entzünden, wie z.B. in Tschernobyl, wo ein Graphitbrand zur Freisetzung großer Radioaktivität geführt hat.

Graphitlager. Das graphitführende Gestein des Lagers bei Passau ist grobfaseriger, glimmerreicher Gneis. Der Graphit findet sich in Form glimmerartiger, schuppiger Blättchen als *Flinz* (Flockengraphit, flakes) oder als staubförmigem *Pudergraphit*. Der Graphit ist im Gestein zerstreut oder zu *Graphitlinsen* von bis zu 25m Mächtigkeit und 100m Länge vereinigt. Oberflächlich kann im verwitterten Gneis der Graphitgehalt bis zu 50 % betragen, sonst nur 22 %. Graphit in geringerer Qualität ist in Deutschland in der Oberpfalz, im Fichtelgebirge, im Schwarzwald und im Harz zu finden, in Österreich in der Steiermark in den Rottenmanner Tauern. Hierbei handelt es sich um dichten *Lagergraphit* von anthrazitartigem Aussehen. Dieser ist aus Kohlenflözen entstanden und bildet bis 10m mächtige Lager. Der Kohlenstoffgehalt kann bis zu 85% betragen. In Ceylon findet man *stengeligen Ganggraphit*, der bis 2m mächtige Schichten bildet. Sein Kohlenstoffgehalt liegt bei 70%.

Kohlenstoffdioxid und äußerer Druck. Die Löslichkeit des Kohlenstoffdioxids in Getränken wie Sprudel, Bier und Sekt ist vom äußeren Luftdruck abhängig. So soll beim Tunnelbau unter der Themse bei einer kleinen Feier der Sekt nicht recht geschmeckt haben und schal gewesen sein. Als man dann an die Oberfläche kam, *"gurgelte der Sekt in ihren Bäuchen, dehnte ihre Jacken und schäumte aus ihren Ohren. Einer der Honoratioren mußte schnell in die Tiefe zurückgebracht werden, um den Sekt wieder zu beruhigen."* Da der Luftdruck in größerer Höhe nicht so kräftig wirkt, die Luft ist "dünner" und lastet nicht mehr so stark auf der Flüssigkeit, war das in Sekt gelöste Kohlenstoffdioxid in großer Menge freigeworden und ließ den Sekt kräftig aufschäumen. Beim Transport in die Tiefe drückte der Luftdruck das Kohlenstoffdioxid wieder zurück und der Sekt beruhigte sich.

Künstliche Diamanten (synthetische Diamanten). *Postel* schreibt zu diese Thema: *"Viele Chemiker haben sich bemüht, künstliche Diamanten darzustellen, und zwar aus reiner Holzkohle. Da aber Krystalle nur entstehen können, wenn der Kohlenstoff zuvor flüssig gemacht worden ist, was bis jetzt nicht gelingen wollte, so hat man auch noch keine Diamanten machen können."* Aber im Jahre 1955 gelang es dennoch: In einem monströsen, mehrere Meter hohen Stahlkolben preßte Tracy *Hall* vom amerikanischen Konzern General Elektric bei dem unvorstellbaren Druck von 50000 bar und bei der Temperatur von 1600° C Graphit zu künstlichen Diamanten von bis zu 1,2 mm Größe. Diese eignen sich sehr für die Herstellung von Schleifscheiben für Metalle und Gesteinsbohrer (schon 1751 bei *Diderot* beschrieben). Obwohl elektrisch ein Isolator, leitet Diamant die Wärme recht gut. Daher wird bei Schleif- und Fräsvorgängen entstehende Wärme sofort in den Stahlhalter des Diamanten abgeleitet.

Quelle 1 (Tschirnhausens Versuch mit Brennspiegeln 1687/88): *"Wenn man holz nimmet, es sey hart als es wolle, und wenn es auch gleich im Wasser genetzet, so concipiret es im momement eine flamme. Wasser in einem kleinen gefäß, fänget gleich an zu sieden. Die Metalle müssen ihre rechte grösse und Dicke haben, anderst schmelzen sie nicht ... Wenn man eine harte Schmiede-Kohle nimmet, welche wohl gebrandt ..., hölet sie aus, und legt alsdann gewisse materien herein, so ist der effect von allen, dessen bisher gedacht, unglaubl. grösser und hefftiger, den wenn mann Metalle darauff leget, so schmelzet so alles im moment ..., so fährete zusammen in eine Kugel, dass man müssen gar bald wie wachs giessen kann. Eisen sprühet funken in grosser mänge wie in der Schmiede ... Wenn mann kleine Bisschen von Ziegelsteinen, Schiefer, guten Porzellan, Kalk etc. auff dergleichen Kohlen leget, so schmelzet er alles im augenblick und formiret runde Glaskügelein daraus ..."*

Quelle 2 (Bericht des Freiberger Paul *Wildenstein* zur Porzellanmanufaktur in Dresden): *"... und haben wir recht arbeiten müssen, da denn H. v. Tschirnhaußen alles mit angab, und anfingen zu labrirn, da denn unter anderen auch immer Proben von Rothen Porcellain gemacht wurden, wie auch in weißen, und habe ich und Köhler fast täglich vor dem großen Brennglaße stehen müßen, und Mineralien davor probirt, da ich mir auch meine Augen so verderbt, da ich in die Ferne wenig kennen kann ..."*

Pottasche, Soda und Alkalien

Waschmittel werden schon in der Bibel erwähnt. Bei Jeremia (7. Jhdt. v.u.Z.) lesen wir in der Lutherübersetzung: *"Und wenn du dich gleich mit Laugen wüschest, und nemest vil Seiffen dazu, so gleisset doch deine Untugend"* oder bei Malachias wird von der *"Seife der Wäscher"* gesprochen. Luther hat das hebräische Wort *borit* des Urtextes, womit eine Pflanzenasche gemeint war, die man durch Verbrennen von Salzpflanzen gewann, fälschlicherweise mit Seife übersetzt. Das alttestamentliche *borit* ist auch heute noch ein beliebtes Handelsprodukt des Orients. Neben diesem Stoff wurde im Altertum *neter* als Reinigungsmittel verwendet. Hierbei handelt es sich um das "Laugensalz" *Soda*. Das Wort *neter* gelangte über arabisch *natrun* nach Europa und wurde im 16. Jhdt. als *Natron* (= Soda) eingedeutscht. Andere gebräuchliche Waschmittel des Altertums waren Honig, Kleie, Siegelerde, Bimsstein, Galle und sogar abgestandener, gefaulter Urin. So hat man in Pompeji eine römische Wäscherei ausgegraben. Sie wurde von Fullonen, d.s. Berufswäscher, betrieben, die an Pompejis Straßenecken Kübel aufstellten, um den Urin der Passanten aufzufangen. Die Wäsche wurde in Waschtrögen zusammen mit verfaultem Urin und Walkerden (lehmartige Erden) mit den Füßen gestampft. Im alten Rom war *Seife* (lat. sapo; germanisches Lehnwort; im althochdeutschen bedeutet Seife auch tropfendes Harz) ebenfalls bekannt. *Plinius der Ältere* (geb. 23 oder 24 u.Z., gest. 79 beim Ausbruch des Vesuvs) schreibt: *"Von Nutzen ist hier auch sapo, die die Gallier erfunden haben und womit sie ihren Haaren einen rötlichen Glanz verleihen; man bereitet diesen aus Talg, am besten von Ziegen, und aus Asche, und von dieser zieht man die Buchenholzasche vor."* Wie aus dem Text hervorgeht, wurde die Seife damals als Haarpomade verwendet. Seife als Waschmittel und der Beruf des *Seifensieders* (lat. saponarius) wird erst von Theodorus *Priscanus* im 4. Jhdt. u.Z. erwähnt.

Im Mittelalter diente Seife zur Körperpflege und zur Reinigung kostbarer Feinwäsche. Gröbere Kleidungsstücke dagegen wusch man mit *Laugen*. Das Wort "Lauge" ist altgermanischen Ursprungs ("louge") und bedeutet soviel wie Waschwasser [Auch das lat. lavare und die Wörter Lavendel und Latrine sind damit verwandt.]. *Postel* schreibt dazu in der "Laienchemie": *"Behufs der Reinigung der Wäsche bereiteten die Hausfrauen früher häufiger als jetzt Lauge, indem sie einen zum Theil mit*

Pottaschebereitung nach
Agricola - 1556

Holzasche gefüllten leinenen Spitzbeutel (Laugensack) aufhingen, Wasser auf die
Asche gossen und die aus dem Beutel herabtropfende Flüssigkeit in einem unterge-
setzten Gefäße auffingen." In einem mittelalterlichen Gedicht heißt es dazu: *"die*
wescherin louft mit irem sack und fult in eschen [Asche], *waz tragen mag."* Die
Asche wurde von den Stubenheizern bezogen.

Noch im 19. Jhdt. war die "große Wäsche" eine mühsame Angelegenheit, die vieler
Vorbereitungen bedurfte. Otto Nikolaus *Witt*, ein Sohn aus herrschaftlichem Schwei-
zer Hause, schreibt in *"Nachdenkliche Betrachtung eines Naturforschers"* im Jahre
1901: *"Einmal im Jahre nun, nämlich im Juli oder August, gab es grosse Wäsche.*
Wochenlang dauerten die Vorbereitungen und Erwägungen über das muthmaassliche
Wetter ... Dann begannen in der Waschküche, die ein im Erdgeschoss gelegener, mit
Sandsteinplatten gepflasterter Saal war, die Kessel zu dampfen und die Wasser zu
rauschen. Ein besonderer Bottich lieferte die während des ganzen Jahres durch
Auslaugen der Asche des in den Oefen verfeuerten Holzes zubereitete und erklärte
Pottaschenlauge ... Wenn die Wolle an die Reihe kam, so wurde der Pottaschenzu-
ber verschlossen, damit die Wäscherinnen ja nicht etwa die reinigende, aber wol-
lenfeindliche Lauge zu benutzen sich erkühnten ..."

Georg *Agricola* (1494 - 1555) unterscheidet in seinem 1556 erschienenen Buch: *"Vom*
Berg- und Hüttenwesen" sehr unterschiedliche Methoden, Waschmittel herzustellen.
Er beschreibt ein Rezept, das Reinigungsmittel *Pottasche* (Kaliumcarbonat) zu gewinnen: *"Manchmal versucht man auch Salz in der Weise zu bereiten, daß man*
Salzwasser auf brennendes Holz gießt. Man zieht in diesem Falle Gräben, in die
man das Holz bringt, die 12 Fuß lang, 7 Fuß breit und 2 1/2 Fuß tief sind, damit
das hineingegossene Wasser nicht herausläuft. Man kleidet die Gräben mit Salzstei-
nen aus, wenn man sie zur Verfügung hat, damit die Gräben das Wasser nicht auf-
saugen, und damit die Erde an den beiden Enden und an den Seiten des Grabens
nicht einstürzt. Da nun die Kohlen zusammen mit dem Salzwasser zu Salz werden,
so glauben die Spanier, wie Plinius schreibt, daß es dabei auf die Holzart ankomme.
Eichenholz ist das beste, da es von sich aus durch feine reine Asche die Kraft des

Sodagruben am Nil
Agricola 1556

*Salzes liefert. Sonst wird Haselholz empfohlen. Aus welchem Holz nun auch Salz
bereitet wird, es wird nicht sehr geschätzt, da es schwarz und wenig rein ist."*
Dieses Verfahren wurde bis ins 18. Jhdt. in Spanien und Schottland von den *See-
tangbrennern* genutzt. Eichenholzasche enthält bis zu 39% Kaliumoxid. Agricola
erwähnt wie schon vor ihm *Aristoteles* in seinen meteorologischen Schriften *Waschlauge,* die man *"aus Asche von Rohr und Binsen bereitet.... Asche und Erde werden
zunächst in eine große Kufe gebracht, dann wird Süßwasser darübergegossen, das
mit Hilfe von Stangen mit der Asche und Erde verrührt wird. Im Laufe von 12
Stunden nimmt das Wasser das Salz auf. Man zieht dann den Zapfen der Kufe,
läßt die Lösung in eine Wanne laufen und füllt mit Schöpfern die eiserne oder
bleierne Pfannen und kocht, bis das Wasser verdunstet und die Lösung zu Salz
erstarrt."* Der Name *Pottasche,* der aus dem niederländischen *potasch* und dem
englischen *potash* ins Deutsche gelangte, geht auf das Wort *Pott* gleich Topf zurück,
in dem das Reinigungsmittel bereitet wurde.

Ein weiteres, in Ägypten viel verwendetes Waschmittel war die *Soda,* auch *Natron*
genannt. Agricola schreibt zur Sodabereitung: *"Soda wird aus sodahaltigem Wasser
gewonnen oder aus einer Lösung oder Lauge. So wie Meerwasser oder anderes
Salzwasser in Salzgruben geleitet und durch die Sonnenwärme verdunstet und in
festes Salz verwandelt wird, ebenso wird sodahaltiges Nilwasser in Sodagruben
gegossen oder geleitet und ebenfalls durch die Sonnenwärme zu Soda verdampft.
Und wie das Meer aus eigener Kraft den Boden Ägyptens überflutet und Salz
zurückläßt, so fließt auch der Nil, wenn er zur Zeit der Hundstage aus seinen
Ufern tritt, von selbst in Sodagruben und scheidet hier Soda aus. Die Lösung, aus
der Soda bereitet wird, entsteht aus Süßwasser, das durch sodahaltige Erde hin-
durchsickert; und ebenso entsteht Lauge dadurch, daß Wasser durch Asche aus
Steineiche oder gewöhnlicher Eiche durchsickert. In beiden Fällen wird die Lösung
in Bottichen aufgefangen, in viereckige kupferne Pfannen gebracht und in diesen so
lange gekocht, bis sie zu Soda erstarrt."*

In Agricolas Schriften werden die Salze Pottasche, Soda und Kochsalz sehr häufig verwechselt, kannte er doch ihre chemische Zusammensetzung nicht. Erst im 18. Jhdt. konnte die chemische Natur von Pottasche und Soda aufgeklärt werden. Seit 1736 unterschied man in der Chemie *mineralisches Laugensalz* (d.h. aus Mineralien gewonnenes Salz; Natron oder Soda) und *vegetabilisches Laugensalz* (d.h. aus Pflanzen gewonnenes Salz; Pottasche). Beide Laugensalze wurden wegen ihrer Eigenschaft, sich bei Hitzeeinwirkung nicht zu verflüchtigen, als *fixe Alkalien* (lat. alcali fixum) bezeichnet. Soda hieß *alkali fixum minerale*, Pottasche *alkali fixum vegetabile*. Das Wort *qali* (von arab. qaljan = Asche und qalaj = brennen) kommt um 850 u. Z. bei arabischen Autoren vor, später heißt es *al-qali*, womit man ein aus der Asche bestimmter Pflanzen gewonnenes Produkt meinte. Neben "fixierten" Alkali unterschied man *flüchtiges Alkali* (alkali volatile), womit man das aus bestimmten Salzen entweichende Ammoniakgas meinte.

Im 19. Jhdt. kannte man die Eigenschaften und die chemische Zusammensetzung der Pottasche schon sehr genau. So schreibt *Postel* "*über das neutrale kohlensaure Kali oder die Potasche: Diese* [*aus Holzasche und warmem Wasser hergestellte*] *Lauge reagiert alkalisch, denn sie färbt rothes Probirpapier blau. Dampft man sie bis zur Trockne ein, so erhält man eine graue Salzmasse, welche weiß wird, wenn man sie unter Luftzutritt glüht (calcinirt), und rohe Potasche heißt. Sie ist ein durch allerlei Beimischungen verunreinigtes, daher im Wasser nicht völlig lösliches Salz: neutrales kohlensaures Kalium oder Kaliumcarbonat, nach älterer Bezeichnungsweise: (neutrales) kohlensaures Kali..; in der Potasche sind beide Atome des Wasserstoffs der Kohlensäure durch Kalium ersetzt, daher ist ihre Formel $K_2C_2O_6$. Diese beruht nicht auf einer Hypothese, sondern sie entspricht dem Ergebniß der Analyse ... Das Kali* [Pottasche; K_2CO_3] *ist im Mineralreiche sehr verbreitet, besonders mit Kieselsäure verbunden, z.B. in den Feldspathgesteinen. Aus diesen wird es durch das in der Erde befindliche kohlensäurehaltige Wasser ausgezogen, und als im Wasser gelöstes kohlensaures Kali von den Pflanzen aufgesaugt. Manche Pflanzen, z.B. die Kartoffeln, Rüben, der Weinstock u.A. gedeihen nicht, wenn der Boden kein Kali enthält. Man nennt sie deshalb Kalipflanzen, und verschafft ihnen das erforderliche Kali durch Düngung des Ackers mit Holzasche. Da das kohlensaure Kali ein feuerbeständiges Salz ist, so bleibt es, wenn man die Pflanzen verbrennt, nebst andern verbrennlichen Salzen in der Asche zurück. Von dieser Gewinnungsweise hat auch das Kali seinen Namen, denn dies arabische Wort bedeutet: das Gebrannte ... Die Potasche wird in den Gewerben, namentlich in der Seifensiederei, vielfach gebraucht und man stellt sie daher in besonderen Anstalten, den Potaschsiedereien, in holzreichen Gegenden (gegenwärtig besonders in Rußland und Nordamerika) im Großen dar. Weil dies früher in Töpfen geschah, so nannte man das Produkt Potasche d.i. Topfasche (pot = Topf). Die Ausbeute an Potasche ist bei verschiedenen Pflanzen sehr ungleich. Während z.B. 1000 Pfund Fichtenholz noch kein halbes Pfund, 1000 Pfund Eichenrinde 4 Pfunde geben, erhält man aus der gleichen Menge Brennnesseln 25, Disteln 35, Wermuthkraut 73 Pfund.*"

Die Pottasche mußte, bevor man sie industriell verwenden konnte, noch gereinigt werden. *Postel* beschreibt den Reinigungsvorgang und weitere Eigenschaften der Pottasche: "*Um die rohe Potasche zu reinigen, löst man dieselbe in Wasser auf, filtriert die Flüssigkeit, um sie von den unlöslichen Beimengungen zu trennen, dampft das klar abgelaufene Wasser bis zur Hälfte ab, und läßt es 24 Stunden, auch wohl noch länger, ruhig stehen. In dieser Zeit krystallisieren die fremden Salze heraus, wäh-*

rend die am leichtesten lösliche Potasche auch bis zuletzt flüssig bleibt. Kocht man endlich die durch abermalige Filtration oder durch Abziehen mittelst eines Hebers von diesen Salzen abgesonderte Flüssigkeit bis zur staubigen Trockne ein, so erhält man die gereinigte Potasche, ein trocknes, weißes, krystallinisches, aber keine vollkommenen Krystalle bildendes Salz, welches hygroskopisch ist, d.h. begierig Wasserdunst aus der Luft anzieht, dadurch feucht wird und endlich zerfließt. Die auf solche Weise gereinigte, obschon noch immer nicht vollkommen chemisch reine Pottasche unterscheidet sich dadurch von der rohen, daß sie im Wasser vollständig löslich ist. Ihre Kohlensäure läßt sich durch jede andere Säure leicht verdrängen – man darf nur Essig auf das Salz gießen, so entweicht sie unter Brausen – aber durch Erhitzung läßt sie sich nicht austreiben. Aus einer heiß bereiteten concentrierten Lösung des kohlensauren Kaliums in Wasser scheiden sich beim Erkalten Krystalle aus, welche 1/5 ihres Gewichts Krystallwasser enthalten..."

Über die reinigende Wirkung auf verschmutzte Leinwand schreibt *Stöckardt* in der *"Schule der Chemie"*: *"Die Flüssigkeit [Pottaschelösung] färbt sich dunkler, während die Läppchen heller und reiner werden. Was wir im gewöhnlichen Leben Schmutz nennen, ist Staub, der an Haut oder Kleidern etc. und zwar insbesondere dann festhaftet, wenn diese durch Schweiß feucht waren oder mit fettigen und anderen klebrigen Stoffen in Berührung kamen. Durch Pottasche können die letztgedachten Stoffe, wie auch der Farbstoff der rohen Leinwand, aufgelöst und entfernt werden. Hierauf beruht die vielfache Anwendung dieser Substanz zum Reinigen und Waschen."*

Die Idee, daß der Boden durch das Wachstum der Pflanzen an mineralischen Bestandteilen verarmt, geht auf Justus v. *Liebig* (1803 - 1873) zurück, der sich schon im Jahre 1823 *"über das Verhältnis der Mineralchemie zur Pflanzenchemie"* äußerte: *"Die Chemie hatte damit begonnen, die Pflanze in allen ihren Theilen auf das genaueste zu studiren, sie untersuchte die Blätter, Stengel, Wurzeln und Früchte ..., sie analysierte zuletzt den Ackerboden von den verschiedensten Gegenden der Erde. Es zeigte sich, daß die Pflanzen gewisse Bestandtheile in sich aufnehmen, die zum Aufbau ihres Lebens dienten und als Asche nach der Verbrennung der Pflanze zurückbleiben, daß diese Aschenbestandtheile für die Pflanzenernährung dasselbe seien, was Brod und Fleisch für die Menschen oder das Futter für die Thiere ist ..., daß der fruchtbare Boden allmählich unfruchtbar werden müsse, weil durch die Cultur der Gewächse und ihre Hinwegnahme der Vorrat im Boden immer kleiner werden müsse..."* Justus v. *Liebig* schloß daraus: *"Die erschöpften Felder können nur duch künstliche Düngung wieder tragbar gemacht werden ..."*

So war es sehr günstig, daß man auf eine riesige *Kalisalzlagerstätte* im Harz zurückgreifen konnte. Es handelt sich hier um die sog. *Staßfurter Abraumsalze* (Staßfurt liegt bei Magdeburg), welche ein darunterliegendes, bis 1000 m in die Tiefe reichende Steinsalzlager, 10 m hoch bedecken. Früher hatte man diese vermeintlich wertlose Schicht als *Abraum* auf Halde geworfen, um an das wertvolle Steinsalz heranzukommen. Die Abraumsalze sind ein Gemisch aus vorwiegend Kaliumchlorid, Magnesiumchlorid, Natriumchlorid und Magnesiumsulfat, das durch geringe Eisenbeimengungen eine rötliche Färbung angenommen habt. Ein Dr. A. *Frank* aus Staßfurt beschäftigte sich seit 1859 sehr eingehend mit der *"Verwerthung des Abraumsalzes"* und der *"Benutzung der Seesalzmutterlaugen."* Er hob die *"Darstellung von Kalimitteln als besonders wichtig und beachtenswert"* hervor, da der Rüben- und Hack-

128

Karikatur
auf v. Liebig
1857

fruchtanbau eine Bodenerschöpfung in Deutschland hervorrufe. Gab es doch in der
ersten Hälfte des vorigen Jahrhunderts schlimme Mißernten und wurde ganz Europa
von Hungersnöten geplagt! Dr. *Frank* stand in lebhaftem Briefwechsel mit *v. Liebig*,
der dessen Ideen in bezug auf die Ausbeutung der Staßfurter Kalisalzlagerstätte mit
Begeisterung aufnahm. Trotz anderer Meinung von Gegnern des künstlichen Düngers,
wie dem Grafen Franz *v. Pocci*, der *v. Liebig* in einer Karikatur auf einen Mistkar-
ren, umgeben von Retorten, setzte, wurde 1857 in Heufeld, Oberbayern eine "*Fabrik
für chemische und landwirthschaftlich-chemische Producte*" gegründet. Im Jahre
1861 folgte Dr. Frank mit einer ersten Kalifabrik aus Staßfurter Abraumsalzen nach.
Da die Abraumsalze bis 80% Fremdbestandteile enthalten, war die Gewinnung der
Kalisalze sehr aufwendig und verursachte erhebliche Kosten.

Die Kalisalzgewinnung erfolgte im Bergbaubetrieb. Man legte Kalischächte von bis
zu 1000m Tiefe an. Das Salz wurde durch Sprengarbeit gewonnen. Der Abbau erfolgte in großen Kammern, die durch Pfeiler getrennt waren. Es entstanden so Gewölbe, welche das Salzgebirge ohne Grubenausbau trugen. Um Bergstürze zu vermeiden, wurden die Hohlräume nach dem Abbau verfüllt. Als Versatzmaterial nutzte
man Rückstände der Kalifabriken. Das zu Tage geförderte Rohsalz wurde durch
Steinbrecher und Kugelmühlen zerkleinert und anschließend in Wasser gelöst. In
großen, eisernen Kästen kristallisierten hochprozentige Kalisalze aus. Man produzierte neben Düngesalzen Kaliumchlorid, aus dem man *Kalisalpeter* für die Muniti-
ons- und Sprengstoffindustrie herstellte. Außerdem wurde Kaliumchlorid zu künstlicher *Pottasche* (Kaliumcarbonat) weiterverarbeitet. R. *Waeber* erklärt diesen chemischen Prozeß mit folgenden Worten: "*Aus den Abraumsalzen stellt man zunächst
KCl dar; durch Zusatz von H_2SO_4 entsteht Kaliumsulfat K_2SO_4; dies giebt mit
Kohle und Calciumcarbonat erhitzt Kaliumkarbonat.*
$4 K_2SO_4 + 6 CaCO_3 + 18 C = 4 K_2CO_3 + 2 (CaO + 2 CaS) + 20 CO$"
Pottasche fand Verwendung zur Herstellung von Kaligläsern, weicher Schmierseife,
Kaliwasserglas, Blutlaugensalz, in der Bäckerei als Triebmittel, in der Bleicherei
und Medizin.

Seetangernte
im Hafen
von Jersey

Soda gehörte im 19. Jhdt. neben Chlor und Schwefelsäure zu den Hauptprodukten der chemischen Technologie. In den Jahrhunderten davor, deren Technik fast vollständig auf Empirie beruhte, wurden natürliche Sodavorkommen ausgebeutet. Postel schreibt: *"Man findet dieses Salz* [Soda] *hie und da in der Natur fertig gebildet, z.B. in den Natronseen Aegyptens und Armeniens, in Ungarn (Debreczin) aus der Dammerde ausblühend, in der Nähe von Vulkanen u.s.w.; auch wird es (im unreinen Zustande) aus der Asche verschiedener Seepflanzen unter dem Namen Kelp oder Barec gewonnen. Mit dieser Kelpbrennerei beschäftigen sich z.B. viele Bewohner der bei Schottland gelegenen hebridischen und Orkney-Inseln. Am reinsten erhält man es aus den Pflanzen Salsola* [Salzkraut; salsola kali = Sodakraut] *und Salicornia* [Glasschmalz], *unreiner ist das aus Seetang (Fucus) dargestellte."* Durch Kriege verringerte sich die Sodaeinfuhr. Die als Ersatzstoff mögliche Pottasche kam nicht in Betracht, wurde sie doch zur Schießpulverbereitung dringender benötigt. Und schon damals hatte die Kriegsproduktion absoluten Vorrang. Der Mangel an Soda war so groß, daß die französische Akademie der Wissenschaften einen Preis auf die künstliche Darstellung von Soda aus Kochsalz aussetzte.

In den Jahren 1758/59 hatte Andreas Sigismund *Marggraf* (1709 - 1782) den Unterschied zwischen Soda (mineralische Alkali) und Pottasche (vegetabilische Alkali) dargelegt. In Marggrafs *"Chymischen Schriften"* finden wir Aufsätze *"Von der besten Art das alcalische Wesen des gemeinen Salzes zu scheiden"* oder den *"Erweis, dasz die Salia alcina fixa auch ohne Glühfeuer aus dem Weinstein, durch Hülfe der Acidorum zu ziehen seyen."* Besonders interessierte die Frage, welche die *Holländische Gesellschaft der Wissenschaften* zu Haarlem noch 1812 als Preisaufgabe stellte: *"Welches ist der Ursprung der Pottasche, die man aus den Aschen der Bäume und Kräuter gewinnt: ist sie ein Product der Vegetation und folglich schon vor der Verbrennung in den Pflanzen enthalten, oder wird sie durch die Verbrennung erzeugt?"*

Von den vielen vorgeschlagenen Verfahren, Kochsalz in Soda umzuwandeln, soll das von Nicolas *Leblanc* (1742 - 1806) vorgeschlagene, eingehender geschildert werden,

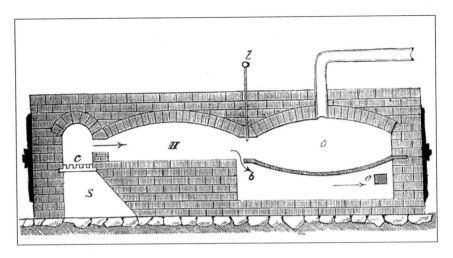

Flammofen nach R. Waeber - Fig. 76

war es doch so erfolgreich, daß ihm 1791 vom *"Comité d'Agriculture et du Commerce de l'Assemblé nationale"* ein Patent für die Dauer von 15 Jahren erteilt wurde. In der Patentschrift lesen wird: *"Zwischen eisernen Walzen pulvert und mischt man folgende Substanzen: 100 Pfund wasserfreies Glaubersalz, 100 Pfund reine Kalkerde, Kreide von Meudon, 50 Pfund Kohle. Die Mischung wird in einem Flammofen ausgebreitet, die Arbeitslöcher werden verschlossen und geheizt: die Substanz gelangt in breiförmigen Fluß, schäumt auf und verwandelt sich in Soda, welche sich von der Soda des Handels nur durch weit höheren Gehalt unterscheidet. Die Masse muß während der Schmelzung häufig gerührt werden, wozu man sich eiserner Krücken, Spatel u.s.w. bedient. Aus der Oberfläche der schmelzenden Massen brechen eine Menge Flämmchen hervor, welche der Flamme einer Kerze ähnlich sind. Sobald diese Erscheinung zu verschwinden anfängt, ist die Operation beendigt. Die Schmelze wird dann mit eisernen Krücken aus dem Ofen gezogen und kann in beliebigen Formen aufgefangen werden, um ihr die Form der im Handel vorkommenden Sodablöcke zu geben. Die Operation kann auch in geschlossenen Gefäßen oder Tiegeln vorgenommen werden, sie wird aber dadurch kostspieliger. Auch können die Verhältnisse der Rohstoffe abgeändert, z.B. weniger Kalk und Kohle genommen werden; doch die oben ausgeführten Verhältnisse haben das beste Resultat geliefert. Die angegebenen Mengen liefern mehr als 150 Pfund Soda. Die Flammöfen müssen dauerhaft gearbeitet, aus feuerfesten Steinen und mit eisernen Ankern versehen sein. Die Länge des Herdes beträgt 6 Fuß vom Feuerraume bis zum Schornstein, die Breite 4 Fuß 2 Zoll; das Gewölbe ist sehr flach und hat 19 Zoll größte Breite. Im übrigen sind diese Öfen allgemein bekannt."* R. Waeber bildet einen sol-Flammofen in seinem *"Lehrbuch für den Unterricht in der Chemie"* in der Figur 76 ab und beschreibt die chemischen Prozesse, die in ihm stattfinden genauer an Hand eines einfachen Versuches: *"In einem Glasbecher löst man Kochsalz und fügt Schwefelsäure hinzu; es bildet sich Natriumsulfat und Salzsäure.*

$$2\ NaCl + H_2SO_4 = Na_2SO_4 + 2\ HCl$$

Dieser Vorgang findet im großen in den sogenannten Sulfatöfen statt. Salzsäure wird dabei als Nebenprodukt in großen Mengen gewonnen. Die Umwandelung des Sulfats

in Rohsoda erfolgt in derselben Weise, wie bei der Gewinnung der Pottasche. Natriumsulfat wird mit Kohle und Kreide gemischt und das Gemenge auf dem Herde
eines Flammenofens geschmolzen. (Le Blancs Verfahren.)

I. $2 NaCl + H_2SO_4 = Na_2SO_4 + 2 HCl$

II. $Na_2SO_4 + 2 C = 2 CO_2 + Na_2S$

III. $Na_2S + CaCO_3 = Na_2CO_3 + CaS$

(Ein Flammenofen unterscheidet sich von einem Schachtofen dadurch, daß bei er-
sterem nur die Flamme, nicht aber das Brennmaterial, wie bei letzterem, mit dem
zu erhitzenden Gegenstande in Berührung kommt. Fig. 76 zeigt den Durchschnitt
eines Flammenofens. C ist der Herd, S der Aschenraum, l ist ein Schieber zur
Absperrung der Räume H und O. Die Flamme schlägt von C nach H und geht bei b
unter die eiserne Pfanne O, um durch e in den Schornstein zu entweichen. Nach O
kommt Kochsalz und Schwefelsäure. Die Salzsäuredämpfe entweichen durch das
Rohr in Kondensationsgefäße. Auf dem Herde H wird das gewonnene Sulfat mit
Kreide und Kohle geglüht und in Rohsoda umgewandelt. Die leicht lösliche Soda
wird nun ausgelaugt und zum Krystallisieren gebracht. Kalzinierte Solda ist durch
Glühen vom Wasser befreit.) Der Herzog von Orléans finanzierte in St. Denis eine
von Leblanc betriebene Sodafabrik, die 1791 die Produktion aufnahm. Im Jahre 1793
wurde der Herzog, der "Bürger Philippe Egalité", Opfer der französischen Revolution. Der Pariser Wohlfahrtsausschuß hob Leblancs Soda-Patent auf und stellte es jedermann zur Verfügung. Er gab bekannt, "daß alle Bürger, die ohne oder mit Patent
Seesalz zu Soda zu verarbeiten sich befleißigen, gehalten sein sollen, binnen zwei
Dekaden dem Ausschuß mitzuteilen, wie ihre Fabrikationsverhältnisse liegen, wieviel
und von wann ab sie Soda liefern können." Dies war für Leblanc ein schwerer fi-
nanzieller Schlag, der ihn in den Ruin trieb. Die Sodafabrikation nach Leblanc
florierte und deckte um 1810 den gesamten Bedarf Frankreichs. Gleichzeitig blühte
die Schwefelsäureproduktion, die bis dahin nur im kleinen betrieben wurde, sehr auf,
verschlang doch das Leblanc-Verfahren große Mengen Schwefelsäure.

Leider entstanden in der Umgebung der Sodawerke große Umweltprobleme. Wilhelm
Strube, Verfasser des Werkes "Historischer Weg der Chemie" schreibt dazu: Nachdem er [James Muspratt (1793 - 1886), ein enger Freund J. v. Liebigs] eine zweite,
weitaus größere Fabrik errichtet hatte, sah er sich plötzlich ganz neuen Problemen
gegenüber. Die lästigen Nebenprodukte, wie Chlorwasserstof und Kalziumsulfid,
wirkten sich bei seinem Großbetrieb verheerend auf die Umwelt aus. Felder und
Wälder verdorrten im weiten Umkreis unter den herabsinkenden Salzsäuredämpfen.
Und die Atemwege von Menschen und Tieren wurden angegriffen. Aus dem Kalziumsulfid, das auf Halden aufgeschüttet wurde, entwickelten sich durch die Einwirkung der Luft Schwefelwasserstof und Schwefeldioxid. Die Gase verpesteten die
Umwelt und schädigten die Gesundheit. Vom Regenwasser aufgenommen, gelangten
sie in die Kanalisation und in die Flüsse. Muspratt sah sich einer "Bürgerinitiative"
gegenüber; in Liverpool mußte er seine Fabrikation einstellen, an anderen Orten aus
der Nähe bewohnter Gebiete weichen. Man suchte nach Mitteln, die Nebenprodukte
entweder unschädlich zu machen oder weiter zu verwerten. Den ersten Erfolg erzielte W. Gossage 1836. Er arbeitete mit geschlossenen Öfen und fing in Kokstürmen
das "Salzsäuregas", d.h. den Chlorwasserstoff auf, den er als Salzsäure auf den
Markt brachte. Sie war unentbehrlich für die Herstellung von Leim, und der Leim-
bedarf stieg mit dem Wachstum der Möbelindustrie. Dennoch blieb ein Überschuß
an Salzsäure bestehen, und im Jahre 1864 verabschiedete man in England die

"Alkali Acte", die es den Sodaproduzenten verbot, mehr als 5% Chlorwasserstoff in die Luft abzulassen." Ein frühes Beispiel für ein Umweltgesetz! Das auf Halden gesammelte Calciumsulfid "entsorgte" man nach den Protesten der Bevölkerung weit weniger umweltbewußt: Man kippte es, in eigens zu diesem Zweck gebauten Anlagen, ins Meer! Später setzte man dem Calciumsulfid Kohlensäure zu und erhielt so Kalk und giftigen Schwefelwasserstoff, den man verbrannte. Es entstanden Schwefel und Schwefeldioxid, das man zu Schwefelsäure weiterverarbeitete, die dem Fabrikationsprozeß wieder zugeführt wurde.

Auch Justus v. *Liebig* hat sich in einer Experimentalvorlesung mit dem *Leblanc-Verfahren* befaßt: *"Das kohlensaure Natron krystallisiert aus Auflösungen mit Krystallwasser und ist an der Luft beständig. Man stellte es früher aus der von Spanien kommenden Alikantesoda dar, die die Asche von der an den Küsten gesammelten Salzaster war. Während des Krieges mit Spanien mußte auch die Ausfuhr dieses Artikels unterbleiben und man war genöthigt das kohlensaure Natron od. die Soda aus anderen Verbindungen darzustellen. Le Blanc gab folgendes Verfahren an, um die Soda indirekt aus Kochsalz zu erhalten. Man übergießt das Kochsalz mit concentrirter SO_3, so entwickelt sich Salzsäure und es bleibt schwefelsaures Natron zurück:*

$$\begin{array}{c} SO_4 \diagdown H \\ \diagup \\ Cl \diagup + \diagdown Na \end{array}$$

Die Salzsäure ließ man früher in die Luft gehen, weil man schon durch das gewonnene CO_2NaO [Soda, Na_2CO_3] hinlänglich bezahlt wurde. Die in der Luft befindliche Säure wird aber vom Regen all auf Erde gebracht und zerstört die Vegetation, aus diesem Grund sind die Fabrikanten jetzt genöthigt die Salzsäure aufzufangen. Aus dem schwefelsauren Natron kann man jetzt Soda darstellen, indem man es mit Kohle und Kalksteinen mischt und erhitzt. Setzt man keine Kohle zu, so geht zwar die Umsetzung der Säuren vor sich, allein die geglühte Maße verwandelt sich bei Zutritt von aq [= aqua(Wasser)] wieder in CO_2CaO [Pottasche, $CaCO_3$] u. SO_3NaO [Natriumsulfat (Glaubersalz), Na_2SO_4]; die Schwefelsäure wird aber durch die Kohle reduziert, man erhält SCa [Calciumsulfid, CaS] und CO_2NaO. Hat man beim Schmelzen gleiche Aequivalente CO_2CaO und SO_4Na angewendet, so bildet sich beim Behandeln mit Wasser CO_2CaO und SNa [Natriumsulfid, NaS], nur in dem Fall, daß man 2 aeq CO_2CaO auf 1 aeq SO_4Na genommen hat, wenn also in der geschmolzenen Maße aetzender Kalk vorhanden ist, bleibt beim Auflösen in Wasser das CO_2NaO unzersetzt."

Ein anderes, umweltfreundlicheres Verfahren, Soda herzustellen, entwickelte der Belgier Ernest *Solvay* (1838 - 1922). Sein Vater betrieb eine Salzsiederei, so daß er "au milieu du chlorure de sodium" aufwuchs. Solvay nutzte in seinem 1861 patentierten Verfahren die Schwerlöslichkeit von Natriumhydrogencarbonat aus. Solvays Verfahren wird als *Ammoniakverfahren* von R. *Waeber* beschrieben: *"Das sogenannte Ammoniakverfahren, welches in neuerer Zeit in einigen Sodafabriken angewendet wird, beruht darauf, daß doppeltkohlensaures Ammon* [Ammoniumhydrogencarbonat, NH_4HCO_3] *und Kochsalz in wässeriger Lösung gemischt, sich unter erhöhtem Drucke in doppeltkohlensaures Natrium* [Natriumhydrogencarbonat, $NaHCO_3$] *und Salmiak umsetzen. Durch schwaches Glühen wird dem sauren Salze Kohlendioxid entzogen, und es entsteht Soda."* Das Solvayverfahren soll zur Erläuterung in moderner Symbolik wiedergegeben werden:

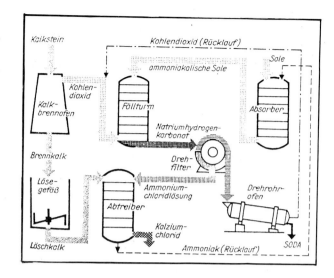

Solvayverfahren
- Flußdiagramm

I. $NaCl + NH_3 + CO_2 + H_2O \xrightarrow{40\,°C} NaHCO_3 + NH_4Cl$

II. Calcinierung der Soda: $2\,NaHCO_3 \longrightarrow Na_2CO_3 + CO_2 + H_2O$

III. Rückgewinnung des Ammoniaks: $2\,NH_4Cl + CaO \longrightarrow 2\,NH_3 + CaCl_2 + H_2O$

Als einziges Abfallprodukt trat bei diesem Prozeß das Calciumchlorid auf, das in geringer Menge in granulierter Form als Trockenmittel von Gasen Verwendung fand. Das Solvayverfahren ist bedeutend wirtschaftlicher als das von Leblanc: Da die Umsetzungen in wäßriger Lösung erfolgen, wird erheblich Brennstoff eingespart. Die Endprodukte der Teilprozesse können wiederverwertet werden, insbesondere läßt sich aus Salmiak sehr einfach Ammoniakgas gewinnen. Das Kochsalz kann durch natürliche Salzsole eingeführt werden. Es wird keine Schwefelsäure benötigt. Die Apparate werden wegen der Niedrigtemperaturverfahren viel weniger abgenutzt. Ammoniak entstand als lästiges Nebenprodukt der Leuchtgasproduktion, in der Solvay anfangs beschäftigt war, und konnte hier gewinnbringend verwertet werden. Die Wirkung der Soda als *Waschkristall* beschreibt R. *Waeber* so: *"Dem Wasser soll durch Zusatz von Soda das genommen werden, was es zu hartem macht: der Kalk, etwa schwefelsaurer* [Gips, $CaSO_4$] *oder kohlensaurer* [$CaCO_3$]. *Der chemische Vorgang läßt sich in beiden Fällen durch folgende Gleichungen veranschaulichen:*

1) $CaSO_4 + Na_2CO_3 = CaCO_3 + Na_2SO_4$

$CaCO_3$ fällt zu Boden; Na_2SO_4 bleibt im Wasser gelöst und ist bei der weiteren Verwendung gewöhnlich nicht nachteilig.

2) $H_2CaC_2O_6 + Na_2CO_3 = CaCO_3 + 2\,HNaCO_3$

welch letzteres ohne Nachteil im Wasser gelöst bleibt."

Über den oben erwähnten "kohlensauren Kalk" schreibt R. *Waeber* an anderer Stelle seines Buches genauer: *"Doppelt kohlensaurer Kalk, saurer kohlensaurer Kalk, Calciumbikarbonat, $H_2CaC_2O_6$* [Calciumhydrogencarbonat, $Ca(HCO_3)_2$]. *Er macht das Wasser "hart". Beim Verdunsten, Erwärmen, Kochen des Wassers verliert das Wasser Kohlensäure und kohlensaurer Kalk scheidet sich aus. In den Dampfkesseln bildet dieser mit dem schwefelsauren Kalke den Kesselstein. Beim Kochen mancher Gemüse (Erbsen) setzt sich der kohlensaure Kalk als Kruste an und verhindert das* *rechtzeitige Garwerden. Beim Waschen verbindet er sich mit einem Teil der Seife. In beiden Fällen ist es ratsam, eine geringe Menge Soda dem Wasser zuzusetzen. In Karlsbad ist der aus dem gelösten doppelt kohlensaure Kalke sich ausscheidende einfach kohlensaure Kalk* [Calciumcarbonat, $CaCO_3$] *die Ursache der Sprudelsteinbildung. In den Tropfsteinhöhlen bildet er Stalaktiten (oben) und Stalagmiten (am Boden)."*

E. *Solvay* gründete 1863 in Charleroi (Belgien) seine erste Sodafabrik, die sich gegen die übermächtige Konkurrenz der Leblanc-Fabriken durchsetzen mußte. Schon ein Jahr später erzeugte Solvay 1500 kg Soda pro Tag. Da diese Fabrik sehr erfolgreich arbeitete, wurden weltweit neue Sodafabriken eröffnet: 1871 in England, 1874 in Frankreich (Hochburg des Leblanc-Verfahrens!), 1880 in Deutschland bei Whylen im Badischen, 1881 in den USA und 1883 in Rußland. Bald besaß Solvay ein Sodaweltmonopol. Die Leblanc-Soda wurde völlig vom Markt verdrängt. Das für die Herstellung von Soda so bedeutende Solvay-Verfahren ließ sich auf die Produktion von Pottasche nicht übertragen, da Kaliumhydrogencarbonat im Gegensatz zu Natriumhydrogencarbonat nicht schwerlöslich genug ist.

Der Römer *Plinius* berichtet, daß man in Ägypten gefundene Natursoda, durch Zugabe von gebranntem Kalk (Calciumoxid, CaO; war ein wichtiger Bestandteil des römischen Mörtels) wirksamer mache und nannte das eine Verfälschung eines Naturproduktes. Der griechisch-römische Arzt *Galenus* (129 - 199 u.Z., Leibarzt Mark Aurels) berichtet von einer Seife, die man aus Talg und Asche unter Zusatz von Kalk bereitet. Die Umwandlung von *milden* Alkali (Pottasche und Soda) in *ätzende* scheint auch den Alchimisten geläufig gewesen zu sein. So schreibt Basileus *Valentinus* (Alias Johann *Thölde* aus Frankenhausen, er hatte mehrere alchemistische Schriften unter dem Decknamen eines Benediktinermönches B.V. in Erfurt verfaßt; die Schriften sind um 1600 gefertigt und wurden um 1667 in Hamburg herausgegeben) in der *"Wiederholung des großen Steins des uralten Weisen"*: "Das Sal des Weinsteins [sal tartari oder vegetabile = Pottasche] per se figiert [macht die Körper durch Verbindung mit sich feuerbeständig], *sonderlich, wenn die Hitze aus dem lebendigen Kalk dazu einverleibt wird."* Das Weinsteinsalz wird nach Raymundus *Lullus* (1235 - 1316, ein katalanischer Mystiker) aus Weinstein bereitet, indem dieser in einer Retorte hoch erhitzt und in einem irdenen Gefäß gebrannt wird. Anschließend soll er aufgelöst, filtriert und bis zur Trockene abgedampft werden. R. *Waeber* liefert hierzu einen einfachen Versuch: *"Glüht man in einer eisernen Schale oxalsaures Kalium* [Kaliumoxalat], *so verbleibt ebenfalls Pottasche (Desgleichen beim Glühen von Weinstein.)* $K_2C_2O_4 + H_2O = K_2CO_3 + CO + H_2O$"

Man nahm an, daß bei der *Kaustifizierung* die *"feurige, beißende und brennende"* Wirksamkeit des Kalkes auf das entstehende *Kali* (Ätzkali) übertragen werde. Eine gute Erklärung für die Kaustizität der Alkalien lieferte 1755 Joseph *Black* (1728 - 1799). Er fand durch sehr genaue Experimente heraus, daß die *fixen Alkalien* (Pottasche, Soda) und *Erden* (Kalk) beim Brennvorgang ein Gas abgaben und dadurch alkalisch wurden. Black hatte auch eine Erklärung für das Kaustifizieren von *milden Alkalien* durch *ätzende*. Er nahm an, daß *"der Ätzkalk die Alkalien kaustisch macht, nicht durch Abgabe einer ätzenden Materie an sie, sondern durch Entziehung der fixen Luft aus ihnen."* Er erkannte auch, daß *fixe Luft* (Kohlenstoffdioxid), Alkalien zu neutralisieren imstande war, d.h. deren ätzende Eigenschaft aufhob. So sei *"roher Kalk"* (crude lime, Calciumcarbonat) eine Erde, die durch Vereinigung mit *fixer Luft*

Diesen Gedankengang beschreibt in ähnlicher Weise *Postel* in der *"Laienchemie":*
"Wird dem kohlensauren Kali die Kohlensäure entzogen, so bleibt Kali [Kalium-
Oxyd, KO; heute: Kaliumoxid, K_2O] *übrig. Daß dies durch blose Erhitzung nicht*
ausführbar sei, wurde so eben [bei der Besprechung der Eigenschaften der Pottasche] *angedeutet; man muß also der Kohlensäure eine Base darbieten, mit welcher*
sie sich, das Kali verlassend, verbindet. Dies scheint jedoch auch nicht wohl mög-
lich zu sein, da Kali die stärkste aller Basen ist; dennoch vermögen wir es zu
bewirken. Die Base, welche in diesem Falle das Kali zu verdrängen im Stande ist,
ist das Calcium-Oxyd oder der gebrannte Kalk. Es vermag nämlich eine schwächere
Base der stärkeren stets die Säure zu entreißen, wenn jene mit der Säure ein
unlösliches Salz bildet, während das aus der Säure und der stärkeren Base beste-
hende Salz löslich ist. Dies ist aber hier der Fall; kohlensaures Kali ist leicht
löslich in Wasser, kohlensaurer Kalk hingegen unlöslich. Darauf gründet sich das
sogleich zu beschreibende Verfahren bei der Darstellung des Kali.

Man bringt in einem blanken eisernen Gefäße (kieselhaltige Gefäße werden ange-
griffen) eine Auflösung von kohlensaurem Kali in der 15-fachen Menge Wasser zum
Sieden, und setzt dann unter stetem Umrühren mit einem eisernen Spatel in kleinen
Portionen, so daß das Sieden nicht unterbrochen wird, gebrannten Kalk hinzu, wel-
chen man zuvor mit der dreifachen Wassermenge zu einem gleichförmigen Brei ge-
löscht hat. Beträgt der zugesetzte Kalk drei Viertheile der angewendeten Potasche,
so gießt oder schöpft man das noch heiße Gemisch in eine vorher stark erwärmte
irdene Flasche, bindet dieselbe mit nasser Blase zu und läßt sie wenigstens 12
Stunden lang ruhig stehen, damit der Bodensatz sich ablagere. Die klare Flüssigkeit
trennt man von diesem mittelst eines Hebers und dampft sie in dem vorher wohl
gereinigten eisernen Gefäße bedeutend ab. Diese concentrierte Lauge füllt man in
eine erwärmte irdene Flasche, welche gut verschlossen wird und einige Tage im
Kühlen ruhig stehen muß, damit die noch darin enthaltenen fremden Salze mö-
glichst vollständig herauskristallisieren. Die abgeklärte Flüssigkeit, welche, damit sie
nicht wieder Kohlensäure anziehe, in wohlverstopften Gefäßen aufbewahrt wird, ist
eine Auflösung des Kalium-Oxydes, und heißt Alkalilauge, weil sie Pflanzen- und
Thierstoffe rasch zerstört. Sie löst daher den Schmutz in der Wäsche auf, und
wenn man sie zwischen den Fingern reibt, so hat man ein schlüpfriges Gefühl, weil
sie die Haut allmälig auflöst... Kali, als die stärkste Base, neutralisiert alle Säuren
und bildet Salze mit ihnen, welche meist im Wassr leicht löslich sind.

Kocht man Aetzkalilauge in einem silbernen Kessel bei starkem Feuer rasch ein, bis
eine Probe davon beim Auftröpfeln auf einen kalten Körper erstarrt, und gießt sie
dann auf ein Metallblech, so erhält man Kaliumhydroxid, d.h. eine Verbindung von
Kalium, Hydrogenium (Wasserstoff) und Oyxgenium (Sauerstoff) nach der Formel
KHO_2. Nach der älteren Theorie wurde jene Verbindung Aetzkalihydrat genannt
und mit der Formel KO, HO bezeichnet, weil man sie als aus Kali und Wasser
bestehend auffaßte. Der Atomzahl nach besagen beide Formeln Gleiches, denn KO
+ HO = HKO_2. Gewöhnlich setzt man das Eindampfen fort, bis die Masse glüht,
und gießt dasselbe dann in kleine Stangen; so findet man das Aetzkali gewöhnlich
in den Apotheken (Aetzstein, Lapis causticus, gegossene Aetzkali, Kali causticum
fusum). Die Darstellung des reinen, keinen Wasserstoff enthaltenden Kali ist sehr
schwierig."

136

"Des stolzen Almosgebers Mut;
der sich bey Wohlthat bleht
und baumet, ist wie die Seiffe,
die starck schaumet, wann sie
der Wäsche guttes thut.
Doch Schaum und Eigenruhm
vergehet, der stillen Gutthat
Lob bestehet."

Seifensieder - 1698
(Die Seifensiederzunft wurde
1334 in Augsburg gegründet)

Eine Anwendung des Wissens um die Eigenschaften des Ätzkalis liefert *Postel* bei der Beschreibung der *"nicht flüchtigen Feststoffe"*. Dort erklärt er den Vorgang der *Seifenbildung* als eine *"Zerlegung der in dem Fette enthaltenen Glyceride durch die Einwirkung von Alkalien oder Metallbasen in der Wärme."* Gleich wird, wie es sich für eine *"Laienchemie"* gehört, die Technik mitgeliefert: *"Das gewöhnliche Verfahren des Seifensieders bei der Bereitung der Hausseife ist der Hauptsache nach folgendes. Er häuft Pflanzenasche auf einem gepflasterten Boden auf, und macht in diesen Haufen ein Loch, in welches er gebrannten Kalk schüttet. Letzteren begießt er mit Wasser, damit er sich löscht. Hierauf arbeitet er die ganze Masse gut unter einander, und bringt sie dann in ein Gefäß, den Aescher, der über seinem eigentlichen Boden noch einen Siebboden, unten aber einen Hahn hat. In diesem Gefäße wird die Masse so lange mit Wasser begossen, als dasselbe eingesaugt wird. Zwischen den beiden Böden sammelt sich nun eine scharfe Lauge, welche, wenn der Hahn geöffnet wird, in ein untergesetztes Gefäß, den Sumpf, abläuft.*

Betrachten wir den chemischen Vorgang bis hierher, so wird uns klar werden, daß die abgelaufene Flüssigkeit aus Aetzkalilauge besteht. Die Asche enthält, wie wir aus Früherem wissen, vorzüglich kohlensaures Kali (Potasche), und diesem wird die Kohlensäure durch den Kalk entzogen, so daß Kali gebildet wird. Man hätte natürlich statt der Asche sofort Potasche nehmen können. Nunmehr füllt der Seifensieder die Aetzkalilauge in einen Kessel, thut den Talg (oder statt dessen Palm- oder Cocosöl) hinzu, und kocht die Masse 5 - 8 Stunden lang gelind. Sie wird gallertartig (Seifenleim) und erstarrt, wenn das Feuer ausgelöscht wird, zu Schmierseife, welche auf der Unterlage schwimmt. Soll aber nicht weiche, sondern harte Seife dargestellt werden, so wird der Seifenleim mit Kochsalz versetzt. Dadurch entsteht vermittelst doppelter Wahlverwandtschaft: aus fettsaurem Kali und Chlornatrium (Kochsalz): Chlorkalium und fettsaures Natron. Wird von vorn herein statt der Asche oder Potasche die Soda angewendet, so ist der letzte Umwandlungsprozeß nicht nothwendig, sondern man setzt nur wenig Kochsalz zu, damit sich der im Salzwasser unlösliche Seifenleim als Seife ausscheidet. Nimmt man statt des Talges Olivenöl, so erhält man die feinere Oel-, Marseiller oder venitianische Seife."

R. *Waeber* bringt diese sehr detaillierte Versuchsbeschreibung durch folgende Reaktionsgleichung auf den Punkt:

"$K_2CO_3 + H_2CaO_2 = 2\ HKO + CaCO_3$"

In dieser Gleichung entspricht die Formel H_2CaO_2 der modernen Formel $Ca(OH)_2$ für Calciumhydroxid (Kalkmilch) und HKO steht für die moderne Schreibweise KOH für Kaliumhydroxid (Kalilauge).

Dann teilt *Postel* moralische Seitenhiebe aus, wenn er bemerkt: "*Nicht mit Unrecht schließt man aus dem größeren Verbrauch von Seife bei einem Volke auf den höheren Kulturzustand desselben* [womit er wohl die Deutschen meint, was aber als Irrtum in jüngster Zeit entlarvt wurde; Postel hat sich hier wohl die Meinung des J. v. Liebig zu eigen gemacht!]; *denn wo Reinlichkeit herrscht, machen sich auch andere geistige und leibliche Bedürfnisse geltend, welche den Gewerbs- und Kunstfleiß in Thätigkeit setzen.*"

Die Wirksamkeit der Seife wird von *Postel* ebenfalls hinreichend erklärt: "*Die Seifen sind in wenig reinem Wasser vollständig zu einer klaren, schleimigen Flüssigkeit löslich; durch vieles Wasser werden sie zersetzt und bilden damit eine schäumende trübe Flüssigkeit. Diese enthält fettsaures Alkali und freies Kali oder Natron. Letzteres löset bekanntlich organische Stoffe, also auch den Schmutz auf, der meist fettartiger Natur ist, das erstere aber bewirkt durch seine Schlüpfrigkeit ein leichtes Wegspülen der gelösten Stoffe. Zugleich hüllt die Fettsäure das ätzende Alkali ein, und mildert dessen Schärfe. In kalkhaltigem Wasser löst sich die Seife nicht auf, indem die Fettsäure mit dem Kalk zu unlöslicher Kalkseife zusammentritt; daher nimmt man zum Waschen Fluß- oder Regenwasser.*"

Einen Beitrag zur Seife finden wir auch im 6. Band "*Neues Natur- und Kunstlexicon*" von 1811: "*Die Seife ist unstrittig das beste Reinigungsmittel. Man hat davon sehr verschiedene Sorten, bessere und geringere; je nach dem die Substanzen sind, die man dazu nimmt. Thierisches oder vegetabilisches Fett macht den wesentlichen und Hauptbestandtheil aller unserer Seifen aus. Im wärmeren Europa, wo man Baumöl gewinnt, bereitet man die Waschseife aus demselben. Sie ist die beste, wenigstens insofern, weil sie angenehm riecht, und dem Zeug auch einen guten Geruch mittheilt, welches sich von den Seifen aus geringeren vegetabilischen Ölen und aus Unschlitt oder Talk und Thran nicht sagen läßt. Weder die thierischen noch die vegetabilischen Fettigkeiten würden für sich selbst zum Waschen dienen, vielmehr würden sie das Zeug verunreinigen, da sie sich nicht mit Wasser vermischen und auflösen. Es muß daher noch eine andere Substanz hinzutreten, welche diese Auflösung und Vermischung möglich macht. Dies ist das Alkali oder Laugensalz. Wird dasselbe mit dem Fette auf gehörige Art in Verbindung gesetzt, so löst sich dieses im Wasser auf, tritt mit den im Zeuge befindlichen Unreinigkeiten in Verbindung und nimmt sie weg. Eine Mischung von dieser Eigenschaft wird Seife genannt.*"

Das "*Handbuch der gemeinnützigsten Kenntnisse*", 1799 in Halle erschienen, zählt detailliert die unterschiedlichen Handelsformen der Seife auf: "*Bessere Arten von Seifen, z.B. die Venetianische, verfertigt man aus gutem Baum- oder Mandelöhl auf die nemliche Art* [wie die gewöhnliche Seife], *nur daß die Oehle eine noch stärkere Lauge als Talg erfordern. Man nimmt daher statt der Asche lieber Potasche. Schlechtere Seife, z.B. die Schmier- oder schwarze Seife, wird aus Asche und Rüböhl oder Thran verfertigt. Grüne Seife macht man aus Hanföhl. Wohlriechende Seifen lassen sich aus der gewöhnlichen durch Beimischung wohlriechender Wasser und Oehle bereiten. Bunte Seife erhält man durch Zumischung von Farben. Seifenspiritus entsteht, wenn wohlriechende Seifen in starkem Spiritus aufgelöst werden. Man braucht ihn, um Theer- oder Fettflecke aus Zeugen zu bringen, ohne den Farben derselben zu schaden. Auch wäscht man beschädigte Theile damit, um sie zu heilen, besonders Verletzungen an Knochen, z.B. am Schienbeine, auf welche man nicht gern Pflaster legt."*

Was die *"Sauerstoffverbindungen des Natriums"* angeht, äußern sich mehrere Lehrbuchautoren sehr lakonisch, wie z.B. : *"Natron, Na_2O, Natriumhydroxyd, $Na_2O + H_2O = 2\ HNaO$. Auch Natronhydrat, Ätznatron, Natronlauge. Darstellung und Eigenschaften wie bei Kali. Natron ist eine wenig schwächere Base als Kali. Unter dem Namen Soda- oder Seifenstein im Handel."*

Neben dem eigentlichen Waschvorgang mit Soda, Pottasche oder Seife spielte das *Bleichen der Wäsche* eine bedeutende Rolle. ursprünglich kannte man lediglich die *Rasenbleiche*. Bei ihr *"breitete man [nach H. Römpp] Leinen und Baumwollgewebe unter öfterem Besprengen mit Wasser in mäßigem Licht auf Rasen aus, wobei etwas Wasserstoffperoxyd und Ozon entsteht, welche leicht gefärbte Bestandteile durch Oxydation zerstören."* Nachteile des Verfahrens waren die Bleichzeit von mehreren Wochen und die benötigte Rasenfläche. So führte im Jahre 1741 John *Roebuck* (1718 - 1794) die *Schwefelsäurebleiche* ein. Claude Louis *Berthollet* (17742 - 1786) leitete im Jahre1792 Chlorgas in Holzaschenlauge ein und brachte die entstehende *Kaliumhydrochloritlösung* (KOCl) unter dem Namen *"Eau de Javelle"* als hochwirksames Bleichmittel in den Handel. Im Jahre 1820 folgte *Natriumhypochloritlösung* (NaOCl) als *"Eau de Labarraque"* nach. Zur Bleiche äußerte sich Otto *Witt* in seinem *"Narthekion"* des Jahres 1901 kritisch: *"Die Sonnenbleiche ist zwecklos, denn die Baumwolle, aus der ein grosser Theil unserer heutigen Wäsche besteht, ist bereits in der Fabrikation so vollständig gebleicht, wie es überhaupt möglich ist, und auch beim Leinen wird heute die Fabrikbleiche viel weiter getrieben, als es einst üblich war. Wenn es sich um Flecke handelt, so ist auch etwas Chlorkalklösung oder noch besser Javellesche Lauge nicht von der Hand zu weisen, wenn nur die Wäscherinnen diese nützlichen Hilfsmittel bloss auf ungefärbte Gewebe beschränken und nach dem Gebrauch gewissenhaft wieder aus der Wäsche herauswaschen wollten! Freilich, wenn die Wäsche (wie man es namentlich auf Reisen erlebt) bei der Ablieferung geradezu nach Chlor stinkt, dann sind die Löcher auch nicht mehr weit. Die Wäscherin aber, welche heute noch wollene Waaren in der Wäsche verdirbt, sollte geköpft werden, denn wir haben in dem so überaus billigen Ammoniak ein Wollwaschmittel, welches, der Seife zugesetzt, die Wolle nicht nur auf das vollständigste reinigt, sondern auch die Arbeit des Waschens zum Kinderspiel macht."*

Tatsächlich wurde flüssiges Ammoniak als Abfallprodukt von Kokereien und Gaswerken nicht nur zur Sodaproduktion nach *Solvay* eingesetzt, sondern kam im 19. Jhdt. auch unter Namen wie *Salmiakspiritus* oder *Hirschhornspiritus* als Waschzusatz in den Handel. Weitere Waschmittelzusätze waren *Waschbenzin, Terpentin, Magnesia* und *wolframsaures Natron*, das als *"Ladie's life preserver"* angeboten wurde. Mit diesem Mittel wurden Damenkleider und Gardinen feuersicher gemacht. Auch die in der neuzeitlichen Werbung so bekanntgewordenen *Weißmacher* waren schon auf dem Waschmittelmarkt. Als *Ultramarin* und *Waschblau* (Indigoblau), später als *Anilinblau* rückten sie dem "Gilb" zu Leibe. Da sich gezeigt hatte daß gestärkte Wäsche weniger schnell verschmutzte, wurde die Wäsche nach dem Trocknen mit *Weizen-, Mais- oder Kartoffelstärke* behandelt.

A. Leblancs Sodaverfahren

Durchführung 1

In einen Porzellantiegel füllt man ein Gemisch von 13g wasserfreies (calciniertes) Natriumsulfat (Na_2SO_4), 9g Holzkohlenpulver (C) und 2g Calciumcarbonat ($CaCO_3$). Der Porzellantiegel wird mit Deckel im Muffelofen oder mithilfe eines Teclubrenners ca. 20 Minuten lang erhitzt. Dann läßt man abkühlen.

Beobachtung und Auswertung 1

Man erhält eine weiße Schmelze nach der Gleichung:

$$Na_2SO_4 + 2\,C + CaCO_3 \longrightarrow Na_2CO_3 + CaS + 2\,CO_2$$

Durchführung 2

Die Schmelze wird in einem Mörser zerstampft und unter Zugabe von kaltem Wasser gut durchgerührt bis sie sich möglichst aufgelöst hat. Dann wird filtriert.

Beobachtung 2

Man erhält eine klare Lösung. Auf dem Filterpapier lagert sich ein weißer Rückstand ab.

Durchführung 3

Lösung und Rückstand werden im Reagenzglas getrennt mit verdünnter Salzsäure geprüft. In das Reagenzglas mit dem Rückstand wird Bleiacetatpapier eingehängt.

Beobachtung und Auswertung 3

Die Lösung reagiert unter Aufschäumen nach folgender Gleichung:

$$Na_2CO_3 + 2\,HCl \longrightarrow 2\,NaCl + H_2O + CO_2 \uparrow$$

Bei dem Leblanc-Verfahren ist Sodalösung entstanden, die mit Salzsäure zu Kohlenstoffdioxid reagiert.

Aus dem Rückstand entweicht ein übelriechendes Gas:

$$CaS + 2\,HCl \longrightarrow CaCl_2 + H_2S \uparrow$$

Es entsteht giftiger Schwefelwasserstoff, der durch das Schwärzen von Bleiacetatpapier nachweisbar ist. Es bildet sich schwarzes Bleiacetat.

B. Kaustifizierung von Soda

Durchführung

In ein Becherglas wird Sodalösung $(Na_2CO_3, w = 10\%)$ gegeben. Man fügt einen Spatellöffel Calciumhydroxid $[Ca(OH)_2]$ hinzu und rührt gut um. Das Gemisch wird bis zum Sieden erhitzt und dann filtriert. Das Filtrat wird in einer Porzellanschale vorsichtig eingedampft.

Auswertung

$$Na_2CO_3 + Ca(OH)_2 \longrightarrow 2\ NaOH + CaCO_3\downarrow$$

Es fällt schwerlösliches Calciumcarbonat aus, das im Filter als Rückstand hängen bleibt. Das Filtrat ist eine Natriumhydroxidlösung, die zu festem Ätznatron $(NaOH)$ eingedampft wird.

Zusatz

Man läßt das feste Natriumhydroxid mehrere Stunden an der Luft stehen. Es erhält dann wegen seiner *hygroskopischen Eigenschaften* einen fettigen Glanz und zerfließt. Es bildet sich mit dem Wasserdampf der Luft Natronlauge.

C. Seifensiederei

Aufbau und Ausführung

In einem Siedekolben (Rundkolben) von 250 ml Inhalt werden 30g fettes Öl, 10 ml Ethanol und Siedesteine gegeben. In einem Becherglas werden 4g Natriumhydroxid in 20ml Wasser gelöst und dem Öl-Ethanolgemisch zugefügt. Man setzt den Rückflußkühler auf und läßt 20 Minuten lang leicht sieden. Dann wird noch einmal die gleiche Zeit unterhalb der Siedetemperatur erhitzt. Der Rundkolbeninhalt wird portionsweise in mehrere Bechergläser ausgegossen. Es wird jeweils etwas Kochsalzlösung hinzugefügt.

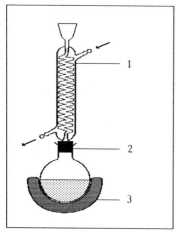

Geräte

1 Rückflußkühler
(Normschliff)
2 Rundkolben (250 ml)
(Normschliff)
3 Heizhaube

Stoffe

Gemisch aus fettem Öl,
Ethanol, Natronlauge
(Siedesteine)

Im Rundkolben bildet sich eine schäumende, gelbliche Flüssigkeit. Beim Abgießen scheidet sich an der Oberfläche der Bechergläser eine gallertartige, fadenziehende, halbflüssige Masse aus, die durch Kochsalzzugabe verstärkt wird.

Auswertung

Fette reagieren mit Natronlauge durch Verseifung. Nehmen wir zur Vereinfachung der Formeldarstellung statt Fetten und Ölen, die gemischte Glycerinester darstellen, reines Tristearin, so spielt sich folgende Reaktion ab:

Tristearin	+ Natronlauge $\longrightarrow$	Natronseife	+ Propanol
$C_3H_5(C_{17}H_{35}COO)_3$	+ 3 NaOH $\longrightarrow$	3 $C_{17}H_{35}COONa$	+ $C_3H_5(OH)_3$

An der Oberfläche bildet sich der fadenziehende, halbfeste *Seifenleim*. Er stellt das Natronsalz der Fettsäure dar. Darunter, in einer wäßrigen Phase, finden sich überschüssige Lauge, Salz und Propanol (Glycerin). Seifenleim ist eine *kolloidale* Lösung, ein sogenanntes *Sol*. Sole bestehen aus gleichartig geladenen Ionen, die sich gegenseitig abstoßen. Dadurch bleiben die Soleteilchen leicht beweglich: Das Sol ist flüssig. Gibt man hierzu einen Elektrolyten wie eine Natriumchloridlösung, so werden die Ionenladungen der Teilchen aufgehoben: Es flockt aus und wird fest. Es ist ein *Gel* entstanden. Das durch Kochsalzzugabe ausgeschiedene Seifengel ist chemisch unveränderte Seife. Das *Aussalzen* bewirkt lediglich, daß die feste Natriumseife aus dem Seifenleim ausflockt. Der "Reifeprozeß" der Seife, d.h. die Verfestigung dauert bis zu 2 Wochen. Der pH-Wert der Seife ist recht hoch und kann durch Säurezugabe (z.B. Citronensäure) abgesenkt werden.

Tips und Tricks

a. *Seifenherstellung nach dem Carbonatverfahren:* 20 ml Natriumcarbonatlösung (Soda, Na_2CO_3) und 5g technische Fettsäure (Stearin- oder Octadecansäure) werden in einem Becherglas erhitzt und unter ständigem Rühren (Vorsicht Spritzgefahr! Siedesteine!) "gekocht".

2 $C_{17}H_{35}$-COOH + Na_2CO_3 $\longrightarrow$ 2 $Na(C_{17}H_{35}$-COO) + CO_2 + H_2O

Hierbei entsteht Natronseife. Das Aufschäumen wird durch flüchtiges Kohlenstoffdioxid bewirkt. Auch hier entsteht Leimseife, die sich durch Kochsalz "aussalzen" läßt.

b. *Reinigungswirkung der Seife* (Waschwirksamkeit): Seife dissoziert beim Lösevorgang in wasserfreundliche, aber fettfeindliche Anionen (COO^-) und fettfreundliche, aber wasserfeindliche Kationen (Na^+, K^+). Die Anionen erniedrigen die Oberflächenspannung und erhöhen damit die *Netzkraft* der Waschlauge. Nur sie sind waschwirksam. Fettschmutz wird von ihnen eingeengt, in kleine Tröpfchen zerlegt, die in der Waschlauge schweben (Emulsionbildung) und schließlich mit ihr hinweggespült werden.

c. *Waschunwirksamkeit der Seife:*

   A. bei *saurem* Wasser: Jede Seife wirkt alkalisch. Dies läßt sich leicht durch Zugabe von Phenolphthalein nachprüfen. Wegen ihrer Alkalität greift Seife (in schwacher Form) die Hornhaut der Augen an, was ein "Augenbrennen" hervorruft. Wird Seifenlösung in saures Wasser gegeben, so entsteht eine weiße Trübung, z.B. nach der Gleichung:

$$R\text{-}COONa + HCl \longrightarrow R\text{-}COOH + NaCl$$

Es scheidet sich schmierige Fettsäure (R-COOH) aus, die den Reinigungsvorgang verhindert.

   B. bei *hartem* Wasser: Die "Härte" des Wassers wird durch *Calciumionen* verursacht. Gibt man Seife in hartes Wasser, so spielt sich folgender Vorgang ab:

$$2\ R\text{-}COONa + CaCl_2 \longrightarrow (R\text{-}COO)_2Ca + 2\ NaCl$$

Es bildet sich *Kalkseife* [(R-COO)$_2$Ca; "Kalkflöhe"], die insbesondere beim Bügeln die Wäsche durch gelbe Flecken schädigt. Außerdem wird die Seife sehr schnell "verbraucht". Waschwasser muß vor dem Waschvorgang "weich" gemacht, d.h. entkalkt werden (z.B. durch Calgon).

d. Beim Leblanc-Sodaverfahren darf man nicht zu lange glühen, da sonst die Masse "totgebrannt" wird. Es spielt sich folgende Reaktion ab:

$$2\ CaS + Na_2CO_3 \longrightarrow Na_2S + 2\ CaO + CO$$

Die Soda wird dabei in Natriumsulfid (Na$_2$S) umgewandelt, welches der Lösung eine grünliche Farbe gibt und mit verdünnter Salzsäure zu dem Giftgas Schwefelwasserstoff reagiert. Zusätzlich wird die Lösung durch das entstehende Calciumoxid stark alkalisch!

e. *Öl-Extraktion aus Pflanzensamen:* Öl läßt sich durch Kaltpressen von Pflanzensamen (z.B. Oliven) gewinnen. Ein weiteres Verfahren stellt die *Extraktion* mit organischen Lösemitteln, z.B. Cyclohexan) dar. Besonders Pflanzen mit geringem Ölgehalt (z.B. Sonnenblumen, Hasel- und Walnuß) werden extrahiert. Mithilfe eines Extraktionsapparates nach *Soxhlet* kann mit dem Lösemittel Cyclohexan (**F+**) extrahiert werden. Die zerkleinerten Nüsse oder Samen werden in die Extraktionshülse des Apparates gefüllt und in bis zu 10 Durchgängen von ihrem Öl befreit. Anschließend wird das in Cyclohexan gelöste Öl durch Destillation abgetrennt. Der Vorteil des Verfahrens besteht darin, daß eine sehr weitgehende Extraktion des Öls erfolgt und daß das Lösemittel vollständig zurückgewonnen wird.

f. *Sicherheitshinweise:*

   - *Schwefelwasserstoff* (H$_2$S): hochfeuergefährlich und sehr giftig, Abzug benutzen!   **F+**

   - *Cyclohexan*: hochfeuergefährlich!   **F+**

   - *Calciumhydoxid* schädigt die Augen, unbedingt Schutzbrille tragen!   **C**

   - *Natronlauge* ätzt die Haut, Schutzkittel, Schutzbrille!   **C**

Alkalische Quellen. Man versteht darunter Quellen, die viel Natriumhydrogencarbonat (1 Liter Wasser enthält mehr als 1g Salz) enthalten wie Fachingen (Lahn),
Vichy (Frankreich) und Überkingen (Württemberg). Enthalten die Quellen noch
zusätzlich Kochsalz, so heißen sie *alkalisch-muriatische Quellen*, wie z.B. die Bade-
orte Ems (Lahn), Selters (Nassau), Salzig (Rhein) und Tönnisstein. Alkalische Mine-
ralwässer regen den Magen an, neutralisieren überschüssige Salzsäure und helfen
gegen Gicht.

Bleiacetatpapier (Bleipapier). Filterpapierstreifen, der mit *Bleinitrat*
[$Pb(NO_3)_2$] oder *Bleiacetat* (Salz der Essigsäure) getränkt ist. Dieses Papier reagiert mit *Dihydrogensulfid* (Schwefelwasserstoff, H_2S) zu einer braunschwarzen, metallisch glänzenden Schicht von *Bleisulfid* (PbS). Bleisalzpapier ist ein Reagenz auf
Sulfid-Ionen.

Schutzmantel der Haut. Die Hautoberfläche zeigt einen natürlichen pH-Wert
von 5 - 6, der durch Milchsäure, sowie Talg- und Schweißabscheidung mit Kohlen-
stoffdioxidabgabe aufrechterhalten wird. Der saure pH garantiert auch umfassenden
Schutz gegen Pilze und Bakterien, die im sauren Milieu wenig vital sind. Alkalische
Seifen zerstören beim Reinigungsvorgang diesen natürlichen Schutzmantel und können
auch allergische Reaktionen bei empfindlicher Haut hervorrufen. Daher setzt man
zur Neutralisation Citronensäure hinzu, so daß der pH auf ca. 5,5 eingestellt wird.

Seifenarten (Übersicht).

Seifennamen/ Formel	Herstellung/ Eigenschaften	Verwendung
Natronseife (Kern-seife)/ R - COONa	fest; wird durch Zugabe von Kochsalz aus schmierigem Seifenleim gewonnen	Hautreinigung
Kaliseife (Schmier-seife) / R - COOK	weiche, gelbliche Masse	Putz-, Reinigungs- und Schmiermittel
Feinseife (Toilettenseife)	aus geruchlosen Fetten hergestellt; mit Farb- und Duftstoffen, hautverträglich	Hautreinigung
Transparentseife (Glycerinseife)	Feinseife wird in Glycerin aufgelöst; es bildet sich eine farblose Masse	Kosmetische Seife; Hautreinigung
Rasierseife	sehr weiche Stearinseife; schäumt sehr	zum Schlagen von Rasierschaum
Medizinische Seife	mit Desinfektionsmitteln vesetzt; Zu-satz gegen Hautschäden (Schwefel u.a.)	für Ärzte und Laboranten
Kalkseife (Kalkflöhe) /(R - COO)$_2$Ca	schwerlöslicher Niederschlag in hartem Wasser, schädigt Wäschefaser	
Bleiseife (Pflaster)/ (R - COO)$_2$Pb	klebriger, schmieriger Stoff	Grundstoff für me-dizinische Pflaster
Synthetische Wasch-mittel	keine echten Seifen (seifenfreie Seifen)	Reinigung

Seifenbereitung (Zutaten). Seife wurde aus Kochsalz, Asche, ungelöschtem
Kalk und Fett oder Öl bereitet. (Die Zutaten sollten vorwiegend im Haushalt vorhanden sein.) Vom eigenen Herdfeuer sammelte man Buchenasche oder kaufte sie
bei *"Äscherern"* (Aschenmann, Aschenfrau). Man bevorzugte helle Asche ohne

144 Rückstände. Sie wurde in der *Aschentiene*, einem faßförmigen Behälter trocken gelagert und mit einem Eisenstampfer festgepreßt. Oft wurde durch Zugabe von Ton und Holzmehl an Asche gespart. Der ungelöschte Kalk (Calciumoxid, CaO) wurde in einem hölzernen Kasten mit Deckel aufbewahrt. Als Fett eignete sich Rindertalg (Unschlitt; ist bei Zimmertemperatur fest; die Seifensieder haben daraus auch Talgkerzen bereitet), Knochenfette von Hammel, Rind und Schwein, Speckschwarten; als Öle (vegetabilischer Talg) z.B. Leinöl. In der Schweiz wurde bisweilen Baumharz statt Fett verwendet. Die im allgemeinen schwarze Seife wurde mit Wascherde oder Ocker aufgehellt.

Sodavorkommen (natürliche): Man unterscheidet folgende Soda-Mineralien:

a) **Trona** (Urao): Mischsalz aus Soda und Hydrogencarbonat mit Kristallwasser.

b) **Soda** (Na_2CO_3; früher auch Natron, heute versteht man unter Natron das Natriumhydrogencarbonat): Kristallisiert monoklin aus und verwittert schnell an der Luft. Bei gelinder Wärmezufuhr schmilzt es in seinem Kristallwasser und scheidet rhombisches *Thermonatrit* ($Na_2CO_3 \bullet H_2O$) aus. Soda kommt zusammen mit Kochsalz und Glaubersalz ($Na_2SO_4 \bullet 10\,H_2O$) vor. Sodavorkommen finden sich in Ungarn an der Theiß (Szegedin) in Sodaböden und an den Rändern von *Sodateichen* (bis 15 % Sodagehalt). Soda kommt auch in Indien vor, wo sie seit alters her zum Waschen, Färben, zur Glas- und Seifenfabrikation dient. Sodaseen gibt es in Armenien, im Iran und in Arabien bei Aden. Dort findet man eine fettige Masse von seifenartigem Geruch. Besonders üppige Sodavorkommen bietet Afrika in Ägypten nahe Kairo. Hier enthalten viele Seen Soda, Koch- und Glaubersalz. Im Sommer kristallisiert das Kochsalz aus, da das Wasser stark verdunstet. Es bildet sich eine Lauge, die mit Alkalien gesättigt ist. Im Winter fallen die Alkalien wegen ihrer bei dieser Temperatur geringen Löslichkeit aus und bilden eine Sodaschicht. In Ostafrika liegt der große *Natronsee* in einem Grabengebiet. Ebenso der *Magadisee*, bei dem die Soda so hochkonzentriert ist, daß sie in Schollen auftritt (fast 70 % Soda). Ein Reporter der Zeitschrift Geo berichtete: *"Im Tiefflug kann ich die wahre Natur der treibenden Packeisfelder erkennen: In der Trockenzeit verdunstet das Wasser des Sees, und wie bei einer lange kochenden Suppe werden die nicht flüchtigen Bestandteile mehr und mehr eingedampft und eingedickt. Die Lauge wird immer mineralischer, und die Soda kristallisiert an den Außenwindungen der Geysire zu silberfarbenen Schollen, die der Monsun forttreibt.... Aus einer sicheren Flughöhe von 500 Metern blicke ich in einen kochenden Farbtopf. Im Zentrum der Riesenspirale wallen, quellen, schwappen Tonnen kochenden Natriumkarbonats an die Oberfläche. Das Ausbruchszentrum liegt genau auf der Linie der Vulkane Shombole und Lengai. Vom Lengai ist bekannt, daß seine Lava ungewöhnlich große Mengen Soda enthält. Bei seinem letzten gewaltigen Ausbruch im Jahre 1966 haben Tausende Tonnen von Soda, die aus seinem Schlot gequollen waren, seine Flanken und die angrenzenden Steppen in eine weiße Winterlandschaft verwandelt... Flächen von mehr als 100 Quadratkilometern sind tiefrot und durchzogen von weißen, mit Soda gefüllten Rissen. Die Risse bilden wabenartige Polygone, die eine Kantenlänge von 20 bis 30 Metern haben und an den Rändern hochgebogen sind. Einige Wabenflächen sind noch von einer dünnen Schicht klarer, durchsichtiger Lauge bedeckt, andere scheinen trocken. Auf beiden aber spiegelt sich die Sonne. Purpurbakterien färben den Seeboden. Sie sind allein in der Lage, die ätzende Flüssigkeit des embryonalen Ozeans zu bevölkern - in astronomischer Zahl."* Schließlich seien noch die Sodaseen der USA erwähnt. *Chatard* berichtete hierüber: *"In den* *westlichen Staaten [der USA] nennt man alle Salzablagerungen "Alkali" und meint damit Natron, Kochsalz und Sulfat, die ja meist miteinander gemischt vorkommen. Aber im allgemeinen findet sich doch letzteres mehr im östlichen Teil des genannten Gebietes, Kochsalz in der Mitte (Großer Salzsee), während das Karbonat mehr im W, an den Osthängen der Sierra Nevada auftritt. Die östlichsten Vorkommen von Natron liegen immerhin noch in Wyoming, 50 km nördlich von Rawlins. Es sind die vier Dupontseen, die ziemlich reich an jenem Salz sind (133g Na_2CO_3 im Liter Wasser). Im Staate Nevada liegen sodann bei Ragtown der Big- und Little-Sodasee, nordöstlich vom genannten Ort, in alten Kratern. Der Bigsee enthält hauptsächlich Kochsalz, daneben ziemlich viel Glaubersalz und Soda; man hat das Salz früher aus ihm gewonnen. Am kleinen See findet sich auskristallisierte Soda, die aufgelöst und umkristalliert wird. Es ist Soda mit 63% Wasser, die man durch Verwittern trocknen läßt."* Noch heute bestreiten die USA den größten Teil ihres Sodaverbrauchs aus natürlichen Vorkommen. In Kalifornien kennt man den Soda Lake, der mit einer Kruste aus Soda und Gips bedeckt ist, bei Washington in den USA den Soap Lake (Seifensee).

Waschgeräte. Sie wurden meist aus Eichenholz gefertigt. Man verwendete *Bottiche* (Stauden, Bütten), deren Holz man vor dem Gebrauch aufquellen ließ, um Undichtigkeiten zu schließen. Das Wasser wurde bisweilen mit kleineren *Schöpfkübeln* (Sechter) eingefüllt. Dann verwandte man das *Schlagholz* (Wäschebleuel, -pleuel, -pracker), ein flaches Brett mit Handgriff. Gegen Flecken half bis ins 20. Jhdt. das kräftige Reiben und Bürsten auf dem *Waschbrett* (Wäscherumpel) mit anfangs einer gewellten Holzoberfläche, die später (amerikanischer Brauch) durch verzinktes Eisenblech ersetzt wurde. Um die Wäsche zu rühren und herauszuheben, wurden *Holzzangen* und *Holzlöffel* verwendet. Später kam der aus Zinkblech gefertigte, meist trichterförmige *Wäschestampfer* auf, mit dem man Luft und Seifenlauge durch die Gewebeporen drückte und saugte.

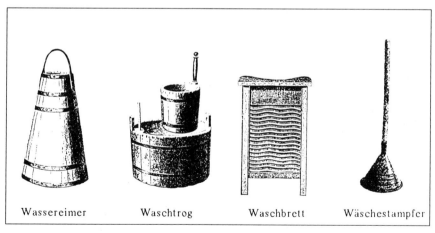

Wassereimer   Waschtrog   Waschbrett   Wäschestampfer

Waschmaschinen. Schon im 18. Jhdt wurde eine Waschmaschine entwickelt, um den Waschfrauen die "Knochenarbeit", das anstrengende Schlagen, Bürsten und Rubbeln der Wäsche zu erleichtern. Bei der Waschmaschine des Jacob Christian *Schäfer* von 1707 wurde ein Eichenholzbottich mit Lauge und Wäsche gefüllt. Man setzte einen Quirl ein, der fest mit dem Deckel verbunden war und drehte durch Handarbeit. Im 19. Jhdt. wurden Waschmaschinen nach dem "Waschbrettmechanismus" konstruiert: In ihnen drückte ein beweglicher, mit Rippen versehender Holzboden von unten nach oben gegen die Wäsche. Die Maschine konnte nicht nur rühren, sondern stampfte die Wäsche auch gründlich durch. Später erfand man *Schaukelwaschmaschinen*, die aus einem geriffelten Holzbehälter bestanden, in dem die Wäsche durch Wiegebewegungen gesäubert wurde. Im 20. Jhdt. kam dann das *Dampfwaschen* auf. Man konstruierte *"Dampfwaschtöpfe"* mit einem durchlöcherten Einsatz. Gedämpft wurde mit Waschlauge aus Pottasche oder Soda, geheizt wurde mit Gas oder Holz. Um 1925 vertrieb die Fa. Siemens einen nach dem Dampfprinzip arbeitenden *"Sprudelwascher"*, der mit elektrischem Strom geheizt wurde. Auch die Entwicklung der Trommelwaschmaschine wurde vorwärtsgetrieben, so daß 1951 die *"Wirtschaftwunderwaschmaschine"* (Trommelmaschine mit dem charakteristischen Bullauge), die Waschen, Spülen und Schleudern konnte, der modernen Hausfrau die mühsame Arbeit abnahm.

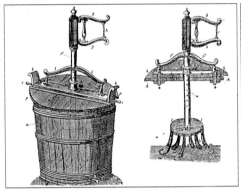

Waschmaschine des Jacob Christian
Schäffern - 1767

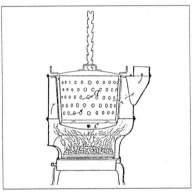

Dampfwaschtopf - 1880

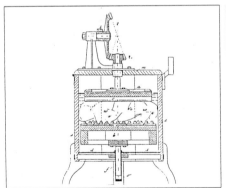

Waschbrettmaschine - 1893

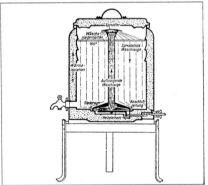

Sprudelwascher - 1925

Waschmittel (außer Seife). Neben der Seife wurde *Rindergalle* verwendet, die in Wasser schäumte. *Seifenkraut* wurde mit kochendem Wasser übergossen. Der Sud hatte eine reinigende Wirkung. Bisweilen verwendete man auch *Urin*. Zusätzlich

gab es zur *Fleckenbeseitung* Spezialmittel: Teeblätter für Teppiche, Kaffeesatz für
schwarze Klöppelspitzen, Sauerampfer gegen Rostflecke, Buttermilch gegen Wein-
flecke und Butter gegen Wagenschmiere. War in einer Gegend kaum Wasser vorhanden, behalf man sich durch Reiben der Schmutzwäsche mit Sand. Das *"Buch der
Erfindungen"*, im Jahre 1886 von F. *Reuleaux* zu Berlin und Leipzig herausgegeben,
beschreibt sehr genau die Waschmittelgewinnung aus *Salzpflanzen: "Die Urquelle
der natürlichen Soda bildet sonach das Meer und die darin wachsenden Pflanzen
sind die Sammler, welche das Salz aus seiner großen Verdünnung im Meerwasser
ausscheiden und in sich konzentrieren. Freilich liefern sie die Soda nicht rein,
sondern im Gemisch mit viel Kali, Kalksalzen u.s.w. Das sodareichste Produkt
dieser Art wird an einigen Punkten der spanischen Küsten aus der den Botanikern
als Salsola soda bekannten Pflanze gewonnen und im Handel Barilla genannt. Man
säet zu diesem Zweck die Pflanze auf großen Feldern, welche vom Meer abgedämmt
sind, aber durch Schleusen zeitweilig unter Wasser gesetzt werden. Die gereiften
Pflanzen werden abgemäht, getrocknet, die Samen ausgerieben und dann die Pflanzen in Erdgruben verbrannt. Der Rückstand an Aschen und Salzen bildet halbver-
schlackte, harte Klumpen, die so, wie sie sind, in den Handel kommen."*

Waschvorgang.

1) *Auslaugen* (Beuchen, Sechteln): Darunter verstand man das mehrfache Einweichen
(bis zu sieben mal!) insbesondere von Leinenwäsche. Im hölzernen Laugenbottich,
der ein Spundloch hatte und einen Aufsatz (Sechtelkorb), um die in ein Tuch gefüllte Asche aufzunehmen, wurde in Lagen aufgeschichtete Wäsche mit Aschenlauge durchtränkt. Am Anfang wurde in der noch scharfen Waschlauge die Weiß-
wäsche, später die Buntwäche ausgelaugt. Das Auslaugen sparte teure Seife. Es
wurde erst im 19. Jhdt. durch das Wäschekochen im heizbaren, gemauerten
Waschkessel verdrängt.

2) *Mechanisches Bearbeiten*: Die Wäsche wurde gerieben, mit dem Wäschebleuel
geschlagen und auf dem Wäschebrett oft mit Kernseife gebürstet und ausgewrun-
gen. Manche Waschfrau bezeichnete diese Arbeit als "Knochenseife".

3) *Schwemmen* (Spülen): Die Wäsche wurde in klarem Wasser geschwenkt. Dadurch
wurden alle Laugen oder Seifenreste entfernt, damit die Wäsche nicht mürbe oder
grau wurde. Man spülte vorwiegend in weichem, fließendem Wasser.

Waschwasser. Bis zur 1. Hälfte des 19. Jhdt's wurde Waschwasser aus Ziehbrunnen, später aus Pumpbrunnen bezogen. Zentrale Wasserversorgung, z.B. durch
wasserradgetriebene Pumpwerke war vor dem 19. Jahrhundert so gut wie unbekannt
und wurde auch dann nur sehr spärlich in Betrieben, Wirtschaftshöfen und Klöstern
eingerichtet. Brunnenwasser eignete sich wegen seiner Härte meist nur als Trinkwasser: In hartem Wasser verliert die Seife ihre Schäum- und Reinigungskraft.
Daher legte man an Flüssen und Seen, deren Wasser meist weich ist, *"Waschbänke"*
oder *"Waschhäuser"* an. An reißenden Flüssen oder solchen, deren Pegel sich fortwährend veränderte, wusch man in *"Waschschiffen"* oder *"Waschkähnen"*.

Versuch. Laugenbrezel [Das Wort Brezel kommt von lat. bracchium = Arm
im Sinne miteinander verschränkter Arme; Lehnwort aus dem gr. brachion; ahd. bre-
zitella; österr. Brezn; engl. u. franz. betzel; amerik. pretzel]. Laugenbrezel werden
aus Hefeteig geformt und kurz in schwache Natronlauge (w = 3,3%) eingetaucht, mit
Salz bestreut und bei ca. 250°C ausgebacken. Früher wurde die "Brezellauge" vom
Bäcker durch Auslaugen von Buchenasche [enthält viel Pottasche (Kaliumcarbonat,
K_2CO_3)] mit kochendem Wasser selbst hergestellt. Man erhielt einen alkalischen
"Brezelsud", in den der "Brezelteigling" eingetaucht wurde.

Animalische Elektrizität und Voltasche Säule

Um 600 v.u.Z. beobachtete der griechische Philosoph *Thales von Milet*, daß Bernstein, wenn man ihn an Wolle rieb, Stoffteilchen jeder Art anzog. Erst 2000 Jahre später, um 1600 u.Z. zeigte der Engländer William *Gilbert* (1540 - 1604), der Leibarzt der englischen Königin Elisabeth I., in seiner Schrift *"de magnete"*, daß auch andere Körper durch Reibung elektrisch werden. Er gab diesem neu entdeckten Phänomen den Namen *elektrische Kraft* (nach gr. elektron = Bernstein; lat. vis electrica). Er bemerkte auch, daß elektrische Erscheinungen bei trockener Luft kräftiger wirken als bei feuchter. Karl *Koppe* schreibt zu dieser elektrischen Kraft in seinen 1881 in Essen herausgegebenen *"Anfangsgründen der Physik"*: *"Wenn man ein Scheibchen Papier etwa von der Größe eines Zweipfennigstücks an einem seidenen Faden aufhängt und einer geriebenen Siegellackstange nähert, so wird dasselbe von der Siegellackstange erst angezogen, nach der Berührung mit derselben aber abgestoßen. Dieses Scheibchen zeigt nun ein ähnliches Verhalten, wie die geriebene Siegellackstange, wenn auch in schwächerem Maße; es zieht leichte Körper an, z.B. ein anderes an einem seidenen Faden hängendes Scheibchen, und stößt es nach der Berührung wieder ab, woraus man schließen kann, daß das mit der Siegellackstange in Berührung gebrachte Scheibchen nun selbst elektrisch geworden ist. Funken und Knistern werden aber nicht leicht wahrgenommen, weil sie allzuschwach sind. Das Scheibchen verliert seine Elektricität wieder, wenn es mit dem Finger berührt wird. In dem angeführten Versuche war das Scheibchen nicht durch Reiben, sondern durch Berührung mit einem elektrischen Körper elektrisch geworden. Man nennt diese letztere Art der Elektricitätserregung elektrische Mitteilung. Hält man aber ein Scheibchen an einen metallenen Faden, (wie dergleichen z.B. um ächte oder unächte Silber- oder Goldschnüre oder übersponnene Saiten gewickelt werden), oder in Ermangelung dessen an eine angefeuchteten Zwirnfaden, so wird es niemals gelingen, dem Scheibchen Elektricität mitzuteilen."* Damit sind wesentliche Eigenschaften der statischen Elektrizität angesprochen, wie Kräftewirkung und Weitergabe von Aufladungen an einen anderen Körper. Auf diesen Erscheinungen gründen *"elektrische Spielwerke"* z.B. *"Die elektrische Spinne. Der Tanz der papiernen Puppen. Das elektrische Glockenspiel. Der elektrische Sandwirbel. Das Aufschwellen der Baumwolle, eines Haarbusches u. dergl. Die fliegende Feder. Das Strömen des*

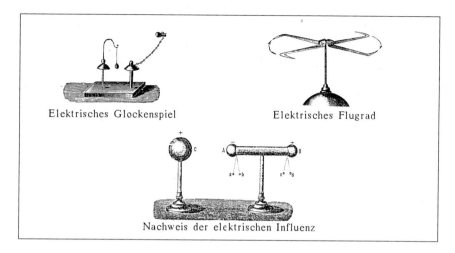

Elektrisches Glockenspiel   Elektrisches Flugrad

Nachweis der elektrischen Influenz

Wassers durch Haarröhrchen, der elektrische Schwamm. Die tanzenden Kugeln. Die
Verwandlung des Siegellacks in Fäden, wenn man es flüssig auf den Conductor
tröpfeln läßt." Auch der *"elektrische Kuß"* war eine gerne vorgeführte Attraktion.

Stephen *Gray* (1670 - 1736) fand heraus, daß es Stoffe gab, welche die Elektrizität
leiten (elektrische Leiter) und solche, welche nichtleiten (Isolator). Er beobachtete
1727 an einem mit Silberfäden aufgehängten 400 Fuß langen Draht eine Fortleitung
der Elektrizität. Charles *Dufay* (1698 - 1738), der die Elektrizität durch einen
feuchten Bindfaden 1256 Fuß weit leitete, fand heraus, daß es zwei Arten von Elektrizität geben müsse, die er als Glas- und als Harzelektrizität voneinander trennte.
Er formulierte ein Gesetz der elektrischen Anziehung und Abstoßung. *Koppe* schreibt
dazu: *"Körper, welche sich wie der Metallfaden in den angegebenen Versuchen*
verhalten, pflegt man überhaupt gute Leiter oder auch kurzweg Leiter der Elektrici-
tät, diejenigen aber, welche sich wie der Seidenfaden verhalten, Nichtleiter oder
richtiger schlechte Leiter zu nennen. Die besten Leiter der Wärme, die Metalle,
leiten auch die Elektricität am besten, dann Kohle, obschon sie bekanntlich die
Wärme schlecht leitet, ferner Wasser und alle wässerigen Flüssigkeiten, daher auch
tierische und Pflanzenkörper im saftreichen Zustande, feuchtes Erdreich u. dergl.
m. - Zu den schlechten Leitern der Elektricität gehören fast alle Körper, welche die
Wärme schlecht leiten, Glas, die durchsichtigen Edelsteine, Eis, Schwefel, Harz,
Kammmasse (hornisiertes Kautschuk), Seide, Haare, Federn und ganz besonders
trockene Luft. - Zwischen guten und schlechten Leitern findet aber keine scharfe
Scheidung, sondern ein allmählicher Übergang statt, welcher durch die zwischen
beiden stehenden Halbleiter vermittelt wird; zu diesen gehören Horn, Knochen,
Holz, Papier, Marmor, Kreide, Gips, überhaupt die meisten undurchsichtigen Erden
und Steine, fette Öle u.a.m. Gute und schlechte Leiter unterscheiden sich aber, wie
aus den oben angeführten Versuchen hervorgeht, in folgendem: Wenn einem guten
Leiter Elektricität mitgeteilt wird, so verbreitet sich dieselbe über seine ganze Ober-
fläche, und wenn man ihn an irgendeiner Stelle berührt, so verliert er seine Elek-
tricität nicht nur an der berührten Stelle, sondern in seiner ganzen Ausdehnung.
- Ein schlechter Leiter empfängt oder verliert in dem einen wie im anderen Falle
die Elektricität nur an der berührten Stelle und in der nächsten Umgebung dersel-
ben. - Überhaupt beruht die Verschiedenheit zwischen schlechten Leitern, Halblei-

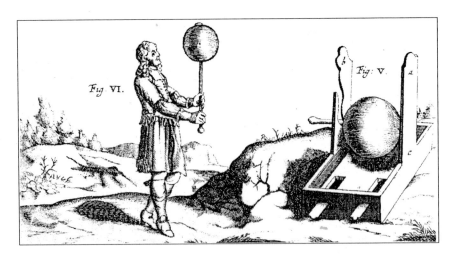

Schwefelkugel des Otto von Guericke - 1672

tern und guten Leitern auf dem Widerstande, welchen dieselben der Verbreitung der Elektrizität entgegensetzen." In den *"Anfangsgründen der Naturlehre zum Behuf der Vorlesungen über die Experimental-Physik"* bemerkt Johann Tobias *Mayer* 1812: *"Man entdeckt sehr bald, daß es zur Erregung der Elektricität hauptsächlich auf die reibende Substanz oder auf das Reibezeug ankomme, und daß jeder Körper seine eigne Art von Reibezeug erfordert, um in ihm jene Kraft in einem hohen Grade zu erwecken. Für Seide, Schwefel und harzige Körper sind Pelzwerke (insbesondere von Katzen, Füchsen, Haasen), und für Glas ein Stück weiches Leder, worauf ein Zinn- oder Zinkamalgama mit etwas frisch ausgelassenem Schweineschmalz gemischt, eingerieben worden, die besten Reibezeuge."*

Anhand dieser Grundlagen gelang es Otto v. *Guericke* (1602 - 1686) eine einfache *Elektrisiermaschine* auszudenken, die aus einer Schwefelkugel bestand, die *"vermittelst einer Kurbel um eine durch den Mittelpunkt gehende Achse gedreht wurde"*, und dem Reibzeug, *"welches durch die hohle Hand gebildet wurde."* Guericke füllte eine Glaskugel mit Schwefel, schmolz ihn und zerschlug, nachdem der Schwefel erstarrt war, das Glas: Er erhielt eine Schwefelkugel, die er in einem Gestell drehbar lagerte. Diese Elektrisiermaschine schickte Otto v. *Guericke* im Jahre 1671 an Gottfried Wilhelm v. *Leibniz* (1646 - 1716) der an der Schwefelkugel einen Funken feststellte, was er im darauffolgenden Jahr v. *Guericke* brieflich mitteilte. Interessant ist, daß v. *Guericke* mit seinem Versuch die kosmischen Wirkkräfte zwischen den Gestirnen und der Erde aufdecken wollte und keinen elektrischen Phänomenen nachspürte. Elektrische Funken wurden 1675 auch von Jean *Picard* (1620 - 1682) ausgemacht, der ein Leuchten des luftleeren Raumes einer Barometerröhre, auch *"elektrische Schlange"* oder *"Leydner Vakuum"* genannt, wahrnahm und die Ursache einem *"mercurialischen Phosphor"* oder *"phosphori s. noctilucae mercuriales"* zuschrieb. Ähnliches beobachtet man beim *"elektrischen Ei"*. Es besteht aus einem Glasballon, *"der an seinen Enden mit messingnen Fassungen versehen ist, deren eine sich auf eine Luftpumpe aufschrauben und nach möglichster Verdünnung der Luft durch einen Hahn verschließen läßt. Im Innern des Ballons sind zwei Drähte angebracht,*

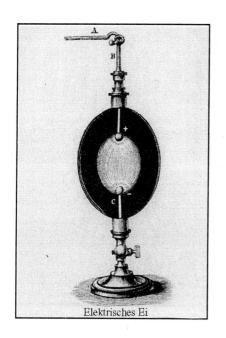

Elektrisches Ei

Elektrisiermaschine

welche in Kugeln enden, zwischen denen die Elektricität mit lebhafter Lichtentwicklung überströmt." Johann Tobias *Mayer* erwähnt in seiner *"Naturkunde"* ähnliche Phänomene: *"Stellt man den Versuch mit dem Reiben einer Glasröhre, Siegellackstange sc. im Finstern an, so sieht man eine Menge von leuchtenden Strahlenbüscheln, aus dem geriebenen Körper ausfahren, die einen Phosphorgeruch um sich her verbreiten, und wenn man dem elektrisierten Körper einen Finger nähert, so erscheint zwischen beyden ein leuchtender Funke, der mit einem knisternden Schalle hervorbricht, und in dem Finger ein Stechen, wie von einer Nadelspitze, verursacht. Fährt man mit dem elektrisierten Körper an dem Gesichte in einiger Entfernung vorbey, so wird man etwa fühlen, als wenn ein feines Spinnengewebe gegen die Haut flöge."* Natürlich ersann man zu den elektrischen Phänomenen auch eine Theorie: *"I. Die elektrischen Erscheinungen sind höchst wahrscheinlich der Erfolg der Zersetzung einer gewissen in allen Körpern befindlichen Flüssigkeit F, welche wir das elektrische Fluidum, oder die elektrische Materie nennen wollen. II. Dieses Fluidum ist aus zwey anderen verschiedenen Stoffen +E und -E zusammengesetzt, welche durch Anziehung oder Verwandtschaft mit einander vereinigt sind, aber durch verschiedene Prozesse voneinander geschieden werden können."* Insgesamt besteht die von *Mayer* ausgebreitete Theorie aus 12 Punkten und soll hier nicht vollständig wiedergegeben werden.

Elektrisiermaschinen wurden die Renner der Jahrmärkte des 18. Jhdt's; sie wurden aber auch in den Salons von Adel und Bürgertum dem erstaunten Publikum vorgeführt. Mithilfe der 1784 gebauten *Glaskugelmaschine* erreicht man eine Funkenlänge von bis zu 61 cm; die Elektrizität ließ sich von Person weitergeben und man konnte einen *"elektrischen Schlag"* (explosio electra) oder eine *"Erschütterung"* ("suggestus electricus") austeilen. H. *Püning* beschreibt in seinen *"Grundzügen der Physik"* eine Elektrisiermaschine bis ins Detail: *"Die wichtigsten Teile der Elektrisiermaschine (Winterscher Konstruktion) sind eine kreisförmige Glasscheibe, die Reibzeuge und*

Elektrisierung eines Knaben nach Gray - 1744

der Konduktor. Die Glasscheibe A ist von starkem Spiegelglas und auf einer gläsernen Achse befestigt, die vermittelst einer Kurbel D gedreht werden kann. Die Reibzeuge bestehen aus ledernen Kissen, die mit Amalgam (Zink, Zinn, Quecksilber) bestrichen sind; sie werden von dem Nebenkonduktor J getragen, der selbst wieder auf zwei Glassäulen F und G ruht, und werden durch zwei Federn an die beiden Seiten der Glasscheibe angedrückt. An die Reibzeuge schließen sich zwei Flügel von Seide oder Wachstaffet, die durch eine Klammer P zusammengehalten sich beiderseits an die Glasscheibe anlegen und eine Zerstreuung der Elektrizität in die Luft verhindern sollen. Zur Aufnahme der Elektrizität dient der Konduktor G; derselbe ist ebenso wie der Nebenkonduktor J aus Messing und in unserer Abbildung kugelförmig, oft auch von anderer Form, aber immer ohne jede hervortretende scharfe Kante oder Ecke. Er ruht auf der gläsernen Säule H und trägt die Aufsauger KK. Letztere sind polierte, hölzerne Ringe, deren jeder auf der die Scheibe zugekehrten Seite eine vertiefte Rinne hat, die in ihrem unteren Teil mit Stanniol belegt ist und hier eine Reihe feiner Nadelspitzen besitzt, die sich der Glasscheibe zuwenden. Oft trägt der Konduktor noch einen größeren polierten Holzring R, in dessen Inneres ein starker Eisendraht eingelegt ist.

Vor dem Gebrauche der Maschine setzt man in der Regel den Reibzeugkonduktor mit der Erde in leitende Verbindung. Beim Drehen der Scheibe wird diese +, die Reibzeuge - elektrisch. Die letztere Elektrizität wird also zur Erde abgeleitet. Die + E der Scheibe wirkt, in der Nähe des Konduktors angelangt, verteilend auf die beiden Elektrizitäten desselben. Sie zieht die - E heran, die aus den Spitzen der Saugringe ausströmt und die Scheibe neutralisiert, während die + E abgestoßen wird und auf dem Konduktor verbleibt."

An der Maschine bilden sich recht lange "Entladungsfunken". "Nähert man dem geladenen Konduktor die Hand, so springt mit einem Knalle ein Funke über. Die + E des Konduktors vereinigt sich mit der - E, die sich auf der Hand infolge der Influenz vorher angesammelt hatte. Je stärker die Spannung, desto größer ist die Schlagweite des Funkens. Längere, kräftige Funken zeigen oft ein verzweigtes Aussehen.

DE MAGNETE, LIB. II.
am, more indicis magnetici, cuius alteri fini appone succinum, vel

lapillum leniter fricatum, nitidum & politum, nam illicò versorium conuertit se. Plura igitur attrahere videntur, tàm quæ à natura tan-

Entladungsfunke

Nadelelektroskop ("versorium")
von Gilbert - 1600

Die Funken können zur Entzündung von Spiritus, Äther oder Knallgas benutzt werden. In luftverdünnten Räumen schlägt der Funken auf bedeutend größere Entfernungen über und zeigt dabei hübsche Lichterscheinungen. Am bequemsten beobachtet man dieses an den sog. Geißlerschen Röhren. Dieses sind allseitig geschlossene Röhren von verschiedener Form, die sehr verdünnte Luft oder Gas enthalten und an den beiden Enden eingeschmolzene Platindrähte zur Einführung der Elektrizität besitzen. Je nach der Art des Gases und Glases sind die Lichterscheinungen verschieden." Ein weiteres Experiment läßt sich mit einem *"Isolierschemel"* anstellen: *"Der Isolierschemel ist ein Schemel mit gläsernen Beinen. Stellt jemand sich darauf und legt seine Hand auf den Konduktor, so strömt die Elektrizität auf ihn über. Seine Haare sträuben sich und aus seinem Körper lassen sich Funken ziehen."*

Im 18. Jhdt. stellt Giovanni Battista *Beccaria* (1716 - 1781) Versuche mit elektrischen Ladungen an. Er berührte mit elektrisch geladenem Zink ein Quecksilbererz, das Zinnober. Dabei setzte er metallisches Quecksilber frei. Schon früh erfand man in der Elektrostatik Geräte, um die Elektrizität, für die der Mensch kein Sinnesorgan besitzt, "sichtbar" zu machen. William *Gilbert* benutzte schon um 1600 ein *Elektroskop* (gr. elektron = Bernstein; skopein = sehen), das aus einem Metallstückchen bestand, das auf einer Pinne drehbar war. *Gilbert* bezeichnete sein Instrument als *versorium* (lat. "Wender"). Im Jahre 1745 verwendete J.H. *Waitz* dünne *"Goldblätt-gen"* zur Elektrizitätsprüfung, ab 1753 nimmt man leichte Holundermark- oder Korkkügelchen als Indikator für elektrische Erscheinungen. Im Jahre 1772 erfand William *Henly* (gest. 1779) das *Quadrantenelektrometer*: *"Dieses besteht aus einem Stäbchen, welches auf dem Konduktor befestigt wird und an seinem oberen Ende einen Halbkreis trägt, von dessen Mittelpunkt ein beweglicher, unten mit einem Korkkügelchen versehener Stift ausgeht. Je stärker der Konduktor geladen ist, um so mehr wird der Zeiger und das Kügelchen abgestoßen und um einen um so größeren Winkel, welcher durch die Grade des Halbkreises gemessen wird, in die Höhe getrieben."* Abraham *Bennet* (1750 - 1799) schuf das sehr empfindliche *Goldblattelektroskop*. Tiberio *Cavallo* (1749 - 1809) baute das Elektroskop zum *Elektrometer* aus: Er schloß einander abstoßende Kügelchen oder Goldblättchen in ein Gefäß ein.

Eine weitere "elektrische Maschine" war der 1762 von Johann Karl *Wilcke* (1732 - 1796) ausgedachte *Elektrophor*, der aus einer Glastafel bestand, deren metallische Belegung abnehmbar war. Graf Alessandro *Volta* (1745 - 1827) verbesserte den Wilckenschen Elektrophor (it. eletroforo perpetuo = immerwährender Elektrizitätsträger). *Püning* schreibt dazu: *"Der Elektrophor besteht aus einem Harzkuchen (oder einer Hartgummischeibe) H, der auf einem Blechteller [Schüssel oder Form]*

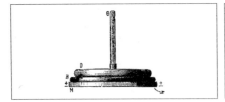

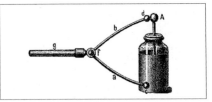

Elektrophor

Entladung der Kleistschen Flasche
durch den Henleyischen Auslader

M ruht und wieder durch einen metallenen Deckel [Teller oder Trommel] *D mit gläsernem Handgriffe G bedeckt werden kann. Peitscht man den Harzkuchen mit einem Fuchsschwanz oder Katzenfell, so wird er negativ elektrisch. Setzt man nun den Deckel D auf, so wirkt die - E* [negative elektrische Aufladung] *des Kuchens verteilend auf die Elektrizitäten des Deckels, die + E wird angezogen, die - E wird abgestoßen. Erstere sammelt sich also im unteren Teile, letztere im oberen Teile des Deckels. Nähert man alsdann dem Deckel einen Finger, so springt ein Funken über, und bei der Berührung mit dem Finger wird alle - E zum Boden abgeleitet. Hebt man jetzt den Deckel ab, so wird die + E frei und kann einen zweiten Funken von + E aus dem Deckel ziehen. So kann man abwechselnd fortfahren, ohne daß der Harzkuchen merklich an Elektrizität verliert. Der Blechteller, auf dem er ruht, wird von dem Kuchen ebenfalls influenziert und ist von günstiger Wirkung auf die Stärke der Ladung des Harzkuchens."* Natürlich ist der Elektrophor kein *perpetuum mobile:* Die abgegebene elektrische Energie wird als mechanische Energie beim Heben des Deckels zugefügt. Der Elektrophor ist beim Elektrischen Feuerzeug (→ S. 4) eingebaut. Der Harzkuchen wurde aus 8 Teilen Harz (Kolophonium), 1 Teil Schellack und 1 Teil venitianisch Terpentin bereitet.

In die Anfangszeit der elektrischen Entdeckungen fällt die Erfindung der *elektrischen Flasche.* Sie hieß auch *Kleistsche* oder *Leidner Flasche, Erschütterungsflasche, phialae Leidenses* oder *lagenae armatae.* Sie diente zur Ansammlung oder Verstärkung der elektrischen Energie und wurde auch als *Verstärkungsflasche* bezeichnet. Sie wurde 1745 von Ewald Jürgen v. Kleist erfunden und unabhängig davon 1746 von *Cunaeus. Koppe* schreibt zur elektrischen Flasche: *"Die größte Verstärkung der (durch Reibung zu erregenden) Elektricität erhält man durch die elektrische Flasche. Diese besteht aus einem Glase, welches innerlich und äußerlich mit Metall, gewöhnlich Stanniol, (dünn gewalztem Zinn), belegt ist, doch so, daß zwischen beiden Belegungen ein dieselben trennender Rand des Glases frei bleibt, welchen man gewöhnlich zur besseren Abhaltung der Feuchtigkeit mit Siegellack überzieht. Zur inneren Belegung führt ein Draht, welcher oben in eine metallene Kugel endet. Die Flasche wird geladen, wenn man die innere Belegung mit dem Konduktor* [Elektrizitätsspeicher] *einer thätigen Elektrisiermaschine und die äußere Belegung mit dem Erdboden leitend verbindet. Die Flasche wird entladen, wenn man die äußere und innere Belegung miteinander in leitende Verbindung bringt. Man bemerkt hierbei einen kurzen mit einem Knalle begleiteten Funken. - Man sagt, der elektrische Leiter, welcher die Entladung einer elektrischen Flasche bewirkt, werde im Momente der Entladung von einem elektrischen Strom durchlaufen. Noch kräftigere Wirkungen als mit der einfachen Flasche erhält man durch die Vereinigung mehrerer Flaschen zu einer sogenannten elektrischen Batterie. Die inneren Bele-*

Nachweis der Gewitterelektriztät
durch d´Alibard - 1752

Holtzsche Elektrophor- oder
Influenzmaschine

gungen sind durch starke Drähte, die äußeren Belegungen aber dadurch leitend
verbunden, daß die Flaschen auf einem mit Stanniol überzogenen Brette aufgestellt
sind."

Die elektrische Flasche soll durch Zufall erfunden worden sein. *V. Kleist* hatte einen
eisernen Nagel in eine Medizinflasche gesteckt, in der etwas Quecksilber war. Er
hielt die Flasche in einer Hand und lud sie elektrisch auf. Als er den Nagel mit der
anderen Hand berührte, empfand er eine heftige "Erschütterung". Die Hand hat
dabei die äußere, das Quecksilber die innere Belegung der elektrischen Flasche
gebildet. Der Schlag aus der Flasche war so stark, daß gesundheitliche Schäden
auftreten konnten. Johann Heinrich *Winkler* (1703 - 1770) berichtete, daß seine Frau
nach einem "elektrischen Schlag" einige Zeit nicht mehr richtig gehen konnte. Auch
der *Elektrophor* ist nichts anderes als eine schwach wirkende Leidener Flasche: Sein
Deckel ist die innere Belegung, die Eisenform die äußere Belegung. Der Harzkuchen
ist der Isolator. Auf der Leidener Flasche gründeten so manche geheimnisvollen und
überraschenden Versuche wie die *Blitztafel,* die *Blitzkette* und die *leuchtenden Na-*
men. Man verwendete eine *Batterie von Leidener Flaschen* als Volksbelustigung zur
Entzündung des Schießpulvers, des weißen Phosphors, des Bärlappsamens sowie des
Wasserstoffgases in *Voltas elektrischer Pistole* oder *Pickels Geschwindigkeitspistole.*
Man schmolz und "verkalkte" dünne Metalldrähte wie Goldblättchen und Stanniol-
streifen. Man zeigte die *"Erschütterung durch eine ganze Reihe von Personen*
(Franklins Zaubergemählde, der Hochverrath und die Verschwörung, die elektri-
sche Thür...). Die Durchbohrung mehrerer Kartenblätter, die Glaszersprengung,
Holzzersplitterung und dergleichen." Man zeigte das *"Donnerhaus"* und die *"Blitzab-*
leiter".

Aus dem Prinzip des Elektrophors ging die *Elektrophor-* oder *Influenzmaschine* hervor. *Koppe* schreibt: *"Sowie bei dem Elektrophor vermittelst der Influenz des elek-*
trisch geladenen Kuchens sowohl positive als negative Elektricität durch allmähliche
Summierung in beliebiger Menge erhalten werden kann, so findet das nämliche

Ars voltacustica - 1802

auch bei der Influenzmaschine statt, jedoch mit dem wesentlichen Unterschiede,
daß beim Elektrophor die Elektricitäten sich nur unterbrochen, die eine abwech-
selnd mit der anderen, ansammeln lassen, während die Influenzmaschine die bei-
den Elektricitäten in kontinuierlichem Strome liefert." Aus dem Elektrophor und der
Leidener Flasche entwickelte Alessandro *Volta* 1783 den *Kondensator:* Er ersetzte
die dicke Isolierschicht des Harzkuchens durch eine dünne Firnisschicht. Damit
bestand der Kondensator aus zwei Metallplatten, die durch ein dünnes Dielektrikum
voneinander isoliert waren. Die mit der Erde verbundene Platte heißt *Kondensator-*
platte, die andere *Kollektorplatte.* *"Berührt man die auf die Kondensatorplatte aufge-*
setzte und von derselben durch die isolierenden Firnisschichten getrennte Kollek-
torplatte b mit einem schwach, z.B. positiv elektrisierten Körper, so zieht die der-
selben mitgeteilte positive Elektricität in der Kondensatorplatte a negative Elektricität
an, welche umgekehrt auch auf die positive Elektricität der Kollektorplatte b anzieh-
end wirkt, weshalb aus dem berührenden Körper weit mehr positive Elektricität in
die Kollektorplatte übergeht, als ohnedies der Fall sein würde, so daß also hier ganz
dieselbe Wechselwirkung eintritt, welche wir früher bei der elektrischen Flasche in
Hinsicht der entgegengesetzten Elektricitäten der beiden Belegungen kennengelernt
haben. Hebt man nun die Kollektorplatte b auf, so läßt sich die in derselben ange-
häufte positive Elektricität an einem empfindlichen Goldblattelektroskope auf die
vorher gegebene Art prüfen."

Die elektrischen Erscheinungen wurden auch als *"medizinische Elektrizität"* im
Dienste der Gesundheit angewendet. Schon um 48 u.Z. ließ Scribonius *Largus* bei
Kopfschmerzen und Podagra den *Zitterrochen* auflegen. *Mayer* schreibt in seiner
"Naturlehre": *"Medizinische Elektrizität. So nennt man die Anwendung der Elektri-*
cität auf die Heilung verschiedener Krankheiten, in denen man sie nützlich befun-
den haben will, z.E. rheumatischen Zufällen, Augenkrankheiten, Gehörfehlern,
Lähmungen sc. Die Art der Anwendung in diesem oder jenem Falle muß der Beur-
theilung des Arztes überlassen bleiben. Man kann sich hiebey des einfachen Fun-
kens, des Ausströmens aus Spitzen, und des verstärkten Funkens, nach Verhältniß
der Umstände stärker oder schwächer, positiv oder negativ bedienen, und der
Patient kann hiebey isoliert (im elektrischen Bade) oder nicht isoliert seyn ... Den

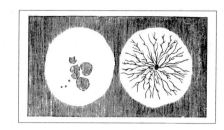

Lichtenbergische Figuren

elektrischen Schlag bloß durch einen gewissen Theil des Körpers gehen zu lassen, kann vortheilhaft der Henleyische Auslader gebraucht werden." Mit der *"ars volta-custica"* versuchte man um 1801 Taube zu heilen. Man baute einen Stromkreis vom Ohr des Patienten über eine starke Voltaische Säule zur Hand auf. Ein Uhrwerk steuerte den Unterbrecher. Besonders interessant aber irgendwie auch lustig liest sich die 1802 von *Weber* in der Zeitschrift *Galvanismus* abgedruckte Passage: *"Seitdem der Galvanismus in Heilung der Kranken versucht, und hier und da, glücklich angewandt worden ist, fehlt es nicht an Leuten, die Kranken aller Art, die unbedingte Weisung geben: «Nur galvanisiert.» – Auch erzählten schon vielmale Zeitungen, in einem unendlich zuversichtlichen Tone, Krankenheilungen, die an Wunder gränzen, und die der Galvanismus bewirkt haben soll. Man darf sich daher nicht verwundern, daß sich Taube, Stumme, Blinde und Lahme, schaarenweise um die Voltaischen Säulen herumlagern, und sich die Allkraft des Galvanismus versuchen lassen. Ja, man darf sich nicht verwundern, daß sogar alte Männer und Frauen für ihre ausgetrockneten Nerven- und Muscelfasern jugendliche Kraft; – Blödsinnige Geistesstärke; – Krippel Integrität ihrer Organe u.s.w. von dem galvanischen Reize erwarten. Nun findet sich aber die Sache nicht so, als sich die Gutmüthigen einbilden."*

Man stellte im 18. Jahrhundert eine Menge von Hypothesen über das *"elektrische Fluidum"* auf. *"Das bisher ausgeführte System, vermöge dessen man sich die elektrische Flüssigkeit F aus zwey unterschiedenen Stoffen + E und – E zusammengesetzt vorstellt, scheint den Phänomenen am besten zu entsprechen, und wird das Dualistische System genannt."* Man fabulierte von dem elektrischen Fluidum als *"Dunst, von dem das Licht die fortleitende Flüssigkeit sey"*, sprach von *acider* und *phlogistischer Electricität*, von *Lichtmaterie*, *Elementarfeuer* und *Wärmestoff*, es wurde sogar eine *elektrische Säure* propagiert. Schließlich faßt *Mayer* treffend zusammen: *"Aus Allem erhellet, daß wir über die Natur der elektrischen Flüssigkeit eigentlich noch gar nichts wissen."*

Im Jahre 1777 entdeckte Georg Christian *Lichtenberg* (1742 – 1799) elektrische Staubfiguren, die ihm zu Ehren auch *Lichtenbergsche Figuren* genannt wurden. Diese entstehen auf Isolatoren, z.B. einem Harzkuchen, wenn man eine Stelle positiv, eine andere negativ auflädt und den Harzkuchen mit *Hexenmehl* (semen lycopodii, Bärlappsporen) bestreut. Positive Stellen des Harzkuchens zeigen strahlenförmige, negative rundliche Figuren. Lassen wir *Lichtenberg* in seiner Abhandlung *"über eine neue Methode, die Natur und die Bewegung der elektrischen Materie zu erforschen"* selbst zu Wort kommen: *"Zu Beginn des Frühlings des Jahres 1777 war mein Elektrophor gerade fertiggestellt. In meinem Zimmer war noch alles voll von feinstem Harzstaub, der beim Abhobeln und Glätten des Kuchens und Deckels*

Galvanis
Grundexperiment

emporgestiegen war und sich später an die Wände und auf die Bücher gelegt hatte.
Entstand dann eine Luftbewegung, so setzte er sich zu meinem großen Verdruß oft
auf den Deckel des Elektrophors nieder. Aber erst nachdem ich den Deckel des
öfteren an der Decke des Zimmers aufgehängt hatte, da geschah es einmal, daß
sich der Staub auf den Kuchen [*des Elektrophors*] *niedersetzte und ich ihn nun*
nicht, wie es vorher auf dem Deckel geschehen war, gleichmäßig bedeckte, sondern
sich zu meiner größten Freude an bestimmten Stellen zu Sternchen anordnete. Sie
waren zwar anfangs matt und schwer zu sehen; als ich aber absichtlich mehr Staub
aufstreute, wurden sie sehr deutlich und schön und glichen oft einer erhabenen
Arbeit. Es zeigten sich bisweilen fast unzählige Sterne, Milchstraßen und größere
Sonnen. Die Bogen waren an ihrer konkaven Seite matt, an ihrer konvexen Seite
mannigfaltig mit Strahlen verziert. Herrliche kleine Ästchen entstanden, denen
ähnlich, die der Frost an den Fensterscheiben hervorbringt; kleine Wolken in den
mannigfaltigsten Formen und Graden der Schattierung und endlich mancherlei
Figuren von besonderer Gestalt waren zu sehen."

An der Universität zu Bologna beschäftigte sich der Anatom Luigi *Galvani* (1737 –
1798) im Jahre 1780 mit dem Feinbau des Frosches. Dabei wurde er *"bey Gelegen-*
heit gewisser Versuche, die er mit Fröschen anstellte, auf eine der merkwürdigsten
Entdeckungen geleitet, nähmlich, daß thierische mit irritablen und sensiblen Fibern
versehene Organe, unter gewissen Bedingungen, bey der Berührung mit Metallen
und verschieden anderen Körpern noch einen sehr hohen Grad der Reitzempfäng-
lichkeit oder Vitalität zeigen können, wenn sie sich gleich dem Zustande der tiefsten
Unerregbarkeit zu befinden scheinen. Man bezeichnet die hierher gehörigen Er-
scheinungen von ihrem Entdecker mit dem Worte Galvanismus oder Metallreitz
(irritamentum metallicum)." Lassen wird *Galvani* selbst berichten: " *Ich sezierte*
einen Frosch und präparierte ihn, wie die Abbildung zeigt und legte ihn auf einen
Tisch, auf dem eine Elektrisiermaschine stand. Wie nun der eine von den Leuten,
die mir zur Hand gingen mit der Spitze des Skalpellmessers die inneren Schenkel-
nerven DD des Frosches zufällig ganz leicht berührte, schienen sich alle Muskeln
derart zusammenzuziehen, als wären sie von Krämpfen befallen. Der andere aber,
welcher uns bei Elektrizitätsversuchen behilflich war, glaubte bemerkt zu haben, das

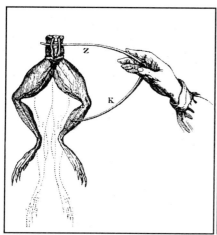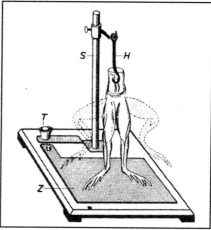

Galvanis Froschversuche

sich das ereignet hätte, während dem Konduktor der Maschine ein Funken entlockt wurde." Als Galvani im Jahre 1786 die *"atmosphärische Elektrizität"* untersuchte, stellte er fest, daß präparierte Froschschenkel, die er mithilfe von Messinghaken an einem eisernen Balkongitter befestigt hatte, bei einer vorbeiziehnden Gewitterfront Muskelzuckungen ausführten. Merkwürdigerweise zuckten die Froschschenkel auch bei heiterem Himmel, doch nur, wenn sie gegen das eiserne Balkongitter schlugen. Galvani prüfte Nerven und Muskeln der Froschschenkel durch Verbindung mit unterschiedlichen Leitern und benutzte hierzu *halbrunde Schließungsbögen*. Er bemerkte, daß die Kontraktion der Schenkel bei Schließungsbögen, die aus zwei Metallen bestanden, besonders heftig waren, konnte dies aber nicht erklären. Er vermutete, daß *"der Nerv und die an ihn angrenzende Muskelfläche die andere Belegung einer Leidener Flasche bildete."* Er glaubte, daß wenn man den Nerv mit der Außenmuskelfläche verbinde, es durch Entladung des tierischen Kondensators zu Kontraktionen komme. Galvani nahm an, daß durch Berührung mit Metallen, eine im Tier schlummernde Elektrizität geweckt und angeregt werde und nannte diese *tierische* oder *animalische Elektrizität*. Nach Galvani waren die Muskeln Sitz tierischer Elektrizität und er verglich sie mit einer Leidener Flasche. Erst 1791 machte Galvani seine Experimente und Theorien der Öffentlichkeit zugänglich.

Der Italiener Alessandro *Volta* (1745 - 1824) beschäftigte sich 1780 mit einer Beobachtung, die *Sulzer* im Jahre 1780 gemacht hatte und so beschrieb: *"Wenn man zwei Stücke Metall, ein bleiernes und ein silbernes, so miteinander vereinigt, daß ihre Ränder eine Fläche ausmachen und bringt sie an die Zunge, so wird man einen gewissen Geschmack daran merken, der dem Geschmack des Eisenvitriols ziemlich nahe kommt, da doch jedes Stück besonders nicht die Spur von diesem Geschmack hat."* Volta, der es für das Wichtigste hielt, *"die Qualität, Quantität und die Art dieser Elektrizität zu erforschen"*, testete mit seiner Zunge als Indikator verschiedene Metallkombinationen. Er schreibt darüber in einem Brief an den Professor *Gren* in Halle, den er am 1. August 1796 in Como abgefaßt hatte *"über die beim Contact ungleicher Leiter erregte Elektricität"*: *"Man fülle einen zinnernen*

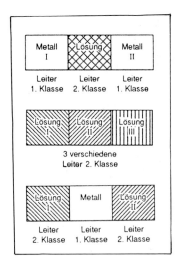

Mögliche Anordnung von Leitern
1. und 2. Klasse nach Volta

Becher mit Seifenwasser, Kalkmilch, oder besser, mit mässig starker Lauge, fasse ihn mit einer oder beyden Händen, die man mit blossem Wasser feucht gemacht hat und bringe die Spitze der Zunge auf die Flüssigkeit im Becher. Sogleich wird man die Empfindung von einem sauren Geschmack auf der Zunge, welche die alkalische Flüssigkeit berührt, erhalten. Dieser Geschmack ist sehr entscheidend, und in den ersten Augenblicken ziemlich stark; er verwandelt sich aber bald nachher allmälig in einen von jenem verschiedenen, minder sauren, mehr salzigen und stechenden, bis er endlich scharf und alkalisch wirkt und die Wirksamkeit ihres eigenthümlichen Geschmacks, und ihre jetzt mehr entwickelte chemische Thätigkeit mehr und mehr die Empfindung des sauren Geschmacks unterdrückt, der durch den Strom von elektrischer Flüssigkeit veranlasst wird, welcher von dem Zinne zum alkalischen Liquor, von da zur Zunge, und dann durch die Person zur Wasserschicht, und aus dieser wieder zum Zinne, durch eine beständige Circulation übertritt ... Die Berührung verschiedener Leiter nemlich, besonders metallischer, die Kiesse und andere Erze, so wie die Holzkohle mit einbegriffen, die ich alle trockene Leiter, oder Leiter der ersten Klasse nenne; die Berührung dieser Leiter, sage ich, mit andern feuchten Leitern oder mit Leitern der zweyten Klasse, erschüttert, sollicitirt (betreibt) oder erregt das elektrische Fluidum, und giebt demselben einen gewissen Antrieb."

Volta entdeckte bei seiner "Zungentestreihe" die *Spannungsreihe der Metalle.* Er fand, daß die Zunge umso mehr erregt wurde, *"je mehr die angewandten Metalle in der hier genannten Ordnung von einander stehen: Zink, Staniol [Zinn], gewöhnliches Zinn in Platten, Blei, Eisen, Messing und Bronzen verschiedener Art, Kupfer, Platina, Gold, Silber, Quecksilber, Graphit."* Volta schrieb im Jahre 1792: *"Zwei Metalle, das ist das ganze Geheimnis."* Volta entwickelte drei mögliche Grundformen zur Anordnung von Leitern wie sie in obiger Abbildung zu sehen sind. *Volta* prüfte ab 1791 *Galvanis* "Froschversuche" nach und präparierte einen Froschschenkelnerv frei. Er belegte zwei benachbarte Stellen des Nerven mit Zinnfolie und legte mithilfe einer Leidener Flasche eine elektrische Spannung an: Er beobachtete

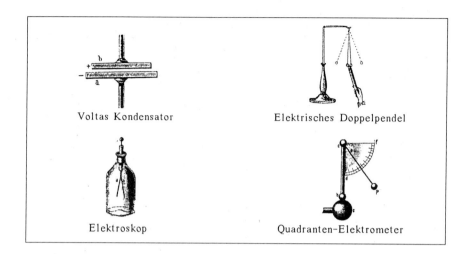

Voltas Kondensator

Elektrisches Doppelpendel

Elektroskop

Quadranten-Elektrometer

Muskelkontraktionen, obwohl kein Muskel direkt erregt wurde. Er führte damit Galvanis Theorie von der *animalischen Elektrizität* ad absurdum. Der Froschschenkel war nur ein Indikator der Entladung einer Leidener Flasche. *Volta* ersann immer wieder neue Versuche, um hinter die Geheimnisse der Nervenzuckungen zu kommen. Sie lassen sich fast alle auf ein einziges Schema reduzieren: Volta bildete eine galvanische Kette, die aus unterschiedlichen Metallen und einem tierischen Präparat bestanden.

In den Jahren 1796/97 prüfte *Volta* mit vielen Experimenten, ob auch zwischen zwei Metallen, ohne daß ein Leiter 2. Klasse vorhanden war, eine *Berührungsspannung* auftrat. Er benutzte zur Messung ein *Bennetsches Elektrometer*, das zwei Streifen sehr dünner Goldfolie enthielt und das von ihm selbst erfundene, weniger empfindliche *Strohhalmelektrometer*. "*Mit zwei Platten, einer aus Silber und einer aus Zink, die beide recht glatt und eben sind, daß sie merklich miteinander cohärieren, usw. glückte es mir, die Goldblättchen durch eine einzige Berührung der Silber- oder Zinkplatte mit dem Hut des Elektrometers, gleich nachdem ich sie auseinandergenommen habe, um mehr denn eine Linie divergieren zu machen.*" Volta nahm an, daß bei der Berührung der beiden Metalle, das Silber "*elektrisches Fluidum*" abgebe, das vom Zink aufgenommen werde. Im Silber stelle sich, da kein Nachschub des elektrischen Fluidums durch einen geschlossenen Kreis erfolge, ein Mangel ein, "*bis die Intensität oder Spannung der Elektricität (tensione elettrica)*" so groß sei, daß er wegen eines dem Metall innewohnenden Widerstandes nicht überschritten werden könne.

Volta bedauerte, daß bei seinen Versuchen nur kleine elektrische Erscheinungen auftraten, die er mithilfe von Kondensatoren (Duplikatoren) verstärken mußte: "*Doch giebt es noch verschiedene, auf welche solche Versuche mehr Eindruck machen, bey denen die Zeichen von Elektricität, welche man erhält, recht stark sind, wo die Elektrometer recht viele Grade angeben, oder ihre Pendel sich zu einem recht grossen Winkel öffnen, und endlich gar gegen die Wände des Glases anschlagen, welches sie einschliesst. Auch diesen Menschen muss ich noch Genüge leisten, ohne mich jedoch auch hier an eine andere, als an die, durch blosse Berührung verschiedener Metalle erregte Elektricität, zu halten, eine Elektricität, welche gewis-*

Voltas galvanische Versuche vor Konsul Napoleon in Paris - 1801

sermaßen unter meiner Jurisdiction [Gerichtsbarkeit] steht, und welche man mir nicht verweigern wird, sie mit dem Namen: Metallische Elektricität (Elettricita metallica) zu belegen; auch die, sage ich, die so auffallende Zeichen solcher Elektricität begehren, habe ich jetzt noch zu befriedigen; auch den Funken möchten sie verlangen. Doch dazu habe ich nichts weiter nöthig, als eine recht grosse und gleiche Platte Silber, eine dergleichen von Zinn, oder besser von Zink, und eine oder zwei Flaschen, besser jedoch nur eine; diese lade ich auf die angegebene Art, und unter Beobachtung der nöthigen Sorgfalt, durch eine gute Anzahl der gewöhnlichen Berührung, d.i. durch 60, 80 bis 100, und entlade diese Flasche in den Scudo [Schild] eines recht guten Condensators; gleich darauf hebe ich diesen Scudo in die Höhe, und untersuche ihn: er giebt ein Fünkchen von sich oder versetzt wenigstens die Pendel eines Flaschenelektrometers in eine Divergenz [Ausschlag] von 6, 8, und mehr Linien [1 Linie = 1/100 Fuß = 3,3 mm]."

Den Ungläubigen und Zweiflern konnte geholfen werden. Im Jahre 1800 schrieb *Volta* an Sir Joseph *Banks*, den Präsidenten der Royal Society in London *"über die bei blosser Berührung leitendender Substanzen verschiedener Art erregte Elektricität."* Er berichtet darin von der *"Herrichtung eines Apparates, welcher durch seine Wirkung, d.h. durch die Schläge, welche er in den Armen usw. hervorbringt, einer schwach geladenen elektrischen Batterie Leidener Flaschen ähnlich ist, aber unaufhörlich wirkt, deren Ladung nach jedem Entladungsschlag sich von selbst wiederherstellt, mit anderen Worten eine unerschöpfliche Ladung besitzt."* Voltas Veröffentlichung erregte die Öffentlichkeit. Im Jahre 1801 führte *Volta* seine Versuche im Beisein des Ersten Konsuls Napoleon im französischen Nationalinstitut in Paris vor.

Volta schildert den Aufbau des *Säulenapparates:* *"Ich verschaffte mir einige Dutzend kleiner runder Platten oder Scheiben aus Kupfer, Messing, oder besser Silber, einen Zoll oder etwas mehr oder weniger im Durchmesser, (z.B. Münzen) und eine gleiche Anzahl Platten von Zinn, oder, was viel besser ist, Zink, von annähernd gleicher Gestalt und Grösse... Ich verfertige ausserdem eine genügende Zahl runder Scheiben von Pappe, Leder oder anderem porösen Material, welches fähig ist, viel*

Voltasche Säule und Becherelement - 1800

Feuchtigkeit oder Wasser aufzunehmen oder zurückzuhalten, womit sie gut getränkt sein müssen, damit der Versuch gelingt. Diese Schichten oder Scheiben, welche ich feuchte Platten nenne, stelle ich etwas kleiner her, als die metallischen Platten, damit sie über diese nicht hervorragen, wenn sie in der gleich anzugebenden Weise zwischen sie gelegt sind...

Ich lege also horizontal auf einen Tisch oder irgend eine andere Unterlage eine der metallischen Platten, z.B. eine von Silber, und auf diese zweite passe ich eine von Zink, hierauf lege ich eine der feuchten Platten, darauf eine zweite Silberplatte ... Ich fahre so fort, sage ich, aus mehreren dieser Stockwerke eine so hohe Säule zu bauen, als sie sich halten kann, ohne umzufallen." Die Platten der Säule werden von vier soliden Stäben m gehalten. *Volta* schaltete mehrere Säulen in Reihe, um größere Wirkungen zu erhalten: *"Ist sie soweit, dass sie 20 bis 30 Stockwerke oder Paare von Metallen enthält, so wird sie bereits fähig sein, nicht nur am Elektrometer von Cavallo mit Hülfe des Condensators Anzeigen über 10 oder 15 Grade zu geben, den Condensator durch einfache Berührung zu laden, so dass er einen Funken gibt u.s.w., sondern auch den Fingern, die sie an beiden Enden, dem Kopf und Fuss einer solchen Säule, berühren, einen oder einige kleine Schläge zu geben, die sich wiederholen, wie man diese Berührung erneut; jeder dieser Schläge ist völlig der leichten Erschütterung ähnlich, welche eine schwach geladene Batterie oder endlich ein erschöpfter Zitterrochen giebt, welcher noch besser die Wirkungen meines Apparates nachahmt, infolge der wiederholten Schläge, die er ohne Aufhören geben kann."* Volta verbindet die untere Platte durch ein Stück Blech mit einem wassergefüllten Gefäß. Taucht man nun eine Hand in das Gefäß und berührt mit der anderen Platten der Säule in unterschiedlichen Höhen, so erlebt man "Erschütterungen", die mit der Entfernung der Platten vom Wasserbecken zunehmen.

Volta nahm an, daß die Elektrizität durch den Kontakt zweier Metalle oder der Metallfläche mit einer Lösung hervorgerufen werde. Obwohl er die chemischen Veränderungen wahrnahm, blieb er dennoch bei seiner *Kontakttheorie.* Erst Johann Wilhelm *Ritter* (1776 - 1810) erkannte, daß zwischen dem Auftreten von Elektrizität in der galvanischen Säule und chemischen Veränderungen in Elektrolyten und an Metallen ein Zusammenhang besteht. Damit wurde *Ritter* zum Begründer der *Elektrochemie.*

Neben dem Säulenapparat erfand *Volta* die *Tassenkrone* oder den *Becherapparat.* *"Man ordnet eine Reihe von mehreren Tassen oder Töpfen von beliebigem Stoffe, ausser Metall an, hölzerne Tassen, Muscheln, irdene Gefässe, besser gläserne (kleine Trinkgläser oder Becher sind am geeignetsten), die zur Hälfte mit reinem Wasser, oder besser mit Salzwasser oder Lauge gefüllt sind; man verbindet sie und bildet aus ihnen eine Art Kette mittels ebenso vieler metallener Bögen, von denen ein Arm Aa oder nur das Ende A, welches in einen der Becher taucht, aus Kupfer, Messing oder besser aus versilbertem Kupfer ist, während der andere Z, welcher in den folgenden Becher taucht aus Zinn oder besser aus Zink ist ... Eine Reihe von 30, 40, 60 dieser Becher, die auf diese Weise verknüpft sind, und die in einer geraden Linie oder in irgend einer Curve oder in beliebiger Weise geordnet sind, bildet den ganzen neuen Apparat..."*

Volta fand bei seinen Experimenten mit dem Becherapparat heraus: *"Der Strom der elektrischen Flüssigkeit erregt, wenn er von einer solchen Zahl und Art verschiedener Leiter, Silber, Zink und Wasser, die in der beschriebenen Weise abwechselnd geschichtet sind, in Bewegung gesetzt und getrieben wird, nicht nur Zusammenziehungen und Krämpfe in den Muskeln, mehr oder weniger heftige Convulsionen der Glieder, welche er in seinem Laufe durchströmt, sondern er erregt auch die Organe des Geschmacks, des Gesichts, des Gehörs und des eigentlichen Gefühlsinnes, und bringt hier die jedem eigenen Empfindungen hervor... In Hinsicht auf den Schmerz, den man bei den vorstehenden Experimenten empfindet, muß ich hinzufügen, dass, wenn dieser Schmerz schon recht stark und empfindlich ist an Stellen der unverletzten Haut, er doch bedeutend anwächst, wenn die Haut fehlt, in Wunden z.B. und bei frischen Verletzungen."*

Volta vergleicht seinen Säulenapparat mit den elektrischen Organen des *Zitterrochens* (raja torpedo; Krampffisch) und des *Zitteraals* (gymnotus tremulus, electricus) , der *"aus vielen häutigen Säulen besteht, welche von einem Ende bis zum anderen mit einer grossen Anzahl Scheiben oder Häutchen versehen sind, die sehr dünne Scheiben bilden und die übereinander gelagert sind oder in kleinen Zwischenräumen auseinander gehalten werden, in denen gewisse Flüssigkeiten sich befinden."* Er stellt fest, daß der Apparat, den er *"künstliches elektrisches Organ"* nannte, gemeint ist die Voltasche Säule, und das *"natürliche Organ des Rochens"* *"im Grunde genommen derselbe ist, ... ihm sogar, ... der Form nach gleicht."* Interessant ist, daß schon im Jahre 1615 von Nicolo *Godigno* berichtet wird, daß wenn ein Zitterwels zu toten Fischen gelegt werde, diese *"von innerer geheimnisvoller Bewegung"* ergriffen würden. Damit ist Galvanis Beobachtung zur Tierelektrizität schon viel früher in ähnlicher Weise gemacht worden.

Aufbau

Geräte

Volta-Aufbausäule
Petrischalen
Pinzette

Stoffe

Kupferplatten
Zinkplatten
Leitungswasser
Natriumchloridlösung
Citronensäurelösung
verd. Schwefelsäure

Es ist vorteilhaft, das Modell einer Voltasäule in Aufbauform zu benutzen. Alternativ kann man sich auch an *Koppes* Bauanleitung halten: *"Bei den Säulen ...wendet man als feste Leiter gewöhnlich kreisförmige oder viereckige Kupfer- oder Zinkplatten von 5 - 10 Centimeter Durchmesser und als feuchten Zwischenkörper dünne Papp- oder Tuchscheiben an, welche man in eine Auflösung von Kochsalz in Essig oder Salmiak in Wasser getaucht hat. Man schichtet nun diese Körper in der Ordnung Zink, Feuchtigkeit, Kupfer, ... bis zu 50 und 100 Plattenpaaren übereinander. Als Unterlage dient ein Gestell von Holz, auf welchem drei senkrecht in die Höhe gehende Glasstäbe angebracht sind, welche die Platten zusammenhalten."*

Durchführung 1

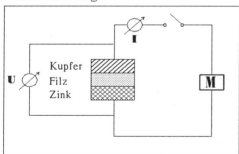

In eine Petrischale wird je eine Filzscheibe gelegt und mithilfe einer Tropfflasche mit destilliertem Wasser, Kochsalzlösung, verdünnter Schwefelsäure und Citronensäure getränkt. Aus einer Kupferplatte, einer benetzten Filzplatte und einer Zinkplatte wird eine Minisäule (Zelle) zusammengebaut und die Spannung **U** im unbelasteten Zustand gemessen. **M** kennzeichnet einen Kleinmotor (arbeitet ab 20 mW), **U** ein Voltmeter, **I** ein Amperemeter.

Beobachtung und Auswertung 1

Minielemente, deren Filzeinlage mit Leitungswasser oder Kochsalzlösung getränkt sind, liefern die geringste Spannung (0,70 Volt). Wird der Filz mit Citronensäure benetzt, ist die Spannung am höchsten (0,91 Volt).

Es werden 5 Mini-Voltaelemente (Zellen) mit Filzplatten, die mit Citronensäure durchtränkt sind, übereinander geschichtet (und dadurch hintereinandergeschaltet).

Beobachtung und Auswertung 2

Die Gesamtspannung des Stromkreises verfünffacht sich durch Hintereinanderschaltung der Zellen.

Durchführung 3

Der Kleinmotor M wird mithilfe eines Schalters mit dem Voltaelement aus Versuch 2 verbunden.

Beobachtung und Auswertung 3

Der Kleinmotor läuft nur kurzfristig, Spannung und Stromstärke sinken rapide ab, der Motor bleibt nach kurzer Zeit stehen. Eine Voltasche Säule dieser Bauart verhält sich äußerst inkonstant.

Tips und Tricks

a. Die Filzstücke werden in eine Petrischale von d = 10 cm gegeben und mithilfe einer Tropfflasche gründlich durchtränkt. Dem Elektrolyten wird, um die Benetzung zu verbessern, etwas Spülmittel zugefügt.

b. Die Filzstücke sollten mit einer Pinzette angefaßt werden, auch dünne Latexhandschuhe sind hilfreich und schonen die Hände.

c. Auf die oberste Platte des Aufbauelementes wird ein Kunststoffkörper aufgelegt, der durch einen Messingzylinder beschwert wird. Man erreicht so einen optimalen Kontakt der Plattenpaare und der Filze.

d. Sind zwei Aufbau-Elemente vorhanden, können auch *Parallelschaltungen* von Minielementen durchgeführt werden. Es läßt sich dann eine Verdoppelung der Stromstärken und eine Konstanz der Spannung beobachten.

e. Es ist auch reizvoll, die Plattenflächen (bei gleichbleibender Dicke) zu verdoppeln und vergleichende Messungen vorzunehmen. Hierzu müssen Kupfer- und Zinkplattenflächen berechnet und aus Blechtafeln ausgeschnitten werden. Eine Tafelblechschere erweist sich als nützlich.

f. Man sollte Platten der unterschiedlichsten Metalle wie z.B. Silber, Blei, Zinn u. a. miteinander kombinieren. Es läßt sich so die einfache Voltasche Spannungsreihe gewinnen.

g. Historisch relevante galvanische Elemente lassen sich durch die richtige Plattenkombination leicht zusammenstellen. Im folgenden wird die Platten- und Filzschichtenfolge von oben nach unten angegeben:

A. *Daniell-Element:* Kupferplatte, Filz mit verd. Schwefelsäure (H_2SO_4; c = 1 mol/l), Filz mit Zinksulfatlösung ($ZnSO_4$ c = 1 mol/l), Zinkplatte; Spannung unbelastet: 1,03 V, Spannung belastet: 0,8 mV, Stromstärke belastet: 21 mA über längere Zeit; konstante Energieabgabe.

B. *Leclanché-Element:* Kupferplatte, Graphitplatte, Filz mit Salmiaklösung (NH_4Cl; c = 4 mol/l), Zinkplatte; die Filzfläche zur Graphitplatte wird mit Braunsteinpulver (MnO_2) bestreut, von dem 1 Messerspitze genügt; Spannung unbelastet: 1,52 V, Spannung belastet: 1 V, Stromstärke belastet: 23 mA über wenige Minuten, wobei die Spannung absinkt.

C. *Bunsen-Element:* Kupfer-Platte, Graphit-Platte, Filz mit verdünnter Salpetersäure (HNO_3; 10 bzw. 25%), Filz mit Schwefelsäure (H_2SO_4; 10%), Zinkplatte. Die Kupfer-Platte dient zur Vereinfachung der Stromabnahme. Spannung unbelastet (bei 10%iger Säure): 1,3 V, Spannung belastet: 300 mV, Stromstärke belastet: 20 mA. Wird eine 25%ige Säure verwendet, wird eine Spannung von 1,1 Volt sehr lange aufrechterhalten.

D. *Blei-Akkumulator:* Blei-Platte, Filz mit verdünnter Schwefelsäure (25%), Blei-Platte. Bei diesem Versuch muß ein Lade- und Entladekreis aufgebaut werden! Zunächst wird bei einer Stromstärke von 100 mA mehrere Minuten geladen. Beim Entladevorgang wird eine Spannung von ca. 2 V gemessen, die bei Belastung rasch auf 100 mV absinkt. Die Stromstärke in belastetem Zustand beträgt 20 mA. Auf der positiven Bleiplatte schlägt sich braunes Bleioxid (PbO_2) nieder. Recht konstante Energieabgabe.

h. Nach Beendigung der Versuche werden die Filzstücke unter fließendem Wasser gründlich gereinigt und sorgfältig getrocknet (Fön!).

i. Bezugsquelle für das Aufbau-Volta-Element: Fa. A. Hedinger, Stuttgart

j. *Sicherheitshinweise*
- *Kupfersulfat* ($CuSO \cdot 5 H_2O$) ist mindergiftig.
- *verd. Schwefelsäure* (H_2SO_4) ist ätzend; Schutzkleidung.
- *verd. Salpetersäure* (HNO_3) unter 20% ist reizend, über 20% ätzend.
- *Salmiak* (NH_4Cl) ist mindergiftig.
- *Braunstein* (MnO_2) ist mindergiftig.

Glossar und Zusätze

Blitzrad. Es wurde von Ernst Christian *Neeff* (1782 - 1849) im Jahre 1835 erfunden. *"Dieses besteht aus einer kupfernen Scheibe, welche am Rande rechteckige, mit Ebenholz ausgelegte Einschnitte hat und um eine metallene, mit dem einen Pole der Batterie zu verbindende Achse sich rasch herumdrehen läßt. Bei der Umdrehung der Scheibe kommt ein mit dem andern Pole in Verbindung stehender Kupferdraht bald mit dem Holze, bald mit dem Metalle in Berührung. Schaltet man nun in diese Kette an irgend einer Stelle den menschlichen Körper ein, so können durch rasches Umdrehen der Scheibe auch bei einer nur aus wenigen Elementen bestehenden Batterie, welche für sich nur schwache physiologische Wirkungen giebt, die Erschütterungen bis zum Unerträglichen gesteigert werden. Dasselbe kann auch, jedoch in unvollkommnerem Maße, durch eine Holzfeile erreicht werden, welche man mit dem einen Poldraht verbindet, während man mit dem anderen Poldrahte rasch über die Feile hin und her fährt."*

Konstante galvanische Elemente. Bei vielen galvanischen Elementen sinken Spannung und Stromstärke bei Belastung schon nach kurzer Zeit erheblich ab, was ihren Einsatz in der Technik stark beeinträchtigt. Dies kann die unterschiedlichsten Ursachen haben, z.B. Oxidbildung an einer Elektrode wirkt isolierend, durch

Wasserstoffentwicklung können Gegenspannungseffekte auftreten, die Elektroden werden im sauren Medium angegriffen und "verbrauchen" sich schnell. Auch die Elektrolytlösung wird durch chemische Reaktionen bis zur Unbrauchbarkeit verdünnt, Ausfällungen von Reaktionsprodukten oder metallische Schlämme beeinträchtigen die elektrochemischen Reaktionen. Es hat nicht an Erfindungen gefehlt, diese kontraproduktiven Abläufe zu verhindern und die Konstanz der galvanischen Elemente zu erhöhen. Hier einige historische Beispiele:

A. *Daniell'sches Element:* Es wurde im Jahre 1835 von John Frederic *Daniell* (1790

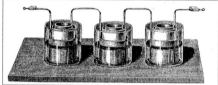

- 1845) entwickelt. Es enthält zwei zylinderförmige Metallelektroden aus Zink und Kupfer. Das Zink steht in verdünnter Schwefelsäure, das Kupfer in einer Kupfersulfatlösung. Beide Flüssigkeiten werden durch einen porösen Tonzylinder (Diaphragma) voneinander getrennt, so daß sich die Flüssigkeiten nicht vermischen können. Bei den elektrochemischen Vorgängen geht die Zinkelektrode in Lösung, aus der Kupfersulfatlösung scheidet sich metallisches Kupfer schwammartig ab. Die Vorgänge lassen sich zu folgender Reaktionsgleichung zusammenfassen:

$$Zn + Cu^{2+} \longrightarrow Zn^{2+} + Cu$$

Daniell arbeitete ursprünglich mit einer Ochsengurgel zur Abtrennung der Elektrolyte. John Peter *Gassiot* (1797 - 1877) ersetzte diese durch einen viel bequemeren und widerstandsfähigeren Tonzylinder. Beim Daniell-Element wird keine Gegenspannung aufgebaut. Dafür zersetzt sich der Zinkzylinder sehr schnell und auch die Kupfersulfatlösung wird durch Abscheidung schon nach kurzer Zeit verdünnt. Das Daniell-Element liefert frisch angesetzt etwa sechs Stunden lang eine konstante Spannung von 1,1 Volt.

B. *Meidinger-Element:* Johann Heinrich *Meidinger* (1831 - 1905) suchte im Jahre

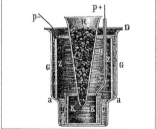

1859 die Nachteile des Daniell-Elementes durch Einbau einer Nachfüllvorrichtung zu kompensieren. Im *"Meidingerschen Elemente wird ein Glasgefäß verwandt, dessen unterer Teil bei a verengt ist. Auf der Verengung ruht ein Zinkzylinder Z, während ein Kupferzylinder K in einem zweiten kleineren Glasgefäße g steht. Von beiden Metallzylindern führen Drähte nach außen. Der Zinkzylinder befindet sich in einer Lösung von Bittersalz* [Magnesiumsulfat, MgSO$_4$], *die den Hauptteil des Gefäßes G füllt, das Kupfer K in einer Lösung von Kupfervitriol* [Kupfersulfat, CuSO$_4$ • 5H$_2$O], *die in dem kleinen Glase g ist. Die letztere Lösung mischt sich wegen ihrer bedeutenden Schwere nur wenig mit dem ersteren. In die Kupfervitriollösung reicht ein trichter- oder ballonförmiges Gefäß R hinab, das mit Kristallen von Kupfervitriol gefüllt ist, um die Lösung immer gesättigt zu erhalten. Das Meidingersche Element besitzt bei geringer elektromotorischer Kraft* [Spannung] *eine ungemein lange Dauer und wird darum hauptsächlich bei der Telegraphie verwandt."*

(1811 - 1896) ein konstantes Element, das kräftigere Ströme als das von Daniell lieferte. *Koppe* beschreibt es in folgendem Text: *"A zeigt eine Ansicht, B einen horizontalen Durchschnitt einer solchen Kette. Ein Glasgefäß ab ist mit verdünnter Schwefelsäure (ein Teil* Schwefelsäure *auf etwa zwanzig Teile Wasser) gefüllt; in diese taucht ein hohler, unten offener Zinkzylinder ef, und innerhalb dieses letzteren befindet sich ein unten geschlossener hohler Thoncylinder mm, welcher mit konzentrierter Salpetersäure gefüllt ist. In diese taucht ein Platinblech il, welches um eine größere Fläche mit der Flüssigkeit in Berührung zu bringen, Sförmig gebogen ist, wie dies die besondere Abbildung C dieser Platte zeigt. Der Thoncylinder ist durch einen Porzellandeckel geschlossen, um die Ausbreitung der das Atmen belästigenden Dämpfe von Stickstoffdioxyd zu verhindern. An dem Platinbleche und an dem Zinkcylinder sind die Klemmschrauben h und k angebracht, durch welche Drähte mit denselben verbunden werden können."* Koppe erklärt die chemischen Abläufe durch Reaktion des positiven Zink mit Wasser zu Zinkoxid und Reaktion von am Platin erzeugten Wasserstoffgas mit Salpetersäure zu Wasser. Dadurch komme es nicht zu einer die Wirksamkeit durch Gegenspannung ("Polarisation") behindernden Ausbildung einer Wasserstoffschicht auf der Platinelektrode. Diese Vorstellung, die sich noch sehr lange hält, ist falsch, wie die chemische Reaktionsgleichung zum Bunsenelement im nächsten Abschnitt beweist.

D. *Bunsen'sche Zinkkohlenkette:* Im Jahre 1841 wurde die Grovesche Batterie von

Robert *Bunsen* (1811 - 1899) weiterentwickelt. Dieser ersetzte das teure Platinmetall, das in Salpetersäure sehr rasch zerfiel durch eine widerstandsfähige Kohlensäure. Hierzu glühte Bunsen ein spezielles Gemisch aus Steinkohle und Koks in einer Retorte bei sehr hoher Temperatur. Er gewann eine feste, metallglänzende Kohle, die sich hervorragend formen ließ und als Elektrode bestens eignete. Beim Bunsenschen Element steht der Zinkzylinder in verdünnter Schwefelsäure, die prismaförmige Kohle in konzentrierter Salpetersäure. Die Säuren sind durch einen Tonzylinder voneinander getrennt. Das Bunsen-Element liefert eine äußerst konstante Spannung von 1,9 Volt. Es war im 19. Jhdt. die wirksamste elektrochemische Stromquelle und wurde im Jahre 1886 erfolgreich zur Aluminiumgewinnung eingesetzt. In Bunsens Element findet folgender chemischer Vorgang statt:

$$2\ Zn + 2\ HNO_3 + 4\ H^+ \longrightarrow 2\ Zn^{2+} + NO + NO_2 + 3\ H_2O$$

Dabei werden gefährliche und unangenehm riechende *nitrose Gase* frei. An der Kohleelektrode (Pluspol) wird im Gegensatz zu der ursprünglich von *Ritter* aufgestellten Theorie kein Wasserstoff frei (siehe auch Grove-Element). Bunsen experimentierte auch mit chromsaurem Kali (Chromsäure), allerdings ohne Erfolg.

E. *Chromsäure-Tauchelement.* Johann Christian *Poggendorff* (1796 - 1877) entwik-

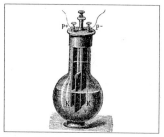

kelte im Jahre 1842 aus Bunsens Idee, Chromsäure zu verwenden, eine völlig neue galvanische Kette, die wir bei *Püning* beschrieben finden: *"In eine Flüssigkeit, die aus verdünnter Schwefelsäure mit aufgelöstem doppelchromsauren Kalium* [Kaliumdichromat, $K_2Cr_2O_7$] *besteht, tauchen zwei mit der Klemme + p verbundene Kohlenplatten und eine dazwischenliegende mit Klemme -p verbundene Zinkplatte. Letztere wird beim Nichtgebrauche aus der Flüssigkeit herausgehoben. Die elektromotorische Kraft des Elements ist gleich 1.8 Volt."* Bei diesem neuartigen galvanischen Element sind die beiden Säuren des Bunsenschen Elementes durch Chromschwefesäure ersetzt, die *Poggendorff* nach folgendem Rezept herstellte: *"doppelt chromsaures Kali 3 Teile, Schwefelsäure 4 Teile, Wasser 18 Teile."* Der Vorteil des Tauchelementes besteht 1. darin, daß man durch Anheben der Zinkelektrode die Batterie abstellen kann, 2. daß man nur einen einzigen Elektrolyten einfüllen muß und 3. daß es lange Zeit konstant arbeitet. Die Reaktionsgleichung zeigt, daß die

$$3\ Zn + Cr_2O_7^{2-} + 14\ H^+ \longrightarrow 3\ Zn^{2+} + 2\ Cr^{3+} + 7\ H_2O$$

orangenfarbene Kaliumdichromatlösung sich in grünlich-braune Chrom(III)-salzlösung umwandelt. Durch Nachfüllen von Kaliumdichromat, kann das galvanische Element leicht regeneriert werden.

F. *Leclanché-Element* (Braunstein-Element): Es wurde im Jahre 1867 von Georges

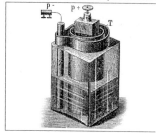

Leclanché (1839 - 1882) erfunden. Das Leclanché-Element zählt zu den sogenannten *Trockenelementen*, bei denen die Flüssigkeit durch Bindemittel am Auslaufen gehindert wird. Man verwendete Sägespäne, Torfmull, Infusorienerde (Kieselgur) oder eine Art Kleister aus Mehl oder Gips. Das hatte den Vorteil, daß man das Element leicht und auslaufsicher transportieren konnte. Bei diesem Element *"steht ein Kohlenprisma K in einem porösen Tonzylinder, umgeben von einem Gemische von pulversiertem Braunstein und Kohle. Daneben steht ein Zinkstab Z. Als Flüssigkeit dient in- und außerhalb des Tonzylinders eine Lösung von Salmiak* [NH_4Cl]. *Dieses Element wird vorzugsweise bei der Telephonie und Klingeleinrichtungen verwandt. Elektromotorische Kraft = 1,5 Volt. Bei einer neueren Form dieses Elementes benutzt man statt der einfachen Kohlenprismen solche, die aus Kohlenstoff und gemahlenem Braunstein zusammengesetzt sind. Diese brauchen dann nicht mehr mit dem eben genannten Gemische umgeben zu werden, so daß auch der Tonzylinder überflüssig ist."*

G. *Akkumulator* (Sekundärelement): Neben den bisher beschriebenen konstanten Ketten kamen auch sogenannte Sekundärelemente auf, die Akkumulatoren. Wilhelm Joseph *Sinssteden* (1803 - 1891) bemerkte im Jahre 1854 die Eigenschaft des Bleis, Elektrizität zu speichern. Er verwandte für seine Experimente Bleielektroden, die in verdünnte Schwefelsäure eintauchten: *"Zwei etwa 60 cm lange 10 bis 20 cm breite und 1 mm dicke Bleiplatten werden nach Zwischenlegung einiger schmaler 1/2 cm dicker Kautschukstreifen oder eines groben Leinwandlappens aufgewickelt zu einer Spirale..."* Die Speicherfähigkeit ließ sich durch Aufbringen von Bleiverbindungen auf die Bleiplatten erhöhen. So baute Henri Owen *Tudor* (1859 bis 1882) in den Jahren 1881/82 einen Akku, der aus Bleiplatten bestand, die mit Rillen versehen waren. Dort hinein preßte er eine Paste aus Mennige [Blei(II, IV)-oxid; Pb_3O_4] Bei der Aufladung wird das durch die Schwefelsäure erzeugte Bleisulfat [$PbSO_4$], mit dem beide Bleiplatten anfänglich bedeckt sind, auf einer Platte zu schwammigem Blei und auf der anderen zu braunem Blei(IV)-oxid [PbO_2] umgewandelt. Beim Entladen bildet sich das Bleisulfat auf beiden Platten zurück. Folgende Reaktionsgleichung faßt die Prozesse zusammen:

$$Pb + PbO_2 + 2\ H_2SO_4 \underset{\text{Aufladung}}{\overset{\text{Entladung}}{\rightleftarrows}} 2\ PbSO_4 + 2\ H_2O + \text{Energie}$$

Die Entladespannung des Blei-Akkumulators beträgt ca. 2 Volt.

Tierische Elektrizität. Schon um 300 v.u.Z beobachtete *Diphilus* die durch einen Zitterrochen hervorgebrachten "Erschütterungen" des menschlichen Körpers. Der Zootom Francesco *Redi* veröffentlichte im Jahre 1666 eine anatomische Untersuchung des Zitterrochens und entdeckte bei ihm "sichelförmige" elektrische Organe. Die Wirkung des Zitterfisches (Krampffisch) verglich man mit einem "kalten Blitzstrahl" oder dem "elektrischen Schlag einer Kleistschen Flasche." Bisweilen scheint die tierische Elektrizität zu Spekulationen Anlaß gegeben haben. So erklärte *Pallas* im Jahre 1811 *"das Leuchten der Augen des Katzengeschlechts durch das elektrische Glühen des Gehirns ..., welches hier wie ein Fenster aus dem Kopfe hervorluge."* *Koppe* schreibt über die tierische Elektrizität: *"Einige Fische, insbesondere der Zitterrochen, Zitteraal, Zitterwels besitzen die merkwürdige Eigenschaft, elektrische Schläge zu erteilen.... Der Zitteraal ... vermag so kräftige Schläge zu erteilen, daß dieselben selbst auf größere Tiere, Pferde, Maultiere u. dg. betäubend wirken und ihnen gefährlich werden können. Die elektrischen Fische können die Schläge willkürlich hervorbringen, haben sie aber mehrere Schläge erteilt, so bedürfen sie längerer Ruhe, um neue Kraft zu sammeln. Das elektrische Organ dieser Fische ... besteht aus zahlreichen rundlichen oder eckigen Säulchen, welche aus vielen dün-*

nen Blättchen, zwischen denen sich eine schleimige Flüssigkeit befindet, zusammengesetzt sind. Die einzelnen Säulchen sind durch eine sehnige Haut voneinander getrennt. Beim Zitteraal nimmt das elektrische Organ fast die ganze Länge des Körpers vom Kopfe bis zum Schwanze ein; die Säulchen liegen zu beiden Seiten des Leibes und haben eine der Länge des Körpers parallele Richtung. Beim Zitterrochen nehmen die Säulchen ... den vorderen Teil des Leibes etwa bis zu einem Drittel der ganzen Länge ein... Man hat durch diese Schläge [durch die elektrischen Fische] selbst Funken, magnetische und chemische Wirkungen hervorgebracht, indem man an dem Rücken und Bauche Metallplatten anlegte und dieselben durch einen Draht verband." *Mayer* zieht in seiner *"Naturlehre"* Parallelen zum *"Galvanismus"*: *"Es scheint nähmlich nunmehr wohl ausgemacht, daß die starke Erschütterung, die diese Geschöpfe, und wahrscheinlich noch mehrere andere, bey der Berührung ertheilen, bloß eine Wirkung der Galvanischen Kraft dieser Thiere ist, die sie vermöge der Struktur ihres Körpers, die mit einer Voltaischen Säule zu vergleichen seyn mag, zu äußern fähig sind. Das elektrische Licht, welches Walsh und Ingenhous bey der Raja Torpedo [Zitterrochen] bemerkt haben wollen, scheint in der That auch kein anderes zu seyn, als welches man schon an der Voltaischen Säule wahrgenommen hat."*

Davys Basen der Alkali

Der große Naturforscher Georg Christoph *Lichtenberg* (1742 - 1799) Entdecker der elektrischen Figuren, war immer für Überraschungen gut. So versuchte er nachzuweisen, daß die im Buch Mose des alten Testamentes beschriebene Bundeslade und auch die Stiftshütte großartige elektrische Apparate waren, die sich gegenseitig ergänzten. Die Lade war den Geschichten der Bibel nach unnahbar und jeder Frevler, der sie unberufen berührte, fiel tot um: Er erhielt einen gewaltigen elektrischen Schlag. Die Stiftshütte Israels bestand aus Fachwerk von trockenen, gut isolierenden Akazienholzstäben, die mit Metallspitzen besetzt waren. Holzsäulen mit Metallspitzen und -verkleidungen standen um die Stiftshütte herum. Sie waren durch Metallbänder mit den Stangenspitzen verbunden, von denen wieder Bänder zum Deckel der Bundeslade führten. Die Lade selbst war ein Holzkasten, der in- und auswendig mit dünnem Goldblech verkleidet war. Die Spitzen der vielen Holzstäbe wirkten wie Blitzableiter, welche die Elektrizität aus der äußerst trockenen und gewitterreichen Luft über Palästina durch die Metallbänder zur Lade führten und diese wie eine große Leidener Flasche aufluden. Bei Berührung der Metallfolie gab der Kasten seine gespeicherte Ladung ab und entlud durch den Körper zur Erde: Ein Elektroschock war die Folge. Die Priester kannten das "elektrische Geheimnis" und entluden die Lade, bevor sie ihr die kostbaren Thorarollen entnahmen.

Eine ebenso merkwürdige Gestalt in der Geschichte der Elektrizitätslehre war der "romantische Physiker" J.W. *Ritter* (1776 - 1810). Schon im Jahre 1797 hielt er vor der *"Naturforschenden Gesellschaft"* in Jena einen Vortrag: *"Über den Galvanismus; einige Resultate aus den bisherigen Untersuchungen darüber, und als endliches: die Entdeckung eines in der ganzen lebenden und todten Natur sehr tätigen Princips."* Ritters kühne Denkkombinationen schlugen die Zuhörer in seinen Bann: *"Wie? Ist Lebensproceß beständiger Galvanismus unzähliger mit und durch einander verbundener Ketten? - Ist Leben und Organisation das Produkt desselben? ... Gesundheit ist also zweckmäßige Harmonie der Actionen dieser Ketten? - Krankheit - Disharmonie?"* Schon ein Jahr später kamen seine Forschungsergebnisse als Buch heraus: *"Beweis, daß ein beständiger Galvanismus den Lebensproceß in dem Thierreich begleite."* Ritter hörte im Jahre 1800 von Alessandro *Voltas* fundamentaler Er-

Bundeslade mit Keruben und Tragstangen (Rekonstruktion)

findung der elektrischen Säule und beklagte sich: *"Unverzeihlich bleibt es mir immer, dieser Entdeckung so in der Nähe gewesen zu seyn, ohne je von dem, was ich täglich in Händen hatte, Anwendung zu machen."* Sofort baute *Ritter* die Voltasche Säule nach und ersann viele neue Experimente. *Ritter* fiel auf, daß die Voltasche Säule auch zufriedenstellend arbeitete, wenn die Pappe zwischen den Metallplatten ausgetrocknet war. Er schrieb im Jahre 1802 über seine neue Erfindung: *"Ich construierte daher zuerst am 6. Februar d. J. geradezu eine Voltaische Säule, ohne alle absichtlich hinzugebrachte Feuchtigkeit, aus 600 Mal Zink, Kupfer, und dem Anscheine nach ganz trocknem weißen Schafleder. Einige Zeit nach der Construction zeigte das Electrometer denselben Grad gegenwärtiger Electricität, als bey Säulen aus 600 Mal Zink, Kupfer, Wasser, oder Zink, Kupfer Kochsalzlösung u.s.w. Auch lud diese trockne Säule von 600, die electrische Batterie genau wieder zu demselben Grade, als nasse Säulen gleicher Größe, und bey der Entladung der Batterie darauf war der Funken, der Schlag u.s.w. genau so groß, wie bey der Entladung einer zu gleichem Grade durch gleich große nasse Säulen geladenen. Aber die Zeit, in der die Ladung geschah, war verschieden. Wo bey nassen Säulen, selbst nach sechs Tagen, eine Berührung der Ladung hinreichte, so kurz, als der Experimentator sie zu veranstalten weiß, die man daher dem Scheine nach für bloß augenblicklich halten möchte, da waren bey diesen trockenen Säulen während der besten Zeit derselben gegen zehn, funfzehn und zwanzig Minuten erforderlich."* Damit war die "Trockensäule", eine Vorform der späteren Batterie, geboren. Schon *Volta* hatte versucht, aus seiner Säule ein *"dauerhaftes Instrument"* zu machen. Er versuchte, das Wasser *"in jedem Paar einzuschliessen und zurückzuhalten, und die Platten an ihrer Stelle zu erhalten, indem man sie mit Wachs oder Pech umgiebt; die Sache ist aber ein wenig schwierig auszuführen und man braucht viel Geduld dazu. Sie ist mir indessen gelungen, und ich habe auf diese Weise zwei Cylinder von zwanzig Paaren hergestellt, welche jetzt, nach zwei Wochen, noch sehr gute Dienste leisten, und es, wie ich hoffe, auch nach Monaten thun werden."* Ritter erkennt, daß bei seiner Trockensäule Feuchtigkeit, wann auch in geringster Menge unerläßlich ist: *"Die Pappe, das Leder, das Wachstuch u.s.w. bringen Wirksamkeit in die Säule, nur in so fern sie feucht sind; aber wieder zeigen die Versuche A und C, wie äußerst gering der Antheil von Feuchtigkeit ist, der nöthig ist, damit sich Wirksamkeit zeige, und der Versuch F zeigt sogar, daß ein Körper dazu keineswegs durch und durch von Feuchtigkeit durchzogen zu seyn brauche: es reicht hin, wenn bloß die Flächen*

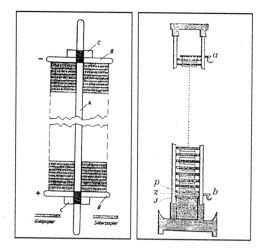

Ritters Trockensäule   Zambonische Säule

desselben, die den Metallplatten in der Säule gegenüber stehen, damit beschlagen oder belegt sind." Ritter stand hier im Gegensatz zu *Volta,* der die Ursache der elektrischen Kraft *"nicht in der Berührung eines der Metalle mit einem feuchten Leiter, sondern in der gegenseitigen Berührung beider Metalle"* sah.

Heute ist Ritters Trockensäule in Vergessenheit geraten. Man benennt sie nach Giuseppe *Zamboni* (1776 - 1846), der im Jahre 1812 in Verona: *"Della pila elettrica a secco"* schrieb, die *Zambonische Säule,* obwohl dessen Erkenntnisse erst später gemacht wurden. *Koppe* beschreibt die Zambonisäule in seinen *"Anfangsgründen der Physik": "Eine geringere Wichtigkeit besitzen die sogenannten trockenen oder Zamboni'schen Säulen. Man erhält eine solche sehr einfach, wenn man Bogen von unechtem Silberpapier (Zinn) mit Bogen von unechtem Goldpapier (Kupfer) an den unbelegten Seiten zusammenleimt, dieselben hierauf in Scheiben so übereinander schichtet, daß immer die Zinn- und die Kupferseite sich berühren. Das aus der Luft Feuchtigkeit einsaugende Papier vertritt die Stelle des flüssigen Leiters. - Diese Säulen zeigen fast nur mechanische Wirkungen. Die physiologischen, chemischen Wirkungen u.s.w. sind entweder äußerst schwach oder ganz unmerklich."*

Mithilfe der Zamboni-Säule hat *Bohnenberger* ein empfindliches Elektroskop konstruiert: *"Nach der von Fechner vorgeschlagenen Vereinfachung befindet sich eine Zamboni'sche Säule, welche in eine Glasröhre eingeschlossen ist, in horizontaler Lage unter einer gläsernen Glocke, die dazu dient, den Luftzug abzuhalten. Von den Polen der Säule gehen zwei Drähte, a und b, aus, welche in zwei einander gegenüberstehenden Metallplatten endigen. Zwischen diesen hängt an einem die Glasglocke durchbohrenden Metallstäbchen, das oben eine metallene Platte trägt, ein schmales Goldblättchen in der Mitte herab, welches, da es von beiden Polplatten ziemlich gleich stark angezogen wird, in Ruhe bleibt. Sowie man aber der oberen Metallplatte einen wenn auch nur schwach elektrisierten Körper nähert oder mit derselben in Berührung bringt, so wird das Blättchen, auf welches bis dahin beide Pole gleich stark anziehend wirkten, von dem einen abgestoßen und von dem andern angezogen und zeigt durch seinen Ausschlag die Elektricität des zu prüfenden*

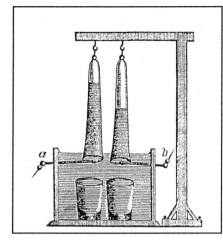 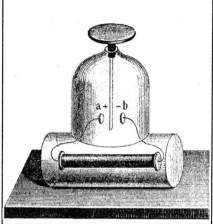

Bohnenbergers Elektroskop   Elektrolyse des Wassers n. Ritter

Körpers an." Im Jahre 1815 schuf *Jäger* eine Säule aus Metallplattenpaaren, die durch Harzschichten, Taft oder Glas getrennt waren. Diese Säule war zwar vollkommen trocken, beruhte aber auf dem Kondensatorprinzip und kann als eine Aneinanderreihung *Franklinscher Tafeln* angesehen werden.

In den Jahren 1802/03 erfand *Ritter* eine weitere Variante der Voltaschen Säule, die *Ladungssäule,* eine Vorform des späteren Akkumulators: "*Man schichte 50 Kupferplatten, wovon jede etwas größer als ein Laubthaler und etwa so dick als ein Kartenblatt, mit eben soviel kochsalznassen Pappen von ungefähr 2 Par. Quadratzoll Fläche und 1 Linie Dicke, nach der Ordnung: Kupfer, Pappe, Kupfer, Pappe, Kupfer u.s.w., und beschließe die Reihe zuletzt ebenfalls mit Kupfer. Man wird so eine kleine Säule haben, die, sich selbst überlassen, zu keiner Zeit wieder den mindesten Funken, noch Gas, noch Schlag u.s.w. bemerken läßt. (Ich werde diese Säule, und ähnliche, im Folgenden beständig A nennen.) Man verbinde jetzt das obere Ende von A durch einen Eisendraht mit dem + - oder dem Oxygenpol, das untere Ende derselben durch einen anderen Draht aber mit dem — - oder dem Hydrogenpol einer gewöhnlichen Voltaischen Batterie von 90 bis 100 Lagen Kupfer, Zink und kochsalznasser Pappe, alles von denselben Dimensionen, als Kupfer und Pappe in A haben, und lasse beyde 3 - 5 Minuten in Verbindung. Darauf nehme man schnell (gleichviel) einen oder beyde Verbindungsdrähte ab, und schließe A (was früher gar nichts gab), vom einen Ende zum anderen mit einem Eisendraht. Man wird nun einen schönen rothen sternartigen Funken haben, ganz wie ihn Volta's Batterie selbst giebt.*"

Mit der Ladungssäule führte *Ritter* einen interessanten Versuch durch: "*Schließt man, statt eines Eisendrahtes, mit einer Röhre voll Wasser, welche, wie gewöhnlich zu Gasversuchen, mit 2 Golddrähten versehen ist, die nahe bey einander stehen, so wird man sogleich mit der Schließung an beyden Drähten Gasentbindung haben, und zwar wird an dem Draht, der mit dem Ende von A, was mit dem + -Pol der Voltaischen Batterie in Verbindung war, in Berührung ist, Oxygengas, an dem Draht aber, der mit dem Ende von B, was mit dem —— -Pol der Voltaischen Batterie in*

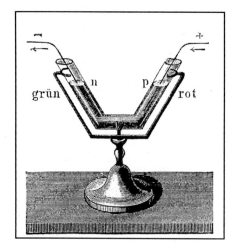

Elektrolyse einer Glaubersalzlösung

Verbindung war, in Berührung ist, Hydrogengas erscheinen. Die Entbindung beyder wird eine ziemliche Zeit fortfahren, während dessen aber abnehmen und zuletzt aufhören." Es erscheint uns heute nicht mehr nachvollziehbar, daß trotz dieser *"Elektrolyse des Wassers"* Ritter das Wasser für ein chemisches Element hielt, also glaubte, es sei *"einfach"*, obwohl er die unterschiedlichen Volumenverhältnisse der entwickelten Gase vor Augen hatte. Die Frage: *"Wie gelangt der Sauerstoff* [bei der Elektrolyse] *an den positiven, der Wasserstoff an den negativen Pol, ohne daß eine Gasströmung von einem Pole zum anderen sichtbar wird"*, beantwortete Theodor Grotthuß (1785 - 1822) im Jahre 1805 in der in Rom veröffentlichten Arbeit: *"Mémoire sur la décomposition de l'eau et des corps qu'elle tient en dissolution à l'eau de l'électricité galvanique."* mit langatmigen Ausführungen folgendermaßen: *"In den den positiven Pol zunächst berührenden Wasserteilchen wird der elektronegative Sauerstoff angezogen und der elektropositive Wasserstoff abgestoßen, welcher sich sogleich mit dem elektronegativen Sauerstoff der nächstfolgenden Wasserteilchen vereinigt, wodurch wieder Wasserstoff entbunden wird, welcher sich mit dem Sauerstoff der folgenden Wasserteilchen verbindet, und so fort bis zu dem negativen Pole hin, welcher den entbundenen Wasserstoff anzieht."* Man beobachtete, daß die Wasserzersetzung auch mit Elektrisiermaschinen möglich war. Koppe schreibt dazu: *"Endlich führen wir noch an, daß auch durch Maschinenelektricität sich schwache chemische Wirkungen hervorbringen lassen, insbesondere das Wasser in seine Bestandteile zerlegt werden kann. Man taucht zu diesem Zwecke zwei feine Platindrähte, welche man in enge gläserne Röhren, Thermometerröhren, eingeschlossen hat, ohne diese Vorsicht würden die sich nur in geringer Menge entbindenden Gase sofort von der Flüssigkeit absorbiert werden, - in das zu zerlegende Wasser und verbindet den einen Draht mit dem Konduktor, den anderen mit dem Reibzeuge einer wirksamen Elektrisiermaschine. - Die deutlichsten Resultate erhält man mit der Elektrophormaschine* [Influenzmaschine]. Neben Wasser wurden auch andere Substanzen erfolgreich elektrolysiert. So beschreibt R. Waeber die Elektrolyse einer Glaubersalzlösung (Na_2SO_4): *"Füllt man die zweischenklige Glasröhre mit einer Salzlösung (z.B. Na_2SO_4), so färbt diese durch Veilchensaft blau und leitet den galvanischen Strom durch die Flüssigkeit, so wird dieselbe am positiven Pol rot, am*

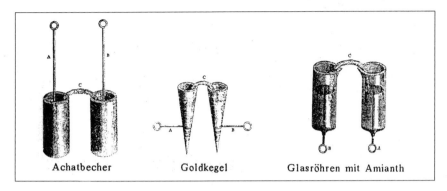

| Achatbecher | Goldkegel | Glasröhren mit Amianth |

Davys Experimentieranordnungen

negativen grün. War die Lösung durch Lackmustinktur violett gefärbt, so wird sie nun rot und blau." Man beachte die Verwendung von Veilchensaft als Indikaktor!

Der zersetzende Einfluß des elektrischen Stromes auf chemische Verbindungen wurde im Jahre 1803 von Wilhelm *Hisinger* (1766 - 1852) und Jöns Jacob Freiherr *von Berzelius* (1779 - 1848) untersucht. Sie setzten der "galvanischen Elektrizität" elf verschiedene Salze aus. Sie *"gelangten zu den höchst wichtigen Resultaten, daß, wenn sich die elektrische Säule durch eine Flüssigkeit entladet, sich die Bestandtheile dieser Flüssigkeit auf eine solche Weise trennen, daß sich die einen um den positiven Pol, die anderen um den negativen Pol ansammeln, und daß sich an dem negativen Pol immer die brennbaren Bestandteile, Alkalien und Erden, an dem positiven hingegen Sauerstoff, Säuren und oxidierte Körper ausscheiden."* Damit war ein wesentlicher Unterschied zwischen Säuren und Basen erkannt.

Der Boden der chemischen Erkenntnisse war also gut beackert, als Humphry *Davy* (1778 - 1829) mit seinen *"elektrochemischen Untersuchungen"* auftrat. *Davy* hatte sich autodidaktisch zum Chemiker und Naturwissenschaftler ausgebildet und wurde 1801 als *"assistent lecturer"* [2. Assistent] und als Leiter des chemischen Laboratoriums der *Royal Institution* in London eingestellt. Schon im Alter von nur 22 Jahren wurde er Professor der Chemie und widmete sich mehrere Jahre intensiv seinem Spezialgebiet, dem Galvanismus. Bis zum Jahre 1806 hatte *Davy* viele hervorragende Erkenntnisse gewonnen, die er am 20. November 1806 vor der *Royal Society* in seiner *1. Baker-Vorlesung "Über einige chemische Wirkungen der Electricität"* vortrug. Die Baker-Vorlesung zu halten, war eine hohe, mit einem Stiftungspreis verbundene Auszeichnung. Davys Vorlesung fand eine solche Beachtung, daß ihm von Napoleon Bonaparte, damals noch Konsul, der *"Kleine Galvanische Preis für 1807"* verliehen wurde. Davy elektrolysierte viele Salzlösungen und erkannte: *"Nimmt man Metallauflösungen, so bilden sich auf dem negativen Platindrahte metallische Krystallisationen oder Niederschläge, wie in den gewöhnlichen galvanischen Versuchen. Auch setzt sich um diesen Draht das Oxyd ab, und man findet bald in dem positiven Becher eine bedeutende Menge von Säure. Diese Wirkung fand statt bei Auflösungen von Eisen, von Zink, von Zinn und von allen vorzüglich oxydirbaren Metallen. Bei salzsaurem Eisen setzt sich auf dem negativen Drahte eine schwarze Substanz ab, welche magnetisch ist und sich unter Aufbrausen in Salzsäure auflöst. Im schwefelsauren Zink erscheint ein graues Pulver von Metallglanz, das sich ebenfalls mit Aufbrausen auflöst. In allen Fällen sammelt sich die Säure in grosser Menge an der positiven Seite an... Eine verdünnte Auflösung von schwefelsaurem Kali auf diese Art behandelt, gab in 4 Stunden am negativen Drahte eine schwache Kalilauge, und am positiven Drahte Schwefelsäure. Ein ganz ähnlicher Erfolg trat ein mit schwefelsaurem Natron, schwefelsaurem Ammoniak, salpetersaurem Kali, salpetersaurem Baryt, phosphorsaurem Natron, kleesaurem Natron, benzoesaurem Ammoniak und mit Alaun. Immer fanden sich nach einiger Zeit die Säuren in dem Becher des positven Drahtes, und die Alkalien und Erden in dem Becher des negativen Drahtes angesammelt... Ich elektrolysierte in den Achatbechern eine schwache Auflösung von schwefelsaurem Kali, die aus 20 Th. Wasser und 1 Th. gesättigter Auflösung von 60° bestand, mit einer Säule aus 50 Plattenpaaren, 3 Tage lang, und dabei wurde täglich zwei Mal der Amianth [Mineral, Hornblendeasbest], der die Becher verband, herausgenommen, in gereinigtem Wasser gewaschen und wieder hinein gebracht; eine Vorsicht, welche verhinderte, dass kein Neutralsalz sich dort ansetzen und die Resultate stören konnte. Das Alkali, welches auf diese Art aus der Auflösung erhalten wurde, hatte die Eigenschaften des reinen Kali... "* Unter *Kali* verstand Davy *Kaliumhydroxid* oder *Ätzkali*. Die Vorsilbe *"Ätz-"* wurde immer weggelassen, wenn aus dem Kontext klar hervorging, daß es sich um *Kaliumhydroxid* handelte. Ebenso ging man bei *Natriumhydroxid* vor, das man als *(Ätz-)natron* bezeichnete. Im englischen Urtext stehen die Ausdrücke *"soda"* und *"potash"* sowohl für Natriumcarbonat bzw. Kaliumcarbonat als auch für Natriumhydroxid bzw. Kaliumhydroxid.

Davy zersetzte auch *Natrium-* und *Kaliumhydroxidlösungen* durch den elektrischen Strom. Am Pluspol (Anode) entstand nach einiger Zeit "die Säure". Gemeint war damit Sauerstoff, dem man - wie der Name heute noch ausdrückt - sauren Charakter zuschrieb. Am Minuspol (Kathode) wurde auch bei der Elektrolyse von Kalium- und Natriumsulfatlösungen immer wieder Wasserstoff frei. Obwohl die Chemiker des 19. Jhdt's in Natron- und Kalilaugen Metalle vermuteten, konnten sie trotz beträchtlichen Aufwandes an elektrischer Energie (Es wurden bis 150 Plattenpaare einer Voltaschen Säule, d.h. ca 120 Volt zur Elektrolyse eingesetzt) nicht dargestellt werden.

Davy hatte als erster die Idee, feste Alkalisalze dadurch elektrisch leitend zu machen, indem er sie schmolz. Die *"wasserfrei-flüssige"* Schmelze wurde elektrolysiert. Hierzu benutzte er den von William Hyde *Wollaston* (1766 - 1828) entwickelten *Trogapparat* (Tauchapparat). Er bestand aus 200 Porzellantrögen. In jeden Trog ragten zehn Paar Elektroden der Größe von 26 Quadratzentimeter. Diese konnte man zum Reinigen leicht herausheben. Außerdem hatte der Trogapparat den Vorteil, daß *"man die Platten nach Beendigung des Versuchs rasch außer Berührung mit der gesäuerten Flüssigkeit bringen und nach den nötigen Vorbereitungen für einen folgenden Versuch diese Verbindung leicht wieder herstellen kann. Dies letztere gilt auch von Hares Spirale.., welche bei großer Oberfläche der Platten doch nur einen verhältnismäßig geringen Raum einnimmt. Dieselbe besteht aus zwei großen Platten von Kupfer und Zink, welche spiralförmig ineinander, jedoch ohne sich an irgend einer Stelle zu berühren, gewunden sind, so daß sie sich in eine mit verdünnter Säure gefülltes cylinderförmiges Gefäß eintauchen lassen."* Davy erhitzte Kalium- bzw. Natriumhydroxid bis es schmolz und tauchte in die flüssige Masse zwei Platindrähte ein, die er mit den Polen des Wollastonschen Trogapparates verband. Am 19. November 1807 gab Davy in seiner *2. Baker-Vorlesung* die Ergebnisse seiner Expe-

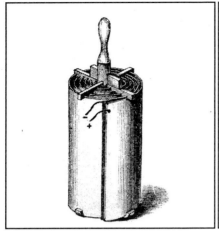
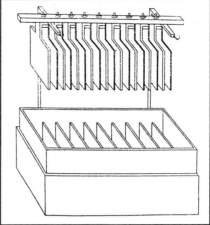

Hares Spirale   Wollastons Trogapparat - 1810

rimente bekannt. Er beschrieb die *"Verfahrensarten, um die feuerbeständigen Alka-*
lien ["fixe Alkalien", Kalium- und Natriumhydroxid] *zu zersetzen."* Dabei schildert
Davy seine fehlgeschlagenen Versuche, aus wäßrigen Lösungen der Hydroxide die
zugrunde liegenden *"Basen"* abzuscheiden: *"Ich versuchte ... die feuerbeständigen*
Alkalien in ihren wässrigen bei der gewöhnlichen Temperatur gesättigten Auflösun-
gen mit Hülfe der stärksten electrisch-galvanischen Apparate zu zersetzen, die mir
zu Gebote standen. Dieses waren die Trogapparate der Royal-Institution, welche ich
mit einander verband. Sie bestehen aus 24 viereckten Plattenpaaren Kupfer und
Zink, jede von 12 Zoll Seite, aus 100 Plattenpaaren, jede von 6 Zoll, und aus 150
Plattenpaaren, jede von 4 Zoll Seite; ich füllte sie mit Alaunauflösung und ver-
dünnter Salpetersäure. Bei aller Intensität der Wirkung wurde jedoch das Wasser
der alkalischen Auflösungen allein angegriffen, und unter Erzeugung grosser Hitze
und heftigem Aufbrausen entwickelten sich bloss Wasserstoffgas und Sauerstoffgas.
Die Gegenwart des Wassers schien hier die Zersetzung der Alkalien zu verhin-
dern."

Dann schildert *Davy* seine neue Idee des *"wasserfreien Schmelzens"* (Schmelzflußе-
lektrolyse): *"Ich schmelzte daher zu meinen fernern Versuchen Kali durch Hitze,*
indem ich es in einen Löffel aus Platin legte, und aus einem Gasometer Sauerstoff-
gas durch die Flamme einer Weingeistlampe darauf blasen liess. Während das Kali
auf diese Art einige Minuten lang in heftiger Rothglühehitze und in dem Zustand
vollkommener Flüssigkeit erhalten wurde, setzte ich den Löffel mit dem positiven,
und das Kali selbst durch einen Platindraht mit dem negativen Ende des stark
geladenen Trogapparats aus 100 Plattenpaaren, jedes 6 Zoll ins Quadrat, in leitende
Verbindung. Bei dieser Anordnung zeigten sich mehrere glänzende Phänomene. Das
Kali war nun in hohem Grade leitend, und so lange die Verbindung dauerte, sah
man an dem negativen Drahte ein sehr lebhaftes Licht, und im Berührungspunkte
eine Flammensäule, welche von einem sich hier entbindenden verbrennlichen
Körper herzurühren schien. Als ich die Ordnung veränderte, und den negativen
Draht mit dem Platinlöffel, den positiven mit dem Platindraht, der das Kali berühr-

te, verband, erschien an der Spitze dieses letzteren ein lebhaftes und bleibendes
Licht; um dasselbe liess sich nichts wahrnehmen, was einem Verbrennen geglichen
hätte, dagegen sah man durch das Kali Gasbläschen aufsteigen, die sich an der
Atmosphäre eins nach dem andern entzündeten....Ich nahm ein kleines Stück
reines Kali, ließ es einige Sekunden lang mit der Atmosphäre in Berührung, wodurch es an der Oberfläche leitend wurde, legte es auf eine isolierte Platinscheibe,
die mit dem negativen Ende einer in ihrer grössten Wirksamkeit befindlichen Batterie von 250 6- und 4-zölligen Plattenpaaren [dies entsprach etwa 200 Volt] verbunden war, und berührte die Oberflläche des Kali mit dem positiven Platindrahte.
Der ganze Apparat stand an freier Luft. Sogleich zeigte sich eine sehr lebhafte
Wirkung. Das Kali begann an den beiden Punkten, wo es electrisirt wurde, zu
schmelzen. An der obern Oberfläche sah man ein heftiges Aufbrausen; an der
untern, oder der negativen, war kein Entbinden einer elastischen Flüssigkeit wahrzunehmen, ich entdeckte aber kleine Kügelchen, die einen sehr lebhaften Metallglanz hatten und völlig wie Quecksilber aussahen. Einige verbrannten in dem Augenblick, in welchem sie gebildet wurden, mit Explosion und lebhafter Flamme;
andere blieben bestehen, liefen aber an, und bedeckten sich zuletzt mit einer weissen Rinde, die sich an ihrer Oberfläche bildete. Eine Menge von Versuchen bewiesen mir bald, dass diese Kügelchen die Substanz waren, nach der ich suchte: ein
verbrennlicher Körper eigenthümlicher Art, und die Basis des Kali [Urtext: "basis
of potash"]..." Als Davy bemerkte, daß sich bei der Kalielektrolyse silberglänzende
Kügelchen abschieden, "kannte seine Freude keine Grenzen." Er soll, wie sein
Vetter Edmund Davy, der sein Assistent war, berichtete, in seiner Begeisterung und
in seinem Entdeckerglück im Labor herumgetanzt sein. Es ist auch erstaunlich, daß
Davy in nur einem Monat die wichtigsten Untersuchungen der neuen Metalle durch-
führte. Da er auch in dieser Zeit auf gesellschaftliche Vergnügungen nicht verzichten wollte, eilte er oft überstürzt aus seinem Laboratorium fort. Er soll dabei
immer wieder neue Wäsche übergezogen haben, ohne die getragene auszuziehen, so
daß er "bis zu fünf Hemden und mehrere Paar Strümpfe anhatte."

Davy ließ auch auf Natron den elektrischen Strom einwirken und fand: "Natron gab
ähnliche Resultate wie das Kali, wenn man es auf dieselbe Art behandelte; die
Zersetzung desselben erforderte aber entweder eine intensivere Einwirkung der
Trogapparate, oder die Stücke desselben mussten kleiner und dünner sein..." Als
Davy die Stromstärke erhöhte, traten merkwürdige Erscheinungen auf: "Als ich eine
sehr kräftige Batterie von 250 Plattenpaaren zur Zersetzung des Natron anwendete,
verbrannten die Kügelchen oft in dem Augenblicke, in welchem sie entstanden;
manchmal explodierten sie heftig und trennten sich in kleinere Kügelchen, die
brennend mit grosser Schnelligkeit durch die Luft flogen; dieses unaufhörliche
Funkensprühen ist ein sehr schönes Schauspiel."

Davy stellt mit den von ihm neuentdeckten Alkalimetallen, die er zunächst als "Basis
des Kali" oder als "Basis des Natron" bezeichnete, weitere Versuche an: "in besonders dazu eingerichtete, mit Quecksilber gesperrte Glasröhren wurden einige Kügelchen [der Basis des Kaliums] in atmosphärischer Luft, andre in Sauerstoffgas gebracht. Sie verschluckten augenblicklich Sauerstoff, und überzogen sich mit einer
Rinde von Alkali; da es aber an Feuchtigkeit fehlte, das Alkali aufzulösen, so be-
schränkte sich der Process hierauf, und das Innere des Kügelchens blieb unverändert, indem die Rinde das Sauerstoffgas ausser Berührung mit demselben setzte.
Mit der Basis des Natrons erfolgen in beiden Fällen ähnliche Wirkungen. Werden

*diese Basen in einer gegebenen, rings umschlossenen Menge von Sauerstoffgas stark
erhitzt, so entsteht ein schnelles Verbrennen mit weisser glänzender Flamme, und
die metallischen Kügelchen finden sich in eine weisse feste Masse verwandelt, die
Kali oder Natron ist, je nachdem man die Basis des erstern oder des letztern zu
den Versuch genommen hat. Dabei wird Sauerstoff verschluckt, und es entweicht
aus den verbrennenden Substanzen nichts, was die Reinheit des Rückstands verminderte. Die Alkalien, welche bei diesem Versuch entstanden, waren dem Anscheine nach trocken, oder enthielten wenigstens nicht mehr Feuchtigkeit, als sich
in dem verschluckten Sauerstoffgas befunden haben konnte, und ihr Gewicht über-
traf das der verbrannten Substanzen bedeutend."*

Trotz Glanz und Leitfähigkeit besaßen die Alkalimetalle Eigenschaften, die sie von
den bisher bekannten Metallen auffallend unterschieden. *Davy* war nicht klar, ob er
die "Basen der Alkali" überhaupt zu den Metallen einordnen dürfe. So stellt er sich
die wichtige Frage: *"Sind die Basis des Kali und die des Natron für Metalle zu
nehmen? Die meisten Chemiker, denen diese Frage vorgelegt wurde, antworteten
darauf mit Ja. Diese Körper haben die Undurchsichtigkeit, den Glanz und die
Dehnbarkeit der Metalle, sind eben so gute Wärmeleiter und electrische Leiter als
die Metalle, und gleichen ihnen durch ihre grosse Fähigkeit zu chemischen Verbindungen. Ihr sehr geringes specifisches Gewicht* [diese physikalische Einheit ist veraltet; es gilt heute nur noch die Dichte] *scheint mir kein hinreichender Grund zu
sein, um aus ihnen eine eigne Klasse von Körpern zu machen; denn auch unter
den schon bekannten Metallen herrscht in dieser Hinsicht eine grosse Verschiedenheit. Platin ist beinahe 4 mal schwerer als das Tellurium."* Auch Johann Tobias
Mayer schreibt 1812 in den *"Anfangsgründen der Naturlehre"* über die Alkalimetalle: *"Ihr specifisches Gewicht ist geringer als dasjenige des Wassers, wodurch sie
sich von allen anderen bisher bekannt gewesenen Metallen unterscheiden, aber dieser Unterschied giebt keinen hinlänglichen Grund, diese sonderbaren Körper aus
der Reihe der Metalle auszuschließen, mit denen sie sonst so viel Aehnlichkeit haben. Will man sie deswegen nicht Metalle nennen, so ist der zu ihrer Bezeichnung
gewählte Nahme Metalloid ohne Zweifel der anpassendste."* Die Handhabung der
neuentdeckten Stoffe fiel *Davy* anfangs schwer: *"Ich habe sehr viel Schwierigkeit
gefunden, die Basen der feuerbeständigen Alkalien, nachdem ich sie entdeckt hatte,
aufzubewahren, und sie so zu verschliessen, dass sich ihre Eigenschaften untersuchen, und Versuche mit ihnen anstellen liessen. Denn, gleich dem von den Alche-
mikern erdachten Alkahest* [universales Lösemittel, dessen Existenz von Robert
Boyle (1627 - 1691) im *"Skeptischen Chemiker"* im Jahre 1661 energisch angezwei-
felt wurde], *wirken sie mehr oder weniger auf alle andre Körper ein, mit denen
man sie in Berührung bringt. Frisch destillirte Naphtha (Steinöl) ist von den Flüssigkeiten, welche ich versucht habe, diejenige, auf welche diese Basen die geringste
Einwirkung zu haben schienen. Sie erhalten sich in ihr, wenn die atmosphärische
Luft ausgeschlossen ist, mehrere Tage lang, ohne sich merklich zu verändern, und
zur Untersuchung ihrer physikalischen Eigenschaften kann man diese Basen selbst
in die offne Luft bringen, wenn sie mit einer dünnen Hülle von Steinöl umgeben
sind."* Davy untersuchte zunächst die Eigenschaften und Natur der *"Basis des Kali"*:
*"Die Basis des Kali erscheint in der Temperatur, in welcher ich sie zuerst unter-
sucht habe, 60° Fahrenh., in kleinen Kügelchen, welche den Metallglanz, die
Undurchsichtigkeit und die übrigen sichtbaren Eigenschaften des Quecksilbers
haben. Das Auge vermochte sie nicht von Quecksilber-Kügelchen zu unterscheiden,
wenn sie daneben gelegt wurden.*

In dieser Temperatur ist jedoch die Basis des Kali nur unvollkommen flüssig; die Kügelchen nehmen ihre Kugelgestalt nur langsam wieder an, wenn man diese durch einen äussern Druck verändert hat. Bei 70° F. wird die Basis des Kali mehr flüssig, und bei 100° F. ist ihre Flüssigkeit vollkommen, so dass mehrere Kügelchen sich leicht in ein einziges vereinigen lassen. In einer Temperatur von 50° F. wird sie ein fester Körper, der weich und hämmerbar ist, und den Glanz des polirten Silbers hat. Nähert sich die Temperatur dem natürlichen Frostpunkte, so wird diese Substanz härter und brüchiger, und sie zeigt sich dann auf den Bruchflächen krystallisiert; unter dem Mikroskope erscheinen auf diesen Flächen schöne Facetten, von reinem Weiss und von dem vollkommensten Metallglanz." Den Temperaturen der Fahrenheitsskala 50°, 70° und 100° entsprechen die Temperaturen der Celsiusskala von 10°, 21° und 35°. Kalium schmilzt bei 62,5 °C. Da Davy's Kalium bei Zimmertemperatur flüssig blieb, ist es sehr wahrscheinlich, daß es durch Natrium verunreinigt war, so daß eine Kalium-Natrium-Legierung vorlag, die einen niedrigeren Schmelzpunkt als Kalium aufweist.

Davy ließ Funken des Trogapparates auf Kalium einwirken: *"Sie [die Basis des Kalis] ist ein vollkommener Leiter für Electricität. Wenn man in dem Kreise eines Trogapparates von 100 Plattenpaaren, jede 6 Zoll im Quadrat, einen Funken auf ein grosses Kügelchen in der Luft schlagen lässt, so ist das Licht grün, und das Verbrennen geht bloss in dem Punkte der Berührung vor sich. Lässt man dagegen den Funken auf ein kleines Kügelchen wirken, so zerstiebt es mit einer Explosion und einer sehr lebhaften Flamme, in einem Rauch von alkalischer Natur."* Davy fiel besonders das geringe spezifische Gewicht der Alkalimetalle auf: *"Ich habe gefunden, daß sie [Basis des Kali] an der Oberfläche von Naphtha schwimmt, welche ich von Steinöl abdestillirt hatte, und deren specifisches Gewicht 0,861 betrug. Selbst nach einer zweiten Destillation, bei der das specifische Gewicht der Naphtha bis auf 0,770 herabgekommen war, sank in ihr die Basis des Kali nicht zu Boden."* Davy bestimmte das spezifische Gewicht des Kaliums mit einer komplizierten Methode zu 0,6 und schrieb: *"Die Basis des Kali ist daher die leichteste unter allen bekannten tropfbaren Flüssigkeiten."* Da die wahre Dichte des Kaliums 0,865 beträgt, hat Davys Kalium wahrscheinlich Hohlräume enthalten, die ihm einen Auftrieb verliehen.

Davy prüfte auch die chemischen Eigenschaften des neuentdeckten Kaliums: *"Erhitzt man ein Kügelchen [der Basis des Kalium] in Wasserstoffgas, so dass es nicht ganz den Verdampfungsgrad erreicht, so scheint es sich in dem Gas aufzulösen; denn es nimmt an Umfang ab, und wenn man das heisse Gas in die Luft strömen lässt, entzündet es sich mit einer Explosion und brennt mit glänzendem Licht und einem alkalischen Rauche."* Besonders faszinierend fiel die Reaktion des Kaliums mit Wasser aus: *"Wirft man die Basis des Kali auf Wasser, das mit der Luft in freier Berührung ist, oder bringt man sie in einen Tropfen Wasser, so wird, in der gewöhnlichen Temperatur, das Wasser mit grosser Heftigkeit zersetzt; es entsteht augenblicklich eine heftige Explosion mit glänzender Flamme, und man erhält eine Auflösung reinen Kali's. Dabei zeigt sich nicht selten eine ähnliche Erscheinung, wie bei dem Phosphor-Wasserstoffgas, nämlich ein Ring von Rauch, der sich beim Aufsteigen in der Luft allmählig erweitert. - Ist dagegen die Luft ausgeschlossen, und bringt man z.B. die Basis unter Naphtha, in einer Glasröhre, mit Wasser in Berührung, so erfolgt eine heftige Zersetzung des Wassers mit viel Hitze und Geräusch, aber ohne Licht, und das Gas, welches man mittelst des pneumatischen Quecksilber- oder Wasserapparats auffängt, ist reines Wasserstoffgas. Auch auf Eis*

Chemische Reaktion
von Kalium und
Natrium mit Wasser

entzündet sich ein Kügelchen der Basis des Kali augenblicklich mit einer glänzen-
den Flamme; man findet dann im Eise ein ziemlich tiefes Loch, das zum Theil mit
einer Auflösung von Kali angefüllt ist." Die Hintergründe des soeben beschriebenen
Versuchs erklärt Davy so: *"Die Theorie der Wirkungen, welche diese Kalibasis auf*
Wasser, das an der Luft steht, äussert, ist ohne Schwierigkeit, obgleich die Erschei-
nungen ziemlich zusammengesetzt sind. Sie scheinen auf den grossen Verwandt-
schaften der Basis zum Sauerstoffe, und des sich bildenden Kali zum Wasser, zu
beruhen. Die Hitze entsteht aus zwei Ursachen: durch Zersetzung, und durch Ver-
bindung, und ist stark genug, die Entzündung zu bewirken. Das Wasser ist ein
schlechter Wärmeleiter, und das Kügelchen, welches auf demselben schwimmt, steht
mit der Luft in Berührung. Ich vermuthe daher, dass ein Theil des Kügelchens sich
in dem Wasserstoffgase, welches aus dem Wasser unter Erhitzung entbunden wird,
auflöst, und dass dieses Gas, welches sich alsdann von selbst zu entzünden vermag,
es ist, was die Explosion hervorbringt, und die Entzündung dem Theil der Basis
mittheilt, welcher noch keine Verbindung eingegangen ist."

Davy bemerkt, daß Kalium mit Wasser eine Lauge bildet: *"Dass sich beim Zersetzen*
des Wassers durch die Basis des Kali ein Alkali bildet, dafür lässt sich ein sehr
einfacher und genügender Beweis führen. Man bringe ein Kügelchen auf Löschpa-
pier, das man mit Curcuma-Tinktur gefärbt hat. Es entzündet sich sogleich, wenn
man das Wasser auf dem Papiere berührt, bewegt sich schnell darüber hin, als
wenn es die Feuchtigkeit aufsuchte, und lässt eine starke röthlichbraune Spur
zurück, ganz der gleichen, welche trockenes kaustisches Kali darauf hervor bringt."
Davy läßt Kalium an der freien Luft auf Phosphor einwirken und erhält *"phosphor-*
saures Kali", mit Schwefel bildet sich *"Schwefelkali"*, mit Quecksilber erhält man
bei einem niedrigem Quecksilberanteil wegen verminderter Kohäsion *"abgeplattete*
Kügelchen", bei hohem Quecksilberanteil (1 Teil Kalium und 70 Teile Quecksilber)
entsteht ein festes Amalgam. *"Es ist sehr weich und hämmerbar"* und *"an der Luft*
nehmen diese Verbindungen schnell Sauerstoff auf; es bildet sich Kali, welches zer-
fliesst, und nach wenig Minuten findet man das Quecksilber rein und unverändert.
– Wirft man ein Amalgamkügelchen in Wasser, so zersetzt es dieses schnell unter
einem Zischen; es bildet sich Kali, reines Wasserstoffgas steigt auf, und das Queck-
silber bleibt frei zurück."

Auch die *"Eigenschaften und Natur der Basis des Natron"* werden von Davy untersucht: *"Die Basis des Natrons ist ... in der gewöhnlichen Temperatur ein fester Körper. Sie ist weiss und undurchsichtig, und wenn man sie durch einen dünnen Ueberzug von Naphtha sieht, so hat sie den Glanz und die Farbe des Silbers. Sie ist ausserordentlich dehnbar und weisser als irgend eins der gewöhnlichen Metalle. Wenn man sie auf ein Platinblech auch nur schwach drückt, so dehnt sie sich in ein dünnes Blättchen aus ... Die Basis des Natrons ist ein Leiter für Electricität und für Wärme, gleich der des Kali. Die kleinen Kügelchen derselben entzünden sich durch einen Funken des Trogapparats und verbrennen mit einer glänzenden Explosion."* Es folgen nun Experimente wie bei der Kaliumuntersuchung, deren Ergebnisse wegen der sehr engen Vewandtschaft der beiden Metalle sehr ähnlich ausfallen. Über die Reaktion des Natriums mit Wasser, die immer wieder Gegenstand von Schauexperimenten ist, schreibt Davy: *"Am auffallendsten giebt die Natur der Basis des Natrons sich durch ihre Einwirkung auf das Wasser zu erkennen. Wenn man sie auf Wasser wirft, entsteht sogleich ein heftiges Aufbrausen und Zischen; sie bildet dabei mit dem Sauerstoff des Wassers Natron, das sich sogleich auflöst, und der Wasserstoff entweicht. Licht erscheint dabei nicht... Auf heisses Wasser ist die Zersetzung heftiger, und es zeigt sich an der Oberfläche des Wassers mehrentheils ein kleines Funkensprühen, welches wahrscheinlich von kleinen Theilchen der Substanz herrührt, die abgerissen und mit der zum Brennen nöthigen Temperatur in die Luft geschleudert werden. Wenn man indess ein Kügelchen mit einem kleinen Wassertröpfchen oder mit feuchtem Papier in Berührung bringt, so reicht die Hitze, welche entsteht, gewöhnlich hin, die Basis zu entzünden, weil in diesem Fall kein Körper da ist, der die Wärme schnell abführt."* Davy bemerkt auch, daß sich Natrium an der Luft etwas anderes verhält als Kalium: *"Bringt man die Basis des Natrums mit der Luft in Berührung, so läuft sie sogleich an, und überzieht sich allmählich mit einer weissen Rinde, welche aber langsamer als bei der Basis des Kali zerfliesst. Ich habe diese Rinde sorgfältig untersucht; sie war nichts als reines Natron* [Natriumhydroxid]." Davy verbrennt das Natrium auch im Sauerstoffgas: *"In Sauerstoffgas verbrennt sie* [die Basis des Natriums] *mit weisser Flamme, und sprüht glänzende Funken umher, welches sich sehr schön macht."*

Gegen Ende seiner 2. *Baker-Vorlesung* macht Davy von dem ihm zustehenden Recht Gebrauch, die neu entdeckten chemischen Elemente zu benennen: *"Ich wage es, die Namen P o t a s s i u m und S o d i u m in Vorschlag zu bringen. Sie können nie in Irrthum führen, welche Veränderung auch künftig die Theorie über die Zusammensetzung der Körper erleiden vermag, denn sie bezeichnen bloss die Metalle, die sich aus der Potasche und der Soda erhalten lassen."* Von Ludwig Wilhelm *Gilbert* (1769 - 1824), dem Herausgeber der *"Annalen der Physik und Chemie"* wurde potassium mit *Kalium* und sodium mit *Natronium* ins Deutsche übertragen. *Berzelius* änderte Natronium in *Natrium* ab. In der englischen und französischen Sprache blieben Davys ursprüngliche Bezeichnungen erhalten.

Eine knappe Zusammenfassung der wichtigsten Eigenschaften des Kaliums liefert *Postel* in seiner *"Laienchemie"*: *"Das Kalium ... ist zinnweiß, stark glänzend, 4/5 mal so schwer als Wasser, bei + 10 bis 15° weich wie Wachs, bei 0° spröde, schmilzt bei + 55° und verdampft in der Rothglühendhitze in grünen Dämpfen. An der Luft nimmt es sogleich Sauerstoff auf und wird zu Kali* [Kaliumoxid, K_2O]. *Erhitzt man es an der Luft, so fängt es Feuer und brennt. Es zersetzt sogar eiskaltes Wasser mit großer Heftigkeit, indem es, in kreisende Bewegung gerathend, ihm*

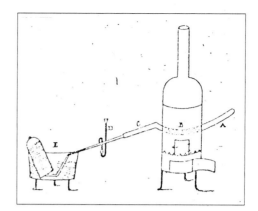

Apparatur zur Natriumgewinnung
nach Thénard und Gay-Lussac

den *Sauerstoff entreißt: der freigewordene Wasserstoff verbrennt in Folge der durch
den energischen chemischen Prozeß entstandenen Wärme, und zwar ist seine Flamme durch die zugleich mit verbrennenden, zum Husten reizenden Kalium-Dämpfe
violett gefärbt. Das verschwundene Kalium ist als Kalihydrad im Wasser gelöst,
weshalb dieses alkalisch reagiert."* Postel gibt auch gleich eine Experimentieranleitung: *"Wer sich ein Stückchen Kalium verschaffen kann, und den eben erwähnten
interessanten Wasserzersetzungs-Versuch anstellt, wähle dazu ein weites, tiefes, nur
1/3 mit Wasser gefülltes Glas, denn zuletzt zerspringt das Kalium, und könnte bei
Anwendung eines flachen Gefäßes den Experimentierenden gefährlich verletzen."*
Auch von Natrium liefert *Postel* eine treffsichere Beschreibung: *"Es ist silberweiß, so
weich, daß es sich mit den Fingern zusammendrücken läßt, schmilzt bei + 90° und
verdampft bei höherer Temperatur. Da es höchst begierig nach Sauerstoff ist, so
wird es unter Steinöl aufbewahrt. Kaltes Wasser zersetzt es zwar sofort unter heftigem Zischen, aber ohne daß das sich entwickelnde Wasserstoffgas Feuer fängt; bei
warmem Wasser geschieht dies jedoch, und zwar ist die Flamme gelb. »Dasselbe
Ergebniß wird erzielt, wenn man die Bewegung der Kugel hemmt. Wenn man z.B.
ein Stück Fließpapier auf der Oberfläche des Wassers ausbreitet und den mittleren
Theil des Papiers noch besonders benetzt, so bewegt sich die Kugel nur langsam auf
der benetzten Stelle, entzündet sich und verbrennt unter Entwicklung stechender
Dämpfe. An die Stelle des Metalls ist eine durchsichtige Kugel getreten, welche sich
noch einige Augenblicke auf der Oberfläche des Wassers erhält, alsdann aber mit
einer leichten Explosion (s. oben Kalium) verschwindet; gleichzeitig wird das Fließpapier durchbohrt.« Das Wasser hat jetzt einen ätzenden, laugenhaften Geschmack;
es bräunt gelbes Curcumapapier und stellt bei geröthetem Lackmuspapier die blaue
Farbe wieder her."* Auch zum Natrium hält *Postel* ein Experiment bereit, das *"die
Zerlegung des Wassers und die Freimachung seines Wasserstoffs in sehr interessanter Weise"* demonstrieren soll: *"Wer sich aus der Apotheke ein Stückchen Natrium verschaffen kann, gieße durch Kochen luftleer gemachtes und wieder erkaltetes
Wasser in ein Becken, tauche eine mit Wasser gefüllte Flasche in bekannter Weise
umgekehrt hinein, und schiebe das Metallkügelchen mittels eines Drahtes, an dem
man es fest angedrückt hat, darunter. Das Metall ist leichter als Wasser, steigt
daher sofort in der Flasche in die Höhe, und entreißt unter heftigem Zischen dem
Wasser den Sauerstoff, wobei dasselbe durch den frei werdenden Wasserstoff
allmälig aus der Flasche verdrängt wird. Das Metall verschwindet, indem sich Na-*

trium-Oxyd (Natron) bildet, welches sich im Wasser des Beckens auflöst, und diesem einen laugenhaften Geschmack und basische Reaction ertheilt. Kehrt man jetzt die Flasche, indem man ihre Oeffnung mit einem Finger verschließt, um, so kann man mittelst eines Lichtes, das in ihr enthaltene Wasserstoffgas anzünden. Sobald es brennt, gieße man allmälig Wasser in die Flasche, um das Gas herauszutreiben. Dabei sieht man zugleich, daß Wasser nicht immer Feuer löscht. Bei diesem Versuche wird demnach das Wasser direct in seine beiden Bestandtheile zerlegt, doch erhält man nur den einen derselben, den Wasserstoff, frei, da sich der andere Bestandteil des Wassers, der Sauerstoff sofort mit dem Natrium verbindet.

$$HO + Na = NaO + H."$$

Zeitweise drangen, z.T. durch Davys schwere Krankheit bedingt, andere Forscher wie Joseph-Louis *Gay-Lussac* (1778 - 1850) und Louis Jacques *Thénard*, die beide am *Institut de France* tätig waren, in Davys Arbeitsgebiet ein. Sie legten ihre *"Elektrochemischen Untersuchungen über die Zersetzung der Erden, mit Beobachtungen über die Metalle, die aus den alkalischen Erden erhalten werden..."* im Jahre 1808 der Royal Society vor. Ihnen war es gelungen, die Alkalimetalle durch starkes Glühen von Natriumhydroxid mit Eisenspänen darzustellen. Dabei bildeten sich verschiedene Eisenoxide und immer wieder Natriumoxid, aus dem man durch Reaktion mit Eisen metallisches *Natrium* freisetzte u.a. nach der Gleichung:

$$4 \ Na_2O + 3 \ Fe \ \rightleftharpoons \ Fe_3O_4 + 8 \ Na$$

Auf ähnliche Weise ließ sich auch Kalium aus Kaliumhydroxid darstellen. *Postel* beschreibt ein anderes, ebenfalls sehr wirkungsvolles Verfahren, Kalium darzustellen: *"Man bringt in einer schmiedeeisernen Retorte ein inniges Gemenge von gereinigtem kohlensaurem Kalium* [K_2CO_3; Pottasche] *und Kohlenpulver zum heftigen Weißglühen; hierbei reißt die Kohle den Sauerstoff an sich und das frei gewordene Kalium geht als Dampf in die mit der Retorte luftdicht verbundene, mit Steinöl - einer sauerstofffreien Flüssigkeit - gefüllte Vorlage, wo es sich zu Kugeln verdichtet."* Die Herstellungsmethoden der französischen Forscher waren billiger und ergiebiger als die Davy'schen und ermöglichten die praktische Anwendung in der Chemie. Es ist interessant, daß *Gay-Lussac* und *Thénard* die Alkalien für *"einfache Stoffe"* hielten und die daraus erzeugten Metalle für deren Verbindungen mit Wasserstoff, eine Ansicht, die von *Davy* gründlich widerlegt wurde. Heute wird metallisches Natrium durch Elektrolyse von geschmolzenden Natriumchlorid gewonnen. *Rüdorffs "Grundriß der Chemie"* von 1902 beschreibt die *"Gewinnung des Natriums auf elektrischem*

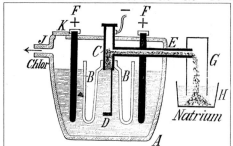

Wege": "In dem Gefäß A, in welchem durch eine außen befindliche Feuerung die Chloride eingeschmolzen werden, ist an dem eisernen Zylinder C die glockenförmige, doppelwandige Zelle B aus feuerfestem Material befestigt. Sie soll verhindern, daß sich die Metalle nach ihrer Abscheidung wieder mit Chlor verbinden. D ist die in den Schmelz- fluß eintauchende Eisenkathode. Das von ihr aufsteigende Alkalimetall fließt durch die Röhre E in die Glocke G und sammelt sich unter dem Petroleum des Gefäßes h an. Die Kohleanoden FF sind in dem Deckel des Schmelzgefäßes A befestigt, so

daß das an ihnen entbundene Chlor nur durch J entweichen kann. Durch die
verschließbare Öffnung K wird Salz nach Bedarf eingefüllt." Kalium wird aus Kaliumchlorid dargestellt, dem man Natrium zusetzt. Es entsteht eine Kalium-Natrium-
Legierung, aus der das Kalium durch fraktionierte Destillation abgeschieden wird.

Johann Tobias *Mayer* faßt die Wirkungen des Galvanismus zusammen: *"Vorzüglich
merkwürdig sind diejenigen Versuche, bey denen man vermittelst der Voltaischen
Säule I. belegte Flaschen geladen; II. das Wasser auf eine viel leichtere Art, als
vermittelst der gewöhnlichen Elektricität in Sauerstoff und Wasserstoffgas zerlegt,
III. Metalle verkalkt, IV. Metallniederschläge bewirkt, wobey die Metalle aus ihren
Auflösungen in Säuren oft in dendritischer Form wiederhergestellt werden, V. Salze
und allerley andere Substanzen zerlegt, ..., VI. Alkalien und Erden in metallische
Substanzen verwandelt und mit dem Quecksilber amalgamiert hat".* Abschließend
bemerkt *Mayer: "Hier hat sich also durch den Galvanismus ein neues und weites
Feld der wichtigsten Entdeckungen eröffnet, die uns ohne Zweifel sehr bald einen
tiefer dringenden Blick auch in viel andere, bis jetzt noch so geheimnißvolle Wirkungen der Natur verschaffen müssen. Bis jetzt fehlt uns aber freylich noch eine
vollständige Beantwortung der Frage, ob der Galvanismus nur als Modification einer
bereits bekannten Naturkraft (der Elektricität) oder als Wirkung einer ganz eigenen,
für sich bestehenden Kraft, wobey die Elektricität nur eine zufällige Rolle spielt,
betrachtet werden müsse."*

Experimente: Davys Basis des Natron

A. Elektrolyse einer Ätznatronschmelze

Aufbau und Durchführung 1

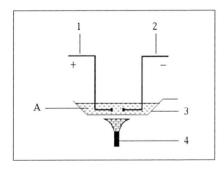

Geräte

1 Eisenelektrode (Anode)
2 Eisenelektrode (Kathode)
3 Porzellanschiffchen
4 Teclubrenner

Stoff

A Natriumhydroxidplätzchen

Ein Porzellanschiffchen von etwa 8 cm Länge wird in einen am Stativ befestigten
Metallring eingehängt, so daß es von unten mithilfe eines Teclubrenners erhitzt
werden kann. Aus Stahlnadeln (auch Fahrradspeichen) biegt man zwei Elektroden
zurecht, die im Porzellanschiffchen möglichst tief versenkt werden. Man füllt das
Schiffchen mithilfe eines Pulvertrichters bis knapp unter den Rand mit Natriumhydroxidplätzchen. Das Porzellanschiffchen wird scharf erhitzt.

Beobachtung 1

Das Natriumhydroxid schmilzt sehr schnell und schäumt dabei etwas auf. Es bilden sich alkalische, in die Nase stechende Dämpfe, die zu Husten reizen.

Durchführung 2

Der Brenner wird entfernt und man legt eine Spannung von etwa 15 Volt an. Es sollte mindestens ein Strom von 2 Ampere durch die Schmelze fließen.

Beobachtung 2

Die Schmelze bleibt auch ohne Wärmezufuhr von außen flüssig. Sie schäumt am positiven Pol (Anode) stark auf. Am negativen Pol (Kathode) zeigt sich eine grauschillernde Färbung. Es bilden sich kleine, silbrige, auf der Schmelze schwimmende Kugeln, die sich entzünden und mit intensiv gelbem Licht unter Spratzgeräuschen und Bildung von weißem Rauch verbrennen. Zwischen Anode und Kathode glüht bei genügender Energiezufuhr die Schmelze rotgelb auf. Die graue Farbe der Schmelze dunkelt im Laufe des Versuches nach.

Auswertung 2

Es laufen folgende chemische Prozesse ab:

1. *Dissoziation des Natriumhydroxids:* $NaOH \rightleftharpoons Na^+ + OH^-$
2. *Redoxprozesse:*
   a. *Anodische Oxidation:* $\qquad\qquad 4\ OH^- \longrightarrow 2\ H_2O + O_2 + 4\ e^-$
   b. *Kathodische Reduktion:* $\quad 4\ e^- + 4\ Na^+ \longrightarrow 2\ Na$
   c. *Gesamtreaktion:* $\qquad\qquad 4\ NaOH \longrightarrow 2\ Na + O_2\uparrow + 2\ H_2O$

Natriumhydroxid (Ätznatron) schmilzt schon bei 122 °C. Die Schmelzenergie ist entsprechend gering. Bedeutend mehr Energie muß aufgewendet werden, um die Natriumionen durch Schmelzflußelektrolyse zu reduzieren. Zusätzlich entsteht Sauerstoffgas, welches die Schmelze an der Anode aufschäumen läßt. Die Schmelze bleibt durch die bei der Elektrolyse erzeugte Wärme glutflüssig. Das frisch erzeugte Natriummetall löst sich sehr leicht in der Schmelze und läßt sich dann nur mit Mühe als Natriumkorn gewinnen.

Durchführung 3

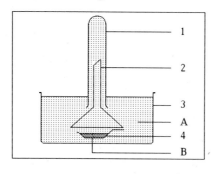

Geräte

1 Reagenzglas
2 Glastrichter
3 Kristallisierschale
4 Porzellanschiffchen

Stoffe

A dest. Wasser
B Elektrolyseprodukte aufgelöst in Natriumhydroxid

Nach 10 Minuten Versuchsdauer wird der elektrische Strom abgeschaltet. Die Elektroden hebt man sofort aus der Schmelze heraus und läßt diese erstarren. Dann taucht man das Porzellanschiffchen in eine mit destilliertem Wasser gefüllte Kristallisierschale. Aufschäumendes Gas wird durch Wasserverdrängung in einem Reagenzglas aufgefangen. Die Knallgasprobe wird durchgeführt.

Beobachtung und Auswertung 3

Die Knallgasprobe verläuft positiv. Das Natrium, das sich beim Versuch in metallischer Form oder in der Schmelze gelöst, abgeschieden hat, reagiert mit Wasser zu Wasserstoffgas.

B. Natrium reagiert mit Wasser

Durchführung 1

Auf einenen Overhead-Projektor stellt man eine Kristallisierschale mittlerer Größe. Diese wird mit destilliertem Wasser gefüllt, dem man einige Tropfen Phenolphthalein und 1 Tropfen Spülmittel zumischt. In die Mitte des Gefäßes wird ein entrindetes und abgetrocknetes Natriumstückchen gegeben.

Beobachtung 1

Das Natriumstückchen fährt auf dem Wasser unter Zischen blitzschnell hin und her, wobei es rotiert. Es hinterläßt eine rotgefärbte Spur, die in der Vergrößerung des Overheads sehr gut sichtbar wird. Die Farbspur verwischt sich mit der Zeit.

Auswertung 1

Bei der chemischen Reaktion des Natriums mit Wasser entsteht Natronlauge. Es wird Wasserstoffgas frei:

$$2\ Na + H_2O \longrightarrow 2\ NaOH + H_2 \uparrow$$

Die entstehenden Hydroxid-Ionen werden vom Indikator Phenolphthalein angezeigt. Das Spülmittel soll verhindern, daß das Natriumstückchen an der Glaswand des Gefäßes hängenbleibt und es zu einer Explosion kommt.

Durchführung 2

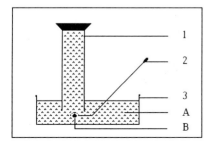

1	
2	
3	
A	
B	

Geräte

1 Standzylinder
  auf Metalltreppe
2 Natriumlöffel
3 Kristallisierschale

Stoffe

A destilliertes Wasser
B Natriumstückchen (d = max. 2 mm)

Eine Kristallisierschale wird mit Wasser gefüllt, das mit wenigen Tropfen Phenolphthalein und etwas Spülmittel versetzt wurde. Ein mit Wasser gefüllter Standzylinder wird mit seiner Öffnung nach unten (anfangs durch runde Glasplatte abgeschlossen) auf eine gelochte Metalltreppe aufgestellt. Man wirft ein kleines Stück Natrium ins Wasser, fängt es mit einem *Natriumsieblöffel* auf und drückt es unter die Standzylinderöffnung. Aufperlendes Gas wird im Standzylinder aufgefangen und durch die Knallgasprobe geprüft.

Auswertung 2

Die Knallgasprobe zeigt, daß Wasserstoff entstanden ist. Die weinrote Färbung des Indikators weist auf entstandene Natronlauge hin.

Tips und Tricks

a. *Elektrolyse einer Ätznatronschmelze*

Durch die gute Löslichkeit des frisch gebildeten Natriummetalls in der Schmelze, läßt sich oft kein nachweisbares Metallkorn herstellen. Außerdem verbrennt das Natrium bei der hohen Temperatur der Schmelze (Rotglut) unter Feuererscheinung sofort zu Natriumoxid. Man sollte, um dennoch ein Metallkorn zu erhalten, das entstehende Natrium durch Beschichtung mit Holzkohlenpulver von der Luft abschließen.

- Ein Natriummetallkorn läßt sich leicht mit einem Messer zerschneiden: Es wird Metallglanz sichtbar, der aber schnell wieder durch Oxidationsvorgänge verschwindet.

- Es ist günstig, während der Schmelzflußelektrolyse etwas Natriumhydroxid nachzufüllen.

- Es ist auch interessant, die Schmelzflußelektrolyse mit einem Gemisch aus 10 g *Natriumchlorid* (Kochsalz, NaCl) und 3,5 g *Natriumfluorid* (NaF, **T**!) durchzuführen. Das Natriumfluorid dient als Flußmittel: Der Schmelzpunkt des Natriumchlorids von 800 °C wird auf 680 °C herabgesetzt. Diese Temperatur läßt sich durch den Einsatz zweier Teclubrenner gut erreichen. Graphitpulver, das man im Kathodenbereich aufstreut, verhindert auch bei diesem Versuch das Verbrennen des entstehenden Metallkorns. An der Anode wird das Giftgas *Chlor* (Cl_2, **T**, fruchtschädigend) frei.

Anodische Oxidation: $2\ Cl^- \longrightarrow 2\ Cl + 2\ e^-$

$$2\ Cl \longrightarrow Cl_2$$

Das entstandene Chlor läßt sich durch Reaktion mit Iodstärkepapier nachweisen:

$$Cl_2 + 2\ I^- \longrightarrow 2\ Cl^- + I_2$$

Bei dieser Reaktion scheidet sich Iod ab, das mit Stärke eine blaue Anlagerungsverbindung bildet.

- Statt eines Porzellanschiffchens kann auch ein Porzellan- oder Schamottetiegel (5 cm Durchmesser; 2,5 cm Höhe) eingesetzt werden. Die Lichterscheinungen fallen dann allerdings weniger spektakulär aus.

- Statt Eisen- kann man auch Kupferelektroden (d = 2mm) einsetzen.

- Die Natriumhydroxidplätzchen sollten einer frisch geöffneten Packung entstammen, da sie dann fast wasserfrei sind.
- Will man statt Natrium das Metall *Kalium*, z.B. nach *Davys* Experimenten, aus Ätzkali gewinnen, sollte man Silberelektroden verwenden. Diese werden aber bei der Elektrolyse sehr stark angegriffen.
- Das Metall *Lithium* läßt sich gut aus einer Lithiumchloridschmelze elektrolytisch abscheiden. Da Lithiumchlorid eine Schmelztemperatur von 614°C besitzt, muß kräftig erhitzt werden. Man sollte das Salz mit 4 Ampere Stromstärke elektrolysieren. Wenn man das entstehende Lithium durch eine Graphitschicht vor Sauerstoffzutritt schützt, entsteht es so üppig, daß man es mit einem Metallöffel abschöpfen kann. Lithium schmilzt bei 180,5°C und wird nach dem Erstarren unter Paraffin aufbewahrt. An der Anode bildet sich das Giftgas *Chlor* (Cl_2, **T**, fruchtschädigend).

b. *Natrium reagiert mit Wasser*

- Ein *Natriumsieblöffel* sollte einteilig sein. Bei Doppellöffeln, die nach Art eines Teesiebes gebaut sind und in vielen Sammlungen vorhanden sind, bildet sich leicht eine hochexplosive Knallgasblase. Einfache Abhilfe: Die untere Löffelhälfte wird aus dem Holzstiel herausgezogen! Man sollte sich aber dennoch bewußt sein, daß es trotz aller Vorsichtsmaßnahmen mit Natrium zu Explosionen kommen kann!
- Von Experimenten mit *Kalium* und Wasser sollte man wegen der erhöhten Explosionsgefahr unbedingt Abstand nehmen. Die Zersetzung des Kaliums ist nicht kontrollierbar. Die Gefährlichkeit des Experimentes geht aus folgender Versuchsbeschreibung von *Heumann* hervor: *"Ein Becherglas wird mit wenig Wasser gefüllt und ein erbsengroßes abgetrocknetes Kaliumstückchen auf das Wasser geworfen. Der entwickelte Wasserstoff und alsbald auch das übrige Kalium entzünden sich und bewirken eine violette Flamme. Sobald das Kalium eingebracht ist, decke man eine Glasplatte über die Öffnung des Becherglases, weil häufig brennende Kaliumstückchen weggeschleudert werden. Ist die Flamme verschwunden, so rotiert die glühende Kaliumkugel noch einige Zeit auf dem Wasser und zerplatzt schließlich unter Explosion. Zuweilen, aber doch selten, hängt sich das Kalium an die Wand des Becherglases an und veranlaßt dessen Springen - ein Umstand, dem sich nicht gut vorbeugen läßt. Das Rotieren des Kaliums auf dem Wasser und die schließlich eintretende explosionsartige Erscheinung sind als analoge Vorgänge derjenigen beim sogenannten Leidenfrostschen Versuch aufzufassen."*
- Um jede Gefahr zu vermeiden, ist es für Ungeübte günstig, Natrium oder gar Kalium durch das viel weniger gefährliche *Lithium* aus der Alkalimetallfamilie zu ersetzen. Auch dieses Metall setzt mit Wasser Wasserstoff frei und bildet die *Lithiumlauge* (LiOH). Bei Lithium kann man gefahrlos ein halberbsengroßes, entrindetes Stück in Wasser geben, ohne Explosionen befürchten zu müssen. Bei der

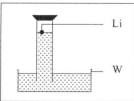

Verwendung von Lithium ist es günstig, einen mittleren Standzylinder mit Wasser zu füllen und mit der Öffnung nach unten, an einem Stativ befestigt, in eine Wasserwanne W zu hängen. Das Lithium wird mit einer Pinzette oder Tiegelzange von unten in den Standzylinder eingefüllt. Es schwimmt nach oben und entwickelt Wasserstoff, der durch die Knallgasprobe nachgewiesen wird.

- Bei Natriumexperimenten fügt man dem Wasser etwas Spülmittel zu. Die durch die Reaktionswärme geschmolzene Natriumkugel wird dadurch wie ein Pingpongball von der Gefäßwand zurückgeschleudert.
- Man sollte runde statt eckiger Glaswannen verwenden! Bei eckigen Wannen setzt sich das Natriumkügelchen wegen der größeren Berührungsfläche leichter am Glasrand fest. Das Natrium umgibt sich mit einer Wasserstoffhülle, welche die Reaktion des Metalls mit dem Wasser unterbindet (siehe *Heumanns* Versuchsbeschreibung zu Kalium). Erst nach dem Abkühlen wird Natrium von Wasser benetzt: Es zerspringt mit scharfem Knall, der Wasserstoff entzündet sich.
- *Versuchsvariante:* Das Natriumstückchen wird in einer mit Wasser gefüllten Wanne auf feuchtes Filterpapier gelegt. Das Papier verhindert die Zickzackbewegung und Rotation des Natriumkügelchens, was zu einer punktuellen Aufheizung durch Reaktionswärme führt. Das Natrium erhitzt sich, beginnt zu schmelzen und verbrennt schließlich mit intensiv gelbem *Natriumlicht,* wobei ihm weißer Rauch entsteigt. Auf der Wasseroberfläche bildet sich eine glasklare Kugel, die bald zerplatzt: Ätznatron spritzt umher. *Schutzbrille, Schutzkleidung verwenden!* (Hinweis: Die Bewegung des Leichtmetalls kann auch durch Dickungsmittel wie Kleister verhindert werden).

c. *Sicherheitshinweise, Entsorgung.*

A. *Elektrolyse einer Ätznatronschmelze.*
- *Natriumhydroxid,* auch seine Dämpfe sind stark ätzend. Unbedingt Schutzbrille und Schutzkleidung tragen!
- Da die Natriumhydroxidschmelze unter Abgabe von alkalischem Rauch stark schäumt, und Natriumhydroxid im Umkreis der Brennerflamme sich als heißer Staub niederschlägt, sind auch Schutzhandschuhe zu empfehlen!
- Will man andere Personen das faszinierende Davy-Experiment mit seinen Glüh-, Puff- und Spratzeffekten miterleben lassen, sollte man diese um den Versuch versammeln. Sollte der Davy-Versuch ohne Abzug durchgeführt werden, ist eine Schutzbrille für *jeden* Zuschauer erforderlich!
- Sollte man Versuche mit chlor- und fluorhaltigen Verbindungen durchführen, unbedingt einen *Abzug* benutzen!
- *Natriumfluorid* ist toxisch!

B. *Natrium reagiert mit Wasser.*
- *Chlor* ist ein hochtoxisches, äußerst gefährliches Atemgift! Abzug!
- *Natrium* ist ein stark ätzendes Metall, das leicht entzündlich ist und mit Wasser hochexplosiven *Wasserstoff* freisetzt. Daher einige spezielle Hinweise zum Handling von Natrium: Pinzette benutzen! Nie mit bloßer Hand anfassen! Natrium aus Petroleum nehmen, abtropfen lassen, auf Filterpapier entrinden. Nur kleinste Mengen, maximal Stücke vom Durchmesser 2 mm für Versuche einsetzen! Ein Natriumbrand wird mit Sand (und nie mit Wasser oder Kohlenstoffdioxid) gelöscht!
- *Entsorgung von metallischem Natrium:* Man wirft es in Methanol ein. Es bilden sich ungefährliche Alkoholate.
- *Entsorgung der Natriumhydroxidschmelze:* Man taucht das Porzellanschiffchen mitsamt der Schmelze in Wasser und läßt dies längere Zeit darin liegen. Die Schmelze löst sich mit eventuellen Natriumresten vollständig auf und es entsteht Natronlauge, die man in das Säure-Laugen-Sammelgefäß gibt.

- Die Wanne, in der die Reaktion stattfindet, sollte auf keinen Fall mit einer Scheibe überdeckt werden. Es kan sich mit der eingeschlossenen Luft *Knallgas* bilden, wodurch eine Explosion entstehen kann.

Glossar und Zusätze

Bagdadbatterie. Im Jahre 1838 berichtete Wilhelm *König*, der Leiter des Irak-Museums in Bagdad: *"Bei den Ausgrabungen des Iraq-Museums in Khujut Rabuah, das im Südosten von Bagdad an der Bahnlinie nach Kirkuk liegt, wurde im Sommer 1936 ein Gerät gefunden, dessen Art und Ausstattung unbekannt war. Der Fundort ist ein Ruinenhügel, der zu einem Siedlungsgebiet mit Funden aus parthischer Zeit [die Parther eroberten um 141 v.u.Z. Mesopotamien und beherrschten es mehrere hundert Jahre] gehört. Das Gerät besteht aus einer Tonflasche, einem Zylinder aus Kupferblech und einem Eisenstab...* Die Flasche ist länglich-oval aus weißgelblichem gebrannten Ton mit abgeplatteter Standfläche (Höhe 14 cm, größter Durchmesser 8 cm). Der Hals ist willkürlich entfernt und trägt rund um die ringförmige Bruchstelle Spuren von Asphalt. Die Halsöffnung hat einen Durchmesser von 33 mm. In dieser Flasche befand sich der Zylinder aus Kupferblech (Höhe 98 mm, Durchmesser 26 mm). Das untere Ende des Zylinders ist durch ein rundes Kupferblech abgeschlossen, das durch Überbörtelung des Zylindermantels festgehalten wird.... Im Innern des Kupferzylinders befand sich der stabförmige Eisenkörper (Länge 75 mm). Er war vollkommen oxydiert. Oben war er von einem Asphaltpfropfen gefaßt, der am oberen Rande des Zylindermantels saß. Dieser Pfropfen war bei der Auffindung des Gerätes unzerstört an seinem Platze. Der Eisenkörper, dessen oberes Ende etwa 10 mm über den Asphaltpfropfen herausragte, wurde von diesem zentrisch in der Richtung der Achslinie des Zylinders festgehalten, so daß er in den Zylinder hineinhing.... Nach unten weist der Eisenkern eine zunehmende Abfressung auf. Sein freies Ende dürfte den Boden des Zylinders nicht berührt haben, zumal sich über dem Zylinderboden eine Asphaltschicht von ca. 3 mm Dicke befindet."* Natürlich wurde über den Verwendungszweck dieser seltsamen Tonvase lange spekuliert. Schließlich ergab sich, als man *"alle Teile zueinander in Beziehung"* brachte, nur der Schluß, daß es sich um eine galvanische Batterie handeln müsse. Diese Deutung wird noch dadurch gefestigt, daß die Parther in der Antike die Meister der Vergoldung waren. Man grub parthische Gegenstände aus, die so rein und glänzend mit Gold überzogen waren, wie man es nur auf galvanische Art erreichen konnte. Die Parther haben offensichtlich die Galvanisierkunst schon vor mehr als 2000 Jahren beherrscht! Man konnte aber nicht nachweisen, mit welchem Leiter 2. Klasse das galvanische Element gefüllt war. Versuche mit Fruchtsäuren bzw. Essigsäure und möglichen Oxidationsmitteln, wie sie von Bombardierkäfern und Tausendfüßlern als Abwehrwaffen produziert werden (Benzochinon, Toluochinon u.a.), haben ergeben, daß sich mit einem einzelnen galvanischen Element eine Spannung von ca. 0,5 Volt erzielen lies. Durch Hintereinanderschaltung zu einer Batterie (man hat tatsächlich mehrere Einzelelemente gefunden) war es möglich, die Spannung bedeutend zu erhöhen. Ohne Zugabe eines geeigneten Oxidationsmittels liefert ein Eisen-Kupfer-Element eine zu geringe elektrische Energie (→ auch Schlagwort *Galvanische Vergoldung*).

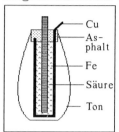

Cu
As-phalt
Fe
Säure
Ton

194 Galvanische Vergoldung. Galvanoplastik. Die Technik, Gegenstände aus unedlen Metallen mit einem festhaftenden Edelmetallüberzug zu versehen, auch als *Galvanostegie* bezeichnet, wurde von M.H. *von Jacobi* in Petersburg und *Spencer* in England unabhängig im Jahre 1838 erfunden. *Koppe* schreibt: *"Die nützlichen Anwendungen der galvanischen Elektricität beruhen auf der Eigenschaft des elektrischen Stromes, Metalle aus ihren Auflösungen, durch welche derselbe geführt wird, am negativen Pole zu reduzieren. Die galvanische Vergoldung besteht im wesentlichen in folgendem: Der zu vergoldende Gegenstand, z.B. ein silberner Löffel, wird in eine verdünnte Goldauflösung (Goldchlorid mit Cyankalium in Wasser), welche sich in einem porzellanen oder gläsernen Gefäße befindet, gelegt, durch einen Platindraht mit dem negativen Pole einer konstanten galvanischen Batterie verbunden und der positive Poldraht ebenfalls in die Flüssigkeit an irgend einer Stelle eingetaucht, doch ohne den Löffel zu berühren, welcher sich bald mit einer dünnen Goldschicht überzieht."* Natürlich läßt sich auf ähnliche Weise auch *versilbern* oder *verkupfern. Koppe* beschreibt auch ein sehr einfaches Verfahren der galvanischen Vergoldung: Es besteht darin, *"das man eine Auflösung von einem Theile Chlorgold* [Goldchlorid, $AuCl_3$], *6 Teilen Cyankalium, 4 Teilen einfach kohlensaurem Kali und 6 Teilen Kochsalz in 50 Teilen Wasser in einem porzellanen Schälchen mäßig erwärmt, den zu vergoldenden Gegenstand hineinlegt und mit einem Zinkstäbchen berührt... Die galvanische Vergoldung hat bei zweckmäßigem und sorgfältigem Verfahren gleiche Schönheit mit der Feuervergoldung, welche dagegen durch die Anwendung und Verflüchtigung von Quecksilber für die Gesundheit der Arbeiter sehr nachteilig ist."* Hier führt *Koppe* ein ähnliches Argument ins Feld wie *v. Liebig*, als er sich für den Ersatz der giftigen Quecksilberspiegel durch Silberspiegel ausspricht. Der galvanische Strom ließ sich auch zur *Galvanoplastik* einsetzen. Darunter *"versteht man die Kunst, Nachbildungen von Münzen, gravierten Kupferplatten, Holzschnitten u.dgl. auf galvanischem Wege zu erhalten. Man verfertigt sich zunächst einen Abdruck des nachzubildenden Gegenstandes in Stearin oder in Guttapercha, welchen man, um denselben leitend zu machen, mit Graphit überzieht; diese Form befestigt man an dem negativen Poldrahte einer schwachen, aber konstanten galvanischen Batterie und taucht dieselbe in eine (nicht ganz gesättigte) Auflösung von Kupfervitriol* [Kupfersulfat, $CuSO_4 \cdot 5H_2O$], *in welche der Form gegenüber, doch ohne dieselbe zu berühen, eine mit dem positiven Poldrahte verbundene Kupferplatte eingetaucht ist ... Die Form bekleidet sich nun sehr bald mit einem Überzuge von reinem Kupfer, welcher nach wenigen Tagen eine solche Dicke erreicht, daß er sich ablösen läßt und eine sehr treue Nachbildung des Originals gewährt..."* Nach Koppe bediente man sich zur Herstellung galvanischer Nachbildungen vorteilhaft einer sogenannten *Becquerel'schen Kette*, die der von *Daniell* sehr glich. In einem

inneren Glaszylinder, der von einer tierischen Blase abgeschlossen war und in einen äußeren Glaszylinder tauchte, befand sich in einer sehr verdünnten Schwefelsäurelösung eine amalgamierte Zinkplatte Z. In den mit Kupfervitriollösung gefüllten äußeren Glaszylinder legte man eine mit einer leitenden Farbe wie Eisenrot (Eisenoxid) oder Mineralschwarz (Graphit) bestrichenen Abdruck aus Stearin oder Guttapercha, eine Matrize. Dann verband man die beiden Platten mit einem durch Schellack isolierten Kupferdraht D. Im Laufe von etwa 14 Tagen schlug sich auf dem Abdruck ein etwa *"eine Linie"* dicker Kupferüberzug nieder. Dieser wurde von der Matrize abgelöst und mit einer Bleilegierung ausgegossen. Man hatte ein naturgetreues Abbild des Originals erhalten.

Leidenfrostsches Phänomen (entnommen den *"Anfangsgründen der Physik"* von *Koppe*). *"Überraschend ist die Erscheinung, auf welche vorzüglich Leidenfrost 1756 aufmerksam gemacht hat, daß Wasser auf glühende Metallflächen gegossen nicht siedet, sondern sich, wie Quecksilber auf Glas, in Tropfen sammelt, welche auf der Metallplatte rotieren ... Sowie sich das Wasser etwas abkühlt, kommt das Wasser in heftiges Sieden und wird nach allen Seiten umhergeschleudert. – Es erklärt sich diese Erscheinung daraus, daß die Wasserkugel ringsum von einer Atmosphäre von Dämpfen umgeben ist, welche, solange die Metallplatte stark erhitzt ist, einen hohen Grad von Elasticität besitzen und die unmittelbare Berührung der Wasserkugel mit dem glühenden Metall verhindern, was nicht mehr der Fall ist, wenn sich dies bis zu einem gewissen Punkte abgekühlt hat.*

Im Zusammenhange hiermit dürfte auch der von einzelnen Arbeitern in Schmelzhütten schon seit alten Zeiten gekannte, in neuerer Zeit aber erst von Boutigny näher untersuchte und bestätigte Versuch stehen, daß man, ohne sich zu verletzen, mit bloßen Füßen über frisch gegossenes Eisen gehen oder die Hände kurze Zeit in geschmolzenes Eisen, Kupfer oder anderes Metall eintauchen kann ... Diese auffallenden Versuche, welche zugleich die Berichte älterer Geschichtsschreiber über die im Mittelalter angestellten Feuerproben bestätigen, finden ihre Erklärung wahrscheinlich darin, daß sich vermöge der starken Ausdünstung der Haut eine dieselbe schützende und die innige Berührung mit dem Metall hindernde Dampfatmosphäre bildet. ... Besonders überraschend ist der folgende, zuerst von Boutigny angestellte Versuch. Wenn man in einen glühenden Tiegel von Platin oder Silber flüssige schweflige Säure gießt und, nachdem diese die sphäroidische [kugelähnliche] Gestalt angenommen hat, Wasser zusetzt, so gefriert das Wasser und läßt sich als Eis aus dem glühenden Tiegel ausschütten. Das Widersprechende dieses Versuches läßt sich dadurch erklären, daß die flüssige schwefelige Säure schon bei – 10⁰ siedet und folglich auch die Temperatur der späroidischen Masse diese Temperatur nicht übersteigt. – Faraday hat in einer Mischung aus Schwefeläther und fester Kohlensäure in einem glühenden Platintiegel selbst Quecksilber, welches er in einer Metallschale in die sphäroidisch gestaltete Masse tauchte, in Zeit von zwei bis drei Sekunden zum Frieren gebracht."

Schmelzflußelektrolyse des Natriumhydroxids. Um Natrium aus geschmolzenem Natriumhydroxid zu gewinnen, eignet sich die *Castner-Zelle*. Sie besteht aus einem sich nach unten verjüngendem, zylindrischen Reaktionsgefäß aus Eisen. Von unten her ragt ein Eisenstab K , der als Kathode dient, in den Zylinder ein. Über ihm ist eine Sammelglocke S für entstehendes Natrium befestigt. Der Eisenstab ist von einer zylindrischen Eisenanode A umgeben. Anode und Kathode sind von einer stromdurchlässigen Scheidewand, einem als *Diaphragma* wirkenden Drahtnetzzylinder D, voneinander getrennt. Dadurch wird verhindert, daß sich das an der Kathode bildende Natrium mit dem an der Anode entstehenden Wasser

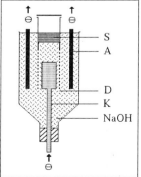

vermischt und reagiert. Die Zelle ist mit Natriumhydroxid gefüllt. Es läuft folgende chemische Reaktion ab:

$$4 \text{ NaOH} \longrightarrow 4 \text{ Na} + \text{H}_2\text{O} + \text{O}_2$$

Das flüssige Natriummetall steigt in der Sammelglocke hoch und wird abgeschöpft. Die Elektrolyse wird bei einer Temperatur um 320° C durchgeführt. Das Verfahren ist veraltet. Es wurde durch die Schmelzflußelektrolyse von Natriumchlorid in der *Downszelle* abgelöst

Verwendung von Natrium. Aus metallischem Natrium gewinnt man Natriumperoxid (Na_2O_2) für die Bleich- und Waschmittelherstellung und Natriumcyanid zur Goldgewinnung. Natrium ist ein sehr kräftiges Reduktionsmittel. In der Beleuchtungstechnik wird es in *Natriumdampflampen* und *Fotozellen* verwendet. Da es große Wärmemengen speichern kann, dient es als *Kühlmittel* in Flugzeugmotoren und in Kernreaktoren. Kalium hat technisch keine Bedeutung, da es sich überall durch das leichter zu handhabende Natrium ersetzen läßt.

Wunderbatterie. Im Clarendon-Laboratorium in Oxford ist unter einer Glas-

glocke eine Batterie zu bewundern, die im Jahre 1840 von dem Londoner Instrumentenbauer *Watkins & Hill* angefertigt wurde. Sie bringt ununterbrochen zwei Glöckchen zum Klingen. Die Batterie besteht aus zwei galvanischen Säulen, die sich aus dünnen Zinkblechen und braunsteingetränkten Papierscheiben zusammensetzen. Zwischen den Säulen herrscht eine elektrische Spannung von etwa 2000 Volt. Die Säulen sind so zusammengeschaltet, daß die Glöckchen entgegengesetzt elektrostatisch aufgeladen werden. Zwischen den Säulen hängt an einem Isolierfaden eine kleine Metallkugel. Wenn die Kugel z.B. die negativ geladene Glocke berührt, lädt sie sich durch Ladungsübertragung ebenfalls negativ auf. Weil gleichnamige Ladungen nach dem Grundgesetz der Elektrostatik einander abstoßen, wird die Kugel weggeschleudert und zur positiv geladenen Glocke bewegt. Dort wiederholt sich der Vorgang nun schon über 150 Jahre.

Versuch 1. Gemüse- oder Obstbatterie. Aus einer Digitalarmbanduhr wird die Knopfzelle (ca. 1,5 Volt) entnommen. In einen Apfel, eine Kartoffel oder Zitrone werden ein verzinkter Nagel und ein festes Stück Kupferdraht gesteckt und mit den Polen der Batteriehalterung leitend verbunden (Polung beachten!). Die erloschene Ziffernanzeige leuchtet wieder auf (wenn auch nicht als Zeitangabe, sondern in einer Ziffernfolge!). Mit Obst und Gemüse, in die Kupfer- und Zinkelektroden eingesteckt werden, ist es auch möglich ein einfaches Radio zu betreiben. Ein Kleinmotor mit einem Anlaufstrom von etwa 5 mA benötigt zum erfolgreichen Betrieb fünfzehn (!) parallel geschaltete "Pflanzenzellen". Hier noch ein paar Spannungen für eine Elektrodenkombination Kupfer-Zink: Eine Orange bringt 0,94 Volt, ein Apfel 1,034 Volt, eine Kartoffel 0,9 Volt und eine Möhre 0,891 Volt. Natürlich kann man die Elektroden auch in alle möglichen Flüssigkeiten wie z.B. Orangensaft, Apfelsaft oder Milch stecken und die Potentialdifferenzen ausmessen. Auch die Elektrodenkombinationen können variiert werden. Es zeigt sich dabei, daß das Kupfer-Zink-Element noch vom "Möhrenelement" mit Elektroden aus Kupfer und Magnesium mit einer Spannung von 1,576 Volt übertroffen wird. Allerdings reagiert Magnesium sehr leicht mit Wasser und wird zersetzt.

Versuch 2. Feuerkrug. In einen kleinen Glaskrug werden zu 15 ml Benzin 3 kleine Stückchen entrindetes Kalium von höchstens 3 mm Durchmesser gegeben. In eine große Petri- oder Kristallisierschale wird Wasser eingefüllt. Den Inhalt des

Glaskruges gießt man mit einem Schwung in die wassergefüllte Schale. Dabei entzündet sich das Benzin auf dem Wasser. Es sollte nach kurzer Zeit mit einem Deckel abgelöscht werden, um ein Zerspringen des Glases zu verhindern. Wenn man das Wasser mit Phenolphthalein ansetzt, ergibt sich noch zusätzlich ein interessanter Farbeffekt, da sich Kalilauge bildet. Bei diesem Versuch ist unbedingt eine *Schutzbrille* zu tragen. Zuschauer sollten einen *Sicherheitsabstand* wahren.

Versuch 3. Bagdadelement. Man benötigt dazu ein Kupferrohr von 2 cm Durchmesser und 15 cm Länge. Ein Rohrende wird mit einer passenden Kupferkappe verschlossen, die völlig dicht mit Kontaktkleber festgeleimt wird. Man füllt nun verdünnte Essigsäure ein (w = 5%), der etwas Benzoechinon (Vorsicht **T**!) als Oxidationsmittel aus dem Tierreich (Tausendfüßlersekret) zugefügt wurde. Das andere Rohrende wird durch einen Gummistopfen verschlossen, durch den ein 16 cm langer Eisennagel, der mindestens 1 cm aus dem Rohr herausragen soll, geführt wird. Der Nagel wird kurz vor seiner Spitze mit einem Distanzhalter aus Plastik oder Gummi versehen, um eine Berührung mit dem Kupferrohr zu vermeiden. Es ist zweckmäßig an den Eisennagel und an das Kupferrohr eine ummantelten Kupferdraht zur Abnahme der elektrischen Spannung anzulöten. Zur Dekoration kann man das Kupferrohr in einer kleinen Vase mit Glaserkitt oder Plastilin befestigen. Ein Voltmeter oder ein Kleinmotor sollten zur Demonstration der Wirksamkeit angeschlossen werden.

Versuch 4. Hüpfendes Natrium. Ein Reagenzglas wird etwas über die Hälfte mit Wasser gefüllt, welches man einen halben Zentimeter hoch mit Petroleum überschichtet. Man hält das Reagenzglas schräg, läßt ein kleines, sorgfältig entrindetes Natriumstück hineinfallen und schließt das Glas sofort mit einem Stopfen mit Glasrohr ab. Das Natrium reagiert heftig unter Wasserstoffentwicklung mit Wasser und hüpft an der Phasengrenze der beiden Flüssigkeiten heftig auf und ab. Der Wasserstoff wird aufgefangen und nachgewiesen.

Versuch 5. Natrium und Kohlenstoffdioxid. Kohlenstoffdioxid wird in ein Reagenzglas eingefüllt, dessen Boden einen Zentimeter hoch mit Sand bedeckt ist. Es wird ein kleines, entrindetes Natriumstückchen in das Reagenzglas gegeben, das Glas mit einem Glaswollepfropf verschlossen und kräftig erhitzt. Natrium reagiert unter heftigem Aufglühen und Rußabscheidung am Reagenzglasboden mit dem Kohlenstoffdioxid. Außerdem entstehen Soda (Na_2CO_3) und Natriumoxid (Na_2O).

$$4\,Na + 2\,CO_2 \longrightarrow Na_2CO_3 + Na_2O + C + Energie$$

Brennendes Natrium reagiert auch heftig mit Trockeneis (Kohlensäureschnee). Dieser sehr eindrucksvolle Versuch sollte nur im Abzug durchgeführt werden!

Versuch 6. Kalium und Eis. In einen Eiswürfel wird eine Vertiefung geschabt, in die man ein erbsengroßes Stück getrocknetes und entrindetes Kalium legt. Das Kalium reagiert zischend mit dem Eis, entzündet sich sehr schnell und verbrennt mit violetter Flamme. Vorsicht, Explosionsgefahr! Sofort 3 Meter zurücktreten!

Daguerreotypie und Magnesiumblitz

Im mittelalterlichen Abendland war naturwissenschaftliche Forschung nur innerhalb von Klostermauern möglich. Sie sollte dazu dienen, die heilige Offenbarung zu beweisen und die Macht der Kirche zu zementieren. Trotz inquisitorischer Reglementierung jedes naturwissenschaftlichen Denkens versuchten immer wieder wache Geister wie Albert *Magnus* (1193 - 1280; alias Albert *v. Bollstädt*; Dominikanermönch) und Roger *Bacon* (1214 - 1294; Minoritenmönch) das naturwissenschaftliche Weltbild zu erweitern. Dazu gehörten auch technische Errungenschaften wie die im Jahre 1267 von *Bacon* in seinem Buch über die Optik erwähnte *Camera obscura* (Lochkammer, anfangs ohne Glaslinse). Um 350 v.u.Z. beschreibt *Aristoteles* in seinem 15. Buch der *Problemata* den Strahlengang durch kleine Öffnungen: *"Warum wird jemand, der durch ein Sieb, ein Laubwerk einer Platane ... oder durch die verschränkten Finger zur Zeit einer Sonnenfinsternis zur Sonne blickt, den Sonnenglanz in der Form des nicht vollständigen Mondes wahrnehmen? Deswegen, weil das durch ein eckiges Loch durchfallende Licht nicht eckig ist, sondern das Licht geht rundgeformt und umgekehrt aus der Öffnung hervor. Weil es sich um einen geraden Doppelkegel handelt, den das Licht von der Sonne zum Loch und wieder vom Loch zur Erde bildet, so wird auch bei unvollständiger Form der Sonne das Licht wieder die Figur abbilden, die die Sonne zeigt. Da nun der Sonnenkreis nicht vollständig ist, werden auch die Strahlen entsprechend hervorkommen. Bei kleineren Löchern ist die Erscheinung deutlicher als bei größeren."*

Leonardo *da Vinci* (1492 - 1519), das überragende Genie der Renaissance, erkannte den Zusammenhang zwischen Auge und Camera obscura: *"Die Erfahrung, die zeigt, daß die Gegenstände ihre Bilder in das Augeninnere senden, beweist uns auch, daß es ebenso ist, als wenn die Bilder von beleuchteten Gegenständen durch ein kleines rundes Loch in eine ganz dunkle Wohnung fallen."* Daniele *Barbaro* (1513 - 1570), ein Venizianer, verbesserte die Camera obscura durch Einsatz einer Sammellinse. In seinem Werk über die Perspektive: *"La pratica della prospettiva"* beschreibt er, daß der Einbau der Glaslinse einer Brille, die man im 14. Jhdt. in Italien entwickelt hatte, hellere Bilder erzeuge. Er erkannte auch, daß die Prägnanz der Bilder durch eine Blende erhöht werde: *"Auch muß das Linsenglas soweit abgedeckt werden, daß*

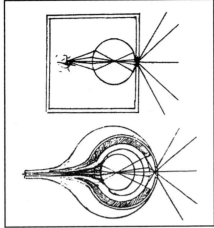 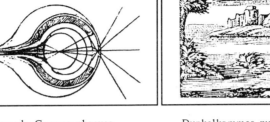

Auge als Camera obscura	Dunkelkammer zum Nachzeichnen
Leonardo da Vinci - 1490/95	Robert Hooke - 1694

nur eine kleine Öffnung in der Mitte frei bleibt, dann wird man eine lebhaftere Wirkung erhalten. Verfolgt man die Umrisse der Gegenstände dann auf dem Blatt mit einem Stift, so kann man das Bild perspektivisch richtig zeichnen." Besonders Giovanni Battista *della Porta* (1538 - 1615) hat durch sein im Jahre 1588 herausgegebenes Buch *"Magia naturalis sive de miraculis rerum naturalibus"* (lat. "Natürliche Magie oder von natürlichen Wundern") die Verbreitung der Camera obscura in Künstlerkreisen sehr gefördert. Er beschreibt die Verwendung eines um 45° geneigten Hohlspiegels, welcher die kopfstehenden Bilder aufrichtet.

Bald wurde eine leichttransportable Camera obscura erfunden, in der mehrere Personen zum Zeichnen einer Landschaft Platz fanden. Athanasius *Kircher* (1602 - 1680) berichtet darüber in seinem 1648 erschienen Buch *"Ars magna lucis et umbrae"* (lat. "Die große Kunst von Licht und Schatten") . Die Camera obscura wurde auch verkleinert. So entstand das *"oculus artificialis"* (lat. "künstliches Auge"), eine Zeichenmaschine, in der ein Umkehrspiegel die Bilder auf eine Mattscheibe projizierte, so daß der Künstler sie leicht nachzeichnen konnte. Schließlich tauschte der Pariser Optiker Charles *Chevalier* die Linse durch ein Prisma aus, um die Bilder aufzurichten. Im Jahre 1694 führte Robert *Hooke* (1635 - 1703) der *Royal Society* in London eine tragbare Dunkelkammer vor, die im wesentlichen der *Camera clara*, die der Leipziger Optikers *Reinthaler* im Jahre 1785 "erfand", entsprach.

Im Jahre 1802 versuchte der Großvater von Charles Darwin, Thomas *Wedgewood* (1771 - 1805) das Bild der Camera obscura mit lichtempfindlichem Papier zu fixieren. Im Jahre 1802 beschrieb sein Freund Humphrey *Davy* (1778 - 1829) im *"Journal of the Royal Institution"* die vergeblichen Bemühungen: *"Weißes Papier oder weißes Leder, mit einer Lösung von Silbernitrat befeuchtet, erleiden im Dunkeln keine Veränderung. Setzt man sie aber dem Tageslicht aus, so ändern sie schnell ihre Farbe, die durch mehrere Schattierungen von Grau und Braun endlich beinahe in Schwarz übergeht ... Entwirft man den Schatten einer Figur auf die mit Silbernitratlösung bestrichene Fläche, so bleibt der im Schatten liegende Teil weiß, während*

 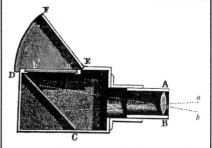

Camera obsura mit Linse   Camera obscura mit
A. Gannot – 1855   ausziehbarer Optik

die anderen Partien schnell geschwärzt werden ... es kommt nur darauf an, ein
Mittel zu finden, das verhindert, daß der weiß gebliebene Teil der Zeichnung nach-
träglich vom Tageslicht geschwärzt wird, um diese Kopiermethode ebenso nutzbar zu
machen, als sie elegant ist."

Die ersten Bilder mithilfe einer Lochkamera gelangen erst dem Franzosen Nicéphore
Niepce (1765 – 1833). Er experimentierte anfangs mit Papier, das er durch Silberchlorid lichtempfindlich gemacht hatte. Seinem Bruder schrieb *Niepce* im Mai 1816:
"Ich stellte den Apparat [camera obscura] *in dem Zimmer, wo ich arbeite, gegenü-*
ber dem Vogelhaus und dem offenen Fenster auf. Ich machte das Experiment
gemäß dem Verfahren, ... und ich erblickte auf dem Papier den ganzen Teil des
Vogelhauses, den man vom Fenster aus sehen kann ... Die Möglichkeit, auf diese
Weise zu malen, scheint mir so gut wie bewiesen ... Der Hintergrund des Bildes ist
schwarz und die Gegenstände weiß, das heißt heller als der Hintergrund." Niepce
hatte hier offensichtlich ein Negativ hergestellt. Da aber ein Positiv gewünscht war,
experimentierte er mit anderen Substanzen, u.a. mit "Judäapech", einem lichtempfindlichen Asphalt. Damit bestrich er eine Zinnplatte und schuf damit eine *"Helio-*
graphie" (gr. "Sonnenzeichnung"). Niepces Sohn Isidor schrieb aus seiner Erinnerung
im Jahre 1826, daß sein Vater: *"... auf einer glatt polierten Zinnplatte in Dippel-Öl*
[Nach Johann Konrad Dippel, der es aus Tierknochen gewann] *aufgelöstes Judäa-*
pech verteilte. Auf diesen Überzug legte er den Kupferstich, der nachgebildet wer-
den sollte und durchscheinend gemacht worden war [es handelte sich um eine
transparente Kopie], *und setzte das ganze dem Licht aus. Nach längerer oder*
kürzerer Zeit, je nach der Stärke des Lichts, tauchte er die Platte in ein Lösungs-
mittel, welches das bis dahin unsichtbare Bild nach und nach hervortreten ließ.
Nach diesen verschiedenen Verrichtungen legte er sie in mehr oder minder säure-
haltiges Wasser, um sie zu ätzen. Mein Vater schickte diese Platte an [den Kupfer-
stecher] *Lemaitre mit der Bitte, die Zeichnung noch tiefer zu gravieren... Er stellte*
mehrere Abzüge vom Portrait des Kardinals d´Amboise her." Statt Glas waren auch
andere Bildträger möglich, z.B. Lithographenstein (nach Alois *Senefelder*, der 1797
die Lithographie erfand), Silber, Kupfer oder Zinn. Der Nachteil des Asphaltverfah-
rens bestand in der mehrstündigen Belichtungszeit, so daß sich nur unbewegte Motive
ablichten ließen.

Es gelang erst Louis Jacques Maude *Daguerre* (1789 – 1851) die Belichtungszeiten

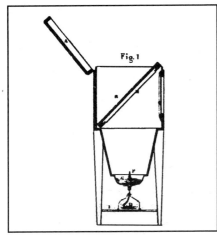

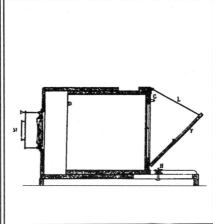

Quecksilber-Entwickler für
Daguerreotypien - 1839

Daguerre-Kamera mit Linse
von Charles Chevalier - 1839

drastisch zu verkürzen. Ursprünglich war Daguerre ein sehr erfolgreicher Theatermaler, der das *Diorama*, erfunden hatte, ein auf durchsichtigem Untergrund zweiseitig aufgemaltes Bild, dessen Darstellung sich ändert, wenn man die Rückseite beleuchtet. Das Diorama wurde dadurch zu einem "lebenden Bild" mit dramatischer Wirkung. Daguerre hatte sich mit *Niepce* zusammengetan und entwickelte mit ihm zusammen und über dessen Tod hinaus die Lichtbildtechnik weiter. Er versuchte, nach einer Idee seines Partners, Silberplatten bzw. versilberte Kupferplatten durch Ioddämpfe zu sensibilisieren.

Die Lichtempfindlichkeit von Silbersalzen hatte schon im 17. Jhdt. der Alchimist *Glauber* (1604 - 1670) beobachtet: "*Wenn man aus dem Salpeter und Vitriol ein starkes Wasser destilliert, in demselben ein wenig Silber auflöst und Regenwasser hinzuschüttet, dann färbt hernach solches Wasser nicht allein alle harten Hölzer dem Ebenholz gleich, sondern auch Pelzwerk und Federn werden von ihm kohlschwarz gefärbt."* Glaubers Beobachtungen wurden erst 1727 von dem Philologen Heinrich *Schulze* (1687 - 1744) aus Halle, der versuchte, *Leuchtsteine* herzustellen, in abgewandelter Form wiederholt. Er beobachtete, daß sich ein Gemisch aus Salpetersäure, Kreidepulver und salpetersaurem Silber [Silbernitrat] bei Belichtung schwärzt. Wir finden seine Entdeckung in seinem Werk: "*Scotophorus pro phosphoro inventus, seu experimentum curiosum de effectu radiorum solarium.*" [lat. Dunkelheitsträger statt eines Lichtträgers entdeckt, oder merkwürdiger Versuch über eine Wirkung der Sonnenstrahlen]. Er beschreibt, wie er "... das Glas [einer Flasche, die Salpetersäure, Kreidepulver und Silbernitrat enthielt] *zum größten Teil mit dunkeln Körpern bedeckte, hingegen einen kleinen Teil dem Zutritt des Lichts preisgab. So schrieb ich nicht selten Namen oder ganze Sätze auf Papier und schnitt die so mit Tinte bezeichneten Teile mit einem scharfen Messer sorgfältig aus; das in dieser Weise durchlöcherte Papier klebte ich mit Wachs auf das Glas. Es dauerte nicht lange, bis die Sonnenstrahlen dort, wo sie durch die Öffnung des Papiers das Glas trafen, jene Worte oder Sätze auf den Niederschlag von Kreide so genau und deutlich schrieben, daß ich vielen Neugierigen, die den Versuch nicht kannten, Anlaß gab, die Sache auf ich weiß nicht welchen Kunstgriff zurückzuführen."*

Schulzes Experimente fanden sogar einen literarischen, phantastischen Niederschlag in der 1760 von Charles Francois Phiphaigne *de la Roche* herausgegebenen *Glyphantie:* *"Du weißt, daß die Lichtstrahlen, von den verschiedenen Körpern zurückgeworfen, ein Bild geben und die Körper auf allen glänzenden Flächen ... abbbilden. Die Elementargeister haben diese flüchtigen Bilder zu fixieren gesucht. Sie haben einen sehr feinen Stoff zusammengesetzt, der sehr klebrig und sehr geeignet ist, trocken zu werden und sich zu erhärten; mit Hilfe desselben wird in einigen Augenblicken ein Gemälde gemacht. Sie überziehen mit diesem Stoff ein Stück Leinwand und bringen diese vor die Gegenstände, welche sie abbilden wollen ... Diese Aufnahme der Bilder ist das Geschäft des ersten Augenblicks, die Leinwand nimmt sie auf. Man nimmt dieselbe auf der Stelle weg und bringt sie an einen dunklen Ort. Eine Stunde später ist der Überzug getrocknet und man hat ein Gemälde, welches um so viel schätzbarer ist, weil keine Kunst die Wahrheit derselben erreichen kann und die Zeit es auf keine Weise beschädigen kann."* Ein kunstvoll verwobenes Gemenge von Phantasmagorie im Geisterreich und aufkeimender Lichtbildnerei. Im Jahre 1777 erkannte dann schließlich Karl Wilhelm *Scheele* (1742 - 1786), daß die Schwärzung des Silberchlorids auf einer Reduktionsreaktion beruht. Er wies dabei auftretendes Chlorgas nach.

Nach dem Tode seines Partners Niepce, änderte *Daguerre* seine Strategie. Er wandte die Fähigkeit des Lichtes, Silbersalze in Silber zu verwandeln, zur Bildgewinnung in der Camera obscura an. *Postel* beschreibt dessen neues Verfahren in der *"Laienchemie":* *"Dem Franzosen Daguerre (sprich: Dagerr) gelang es im Jahre 1839, eine äußerst merkwürdige Anwendung von der chemischen Kraft des Lichtes zu machen, indem er die Darstellung der seinen Namen tragenden D a g u e r r e o t y p e n d.h. solcher Bilder erfand, bei denen das Licht als Zeichner auftritt. Sein bald zur allgemeiner Verbreitung gelangtes Verfahren umfaßt fünf Operationen:*
1) Das Plattiren oder Poliren einer Platte, auf welcher das Bild erscheinen soll;
2) das Jodiren derselben;
3) die Einwirkung des Lichtes auf dieselbe;
4) das Amalgamiren mit Quecksilber und
5) die Entfernung des Jodüberzuges, oder die Fixation (Befestigung) des Bildes.
Eine Kupferplatte wird auf einer Seite plattirt, d.h. mit einer dünnen Silberschicht überzogen. Das Plattiren geschieht einfach dadurch, daß eine sehr dünne Silberplatte auf eine stärkere Kupferplatte gelegt, und daß die Doppelplatte zwischen zwei stählernen Walzen hindurchgezwängt wird. Die Anhangskraft (Adhäsion) hält die beiden Platten fest vereinigt. Die Silberfläche wird mit einigen Tropfen des reinsten Terpentinöls benetzt, mit Tripelpulver [Mineral, Polierschiefer] bestreut und mit Baumwolle gerieben, bis sie völlig eben und glatt ist, und beim Anhauchen keine Flecke mehr zeigt. - Hierauf wird sie in einen hölzernen Rahmen geschoben und jodirt. Man legt nämlich den Rahmen mit der Platte so, daß deren versilberte Seite nach unten gewendet ist, auf eine viereckige Porzellanschale, in welcher sich mit Wasser verdünntes Chlorjod, gewöhnlich mit einem Zusatze von Brom befindet. Der Rahmen paßt genau auf die Schale, so daß die Platte den Schenkel derselben bildet. Die aufsteigenden Joddämpfe verbinden sich mit der Silberfläche und erzeugen einen dünnen, goldgelben Ueberzug von Jodsilber (Silberjodid). Dieser muß bis zu

dem Augenblicke, in welchem das Bild entstehen soll, auf das sorgfältigste vor jedem Zutritt des Lichtes geschützt werden, deshalb wird der Rahmen mittelst eines Schiebers geschlossen.

- Die dritte und Hauptoperation: die Einwirkung des Lichtes auf die jodirte Platte - erfolgt in der Camera abscura." Postel schildert zunächst den Aufbau der "Dunkelkammer" und setzt dann seine chemischen Ausführungen fort: *"Zieht man nun den Schieber weg, und entfernt den Deckel von der Linse* [der Camera obscura], *so vermag das Licht auf die jodirte Platte einzuwirken, und das Bild des darzustellenden Gegenstandes fällt auf dieselbe. Je nach der Stärke der Beleuchtung setzt man die Platte eine halbe Stunde bis zwei Minuten dem Einflusse des Lichtes aus. Sie trägt jetzt eine kaum oder gar nicht wahrnehmbare Zeichnung* ["latentes Bild"]. *Um dieselbe deutlich hervortreten zu lassen, wird schnell die Linse durch ihren Deckel, der Rahmen der Platte aber durch seinen Schieber geschlossen, und in ein dunkles Zimmer getragen. Dort befindet sich ein viereckiger Kasten, der ein mit Quecksilber gefülltes eisernes Gefäß über einer Spirituslampe enthält. Die Platte wird darüber gedeckt, mittelst eines in dem Kasten angebrachten Fensterchens bei Kerzenlicht beobachtet, und so lange den Quecksilberdämpfen ausgesetzt, bis das Bild deutlich sichtbar geworden ist* [Man beachte die äußerst umständliche und gesundheitschädigende Prozedur!]. *Durch die Einwirkung des Lichtes in der Camera obscura ist nämlich an denjenigen Stellen der jodirten Platte, welche von den helleren Strahlen getroffen wurden, das Jodsilber zersetzt worden, und diese Stellen haben das Vermögen empfangen, Quecksilberdämpfe zu verdichten. Hier setzen sich nun die Quecksilberdämpfe in feinen Kügelchen an, indem sie sich mit dem Silber amalgamiren, d.h. eine chemische Verbindung mit demselben einzugehen.*

- Zuletzt muß das Silberjodid von den übrigen Stellen der Platte entfernt werden, um eine fernere chemische Einwirkung des Lichtes unmöglich zu machen. Dies wird bewirkt, indem man die Platte in eine Schale taucht, in welcher sich eine Lösung von unterschwefligsaurem Natron [Fixiersalz, $Na_2S_2O_3$] *in der achtfachen Gewichtsmenge befindet, und sie mehrmals hin und her bewegt; das Silberjodid ist in der Flüssigkeit löslich. Der Quecksilberstaub bildet also die dichten Partieen des Bildes, und da, wo das Licht nicht einwirkte, hat man jetzt den reinen, glänzenden Silberspiegel, welcher, wenn man die Platte so hält oder aufhängt, daß er die Strahlen dunkler Gegenstände zurückwirft, die Schatten und den dunklen Hintergrund bildet. Mithin sind die Daguerreotypen Bilder, welche auf silbernem Grunde durch Quecksilber dargestellt sind. Zuweilen vergoldet man das vollendete Bild. Dies geschieht auf sehr einfache Weise durch Uebergießen desselben mit einer Goldsalzlösung. Das in dieser enthaltene Gold bildet mit dem das Bild darstellenden Quecksilber sofort ein Amalgam... So genau die Daguerreotypen die Formen der Gegenstände wiedergeben, so ungenau ist nicht selten das Verhältnis zwischen Schatten und Licht, denn die verschiedenen Farben wirken sehr ungleich auf die Platten, daher vermißt man oft die Aehnlichkeit."* Als Nachteil des Verfahrens hebt *Postel* die Unschärfe des Bildes hervor. Auch ist die Belichtungsdauer zu lange, um Aufnahmen von beweglichen Objekten zu "schießen". Die Verwendung von Quecksilberdämpfen zur Entwicklung der Daguerreotypen war äußerst gesundheitsschädlich. Die endgültig fertiggestellten Bilder waren nicht quecksilberfrei und gaben giftige Dämpfe an die Luft ab. Die Daguerreotype war ein Positiv auf einer Silberplatte und damit ein Unikat, von dem sich keinerlei Kopien (Abzüge) herstellen ließen. Dann zeigte die Silberplatte nur bei Betrachtung unter günstigem Winkel ein Bild. Das

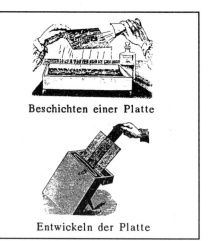

Beschichten einer Platte

Entwickeln der Platte

Tragbares Laborzelt
um 1860

Anfänge der Photographie
Arbeitsschritte um 1860

Verfahren war sehr schwer zu handhaben: Die Silberplatte durfte erst unmittelbar vor Gebrauch sensibilisiert werden und mußte nach der Belichtung umständlich entwickelt und fixiert werden. Der Daguerreotypist mußte zu jeder Aufnahme ein größeres Laboratorium mitschleppen.

Viele Forscher versuchten, das Daguerre-Verfahren zu verbessern. Hervorzuheben ist insbesondere William Henry Fox *Talbot* (1800 - 1877), ein englischer Chemiker und Physiker. Er entwickelte das heute noch gebräuchliche *Negativ-Positiv-Verfahren* und stellte damit sog. *Kalotypien* (gr. kalos = schön, typos = Druck) her. *Talbot* arbeitete mit Chlorsilberpapier. Er gewann dies, indem er Schreibpapier in schwache Kochsalzlösung tauchte* und anschließend trocken wischte. Eine Seite des Papiers bestrich er mit Silbernitratlösung, so daß sie durch die Bildung von Silberchlorid nach der Gleichung:

$$NaCl + AgNO_3 \longrightarrow AgCl + NaNO_3$$

lichtempfindlich wurde. *Talbot* fixierte anfangs mit Natriumchloridlösung, später auch mit Blutlaugensalz und Natriumthiosulfat (Fixiersalz). Er entdeckte auch, daß Silberbromid bedeutend lichtempfindlicher als Silberchlorid war und konnte die Belichtungszeit auf wenige Sekunden herabsetzen. Das Talbotsche Verfahren, das eine große Ähnlichkeit mit der modernen Fotografie besaß, wird von *Postel* gut verständlich dargelegt: *"In den letztvergangenen Jahren sind die Lichtbilder auf Metallplatten in Daguerre's Manier durch die sogenannten Photographien fast verdrängt worden. Der Name »Photographie« bedeutet »Lichtbild«, er kommt mithin auch den Daguerreotypen mit vollem Rechte zu, man gebraucht ihn aber gewöhnlich im engeren Sinne, indem man darunter Lichtbilder auf Papier oder Glas versteht. Obschon sie den Daguerreschen Bildern an Schärfe nicht völlig gleichkommen, so haben sie doch auch wichtige Vorzüge vor denselben. Um bei einer Daguerreotypie das Bild deutlich wahrzunehmen, muß man stets die rechte Stellung zu demselben aufsuchen, wäh-*

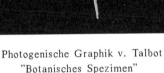

Photogenische Graphik v. Talbot   Photogenische Graphik v. Talbot
"Botanisches Spezimen"   Christuskopf mit Eichenblatt

rend sich eine Photographie unter jedem Winkel des einfallenden Lichtes dem Blik-
ke des Anschauenden wie eine gewöhnliche Zeichnung präsentirt. Ein Lichtbild auf
Papier gestattet ferner Nachbesserungen (Retouchen), welche bei den Bildern auf
Metallplatten nicht möglich sind, – es kann mit den natürlichen Farben der Gegenstände ausgemalt werden, und, was die Hauptsache ist, man kann von demselben
ohne Schwierigkeit beliebig viele Copien (Abdrücke) erhalten. Das zur Aufnahme
eines Lichtbildes bestimmte Papier wird chemisch präparirt, und gleich den Daguerre'schen Platten in die Camera obscura gebracht. Mittelst eines zweiten chemischen Präparates wird das Bild sichtbar gemacht, und dann fixirt, d.h. vor dem
ferneren Einflusse des Lichtes geschützt. Ueber die zu den angedeuteten Operation-
nen verwendeten Stoffe möge die Bemerkung genügen, daß sie zunächst den Zweck
haben, dem Papier einen Überzug von Jodsilber zu geben, welches, wie wir bereits
wissen, höchst empfindlich gegen die Einwirkung des Lichtes ist. Diesen Ueberzug
erhält das Papier, indem man es nach einander mit zwei Flüssigkeiten befeuchtet,
von denen die eine Jod, die zweite Silber enthält (Jodkalium und Höllenstein oder
salpetersaures Silberoxyd). Durch die Einwirkung des Lichtes wird das Jodsilber
zersetzt, indem das Jod verflüchtigt wird, während reines Silber in der feinsten
Zertheilung übrig bleibt. Wenn das Papier aus der Camera obscura genommen wird,
so sieht man noch keine Spur von einem Bilde.

Die Hervorrufung oder Sichtbarmachung des Bildes erfolgt durch Eintauchen des
Papieres in eine Lösung Pyrogallussäure [Pyrogallol, Trioxybenzol; ältester organischer Trockenplattenentwickler, gibt braunschwarzen Bildton, giftig!]. Dabei werden
alle die Stellen des Bildes, auf welche das volle Licht eingewirkt hat, dunkel gefärbt,
die von schwächerem Lichte getroffenen erscheinen weniger dunkel, die vom Lichte
gar nicht getroffenen bleiben ungefärbt. Man erhält mithin ein sogenanntes negatives
Bild, d.h. ein solches, welches die in Wirklichkeit hellen Partieen dunkel, die dunkeln hell darstellt. Es ist übrigens noch immer für das Licht empfänglich, und muß
daher gegen die fernere Einwirkung desselben geschützt (fixirt) werden. Dies ge-

Spottbild auf die
Photographie –
1843

schieht, indem es mit einer Lösung von unterschwefligsaurem Natron abgewaschen
wird, wodurch man das noch vorhandene Jodsilber entfernt. Mittelst des durch das
bisher beschriebene Verfahren erhaltenen negativen Bildes stellt man positive dar,
d.h. solche, in denen Licht und Schatten der Wirklichkeit entsprechen. Dazu wird
abermals Papier präparirt, indem man es durch Benetzen mit Kochsalz- (Chlorna-
trium-)Lösung und dann mit einer Silbersalz- (Höllenstein-) Lösung mit einem
Ueberzuge von Chlorsilber versieht, welches eben so empfindlich für die Einwirkung
des Lichtes ist, als das Jodsilber. Dieses Papier wird zwischen zwei Glastafeln auf
das gewöhnlich zuvor durch eine Mischung von Wachs und Talg durchsichtig gemachte negative Bild gelegt, und dem Lichte ausgesetzt. Das Licht vermag die dunklen Stellen des negativen Bildes nicht zu durchdringen, wohl aber wirkt es durch
die hellen Partien, und färbt dort das leere Blatt Papier, so daß auf diesem die
Zeichnung in den richtigen Verhältnissen von Licht und Schatten erscheint, worauf
sie wiederum durch eine Lösung von unterschwefligsaurem Natron fixirt wird. Auf
diese Weise lassen sich mittelst des einen negativen Bildes positive Bilder in großer
Zahl anfertigen...Natürlich müssen alle mit dem präparirten Papiere vorzunehmen-
den Operationen in einem verdunkelten Zimmer bei Kerzenlicht stattfinden, oder
der Photograph hat für diese Arbeiten ein Lokal mit gelben Fensterscheiben, welche
das Tageslicht nur ganz gedämpft einfallen lassen." Häufig ließ man auf das Bild
noch einen *Goldtoner* einwirken. So schreibt R. *Waeber:* "Die rotbraune Färbung des
Bildes verwandelt man mit einer sehr verdünnten Lösung von Chlorgold in eine
schwarze."

Beim Vergleich der Daguerreotypie und der Photographie drängt sich eine erstaunli-
che Parallele zur Spiegelbelegung auf: Der giftige Amalgamspiegel wurde nach dem
Vorschlag Justus v. *Liebigs* durch den Spiegel aus reinem Silber abgelöst. Das
Negativ-Positiv-Verfahren *Talbots* wurde im Jahre 1851 durch den französischen
Maler Gustave *le Gray* (1820 - 1862) in seiner Abbildungsqualität deutlich verbes-
sert: Er sensibilisierte seine Fotopapiere mit *Silberacetonnitrat* (Verbindung des
Silbernitrats mit Aceton) und tränkte sie mit heißem Wachs. So konnten sie in
unbelichtetem Zustand längere Zeit im Dunkeln vorrätig gehalten werden. Sie muß-

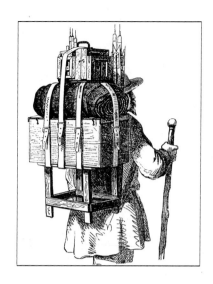

Reisender Photograph

ten auch nach der Belichtung nicht sofort entwickelt und fixiert werden. Dadurch erübrigte sich der Transport von Laborzelt und schwerem Labor.

Die Prägnanz der Bilder wurde im Jahre 1851 von Scott *Archer* (1813 - 1857) durch das *Kollodiumverfahren* verbessert: *"Sehr schöne negative Bilder stellt man jetzt auf Glasplatten dar, welche mit einem Ueberzuge von Stärke, Eiweiß oder Collodium (einer Auflösung der ... Schießbaumwolle in Weingeist und Aether ...) versehen werden, ehe man die übrigen Operationen in ähnlicher Weise wie bei den Papierbildern vornimmt. Von den negativen Glasbildern kann man positive Papierbilder in beliebiger Menge erhalten... Gibt man einem negativen Bilde eine schwarze Unterlage, z.B. von Wachsleinwand, so erscheint es positiv. Fertigt man demnach ein negatives Bild in der oben beschriebenen Weise auf einer Glaspatte an, hebt dann die Collodiumschicht vorsichtig von dem Glase ab, und klebt sie auf schwarze Wachsleinwand, so hat man ein positives Bild. Bei diesem, Panotypie genannten, Verfahren wird nur ein Bild angefertigt, mithin ist es wohlfeiler, man kann aber auch das dargestellte Bild nicht ohne Weiteres vervielfältigen."* Archer hatte als erster die Idee, den Kollodiumfilm nach der Bildentwicklung von der Glasplatte abzuheben und dann mit Natriumhyposulfit zu fixieren. Damit hat er den *Rollfilm*, der von dem Amerikaner George *Eastman* (1854 - 1932) eingeführt wurde, vorweggenommen. Von da war es nicht mehr weit zum transparenten biegsamen *Zelluloidfilm*, der von Hannibal *Goodwin* (1822 - 1900) entwickelt wurde.

Zur Photographie gab es viele Varianten: *"Talbot präparirt z.B. eine Stahlplatte in ähnlicher Weise wie eine Glasplatte, legt ein negatives Glasbild darauf, und setzt sie dem Lichte aus. Dadurch entsteht ein positives Bild auf dem Stahl. Uebergießt man nun die Platte mit einem Aetzmittel, welches den Stahl, nicht aber den Ueberzug angreift, so erhält man eine vertiefte Zeichnung des gewünschten Bildes, die gleich einem in gewöhnlicher Weise angefertigten Stahlstich abgedruckt werden kann."*

Für reizvolle Bilder gibt es lohnende Motive nicht nur bei Tageslicht unter freiem Himmel, sondern ebenso in Gebäuden, in Höhlen und auch zur Nachtzeit. Felix *Tourrachon* (1820 - 1910), genannt *Nadar*, fotografierte in den Jahren 1861/62 die Ka-

Photoatelier des
19. Jhdt.'s

takomben von Paris und setzte dafür zum ersten Male Kunstlicht ein. Der elektrische Lichtbogen gab ein geeignetes Licht, aber noch besser ließ sich, bei Belichtungszeiten bis zu 18 Minuten, *Magnesiumlicht* einsetzen. Max *Zängerle* schreibt in
seinem *"Lehrbuch der Chemie nach den neuesten Ansichten der Wissenschaft,
München 1875"*: *"An der Luft erhitzt, verbrennt es* [das Magnesium] *mit blendend
weissem Licht zu Magnesiumoxyd; die Lichtentwicklung ist so stark, dass selbst helle
Gasflammen bei Magnesiumlicht Schatten werfen. Das Magnesiumlicht wird als Signallicht, und da es sehr reich an chemisch wirksamen Lichtstrahlen ist, in der
Photographie benutzt, um Photographien vom Innern von Höhlen, Bergwerken, Kir-
chen u.s.w. herzustellen."*

Metallisches Magnesium wurde zuerst von Humphrey *Davy* (1778 - 1845) darge-
stellt. Seine Versuche wurden am 30. Juni 1808 in den *"Philosophical Transactions"*
der *Royal Society* zu London veröffentlicht: *"Electrochemical researches on the
decomposition of the earths"*. Davy hatte nach seinen überragenden Erfolgen, die
Alkalimetalle durch Schmelzflußelektrolye herzustellen, über die Elektrolyse der
Erden gearbeitet. Er vermutete hinter dieser Stoffgruppe ebenfalls Metalle als
Basen. John Tobias *Mayer* schreibt in seiner *"Naturlehre"* von 1812 *"von den
Erden"*: *"Es ist sehr schwer, Merkmahle anzugeben, welche den Erden nur allein
zukämen. Sie sind alle sehr strengflüssig, unentzündlich, und lassen sich in dem
Wasser entweder gar nicht auflösen, oder erfordern doch sehr viel Wasser zur
Auflösung. Man zählte noch nicht gar lange nur fünf Erden, Kalkerde, Schwererde,
Talkerde, Thonerde, Kieselerde.... Die eben genannten gehören in dem Lavoisieri-
schen Systeme zu den unzerlegten Körpern, aber Lavoisier hatte aus erheblichen
Gründen schon selbst die Meinung geäußert, daß sie doch wohl zusammengesetzte
Körper, und zwar Oyde (Kalke) gewisser bis jetzt unbekannter Metalle seyn möch-
ten. Ja die Hrn. Ruprecht und Tondy zu Chemnitz, wollten so gar diese Erden
reduciert, oder in Metallkönige verwandelt haben. Aber man hatte sich getäuscht...
Man trifft die Erden in der Natur selten ganz rein an, sondern man muß sie aus
den Steinen und Fossilien, worin sie in mannichfaltigen Verhältnissen sowohl unter
sich als mit anderen Materien gemischt sind, erst durch chemische Processe ab-*

scheiden. Im reinen Zustande haben sie alle eine weiße Farbe... Die Talkerde (terra muriatica, Magnesia, Bittererde, Bittersalzerde) findet sich in vielen Wassern, in dem Talke, Asbest, Serpentine, Meerschaume und anderen Talkarten. Sie ist nicht ätzend und scharf, wie die Kalkerde, und löst sich ohne Zwischenmittel in dem Wasser nicht auf. Mit Schwefelsäure verbunden findet sie sich in dem Bittersalze (Seidschützer, Epsomer, englisches Salz), woraus man sie auch ausscheiden kann..."

Nach vielen fehlgeschlagenen Versuchen änderte *Davy* einem Vorschlag von *Berzelius* (1779 - 1848) und Magnus Martin af *Pontin* (1781 - 1858) folgend, seine Versuchsanordnung um. Lassen wir *Davy* selbst berichten: "Die Erden [Davy untersuchte Barium-, Strontium-, Calcium- und Magnesiumoxid, die alle "erdigen" Charakter haben], *wurden leicht angefeuchtet und mit einem Drittel Zinnober vermischt; die Mischung wurde auf eine Platinplatte gegeben, deren oberer Teil etwas ausgehöhlt wurde, um ein Quecksilberkügelchen aufzunehmen, von etwa 50 bis 60 Gran; das Ganze wurde mit etwas Naphtha bedeckt. Schließlich stellte man eine passende Verbindung zur elektrischen Batterie, die mit 200 Platten ausgestattet war, her, so daß die Platinplatte positiv, das Quecksilber negativ wurde. Man destillierte die auf diese Weise erhaltenen Amalgame in Röhren aus weißem oder gewöhnlichem Glas. Die Röhren waren in ihrer Mitte gebogen und ihre Enden waren kugelförmig, so daß ein Ende als Retorte, das andere als Vorlage dienen konnte. Eine der Röhren wurde, nachdem man das Amalgam eingeführt hatte, mit Naphtha gefüllt, welches man schließlich durch Kochen über die kleine Öffnung am Ende, die als Vorlage diente, vertrieb. Diese Öffnung wurde hermetisch versiegelt, so daß die Röhre nichts anderes mehr als Naphtha und Amalgam enthielt. Ich fand während der Amalgamdestillation, daß es leicht war, einen Teil des Quecksilbers abzutrennen, welches sich in einem sehr reinen Zustand ansammelte; aber es war sehr schwierig, eine vollständige Zerlegung herzustellen."* Da halfen nur Rotglut und viele Experimente, um doch noch zu einem Ergebnis zu kommen. Die Magnesiumdarstellung gelang: "*Das Metall aus Magnesia schien mit dem Glas zu reagieren, besonders bevor das gesamte Quecksilber abdestilliert war. Bei einem Versuch, bei dem die Operation vor vollständiger Entfernung des Quecksilbers unterbrochen wurde, erschien das Metall als fester Körper, der dieselbe weiße Farbe und denselben Glanz wie die anderen Metalle der Erdalkalien aufwies. Es sank sofort ins Wasser unter, obgleich es von Gasbläschen umgeben war, und bildete Magnesia [alba]. An der Luft veränderte es sich rasch, indem sich eine weiße Kruste bildete, und schließlich zerfiel es zu einem weißen Pulver, das sich als Magnesia erwies.*"

Davy gab als Entdecker der "Basis der Magnesia" einen Namen: "*Diese neuen Stoffe* [gemeint sind die Erdalkalimetalle] *benötigen Namen; und nach denselben Prinzipien, die ich verfolgt habe, die Basen der fixen Alkali Potassium* [Kalium] *und Sodium* [Natrium] *zu benennen, wage ich es, die Metalle der alkalischen Erden durch die Namen Barium, Strontium, Calcium und Magnium zu benennen. Das letzte dieser Wörter ist zweifellos am empfänglichsten für Einsprüche, aber Magnesium(a) wurde schon für metallisches Mangan verwendet und wäre damit folglich ein doppeldeutiger Ausdruck.*" Die Bezeichnung *Magnesia* geht sehr wahrscheinlich auf die gleichnamige kleinasiatische Stadt zurück, in der man Magneteisenstein fand. Da der Braunstein (Mangandioxid) dem Magneteisenstein farblich sehr ähnelt, wurde der Name Magnesia in der Form *magnesia nigra* (schwarze Magnesia) auf ihn übertragen. Im 18. Jhdt. wurde das in Epson (England) im Jahre 1618 entdeckte *Epsomer Salz* (ein Magnesiumcarbonat) genauer untersucht. Es war ein Bittersalz, das man

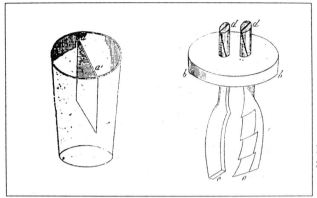

Bunsen Vorrichtung zur
Schmelzflußelektrolyse
des Magnesiums

als *magnesia alba* (weiße Magnesia) bezeichnete. Eine Verbindung zur *magnesia nigra* konnte bisher nicht nachgewiesen werden. *Lavoisier* vermutete hinter der weißen Magnesia eine *base de sel d'Epsom*, die er als "magnésie" bezeichnete. *Schule* und *Jahn* stellten aus *schwarzer Magnesia* durch Reduktion ein Metall her, dem sie den Namen *Magnesium* [es handelte sich um das chemische Element Mangan] gaben. Erst als dieses Metall in *Manganium* umbenannt wurde, willigte *Davy* ein, das durch seine Schmelzflußelektrolyse aus *weißer Magnesia* gewonnene Metall *Magnesium* zu nennen. Ein Verwirrspiel der Chemiegeschichte par exellence!

Antoine Alexandre Brutus *Bussy* (1794 - 1882) versuchte Magnesium durch Reduktion von wasserfreiem Magnesiumchlorid mit Kalium zu gewinnen. Am 15. Dezember 1828 konnte er der *Académie royale* ein Stück Magnesium vorlegen und am 25. Januar 1830 referierte er ausführlich über die Herstellung von Magnesiumchlorid aus Magnesia, Kohle und Chlor. *Liebig* bestätigte im selben Jahr Bussys Ergebnisse.

Im Jahre 1852 versuchte Robert Wilhelm *Bunsen* (1811 - 1899) die elektrochemische Herstellung des Magnesiums durch Schmelzflußelektrolyse von Magnesiumchlorid. Er veröffentlichte seine Ergebnisse in den *"Annalen der Chemie und Pharmacie"*: *"Geschmolzenes Chlormagnesium wird so leicht durch den Strom zersetzt, dass man daraus in kurzer Zeit mit weinigen Kohlenzinkelementen einen mehrere Gramm schwere Metallregulus erhalten kann."* Bunsen hält sich zur Bereitung des erforderlichen Magnesiumchlorids an die Rezeptur Justus v. *Liebigs*, die wir hier nicht besprechen wollen. Dann folgt die Schilderung der Schmelzflußelektrolyse: *"Als Zersetzungszelle dient ein ungefähr 3 1/2 Zoll hoher und 2 Zoll weiter Porzellantiegel Fig. 1, der durch ein bis zu seiner halben Tiefe hinabreichendes Diaphragma a a in zwei Hälten geteilt ist, in deren einer das abgeschiedene Chlor aufsteigt, und von dem in der anderen abgesetzten Magnesium fern gehalten wird. Das Diaphragma lässt sich aus einem dünnen Porcellandeckel herstellen, den man vermittelst eines Schlüsseleinschnitts wie Glas leicht brechen und in die passende Gestalt bringen kann. Der Tiegel wird mit dem aus einem gewöhnlichen Ziegelstein gefeilten doppelt durchbohrten Deckel Fig. 2 bedeckt, durch welchen die beiden Pole cc gesteckt sind... Zur Befestigung der Kohlenpole im Deckel dienen die Kohlenkeile d d, zwischen welche man die beiden Platinstreifen zur Zu- und Ableitung des Stromes einklemmt. Die sägeförmigen Eilnschnitte am negativen Pol sind zur Aufnahme des reducirten Metalls bestimmt, welches in Gestalt eines Regulus darin haften bleibt. Ohne diese Vorrichtung würde dasselbe in der specifisch schwereren Flüssig-*

keit aufsteigen, und an der Oberfläche theilweise wieder verbrennen." Bunsens stellt
eine Beziehung zwischen der Menge des gebildeten Magnesiums und der Stromstärke
her, bemerkt aber, daß weniger Metall als berechnet, gebildet wurde.

Die Eigenschaften des gebildeten Magnesiums beschreibt Bunsen so: *"Das erhaltene
Metall ist auf dem frischen Bruch je nach der Art seiner Zertrümmerung bald
schwach krystallinisch großblätterig, bald feinkörnig, selbst fadig; im ersteren Falle
silberweiß und sehr glänzend, im letzteren mehr blaulichgrau und matt. Seine
Härte steht der des Kalkspaths nahe. Schon eine mäßige Rothglühhitze reicht zu
seiner Schmelzung hin. An trockner Luft ist es vollkommen unveränderlich und
verliert seinen Glanz an der Oberfläche nicht, an feuchter dagegen überzieht es
sich bald mit der Schicht von Magnesiahydrat. Bis zum Glühen erhitzt, entzündet
es sich an der Luft und verbrennt mit einem intensiv blendendweißem Lichte zu
Magnesia. Die Lichtentwicklung bei der Verbrennung in Sauerstoff ist von unge-
wöhnlicher Intensität. Ein 0,1 Grm. schweres Stück in dem Gase verbrannt, gab einen Lichtglanz, welcher dem von ungefähr 110 Wachskerzen gleich kam. Da die
Oberfläche des verbrennenden Metalls nur klein, die des wirksamen Theils der
Kerzenflamme aber wenigstens 6- bis 8mal größer war, so kann man annehmen, daß
die Lichtintensität des in Sauerstoff verbrennenden Magnesiums die einer Kerzenflamme um mehr als das Fünfhundertfache übertrifft. Das Metall zersetzt reines
kaltes Wasser nur langsam, säurehaltiges aber sehr schnell. Auf wässrige Salzsäure
geworfen, entzündet es sich auf Augenblicke. Concentrierte Schwefelsäure löst es
nur schwierig. Durch ein Gemenge von Schwefelsäure und rauchender Salpetersäure wird es sogar in der Kälte gar nicht angegriffen. In Chlorgas verbrennt es nach
vorgängiger Erhitzung, in Bromgas ebenfalls, aber schwieriger. Die Verbrennungen in
Schwefeldampf und Joddampf gehen mit großer Lebhaftigkeit vor sich."*

Größere Magnesiummengen wurden von Henri Etienne *Sainte-Claire Deville* (1818 -
1881), Chemieprofessor zu Paris und *Charon* im Jahre 1857 durch Reduktion von
wasserfreiem Magnesiumchlorid dargestellt. Sie erfanden auch ein Destillationsver-
fahren im Wasserstoffstrom, mit dem sie ein sehr reines Metall erhielten: *"Wenn
der Wasserstoffstrom lebhaft ist, wird ein Teil des Magnesiums als Staub mit aus
dem Apparat austretenden Wasserstoff herausgeführt. Entzündet man das Gas, so
erhält man eine der schönsten Flammen, die man herstellen kann und in der sich
von Zeit zu Zeit Funken von außerordentlicher Pracht zeigen."* Die beiden Forscher
fügen den von *Bunsen* erkannten Eigenschaften noch manche weitere hinzu: *"Inmitten
der vom Magnesium erzeugten Flammen, glaubten wir von Zeit zu Zeit indigoblaue
Schleier zu bemerken, vor allem, wenn man auf das brennende Metallbad, den
Sauerstoffstrahl eines Knallgasgebläses hält. Die Verbrennung des Magnesiums wird
von allen beim Zink beobachteten Phänomenen begleitet, die ein flüchtiges Metall
mit festem und unschmelzbarem Oxid kennzeichnen: blendend weiße Flamme, ...
schnelle Verbrennung. ... Man kann diese Eigentümlichkeiten des Magnesiums nutzen, um ein sehr brillantes Experiment durchzuführen. Man feilt etwas Magnesium
ab und schleudert den Staub horizontal in die Flamme einer Gaslampe oder besser
einer Schmelzlampe. Das Metall verbrennt und erzeugt Funken von außerordentlicher Lebhaftigkeit und eine Wolke von weißem Rauch, welche das Phänomen sehr
bemerkenswert hervorhebt."*

Wegen dieser grellen und blendenden Verbrennungserscheinung ist metallisches
Magnesium hervorragend zur Erzeugung von künstlichem Licht geeignet. Magnesiumlicht hat, wie schon *Bunsen* herausfand, eine außerordentlich große Helligkeit.

Hermann *Römpp* schreibt hierzu in seinem 1950 in zweiter Auflage herausgegebenen *"Chemielexikon"*: *"Beleuchtet man z.B. einen Körper von der einen Seite mit Sonnenlicht, von der anderen Seite mit Magnesiumlicht, so wirft das Magnesium in den besonnten Bereich einen Schatten, weil es viel heller leuchtet als Sonnenlicht. Ein Magnesiumdraht von 3 mm Durchmesser gibt in der Sekunde etwa ebenso viel Licht wie 74 Stearinkerzen im Gesamtgewicht von 7,4 kg. Die Helligkeit wird vor allem durch das weißglühende Magnesiumoxyd bewirkt. Obwohl das g Mg bei der Verbrennung nur 6, das g Kohle dagegen 8 cal gibt, erhitzt sich brennendes Mg augenblicklich auf über 2000°, da hier ein festes Verbrennungsprodukt (MgO) entsteht, das die Wärme nur wenig verteilt, und da die Affinität des Mg zum O sehr hoch ist."*

Das Blitzlicht unserer Ureltern setzte sich zusammen aus *Magnesiumpulver* (manchmal auch Aluminiumpulver) und einem *Sauerstofflieferanten* (Oxidationsmittel) wie Kaliumchlorat, Kaliumpermanganat oder Braunstein. Dann mischte man noch *Zirkoniumnitrat* und manchmal metallisches *Zirkonium* (Zr; sein Oxid wurde in der *Nernstlampe* als Glühstift verwendet) hinzu, da dieses mit sehr hellem Licht fast rauchlos abbrennt. Auch *Cerium-* und *Thoriumnitrat* [Cer (Cr) und Thorium (Th) fanden im *Auerglühstrumpf* Verwendung] wurden wegen der Abgabe von extrem hellem Licht verwendet. Das Blitzlichtpulver wurde mithilfe eines in *Salpeter* (Kaliumnitrat, KNO_3) getränkten Papierstreifens (Salpeterpapier) gezündet. Die Blitzlichtmischung brannte in ca. 1/10 Sekunde (bei 1g Mg) unter Abgabe von blauweißem, photographisch hochwirksamem Licht ab. Dabei entstand ein weißer, feinverteilter Magnesiumoxid-Rauch.

Das Abbrennen der Blitzlichtmischung war sehr gefährlich und wurde häufig durch Hilfspersonal des Fotografen besorgt. Oft traten, besonders wenn man die Lunte ("Zündschnur") aus Sorglosigkeit "vergaß" und statt dessen mit einem Streichholz zündete, hochgradige Verbrennungen auf. Auch bei unsachgemäßem Zusammenmischen des Blitzlichtpulvers, wenn man z.B. zu große Mengen anrührte oder die Anteile nach persönlichem Gusto statt nach Vorschrift vermengte oder sogar unter Druck mit einem Pistill statt mit einer zarten Vogelfeder, kam es leicht zu einer für die Augen gefährlichen Selbstentzündung und Verpuffung. Man konnte nur genügend Helligkeit erzeugen, um einen dunklen Raum abzulichten, die Blitzdauer ließ sich aber nicht regulieren.

Heute sind diese Probleme durch das *Blitzlichtbirnchen* gelöst. Es wurde von Paul *Vierkötter* im Jahre 1925 erfunden, der eine Blitzlichtmischung in einen Glaskolben füllte und sie elektrische zündete. Das Blitzlicht wurde im Jahre 1929 durch J. *Ostmeier* vervollkommnet, der in den Kolben eine dünne Aluminiumfolie einbrachte. Der so verbesserte Kolbenblitz wurde in Deutschland unter dem Namen *"Vakublitz"* verkauft, in England hieß er *"Sashalite"* und in den USA *"Photoflash"*. Von den Pressefotografen wurde er sofort angenommen, da er ohne Rauchentwicklung und geräuschlos aufblitzte. Der moderne Kolbenblitz besteht aus einem Glaskolben, der ein Knäul aus dünnen *Metallfäden* (Magnesium oder Aluminium) enthält. Neuerdings wird wegen der höheren Lichtausbeute auch Zirkonium verwendet. Die Temperatur steigt beim "Blitz" auf bis zu 4600°C an. Dadurch wird auf kleinem Raum soviel Licht erzeugt, daß man die Birnchen kleiner fertigen konnte. Der Kolben der Birne ist mit reinem *Sauerstoff* gefüllt und mit einer dünnen, durchsichtigen Kunststoffschicht überzogen, welche beim Abbrennen auftretende Glasstücke und Splitter zusammenhält. Außerdem besitzt der Kolben einen schwachen Unterdruck, um Ex-

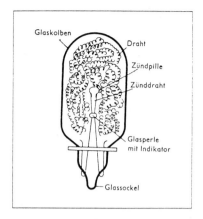

Glaskolben

Draht

Zündpille

Zünddraht

Glasperle
mit Indikator

Glassockel

Kolbenblitz

plosionen zu verhindern. Die Blitzlichtbirne wird durch einen Stromstoß über einen Kamerakontakt ausgelöst. Dadurch glüht ein *Wolframdraht* auf, der eine *Zündpille* ähnlich wie einen Streichholzkopf aufflammen läßt, wodurch das Drahtknäul entzündet wird. Für Farbaufnahmen erhalten die Blitzlichtbirnchen eine *blaue Lackschicht*. Dadurch wird das Tageslichtspektrum erreicht. Undichtigkeiten werden durch eine *Indikatorperle* aus blauem *Cobaltchlorid* angezeigt, das sich bei Feuchtigkeit rosa färbt.

Anfangs wurde für Blitzlichtaufnahmen die Kamera auf einem Stativ befestigt, der Verschluß geöffnet, das Blitzlicht abgebrannt und die Kamera wieder verschlossen. Später synchronisierte man beide Vorgänge, so daß der Auslöser, der die Blende bewegt, gleichzeitig den Blitz zündet. Bei den ersten Blitzlichtaufnahmen erscheinen die Gesichter der Personen durch das grelle Frontallicht flach mit starkem Schlagschatten. Die Hintergründe dagegen sind völlig schwarz, da das Blitzlicht zu schwach war, diese aufzuhellen. Den ersten Blitzlichtbildern haftet daher etwas irreales an. Schließlich verkettete man Blitzlichtbirnen, die sich von der Kamera entfernt befanden. Dadurch erreichte man Lichteffekte, die Margaret *Bourke-White* in der Zeitschrift *"Life"* im Jahre 1937 so beschreibt: *"Ich bin sehr beeindruckt von den Möglichkeiten, die sich ergeben, wenn man die Blitzbirnen im Raum verteilt, statt sie, wie gewöhnlich, direkt mit der Kamera gekoppelt zu verwenden. Ich arbeite dabei mit Verlängerungsschnüren, die zu einem Synchronisator führen, der direkt mit dem Kameraauslöser verbunden ist ... Das Blitzlicht liefert eine sanfte, sehr feine Lichtqualität. Das Schöne daran ist natürlich, daß man den Personen, die man photographieren will, so lange zusehen kann, bis sie genau den Ausdruck oder die Bewegung zeigen, die man sich wünscht, und dann löst man den Blitz aus."* Heute ist das Blitzbirnchen, das man nur einmal verwenden kann, durch den "Elektronenblitz" (richtiger *Röhrenblitz*, 1938 von Harold E. *Edgerton* erfunden) abgelöst, dessen Licht einem Gewitterblitz ähnelt: Er gleicht einer riesigen *Leidener Flasche* (Kondensator), deren Spannung so hoch ist, daß sie eine Gasladung (Edelgas Xenon) durchschlägt und dabei einen Funken, eben ein Blitzlicht, erzeugt. Die Blitzzeiten lassen sich bis auf 1 Millionstel Sekunde verkürzen. Es kann in kurzen Abständen mehrfach geblitzt werden.

Experimente: Fundamentalversuch zur Lichtbildnerei, Abbrennen von Magnesium

A. Lichtempfindlichkeit des Chlorsilbers

Aufbau, Durchführung und Beobachtung.

Karl *Heumann* beschreibt in seiner *"Anleitung zum Experimentieren"* von 1904 einen *"Fundamentalversuch zur Photographie"*: *"Ein Oktavblatt feinen weißen Schreib- oder Briefpapiers wird mit der einen Fläche auf eine Lösung von Kochsalz (1:9, es genügt, eine gesättigte Lösung mit dem gleichen Volumen Wasser zu verdünnen), welche sich auf einem flachen Teller befindet, gelegt, und dabei die Vorsicht gebraucht, das Auflegen des Papiers von der Mitte oder dem einen Ende aus gleichmäßig ohne Unterbrechung auszuführen, so daß sich keine Luftblasen zwischen Papier und der Flüssigkeitsoberfläche eingeschlossen befinden. Nach einigen Augenblicken wird das Papierblatt langsam abgezogen und so lange über dem Teller festgehalten, bis die überschüssige anhängende Salzlösung abgetropft ist; durch gleichmäßiges Abstreichen mit einem Glasstabe kann das Abtropfen beschleunigt werden. Nun läßt man das Papierblatt einige Momente trocknen, am besten durch Auflegen mit der Rückseite auf Fließpapier, so daß es nur noch recht feucht, aber nicht naß erscheint, und legt es dann in ganz analoger Weise mit derselben Fläche, welche mit Kochsalzlösung getränkt ist, auf eine Silbernitratlösung (1:10), hebt es aber nach einigen Augenblicken wieder gleichmäßig von der Oberfläche abziehend in die Höhe und läßt abtropfen. Der Chlorsilberüberzug haftet fest im Papier, wenn die überflüssige Kochsalzlösung durch Ablaufenlassen genügend entfernt worden war.*

Das sensibilisierte Papier ist selbstverständlich vor hellem Tageslicht zu bewahren, am besten legt man es auf eine Glasplatte in eine Schublade des Experimentiertisches ... Vor der Belichtung deckt man einen durch Einreiben mit Öl transparent gemachten Kupfer- oder Stahlstich darüber oder besser ein Blatt dicken oder schwarz gefärbten Papiers, in welchem zuvor beliebige Ausschnitte hergestellt worden sind. Auch ein Drahtnetz oder sonstiges Geflecht kann als Schablone dienen. Über dieselbe, ebenso wie unter das sensitive Papierblatt wird eine Glasplatte gelegt, und nun das Ganze dem direkten Sonnenlicht oder hellen Tageslicht ausgesetzt. Im ersteren Falle genügt schon eine Expositionsdauer von einer halben Minute, bei zerstreutem Tageslicht ist je nach dessen Intensität weit längere Zeit nötig... Nach dem Abnehmen der Schablone, welches nicht an grell beleuchteter Stelle des Zimmers geschehen darf, legt man das exponierte Blatt mit seiner sensibilisierten Seite auf eine Lösung von Natriumthiosulfat (etwa 1:8), welche sich auf einem Teller befindet, und spült dann durch Eintauchen in Wasser ab. Die durch die Schablone vor dem Licht geschützt gewesenen Stellen sind hell auf dunklem Grunde und gegen die Einwirkung weiterer Belichtung fixiert."

Die von Heumann verwendeten Lösungen in Molen und Prozenten: 0,1 M Silbernitratlösung (ca. 2%ig); 0,5 M Natriumchloridlösung (ca. 4%ig). Herstellung eines Fixierbades (einfach): In 1 Liter erwärmtem aqua dest. werden 250g kristallwasserhaltiges Natriumthiosulfat (Fixiersalz, $Na_2S_2O_3 \cdot 5\,H_2O$) unter Umrühren aufgelöst.

a. *Sensibilisierung des Fotopapiers*

Das im Papier verteilte Kochsalz (NaCl) reagiert beim Auflegen auf eine Silbernitratlösung (AgNO$_3$) gemäß folgender Reaktionsgleichung:

$$NaCl + NaNO_3 \longrightarrow NaNO_3 + AgCl \downarrow$$

Dadurch entsteht eine lichtempfindliche Silberchloridschicht: Das Fotopapier ist für Licht sensibilisiert.

b. *Belichtung des Fotopapiers*

Beim Belichten der Silberchloridschicht durch Sonnenlicht wird das Silberchlorid zersetzt. Nach der Gleichung

$$Cl^- + h \bullet \nu \longrightarrow Cl + e^-$$

werden durch Aufnahme von *Lichtquanten* (h = Plancksches Wirkungsquantum, ν = Frequenz der absoluten Strahlung) aus den Chloridionen Elektronen abgespalten, die von den Silberionen aufgenommen werden:

$$e^- + Ag^+ \longrightarrow \overset{o}{Ag}$$

Dadurch scheidet sich an den belichteten Stellen feinverteiltes Silber ab. Direktes Sonnenlicht wirkt natürlich bedeutend schneller als diffuses Tageslicht. Die Einwirkung der Lichtstrahlen ist auch von der Lichtwellenlänge abhängig. Am schwächsten wirkt rot, stärker wirken braun, gelb und blaugrün, am stärksten violett ein. Deshalb ist es meist günstig, für Fotoarbeiten eine rote oder rotorangene Dunkelkammerlampe zu benutzen. *Heumann* liefert hierzu einen Zusatzversuch: "Um die verschiedene chemische Wirksamkeit der Lichtgattungen zu zeigen, ist analog wie vorstehend zu verfahren, die Schablone aber durch verschieden gefärbte Gläser zu ersetzen. Blaues Kobaltglas, grünes, gelbes und rotes Glas, event. nur blaues und rotes Glas sind zweckmäßig nebeneinander zu benutzen, und der Versuch zeigt aufs deutlichste, daß unter dem blauen Glas, trotz dessen dunkler Farbe, das Papier fast ebenso stark vom Licht affiziert wird, wie bei direkter Bestrahlung, während das Papier unter dem roten und gelben Glas beinahe weiß bleibt."*

c. *Fixierung des belichteten Bildes*

Heumann gibt zum belichteten Bild sofort *Natriumthiosulfat-5-Wasser* (Fixiersalz, Na$_2$S$_2$O$_3$ • 5 H$_2$O):

$$AgCl + 2\ Na_2S_2O_3 \longrightarrow Na_3[Ag(S_2O_3)_2] + NaCl$$

Es entsteht an den unbelichteten Stellen, an denen Silberchlorid zurückgeblieben ist, lösliches Natriumthiosulfatoargentat(I), das bei einer anschließenden Wässerung herausgespült wird. Feinverteiltes Silber bleibt zurück und ergibt ein "hartes" Bild mit sehr starkem Kontrast. Das Bild ist nun lichtbeständig fixiert.

d. *Entwicklung eines Lichtbildes*

Beim Heumannschen Experiment ist auf den sonst in der Lichtbildnerei üblichen Entwicklungsvorgang verzichtet worden, sollte doch nur die Lichtempfindlichkeit des Chlorsilbers gezeigt werden. Im *"Lehrbuch der Chemie"* von Max *Zängele* finden wir diesen fotografischen Prozess für Kollodiumbilder ausführlich beschrieben: *"Wird nun die sensibilisierte Platte an die Stelle der mattgeschliffenen Glasplatte* [Mattscheibe der Camera obscura] *gebracht und eine zeit lang (10 - 40 Secunden) belichtet (exponirt), so wird das Silberjodid an den Lichtstellen des Bildes zersetzt, an den Schattenstellen dagegen bleibt es je nach der Intensität des Schattens mehr oder minder unverändert. Das auf der Platte erzeugte Bild ist unsichtbar und erscheint erst, wenn dieselbe im dunklen Zimmer mit einer Lösung von 5 Th. reinem Eisenvitriol, 3 Th. Eisessig, 4 Th. Alkohol und einem Tropfen Schwefelsäure in 120 Th. Wasser übergossen wird. Das Eisenvitriol mischt sich mit der an der Platte hängenden Silberlösung und bewirkt einen Niederschlag von körnig pulvrigem Silber, der sich an die belichteten Stellen der Silberjodidschicht legt und dadurch das Bild sichtbar macht (der Hervorrufungs- oder Entwicklungsprozess). Das so sichtbar gewordene Bild, welches aus lauter einzelnen Silberkörnchen besteht (ebenso wie eine Bleistiftzeichnung aus lauter einzelnen Graphitkörnchen), wird nun gewaschen und mit einer Lösung von 1 Th. Silbernitrat in 40 Th. Wasser, zu der man im Augenblick des Gebrauches ein gleiches Volumen einer Lösung von 2 Th. Citronensäure und 5 Th. Pyrogallussäure setzt, übergossen; es bildet sich abermals ein pulveriger Silberniederschlag, der sich an die bereits vorhandenen Conturen des Bildes anlegt und dieses schwärzer macht (der Verstärkungsprozess)."* Zängele benutzte offensichtlich einen zweistufigen *Entwickler:* Zunächst wird der von Robert *Hunt* (1807 - 1887), einem Londoner Professor der mechanischen Wissenschaften in der Zeitschrift *"Athenaeum"* im Jahre 1844 veröffentlichte *Eisenvitriolentwickler* [Eisen(II)-sulfat-7-Wasser; $FeSO_4 \cdot 7H_2O$] angewandt, der aus einem "Schleim von arabischem Gummi und Eisenoxydul" bestand. Durch diesen Entwickler kam das latente Bild sehr schnell als Negativ zum Vorschein. Er eignete sich besonders für das Kollodiumverfahren. Eisenvitriol reagiert stark reduzierend nach folgender chemischer Gleichung:

$$Fe^{2+} \longrightarrow Fe^{3+} + e^-$$
$$e^- + Ag^+ \longrightarrow \overset{o}{Ag}$$

Zängele setzte zusätzlich den Giftstoff *Pyrogallussäure* (Pyrogallol, heute: Trioxybenzol; gr. pyr = Feuer, Gallol von Gallussäure), der im Jahre 1786 von Carl Wilhelm *Scheele* (1742 - 1786) durch Erhitzen von *Gallussäure* (Triohydroxybenzoesäure, kommt in Galläpfeln, auch im Tee vor) erstmals hergestellt wurde, als Entwickler ein.

e. *Haltbarmachung eines Bildes*

Nach dem Fixieren wird nach *Zängele "die Platte an der Luft getrocknet und das Bild mit einem durch Auflösen von 1 Th. Damargummi in 60 Th. Benzin dargestellten Firnis überzogen, um die leicht verletzbare Collodiumschicht gegen Beeinträch-*

tigungen zu schützen." Die hier erwähnte Kollodiumschicht (gr. kollao = leimen), die Grundlage des Kollodiumverfahrens von *Le Gray* war, wurde aus schwach nitrierter (mit Nitriersäure, die aus Salpeter- und Schwefelsäure sich zusammensetzte) Baumwolle, die man in Ether und Ethanol auflöste, hergestellt. Es bildete sich eine glasklare, dickliche Flüssigkeit von gummiartiger Konsistenz. Im Jahre 1848 wurde zum ersten Male im *"Journal de Pharmacie"* vom *"Collodium, eine neue Kleb- und Haftflüssigkeit"* berichtet.

B. Bereiten und Abbrennen von Blitzlichtpulver

Durchführung und Beobachtung

Heumann beschreibt die Bereitung eines wirksamen Blitzlichtpulvers: *"Ein Gemenge von etwa gleichen Teilen Magnesiumpulver (Magnesiumfeile) und trockenem, fein gepulvertem chlorsaurem Kalium läßt sich durch eine Gasflamme oder einen brennenden Holzspan entzünden und es verbrennt dann die ganze Masse fast in einem Moment mit äußerst greller, die Augen empfindlich blendender weißer Flamme. Das Gemisch wird am besten auf einen Stein oder Teller lose aufgeschüttet. Da die Flamme ein großes Volumen einnimmt, so bediene man sich keines zu kurzen Spans, um vor Brandwunden bewahrt zu bleiben."*

Auswertung

Kaliumchlorat ist ein sehr sauerstoffreiches Oxidationsmittel, welches die sehr heftige, fast augenblickliche Verbrennung des Metallpulvers ermöglicht.

C. Brennender Bleistiftspitzer

Durchführung

Ein Bleistiftspitzer aus *Elektron* (Legierung aus Magnesium, Aluminium und Zink) wird mit einer Tiegelzange gefaßt und in der Knallgasflamme entzündet. Der Versuch wird über einer großen (!), mit Sand gefüllten Eisenschale ausgeführt, in die eine Porzellanschale eingebettet ist. Trockener Löschsand muß unbedingt bereitstehen!

Beobachtung

Der Bleistiftspitzer entzündet sich meist schon nach kurzer Zeit und verbrennt unter gleisender Lichterscheinung. Dabei tropft brennendes Elektron herab. Es entsteht eine große Wolke von dichtem, weißem Rauch.

Auswertung

Der Bleistiftspitzer besteht aus der Magnesiumlegierung *Elektron* mit einem Magnesiumanteil von bis zu 98 %. Daher verbrennt er nach folgender Reaktionsgleichung:

$$2\ Mg + O_2 \longrightarrow 2\ MgO \qquad \Delta H_B = -602\ kJ$$

unter starker Wärmeentwicklung. Da Magnesiumoxid eine sehr hohe Bildungs-wärme ΔH_B hat und bei der Oxidation ein festes Verbrennungsprodukt entsteht, das die Wärme schlecht fortleitet, steigt die Temperatur auf bis zu 2400° C.

Tips und Tricks

a. *Lichtempfindlichkeit des Chlorsilbers*

A. Fotografische Entwickler

Bei der Belichtung entladen einfallende Lichtstrahlen die Silberionen der Silbersalz-körnchen und bilden Silberatome, die sich zu Silberkeimen zusammenballen. Es entsteht dadurch ein *latentes* (= verstecktes) Bild. Die Größe der Silberkeime hängt von der Belichtungsstärke ab. Der fotografische Entwickler verstärkt durch seine redu-zierende Eigenschaft die Entladung der Silberionen an den mit Silberkeimen behafteten Silbersalzkörnern. Dabei wirken die Silberkeime als Katalysator. Der Entwickler darf natürlich nur das in der Nähe der Keime befindliche Silbersalz reduzieren, sonst würde das gesamte Bild durch Silber geschwärzt. Entwickler enthalten Wasser als Lösemittel, ein meist organisches Reduktionsmittel wie *Hydrochinon*, ein Kon-servierungsmittel, das den Entwickler vor Oxidationen schützt. Entwickler arbeiten im alkalischen Bereich, was die Entwicklungszeit verkürzt, enthalten noch Zusätze wie Entschleierungsmittel, Stabilisatoren, Kalkschutzmittel und Härtungsmittel.

B. Fixiervorgang und Herstellung eines haltbaren Fixierbades

Nach dem Entwickeln ist noch das ursprüngliche Silbersalz (Silber- oder Bromchlo-rid) zu 80 % unverändert in der fotografischen Schicht vorhanden. Dieses muß unbe-dingt herausgelöst werden, da es sich bei erneuter Belichtung zersetzt und das Bild vollkommen schwärzt. Beim Fixieren wird überschüssiges Silbersalz (nach der Reak-tionsgleichung von S. 215) in lösliches Natriumthiosulfatoargentat(I) übergeführt:

$$AgCl + 2 Na_2S_2O_3 \longrightarrow Na_3[Ag(S_2O_3)_2] + NaCl$$

Das Fixierbad enthält großenteils *Fixiersalz* (Natriumthiosulfat, $Na_2S_2O_3 \bullet 5 H_2O$; früher unterschwefligsaures Natron oder Fixiernatron genannt), das durch ein Salz der schwefligen Säure "angesäuert" wird. Ein haltbares Fixierbad läßt sich nach folgendem Rezept herstellen: Man löst in einem Becherglas in 350ml leicht er-wärmtem dest. Wasser 120g Fixiersalz (Natriumthiosulfat-5-Wasser). In einem weiteren Becherglas löst man in 75ml schwach erwärmtem Wasser 13g Kaliumdisul-fit $(K_2S_2O_5)$. Man läßt beide Lösungen erkalten und gießt sie zusammen. Es wird auf 500ml mit dest. Wasser aufgefüllt. Die Lösung sollte in einer braunen Flasche aufbewahrt werden. Das Fixierbad zeigt eine saure Reaktion und ist längere Zeit haltbar.

C. Auswaschen von Chemikalien

Das Auswaschen des Lichtbildes muß sehr gründlich erfolgen, um alle Chemikalien restlos zu entfernen. Am besten wäscht man unter fließendem Wasser oder wechselt das Wasser mehrfach. In verbrauchtem Fixierbad zersetzen sich die Thiosulfatoar-

$$2 \, [Ag(S_2O_3)_2]^{3-} + 4 \, H^+ \longrightarrow Ag_2S + SO_4^{2-} + 3 \, SO_2 + 3 \, S + 2 \, H_2O$$

Der Zustand des Fixierbades läßt sich durch Eintropfen einer Kaliumpermanganatlösung leicht feststellen. Wird sie entfärbt, so muß das Waschwasser erneuert werden. Es bilden sich nach der Reaktionsgleichung:

$$5 \, S_2O_3^{2-} + 14 \, H^+ + 8 \, MnO_4^- \longrightarrow 8 \, Mn^{2+} + 10 \, SO_4^{2-} + 7 \, H_2O$$

farblose Mn^{2+} - Ionen. Wird nicht genügend gewässert, zersetzen sich auf der Bildoberfläche haftende Dithioargentat(I)-Ionen und bilden häßliche gelbe und braune Flecken.

b. *Bereiten und Abbrennen von Blitzlichtpulver*

- Statt des Magnesiums, läßt sich fast ebenso wirksam Aluminiumpulver einsetzen.
- Um ein besonders intensives Leuchten des Blitzlichts hervorzurufen, wird eine Mischung von *Thorium-* und *Ceriumnitrat* vorgeschlagen. Diese sind ebenfalls Oxidationsmittel, mit denen auch der Auersche Glühstrumpf imprägniert wird. Man beachte die - wenn auch geringe - *Radioaktivität* des *Thoriumnitrats!* [Xn|O]
- *Gelbes Blitzlichtfeuer* - ein Gelbfilter wird dadurch entbehrlich - erhält man durch Zusatz von 6 Teilen trochenem Natronsalpeter ($NaNO_3$) auf 1 Teil Magnesium. Das Natrium bewirkt das intensiv gelbe Leuchten dieses Pulvers.
- Herrmann *Römpp* liefert in seinem *Chemielexikon* mehrere Blitzlichtrezepte mit genauen Mengenangaben:
  1) 10 Tl. Magnesiumpulver, 12 Tl Kaliumchlorat,
  2) 2 Tl. Magnesiumpulver, 1 Tl. Thoriumnitrat,
  3) 4 Tl. Aluminiumpulver, 60 Tl. Kaliumchlorat, 6 Tl. Zucker
  4) 50 Tl Zirkonwasserstoff, 35 Tl. Bariumnitrat, 15 Tl. Bariumperoxid.
- Zum Zünden von Blitzlichtpulvern eignet sich hervorragend *Salpeterpapier*. Man löst hierzu etwas Kalisalpeter in wenig Wasser auf und taucht einen streifen Lösch- oder Fließpapier hinein. Dann wird der Papierstreifen getrocknet. Nach dem Entzünden glimmt der Streifen wegen des sauerstoffreichen Salpeters bis zum Zündgemisch durch. In der Zwischenzeit sollte man sich in einen Sicherheitsabstand begeben.
- Man brenne nur kleine Mengen Blitzlichtpulver ab! Für eine gewöhnliche Blitzlichtaufnahme reichen 10g vollkommen aus!

c. *Verbrennen eines Bleistiftspitzers*

- Es hat sich herausgestellt, daß die Elektronmischung der Bleistiftspitzer je nach Herkunftsland verschieden ist. Besonders gut lassen sich französische Spitzer entzünden, da in ihnen der Magnesiumanteil bei geringerer Sicherheit höher liegt. Ein solcher Spitzer läßt sich schon mit einem einfachen Feuerzeug anzünden! Sollte ein Teclubrenner zum Entzünden verwendet werden, sollte man diesen schrägstellen, damit das Elektron nicht in den Kamin tropft!
- Auf keinen Fall sollte man ein Magnesiumstück, wie es als Magnesiumfeuerstarter in den Campingabteilungen der Handelshäuser angeboten wird, zu entzünden

220   versuchen! Der Brand ist nicht mehr beherrschbar!

d. *Sicherheitshinweise*

A. Bereiten und Abbrennen von Blitzlichtpulver

- Das *Kaliumchlorat* des Heumannschen Experimentes ist sehr gefährlich, da es ei- **Xn**
ne sehr brisante Verbrennung bewirkt. Statt dessen sollte man auf weniger ge-
fährliche Oxidationsmittel wie Kaliumpermanganat (**Xn, O**) oder Braunstein
(**Xn**) ausweichen.
- *Magnesium* ist ein feuergefährliches Leichtmetall. Löschversuche mit Wasser und **F**
Kohlenstoffdioxid fachen den Brand erst richtig an! Selbst Sand reagiert mit
Magnesium chemisch, kann aber (vollkommen trocken!) notfalls zum Löschen ein-
gesetzt werden. Am geeignetsten für Magnesiumbrände sind Eisenfeilspäne!
- Das Mischen des Blitzlichtpulvers sollte sehr vorsichtig und ohne Druck gesche-
hen. Geeignet ist ein Holzgefäß, in dem man mit einer kleinen Karte oder einer
Gänsefeder mischt.

B. Brennender Bleistiftspitzer

- Der Versuch muß unbedingt unter dem Abzug durchgeführt werden!
- Der Bleistiftspitzer sollte im Abzug möglichst dicht über der Porzellanschale
entzündet werden, da das Elektron beim Verbrennen sehr schnell schmilzt und
abtropft.
- Es muß unbedingt *Löschsand* bereitstehen! Noch besser wirken Eisenfeilspäne!
Brennendes Magnesium darf keinesfalls mit Wasser oder Kohlenstoffdioxid in Be-
rührung kommen, da sonst die Reaktion noch bedeutend heftiger ausfällt.
- Unbedingt mit *Schweißerbrille* arbeiten! Nur deren stark getöntes und unzerbrech-
liches Glas gibt die nötige Sicherheit. Zusätzlich sollten *Gesichtsschutzmaske* und
Lederhandschuhe getragen werden.

Glossar und Zusätze

Daguerreotypie (Chemische Vorgänge).
1. *Iodieren des Silbers (Sensibilisierung):* Aus verdünnter Chloridlösung (Iodchlorid;
ICl; Interhalogenverbindung, bildet rubinrote Kristalle) steigen Ioddämpfe auf und
überziehen eine Silberplatte mit einer gelben, lichtempfindlichen Silberiodid-
schicht:

$$2\ Ag + I_2 \longrightarrow 2\ AgI$$

2. *Belichten der sensibilsierten Silberplatte:* Durch Einwirkung von Lichtenergie
(h • ν) wird das Silberion des Silberiodids zu metallischem Silber reduziert:

$$e^- + Ag^+ \longrightarrow \overset{o}{Ag}$$

3. *Amalgamieren der belichteten Silberplatte:* Durch Erhitzen von metallischem
Quecksilber werden Quecksilberdämpfe entwickelt. Mit dem beim Belichtungsvor-

$$3\,Ag + 4\,Hg \longrightarrow Ag_3Hg_4$$

4. *Fixieren der amalgamierten Silberplatte:* Die Silberplatte wird in eine Fixiersalz-lösung (früher: unterschwefelsaures Natron, $Na_2S_2O_3 \cdot 5\,H_2O$) getaucht. Dabei reagiert das Silberion des Silberiodids mit dem Fixiersalz zu Natriumthiosulfato-argentat(I), einem löslichen Komplexsalz:

$$AgI + 2\,Na_2S_2O_3 \longrightarrow Na_3[Ag(S_2O_3)_2] + NaI$$

Dieses wird durch gründliches Wässern entfernt.

5. *Goldtonen:* Darüber lesen wir in Dingler's Polytechnischem Journal von 1840: *"Bei dieser Operation* [des Goldtonens] *löst sich Silber auf und Gold wird auf das Silber und auf das Quecksilber niedergeschlagen; das Silber, welches sonst die Schatten des Bildes erzeugt, wird durch die dünne Goldschichte, womit es überzogen ist, einigermaßen geglänzt, so daß die Schatten kräftiger werden; das Quecksilber hingegen, welches im Zustande unendlich kleiner Kügelchen die Lichter bildet, wird durch seine Verbindung mit dem Gold fester und glänzender; die Lichter des Bildes werden dadurch sehr kräftig und das ganze Bild ist auch nicht mehr so leicht zu verwischen."* Nach einem Rezept des Hippolyte *Fizeau* (1819 - 1896), löst man zur Herstellung eines *Tonfixierbades* (also eines Fixierers der gleichzeitig eine Goldtonung vornahm) 1g Chlorgold und 3g Fixiersalz in je einem halben Liter dest. Wassers auf. Durch Zusammengießen der beiden Lösungen erhielt man Natriumdithiosulfatoaurat(I), ein Komplexsalz, das man sich aus dem Natriumdithiosulfatoargentat(I) entstanden denken kann, wenn man das Silberion durch ein Goldion austauscht. Mit dieser Goldlösung wurde die Daguerreotypie vollständig bedeckt und es wurde das Bild erhitzt. Schon nach wenigen Minuten war das Bild bedeutend besser sichtbar, eine Folge der Goldanlagerung. *Rüdorffs* "Grundriß der Chemie" verwendet zur Goldtonung eine goldhaltige Komplexsalzlösung:

$$Na(AuCl_4) + 3\,Ag = NaCl + 3\,AgCl + Au$$

Es setzt sich dabei *"auf den Silberteilchen eine dunkelbraune Goldschicht* [ab], *die bei längerer Tonung einen Stich ins Blaue zeigt ..."* Rüdorff erwähnt auch eine Tonung von Papierbildern mit einer *Platinat-Lösung* [$K_2(PtCl_4)$], die dem Bild einen samtschwarzen Farbton verleiht.

Elektronmetall. Man versteht darunter eine wichtige Magnesiumlegierung mit bis zu 98 % Magnesiumanteil. Man unterscheidet in der Technik

α) Elektron für Sandguß: Mg Al 6 Zn 3

β) Elektron für Kokillen- und Druckguß: Mg Al 9 Zn 1

γ) Elektron für Strangguß und Walzerzeugnisse: Mg Al 3 Zn 1

δ) Elektron für Schmiedeteile: Mg Al 8 Zn 0,5

Zulegiertes *Aluminium* (bis 12 %) gibt Elektron eine große Festigkeit durch Mischkristallbildung (Al_3Mg_4). Magnesium kristallisiert in hexagonal dichtester Kugelpakkung und enthält flächenzentrierte Elementarwürfel. Die Ebenen des Magnesiumgitters lassen sich gut gegeneinander verschieben. Durch Aluminium werden sie blokkiert, so daß Elektron härter als das Grundmetall ist. Zulegiertes *Zink* erhöht die Dehnbarkeit. Neuhergestelltes Elektron ist silberweiß glänzend. Nach einiger Zeit korrodiert es und überzieht sich mit einer scheckig weißgrauen, rauhen Schicht von Magnesiumoxid und Magnesiumcarbonat. Elektron hat die geringe Dichte von 1,8 g/cm^3 und besitzt einen Schmelzpunkt von 590 bis 650°C. Bei kompaktem Elektron liegt kaum Brandgefahr vor, erst beim Überschreiten des Schmelzpunktes wird es kritisch. Kleine Späne bei Spanarbeiten und auch Schleifstaub der Elektronlegierung können sich wegen der großen Oberfläche explosionsartig entzünden. Daher müssen sie im Fertigungsbetrieb sofort bei der Entstehung abgesaugt und entsorgt werden. Elektron wird vorwiegend in der Luftfahrt, KFZ-Technik und für optische Geräte, es ist leichter als vergleichbare Aluminiumlegierungen, verwendet.

Magnesiumfackel. Sie besteht aus einem Metall-, Kunststoff- oder Papperohr, das im Inneren meist mehrere Brandsätze enthält. Die Zündung wird durch Ziehen einer Reißleine ausgelöst. Zunächst wird ein Anfeuerungssatz, dann ein Zwischensatz und schließlich der Brenn- oder Leuchtsatz gezündet. Der Brennsatz setzt sich aus *Bariumnitrat* [Ba(NO)$_3$] für weißes Licht (farbiges Licht wird durch Zusatz bestimmter Metallsalze abgestrahlt, siehe "Bengalische Lichter"), *Kaliumnitrat* (Kalisalpeter, KNO$_3$; Oxidationsmittel) und *Metallpulver* (Magnesium, auch Aluminium) sowie organischen Stoffen und einem Bindemittel zusammen. Magnesiumfackeln brennen wegen ihres großen Vorrates an Oxidationsmittel auch unter Wasser. Außerdem reagiert brennendes Magnesium mit Wasser unter Freisetzung von explosivem Wasserstoff. Magnesiumfackeln sind pyrotechnische Gegenstände und unterliegen dem Sprengmittelgesetz. *Vorsicht beim Abbrennen von Magnesiumfackeln! Das Selbstherstellen kann lebensgefährlich sein! Brennendes Magnesium sollte am besten mit Eisenfeilspänen gelöscht werden!*

Magnesiumfeuerstarter. Als todsicherer Feueranzünder wird im Handel ein Magnesiumfeuerstarter angeboten. Er besteht aus einem Magnesiumblock von 7,5 cm Länge; 2,5 cm Breite und 1 cm Dicke. Man soll von ihm kleine Späne abschaben, die dann mit einem in dem Magnesiumblock integrierten Feuerzeug entzündet werden. Bei Mißbrauch ist dieser Magnesiumblock äußerst gefährlich und ähnelt in seiner Wirkung einer Brandbombe. So liest man in den Grundzügen der Chemie von *Arendt-Dörmer*, einem 1941 in Leipzig gedruckten Chemiebuch für Schüler des Anfangsunterrichts (!): *"Elektron-Thermit-Brandbombe. In einem hessischen Tiegel aus Ton werden etwa ... g Thermit* [Eisenoxid-Aluminiummischung] *fest eingedrückt; in diese Schicht drückt man ... Elektronstangen; hierüber lagert man ... weitere Schichten gleicher Zusammensetzung. Den Tiegel stellt man im Freien in Sand und entzündet das Gemisch durch ein hineingestecktes Magnesiumband."* [Anm.: Der Text wurde mit Bedacht "entschärft"]. Die Wirkung wird gleich mitgeliefert: *"Schlagartig wird das auf etwa 2000°C erwärmte, brennende Elektronmetall aus dem Tiegel herausgeschleudert; es kann leichtentzündliche Stoffe in Brand setzen... Bei der Elektron-Thermitbombe besteht der Mantel aus Elektronmetall; die Thermitfüllung wird durch einen Aufschlagzünder gezündet, die entstehende Wärme bringt den Mantel zum Schmelzen, und die umherspritzenden brennenden Metallteile setzen alle leicht brennbaren Stoffe in Brand."*

Magnesiumherstellung in der Technik.

a) *Schmelzflußelektrolyse von aus Meerwasser gewonnenem Magnesiumchlorid.*
    In Ermangelung von Magnesiumsalzlagerstätten (z.B. USA) wird Magnesium aus Meerwasser gewonnen. Meerwasser enthält etwa 5 Promille Magnesiumverbindungen. Man scheidet durch Zugabe von Kalkmilch unlösliches Magnesiumhydro-

xid aus, das mithilfe von Salzsäure zu Magnesiumchlorid reagiert, welches dann elektrolysiert wird. (Vorgang ähnlich wie Versuch 1 unter Zusätze).

b) *Thermische Reduktion calcinierten Dolomits mithilfe von Ferrosilicium.* In Deutschland kommen für die Magnesiumgewinnung vorwiegend Magnesit (Magnesiumcarbonat, Bitterspat; $MgCO_3$), Dolomit (Magnesium-Calcium-carbonat, $MgCO_3 \bullet CaCO_3$) und Carnallit ($KCl \bullet MgCl_2 \bullet 6H_2O$, Bestandteil der Staßfurter Abraumsalze) vor. Davon eignet sich besonders calcinierter (= gebrannter) Dolomit:

$$2 \, CaO \bullet 2 \, MgO + SiFe \xrightarrow{\quad 1200\,^{\circ}C \quad} 2 \, Mg + Ca_2SiO_4 + Fe$$

Magnesium verdampft bei dieser Reaktion. Man fängt es in einer Kondensationskammer auf.

Versuch 1. Elektrolytische Magnesiumdarstellung (nach *Heumann*).

"Kleine Mengen Magnesium kann man durch Elektrolyse von Magnesiumkaliumchlorid nach Gorup-Besanez in folgender Weise darstellen. Eine Lösung von 20g kri-

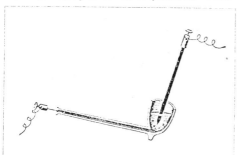

stallisiertem Magnesiumchlorid, 7,5g Kaliumchlorid und 3g Ammoniumchlorid wird in einer Platinschale auf dem Wasserbade zur Trockne verdampft und die rückständige Masse über dem Gebläse zusammengesschmolzen. Die klare Schmelze gießt man in den Kopf einer schon vorher stark angewärmten Tonpfeife und sorge durch weiteres Erhitzen derselben mit einem kräftigen Bunsenbrenner dafür, daß die Masse flüssig bleibt. Dann senkt man in den Pfeifenkopf einen mit Polklemmen und Zuleitungsdraht versehenen dünnen Kohlestab, der als Anode dient, und steckt durch den schräg nach aufwärts gerichteten Stiel der Pfeife eine als Kathode dienende Stricknadel, die man ebenfalls mit Hilfe einer Polklemme mit der Stromquelle verbindet. Man leitet nun durch die Schmelze, jetzt unter etwas schwächerem Erhitzen, einen Strom von 5 bis 8 Amp., und überschichtet sie, um Überschäumen der Masse und der Oxydation zu verhindern, mit einer Schicht feinen Holzkohlepulvers. Man unterbricht die Elektrolyse nach 20 bis 30 Minuten und läßt dann erkalten. Wird die erkaltete Masse zerschlagen, so findet man in derselben eine Anzahl kleiner zusammengeschmolzener Magnesiumkügelchen, die man in einem Mörser durch Verreiben mit etwas Alkohol leicht von der Schmelze trennen kann. Nach F. Oettel kann man die kleinen Kügelchen zu einer größeren vereinigen, wenn man nach Unterbrechung des Stromes eine kleine Messerspitze gepulverten Flußspat mit Hilfe eines Kohlestäbchens in die Schmelze einrührt und die Masse dann noch 10 Minuten lang mit einer starken Flamme erhitzt." Beim Schmelzvorgang bildet sich aus Ammoniak und Chlorwasserstoff Ammoniumchloridrauch (Salmiak) nach der Gleichung:

$$MgCl_2 \bullet 6\,H_2O + NH_4Cl \longrightarrow MgCl_2 + NH_3 + HCl + 6\,H_2O$$

Kaliumchlorid und Calciumfluorid wirken als Flußmittel: Sie setzen die Schmelztemperatur herab. Calciumfluorid fördert das Zusammenballen des abgeschiedenen

Magnesiums, da es die Oberflächenspannung der Schmelze steigert. An der Kathode wird metallisches Magnesium abgeschieden, an der Anode Chlor:

$$2 \text{ Cl}^- \longrightarrow 2 \text{ Cl}^- + 2 \text{ e}^-$$
$$2 \text{ e}^- + \text{Mg}^{2+} \longrightarrow \text{Mg}$$

Sicherheitshinweise: Die Magnesiumkügelchen können sich bei hoher Temperatur entzünden! Sicherheitsabstand halten! An der Anode (positiver Pol) wird giftiges *Chlorgas* frei! *Abzug benutzen!*

Versuch 2. Glühendes Magnesiumpulver und Wasser. Auf eine Eisenplatte schüttet man einen kleinen (!) Kegel von Magnesiumpulver auf. Dieser wird mithilfe eines Magnesiumbandes entzündet. Aus mindestens 3 m Entfernung wird aus einem an einer Holzlatte befestigten Reagenzglas Wasser gegossen. Es schießt aus dem brennenden Magnesiumpulver eine etwa ein Meter hohe gleißend-helle Stichflamme empor, die von einer weißen Rauchwolke begleitet wird. Bis zu einer Entfernung von einem Meter werden glühende bzw. brennende Metallteile geschleudert!

Sicherheitshinweise, die unbedingt einzuhalten sind! Zuschauer müssen einen Sicherheitsabstand von mindestens 10m vom Brandherd halten! Der Experimentator soll Schutzkleidung tragen! Während des Versuches darf man keineswegs in die Flamme schauen! Das Experiment darf nur im Freien durchgeführt werden!

Versuch 3. Abbrennen einer Blitzlichtbirne. Eine Blitzlichtbirne kann leicht mithilfe einer Batterie der Spannung von 4,5 Volt gezündet werden. Auch die Zündung mithilfe eines Fotoapparates ist möglich. Besonders interessant ist die Zündung durch eine Kupferdrahtspule mit 1200 Windungen. Wird in die Spulenöffnung ein starker Bügelmagnet schnell eingeschoben, läßt sich die Blitzbirne zünden. Hierbei wird Bewegungsenergie durch elektromagnetische Induktion in elektrische Energie umgewandelt. Diese reicht als Aktivierungsenergie aus, um den Verbrennungsvorgang der Metallfäden der Blitzlichtbirne zu entzünden. Es ist auch interessant, die Blitzlichtbirne auf einer elektronischen Waage zu zünden: Es ist keine Massenzunahme festzustellen (Gesetz von der Erhaltung der Masse).

Versuch 4. Blitze unter Wasser (nach Hermann *Römpp*). Man füllt ein Reagenzglas ca. 3 cm hoch mit Schwefelsäure konz. und taucht es bis zur Hälfte in Kühlwasser ein. Man überschichtet mithilfe einer Pipette vorsichtig 6 cm hoch mit Ethanol so, daß sich die beiden Flüssigkeiten nicht vermischen (Pipettenmündung knapp über Säurespiegel). Dann wirft man ein höchstens 3 mm langes Kaliumpermanganatkristall ins Probierglas. Schon nach kurzer Zeit beobachtet man an der Grenzfläche zwischen Säure und Alkohol helle, blitzende Funken und nimmt ein Knistern wahr. Das Blitzen dauert eine geraume Weile an, erneut eingeworfene Kristalle verlängern die "Vorstellung".

Sicherheitshinweise: Die Flüssigkeiten dürfen auf keinen Fall vermischt werden. Durch eine Erhitzung würde die gefährliche Säure herausgeschleudert. Unbedingt Schutzbrille tragen! Reagenzglasinhalt nach dem Versuch rasch in kaltes Wasser gießen.

Feuerwerk zu Schimpf, Ernst und Lust

Die Kunst, mit Schießpulver, Raketen und farbig brennenden Pulvermischungen den Nachthimmel erstrahlen zu lassen, ist weit über tausend Jahre alt. *"Buntflimmernd aufsprießende Sterne am Firmament, in feuerigen Garben stiebende Funken, herniederschwebende Leuchtkugeln, die alles mit rotem, gelbem oder grünem Schein übergießen, goldene und silberne Regenschauer, zuckende Blitze, Heuler, trocken knallende Kanonenschläge - ein Feuerwerk ist auch heute noch, in unserer von Sinnesreizen überflutenden Welt, ein Genuß für Auge und Ohr."* Das Spiel mit dem Feuer beeindruckte den Menschen schon immer. Festliche Ereignisse wurden mit lodernden Holzstößen oder Fackelzügen begleitet. Viele Religionen kennen das "heilige Feuer" der "Ewigen Lampen".

Feuerwerk als *"Feuer zu Schimpf und Ernst"* entwickelte sich aus dem allgegenwärtigen Kampf des Menschen gegen den Menschen: Fauchende Flammen, knallende und stinkende Explosionen sollten den Feind verwirren, ihm den letzten Nerv rauben und ihn erzitten lassen. Besonders die Chinesen waren in der Feuerwerkskunst rührig. Sie füllten Bambusstäbe mit einem Gemenge aus feingepulvertem Schwefel, *"chinesischem Schnee"* (Salpeter) und Holzkohle. Dies ergab lange Feuergarben, die ersten Flammenwerfer der Geschichte waren erfunden. Chinesisches Pulver rief nicht nur Blitz und Donner hervor, um den bösen Feind zu schrecken. Es trieb auch schwere Kugeln und Pfeile an. Im Jahre 1529 verwendeten die Chinesen die erste Pulverschußwaffe, die "Lanze des ungestümen Feuers". Über die Araber wurde das chinesische Wissen um die Pyrotechnik nach Europa weitergegeben. Albert *Magnus* (1193 - 1280) erwähnt im 13. Jhdt. in seinem Buch *"Über die Wunder der Welt"* Kanonenschläge, Raketen und die zerstörende Wirkung des Schießpulvers. Roger *Bacon* (1214 - 1294) schreibt in seinem 1242 herausgegebenen Werk: *"De mirabili potestate artis et naturae"*: *"Laß das gesamte Gewicht 30 sein, jedoch von Salpeter nehme 7 Teile, 5 vom jungen Haselholz und 5 von Schwefel, und du wirst so Donner und Zerstörung hervorrufen, wenn du die Kunst kennst."* Im 14. Jhdt. wird Schießpulver *Donnerkraut* genannt. Das Wort Kraut bedeutet soviel wie Brandsatz. Im 15. Jhdt. kamen *Feuerwerkbücher* auf, welche die Schießpulverbereitung sehr genau beschrieben. Vanoccio *Biringuccio* (1480 - 1539), der Verfasser der *Pirotechnia* erkannte als

Teufel, Büchsenmeister
und Mönch - 1554

erster, daß die Treibwirkung des Schießpulvers auf der plötzlichen Dampfentwick-
lung beruhte, die einen *"tausendfach größeren Rauminhalt"* als das Pulver habe.
*"Man weiß aber noch nicht, warum im Salze des Salpeters so eine große Menge
Luft eingemischt ist und warum sich diese Luft nur von einer Schwefelflamme entzündet. Der Mensch kann höchstens die Luft nur um 16 mal verdichten, die Natur
verdichtet sie dagegen im Salpeter 800 mal."*

Man machte sich natürlich Gedanken darüber, wer eigentlich der Erfinder des
Schießpulvers war. Das mittelalterliche *Feuerwerksbuch* von 1420, das 1529 bei
Heinrich *Stainer* zu Augsburg gedruckt wurde, liefert folgende Erklärung: *"Die
Kunst hat erfunden ein Meister, hieß Niger Berchtoldus, ist gewesen ein Nigroman-
tikus, geboren von Griechenland. Dieser ist auch mit großer Alchemie umgegangen,
wie solche Meister mit großen, köstlichen, klugen Sachen umgehen, mit Silber, mit
Gold und mit den sieben Metallen, so daß diese Meister Silber und Gold von dem
anderen Geschmeide scheiden können, und von köstlichen Farben, die sie machen.
Also wollte dieser Meister Berchtoldus eine Goldfarbe brennen, und zu dieser
Farbe gehört Salpeter, Schwefel, Blei und Öl; und wenn er die Stücke in ein kupfernes Ding brachte und den Hafen gut verschloß, wie man auch tun muß, und
ihn über das Feuer tat und wenn er warm wurde, so sprang der Hafen in sehr
viele Stücke. Er ließ sich auch machen ganz gegossene kupferne Häfen und ver-
schlug sie mit einem eisernen Nagel. Und wenn der Dunst nicht davon kommen
konnte, so sprang der Hafen, und taten die Stücke großen Schaden. Also ließ der
vorgenannte Meister Berchtoldus das Blei und Öl davon und legte Kohlen dazu und
ließ sich eine Büchse gießen und versuchte, ob man Steine damit werfen könnte, da
es ihm vormals Türm zerworfen hatte. Also fand er die Kunst und verbesserte sie
etwas. Er nahm dazu Salpeter und Schwefel zu gleichen Teilen und Kohlen etwas
weniger. Also ist diese Kunst seitdem so sehr genau untersucht und gefunden
worden, daß sie an Büchsen und an Pulver sehr verbessert worden ist, wie man
hiernach wohl verstehen wird. Also hast du (die Lehre), wie die Kunst aus Büchsen (zu) schießen, erfunden worden ist."* Wahrscheinlich war *Berthold der Schwarze* nur eine Sagengestalt. Seine Existenz ist trotz vieler Quellen nicht eindeutig
nachweisbar. Interessant ist der Text, den F.M. *Feldhaus* in seinem *"Techniklexikon"*

Salpeterhütte und ihre Umgebung   Salpetersieden

Bilder aus der "Beschreibung der allervornehmsten mineralischen Erze
und Bergwerksarten vom Jahre 1580" von Lazarus Ercker

aus unterschiedlichen Quellenangaben zusammensetzt: *"Der »Bernhardinerminch«
Berthold der Schwarze ("nyger perdoldes"), ein »maister in artibus«, wird da mit
»großer alchymy umbegangen« auf eine Schießpulvermischung geführt. »Er pessert
die chunst«, die ja vorher schon bekannt, jedoch durch ihn »gans ernuwett gesucht
vnd fonden worden« ist. In Verbindung hiermit verbessert er die »chunsst aus
püchssen schyessen«. »Da man Zelt 1380 Jar ... der bartoldus niger ist vonn wegen
der kunst die er erfunden vnd erdacht hat, gerichtet worden vom leben zum todt
Im 1388 Jar«. Die Datierung des Berthold auf 1250 ... ist trotz der Schrift von
Hansjakob (Bertold der Schwarze, Freiburg i.B. 1891) unhaltbar. Das Datum 1313 ist
eine Verwechslung mit 1393 in einem gefälschten ... Manuskript »Memorieboek der
Stadt Ghant«"*.

Der wichtigste Platz bei der Pulverbereitung ist im Feuerwerkbuch dem *Salpeter*
eingeräumt. Wir können lesen *"wie man guten Salpeter an den Mauern ziehen und
abnehmen soll: Willst du guten Salpeter ziehen an den Mauern, so schütte Salpeterwasser, darin Salpeter gesotten ist, an eine feuchte Mauer in einem Keller oder
wo Salpeter gerne wächst. Die Mauer gewinnt Salpeter genug. Und danach, wenn du
ihn abnimmst, so spreng allweg von dem Wasser an die Mauer, daß sie davon naß
werde. So wächst der Salpeter gern."*

Der *"gezogene Salpeter"* wird anschließend gereinigt nach dem Rezept: *"Wie man
den neuen Salpeter läutern soll, wenn er (eben) erst abgenommen ist"*: *"Willst du
neuen Salpeter läutern, wenn er (eben) erst abgenommen ist, so nimm von diesem
Salpeter so viel, wie du gebrauchen kannst und lege ihn in ein heiß siedendes
Wasser oder Wein oder in starken Essig. (Der) ist besser als Wein, und rühr es
durcheinander mit einem Stöckchen, laß es dann kalt werden. Danach gieß das
Wasser durch ein dickes Tuch, so daß es geläutert ist, und setz dann dasselbe
Wasser abermals über ein Feuer, laß es sieden in dem Maße, wie man Fische*

Titelblatt des Feuerwerkbuches von 1420
im Jahre 1529 zu Straßburg gedruckt

siedet, und siebe es danach durch ein dünnes Tuch, und wenn du es so gesiebt hast, so laß es kalt werden. So gestaltet sich der Salpeter zu Zapfen und schütte dann das Wasser oder Wein oder den Essig davon ab, und laß den Salpeter ganz trocken werden, so wird er gut." Seitenweise beschäftigt sich das Feuerwerksbuch mit dem Salpeter. Wir lernen: *"Wie man Salpeter läutern soll, der vorher schon geläutert ist, doch nicht auf die rechte Weise",* oder *"wie man rohen ungeläuterten Salpeter läutern soll"* oder *"wie man Salz von dem Salpeter abscheiden soll"* u.s.w. Durch das Läutern nimmt der Salpeter an Menge ab, dafür wird er aber wirksamer. *"Eine Lehre solltst du (noch) wissen: je öfter und je mehr du den Salpeter läuterst und scheidest, desto weniger Salpeter erhältst du, und er schwindet sehr. Aber wenn man mit ihm so verfährt, so wird er der allerkräftigste und beste Salpeter, den jemand haben kann, und du wirkst damit sehr gut."*

Das Feuerwerkbuch gibt auch Tips zum Erkennen der Salpetergüte: *"Versuch ihn mit dem Munde. Ist er dann räß (herb, schwarf), bitter und gesalzen, so ist er gut"* oder *"Welcher Salpeter glattzapfig ist, der ist gut".* Salpeter heißt eigentlich lat. salpetrae, Felsensalz. Diese uralte Bezeichnung gilt im Altertum für mehrere Salze der Salpetersäure, deren Kristalle aus dem Boden wachsen. Salpeter wurde schon im alten Ägypten für die Mumifizierung verwendet. In Europa diente er mit Kochsalz zusammen zur Fleischkonservierung. Man führte ihn anfangs aus Indien (Bengalen) als *"Bengalsalpeter",* aus Tibet als *"Chinasalz"* oder *"Chinesischen Schnee"* oder aus Ägypten ein. In diesen Ländern "blühte" Kalisalpeter (KNO_3) aus dem Erdboden und wurde aufgrund des trockenen Klimas nicht ausgewaschen. Der Salpeter entstand mithilfe salpeterbildender Bodenbakterien, die pflanzliche und tierische Eiweißstoffe zu Salpetersäure oxidierten und in kalihaltigem Boden Kalisalpeter "wachsen" ließen. Wahrscheinlich machten die Chinesen, vielleicht auch die Inder durch Zufall die Entdeckung, daß glimmendes Holz auf verwittertem Salpeter mit grellweißer Flamme heftig verbrannte und entwickelten aus dieser Erfahrung "Kanonenschläge".

Europa besitzt keine Salpeterlagerstätten. So lag es nahe, den "Wachstumsprozeß" von ausblühendem Salpeter in trockenen und warmen Ländern nachzuahmen: Man begann, *"Salpeterpflanzungen"* anzulegen. Diese bestanden aus Gruben mit ausgestampftem Ton. In diese füllte man lockeres Erdreich, das man mit Kalk, Reisig, Asche und Dung, sowie faulendem Stroh vermischte. Darauf gab man tierische Abfälle wie Horn, Hufen, Klauen, Haare und Hautreste. Das Ganze wurde mit Salpetererde "geimpft" und mit Jauche, Tierblut und menschlichem Urin feuchtgehalten. Man mischte den Inhalt der Salpetergrube kräftig durch, damit die sauerstoffhaltige Luft Zutritt fand und den chemischen Prozeß beschleunigte. Oft erst nach Jahren war die Salpetergrube "reif" und wurde mit Wasser ausgelaugt. Man erhielt leichtlöslichen Kalk- oder Mauersalpeter [$Ca(NO_3)_2$], den man mit Pottasche (K_2CO_3) behandelte:

$$Ca(NO_3)_2 + K_2CO_3 \longrightarrow 2\ KNO_3 + CaCO_3 \downarrow$$

Dabei fiel Kalk aus und setzte sich ab. Kalisalpeter blieb gelöst zurück und wurde durch Eindampfen gewonnen.

Das *Salpetersieden* wird in Max *Zängelerles* "Lehrbuch der Chemie" recht detailliert beschrieben: *"Die Lauge kommt, nachdem sie in der Vorwärmpfanne B ... vorgewärmt ist, in den Kessel A, welcher durch Feuerung r mit Aschenfall s bei cc*

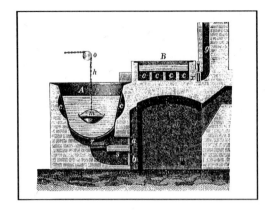

Siedeofen für
Salpeter - 1875

*erhitzt wird; die Feuergase streichen von hier unter die Vorwärmpfanne und die
Züge cccc und sodann in den Schornstein g, dessen Zug durch a regulirt werden
kann. Um zu verhindern, dass die beim Abdampfen sich zuerst abscheidenden
schwerlöslichen Calciumsalze und organischen Substanzen am Boden festbrennen,
lässt man den flachen Eimer m mittelst einer Kette h und Rolle o bis nahezu an
den Boden des Kessels herab, in welchen dann bei grösserer Ruhe seines Inhaltes
im Vergleich zu der aufwallenden umgebenden Flüssigkeit, die ausgeschiedenen
Salze geworfen werden. Ist die Concentration weiter fortgeschritten, so scheiden
sich zunächst die Chloride (Kalium- und Natriumchlorid) aus, da diese in kaltem
und warmem Wasser ziemlich gleich löslich sind, während der Salpeter, welcher in
der Wärme viel löslicher ist als in der Kälte, in Lösung bleibt. Hat die Lauge die
nöthige Concentration erreicht, so lässt man sie in grosse kupferne Krystallisirbek-
ken fliessen, in welchen beim Erkalten der Salpeter auskrystallisirt."* Der Preußen-
könig Friedrich der Große, der durch seine immerwährenden Eroberungszüge einen
Riesenbedarf an Salpeter hatte, befahl seinen schlesischen Bauern den *"Salpeteranbau"*. Sie mußten Kalkmauern errichten und diese mit Jauche begießen. Kalksalpeter blühte kräftig, wurde abgeschabt und in Salpeterhütten mit Pottasche zu
Kalisalpeter umgewandelt. Im 18 Jhdt. lieferte ein großer Viehstall jährlich bis zu
10 Zentner Salpeter (Vergleich: der spanische Erbfolgekrieg erforderte jährlich etwa
2000 Tonnen Salpeter zur Schießpulverbereitung!).

Ab 1820 wurde der *Plantagen-* und auch der aus Indien eingeführte *Bengalensalpeter*
durch den *Chilesalpeter* (oder Natronsalpeter) ersetzt. Dieser wurde aus der sog.
Reincaliche gewonnen, einem fast reinen, natürlichen Salpeter, der in der lufttrok-
kenen Atacamawüste Nordchiles abgebaut wurde. Als diese Vorkommen erschöpft
waren, baute man die *Rohcaliche* ab, ein verunreinigtes Salpeter-Kochsalz-Gemisch.
Die Caliche-Lagerstätten Chiles sind riesig. Sie sind bis zu 600 km lang und bis zu
2 m mächtig. Sie wurden bis 1930 durch Auslaugung mit Wasser ausgebeutet. Man
leitete die "Salpetersole" in eiserne Kasten und ließ das Wasser im heißen chileni-
schen Klima verdunsten: Natronsalpeter ($NaNO_3$) kristallierte aus. Natronsalpeter
ist hygroskopisch (wasseranziehend) und daher für die Schießpulverproduktion nicht
geeignet. Man versetzte ihn mit Kaliumchlorid (KCl) und "konvertierte" ihn zu
Kalisalpeter nach der Gleichung:

$$NaNO_3 + KCl \longrightarrow KNO_3 + NaCl$$

Auch hier machte man sich wie oben von M. *Zängerle* beschrieben, die unterschiedliche Wasserlöslichkeit des Salpeters und des Kochsalzes zu Nutzen: In warmem Wasser löst sich Kochsalz bedeutend schwerer als Kalisalpeter und setzt sich am Boden ab. Dadurch konnte die Kalisalpeterlösung leicht dekantiert und daraus der Kalisalpeter durch Sieden gewonnen werden.

Die Eigenschaften des Salpeters beschreibt M. *Zängerle* folgendermaßen: *"Das Kaliumnitrat krystallisiert in gestreiften, säulenförmigen Krystallen des rhombischen Systems, die zuerst kühlend, dann salzig-bitter schmecken. Es schmilzt bei 350°C und erstarrt zu einer krystallinisch strahligen Masse, bei höherer Temperatur wird es unter Freiwerden von O zersetzt. In der Glühhitze veranlasst es die Verbrennung von C, S, P etc. mit grosser Heftigkeit (Verpuffung). Es löst sich leicht in Wasser und zwar steigert die Temperatur des Wassers sehr die Löslichkeit."*

Ab 1905 stellte man in Notodden (Norwegen) den sogenannten *Norgesalpeter* in Fabriken her. Aus Luft entstand im auseinandergezogenen, wandernden Lichtbogen, der *"elektrischen Sonne"*, nach dem *Birkeland-Eyde-Verfahren* Stickstoffdioxid.

$$N_2 + 2\ O_2 \longrightarrow 2\ NO_2$$

Dieses reagiert mit Wasser zu verdünnter Salpetersäure: Durch Zugabe von Ätzkalk (CaO) entstand daraus trockener Norgesalpeter der Formel $Ca(NO_3)_2 \bullet 2\ CaO$, der sich insbesondere zu Düngezwecken eignete.

Ab 1913 gewinnt man in Deutschland nach dem *Haber-Bosch-Verfahren* Ammoniak, ab 1915 wird durch *Ammoniakverbrennung nach Ostwald* Stickstoffdioxid und daraus Salpetersäure hergestellt. Diese läßt man mit Natronlauge oder Soda reagieren und gewinnt so den *Natronsalpeter* als Ausgangsstoff der Düngemittelindustrie:

$$HNO_3 + NaOH \longrightarrow NaNO_3 + H_2O$$

Durch Zugabe von Pottasche zur Salpetersäure ließ sich auch Kalisalpeter für die Schießpulverproduktion herstellen:

$$K_2CO_3 + 2\ HNO_3 \longrightarrow 2\ KNO_3 + CO_2\uparrow + H_2O$$

Neben Salpeter wird im Feuerwerksbuch der *Schwefel* als wichtiger Bestandteil des Schießpulvers abgehandelt:

"Nun steht hernach, welcher Schwefel der beste ist und wie man ihn danach noch stärker machen soll, als er vorher ist.
Lebendiger Schwefel, der ist der allerbeste Schwefel, denn er ist stark und gut und ist auch schnell zum Feuer, und braucht man davon nicht so viel, wie von dem anderen Schwefel, wie in diesem Buch hernach steht."

"Wie man Schwefel bereiten soll, so daß er zu dem Büchsenpulver und zu allem Feuerwerk nützlicher, kräftiger und hitziger wird als vorher.
Willst du guten Schwefel machen, so nimm weißen Schwefel aus dem Kramladen und zerlaß ihn in einem irdenen Geschirr, daß er gut zergeht. Und nimm zu einem Pfund Schwefel ein Lot Quecksilber, das mit Schwefel getötet ist, und rühre das un-

Salpetersiederei und Holzkohlenbereitung für Pulver – 1676

tereinander. Und danach gieße den Schwefel in guten Brandwein, so wird er desto trockner, hitziger und besser."

Es folgt nun eine Anweisung den dritten Bestandteil des Schießpulvers, die *Kohle* betreffend:

"Nun folget hernach, wie man die allerbeste Kohle machen kann, die man haben kann.
Willst du die allerbesten Kohlen machen, die jemand haben kann, so nimm weißes Tannenholz, Pappel- oder Lindenholz, das frisch ist. Und mache daraus Scheite, und dörre sie in einem Backofen, und verbrenne sie zu eitel Kohlen, und beachte, daß die Scheite keinen Ast haben, und nimm die Kohlen also frisch, und tue sie in ein Becken, und lösche die Kohlen mit Branntwein. Und wenn du die Kohlen ablöschen willst, stürze allweg ein Becken über das andere, daß dich die Flammen nicht verbrennen."

Ein originelles Rezept zur Herstellung feiner Kohle für Zündpulver:

"Wie man zu Zündpulver die beste Kohle machen soll, die man haben kann, wie hernach folgt.
Die allerbeste Kohle, die jemand haben kann zu Zündpulver. Wer die machen will, der soll nehmen ein verschlissenes Tischlaken, das sehr gut und schön gewaschen ist, an allen Stellen gestärkt und sauber getrocknet. Verbrenne das zu Pulver in einem irdenen Hafen. Und lösche es keinesfalls. Du sollst den Hafen setzen in einen heißen Ofen, darin ein Feuer ist, daß das Tischlaken darin verbrennen kann. Du sollst auch den Hafen gut bedecken, daß der Dunst nicht davon kann. Die Kohle geht über alle Kohlen."

Das Wichtigste bei der Schießpulverbereitung ist die richtige Mischung, die vom Verwendungszweck bestimmt wird. Rezeptbeispiele liefert natürlich das Feuerwerkbuch. Noch interessanter hielt ich aber die in der *"Neu eröffneten Vorrathskammer allerhand rarer und nützlicher auch lustiger Kunststücke, Experimenten,*

Neu eröfnete
Vorrathskammer

allerhand rarer und nützlicher auch lustiger

Kunſtſtücke, Experimenten,
und ſchönen Wiſſenſchaften,

welche

mathematiſche, mechaniſche, medi-
ciniſche, chymiſche, oeconomiſche, ſympa-
thetiſche, auch andere untermengte Materien
in ſich begreifen,

und

mit groſſen Fleiß und Köſten aus den koſt-
barſten und rareſten Werken groſſer und berühm-
teſter, erfahrenſter, und gelehrteſter Männer
zuſammen getragen,

ſo,

daß faſt ein jeder Stand, er mag ſeyn wer er
wolle, etwas nützliches und angenehmes darinnen für ſich antreffen werde.

Vornehmlich aber

gereicht es denen Baumeiſtern, Mahlern, Küpfer-
ſtechern, Gold- und Silberarbeitern, Stahl- und Ei-
ſenſchneidern, Kunſtfärbern, Lackirern, Feuerwerkern, Wein-
Meth- und Bierſchenken, Gärtnern, Hausvätern und Hausmüt-
tern, und andern mehr, welche wegen Enge des Raums nicht
können nahmhaft gemacht werden,

zu einem nicht geringen Nutzen,

Mit ſaubern darzu gehörigen Figuren verſehen.

Erſte Sammlung.

✥✥ ✥✥ ✥✥ ✥✥ ✥✥ ✥✥ ✥✥ ✥✥

Frankfurt und Leipzig 1760.

Neu eröffnete Vorrathskammer
Frankfurt und Leipzig 1760

Pulvermühle und
Stampfwerk mit
Pferdegöpel – 1687

und schönen Wissenschaften...", enthaltenen. Dies ist eine Sammlung chemischer Rezepte, 1760 zu Frankfurt und Leipzig herausgegeben. Hier einige Beispiele:

"Treffliches Schießpulver zu machen.
Das schnelleste und beste Pulver, welches nicht knallet, bis es trift, wird also bereitet. Man nimmt 3. Pfund geläuterten Salpeter, vermischet darunter 1. und ein halb Unz sauren Kampfer, 4. Unz von dem besten Schwefel, und 6. Unz Kohlen von Nußbaumholz, und dieses wird nach der Kunst zu Pulver gemachet."

"Ein Pulver zu machen, davon das Rohr zerspringet.
Hiermit ist eine sonderliche Kriegslist zu üben, wann man nemlich dem Feind etliche Centner Pulver laesset hinweg nehmen, gebrauchet er sich dessen, so versprenget er alle Rohr und Stuecke, so darmit beladen werden. Man nimmt Salpeter 36. Unz, Schwefel 4. Unz, Kohlen und von einem pulverisierten Kraut Viseglia genannt 6. Unzen."

"Blendkugel zu machen, wenn man bauet, daß der Feind nicht sehen kan, was man machet.
Nimm 3. Pfund gestossenen Salpeter, 10. Pfund Schwefel, 6. Pfund Kohlen, zerlasse darinn ein gut Theil Harz, schütte die Materie daran, daraus mache Ballen einer Hand dick, oder wie du willst, zünde sie an, so geben sie einen überaus grossen Dunst von sich. Unter andern sind auch die Rauchkugeln, welcher nach verfallener Mauer sich verbauen will, grosse Hinderung, den Belagerten aber in Herbeynäherung, mit Begünstigung des Windes, grossen Vortheil bringen können, sie werden gemacht wie folget: Nimm 4. Pfund hartes Schiffpech, 2. Pfund Petroleum, 2. Pfund Geigenharz, 6. Pfund Schwefel, 8. Pfund Salpeter, lasse dieses auf gelinden Kohlen fürsichtig zerschmelzen, und mische alsdann darunter 30. Pfund gemeine Kohlen, 6. Pfund Kohlen von Lindenholz, rohes Spießglaß 2. Pfund. Wann dieses vermenget, so kan man Kugeln daraus machen, und aus Stuecken schiessen, oder mit Händen hinwerfen, wo man den Rauch, welcher einem dicken Nebel gleichet, haben will."

Beschießung einer Stadt im Mittelalter - 1520

"*Das Feuer unter dem Wasser brennend zu machen.*
Nimm Schießpulver, ein drittel griechisches Pech, ein viertel Olivenoel, ein Sechstel
Schwefel. Alles wohl durch einander gemischet mit Stroh, leinen Tuch und Zuend-
stricken ueberwunden, in heisses Pech gelassen, und trocknen lassen, dann wieder
mit Stroh verwahret, und mit Pech verschmieret, daß es von dem Wasser nicht kan
befeuchetet werden, dann flicht man ein klein Loechlein darein, und fuellet es mit
Pulver und Kohlenstaub, wann es dann anfaengt zu brennen, haelt man es ein
wenig, und wirft es in das Wasser, in welchem es nicht verlischet, sondern bald
unter bald ueber demselbigen brennet. Man kan auch Petroleum darzu gebrauchen,
denn es faenget sehr schnell das Feuer, und entzuendet sich auch von weitem
darvon."

"*Das allerbrennenste Feuer zu machen.*
Dieses Feuer wird mit Fug dem höllischen Feuer verglichen, dann ein einiger Funk
kan den Menschen um das Leben bringen, man brauchet darzu folgende Stuecke.
Gelaeuterten Fuerniß 10. Pfund, des besten Schwefels 4. Pfund, distillirt Terpenti-
noel 1. Pfund, Kampfer 6. Unz, des besten ratificirten Brandweins 14. Unz. Dieses
untereinander gemischet, und bey dem Feuer langsam gekochet, und Kraenze von
alten Stricken oder Kuchen davon gemachet, und mit Lunden angezuendet, in der
Feinde Schiffe oder Waelle geworffen, verbrennet alles was es angreifet, ist auch
schwer zu loeschen."

"*Ein Feuer, das sich langsam loeschen laesset, und ein groß Geprassel machet.*
Nimm Schießpulver 10. Pfund, ungelaeutert Pech 8. Pfund, Leinoel 6. Pfund, des
staerksten Eßigs 4. Pfund. Alles dieses bey einem gemachten Feuer gekochet, und 2.
Pfund Salz darunter gemenget, und die Stricke oder Lumpen darein getauchet und
angezuendet, thut ueberaus grossen Schaden, wo es hingeworffen wird, laesset sich
auch mit Wasser nicht loeschen."

"*Ein Pulver zu machen, so weiß ist, und nicht knallet, und doch starck treibet, und*
lange Zeit gut bleibet."

Nimm Huener- und Gaense-Bein, calciniere sie in einem neuen Hafen zu Pulver oder Kohlen, und nimm der Bein eins so viel als des andern, stoß sie in einem Moerser gar klein, alsdann nimm desselben Pulvers oder Kohlen 7. Loth, und 5 Loth Mercurii, und 2. Loth Solis, das 5. oder 6. Stunden gestossen, darnach probiert es mit einem Bißlein aus dem Stampff und lege es auf ein Papier, so bald es durchschlaegt, so ist es noch nicht genug gestossen, so bald du es anzuendest, dann so stoß noch besser, also probier ander Pulver auch."

"Ein Pulver zu machen, das nicht kracht.
Nimm Gruenspan, Marcasit, Salz, den Kern von Holunder-Holz, ein jedes nach Geduncken, pulverisiers, und vermische es mit anderm Pulver."

"Gut Pulver zu machen.
Recipe Salpeter 3. oder vier Theil, lösche es ab in vino rectificato, Schwefel 1. Theil, Carbonum 1. Theil, mische es untereinander. Das Pulver so im Martio gemachet wird, verändert sich nicht, es sey trocken oder feucht Wetter."

"Fackeln, Licht oder Kerzen zu machen, daß sie kein Wind auswehet.
Koche den Dacht in Salpeter, und im Wasser, und wenn es wieder trocken ist, so tunke ihn wieder in gebrannten Wein, mit Schwefel vermenget, darnach mache daraus eine Kerzen, mit 4. Loth Schwefel, 2. Loth Campher, 2. Loth Terpentin, 8. Loth Colophonia, 12. Loth Wachs, mache daraus vier Kerzen, thue sie zusammen, und in der Mitten thue Schwefel darein, so brennet sie gewaltig, und wird von keinem Winde ausgelöschet."

"Aus einer Buechsen zu schießen, daß es nicht knallt.
Willst du einen Schuß aus einer Buechsen thun, der nicht knallen soll, so lege unter das Pulver Bleyweiß, so kugelt sich der Saliter und der Schwefel und schlaegt gleichwie ein Stahl."

"Eine Kugel zu machen, die man in einem Saecklein oder Buechslein tragen, und wann man will, Schwefel darmit anzuenden kann.
Nimm im April oder Mayen Kueh-Koth trockne es wohl, nimm ein Drittel Wachholder-Aschen, das mische untereinander, mache es an mit guten gebrannten Wein, mache Kugeln daraus, als wie kleine Aepfelein, lasse sie trucken und hart werden, darnach nimm Wergg von Hanf, Eyerweiß und lebendigen Kalch, das temperire untereinander und bestreiche die Kugel darmit, darnach mag man es mahlen oder vergulden, alsdann so stich ein Loechlein darein, biß auf die Mitte, und lege ein Fuenklein Feuer darein, daß sich entzuendet, alsdann verstopffe es wol mit einem eisernen Naegelein, daß ein Knoepflein oder Platten hat, also, daß es keine Lufft habe, wenn du nun Feuer haben willst, so zeuch den Nagel heraus, so bald es Lufft bekommet, so wird es inwendig brennen; alsdann stosse ein Schweffel Kertzlein darein, so entzuendet es sich alsobald."

"Eine sympathetische Kugel, an der Scheibe den Nagel zu treffen.
Mache einen guten Magnet zu Pulver, und ein gerechtes Wißmutherz auch zu Pulver, und auch Auripigment, mische alles wohl untereinander, thue so viel als alle 3. im Gewicht haben, granuliert Bley darzu; inzwischen lasse einen Tiegel gluehend werden, und trage per partes die Mixtur hinein, lasse sie eine gute Stunde im Flusse stehen, hernach giesse Kugeln daraus. Geschiehet dieses, wann der Mond im Schuetzen lauffet, und 3. Schuetzentage nacheinander stehen, auch insonderheit Dies Martis eintrift, so soll man sehen, daß der Guß in Hora Martis geschehe, so

wird man seine Vergnuegung haben."

"Ein Feuerwerk zu machen, damit man des Nachts wohl umsehen kan.
Wo dich deine Feinde bey Nacht ueberziehen, und zu dir schanzen, und so du
gerne wissen wolltest, an welchem Ort sie waeren, so mache dieses Feuerwerk.
Nimm ein wenig Spießglanz, Harz 1. Pfund. Schwefel 1. Pfund. Salpeter 1. Pfund.
Kohlen 1. Pfund. alles klein gestossen, untereinander zerlassen, mache Kugeln mit
Werk, Hanf, Flachs, Hadern, oder mit zertoepfelten alten Seilern, knete es zusamm,
und zuende die Kugeln an, wirf sie mit der Hand, oder schlenker sie hinaus, die
Kugel brennet lang und leuchtet, daß du dich wohl umsehen kanst.

Die Handhabung des Schießpulvers war eine Kunst, die dem Büchsenmeister als
"Schwarzkünstler" sehr gefährlich werden konnte: *"Wer mit dem Pulver umgeht, hat*
den allergrößten Feind unter den Händen." Daher liest man im *"Feuerwerkbuch"*
von 1420: *"Will der [Büchsen-] Meister sich bewahren, wenn er mit dem Pulver*
umgeht, daß es ihm keinen Schaden bringen kann, der folge dieser nachbeschriebe-
nen Lehre. Der Dunst und Dampf ist ein rechtes Gift dem Menschen, und ist doch
unter den drei Stücken, Salpeter, Schwefel und Kohle, keins für sich gesondert
dem Menschen schädlich zu genießen. Und wenn sie untereinander kommen, ge-
mischt und gemengt werden, so schaden sie dem Haupt und dem Herzen, und
besonders so füllen sie die Leber, denn der allergrößte Schade, der daran ist, ist
der Dunst und er Dampf, der von dem verbrannten Pulver ausgeht. Willst du dich
davor hüten, so sieh, daß du nicht mit nüchternem Magen damit umgehst, und hüte
dich vor Wein, daß du ihn nicht zu viel trinkest. Du sollst linde Kost genießen,
denn wenn du zu viel mit dem Zeug umgehst, so gewinnst du leicht das Gezwang [=
kommst du leicht in Bedrängnis]. *Du sollst indessen ziemlich essen abends und*
morgens. Vor Essig und Eiern hüte dich. Was aber feucht und kalt ist, das magst du
wohl genießen, und was hart und trocken ist, vor dem hüte dich."

Das mittelalterliche Feuerwerkbuch enthält 12 *"Büchsenmeisterfragen"*, die in abgewandelter Form zentrales Thema aller ähnlichen Werke sind. So interessierte man
sich sehr dafür, worauf die Treibwirkung des abbrennenden Schießpulvers beruhe.
Noch 1676 mußte sich Casimir *Simienowicz*, General-Feldzeugmeister-Leutnant der
polnischen Krone in seiner *"Geschütz-, Feuerwerk- und Büchsenmeister-Kunst"* mit
diesem Problem beschäftigen: *"Diejenigen irren sehr von der Wahrheit ab, welche*
meinen, daß die aus dem Pulver kommende bewegende Kraft die in der Luft flie-
gende Kugel eine Zeitlang verfolge und, an derselben hangend, sie entweder treibe
und gleichsam immer neue Geschwindigkeit verursache oder doch etlichermaßen
helfe, daß sie nicht wegen ihrer natürlichen Schwere so geschwinde niederfalle.
Denn wem ist des Feuers Natur wohl nicht bekannt? Wer hat jemals ein so subtil
flüchtig und leicht und zu begreifen sehr schweres Element an eine Kugel gebunden
und also fest geheftet, daß es daran hangen bleiben müsse? Was hat die eiserne
Kugel für eine magnetische Kraft in sich, daß sie das Feuer auch nach und zu sich
ziehet und locket? Und gesezt, es bliebe bei der Kugel, was ist's nunmehr? Wie
wird es der Kugel neue Geschwindigkeit imprimiren können, oder auf was Weise
wird es ihre Bewegung vermehren oder helfen, daß der einmal imprimirte Motus
die Kugel nicht verlasse?"

Die im Kriegsfall verwendeten Geschosse waren äußerst vielfältig, wenn auch die
Schußweite selbst mit den großkalibrigsten Geschützen sehr begrenzt war. Um 1400
schaffte man höchstens zwei Kilometer. Es wurden nicht nur *Kugeln* ("Klötze") aus

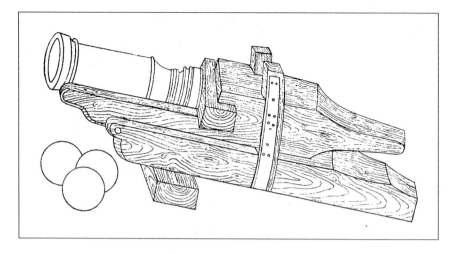

Steinbüchse - 15. Jhdt.

Stein oder aus Metall verschossen, man kannte auch *Pfeile, Stangen* und *Hagel.*
Pfeile wurden aus Büchsen und Handrohren (alle 15 Minuten 1 Schuß) abgefeuert.
Stangen hatten einen eisernen Kopf und dienten zum Brecheschlagen im Mauerwerk.
Bei *Hagel* oder *Igel* wurde viele kleine Kugeln, eierförmige Steine oder gehacktes
Blei in Lehm eingebettet und mit Pulver verschossen. Zusätzlich kannte man *Feuer-
kugeln* und *Feuerpfeile*, die Holz jeder Art, Pulver und Stroh in Brand setzen soll-
ten. Diese entsprachen in ihrer Wirkung dem *byzantinischen Feuer* oder der hand-
geschleuderten *Brandfackel.*

Byzantinisches Feuer, im Jahre 671 u.Z. von *Kallinikos*, einem Baumeister aus Heli-
opolis in Syrien erfunden, bestand aus Schwefel, Steinsalz, Harz, Asphalt und gebranntem Kalk und wurde mithilfe von *Druckspritzen* gegen den Feind geschleudert.
Durch den beigemengten Branntkalk entzündete sich das Gemisch, sobald es mit
Wasser in Berührung kam und es kam leicht zu wirkungsvollen Explosionen, die dem
Feind gehörigen Schrecken einjagten. Man kannte auch ein selbstentzündliches Feuer,
das in der Nacht ausgebracht wurde und am nächstfolgenden Tage von der Sonne
entzündet wurde. Der *"Anonymus Byzantinus"* empfahl um 940 u.Z., *"aus feuerwer-
fenden Handrohren den Feinden mit Feuer ins Gesicht zu schießen."* "Byzantinisches Feuer" wurde auch bei Schiffsschlachten sehr wirkungsvoll eingesetzt und
wurde als Staatsgeheimnis behandelt: *"Ein Engel, das sage jedem, der dich darüber
fragt, ein Engel brachte diese Wundergabe dem ersten christlichen Kaiser Konstan-
tin und trug ihm auf, dies flüssige Feuer, das aus Röhren Verderben auf die Feinde
speit, einzig für die Christen ... zu bereiten. Niemand, so wollte es der große Kaiser, sollte dessen Zubereitung kennen lernen... Als dennoch einst ein Großer des
Reichs dies Geheimnis verriet, traf ihn die Strafe des Himmels: eine Flamme kam,
als er in das Gotteshaus eintrat, vom Himmel herab, ergriff ihn und enthob ihn den
Blicken der von großem Schrecken ergriffenen Sterblichen."*

Später versah man die Brandladung mit einer Zündschnur, damit der Feind das *fliegende Feuer* erst gewahrte, wenn es im Lager schon lichterloh brannte. Auch *Flammenwerfer* waren schon bekannt. Sie arbeiteten wie ein Blasrohr. Damit man auch

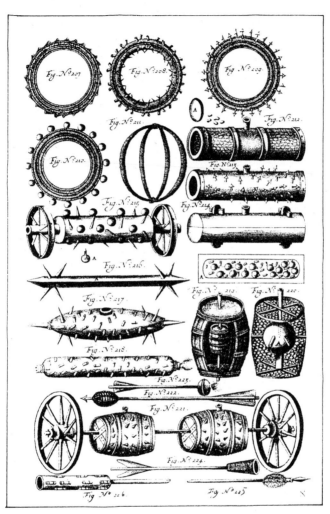

207 - 210	Sturm- oder Pechkränze	222 - 224	Feuerpfeile
212 - 216	Sturmreifen	225	Feuerspies
217 - 218	Sturmsäcke	226	Feuerröhre
219 - 221	Sturmfässer oder -kufen		

Sturm- und Abwehrwaffen mit Feuer und Sprengladung
aus Simienowicz und Elrich - 1676

Häfen oder Sturmkrüge   Handgranatenwerfer

bei Nacht sah, wohin man schoß, setzte man *Leuchtkugeln und Leuchtspurgeschosse* ein. Sogar das *Vernebeln durch Rauch* war bekannt. Auch *überlaute Schüsse* waren beliebt, besonders um die Pferde des Feindes scheu zu machen und Angst und Schrecken zu verbreiten. Es wurde sogar *ohne Pulver* geschossen. Dazu entwickelte man ein Rezept für die Bereitung von *Schießwasser:* *"Willt du mit wasser schiessen das du kain bulffer brauchest vnd sterker vnd witter mit schüssest denn ob er das best bulffer hett das je gemachet ward, so nim salpeter vnd distilier daz zu wasser vnd den schwebel zu öl vnd salarmoniacum auch zu wasser vnd nimm oleum bene- dictum auch dazu nach gewicht als du wol hören wirst vnd wenn du das wasser ze- samen bringest so nim vj tail salpeterwasser ij tail schwebel öl salarmoniacumwasser twai tail, zway til de oleo benedicto vnd lad die buchs vast wol mit klötzen vnd mit stain vnd güss das wasser in die büchsen den zehenden tail des rohrs hinder dem klotz vnd zünd sy an mit zundel das du davon kommen mügest vund lug daz die buchs vast stark sy."* Das hier beschriebene Gemisch aus Teeröl (Benzol), Salpeter- säure, Königswasser und Schwefelsäure stellte einen gefährlichen *Nitrosprengstoff* dar. Es wurde in kleiner Menge durch das Zündloch des "Pulversackraumes" der Kanone geschüttet und wirkte so vehement, daß so manches Geschützrohr ob der gewaltigen Pulverkraft zersprang.

Im Zeitalter der mit Plastiksprengstoff gefüllten, menschenmordenden Autobombe und der Briefbombe für den politisch Andersdenkenden mag es erstaunen, daß schon im Jahre 1405 Konrad *Kyeser* (1366 - 1407), der fränkische Verfasser des Kriegs- handbuches *"Bellifortis"* ("Der Kampfstarke") eine *Höllenmaschine* erfand. Man fülle einen Knochen mit Sprengstoff, versehe diesen mit einer Zündschnur und lege ihn unauffällig in einen Speiseraum. Spätere Höllenmaschinen explodieren bei Zug (z.B. indem man einem Korb einen Gegenstand entnimmt) oder enthalten ein Uhrwerk. Berühmt-berüchtigt wurde eine von Felice *Orsini* entworfene Bombe, da sie gegen Napoleon III. gerichtet war.

Kyeser schildert 1405 auch den kriegsmäßigen Einsatz eines feuerspeienden Warm- luftdrachens: *"Dieser fliegende Drache kann am Kopf aus Pergament gemacht wer-*

Höllenmaschine mit Steinschloß
ausgelöst durch Kranz - 1620

Warmluftdrachen - 1453

den, das Mittelteil mag aus Leinen, der Schwanz aber aus Seide bestehen, mit
mannigfacher Farbe bemalt. Am Ende des Kopfes sei ein dreiteiliges, aus Holz
zusammengefügtes Gestell, das in der Mitte in die Luft emporgehoben und bewegt
werden kann. Der Kopf werde gegen den Wind gerichtet; zwei Mann müssen ihn
ergreifen und hochheben, während der dritte das Gestell trägt und ihm zu Pferde
folgt. Durch Bewegen der Stange wird dann der Flug hinauf und hinab, nach rechts
und nach links gelenkt; das Haupt sei bemalt und mit Brombeerfarbe bestrichen, die
Mitte des Körpers hingegen in einer mondsilbernen Farbe..." Auf einem anderen
Blatt werden wir über die Kriegschemie des Drachens aufgeklärt: *"Feuer für den*
fliegenden Drachen. Nimm einen Teil Petroleum, vier Teile feinen Schwefel und
einen Teil rohes Teeröl; tauche Baumwolle hinein und tue sie in eine kleine Fla-
sche, die ins Maul des fliegenden Drachen gestellt wird, und im langen Hals (der
Flasche) mag eine brennende Schwefelflamme angebracht werden, die den Tiegel
oder die Flasche in Brand setzt. Dann wird ein unverlöschbares Feuer aus dem
Rachen hervorströmen; um dieses Feuer zu verstärken, nimm Kiefernholz (gemein-
hin Kien genannt), tauche es in die genannte Mischung und stelle es über die
Schale oder den Tiegel; dann wird das Feuer überall hervorbrechen. Nimm ferner
je sechs Teile gut gereinigten Salpeters und eines anderen wohlbekannten, das gut
gereinigt und destilliert sein muß und durch einen mäßig großen Filter hinzugefügt
wird; dann nimm je einen Teil Schwefel und Lindenkohle und mische alles in
bekannter Weise. Das ist das Pulver, mit dem die Büchsen entzündet werden, mit
dem die für den Drachen bestimmten Öle gemischt werden müssen. Und du magst
wissen, daß der Dampf der Flasche zurück bis über den Schwanz ausströmen und
daß dort eine angezündete Schwefelflamme angebracht werden muß, und so wird
das Feuer auch gegen den Wind gehen."

Im Mittelalter hatten nicht nur Höllenmaschinen und feuerspeiende Drachen Kon-
junktur. Leonardo da Vinci entwickelte im 15. Jhdt. die Idee eines *Sprengschiffes:*
"Dieses vollgeladene Fahrzeug - genannt Zepata - ist gut, Schiffe in Brand zu stek-

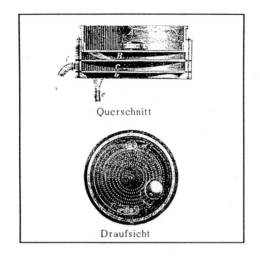

Querschnitt

Draufsicht

Schießpulverbereitung - 19. Jhdt.

ken, die aus einer Laune irgendeinen Hafen oder andere Fahrzeuge im Hafen be-
lagert hielten, und es wird folgendermaßen hergestellt: zuerst Hölzer, eine Elle außerhalb des Wassers, dann Werg, (dann) Schießpulver hierauf zerkleinerte, dann
von hand zu Hand dicker werdende Hölzer - und bringe die eisernen Zünddrähte
mit dem Feuer von (getränkter) Leinwand an der Spitze an - und wenn du den dir
nötigen Wind hast, so richte das Steuerruder, und wenn das Eisen m (über der
Spitze des Schiffes) auf das feindliche Schiff stoßen wird, so werden die (mit
brennendem Zunder versehenen) Drähte dem Pulver Feuer geben, und dieses wird
das Nötige besorgen." Eine "infernal machine" wurde später von den Engländern
entwickelt, die im Jahre 1693 ein mit 200 Faß Pulver beladenes Schiff gegen St.
Malo treiben ließen. Gezündet wurden die Sprengschiffe teils mit Lunte, teils durch
Uhrwerke.

Im 19. Jhdt. war die Schießpulverproduktion technisch so ausgereift, daß sie einen
wichtigen Industriezweig darstellte und großen Gewinn abwarf. So übte der große
Lavoisier seit 1776 in Frankreich die einträgliche Verwaltungsdirektion der Salpeter-
und Pulverfabrikation aus. Max Zängerle berichtet in seinem "Lehrbuch der Chemie" ausführlich: "Das Schiesspulver ist ein gekörntes Gemenge von durchschnittlich
75 Th. Salpeter, 12 Th. Schwefel und 13. Th. Kohle, was sehr nahe 2 Molec. Salpeter, 1 At. Schwefel und 3 At. Kohle entspricht. Uebrigens werden die Verhältnisse
für verschiedene Pulversorten (Militär-, Jagd-, Sprengpulver) absichtlich etwas
variirt. Diese Substanzen werden für sich fein pulverisirt darauf in kleinen Portionen in bronzenen Mörsern mit Wasser zusammengebracht und durch Stampfen
innig gemengt. Diese breiartige Masse wird in dünnen Schichten zwischen Leinwand
durch Pressen bis auf 1/5 ihrer Dicke zusammengepresst und dann in übereinan-
derstehenden, um eine Axe rotirbaren Sieben mit von oben nach unten zu immer
kleineren Oeffnungen gekörnt. In dem obersten Siebe A befindet sich eine schwere
Metallinse c, welche bei der Rotirung der Siebe nach allen Seiten hin bewegt wird
und die Pulvermasse durch die Oeffnungen der Siebe treibt. Hierdurch entstehen
Pulverkörner, welche in einer um eine Axe drehbaren Tonne sich aneinander
abreiben, poliren, wodurch sie weniger hygroskopisch werden. Je nach der Benut-

Die Wirkung des Schiesspulvers beim Entzünden beruht darauf, dass die vorher festen Körper zum Theil in gasförmige übergehen und dann ein viel grösseres Volumen als vorher einnehmen. Der Schwefel dient zur Beförderung der Verbrennung, während die Kohle das Meiste zur Bildung der Gase beiträgt. Die Zersetzung, welche beim Verpuffen des Pulvers stattfindet, kann durch die Gleichung

$$2 \, KNO_3 + S + 3 \, C = K_2S + 2 \, N + 3 \, CO_2$$

dargestellt werden. Die gasförmigen Produkte, welche durch ihre Ausdehnung die bewegende Kraft hervorbringen, wären also N und Kohlensäureanhydrid; der feste Rückstand, welcher zum Theil in dem Gewehr bleibt, Kaliumsulfid. Es folgt aus dieser Gleichung auch, dass aus 1 ccm Pulver, welches fast genau 1 g wiegt, etwas über 300 ccm (bei 0°C) Gas entstehen, die bei der beim Verbrennen des Pulvers sich entwickelnden Wärme, welche man auf 3000° schätzt den Raum von 3000 ccm einnehmen. Es dehnt sich also das Pulver im Augenblicke des Abbrennens gleichsam um das 3000 fache aus."

Die "außerordentliche Kraftwirkung explodierenden Schießpulvers" läßt sich nach *Heumanns* "Anleitung zum Experimentieren" "auf folgende Weise im kleinen zur Anschauung bringen:" "Man stellt sich eine zur elektrischen Zündung vorgerichtete Patrone her, indem man aus wasserdichtem, dick mit Fett bestrichenem Pergament- oder Wachspapier (mehrere Lagen übereinander) einen kleinen Zylinder rollt und ihn einerseits mit einem Stopfen verschließt, welcher zwei durch einen feinen Platindraht leitend verbundene Kupferdrähte trägt. Letztere sind außerhalb der Patrone durch einen Guttaperchaüberzug isoliert. Der Platindraht muß sich etwa in der Mitte der Patrone befinden, damit die aus 3 g Pulver bestehende Ladung vollständig verbrannt und nicht teilweise unentzündet weggeschleudert wird. Nach dem Einfüllen des Schießpulvers ist die andere Öffnung der Patrone durch einen soliden Kork zu schließen. Damit späterhin kein Wasser in die Patrone gelangen kann, muß die Papierrolle über den Korken mit Bindfaden oder feinem Draht festgeschnürt werden; außerdem empfiehlt es sich, die ganze Patrone außen tüchtig mit Talg zu überziehen. So vorbereitet wird die Patrone bis auf den Boden eines mehrere Liter großen, starken, eisernen Mörsers versenkt, welcher mit Wasser gefüllt ist. Die Enden der aus dem Wasser hervorragenden isolierten Drähte verbindet man hierauf durch genügend lange Drähte mit der elektrischen Leitung und schickt einen Strom von 6 bis 8 Amp. durch den Apparat. Sobald der Strom geschlossen wird, erfolgt ein dumpfer Knall und ein Wasserstrahl wird bis zur Zimmerdecke emporgeschleudert."

In einem anderen Versuch fängt *Heumann* die Pulvergase auf: "Zum Auffangen der Pulvergase ist es empfehlenswert, zwei recht große und durch eingefettete Glasstopfen oben verschlossene Glocken so nebeneinander in einer geräumigen, mit Glaswänden versehenen pneumatischen Wanne zu befestigen, daß die Mündung der Patrone [Sie besteht aus einer Hülle aus steifem Papier, die mit 30 g feingeriebenem schwarzen Jagdpulver, 22,5 g Salpeter, 3,7 g Schwefelblumen und 3,7 g Holzkohlenpulver und etwas Zucker, alles gut festgestampft, gefüllt ist] bequem unter die durch das Wasser der Wanne abgesperrten Öffnung der Glocken gebracht werden kann.... Wenn die Pulverfüllung mit Lebhaftigkeit brennt, warte man noch einen

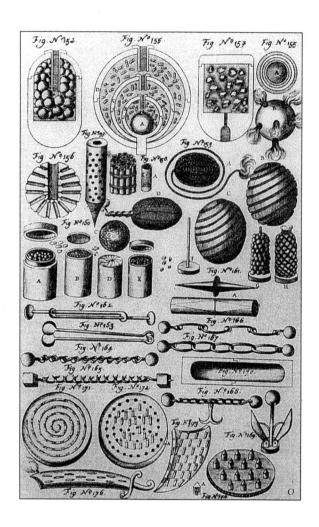

152 Handgranate
153 Mehrfach explodierende Feuerkugel
154 Hölzerne Feuerkugel z. Feuerregen
155 Leuchtkugel
156 Feuerkugel
157 "Diener", "Knecht" zum
Steckenbleiben in Holz

158-159 Granaten für "Heimlich-
Feuer", "Leg-Feuer"
161-170 Ketten- und Stangen-
kugeln
171-176 Schilder und Schwert
für Lust-Feuerwerk

Verschiedenartige Geschosse, 17. Jhdt.
aus Simienowicz und Elrich - 1676

Schießpulverpatrone

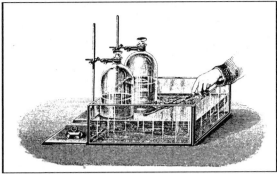

Pneumatisches Auffangen von Pulvergasen

Augenblick, im Falle die Hülse bis nahe zur Mündung mit Pulver gefüllt war, damit der Satz etwas zurückbrennt und so eine vor seitlichem Wasserzutritt schützende Röhre entstanden ist, und führe dann die Patrone, ohne ihre Öffnung den Zuhörern zuzuwenden, langsam in das Wasser unter die eine Glocke. Durch die stürmische Gasentwicklung ist letztere alsbald gefüllt, und die Patrone nun unter die zweite Glocke zu halten. Währenddessen kühlen sich die Gase in der ersten Glocke ab und ziehen sich so zusammen, daß nochmals die Patrone untergehalten werden muß, um bessere Gasfüllung zu erhalten; dasselbe ist alsdann bei der zweiten Glocke ebenfalls auszuführen. Nach vollendeter Füllung werfe man die noch fortbrennende Patrone zum Fenster hinaus, da sie nicht zu löschen ist und sehr starken Rauch verbreitet. Die in den Glocken aufgesammelten Pulvergase sind infolge der langsameren Verbrennung etwas anders zusammengesetzt, als die durch Pulverexplosion erzeugten, besonders fällt ein durch die gelbe Farbe erkennbarer Gehalt an salpetrigen Dämpfen auf. Durch den Tubus der einen Glocke führt man eine an aufwärts gebogenem Drahte befestigte Wachskerze ein, welche sofort erlischt. Die andere Glocke hebe man mit Hilfe einer ihre untere Öffnung bedeckenden Glasplatte über die Wasserfläche empor, lasse das etwa in der Glocke enthaltene Wasser abfließen und stelle sie dann nach Wegnahme der Glasplatte auf ein großes, etwas Kalk- oder Barytwasser enthaltendes Becherglas. Die Kohlensäure sinkt herab und bewirkt sofort oder nach dem Umschwenken starke Trübung der Flüssigkeit."

Im Jahre 1379 wurde in Europa das Schießpulver zum ersten Male friedlich verwendet: Zum Pfingstfest wurde das Ausgießen des heiligen Geistes einer gläubigen Menschenmenge durch eine funkensprühende Taube dargestellt, die sich an einer Schnur entlang bewegte. Aus dem *Feuerwerk zu Schimpf und Ernst*, das auch bei höfischen Spielen zur Unterhaltung des Adels in friedlicher Form eingesetzt wurde, entwickelte sich das *Lustfeuerwerk*. In Barock und Rokoko überboten sich prachtliebende Fürsten und reiche Stadtbürger mit gigantischen, bis ins Detail ausgeklügelten Feuerspielen. Vanoccio *Biringuccio*, der im 16. Jhdt. als oberster Ingenieur des Stadtrates von Siena seine *"Pirotechnia"* veröffentlichte, das weitgehend auf dem Feuerwerksbuch von 1420 beruhte, schreibt dazu: *"Sie [Feuerwerke] sind schön, und ihre Herstellung kostet viel Geld, aber im Grunde genommen sind sie eine Spielerei. Allerdings waren diese Zeiten [d.h. die der Entstehung des Feuerwerks in Siena und Florenz] wirklich golden, und da man viel Geld zur Verfügung hatte, sah man nicht*

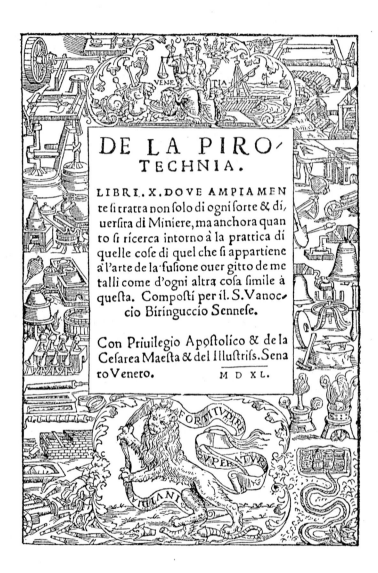

DE LA PIRO-
TECHNIA.

LIBRI. X. DOVE AMPIAMEN
te fi tratta non folo di ogni forte & di,
uerfira di Miniere, ma anchora quan
to fi ricerca intorno à la prattica di
quelle cofe di quel che fi appartiene
à l'arte de la fufione ouer gitto de me
talli come d'ogni altra cofa fimile à
quefta. Compofti per il. S. Vanoccio Biringuccio Sennefe.

Con Priuilegio Apoftolico & de la
Cefarea Maefta & del Illuftrifs. Sena
to Veneto.   M D XL.

Titelblatt der Erstausgabe der Pirotechnia
von Biringuccio, Venedig – 1540

Das Bancquet und Feuerwerk/ bey dem Bleyhämerl angestellt
den 4. Junu/ im Jahr 1650.

Feuerwerk des schwedischen Gesandten, Nürnberg - 1650

darauf, wozu es ausgegeben wurde. *Sonst nämlich haben die Feuerwerke keinen Zweck, und sie dauern nicht länger, als bei einem Verliebten ein Kuß seiner Geliebten oder noch kürzere Zeit."*

Die Eindrücke der Feuerwerke auf die einfache Bevölkerung, die Lichtreize bei Nacht, besonders die farbigen, waren so stark, *"daß es bey den vnerfahrnen des Fewerwercks solchen schreck vnd angst geben/ als würde dardurch die gantze Statt in Fewres noth gerahten/ vnd biß zum grundt ab vnd außbrennen."* Die gigantischen Feuerwerksspektakel sollten weithin sichtbar Reichtum und Macht der Fürsten, des Geldadels und der Reichsstädte demonstrieren. Man erlebte *"Donner, Plitzen und Prausen"* der Feuerwerksätze und Geschütze als Herrschaft des Menschen über die Natur.

Das Feuerwerk der Barockzeit bestand nicht im einfachen Abbrennen von Leuchtsätzen, das Feuerwerk wurde zelebriert und entwickelte sich zu einem perfekten pyrotechnischen Theaterstück. Schon Wochen vor dem Feuerwerk waren Handwerker jeder Art mit den aufwendigen Aufbauten, z.B. Türmen, ja ganzen Schlössern, beschäftigt, ein kunstvoll bemalter Feuerwerksprospekt wurde vorbereitet. Man brachte Feldschlangen und Mörser in Stellung und baute *Raketentische* als Abschußrampen auf. Böller wurden angebracht, Sprengsätze fachgerecht verteilt, mit Zündschnüren untereinander verknüpft. In Öffnungen der Dekorationen wurden Leuchtraketen und Schwärmer, sowie Lichtröhren gesteckt, die einen Feuerstrahl ausspeien konnten.

Das Feuerwerk begann mit Kesselpauken- und Trompetenmusik. Eine mythologische Gestalt kündigte als Herold die Ereignisse an, die da kommen sollten, und erläuterte die Zusammenhänge in gelehrter Form. Der Handlungsablauf des Feuerwerks wurde meist in Versform gebracht und klärte als *Einblattdruck* schon lange vorher die Bevölkerung über die zu erwartenden Feuerwerksereignisse auf. So hat Georg Philipp *Harsdörffer* zum *"Feuerwerk des schwedischen Bevollmächtigten in Deutschland, des Pfalzgrafen Karl Gustav"* anläßlich des 1650 zu Nürnberg geschlossen

"1. Man hat nun der schweren Waffen sich entbürdet/ Kriegesmüd:
Der Musqueten Puff und Paffen/ endet sich nun durch den Fried.
Der Mordflammen Vngeheuer/ dienet zu dem Freudenfeuer/
und was uns im Krieg verletzt/ nunmehr in dem Fried ergetzt.
3. Hier ist nun ein Tisch gesetzet/ mit deß Pulvers Lust-Confect/
niemand diese Kost verletzet/ und viel von dem Schlaf erweckt:
Auß der Schwärmer Stürm-Pasteten/ steigen viermal acht Rageten/
und der Kegel heller Schein/ muß deß Tisches Leuchter seyn.
Salpeter ist Zucker/ für Bisam das Rauchen/
das Pulver versüsset das feurige Schmauchen.
4. Es erscheinen dreissig Gluten/ ob dem gleichen Erdenkrantz/
welche schwimmend in den Fluten/ stralen manchen hellen Glantz.
Die Kunst kan mit Flammen malen/ und zeucht neue Sonnen Stralen:
ja die grosse Feuer-Kron/ weiset einen Königs-thron.
Man sihet das pfeilende Blitzen von ferne/
es rasslen und prasslen die guldenen Sterne.
6. Ferners sind auch hier zu schauen/ der Ragetentürne drey/
die man hieher wollen bauen/ zu der Schwärmer Stürmerey.
Hier schaut man in schneller Eile/ pfeilen manche Feuerpfeile/
und der Kegel helles Spiel/ macht der Flammen überviel.
Verwundert das Feuer an hiesigen Schnüren/
an welchen die Gluten sich schlangeweis führen.
9. Hierauf folgen sechs Brigaden/ jede führet hundert Schuß/
sie erknallen ohne Schaden/ zu deß Krieges Abzug-Gruß/
Die Feldstücklein vor dem Scheiden/ sind die Zeichen vieler Freuden/
die Rageten groß und klein/ weisen überhohen Schein.
Es rasslen und prasslen der Kugel Cometen/
man schläget die Paucken und bläset Trompeten.
10. Hagel/ Donner/ Blitz und Schlossen/ sind in diesem Feuerbrand
durch der Wolcken Lufft gegossen/ von der Erden-Götter Hand.
Dieses Feuers Friedens-Kriegen/ hat die Wolken überstiegen/
und die Prassel-Flammen-Wut/ kam von eines Funcken Glut.
So fünckelt/ erglimmet/ entzündet und brennet/
was Kriegen und Siegen die Menschen genennet.
12. Alle Waffen sollen rosten/ die verheeren Leut und Land/
und nechst starcken Friedensposten/ müssig hangen an der Wand/
wie der Feindschaft Brand verzehret/ und das Teutsche Reich verheeret/
so soll nun die Liebes-Kertz/ leuchten in des Teutschen Hertz.
Es bleiben verewigt preisrühmlich zu melden/
die Jrdischen Götter/ die friedlichen Helden!

Nach des Herolds Ansprache glitt eine Figur als Schnurfeuerwerk zum fürstlichen Schloß und bald loderten *Feuerräder* mit den Initialen gefeierter Personen auf. Die Feuerräder waren aus Holz gezimmert. An ihren Felgen hatte man Hülsen mit Leuchtsätzen angebracht, die durch Zündschnüre miteinander verbunden waren. Beim Abbrennen setzen sie durch Rückstoß den feuersprühenden Reifen in Bewegung. In einem Buch *"Zur Ceremoniell-Wissenschaft"* von 1730 heißt es: *"Die Erfindung des Feuerwercks muß sinnreich seyn, und aus nichts gemeinen noch abgeschmackten*

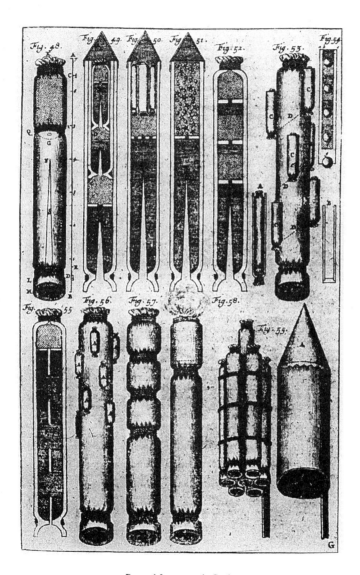

Barockfeuerwerk S. 6

Raketen und Schwärmer
aus dem Feuerwerksbuch von Simienowicz

bestehen... Je mehr Embellissements und Veränderungen von Feuer-Regen, gläntzenden Sternen, Feuer-Rädern, Schwärmern und dergleichen gesehen werden, desto prächtiger läst es."

Der "phantastische" Schriftsteller E.T.A. *Hoffmann* beschreibt in den *"Lebensansichten des Katers Murr"* von 1819 sehr eindrucksvoll ein Feuerwerk: *"Bald war der Hof, die ganze Gesellschaft an Ort und Stelle. Nach dem gewöhnlichen Spiele mit Feuerrädern, Raketen, Leuchtkugeln und anderem gemeinem zeuge gingen endlich der Namenszug der Fürstin in chinesischem Brillantfeuer auf, doch hoch über ihn in den Lüften schwamm und verschwamm in milchweißem Licht der Name Julia. - Nun war es Zeit. - Ich zündete die Girandola an, und wie zischend und prasselnd die Raketen in die Höhe fuhren, brach das Wetter los mit glutroten Blitzen, mit krachenden Donnern, von denen Wald und Gebürge erdröhnten. Und der Orkan brauste hinein in den Park, und störte auf den tausendstimmig heulendem Jammer im tiefsten Gebüsch. Ich riß einem fliehenden Trompeter das Instrument aus der Hand und blies lustig jauchzend darin, während die Artilleriesalven der Feuertöpfe, der Kanonenschläge, der Böller wacker dem rollenden Donner entgegenknallten."*
Zum Feiern gab es immer wieder Anläße. Hier eine Auswahl:
Wien 1563: Ampelartiges Hängefeuerwerk beim Einzug des Kaisers
München 1568: Feuerwerk zu den fürstlichen Hochzeitsfeierlichkeiten
Landshut 1585: Feuerwerk zur Verleihung des goldenen Vließes
Augsburg 1591: Feuerwerk anläßlich der Hochzeit des Freiherrn Anton Fugger
Dresden 1609: Kleines Wasserfeuerwerk, mit Festwagen und Fastnachtumzug
Frankfurt/M. 1612: Krönungsfeuerwerk für Kaiser Matthias I.
Dresden 1650: Feuerwerksschauspiel "Eroberung des güldenen Felles durch Jason"
Danzig 1652: Feuerwerk zur Feier der Geburt des polnischen Prinzen
Königsberg 1662: Feuerwerk zum Geburtstag des Kurprinzen
München 1664: Wasserfeuerwerk zum Geburtstag des Kurfürsten
Starnberg 1671: Imitation eines Schiffskampfes auf dem Starnberger See
Bayreuth 1748: Illumination der Stadt und des Parks

Die pyrotechnischen Elemente des Lustfeuerwerks mußten damals alle in Handarbeit hergestellt werden. Man unterschied:
a) *Schwärmer* (bis 4 Lot Masse): In eine Pappehülse wurde eine Pulvermischung eingepreßt. Diese setzte man durch einen explosiven Initialzünder, die *Capelle*, in Brand. Die Schwärmer beschrieben eine unvorhersehbare Bahn. Schwärmer werden bei Amos *Comenius* mit der Unberechenbarkeit von Tyrannen verglichen: *"Tyrannen sind den Schwärmern gleich, sie wüten und treffen sowohl Schuldige als Unschuldige, und indem sie viele erschrecken, nehmen sie ein Ende mit Schrecken."*
b) *Kanonenschläge:* Bei diesen war die Capelle abgedichtet, so daß sie mit ohrenbetäubendem Knall als "Kracher" explodierten.
c) *Rakete* (Raggete, von 4 Loth bis 100 Pfund Masse): Sie *"bestehen aus einer pappieren Hülse, welche mit einer besonderen Composition von Mehl-Pulver, Salpeter, Schwefel und Kohlen ausgefüllet ist... Saz zu 1/4 pfündigen Raggeten: 18 Loth Salpeter, 6 Loth Mehlpulver, 6 Loth Kohlen, 4 Loth Schwefel, 3 Loth gestoßen Glas ... Die Maschinen darinnen sowohl die Schwärmer als Raggeten gemacht werden, nennt man Raggeten-Stöcke, beyde Sorten werden aus allerley guten, als Birn-Baum, Buchs-Holz, Weiß-Buchen, und dergleichen vestem Holz gemacht, die besten und dauerhafteten aber sind die von Messing oder Bronze*

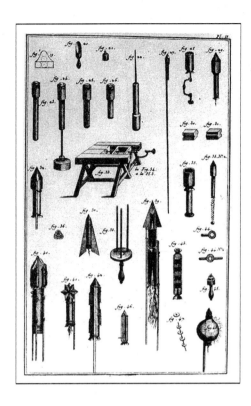

Feuerwerk aus der
Enzyclopädie - 18. Jhdt.

gegossen werden." Raketen mußten äußerst sorgfältig komponiert werden, sollten
sie doch geradlinig in den Himmel aufsteigen. Leonhart *Fronsperger* schreibt 1557
in seinem Werk *"Vom Geschütz vnd Fewrwerck"*: *"Roget ist das geringst fewr-*
werck/ gemacht aus pulver/ salitter/ schwefel vnd koln/ hart eingeschlagen in
papier/ sol hoch in die lufft fahrn/ ein schön fewr von sich geben/ also sein
wirckung im lufft verbringen/ vnd darinn on allen schaden verschwinden. Vnd
wiewol die Roget an ir selbs von geringer wirckung vnd bald vergeht/ so sind
doch daraus viel schöner fewrwerck zumachen/ wann sie zusamen gesetzt/ in
kugel oder reder verbunden/ oder aus mörschern geworffen werden/ sie sind
allen anderen fewrwercken ein zierd vnd auch ein trieb/ vnd sind fürnämlich
dieser art/ das sie sich von jrem eygenen fewr/ in die lufft erheben/ bedörffen
keines schiessens oder eines andern triebs."

In großer Höhe sollte die Rakete *Sternbutzen* auswerfen. Kasimir *Simienowicz*
schreibt darüber: *"Einen feurigen Regen und häufig brennende Funcken/ die*
weit und breit herum fliegen/ in die Raggeten zu machen/ pflegt man in die
Compositiones etwas von gestossenem Glaß oder Feylspäne von Eisen/ oder
Sägespäne zu nehmen. Es können auch allerhand Farben in dem Feuer der
Rasgeten präsentiret werden. Nemlich so man unter eine Composition gewisse
Theile Kampffer menget/ so wird es ein weiß/ blaß und milchfarbes Feuer
geben: Griechisch Pech ein roth und kupfferfarbenes: Schweffel ein blaues:
Salarmoniac ein grünes: Roh Antimonium ein röthlich Honigfarben oder Schütt-
gelbes; Helffenbein-Späne ein silbern und gläntzend." Löste man mehrere Rake-
ten durch geschicktes Arrangement gleichzeitig aus, so daß ein Feuerreigen, ein

"Der Feuerwercker"
Orbis Sensualium
pictus - Comenius

Lichterstrauß entstand, so sprach man von einer *Girandola*. Diese stellte einen Höhe- und Gliederungspunkt (z.B. Ende eines Aktes) im Feuerwerksszenario dar.

d) *Lichtröhre:* Sie ist ein oben geöffneter Schwärmer und erzeugt einen meist farbigen Lichtstrahl. Lichtröhren wurden meist gruppenweise verbunden, so daß sie als "Wasserfall" wirkten.

e) *Artillerie:* Bei Feuerwerken wurden Mörser und Feldschlangen wegen des Knall-effektes eingesetzt. Häufig bestand ihre Ladung aus *Lustkugeln*, die mit einer Sternbutzenmischung gefüllt waren. Böller und Gewehrsalven sorgten für enormen Lärm.

Unachtsamkeit oder falsch eingeschätzte Explosivkräfte waren der Untergang des Feuerwerkers und seiner Zuschauer. Bisweilen fetzte der Pulversack von Geschützen auseinander, oder der "Pulvermüller" verbrannte bei der Salpeterbereitung. Bisweilen explodierte ein Feuerwerksaufbau wie zu Augsburg im Jahre 1559 geschehen.

Im Feuerwerk des Barock und Rokoko war es gelungen, technische Rafinesse und symbolhafte Aussagen miteinander zu vereinen. Der große Pädagoge Johann Amos *Comenius* beschrieb in dem wohl wirkungsvollsten pädagogischen Werk des Barock, der *"Orbis sensualium pictus"* den *"Feuerwercker"*: *"Dieser verfertiget nicht allein Bomben, Feuer-Ballen, Granaten, für die Granadierer; sondern auch allerhand Feuerwercke, als: Raquetten, welche/ an Stecken gebunden/ wann sie angezündet werden/ schnell in die Höhe fahren, aber bald wieder/ als wenn sie ihren Hochmut betaurten/ mit Knallen/ in Funcken herabfallen. Auf gleiche Weise nehmen ihren Abschied von der Zuseher Augen die Spreng-Kugeln, welche/ hoch in der Luft/ mit angenehmen Prasseln/ zerspringen. Die Wasser-Kugeln streiten mit diesem Feuer widrigen Element/ und streuen/ vermittelst des Campfers/ den sie bey sich führen/ viel schwimmende Lichter aus. Die Feuer-Rädlein lauffen lustig herum. Namens-Buchstaben und Wappen brennen in unterschiedlichen Farben. Ja/ was noch mehr ist/ der Feuer-Künstler stellet Schlösser und Bilder vor/ aus welchen allerhand Kunst-Feuer fahren; Er reichet, auch einigen Fechtern feurige Schwerter, womit sie in die Lufft streichen. Daß man dem Gedräng der Leute wehre/ werden Spanische Reuter umher gelegt: nichts aber macht eher Platz/ als die Schwärmer."*

Durch die Eroberung Ostindiens im Jahre 1757 lernten die Engländer das *bengalische Feuerwerk* kennen. Die indischen Priester preßten *Strontiumsalze* mit Kaliumchlorat, Schwefel und Kohle zu Pyramiden, Kegeln oder Kugeln und brannten sie als magisches Feuer in ihren Tempeln ab. Außerdem wurden *farbige Flammen* als Signalfeuer verwendet. Georg *Agricola* hielt es in seinem Buch *"De re metallica"* vom Jahre 1550 für wahrscheinlich, daß man aus der Flammenfärbung auf die in der Flamme verbrennende Substanz schließen könne. *V. Zach* veröffentlichte 1807 die Zusammensetzung des Bengalischen Signalfeuers.

Tatsächlich strahlen Metalle innerhalb des sichtbaren Wellenspektrums ein charakteristisches Licht ab. Kupfer leuchtet blau, Strontium rot, Natrium gelb, Kalium violett und Barium grün. Eine Rakete enthält oft übereinander mehrere Schichten, die unterschiedliche Metallverbindungen enthalten, die beim Abbrennen jeweils in der entsprechenden Metallfarbe verglühen. Wenn man Aluminium- und Eisenspäne hinzufügt, ergießt sich aus ihnen ein silberner oder goldener Funkenregen. Kalium- und Schwefelverbindungen erzeugen Rauchfahnen, spezielle Mischungen von unterschiedlichr Verdichtung und Granulation Pfeiftöne (Heuler). *Römische Lichter* sprühen abwechselnd Glitzerfontänen und Leuchtkugeln, *Feuertöpfe* erzeugen Sprühregen aus Leuchtkugeln. Aus heulenden *Raketen* quellen oft bunte Blumensträuße.

Die Flammenfarben wurden ab dem Jahre 1859 von Robert Wilhelm *Bunsen* (1811 - 1899) und seinem Mitarbeiter und Freund Gustav *Kirchhoff* (1824 - 1887) in Heidelberg untersucht. Kirchhoff war für die physikalischen Untersuchungen verantwortlich. Bunsen berichtet aus dieser Zeit: *"Im Augenblicke* [15. November 1859] *bin ich und Kirchhoff mit einer gemeinsamen Arbeit beschäftigt, die uns nicht schlafen läßt. Kirchhoff hat nämlich eine wunderschöne, ganz unerwartete Entdeckung gemacht, indem er die Ursache der dunklen Linien im Sonnenspectrum aufgefunden und diese Linien künstlich im Sonnenspectrum verstärkt und im linienlosen Spectrum hervorgebracht hat, und zwar der Lage nach mit den Fraunhofer'schen identischen Linien. Hierdurch ist der Weg gegeben, die stoffliche Zusammensetzung der Sonne und der Fixsterne mit derselben Sicherheit nachzuweisen, mit welcher wir Schwefelsäure, Chlor usw. durch unsere Reagentien bestimmen. Auf der Erde lassen sich die Stoffe nach dieser Methode mit derselben Schärfe unterscheiden und nachweisen, wie auf der Sonne, so daß ich z.B. in 20 Grammen Meerwasser noch einen Lithiumgehalt habe nachweisen können. Zur Erkennung mancher Stoffe ist diese Methode allen bisher bekannten vorzuziehen. Haben Sie ein Gemenge von Lithium, Kalium, Natrium, Calcium, Baryum, Strontium, so brauchen Sie nur ein Milligramm davon in meinen Apparat zu bringen, um dann unmittelbar durch ein Fernrohr alle diese Gemengteile durch bloße Beobachtung abzulesen. Einzelne dieser Reactionen sind wunderbar scharf. So kann man noch 5/1000 Milligramm Lithium mit der größten Leichtigkeit nachweisen. Ich habe diesen Stoff in fast allen Pottaschen aufgefunden."*

Damit hat *Bunsen* in klaren Worten das Wesen der *Spektralanalyse* umrissen. Vor *Bunsen* und *Kirchhoff* waren die merkwürdigen Spektrallinien schon vielen Forschern wie *Wollaston*, *Fraunhofer* und *Herschel* aufgefallen. John Frederick Wilhelm *Herschel* (1792 - 1871) beschreibt in seinem Buch *"On light"* gefärbte Flammen und deren Spektrallinien. Aber erst *Bunsen* und *Kirchhoff* erkennen, daß jedes chemisches Element ein eigenes eindeutiges Linienspektrum, einen "spektralen Fingerabdruck" besitzt, durch welchen das Element identifiziert werden kann. Durch den Einsatz eines *Spektroskops* konnte somit die Zusammensetzung jedes chemischen Stoffes, sowohl auf der Erde, auf der Sonne oder an einem beliebigen Ort des Weltalls ermittelt werden.

In der von *Bunsen* und *Kirchhoff* verfaßten, in *"Poggendorfs Annalen, 1860"* veröffentlichten Schrift *"Chemische Analyse durch Spectralbeobachtung"* heißt es: *"Folgender Versuch zeigt, daß die Chemie keine einzige Reaction aufzuweisen hat, welche sich auch nur im Entferntesten mit dieser spektralanalytischen Bestimmung des Natriums an Empfindlichkeit vergleichen ließe. Wir verpufften in einer vom Standort unseres Apparates möglichst entlegenen Ecke des Beobachtungszimmers, welches ungefähr 60 Kubikmeter Luft faßt, 3 Milligramm chlorsaures Natron mit Milchzucker, während die nicht leuchtende Lampe [des Bunsenbrenners] vor dem Spalt beobachtet wurde. Schon nach wenigen Minuten gab die allmählich sich fahlgelblich färbende Flamme eine starke Natriumlinie, welche erst nach 10 Minuten wieder völlig verschwunden war. Aus dem Gewichte des verpufften Natronsalzes und der im Zimmer enthaltenen Luft läßt sich leicht berechnen, daß in einem Gewichtstheile der letzteren nicht einmal 1/20.000.000 Gewichtstheile Natronrauch suspendirt sein könnte. Da sich die Reaction in der Zeit einer Sekunde mit aller Bequemlichkeit beobachten läßt, in dieser Zeit aber nach dem Zufluß und der Zusammensetzung der Flammengase nur ungefähr 50 CC. oder 0,0647 Grm Luft, welche weniger als 1/20.000.000 des Natronsalzes enthalten, in der Flamme zum Glühen gelangen, so ergibt sich, daß das Auge noch weniger als 1/3.000.000 Milligramm des Natronsalzes mit der größten Deutlichkeit zu erkennen vermag. Bei einer solchen Empfindlichkeit der Reaction wird es begreiflich, daß nur selten in glühender atmosphärischer Luft eine deutliche Natronreaction fehlt."*

Auf ähnliche Weise führen die beiden Forscher den Nachweis des *Lithiums* durch mit einer Genauigkeit von 9 Millionstel Milligramm. Sogar in Bunsens heißgeliebter Havanna war es enthalten. Auch auf *Kalium* und *Strontium* wurde geprüft. Die Wissenschaftler gelangten zu der Meinung: *"Für die Entdeckung bisher noch nicht aufgefundener Elemente dürfte die Spectralanalyse eine nicht minder wichtige Bedeutung gewinnen ... Bietet einerseits die Spectralanalyse, wie wir im Vorstehenden gezeigt zu haben glauben, ein Mittel von bewunderungswürdiger Einfachheit dar, die kleinsten Spuren gewisser Elemente in irdischen Körpern zu entdecken, so eröffnet sie andererseits der chemischen Forschung ein bisher völlig verschlossenes Gebiet, das weit über die Grenzen der Erde, ja selbst unseres Sonnensystems, hinausreicht. Da es bei der in Rede stehenden analytischen Methode ausreicht, das glühende Gas, um dessen Analyse es sich handelt, zu sehen, so liegt der Gedanke nahe, daß dieselbe auch anwendbar sei auf die Atmosphäre der Sonne und der helleren Fixsterne."*

Bunsen forschte intensiv in Richtung der *Familie der Alkali*, von der H. *Davy* die Elemente *Natrium, Kalium* und *Lithium* erst kurz zuvor durch Schmelzflußelektrolyse chemisch dargestellt hatte. Er schrieb im Jahre 1860 an seinen Freund Henry *Roscoe* (1833 - 1915): *"Ich habe alles im Stiche gelassen, weil ich durch die Spectralanalyse die völlige Gewißheit erlangt habe, daß außer Kalium, Natrium und Lithium noch ein viertes Alkalimetall existieren muß, und weil ich die ganze Zeit über damit beschäftigt gewesen bin, eine Verbindung des neuen Stoffes zu isolieren. Wo sich dasselbe zeigt, kommt es leider in so verschwindend kleinen Mengen vor, daß ich fast alle Hoffnung aufgeben muß, eine Verbindung desselben zu isolieren."*

Mit *Kirchhoff* zusammen verarbeitete *Bunsen* 44000 kg *Dürckheimer Solwasser*, um einen Stoff abzutrennen, den man an zwei blauen Spektrallinien erkannte.

Ihre Arbeit war erfolgreich und sie benannten das neuentdeckte chemische Element im Jahre 1861 in *"Poggendorffs Annalen"* in einer zweiten Abhandlung *"Chemische Analyse durch Spektralbeobachtungen"*: *"Die Leichtigkeit, mit welcher der nur einige Tausendstel eines Millimeters betragende, noch dazu mit Lithion-, Kali- und Natron-Verbindungen gemischte Stoff an dem blauen Lichte seines glühenden Dampfes als ein neuer und einfacher erkannt werden konnte, wird es wohl gerechtfertigt erscheinen lassen, wenn wir für denselben den Namen Caesium mit dem Symbol Cs vorschlagen, von caesius, welches bei den Alten vom Blau des heiteren Himmels gebraucht wird."* Durch Verarbeitung von 150 kg *Lepidolith* (Lithionglimmer) ließ sich ein weiteres chemisches Element gewinnen, das im äußersten Rotbereich zwei charakteristische Spektrallinien aufwies. Daher wurde es *Rubidium* genannt, *"von rubidus, welches von den Alten für das dunkelste Roth gebraucht wird."* Im Jahre 1862 erschienen von *Bunsen* und *Kirchhoff* in der neugegründeten *"Zeitschrift für analytische Chemie"* zwei zusammenfassende Arbeiten: *"Die Spectren der Alkalien und alkalischen Erden"* und *"Kleiner Spectralapparat zum Gebrauch in Laboratorien"*. *Bunsens Spectralapparat* zerrte noch weitere, bis dahin verborgene chemische Elemente ans Tageslicht: *Crooks* entdeckte 1861 das *Thallium* (gr. thallos = grüner Zweig), *Reich* und *Richter* 1863 das *Indium*, wegen seiner indigoblauen Spektrallinie so genannt. Im Jahre 1875 folgte das von *Lecoq de Boisbaudran* aufgefundene *Gallium* und 1879 dass von *Nilson* und *Cleve* aufgespürte *Scandium*.

Heumann beschreibt in seiner *"Experimentieranleitung"* die Erzeugung von Linienspektren: *"Viele bei höherer Temperatur vergasbare Elemente oder Verbindungen liefern selbst bei den höchsten Hitzegraden vorzugsweise nur Licht von wenigen bestimmten Strahlengattungen. So geben sämtliche Verbindungen des Natriums nur einen einzigen gelben Strahl (welcher bei sehr guten Spektroskopen als eine Doppellinie erscheint), Kaliumverbindungen einen roten und einen violetten Strahl u.s.w. Als Wärmequelle zur Erhitzung der am besten als leichtflüchtige Chlorverbindungen zu verwendenden Präparate dient eine nichtleuchtende Wasserstoff- oder die schwach blau gefärbte Leuchtgasflamme des Bunsenschen Brenners. Außerdem benutzt man häufig den elektrischen Funken, indem man demselben Gelegenheit gibt, auf seinem Wege Teilchen der betreffenden Substanz zu erhitzen."*

Es folgt nun die Untersuchung der Flammenfärbung: *"Eine Reihe Bunsenscher Gaslampen stelle man nebeneinander auf, und bringe in jede einen mit der betreffenden Substanz beladenen Platindraht. Diese Drähte sind einerseits zu einer Schlinge umgebogen und an ihrem anderen Ende in ein Glasröhrchen eingeschmolzen, welches horizontal auf ein pasendes Stativ gesteckt wird. Die Drahtschlingen befeuchtet man ein wenig und taucht die erste in Chlornatriumpulver, die zweite in natriumfreies Chlorkalium (oder in reinen Salpeter), die dritte in Chlorstrontium und die vierte in Chlorbaryumpulver, so daß an jeder Drahtschlinge ein wenig des Pulvers hängen bleibt. Die Schlingen führt man dann etwas unter der Mitte der Flamme in deren äußeren Mantel ein, so daß die Flamme möglichst charakteristische Färbung annimmt."*

Dann folgt die *"subjektive Darstellung der Spektrallinien"*: *"Die wie angegeben erhaltenen Flammenfärbungen oder durch Elektrizitätsentladung glühenden Gase gestatten dem direkt blickenden Auge nur den Totaleindruck der von der betreffen-*

256

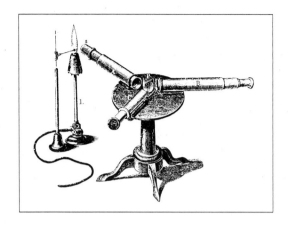

Spektroskop nach R. Bunsen
und G. Kirchhoff

den Substanz bei hoher Temperatur ausgesandten Strahlen wahrzunehmen, nicht
aber diese Strahlen einzeln zu beobachten. Zu letzterem Zwecke dient ein Spektroskop; der einfachere, von Bunsen und Kirchhoff angegebene Spektralapparat zur
subjektiven Beobachtung ist jedoch nur bei geringer Zuhörerzahl benutzbar. Die bei
s durch einen feinen regulierbaren Spalt eintretenden Lichtstahlen gelangen durch
das Rohr A zu dem Flintglasprisma p, in welchem sie gebrochen werden und durch
das Fernrohr B das beobachtende Auge treffen. Das äußere Ende der Röhre C trägt
eine auf Glas photographierte Millimeterskala, welche durch eine Gas- oder Kerzenflamme von außen erleuchtet wird. Die von der Skala ausgehenden Strahlen
werden an der Prismenfläche total reflektiert und hierdurch im Fernrohre sichtbar.
... Zur Erzeugung der Metallspektren verwendet man am besten die leichtflüchtigen
Chloride [z.B. Natrium-, Kalium-, Strontium-, Baryumchlorid u.s.w.]; auch die
chlorsauren Salze sind ihrer stärkeren Lichtentwicklung wegen empfohlen worden."

Experimente: Schießpulver und Bengalisch Feuer

A. Herstellung und Entzündung von Schießpulver

Durchführung und Beobachtung 1

Salpeter und Schwefel (n. Heumann): *"In einem trockenen und durch eine Klammer gehaltenen kleinen Rundkolben aus schwer schmelzbarem Glase erhitze man wasserfreien Salpeter zum Schmelzen, werfe auf die etwa zwei Finger hohe Flüssigkeitsschicht ein erbsengroßes Schwefelstückchen und setze dann das Erhitzen über der Gaslampe fort. Allmählich findet Reaktion unter schwachem Aufschäumen statt, bis schließlich bei einer bestimmten Temperatur Entzündung eintritt und äußerst intensives weißes Licht entwickelt wird, dessen Glanz sich bei fortgesetztem Erhitzen bis zur Unerträglichkeit steigert. Ist das erste Schwefelstückchen verbrannt, so kann man ein zweites folgen lassen, u.s.f., bis der Salpeter zum großen Teil verbraucht ist. Löst man den Inhalt des Reagenzrohres in Wasser auf, so läßt sich mittels Chlorbaryum leicht die Anwesenheit von schwefelsaurem Kalium nachweisen."*

Auswertung 1

Kalisalpeter (KNO_3, salpetersaures Kalium) bildet farblose, wasserfreie Kristalle oder weißes, trockenes Pulver, das an der Luft beständig ist. Kalisalpeter schmilzt bei 337°C. Erhitzt man bis zur Rotglut, wird Sauerstoff frei. Kalisalpeter wird deshalb als Oxidationsmittel in der Feuerwerkerei eingesetzt. Er oxidiert andere Stoffe unter explosionsartiger Erscheinung. Gleichung der chemischen Reaktion:

$$2\ KNO_3 + S \longrightarrow 2\ KNO_2 + SO_2$$

Durchführung und Beobachtung 2

Salpeter und Kohle (n. Heumann): *"Der Versuch wird dem vorigen analog ausgeführt, nur wirft man mehrere linsengroße Holzkohlensplitter statt des Schwefels auf den geschmolzenen und stark erhitzten Salpeter. Die Kohlenstückchen hüpfen intensiv glühend umher infolge des Rückstoßes, welchen das Gas ausübt, das bei der Berührung der Kohle mit der Salpeteroberfläche entwickelt wird."*

Auswertung 2

Chemische Gleichung zum Versuch:

$$2\ KNO_3 + C \longrightarrow 2\ KNO_2 + CO_2$$

Zusätzlich entsteht ein dicker, weißer Rauch von Pottasche (K_2CO_3).

Durchführung 3

Mischen und Abbrennen von schwarzem Schießpulver (Mehlpulver) (n. Heumann):
"Man mische in der Vorlesung 75 Tle. pulverisierten Salpeters mit 12,5 Tln. Holz-

kohlenpulver und 12,5 Tln. Schwefelblumen (das Abwiegen kann vorher geschehen sein) gut durcheinander und entzünde das in eine Porzellanschale gebrachte Gemenge mit einem brennenden Span. Es wird rasch abbrennen und einen Rückstand hinterlassen, welcher Schwefelkalium enthält, wie nach dem Auslaugen mit wenig Wasser in der filtrierten Flüssigkeit mit Bleiacetatlösung nachzuweisen ist."

Auswertung 3

1) Hauptreaktion:

$$2 \text{ KNO}_3 + \text{S} + 3 \text{ C} \longrightarrow \text{K}_2\text{S} + \text{N}_2 + 3 \text{ CO}_2$$

2) Nebenreaktion:

$$\text{K}_2\text{S} + \text{H}_2\text{O} + \text{CO}_2 \longrightarrow \text{K}_2\text{CO}_3 + \text{H}_2\text{S}$$

Der im Schwarzpulver (Pulvermischung von schwarzer Farbe) enthaltene Schwefel erleichtert die Entzündung und beschleunigt die Verbrennung. Der in einer Nebenreaktion gebildete *Schwefelwasserstoff* (H_2S) macht den unangenehm fauligen Geruch des Pulverdampfes aus. Aus den oben genannten Produkten entstehen in weiteren Reaktionen: Kohlenstoffmonooxid (CO), Methan (CH_4), Kaliumsulfat (K_2SO_4), Kaliumrhodanid (KSCN) und Ammoniumcarbonat [$(NH_4)_2CO_3$]. Kalisalpeter enthält mehr als 1500 mal soviel Sauerstoff als im gleichen Raumteil Luft vorhanden ist. Durch diese Konzentration läuft die Oxidation beim Abbrennen von Schwarzpulver explosionsartig mit rötlicher Stichflamme ab. Rund 60 % des Schwarzpulvers wird bei der Explosion nicht zu Gas, sondern zu weißem Rauch, großenteils Pottasche (K_2CO_3) umgewandelt. Die entstehenden Gase nehmen fast den 500 fachen Raum des festen Pulvers ein. Sie üben einen Druck von etwa 3000 bar aus, was Geschossen eine ungeheure kinetische Energie verleiht. Dennoch wurde das Schwarzpulver durch modernere, fast rauchlos abbrennende Explosivstoffe abgelöst und spielt nur noch in der Pyrotechnik (Feuerwerkerei) eine Rolle.

B. Herstellen und Abbrennen von Bengalischem Feuer

Durchführung und Beobachtung (n. Heumann)

"Die vollkommen trockenen Ingredienzien müssen zuerst einzeln fein gepulvert werden, worauf dann die Mischung auf Papierbogen mit Hilfe einer Federfahne oder bei größeren Quantitäten in Porzellanschalen mittels der Hände zu bewirken ist. Sobald das chlorsaure Kalium [$KClO_3$] den übrigen brennbaren Stoffen zugesetzt ist, darf unter keinen Umständen starkes Reiben oder Stoßen des Gemenges stattfinden, da sonst augenblickliche Entzündung des ganzen Feuerwerksatzes eintreten würde, dessen wegsprühende Teile besonders den Augen des Präparators gefährlich werden können. Die fertigen Sätze preßt man (vorsichtig, wenn chlorsaure Salze in der Mischung sind!) entweder in Hülsen aus starkem Papier, welches nicht zu rasch herunterbrennen darf, oder man schüttet ein Häufchen des Satzes auf einen Schieferstein und bewirkt die Entzündung mit Hilfe eines langen Hölzchens." Als Lunte für solche Mischungen eignet sich das im vorigen Kapitel beschriebene *Salpeterpapier*. Farbige *Leuchtfeuersätze* lassen sich nach folgenden Angaben komponieren (In

1. *Rotfeuer:* Strontiumnitrat..........20
     Schwefel.....................5
     Holzkohle..................1
     Kaliumchlorat............2
     Antimonsulfid.............2

4. *Weißfeuer:* Kaliumchlorat............22
     Antimonsulfid...........12
     Schwefel.....................8
     Menninge.................11

2. *Gelbfeuer:* Natriumnitrat............48
     Schwefel.....................16
     Holzkohle..................1
     Antimonsulfid.............4

5. *Blaufeuer:* Kupfercarbonat.........12
     Kaliumchlorat..........60
     Schwefel.................16
     Alaun (wasserfrei)...13

3. *Grünfeuer:* Bariumnitrat...............8
     Kaliumchlorat............2
     Schwefel.....................3

C. Herstellen und Abbrennen eines Sternfeuerwerks

Durchführung und Beobachtung

Nach Karl-Dieter *Dörr:* "Chemische Versuche für Auge und Ohr": "Man pulverisiere 4,4 g Bariumnitrat und 1,2 g Stärke, vermischt beides mit 2 g grobem Eisenpulver und 0,4 g Aluminiumpulver möglichst gleichmäßig, rührt das Ganze mit ein wenig heißem Wasser zu einem steifen Brei an und überzieht damit Eisendrähte (Stricknadeln) in ihrer oberen Hälfte. Die Eisendrähte kann man vorher mit Stahlwolle umwickeln, damit der Brei besser haftet. Die obigen Mengen reichen etwa für vier mittlere Glühsternwunderkerzen aus. Nach gründlichem Trocknen kann man die Kerzen entzünden." Beim Brennen der Kerzen werden viele sternartige Funken abgeschleudert.

Auswertung

Beim Abbrennen der Wunderkerze entstehen hell leuchtende Metallfunken von Aluminium und Eisen nach folgenden chemischen Gleichungen:

$$4\ Al + 3\ O_2 \longrightarrow 2\ Al_2O_3$$
$$3\ Fe + 2\ O_2 \longrightarrow Fe_3O_4$$

Diese werden als "Sterne" wahrgenommen. Das Bariumnitrat ist der Sauerstofflieferant der chemischen Reaktion, Stärke und Dextrin sind Bindemittel.

Tips und Tricks

a. *Schießpulver*
- Eine Variante des Versuchs ist die "Schwarzpulverkanone": 1 g Pulvermischung wird in ein Reagenzglas eingefüllt, das man locker mit einem Korkstopfen verschließt. Man haltert das Reagenzglas schräg und zündet die Mischung mithilfe

des Bunsenbrenners. *Vorsicht! Nie auf Personen richten! Nur kleine Pulvermengen einsetzen!*

- *Natronsalpeter* ist zwar durch seinen höheren Sauerstoffgehalt wirksamer als Kalisalpeter, dafür aber stark hygroskopisch (= wasseranziehend). Dadurch wird mit ihm bereitetes Schwarzpulver schnell unbrauchbar.
- Als Kohlen eignen sich zur Schwarzpulverbereitung sog. "Schwarzkohlen", die man durch Erhitzen (am besten unter Luftabschluß) von Erlen-, Linden-, Buchen- oder Pappelholz auf 600° C erzeugt.
- "Mehlpulver" ist ungekörntes Schwarzpulver. Gekörntes Pulver (z.B. für Jagdwaffen) hat den Vorteil, rascher abzubrennen. Bei der Produktion wird das Schießpulver zwischen Kupferplatten hydraulisch zu Kuchen gepreßt und dann zu Körnern von bis 0,5 mm Durchmesser verarbeitet.

b. *Bengalisches Licht*
- Die Flammenfarben von Salzen lassen sich mithilfe von Magnesiastäbchen (Magnesiumoxid) oder spiralartig aufgewundenen Platindrähten am besten überprüfen, da sie die Flamme nicht nennenswert färben und auch bei hohen Temperaturen beständig sind.
- Bei der Prüfung einer Substanz auf ihre Flammenfarbe, erhitzt man ein Magnesiastäbchen oder einen Platindraht kräftig und taucht sie in die Substanz ein. Diese bleibt hängen und färbt eine entleuchtete Bunsenbrennerflamme charakteristisch.
- *Natrium* ist überall verbreitet und verdeckt das violett leuchtende *Kalium*. Daher ist es günstig, bei Prüfung auf Kalium die Flamme durch ein blaues *Cobaltglas* zu beobachten. Die blaue Farbe schaltet die gelbe Komplementärfarbe Gelb aus.
- *Bengalisches Papier:* Es brennt mit farbiger Flamme ab. Ein rot brennendes Papier erhält man so: Man verdünnt 1 Teil Alkohol mit 5 Teilen Wasser. Man setzt eine Mischung von Strontiumnitrat und Kaliumchlorat im Verhältnis 1:1 zu und taucht Löschpapier in diese Lösung ein. Ersetzt man den Strontiumnitratanteil durch andere lösliche sauerstoffhaltige Alkali- bzw. Erdalkalisalze, so brennt das Papier mit anderen Flammenfarben ab.
- *Bengalisches Streichholz:* Man mischt Kaliumchlorat und Antimonsulfid (Sb_2S_3) im Verhältnis 2:1 vorsichtig und verrührt sie mit Büroleim zu einem Brei. Die Mischung wird mit etwas Alkali- oder Erdalkalichlorid versetzt. Man taucht kleine Holzstäbchen ein, die man, in Wellpappe eingesteckt, zum Trocknen aufhängt. Das Hölzchen läßt sich an der phosphorhaltigen Reibfläche einer Streichholzschachtel entzünden und brennt mit farbiger Flamme.

c. *Sternfeuerwerk*
- Die Bestandteile des Sternfeuerwerks kann man variieren. Statt Bariumnitrat läßt sich z.B. Bleinitrat oder ein anderer Sauerstoffspender einsetzen (Vorsicht mit Kaliumchlorat!). Stärke und Dextrin können durch eine alkoholische Schellacklösung (Schellack in Brennspiritus), Gummi arabicum, Tragant oder Kollodium ausgetauscht werden.
- Die Reaktionsgeschwindigkeit wird durch langsam brennende Beimengungen wie Holzkohlenpulver oder Sägemehl herabgesetzt.
- Der Einsatz von Magnesium (statt Eisen oder Aluminium) ist nicht ungefährlich. Die oben erwähnten Beimengungen helfen aber, die Reaktion so zu dämpfen, daß das Magnesiumpulver nicht blitzartig abbrennt.
- Ähnlich wie das Sternfeuerwerk funktioniert die *Aluminiumfackel.* (Vorsicht!

Nachbau gefährlich!). Sie besteht (nach *Römpp*) aus einem 15 cm langen Holzgriff mit 25 cm langer Papphülse von ca. 1,5 cm Durchmesser. Sie enthält z.B. 13 Tl. Kaliumperchlorat als Sauerstoffspender, 6 Tl. feines Aluminiumpulver, 5 Tl. Aluminiumflocken und als Bindemittel 1 Tl. Dextrin.

d. *Sicherheitshinweise*

A. Schwarzpulver
- Feuergefährliche Pulvermischungen nur in offenen Gefäßen, z.B. Mörser in kleinen Mengen anrühren. Die Vermischung geschieht durch Umrühren mit einer weichen Vogelfeder oder einem zarten Pinsel, kann aber auch durch vorsichtiges Umschütteln bewirkt werden. Jedes Drücken, Reiben oder Stoßen kann eine Selbstentzündung der Mischung hervorrufen!
- Immer nur *Kleinstmengen* abbrennen! Die Pulvermenge sollte nur haselnuß- oder erbsengroß sein! Am besten wegen der Rauchentwicklung im Freien oder unter dem Abzug arbeiten!
- Das Abbrennen geschieht zweckmäßig auf einer feuerfesten Unterlage (z.B. Ziegelstein oder Blechdeckel). Man sollte eine Lunte, z.B. Magnesiumband oder selbsthergestelltes Salpeterpapier, benutzen.
- Nur mit *Schutzbrille* und *Lederhandschuhen* die Entzündung vornehmen! Günstig ist auch ein herunterklappbares *Schutzvisier* oder ein vor das Gesicht gehaltenes Blechstück.
- *Kaliumnitrat* (Kalisalpeter, KNO_3) ist *brandfördernd*.
- *Schwefelwasserstoff* (H_2S, tritt im Pulverdampf auf) ist *leichtentzündlich* und *sehr giftig*.
- *Bleiacetat* (als Lösung oder Papier) ist wie alle löslichen Bleisalze *mindergiftig*.

B. Bengalisches Licht
- *Kaliumchlorat* ($KClO_3$) ist das Kaliumsalz der Chlorsäure. Es wirkt mit oxidierbaren Stoffen, z.B. Kohlenstoff, Schwefel und insbesondere Phosphor äußerst *brisant*. Dadurch kommt es immer wieder zu schweren Unfällen mit solchen Mischungen! Bei Kaliumchlorat reichen schon oft kleine Mengen katalytisch wirkender Verunreinigungen oder UV-Licht aus, um eine verheerende Detonation hervorzurufen. Man sollte sich an Versuche mit Kaliumchlorat nur wagen, wenn entsprechende Sachkenntnis, Ausbildung und Schutzmöglichkeiten vorhanden sind. Kaliumchlorat ist *nichts* für *Hobbyfeuerwerker!!*
- *Kaliumperchlorat* ($KClO_4$) zerfällt bei 400°C in Kaliumchlorid und Sauerstoff. Es ist in seiner Wirkung mit Brennstoffen weniger brisant als Kaliumchlorat, sollte aber ebenfalls nur unter Beachtung aller Vorsichtmaßnahmen in Experimenten eingesetzt werden.
- *Strontiumnitrat* ist *brandfördernd!*
- *Antimon(III)-sulfid* (Sb_2S_3) ist *reizend!*
- *Bariumnitrat* ist *brandfördernd* und *mindergiftig!*
- *Natriumnitrat* ($NaNO_3$) ist *brandfördernd!*
- *Kupfercarbonat* ($CuCO_3$) ist *mindergiftig!*
- *Mennige* [Pb_3O_4, Blei(II, IV)-oxid] ist *mindergiftig!*

C. Sternfeuerwerk

- Wunderkerzen (auch käufliche) tropfen sehr leicht ab und brennen Löcher in Parkett- und Teppichböden. Daher unbedingt nur im Freien zünden und unbedingt vom Körper weghalten! Augenverletzungen durch abspritzende Metallfunken und Verbrennungen sind leicht möglich!
- *Keinesfalls Aluminium- und Magnesiumfackeln selbst herstellen! Magnesiumfakkeln unterliegen wegen ihrer Gefährlichkeit dem Sprengstoffgesetz!*
- Experimente mit selbstentwickelten Mischungen halte ich wegen der leichten Unfallgefahr für äußerst problematisch. Zwar schreibt *Römpp* in seinem Werk *"Chemische Experimente, die gelingen"*: *"Mit einiger Phantasie und Einsicht dürfte es nicht schwer fallen, eine Reihe von weiteren, vielleicht noch wirksameren und schöneren Sternfeuerwerken zu erfinden."* Dennoch sollte man Neuentwicklungen auf diesem Gebiet professionellen Pyrotechnikern überlassen und nur exakt nach Vorschrift arbeiten!
- *Blei(II)-nitrat* [$Pb(NO_3)_2$] ist *brandfördernd* und *mindergiftig!*

Bindemittel (nach M. Zängerle)

- **Büroleim**. Wird meist aus *Dextrin* oder *Gummi arabicum*, denen man *Glycerin* zum Feuchthalten zusetzt, hergestellt. Rezeptbeispiel (n. *Römpp*): *"Man löst 100 Tl. Gummiarabicum in 140 Tl. Wasser und gibt dann 10 Tl. Glyzerin und 20 Tl. 30%ige Essigsäure dazu. Zuletzt rührt man noch 6 Tl. Aluminiumsulfat hinein und läßt absetzen. Die klare Flüssigkeit wird abgegossen und als Klebstoff verwendet."*
- **Dextrin** (Stärkegummi; wurde 1833 von *Biot* und *Persoz* erstmals hergestellt; der Name kommt von seiner Eigenschaft, polarisiertes Licht nach rechts (lat. dexter) zu drehen.) Entsteht aus Stärke unter Einwirkung von Säure oder gelinder Hitze (ca. 200° C). *"Das Dextrin bildet eine farblose oder gelbliche gummiartige Masse, die sich in Wasser zu einem Schleim löst... Da das Dextrin die natürlichen Gummiarten in ihren meisten Anwendungen vollkommen ersetzt und billiger zu stehen kommt, so wird es häufig anstatt diesen angewendet."* Dextrin benutzt man als Briefmarkengummi und zum Verdicken von Druckfarben.
- **Gummi arabicum** (Arabisches Gummi, Sudangummi, Gummi africanum, Arabin). Schon von *Rinser* wird es um 1700 erwähnt: *"Arabisch Gummi, ... das ist gemeiner Malergummi, wird mit dem, so von Kirsch- oder Mandeln- und Pflaumenbaum kommt, vermischt."* Max *Zängerle* beschreibt es so: *"...die bekannteste unter den Gummiarten, fliesst aus mehreren in Arabien, Aegypten und am Senegal vorkommenden Acaciaarten freiwillig aus. Es bildet je nach der Reinheit weisse oder gelbe bis braune Massen von glasähnlichem Glanze und muschligem Bruche, welche sich leicht und vollständig in Wasser zu einer sauer reagirenden klebrigen Flüssigkeit von fadem Geschmack lösen. Es besteht aus den Calcium- und Kaliumsalzen der Gummisäure... Der arabische Gummi wird wegen der klebrigen Beschaffenheit seiner Lösung häufig benutzt, um Papier etc. zusammenzuleimen oder auch um pulverige Körper in eine zusammenhängende Masse zu verwandeln (Pastellfarben, Räucherkerzen etc.)."*
- **Traganth** (Gummi Tragacantha). Besteht zu 60% aus *Bassorin* oder *Pflanzenschleim*, der in fast jeder Pflanze vorkommt. *"Besonders reichhaltig sind gewisse Samen, Knollen und Wurzeln. So der Flohsamen, Leinsamen, die Quittenkerne, die Wurzeln von Eibisch, die Knollen mehrerer Orchideen..."*. Tragant gewinnt man meist aus in Kleinasien, Persien und Griechenland wildwachsenden, strauchartigen Schmetterlingsblütlern (z.B. Astragalus gummifer), aus denen beim Anschneiden ein zähflüssiger, gummiartiger Saft austritt. Man erntet ihn in milchig-gelblichen blätterartigen Stücken, die hornartig hart sind und zu Pulver zerrieben werden. *Römpp* gibt ein Rezept zur Weiterverarbeitung: *"Um Traganthschleim herzustellen, schüttet man das ganze Traganthpulver in eine Flasche, durchfeuchtet es mit Weingeist, gibt rasch die 50 - 100fache Wassermenge dazu und schüttelt kräftig durch, worauf man in wenigen Minuten einen gleichmäßigen, etwas milchigen Schleim erhält."* *Zängerle* schreibt: *"Man benutzt den Traganthgummi und die an Pflanzenschleim reichen Pflanzen und Pflanzentheile in der Technik als Kleb-, Steifungs- und Verdickungsmittel."*
- **Harze** (Resina). Ausscheidungsprodukte von Pflanzen, besonders in Holz und Rinde. Reine Harze besitzen weder Geschmack noch Geruch. "Harzduft" ist auf beigemengte *etherische Öle* zurückzuführen. Die Farben der Harze sind gelb bis braun, in seltenen Fällen auch rot oder grün. Harze sind äußerst haltbar und wurden schon im alten Ägypten zum Einbalsamieren genutzt. Harze *"lösen sich nicht in Wasser,*

264 *meistens aber, namentlich beim Erwärmen, leicht in Alkohol, Aether, ätherischen und fetten Oelen. Unter kochendem Wasser werden sie weich und zähe, ohne eigentlich zu schmelzen... Man unterscheidet Hartharze oder eigentliche Harze, Weichharze oder Balsame, Gemische von Harzen und ätherischen Oelen, und Gummi- oder Schleimharze."*

- **Terpentin** (Balsam). *"An fast allen zur Familie der Coniferen gehörigen Bäumen, den Tannen, Fichten Lerchen etc. findet man kleinere oder grössere perlschnurartig in einander fliessende Tropfen von einem durchscheinenden, hellgelben Harze, dem Terpentin.... der aus den Tannen und Fichten gewonnene ist trübe und sehr dickflüssig und heisst gemeiner Terpentin, die aus der Lerche (Pinus Larix) gewonnene Sorte ist klarer und dünnflüssiger und führt den Namen venetianischer Terpentin..."*
- **Colophonium** (Balsam). *"Schmilzt man gekochten Terpentin oder Fichtenharz bis alles anhängende Terpentinöl verjagt ist oder destilliert man Terpentin ohne Zusatz von Wasser, so bleibt das Colophonium oder Geigenharz zurück... Das Colophonium ist gelblich braun, durchscheinend, spröde, glänzend..."*
- **Gummilack** (Hartharz). *"Dieses Harz fliesst aus mehreren ostindischen Feigenarten auf den Stich eines kleinen Insektes, der Laokschildlaus, aus. Die Zweige mit den unhängenden Harzmassen bilden den Stocklack des Handels, von den Zweigen abgelöst heisst es Körnerlack und im gereinigten, geschmolzenen Zustande Schellack. Der Schellack bildet spröde, gelbbraune bis braune, durchscheinende Stücke, die in der Wärme leicht schmelzen und in Alkohol in allen Verhältnissen löslich sind... Der Schellack wird in Alkkohol gelöst als Tischlerpolitur, als Buchbinderlack, als Kitt für Glas und Porzellan, zu wasserdichten Anstrichen und zur Darstellung von Siegellack [später auch zur Schallplattenherstellung] benutzt..."* Aus Schellack ließ sich auch ein *Firniß* gewinnen. Darunter verstand man Lösungen von Harzen in Weingeist, etherischen und fetten Ölen, die man in dünnen Schichten auf Gegenstände auftrug, sie an der Luft eintrocknen ließ, wodurch man einen harten, glänzenden, wasserunlöslichen Überzug gewann. *Schellackfirniß* erhielt man durch Auflösen von 1 Tl. Schellack in 4 Tl. Weingeist.

Massen des Feuerwerkbuches.
- **Pfund.** Im 16. Jhdt. war maßgeblich das *Nürnberger Pfund* mit einer Masse von 0,51 kg. Ein Pfund wurde in 32 *Loth* und 4 *Quentchen* oder *Satit* eingeteilt.
- **Quart** (Quartel). Hohlmaß. Sein Inhalt schwankte je nach Land zwischen 1,5 und 1 Liter. Ein Quart bedeutete den 4. Teil eines größeren Maßes.
- **Quentchen** (Quinte, Quintat, Quintel). Entsprach etwa 4 g.
- **Vierdung.** Ein Viertel einer bestimmten Masse.

Natriumlicht und Natriumdampflampe. Natriumionen leuchten bei hoher

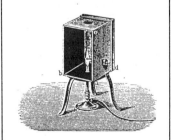

Temperatur intensiv gelb und rufen eine langandauernde Flammenfärbung, das sogenannte *Natriumlicht* hervor. Natriumlicht tritt auf, wenn Natriumsalze (z.B. Kochsalz) in Flammen gelangen. Ein von einer Natriumflamme beleuchteter orangeroter Kristall von Kaliumdichromat erscheint farblos, ein mit Quecksilberiodid bestrichenes Papier gelblichweiß. Die Farben von Bildern und Gegenständen erscheinen fahl und hell, Formen und Kontraste dagegen treten um so deutlicher

hervor. Nach *Heumann* zeigt man *"diese Erscheinungen am besten im verdunkelten*

Zimmer, sonst mit Hilfe eines Kastens aus geschwärztem Blech, auf dessen innerer Rückwand man die betreffende Zeichnung u.s.w. befestigt. Vor derselben befindet sich ein Brenner, in den in der aus Fig. 373 [S. 264] ersichtlichen Weise etwas Kochsalz eingeführt wird. Die Vorderwand ist entfernt; die Öffnung dient zur Beobachtung. Die Natriumfärbung wird durch anwesende Kaliumverbindungen nicht verdeckt." Die Eigenschaften des Natriumlichtes werden in der *Natriumdampflampe* technisch genutzt. Purpurfarbener Natriumdampf wird durch elektrische Entladung bei niedrigem Druck (ähnlich wie in der *Geislerschen Röhre*) zwischen zwei Elektroden zum Leuchten gebracht. Die Natriumdampflampe sendet ein intensives einfarbiges (kohärentes) Licht aus. Sie wird dort eingesetzt, wo Wert auf hohe Sehschärfe und guten Kontrast gelegt wird und die rotgelbe Lichtfarbe nicht stört, z.B. an Straßenkreuzungen und Baustellen. Das Natriumlicht durchdringt auch dichten Nebel. Ähnlich wie die Natriumdampflampe funktioniert die *Spektrallampe*, in der aber auch andere Metalle wie Kalium, Rubidium und Cäsium, aber auch Edelgase verdampft werden können. Sie emittiert ganz bestimmte, für spektroskopische Zwecke gewünschte Spektrallinien. Die gelbe Flammenfärbung beim Verbrennen von Holz, Zucker, Benzin u.a. wird nicht durch Natrium, sondern durch glühende Kohlenstoffteilchen bewirkt!

Termini technici des Feuerwerkbuches (Auswahl wichtiger chemischer Begriffe). Es wurde die *"artilleristische Handschrift"* von *Rinser* (1700) zugrunde gelegt, deren Inhalt einem Chemie-Lehrbuch des 15. Jahrhunderts entspricht.

- **Alaun** (lat. alumen, sonst auch *alant*). *"Ist eine Bitterkeit der Erden, sind dreierlei Geschlecht: der lange oder schiefrige alumen longum und alumen scisile, der ander der runde oder dicke alumen roduntum, alumen globosum und alumen zuccarinum. Der dritte der gelbliche und steinige alumen petrosum und alumen citrinum. Überdas wird der Name Alaun auch anderen Dingen zugeschrieben, als das man nennt alumen plumbosum, das ist Federweiß, welches ist amiantis lapis. Item das alumen catinum, welches ist das Salz oder Asche, so von dem Kraut Kali gemacht wird. Der letzte Alaun ist, der weiß verzehrt, gibt allen Farben Licht und Glanz."*
- **Blei** (lat. plumbum, Sternzeichen: Saturn). *"Blei kommt aus Vermischung des unreinen Quecksilbers und wenig unsaubern Schwefels. Von solcher Unsauberkeit wegen ist es auch schwerer denn ander Metall. Bleiweiß wird von Blei gemacht, mit Essig geätzt."*
- **Gaffer** (lat. camphor, camphura). *"Ist ein Saft eines Krauts. Man sammelt sie am End des Mai, stößt sie und preßt den Saft daraus. Danach läßt man ihn an der Sonne trocken werden und nennt ihn camphor... Camphor läßt sich zwischen den Fingern bald zerreiben, ist nicht hart, soll in einem marmorsteinen Gefäß gar wohl verwahrt werden ... Camphor allein oder mit Sandl gerochen, mindert den Lust zur Unkeuschheit. Genossen, macht wohlschlafen."*
- **Gold** [lat. aurum; Sternzeichen: sol (Sonne)]. *"Wird in Brunnen, Bächen und Bergen gefunden. Kommt aus Vermischung eines saubern Schwefels und Quecksilbers, ist köstlicher denn alle andere Metalle und währet länger ... Scheinet allzeit, wann es schon rostet, wird auch nicht verzehrt.... Im Feuer verzehrt es sich nicht, sondern wird nur schöner. Gefeilt Gold in Speis oder Wein genossen, ist gut wider fallende Sucht."*
- **Judenleim** (lat. bithumen judaicum, asphaltus; Erdpech). *"Wird also genannt, dieweil es an den Ufern des Meeres wie ein Pech gefunden wird. Kommt aus dem jüdischen See bei Jericho, und ist das beste ganz hart, purpurfarb, schwer und ei-*

nes starken Geruchs."

- **Kupfer** (lat. cuprum). *"Kommt von Vermischung des Schwefels und Quecksilbers, welches nicht gar unrein ist. Sein Farb ist rot. Wenn es geläutert und gesäubert wird, so hat es ein gelb Farb und heißt Messing."*

- **Markasit** (lat. marcasita = Wismut). So sagt Basilius *Valentinus* im 15. Jhdt.: *"Wismut oder Marcasit ist des Jovis Bastard"* (Erklärung: Bei den Alchimisten war dem Zinn der Planet Jupiter (= Jovis ist die Genitivform) zugeordnet. Wismut wird für ein dem Zinn entsprechendes Metall gehalten). *Rinser* schreibt: *"Wismut, electrum. Ist ein Metall, welches besser denn Zinn und schlechter denn Silber, ist zweierlei: eins so durch die Kunst bereitet wird und das ander, so von Natur gefunden wird, das gemacht wird aus Silber und Salpeter.... Wenn ein Geschirr aus Wismut gemacht, tun kein Gift darin bleiben. Es hebt der Wein an zu sieden und zu rauschen."*

- **Oleum benedictum** (gebenedeites, d.h. geweihtes Öl): Gemisch aus Teerölen. Es hatte durch seinen Phenol- und Benzolgehalt eine heilende und entzündungshemmende Wirkung bei Wunden.

- **Quecksilber** (lat. argentum vivum = quicklebendiges Silber; das Quecksilber galt als Grundlage aller dem Gold nahestehenden Metalle und wurde deshalb als "mercurius", nach dem sonnennächsten Planeten Merkur bezeichnet). *"Es wird in Metallen, im alten Kot der wüsten Lachen gefunden. Man macht es auch von minen. So man's in eiserne Pfannen tut und ein irden Platten oder Geschirr darunter setzt, dann verklebt man die Pfann, so tropft das Quecksilber aus der minen heraus. Ohne das Quecksilber mag weder Silber noch Kupfer vergoldet werden. Es hat aber ein solches Vermögen: Wenn du auf ein Sesterz Quecksilber ein Zentner Stein legst, so widersteht's demselbigen und trägt ihn empor. Und so du ein Skrupel Gold darauf legst, so nimmt's alsbald dasselbige an sich. Es schwimmen auch alle Metalle empor, so man sie in Quecksilber wirft, allein das Gold fällt zu Grund. Man behält es zum besten in Gläsern. Wenn Quecksilber in Feuer kommt, so gibt's viel Rauch, der ist gar schädlich, bringt das Gicht in die Glieder und benimmt beides: das Gesicht und Gehör, macht auch böse Vernunft."*

- **Salpeter** (lat. sal petrae = Steinsalz; hier ist ausschließlich Kalisalpeter, KNO_3, gemeint). *"Ist eine Art des weißen Salzsteins, den gerechten haben wir nicht, sondern nur den gemeinen, der aus der Erden gegraben wird."* Man unterschied: *Salniter nitrium*, ein gereinigter Salpeter und *Salpratica (Salportica)*, ein mit Branntwein, Salmiak und Kampfer in der Wirkung verbesserter Salpeter.

- **Salz** [gemeint ist Salmiak (NH_4Cl), lat. sal, salarmoniac album, salammoniacum (nach der Oase des Jupiter Ammon), salmiac, salmiax; sal commune = Kochsalz]. *"Sein Geschlecht ist zweierlei: das gewachsene und gemachte. Das gewachsene wird gegrabenes oder sal fossilis genannt, auch sal gemma, ist durchsichtig wie Kristall, das im Sand wird gegraben, ist gestaltet wie das alumen scisile oder schlüpfrige Alaun und salammoniacus genannt. Das ander Salz wird aus Salzwassern gesotten, wird genannt das gemachte Salz. Sal indus ist ein harter Zucker. Weiter ist das sal alcali oder alumen calium, das ist das Salz, das von dem Salzkraut gemacht. Salarmoniacum, salmiac, salmiax ist das obige Sudsalz. Das beste ist klar und weiß."*

- **Schwefel** (lat. sulphur). *"Ist Erde durch Wirkung der Hitz gekocht und in das schweflig Wesen verkehrt. Schwefel ist zweierlei: der lebendige und natürliche. Grau von Farben, sulphur vivum und fossile genannt, welches aller Metall-Materie Mutter ist wie auch das Quecksilber. Der ander ist der gemeine gemachte Schwefel, gelb von Farben, abgelöscht und gebrannt, sulphur extinctum sive mortuum genannt.*

Der schwarze grobe Schwefel wird Roßschwefel und sulphur gabalium genannt."
- **Spießglas** (lat. antimonium). *"Ist eine Ader der Erden gleich dem Blei, das vom Metall geschieden ist. Je klarer je besser es ist."*
- **Steinöl** (lat. petroleum, oleum petra, oleum saxeum). *"... wird so genannt, dieweil es aus dem Felsen fließt. Es ist das petroleum die subtilste Substanz des Erdpechs oder asphalti und biluminis, so sich davon absaugt und reiniget und durch den Felsen herausfließt. Und ist seiner Art zweierlei: das eine weiß und schön lauter, welches das beste ist. Das ander schwarz und grober Substanz nach Art des Erdreichs, aus welchem solches Öl sich absondert und absaugt.... Es ist das petroleum des Feuers also begierig, das es auch von weitem von den Flammen des Feuers sich anzündet, das es nicht wiederum zu löschen ist. Es ist schnell und mit einem Knall fängt es Feuer."*
- **Vitriol** (lat. vitriolus = glasartig; alte Bezeichnung für Eisensulfat, da dessen Kristalle grünem Glas ähneln. Der Name übertrug sich auf andere kristallwasserhaltige Sulfate). *Vitriolum romanum:* Meist Eisen-, Kupfer- und Zinksulfat (auch als grüner, blauer oder weißer *Vitriol* oder *Galitzenstein* bezeichnet.
- **Zinn** (lat. stannum; Sternzeichen: Jupiter). *"Zinn kommt vom saubern Quecksilber und vom unsaubern Schwefel. Wird von etlichen plumbum candidum, das ist Bleiweiß genannt."*
- **Zinnober** (lat. cinabaris, menig minium). *"Zinnober ist eine metallische Materie, so in den Erzgruben gefunden wird und ist ein Quecksilber-Erz, wird von den Malern sehr gebraucht, gibt schön rot. Menig* [Mennige] *ist auch ein rote Malfarb, graecis, auch sandix genannt. Es wird vom Blei im Schmelzofen gemacht. Der Rauch von beiden ist der Lungen schädlich."* Zinnober wurde als *"mit Schwefel getötetes"* Quecksilber bei der Schießpulverbereitung dem *"weißen"* Schwefel hinzugefügt, um eine dunklere Farbe zu erzielen.

Weißfeuer. Das *"indianische Weißfeuer"*, das in Indien zu Signal- und Feuerwerkszwecken genutzt wurde und ein blendendweißes Licht erzeugte, wurde *von Zach* analytisch untersucht. Er stellte fest, daß der Weißfeuersatz aus Salpeter (Kaliumnitrat, KNO_3) und rotem *Arsenikglas* (Realgar, auch Rauschrot, Rubinschwefel oder Sandarach genannt; As_4S_4) herstellbar war. Arsenikglas verbrennt nach folgender Reaktionsgleichung:

$$As_4S_4 + 7\,O_2 \longrightarrow 2\,As_2O_3 + 4\,SO_2$$

Dabei entsteht neben dem Giftgas Schwefeldioxid das hochgiftige *Arsenik*. Nach *Römpp* ergibt sich ein Weißfeuer durch Mischen von 24 Tl. Salpeter, 7 Tl. Schwefel und 2 Tl. Realgar.

Versuch 1. Mischen und Abbrennen von weißem Schießpulver (n. Heumann): *"Ein weißes Schießpulver erhält man durch Mischen von 49 Tln. chlorsaurem Kalium, 23 g Rohrzucker und 28 g entwässertem gelben Blutlaugensalz. Die Mischung der vorher gepulverten Substanzen verbrennt mit großer Heftigkeit und entwickelt einen starken Rauch."* Eine Mischung von Kaliumchlorat und Zucker wird auch bei *Römpp* zur Herstellung von *"Feuer ohne Streichholz"* empfohlen: *"Die Reaktion dauert nur wenige Sekunden, es entsteht ein sehr helles, zischendes Feuer, darüber schwebt eine weiße Rauchwolke. Der Rückstand besteht aus heißen, rußigen, verkohlten Massen, die anzeigen, daß der schneeweiße Zucker viel schwarzen Kohlenstoff enthält."*

Die chemische Reaktion läuft ab nach der Gleichung:

$$2\ KClO_3 + 3\ C \longrightarrow 2\ KCl + 3\ CO_2$$

Das *gelbe Blutlaugensalz* [Kaliumhexacyanoferrat(II)] der Formel $K_4[Fe(CN)_6]$, das nach *Heumann* zugemischt werden soll, dient wahrscheinlich als Katalysator, hat aber den Nachteil, daß es sich bei höherer Temperatur zu giftigem Kaliumcyanid (Cyankali, KCN) zersetzt:

$$K_4[Fe(CN)_6] \longrightarrow 4\ KCN + FeC_2 + N_2$$

Dieses reagiert mit dem aus der 1. Reaktion freiwerdenden Kohlenstoffdioxid:

$$2\ KCN + H_2O + CO_2 \longrightarrow K_2CO_3 + 2\ HCN \uparrow$$

zu äußerst giftiger *Blausäure*. Ein Büchsenmeister, der dieses Schießpulver angewandt hätte, wäre sicherlich zu Schaden gekommen. Von diesem Experiment ist dringend abzuraten! Auch hier entsteht ein von Pottasche (Kaliumcarbonat) erzeugter, weißer Rauch.

Versuch 2. Phosphor und Kaliumchlorat (nach Heumann). *"Wird gepulvertes chlorsaures Kalium in einem flachen Porzellanschälchen oder einem kleinen Becherglas in der Weise festgedrückt, das inmitten eine kleine Vertiefung gebildet ist, und man bringt in letztere ein Stückchen Phosphor, so verbrennt derselbe nach dem Entzünden (mit einem langen Fidibus) äußerst heftig mit sonnenhellem Glanz."*

$$6\ P + 5\ KClO_3 \longrightarrow 3\ P_2O_5 + 5\ KCl$$

Auch dieses Experiment sollte wegen der Gefährlichkeit nicht nachgeahmt werden!

Versuch 3. Herstellung eines Knallpulvers (n. Heumann): *" Zur Herstellung eines ... »Knallpulvers« bedarf man kein fertiges Schwefelkalium, sondern benutzt eine frisch bereitete Mischung von 1. Tl. vollkommen trockenem kohlensaurem Kalium, 1 Tl. Schwefelblumen und 3 Tln. fein gepulvertem Kalisalpeter. Die abgewogenen Substanzen werden innig gemengt und in wohl verschlossenem Glase zum Gebrauch aufbewahrt. Das Erhitzen läßt sich am besten in einem eisernen Löffel ausführen, dessen Stiel durch einen angebundenen Holzstab auf etwa 0,5 m Länge gebracht wurde. Eine Messerspitze des frisch bereiteten Knallpulvers wird nun in dem Löffel über der Gasflamme anfangs gelinde erwärmt, damit die Schwefelleberbildung vor sich gehen kann, dann aber plötzlich stärker erhitzt. Bei der Verpuffung fliegen mitunter Teile der erglühenden Masse weit umher, besonders wenn das Gemenge nicht vollkommen wasserfrei war."* Auch dieses Experiment ist etwas für den pyrotechnisch versierten Experten!

Versuch 4. Knallerbsen. Man vermengt je eine Spatelspitze Schwefel und Kaliumchlorat mithilfe einer Vogelfeder vorsichtig miteinander. Damit wird eine kleine Tüte aus Fließpapier gefüllt, die oben mit einem Faden abgebunden wird. Man vermeide bei diesem Versuch jeden Druck. Die Knallerbse wird nun auf eine feste Unterlage gelegt und mit einem Hammer zur Detonation gebracht. Man kann auch versuchen, die Knallerbse durch Schleudern auf den Boden zur Explosion zu bringen. Der Versuch beruht auf der oxidierenden Wirkung des Kaliumchlorats, das bei Druck Sauerstoff abgibt. Es entwickeln sich heiße, sich stark ausdehnende Gase.

Versuch 5. Feuer aus dem Finger zaubern. Man bedeckt den Daumen mit einer feinen Schicht von rotem Phosphor und den Mittelfinger mit einer feinen Kaliumchloratschicht. Daumen und Mittelfinger werden "zusammengeschnipst". Ein von einem Knall begleiteter Blitz wird sichtbar.

Versuch 6. Leuchtende Gurke. Man stecke eine kleine, gut abgetrocknete Essiggurke zwischen zwei Helmholtzsche Isolatoren mithilfe von Kupferelektroden horizontal fest. Eine Wechselspannung von 220 Volt wird angelegt. Bei abgedunkeltem Raum leuchtet das Innere der Gurke intensiv gelb, ähnlich wie bei einem Lichtbogen. Der stark kochsalzhaltige Gurkensaft liefert das gelbe Natriumlicht.

Versuch 7. Zauberkerze. Ein ca. 3 mm dicker Kerzendoch legt man mehrere Tage in eine stark konzentrierte Kalisalpeterlösung ein, so daß er vollständig durchtränkt ist. Man läßt den Docht trocknen, taucht ihn kurz in flüssiges Wachs, streift überschüssiges Wachs ab und wälzt ihn in ganz feinem Magnesiumpulver. Das Metallpulver soll den Docht nicht allzudick bedecken. Mithilfe des Dochtes zieht man in flüssigem Wachs eine Kerze, indem man ihn immer wieder in Wachs eintaucht, herauszieht und erkalten läßt. Die Kerze sollte mindestens 6 mm Durchmesser haben. Die fertige Kerze wird schließlich entzündet und nach einiger Zeit versucht man sie auszublasen. Dies gelingt, aber die Kerze entzündet sich nach jedem Auslöschen erneut. Der mit Oxidationsmittel präparierte Docht glimmt nach dem Ausblasen weiter, und entzündet die Magnesiumkörnchen, welche Wachsdämpfe zum Brennen bringen. Vorsicht. Zum Schluß sollte die "Zauberkerze" in Wasser gelöscht werden.

Dinten, Tuschen und Wetterbilder

Um Sprache zu fixieren, wurden in der Kulturgeschichte der Völker die unterschiedlichsten Wege beschritten. So entwickelten sich in Mesopotamien die Keilschrift, im Inkareich die Knotenschrift, in Ägypten die Hieroglyphen. *"Sei ein Schreiber, setze es dir in dein Herz ... Ein Buch ist nützlicher als die sieben Gräber im schönen Westen. Es ist auch besser als ein großes Gut und als eine Gedächtnisstele im Tempel."* Dieser Text aus dem alten Reich (2660 - 2134 v.u.Z.) kündet vom hohen Ansehen eines Schreibers in Ägypten. Er beherrschte die Schrift, konnte rechnen, messen, wägen, registrieren. Als Beschreibstoffe dienten bei den Völkern Mesopotamiens weicher, gereinigter und geschlämmter Ton, in den mithilfe eines Griffels die Schriftzeichen eingeprägt wurden, was ihnen ein keilförmiges Aussehen verlieh. Später wurden die Tontafeln an der Luft getrocknet oder sogar im Ofen durch einen Brennvorgang gehärtet. Die Römer übernahmen bei der Ausdehnung ihres Weltreiches die auch in Ägypten und Griechenland üblichen Wachstafeln, die man mit einem Griffel (stilus) aus Knochen oder Metall beschrieb. Der Griffel war am Ende keulenförmig ausgebildet, so daß man bei Fehlern den weichen Wachs leicht glätten konnte. Die Wachstafeln ließen sich sogar zu einem kleinen Buch (Diphtychon, Triptychon oder Polyptychon) zusammenfassen und wurden selbst noch im Mittelalter für die Alltagskorrespondenz benutzt. Besaßen sie doch den Vorteil, daß man Texte mühelos löschen konnte. Ihre Holzrahmen wurden am Rande durchbohrt und mit Riemen und Schnüren zusammengefaßt. So entstand die heutige Buchform, die später auf Pergament und Papier übertragen wurde. Neben den Wachstafeln kannte man auch Schiefertafeln.

Um längere Texte aufzuzeichnen, benutzten die Römer *Papyrus*, später *Pergament,* den man aufrollte. Beschriftet wurde mit der *Binsenrohrfeder* (calmus). Diese schnitt man mit einem kleinen *Federmesser* (scalprum) zurecht. Die Römer benutzten zum Schreiben *Tusche*, die sie in einem *Tuschebehälter* mit Deckel und Griff aufbewahrten. Tusche ist eine Aufschlämmung von Farbstoffen, eine wäßrige Lasurfarbe. Beschriebene Papyrus- oder Pergamentrollen sammelte man in einem abschließbaren Behälter von ovalem Querschnitt (capsa). Um Zeichnungen auszuführen, bediente man sich der *Ziehfeder* (Reißfeder), die an einem Ende aus zwei Backen

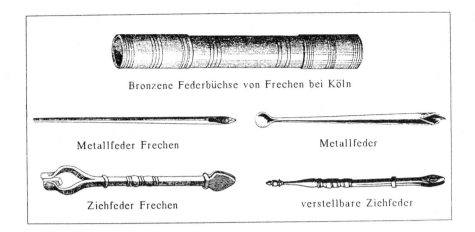

Bronzene Federbüchse von Frechen bei Köln

Metallfeder Frechen   Metallfeder

Ziehfeder Frechen   verstellbare Ziehfeder

bestand, die sich bisweilen sogar in ihrem Abstand verstellen ließen. Zwischen diese Backen wurde die Tusche eingefüllt. Eine in Frechen bei Köln zusammen mit einer *Federbüchse* gefundene und heute in Bonn aufbewahrte römische Ziehfeder besitzt noch zusätzlich einen Halter für die Aufnahme eines Rötelstiftes. Die Ziehfeder hatte auch in der Neuzeit ihren Platz. Im *"Universallexikon aller Wissenschaften und Künste, Halle und Leipzig, Verlegts Johann Heinrich Zedler, Anno 1734"* lesen wir: *"Feder, (Reiß-) Tireligne, ein von Stahl oder Meßing, oder beyden zugleich verfertigtes Werck-Zeug, gleich einem Griffel, an dessen einem Ende zwey feine Blättgen, die mit einer Schraube zusammengezogen werden können, und darzwischen Dinte gelassen wird, zahrte Linien damit zu zühen, am andern ein Röhrlein, darein Röthel oder Bleyweiß zufassen, und damit zu zeichnen, sich befinden, wird von allen, so mit reissen und Zeichnen umgehen, gebraucht."* Gleichzeitig mit der Ziehfeder kam die *Schreibfeder aus Metall* auf. Ebenfalls bei Frechen, aber auch bei Nimes, Rom und Avenches fanden sich solche Federn.

Unter *Tinte* versteht man im heutigen Sinne eine *Lösung* zum Schreiben und Zeichnen. Nach dieser Definition wurde Tinte zum ersten Mal im Jahre 654 u.Z. im Werk *"Origines"* des Erzbischofs von Sevilla, *Isidorus* (560 - 636 u.Z.), erwähnt. Das Werk enthielt als Enzyklopädie das gesamte Wissen der damaligen Zeit. Das oben benannte Universallexikon von 1734 schreibt zum Begriff Tinte: *"Dinte, Tinte, Lateinisch Atramentum ... Das Wort atramentum hat vielerley Bedeutungen. Gemeiniglich heisset es Schreib-Dinte, oder Drucker-Farbe ... Sonst aber wird auch Ruß-Schwärtze oder Mahler-Schwartz darunter verstanden ... Geheimniß- oder verblümter Weise wird auch der Stein derer Weisen Atramentum genennet ... Es ist aber die Dinte eigentlich ein schwartzes Naß, oder eine ungemein schwartze Farbe, deren man sich zum Schreiben und Drucken bedienete ... Die gemeine Dinte, so man zum Schreiben auf Papier oder Pergament gebrauchet, wird atramentum commune oder Scriptorium, Schreiber-Dinte genennet, und von Gall-Aepffeln und Vitriol bereitet; man wirfft ein wenig Arabisches Gummi drein, damit sie gläntzend werde, besser auf dem Papier halte, und länger daure ... Darnach wird Wein, braun Bier oder Wasser, entweder allein oder mit Essig vermischt, drüber gegossen, und zuweilen etwas Salz hinzugethan, damit sie nicht schimmle ... Sonst könnten noch viel andere Vegetabilia adstringentia, anstatt des Gallus zu der Dinte dienen, z.E. die Eicheln, das Eichen-Holtz, das Indianische Holtz, die Granaten-Schalen und Blüthen, der Sumach, die roten Rosen sc. sc. Nun ist es wohl wahr, daß die meisten darunter keine solche schwartze Dinte geben, als wie die Gall-Aepffel, dennnoch aber kömmt sie jener ziemlich nahe. Derer Drucker ihre Dinte oder die Drucker-Farbe Lateinisch Atramentum Librarium, wird von Terpentin, Naß-Oel, oder Lein-Oel und Kühnruß bereitet."*

Als Erfinder der chinesischen Tusche zählt *Tien-Tschen*, ein Untertan des Kaisers *Houngti* (2673 - 2597 v.u.Z.). Seine Tusche, eine Art schwarzer Lack, wurde mit einem Bambusstab auf Seide aufgetragen. Im 3. Jhdt. v.u.Z. stellten die Chinesen Tusche aus verbranntem Lack oder Tannenholzkohle her und verkaufte sie in Stangenform. Um den Glanz der Tusche zu erhöhen, wurde Schildkrötenurin zugesetzt. Um den widerlichen Duft zu überdecken, parfümierte man mit Moschus. Auch die Ägypter, Griechen und Römer der Antike verwendeten Tusche. Nach *Vitruv* (römischer Architekt, der um 25 v.u.Z. "De architectura" verfaßte) verbrannte man zur Tuscheherstellung Harz zu Ruß. Drei Teile Ruß wurden mit einem Teil Gummi verrührt. Man trug die Tusche auf Papyrus auf. Bei Fehlern ließ sie sich leicht mithilfe von Schwämmen wieder wegwischen. Die römische Tusche war äußerst haltbar und besaß eine tiefe Schwärze. Das oben zitierte Universallexikon kennt die Tusche als *"Indianische Dinte, Lateinisch Atramentum Indicum, Siniticum oder Chinense, ... genannt, wird uns in kleinen viereckigten oder langen Stücken zugeführt, die hart und glatt, schwartz oder gläntzend, leichte, insgemein drey quere Finger lang, einen halben Zoll breit, und drey oder vier Linien dicke, auf beyden Seiten mit mancherley Charactern und Zeichen bezeichnet sind. Wie man sagt, soll sie aus Fisch-Leim, Ochsen-Galle und Kühnruß bereitet sein ... allein es ist nichts gewisses, dahero die meisten glauben, es sey ein geheimes Stücklein, welches die Chineser für sich behalten, und denen Europäern noch nicht entdecket haben. Sie schütten diese Dinte in kleine höltzerne, wohl ausgearbeitete Formen, und lassen sie darinne hart werden. Die beste chinesische Dinte wird zu Nanking bereitet und zuweilen mit einigen Gold-Blätlein gezieret, auch wohlrüchend gemacht ... Zuweilen wird die Figur eines Drachens darauf gedruckt. Sie wird von denen Holländern auf verschiedene Weise nachgemacht, als von gebrannten schwartzen Bohnen und Arabischem Gummi, ingleichen von Kühnruß, Indigo, Fisch-Schwärtze und Arabischem Gummi und bedienen sich vornehmlich derselben die Mahler zum zeichnen. Die Chineser brauchen ihre Dinte zum Schreiben und lassen Sie vorhero in einem und dem anderen Safft zergehen, oder machen sie mit Speichel oder Wasser naß, und feichten damit kleine Pinzlein an, womit sie an statt derer Federn schreiben. Sie ist schwartz, gleissend und bequem. Bey uns gebraucht man diejenige so herausgebracht worden, zu den Reissen bey der Architectur. Einige loben sie wider die rothe Ruhr und Wunden."*

Neben schwarzer Tusche war in Ägpyten auch rote im Gebrauch, mit der man Anfangsbuchstaben und Absätze farblich heraushob. Ihre wesentlichen Bestandteile waren *Zinnober* (Quecksilbersulfid, HgS) und *Mennige* [Blei(II,IV)-oxid, Pb_3O_4], die mit einem Bindemittel angerührt wurden. Auch *Alizarin*, der Farbstoff der Krappflanze und der Saft der Purpurschnecke waren im Altertum bekannt. *Purpurfarbstoff* war besonders bei den byzantinischen Kaisern wegen seiner Kostbarkeit beliebt: Um ein Kilogramm kristallinen Purpurfarbstoff zu gewinnen, brauchte es 10.000 Farbdrüsen der Purpurschnecken. Purpurtinte war ausschließlich der kaiserlichen Unterschrift vorbehalten; bei Unmündigkeit eines Kaisers zeichnete der Vormund mit grün. Zur Auschmückung von Schrift und Bild dienten *Goldtuschen.* Zu ihrer Herstellung vermischte man fein zerriebenes, in Wein geschlämmtes Gold und band es mit Gummi oder Eiweiß. Ähnlich wurde auch Silbertusche hergestellt.

Im Mittelalter übernahm man zunächst die Tuschen des Altertums, ersetzte sie aber nach und nach durch die von *Isidorus* erwähnte *Eisengallustinte.* Um 700 u.Z. spricht *Adelhelmus* von einer Tinte, die blau aus der Feder fließt und sich bald schwarz färbt: *"Dunkelblau lass' ich die Spur in dem leuchtenden Wege zurücke; Schwärzliche Windungen trägt das also durchackerte Glanzfeld."* Die Römer der Kaiserzeit hatten schon erkannt, daß eine Gerbsäurelösung sich durch Zusatz von eisenhaltigem Vitriol (Eisensulfat, $FeSO_4 \cdot 5 H_2O$) schwarz färbte und stellten so *Schusterschwärze* her. Zur Tintenherstellung nutzten sie ihre Erkenntnisse merkwürdigerweise nicht. Im Mittelalter fanden die Gallustinten eine allgemeine Verbreitung. Im *"Liber illuministorum"*, um 1500 in Tegernsee gedruckt, ist eine stattliche Tintenrezeptesammlung enthalten. Man übergoß z.B. fein gepulverte Galläpfel mit Bier, mischte Eisenvitriol zu und filtrierte nach Tagen. Daß nicht nur Galläpfel einen Stoff enthielten, der Eisenlösung schwärzte, hat Robert *Boyle* (1627 - 1691) in seinen *"Memoirs for the natural experimental history of mineral water"* im Jahre 1685 veröffentlicht. Er nennt als Alternative zu Galläpfeln: Eichenlaub, Granatäpfel, getrocknete Rosen, Myrobalanen ("Salbeneichel", Frucht eines Wolfsmilchgewächses), Blauholz und andere adstringierende Pflanzenteile. Zum chemischen Prozeß der Tintenbereitung äußert sich im Jahre 1707 Louis *Lemery* (1677 - 1745). Er ist der Meinung, daß Galläpfel alkalischer Natur seien und dadurch das Eisen ausfällen. Dieses mache die schwarze Farbe der Tinten aus. In den Galläpfeln sei auch Schwefel enthalten, der verhindere, daß den Zwischenräumen des Eisens die Säure vollständig entzogen werde. Erst im Jahre 1786 fand Carl Wilhelm *Scheele* (1742 - 1786) heraus, daß in den Galläpfeln als wirksamer Bestandteil *Gallussäure* vorhanden ist, deren chemische Zusammensetzung *Berzelius* im Jahre 1814 bestimmte. Zur Eisengallustinte schreibt im Jahre 1879 *Postel* in seiner *"Laienchemie": "Der Eisenvitriol wird in der Färberei und Druckerei vielfach angewendet, namentlich dient er zum Schwarzfärben und zur Bereitung der Dinte. Die bekannten Galläpfel enthalten zwei organische Säuren, Gerbsäure und Gallussäure, welche mit dem Eisenvitriol in einer Lösung zusammengebracht die schwarze Dinte bilden. Gewöhnlich setzt man noch Alaun, Zucker und Gummi arabicum zu. Ein gutes Dintenrecept ist folgendes: 15 Loth grob gestoßene türkische Galläpfel, 9 Loth pulverisiertes Gummi arabicum, 9 Loth Eisenvitriol, 1 1/2 Loth Alaun und 2 Eßlöffel Kochsalz werden mit 3 Liter Malzessig und ebensoviel kaltem Flußwasser übergossen, einige Tage auf einen warmen Ofen gestellt, und öfters umgerührt. Nach etwa fünf Tagen wird die Dinte abgegossen, und man kann nochmals den dritten Theil der vorigen Quantität Essig und Wasser auf das Pulver gießen."* Eisenvitriol ließ sich auch erfogreich gegen die allgegenwärtigen Fäkaliendüfte einsetzen: *"Gießt man eine Lösung von Eisenvitriol in Nachtgeschirre und Abtritte, so verschwindet der üble Geruch, ohne daß die Excremente dadurch etwas von ihrem Werthe als Düngungsstoff einbüßen; es bildet sich nämlich schwefelsaures Ammoniak."*

Eisengallustinte hatte den Vorteil, sehr haltbar zu sein. Anfangs wurde sie nur in Klöstern nach jeweils eigenem Rezept bereitet. Interessant ist das um 1100 u.Z. von *Theophilus* (Rogerus von Helmarshausen?) erwähnte Rezept einer *Dornentinte*: *"Dornenzweige von Schlehen sollen kurz vor dem Ausschlagen im April oder Mai gesammelt und später mit einem Hammer geklopft werden. Die dabei abgehende*

Tintenverkäufer im 18. Jhdt.

Rinde muß mit Wasser aufgesetzt, darin 3 Tage stehengelassen und schließlich aufgekocht werden. Die Prozedur wird mehrmals wiederholt, bis eine rotbraune, dickflüssige Masse gewonnen ist. Diese soll mit Wein gemischt, zum Trocknen in ein Pergamentsäckchen gefüllt und bei Bedarf in warmem Wein aufgelöst werden." Die Dornentinte war lackartig, sehr licht- und wasserbeständig. Um sie dunkler zu färben, löschte man ein glühendes Stück Eisen in ihr ab und fügte Kerzenruß oder Kupfervitriol zu. Die Tinte wurde durch Zugabe von Gummi und Essig verbessert. Braunfärbung erzeugte man durch Hefezusatz; Wermut und Absinth wurden zugefügt, um Mäuse und Ratten vom Verzehr der wertvollen Manuskripte abzuhalten. Dennoch löste sich so manches Produkt mittelalterlicher Schreibkunst später in Wohlgefallen auf: Die Mönche hatten die Tinte zu sauer bereitet, so daß sie die Manuskripte durch *Tintenfraß* zerstörte. Zum Schreiben wurde die Klostertinte aus einem Vorratsbehälter in eine offenes Rinderhorn, den sog. *Spieker*, eingefüllt. Dieses befestigte man mit einer Nadel am Schreibpult oder steckte es in eine dafür vorgesehene Öffnung. Tinte wurde nicht nur in Klöstern, sondern auch in weltlichen Kanzleien oder für den häuslichen Gebrauch benötigt. Im 17. Jhdt. zogen *Tintenverkäufer* mit umgehängten Tintenfässern von Ort zu Ort und verabreichten mit Hohlmaß und Trichter die selbstbereitete Tinte in bereitgehaltene Vorratsgefäße. Trotz der großen Mühe, die das Schreiben durch unzulängliches Gerät oder auch schlecht bereitete Tinte machte, wurden übermäßig viele Traktätlein und Bücher zu Papier gebracht, so daß das Universallexikon geiselt: *"Schreibesucht, ist ein schon von langen Zeiten her unter den Gelehrten herrschender und noch fortwährender Fehler, da viele derselben die Welt mit allzuvielen Büchern überhäuffen. Man nennet es billig einen Fehler. Denn die, so mit dieser Seuche behafftet, haben entweder gar keine Geschicklichkeit, Bücher zu schreiben ...; oder sie besitzen Geschicklichkeit, und in diesem Falle verhindert sie ihre Schreibesucht, daß sie auf die Schrifften nicht den gehörigen Fleiß und die erforderliche Zeit verwenden können ... Bey beyden Arten der Leute ist die übermäßige Begierde, sich bey der gelehrten Welt hervor zu thun, Ehre zu erjagen und ihren Nahmen offt unter der Presse zu sehen, die Quelle dieses Fehlers."*

Klösterliches Scriptorium   Schreibpult mit Tintenhörnchen

Bücher wurden in klösterlichen Schreibstuben oder Scriptoria verfertigt. Man unterschied:

1) den *Pergaminarius*, der das Pergament herstellte,
2) den *Scriptor*, der die Texte mit Eisengallustinte schrieb,
3) den *Rubricator*, der Satz- und Kapitelanfänge rot einfärbte,
4) den *Illuminator*, der Initialen und Ranken bunt ausmalte und
5) den *Miniator* (von Mennige), der die Miniaturen der Schriften verfertigte.

Hinzu kamen Buchbinder und Gerber für die Lederherstellung. Pergament wurde aus Tierhäuten gefertigt, die man in ätzende Kalkbrühe (Calciumlauge) einlegte. Durch diesen Beizvorgang lockerten sich die Haare, wurde die Haut entfettet. Haare und Fleischreste wurden mit einem halbmondförmigen Schabeisen abgekratzt. Die Haut wurde gewässert, gereinigt und zum Trocknen auf Holzrahmen aufgespannt. Geglättet wurde mit Bims und Kreide. Pergament (nach der Stadt Pergamon benannt) war ein Fortschritt gegenüber dem Papyrus. Es war beidseitig beschreibbar, viel glatter und länger haltbar. Aufgebrachte Schrift ließ sich durch Schaben mit Bimsstein leicht enfernen: Das Pergament konnte von neuem verwendet werden. Man verarbeitete die Häute von Ziegen, Lämmern, Schafen und Rindern, aus ungeborenen Tieren wurde *"Jungfernpergament"* gewonnen. Selbst Menschenhaut wurde verwendet, wie mehrere Pergamentstücke der Sorbonne in Paris beweisen. Beschriebenes Pergament wurde bisweilen zum Bucheinbinden benutzt. So hat man durch Zufall in einem Pergamentdeckel des 17. Jhdt's. das Nibelungenlied gefunden.

Pergament war nicht der einzige Beschreibstoff des Mittelalters. Mehrere hundert Jahre brauchte es, bis das von den Chinesen erfundene *Papier* auch in Deutschland produziert wurde. Im Jahre 1390 errichtete Ulman *Stromer* die erste deutsche Papierfabrik, *Gleismühl* genannt, bei Nürnberg. Stromer schreibt in seinem *"Püchl von mein geslecht und von abentewr"*: *"In nomine Christi amen anno domini MCCCLXXXX. Ich Umlan Stromeir hub an mit dem ersten papir zu machen zu samt Johans tag zu sunbeuten* [Sonnenwende] *und hub in der Glesmul an ayn rad zu richten, und der Clos Obsser waz der erst der zu der arbeit kam. Item Clos*

276

Arbeit an der Bütte - 1568

Lumpenstampfwerk - 1607

Obsser swur den Ayt, er gab sein trew, daz er mir und mein erben trew solt sein und unsern frunnen werben und unsern schaden wenden, und die weil er lebt so, sol er nymant kain arbait zu papir tun dann mir oder mein erben, den ich daz mulwerk zu papir verschik oder verschaff, und sol auch daz nymant leren noch unterweisen noch ratt noch hilf noch stewr dar zu geben, daz nymant kain mulwerk zu papir mach in kanerley weiz on aller flacht geferd."

Es war ein langer Kampf zwischen Papier und Pergament, über den Abraham *a Santa Clara* (1644 - 1709) schrieb: "*Man sagt, dass auf eine Zeit das Papier und das Pergament seyen hart einander kommen, und nach langen gehabten Widerwillen endlich in ein grossen Zank geraten, eines dem anderen viel Schmeh-Wort unter die Nase gerieben und wofern die Schreiber, Buchdrucker und Buchbinder nicht hätten Fried gemacht und sich darein gelegt, so wäre es ohne blutiges Rauffen nicht abgeloffen. Das Papier brallte nicht wenig wegen seynes alten Herkommens, und sagte, dass es derenthalben charta genannt werde, weyl seyn erstes Aufkommen seye gewest in der Welt-berühmten Stadt Chartago. Das Pergament wollte diesfalls nie ein Haar nachgeben, weil es ebenfalls von einer vornehmen Stadt herkomme, bekanntlich von der Stadt Pergamo in Welsch-Land. Das Papier setzte himwider, wie es gebraucht werde zu der Heiligen Schrift, zu allen Lehrer-Büchern.- "Und wann ich nicht wäre," antwortete das Pergament, "und thät nit allezeit über dich ein Deck- und Schutzmantel abgeben, wie gegenwärtige Herren Buchbinder selbst bezeugen, so wärest du wegen deiner Schwachheit schon zu Grund gegangen. Zudeme so lasse ich mich gebrauchen zu Kayserlichen und Hoch-Fürstlichen Patenten, da unterdessen aus dir nur gemeine und gar oft verdrüssliche Auszüge gemacht werden." "Wann schon", sagt das Papier, "so bin ich doch eines weit besseren Wandels, und für ein friedsames Leben, da du doch auf der Trummel gespannt wirst, und nichts als bluthige Schlachten verursachen thust." - "Hoh, ho," sagt das Pergament, "dein Lob will ich mit kurzen Worten einschränken: Du kommst von Hadern und Zanken, wie auch der ärgste Lumpenhändler!" - "Das musst du mir probieren", schreit das Papier, "oder ich will dir den Hals brechen." - "Ganz gern", sagt das*

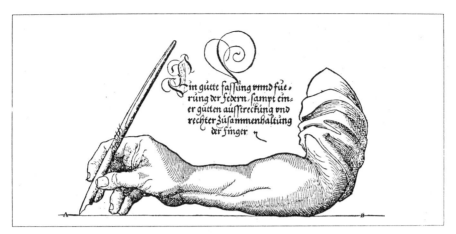

"Gute Federführung" aus Wolfgang Fuggers Schreibbüchlein - 1553

Pergament, "was seynd der Spiel-Karten als Papier, welches von Lateinern charta genannt wird. Und was verursacht mehrer Hadern, Zanken und Schläg, was macht mehrer Übel und Lumpen-Sachen als der Karten?" Hierauf musste das Papier den Maul halten! " Die Papierherstellung des Mittelalters sei hier kurz beschrieben: Ein Wasserrad bewegte mehrere Stampfen, die Lumpen in Fasern zerlegten. Diese wurden von Hand aus einer Bütte mithilfe eines Siebes geschöpft. Das noch feuchte Papierblatt wurde gegautscht (gepreßt) und getrocknet.

Im Mittelalter wurde die Rohrfeder der Römer durch den *Gänsekiel* abgelöst. Gänsekiele als Schreibwerkzeuge werden um 624 von *Isidorus* in den *"Origines"* als *"penna avis, cujus acumen in duo dividitur"* erwähnt. Um 700 u.Z. berichtet *Adelhelmus* von der Verwendung der Pelikanfeder. Im Jahre 1544 schreibt Johann *Neudörffer* in Nürnberg eine *"Anweisung vnnd eygentl. Bericht, wie man eynen yeden Kiel ... erwölen soll"*. Darin werden auch Schreibfedern aus *"Eysere und Kupfere Ror, auch Kupfere vnd Messine blechlein"* beschrieben. Diese setzte man wahrscheinlich in Federhalter ein. Um 1595 kennt man in Nassau Federn von *"Messing und Silber"*. Im 18. Jhdt. folgen auf die Eisenfedern solche aus Stahl. So schreibt der Aachener Bürgermeisterdiener Johannes *Janssen* im Jahre 1748 in Aachen: *"Eben umb den Congres Versammlung hab ich auch allhier ohn mich zu rühmen neue Federn erfunden. Es konnte vielleicht sein, daß mir der liebe Gott diese Erfindung nicht ohngefähr hätte lassen in den Sinn kommen mit diese meine stahlene Federn zu machen, deweil alle und jede allhier versammelte H. Hr. Gesandten davon die Erste und Mehreste gekauft haben, hoffentlich den zukünftigen Frieden damit zu beschreiben, und dauerhaft wird sein wie diese meine stahlenen Federn ... Dergleichen Federn hat Niemand nie gesehen noch von gehört, wie diese meine Erfindung ist, allein man muß sie rein und sauber von Rost und Dinten halten, so bleiben sie viel Jahr zum Schreiben gut ..."* Anfangs war die Stahlfederproduktion mühsame Handarbeit. Aloys *Sennefelder*, der Erfinder der Lithographie stellte Stahlschreibfedern aus Federn von Taschenuhren her. Die ersten Stahlfedern kratzten, verspritzten Tinte und löcherten das Papier, kurz: sie erreichten bei weitem nicht die Qualität einer Gänsefeder. James *Perry* erhöhte im Jahre 1830 die Elastizität der Stahlfeder, indem er ein Loch hineinstanzte und die Feder symme-

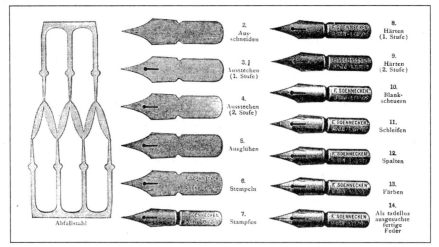

Herstellungsstufen einer Schreibfeder - 1890

trisch zur Hauptachse aufschlitzte. In der 1. Hälfte des 19. Jhdt's. stellt man Stahlfedern maschinell in riesigen Stückzahlen her. 1843 wurden in der *Gillotschen
Stahlfedernfabrik* in Bermingham 100 Millionen Federn gefertigt! Das Federnangebot
wuchs ins Gigantische. Für jeden Zweck, für jeden Geschmack fand sich etwas in
der meist mit 15 Federn Inhalt angebotenen Schachtel. Man verkaufte Noten-, Zwil-
lings-, Kanzlei-, Damen-, Spar-, Beamten-, Gelehrtenfedern u.v.a. Manche Federn
bestanden aus Aluminiumbronze (Aluminiumfedern), andere hatten ein Reservoir (ab
1878), das aus Unterfeder, Federtasche und Federschnabel bestand. Man verkaufte
sogar eine Feder mit "Diamantenspitze", die sich als angelöteter Osmium-Iridium-
Splitter entpuppte. Ihr Vorteil bestand darin, daß sie sich nicht abschrieb. Die Gipfel
der Federkreationen war die Ornamentfeder, zum Schreiben völlig unbrauchbar, nur
noch zur Zierde dienlich; oder die Portraitfedern, die mit Köpfen beliebter Politiker
verziert waren. Es gab sogar eine Feder mit herausziehbarer Bleistiftmine.

Auch aus Glas wurden Federn geformt. Man stellte sie her aus dünnen Glasstangen,
die man zu Spitzen auszog. Diese besaßen anfangs facettenartige Vertiefungen in denen die Tinte haften blieb und beim Schreiben nach und nach zur Spitze herabfloß.
Die Glasfeder wurde immer wieder verbessert und wird heute in der Schweiz als
Außenkapillarfeder angeboten. Die Tinte haftet und wird aufgesogen durch ange-
rauhte, spiralig angeordnete Rillen, wodurch ein längeres Schreiben ohne erneutes
Eintauchen der Feder gewährleistet wird. Ein weiterer Vorteil besteht in der durch
die Härte der Feder bedingte Durchschreibekraft. Es ist auch keine Abnutzung durch
Korrosion zu befürchten.

Anfangs steckte man die Stahlfedern in einen abgeschnittenen Federkiel. Bald entwickelte sich daraus der *Federhalter* aus Holz, Horn, Kork, Perlmutt oder Elfenbein, aus Metall, vergoldet oder versilbert. Man erfand einen ergonomisch gegen
Schreibkrämpfe geformten Federhalter, der sich aber nicht durchsetzte.

Besonders lästig beim Schreiben waren die ständigen Unterbrechungen, um die Feder
wieder mit Tinte aufzufüllen. Meist kündigte sich dies durch einen immer dünner

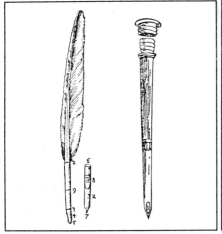 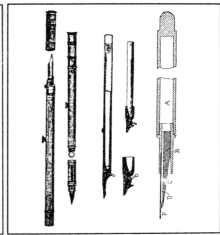

Füllfeder nach Schwenter - 1636
und Nicolai - um 1783

Füllfederhalter nach Scheffer - 1819,
Hoyau - 1821 und Waterman - 1884

werdenden Tintenstrich an, der bald abriß. So hat man im Jahre 1636 *Schwenter* in seinen *"Erquickstunden"* über eine *Schreibfeder zum Füllen*, auch *Reise-* oder *Füll-feder* genannt, nachgedacht: *"Ein schön Secret/ eine Feder zuzurichten/ welche Dinten hält ...Ist einem Studioso oder Landmesser eine sehr nützliche Feder."* Sei-ne Erfindung besteht aus drei Kielen, wobei der unterste als eigentliche Schreibfeder dient, der mittlere als Tintenreservoir, das bei Druck durch ein kleines Loch Tinte abgibt. Beides sitzt in einer Feder, die als Halter fungiert. Eine andere Füllfeder wurde als *"endlose Schreibfeder"* in Frankreich entwickelt. Im *"Journal d'un voya-ge á Paris en 1657-58"* heißt es hierzu: *"Wir sahen einen Menschen, der eine wun-derbare Erfindung gemacht hatte, um bequem zu schreiben. Er macht Federn aus Silber, die er mit Tinte füllt, die nicht trocknet. Und ohne Tinte zu nehmen, kann man in einem Stück eine halbe Hand breit Papier beschreiben."* In Deutschland wurde im Jahre 1783 von einer *Reise-Schreibfeder* des Mechanikers *Scheller* be-richtet. Diese bestand aus einer Metall- oder Hornröhre, auf die eine Federspitze aufgesetzt war. Der Halter besaß einen Schraubdeckel, durch den der "Füller" mit Tinte versorgt wurde. Diese floß über eine kleine Öffnung zur Feder. Die Füllfeder-halter wurden durch immer neue Erfindungen verbessert, aber erst Lewis Edson *Waterman* aus New York konnte im Jahre 1884 einen auf neuer Grundlage erfunden Füllfederhalter zum Patent anmelden. Er führte das Kapillarprinzip ein und erreichte einen gleichmäßigen Tintenfluß aus dem Tintenbehälter des Füllers, ohne daß es kleckste oder stockte. Gleichzeitig strömte die Luft von der Feder zum Tintenraum, da sonst - ähnlich wie bei einer Kondensmilchdose mit nur einem Loch - durch den Luftdruck eine Ausflußstockung eingetreten wäre. James P. *Maginnis* beleuchtete Watermans Erfindung im *"Scientific American Supplement"* von 1906 physikalisch: *"Der Tintenleiter ist zum großen Teil verantwortlich für sauberes, promptes Schrei-ben. Wenn eine gefüllte Feder mit der Spitze nach unten gehalten wird, wirkt auf die Tinte im Inneren eine Vielzahl von Kräften ein, hauptsächlich aber die Schwer-kraft, Beharrungskräfte, Kapillaranziehung, Luftdruck, Reibung und die Zähigkeit der Flüssigkeit sowie andere Kräfte. Ein gut gemachter Füllhalter hält diese Kräfte im Gleichgewicht, die Tinte läuft nicht aus. Sobald die Feder die Oberfläche des*

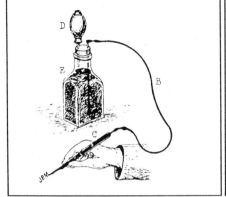

Federhalter mit Tintenflasche - 1892

Füllfederhalter - 1911

Papiers berührt, verändern sich die Kapillarkräfte - die Tinte fließt, die Feder schreibt."

Seit Einführung der Stahlfedern und des Füllfederhalters wurden besondere Anforderungen an die Tinten gestellt. Die meisten Eisengallustinten wurden durch Wasserverdunstung schleimig und verstopften Tintenzuführungswege, Säure wurde frei, machte die Feder brüchig und ließ sie splittern. Eisengallustinten waren auch gegen Schimmel schlecht geschützt. Schon 1557 waren von Hieronymus *Cardanus* in seinem Werk *"De rerum varietate"* die vier Haupteigenschaften einer Tinte erörtert worden: Leichtflüssigkeit wird durch Wasser bewirkt, Gummi läßt die Tinte gut auf dem Papier haften, Eisenvitriol sorgt für tiefschwarze Farbe und Glanz erreicht man durch Zusatz von Pomeranzenschalen. Cardanus kennt sogar schon verschiedenfarbene Tintenpulver, die man auf Reisen mitführen kann, um stets frische Tinten zu bereiten. Im 17. und 18. Jhdt. erscheinen viele *Tintenbücher* mit Namen wie *"Der curiose Schreiber"*, *"Der wohlerfahrene Schreibkünstler"* und *"Das aufs neue wohl zubereitete Tintenfaß"*. Im 18. Jhdt. führt William *Lewis* das Braunwerden der schwarzen Eisengallustinte auf einen zu hohen Gehalt an Vitriol zurück. Er liefert ein Rezept für eine haltbare Tinte: *"1 T. Eisenvitriol, 3 T. Galläpfel, 1 T. Blauholz, 1 T. Gummi und 40 T. Essig oder Wein."* Die Tinte sollte häufig gerührt und warmgestellt werden. Auch Friedrich Ferdinand *Runge* (1795 - 1867) experimentierte im Jahre 1847 mit *Blauholz*, um eine Tinte zu bereiten. Er bemerkte, daß Blauholzabsud mit gelbem Kaliumdichromat in der Wärme eine kräftige blauschwarze Tinte bildet. Blauholz (auch Blutholz) heißt das harte, rote Stammholz einer in Mittelamerika heimischen Pflanzenart. Blauholzextrakte reagieren mit Eisen-, Chrom- und Aluminiumverbindungen unter Bildung eines Farblackes. Da die *Chromblauholztinte* von Professor Runge chemisch neutral reagierte, eignete sie sich besonders für Stahlfedern. Die Tinte war leichtflüssig und nach dem Schreiben sofort wasserfest. Eine Chromblauholztinte bereitet man nach R. *Waeber* folgendermaßen: *"Eine ... sehr billige, schöne und dauerhafte Tinte erhält man aus 1000 Teilen Blauholzabkochung (1 T. Holz auf 8 T. Wasser) und einem Teil gelben Kaliumchromat, zu welchem man etwas Quecksilberchlorid setzt."*

Einen weiteren Fortschritt in der Tintenentwicklung brachte im Jahre 1856 die Erfindung des Dresdeners August *Leonhardi*. Er nutzte das Prinzip einer Geheimtinte des *Philon von Byzanz.* Dieser schrieb eine unsichtbare Botschaft mit Gerbsäure und tauchte das Schreibmaterial in eine Eisensalzlösung ein. Dadurch traten die Schriftzeichen deutlich hervor. Leonhardi trennte ebenfalls Gerbsäure und Eisenvitriol voneinander. Nur setzte er seiner Tinte Farbstoffe zu, einmal das aus der Krappwurzel gewonnene *Alizarin* (daher der Name seiner neuen Tinte) und *Indigosulfonsäure.* Damit erzielte er beim Schreiben einen sofort gut sichtbaren blaugrünen, aber nicht sehr haltbaren Tintenstrich. Hier die *"Bereitung der Alizarin-Tinte; von August Leonhardi in Dresden"* aus *"Dinglers Polytechnischem Jounal"*: *"Aleppische Galläpfel 42 Theile und holländischer Krapp 3 Theile werden mit so viel Wasser warm ausgezogen, daß die Flüssigkeit 120 Theile beträgt. Nach dem Filtriren setzt man hinzu: 11/5 Theile Indiglösung, 51/5 Theile Eisenvitriol, 2 Theile holzessigsaure Eisenlösung. Fast sämmtliche Vorschriften von Tinten, welche bis jetzt existiren, gehen darauf hinaus, eine gerbstoffhaltige Substanz mit Wasser auszuziehen und diesem Auszuge ein Eisensalz zuzusetzen, wodurch sich gerbsaures Eisen bildet. Dieses ist bekanntlich eine unlösliche Verbindung, die sich sehr bald in der Tinte absetzen würde, wenn nicht arabisches Gummi hinzukäme, welches den Niederschlag in der Tinte schwebend erhält. Diese Tinten haben das Unangenehme, daß durch Abdunsten von Wasser im offenen Tintengefäß der Gummischleim die Tinte zu sehr verdickt, das Absetzen der unlöslichen Eisenverbindung doch nicht ganz verhindert wird, und sich auch durch Umwandlung des Gerbstoffs in Gallussäure (welche letztere nur in der hundertfachen Menge Wasser löslich ist) noch mehr Absatz bildet. Diese Uebelstände sind durch die obige Vorschrift bei der Alizarin-Tinte vermieden, indem*

1) diese kein Gummi enthält,

2) der Niederschlag von gerbsaurem Eisen durch den Zusatz von schwefelsaurem Indig verhütet, und

3) das Schimmeln durch diesen Zusatz und durch das holzessigsaure Eisen unmöglich gemacht wird.

Die Zerstörung der Stahlfedern durch die gewöhnlichen Tinten ist mehr eine mechanische als eine chemische, da die Krusten beim Losbröckeln von der Feder stets etwas Metall mit fortnehmen. Durch die Weglassung des Gummi in der Alizarin-Tinte ist aber der Krustenbildung vorgebeugt.... Nebst dem besitzt die Alizarin-Tinte

die vortreffliche Eigenschaft, stets leicht aus der Feder zu fließen und auf dem Papiere sehr bald in tiefes Schwarz überzugehen. Sie ist zugleich als eine vorzügliche Copirtinte brauchbar." Die chemische Reaktion wurde in dem Aufsatz *"Einige Beiträge zur Geschichte der Tinte"* von Dr. Paul Martell, veröffentlicht in der *"Zeitschrift für angewandte Chemie"* des Jahres 1913, beleuchtet: *"Alle bisher beschriebenen Gallustinten waren sog. Suspensionstinten, bei denen also das gerb- und gallussaure Eisen zum größten Teil in fertiger Bindung vorhanden war, und zwar als feinverteilter Niederschlag, der durch Verdickungsmittel schwebend gehalten wurde.... Die Alizarintinte war nicht auf Suspension gegründet, sondern stellte eine klare Lösung dar. Das gerb- und gallussaure Eisen war hier nicht in fertiger Bildung bereits vorhanden, sondern fand sich unverbunden in der klaren Lösung. Weiter besaß diese neue Tinte einen sog. nachträglichen Farbstoff, damit bezeichnete man das gerb- und gallussaure Eisen, das sich jedoch erst nach dem Eintrocknen der Schrift auf dem Papiere an der Luft bildete, und zwar infolge Neutralisierung der freien Säure durch den Ammoniakgehalt derselben unter gleichzeitig erfolgender Oxydation. Da sich diese Oxydation nicht nur auf der Oberfläche des Papieres nach dem Beispiel der alten Gallustinten vollzog, sondern in der Hauptsache innerhalb der oberen Schichten, so war damit ein viel stärkeres Anhaften der Tinte auf dem Papiere gegeben. Das Mittel dieses zu erreichen war Indigosulfosäure."* Der Zusatz von Krapp, der Alizarin enthält und der neuentwickelten Tinte den Namen gab, wurde in einem Aufsatz von J. Winternitz aus dem Jahre 1859 *"als Mystification"* gegeiselt, *"offenbar zu dem Zwecke erfunden, die Bestandtheile und Bereitung derselben* [Alizarintinte] *geheim zu halten, sowie denjenigen, der es versuchen sollte, ihre Zusammensetzung und Nachmachung zu ermitteln, irre zu leiten."*

Noch im selben Jahr ließ sich Leonhardi die *"Bereitung einer Schreibtinte in Tafelform"* patentieren. Das "Kochrezept" ist genau identisch mit dem oben angegebenen. Zusätzlich wird das dort bereitete *"Gemisch ... bei mäßiger Wärme zur Trockniß abgedampft und in Tafeln von geeigneter Größe ... geformt. Ein Theil von dieser Tafeltinte in sechs Theilen heißen Wassers aufgelöst, gibt eine vorzügliche Schreib- und Copirtinte, während man aus 1 Th. Tafeltinte mit 10 bis 15 Theilen Wasser noch ganz schöne Schreibtinten erhält."* Leonhardis Anliegen war bei dieser Trockentinte die *"Versendung in die weite Ferne und zu jeder Jahreszeit"* zu ermöglichen. Gegen die herkömmlichen Tintenpulver wendet er ein, daß sie sich nicht klar und vollständig in Wasser lösen.

Die blaue Indigosulfosäure wurde in den nächsten Jahrzehnten von wasserlöslichen, sauren Anilinfarbstoffen abgelöst. Diese waren Produkte der Teerfarbenindustrie, zeigten satte, schöne Farben, waren aber nicht lichtecht, wurden vom Luftsauerstoff angegriffen und verblaßten leicht. Daher gab im Jahre 1888 das Deutsche Reichskanzleramt unter Fürst Bismarck einen Erlaß heraus, der vorschrieb, daß Urkunden nur mit dokumentenechten, amtlich geprüften Eisengallustinten ausgefertigt werden durften. Hierzu lesen wir in der *"Zeitschrift für Angewandt Chemie"* von 1913 folgenden Kurzhinweis: *"F. Willy Hinrichsen. Die neuen Grundsätze für amtliche Tintenprüfung. Mitteilg. v. Kgl. Materialprüfungsamt. Als unvergängliche Tinte für dokumentarische Zwecke kommt in erster Linie die Eisengallustinte in Frage. Die übrigen im Handel vorkommenden Tinten, unter denen die Blauholzinte und die Lösungen gewisser Anilinfarbstoffe die Hauptrolle spielen, gehören meist zu den vergänglichen Tinten, d.h. sie bleichen mit der Zeit aus oder lassen sich durch*

Auswaschen entfernen. Nach den preußischen *"Grundsätzen für amtliche Tinten-prüfung" sollen für urkundliche Zwecke bei Behörden ausschließlich Eisengallustin-ten Verwendung finden."* Neben den schwarzen Tinten waren auch rote sehr beliebt. Ein interessantes Rezept bietet Dr. Max *Zängele* in seinem *"Lehrbuch der Chemie"* von 1875: *"Die rothe Dinte kann man durch Auflösen von Carmin in Ammoniak-flüssigkeit oder aus Chochenille nach folgender Vorschrift bereiten. Man übergiesst 15 g pulverisirte Cochenille und 30 g Kaliumcarbonat mit 300 CC^m Wasser und lässt es zwei Tage hindurch stehen. Dann setzt man 45 g pulverisirten Weinstein und 8 g Alaun hinzu, erwärmt bis alles Kohlensäureanhydrid entwichen ist, filtrirt und wäscht den Inhalt des Filters mit 50 g Wasser nach. In dem Filtrat löst man dann noch 15 g arabisches Gummi auf und setzt, um das Verderben zu verhindern, 15 CC^m. Alkohol zu. Ohne Gummizusatz dient die rothe Flüssigkeit zum Färben von Pomaden, Liqueuren u. dgl."*

Zur Bereitung einer *blauen Tinte* bot sich auch das im nächsten Kapitel genauer zu betrachtende *Berliner Blau* an. *Zängerle* schreibt hierzu: *"Die Lösung des Berliner-blaus in Oxalsäure dient als blaue Dinte; für Stahlfedern eignet sich aber diese Dinte wegen ihrer sauren Beschaffenheit nicht, dagegen giebt das lösliche Berliner-blau eine ganz vorzügliche Stahlfederdinte."*

Eine Spezialtinte zum Kennzeichnen von Wäschestücken wurde aus Silbernitrat oder Höllenstein hergestellt; man nannte diese *unverlöschliche Wäschezeichentinte*, die Wasser und Waschmittel widerstand, auch *chemische Tinte* oder *Merktinte*: *"Zu die-sem Behufe [sie zu bereiten] löst man gleiche Theile arabisches Gummi und kry-stallisirtes Natriumcarbonat in dem doppelten Gewichte Wasser auf, tränkt mit dieser Lösung die zu beschreibenden Stellen der Wäsche, glättet dieselben nach dem Trocknen und schreibt darauf mit einer Lösung von 1 Th. Silbernitrat in 10 Th. Wasser. Setzt man die Schrift der Einwirkung des Sonnenlichtes aus, so wird sie schnell schwarz, indem durch das Natriumcarbonat Silbercarbonat zwischen den Fasern des Zeuges niedergeschlagen wird, welches vom Lichte zerlegt wird. Die Schriftzüge widerstehen dem gewöhnlichen Waschen und Bleichen, lassen sich aber dadurch entfernen, dass man sie in Chlorwasser taucht, bis sie weiss sind und dann zuerst mit reinem, dann in ammoniakalischem Wasser wäscht."* Ein Wäsche-zeichentintenrezept ohne Silber finden wir im *"Chemielexikon"* von *Römpp*: *"Man löst im Gefäß I in 30 g Wasser 4 Tl. Kupferchlorid, 3 g Salmiak und 5 g Natrium-chlorat, im Gefäß II in 95 g Wasser 40 g salzsaures Anilin und 15 g Gummi arabicum. Vor dem Gebrauch mischt man Lösung I und II; die Schriftzüge erscheinen anfangs grün, in heißem Wasserdampf und beim Auswaschen mit Seifenwasser werden sie schwarz."* Die geschilderten Vorgänge beruhen auf der Bildung von Anilinschwarz auf der textilen Faser.

Heute sind etwa 90 % der verwendeten Tinten *Anilintinten*. Trotzdem hat sich, wohl aus den oben dargelegten Gründen, die nicht ausbleichende Alizarintinte behaupten können. Sie ist fälschungssicher. Korrekturen lassen sich mithilfe einer Quarzlampe nachweisen. Das Tintensortiment zu Anfang unseres Jahrhundert war riesig. Neben Schreibtinten traten Kopiertinten, wasserfeste Notentinten, Parfümtinten (für die Dame), Gold- und Silbertinten, insgesamt fast 200 Sorten. Ein Schweizer Spezialge-schäft liefert in der heutigen Zeit neben Tintenschreibgeräten und Tintenfässern noch 82 verschiedenen Tintensorten wie graue und schwarze Eisengallustinten (Pflanzl. Gerbstoffextrakte), farbige Pflanzentinten (reine Pflanzenextrakte), Farb-

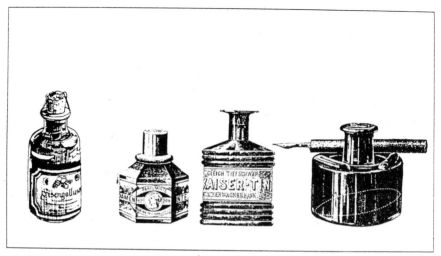

Tintenfässer - verschiedene Formen

tinten (Pflanzenextrakte mit synthetischen Zusätzen), Spezialtinten (Sympathetische und Parfümtinten) wie Frühlingstinte mit Maiglöckchenduft, Veilchentinte mit Veilchenparfum, Liebestinte (Rosenduft), Encre Gangster (Pulverdampfgeruch) und Metalltinten (Pflanzenfarben mit Glimmerzusatz) mit Gold-, Silber- und Kupfertönen.

Tuschebehälter bestehen im Altertum aus Ton, Holz oder Bronze. In der Antike kannte man *Tuschefässer* im Ringgehänge, damit die Tusche nicht verschüttet wurde. Auf der Saalburg fand man ein Tuschefaß mit doppelt drehbarem Deckel. Die Feder konnte erst in die Tusche getaucht werden, wenn beide Deckelöffnungen genau übereinanderstanden. Im Mittelalter gab es am Gürtel tragbare Tintenfässer. Tintenfässer wurden vom *Tintenfaßmacher* (Drechsler) gefertigt. Im 19. Jhdt. stellte man Tintenbehälter häufig aus Glas her, die mit einer Ablage für das Schreibgerät versehen waren.

Frisch geschriebene Tinte wurde mit Sand aus der *Streusandbüchse* überstreut, um ein Verwischen zu vermindern und das Abtrocknen zu fördern. Das Universallexikon schreibt hierzu: *"Streusand, wird aus geraspelten Helffenbeine verfertiget, in Nürnberg nach den Metzen verkaufft, und häuffig an andere Oerter verführet. Der schöne von blauen Steinen, kommt aus dem Obergebürge, und ist mit Goldsand durchsprenget, so auch in kleinen Fäßgen verkauffet wird. Aus dem schönen weissen Spath wird auch ein weißer und rother Streusand gebrannt."* Im Saarland gibt es bei Homburg unter der Hohenburg ein zwölfstöckiges Höhlensystem im Buntsandstein. Der Bundsandstein ist dort von solcher Qualität, daß *"der schöne weiße Sand aus den Schloßberghöhlen ein früher »Exportartikel« der Homburger war: mit ihm bestreute man die weißgescheuerten Dielenbretter. Man trocknete die Schreibtinte mit Sand aus der Streusandbüchse - mit Homburger Sand, der bis nach Württemberg hinunter verfrachtet wurde."*

Ein besonderes Geheimnis rankte im Mittelalter um die *sympathetische* (gr. geheimnisvolle Wechselwirkung auch getrennter Körper aufeinander), *mysteriöse* oder *Zaubertinte*. Im *"Zeichen der Rose"*, eine von Umberto *Ecco* geschriebenen Kriminalge-

Schreibgeräte
des 18. Jhdt's
Enzyklopädie

schichte, spielt sie eine spannungsfördernde Rolle: "*Er* [William] *hatte das Perga-*
ment in die Hand genommen und hielt es dicht vor die Augen. Anstatt ihm über die
Schulter zu leuchten, trat ich törichterweise direkt vor ihn hin. Er sagte, ich solle
ihm von der Seite leuchten, und als ich das gerade tun wollte, berührte die Flamme
versehentlich das Pergament. William gab mir einen Stoß, fragte ärgerlich, ob ich
das Blatt verbrennen wollte - und tat gleich darauf einen erstaunten Ausruf: Auf
der leeren oberen Hälfte des Bogens erschienen undeutlich Zeichen von bräunli-
cher Farbe. William nahm die Lampe und bewegte sie vorsichtig hinter dem Bogen
hin und her, wobei er die Flamme so hielt, daß sie das Pergament erwärmte, aber
nicht versengte. Langsam als schriebe eine unsichtbare Hand die Worte Mene, Te-
kel, Ufarsin ..."

Eine ähnliche Szene entdecken wir in dem "*Golden bug*" (Goldkäfer) von Edgar Al-
lan *Poe* (1809 - 1849). Da wird ebenfalls ein altes, an einem Ufer gefundenes Stück
Pergament nahe an ein Feuer gehalten und zum Auslöser für die fiebrige Jagd nach
Käpten Kidds verschollenem Schatz: "... *Erwog ich nun all diese Einzelheiten, so*
konnte ich keinen Augenblick zweifeln, daß die Hitze das Agens gewesen sei, wel-
ches auf dem Pergament den Schädel, den ich darauf gezeichnet sah, ans Licht
gebracht hatte ... Ich hielt abermals das Pergament ans Feuer, nachdem ich die
Hitze stärker angefacht hatte; doch nichts wollte sich darauf zeigen. Nun kam mir
der Gedanke, der Schmutzüberzug könnte mit dem Fehlschlag zu tun haben; ich
spülte also das Pergament sauber, indem ich warmes Wasser darüber goss, und als
dies geschehen war, legte ich es in eine Zinnpfanne, den Schädel nach unten, und
setze diese Pfanne auf ein Holzkohlenfeuer. Als nach wenigen Minuten die Pfanne
auf volle Hitze gekommen war, zog ich den Streifen heraus und fand ihn zu meiner
unaussprechlichen Freude an verschiedenen Stellen mit etwas gesprenkelt, was mir
als in Reihen angeordnetes Figurenwerk erschien. Ich legte ihn nochmals in die
Pfanne und ließ ihn eine weitere Minute darin ...". Beide Texte basieren auf demselben chemischen Kniff, den Johann Samuel *Halle* in seiner "*Magie oder die Zau-*
berkräfte der Natur, so auf den Nutzen und die Belustigung angewandt worden."

herausgegeben zu Berlin im Jahre 1783, beschrieb. Zunächst definiert er: *"Die simpathetische Tinte. So nennt man Flüßigkeiten, mit denen man Schriften, oder Zeichnungen macht, als bis man ihnen durch farbenlose Dinge die Farbe giebt, die sie zur Tinte macht. Man hat deren sechserley Arten."* Bei der vierten Art lüftet Halle das Geheimnis der Romangeschichten: Sie *"entdeckt sich durch das Feuer, oder die Wärme. Man bedient sich dazu des Eßigs, des Zitronen oder Zwiebelsaftes, und des mit Wasser verdünnten Eiweißes. Diese verbrennen bey einer mäßigen Wärme zu einer Art von Kohlen und machen sich dadurch leserlich. Die Auflösung von Gold, Silber, von Vitriol, von Salmiak, Kochsalz, Alaun, verdünntes Scheidewasser, verdünnter Vitriolgeist tragen ebenfalls zu einer schnellen Verkohlung des Papieres bey."* Eine auf Wärme ansprechende, mysteriöse Tinte wird von *Elkindi* schon um 850 u.Z. erwähnt. Danach schrieben Priester den Namen Mohammeds auf Steine und machten die Schrift durch Erwärmen in der Hand sichtbar.

Oft wurde auch mit dem merkwürdigen *Auripigment* ("Goldfarbe", Operment, Rauschgelb; As_2S_3) eine Geheimtinte komponiert. Auripigment wurde bei den Alten als Schminke und Haarentfernungsmittel verwandt. Wegen seiner intensiv goldgelben Farbe versuchte der römische Kaiser Caligula daraus Gold zu gewinnen. Peter *Borel* von Castres beschrieb in seinen *"Historiis et observationibus medico-physicis"* im Jahre 1653 eine in Wasser gekochte Mischung von Auripigment und Kalk die er als *"aqua magneticae longinquo agens"* bezeichnete, da *"sie mit Bleiessig gemachte Schriftzüge ... durch ihren Dunst schwärze und sichtbar mache."* Offensichtlich wurde beim Erhitzen des Arsen(III)-sulfids mit gebranntem Kalk Schwefelwasserstoff frei, der mit den Bleiionen des Bleiacetats zu schwarzem Bleisulfid ausfiel. Auch Samuel *Halle* kannte diesen chemischen Trick: *"Die erste Art der simpathetischen Tinte entstehet, wenn man 2 Loth destillirtem Weineßig, bey gelinder Wärme ausziehen läßt, und den nun süßgewordenen Eßig durchseiht. Mit diesem Eßige schreibe man auf Papier, vermittelst einer neuen Feder, und lasse die Züge von selbst trocknen. Zu dieser Tinte gehöret folgende erweckende Flüßigkeit, die aus einem Lothe zerstoßenem Auripigmente und 2 Loth ungelöschtem Kalk in einem Nößel Wasser und Kochtopfe, bey gelindem Feuer, bis auf die Hälfte eingekocht, durchgeseiht, und in einem wohlverstopften Glase aufbewahrt worden. Um nun unsichtbare vorige Schrift erscheinen zu lassen, so gieße man etwas von dem beschriebenen Kalkwasser in eine Untertasse, halte die Schrift darüber, oder bestreiche ihre linke und unbeschriebene Seite damit, so werden die Buchstaben durch den Dunst des Auripigments ... belebt... Zugleich hat man an diesem Kalkwasser eine Weinprobe, die den mit Glätte versüßten sauren Wein der Weinhändler schwarz färbt und dessen Gift anmeldet."*

Halle entdeckt hier auf experimentelle Art einen Betrug, der offensichtlich im 18. Jhdt. in Frankreich aufkam. John *Zeller* berichtet 1707 in seiner *"Dissertatio de docimasia vini lithargyrio mangonisati"*, daß man in Frankreich den Wein mit *Bleiglätte* [Blei(II)-oxid; PbO; Lithargyrum] verfälsche. Durch giftigen Bleiglättezusatz wurde saurer Wein künstlich gesüßt. Dieses recht einträgliche Mittel (in jünster Zeit hat man zum selben Zweck Frostschutzmittel mißbraucht), den Wein zu verbessern, ist schon seit *Plinius* bekannt; von der potenzraubenden Giftwirkung (die übrigens auch von den im römischen Reich zur Wasserführung beliebten Bleiröhren ausging) war damals allerdings noch nichts bekannt. Die französischen Betrugsmethoden wurden flugs von den Würtembergern übernommen. Daher nannte man das Prüfungsverfahren, zugesetztes Bleisalz durch Auripigment und Kalkbrühe zu entlarven auch die

Ein dem oben erwähnten Verfahren ähnliches lesen wir im schon zitierten *Universallexikon: "Noch eine Art von Dinte ist übrig, welche Sympathetische Dinte, Atramentum Sympatheticum genennet, und auf solche Art bereitet wird: Nimm Silber-Glette, so viel beliebig, güsse destillierten Essig darauf, nach 24. Stunden aber güsse den gantz süsse gewordenen Essig wieder ab, oder filtriere ihn. Ingleichen nimm ungelöschten Kalk ... güsse Wasser darauf, laß es bey einem gelinden Feuer ein wenig aufwallen, thue alsdenn ein wenig pulversisiertes Operment hinein, und laß es wiederum ein wenig aufwallen, wenn dieses geschehen, so filtrire dieses Wasser ebenfalls, und hebe es auf. Schreibe mit diesem verflüssigten Eßig auf ein Papier, was beliebig, so werden die Buchstaben, wenn sie trocken worden, verschwinden und nicht mehr zu sehen seyn, wenn man aber auf dieses Papier etliche andere Bücher Papier legt, und das oberste Blat derselben, mit dem andern Wasser, so aus ungelöschtem Kalck bereitet worden, befeuchtet, so werden die Buchstaben auf dem untersten Papier, so vorhero unsichtbar waren, obgleich so viel Blätter darzwischen liegen, dennoch sichtbar werden."*

Die oben erwähnte Geheimtinte des *Philon von Byzanz* aus Eisensalz und Gerbsäure, im Jahre 230 v.u.Z. beschrieben, geht wahrscheinlich auf Beobachtungen zurück, die wir in der Natur leicht machen können. Eisennägel in Holzbohlen sind an ihrer Einschlagstelle oft von schwarzen Ringen umgeben: Hier hat der Gerbstoff des Holzes mit dem Eisen eine Tinte erzeugt. Gewöhnliche Eisenmesser färben sich beim Schneiden von gerbstoffreichem Obst schnell dunkel. Besonders Roßkastanien enthalten viel Gerbstoff. Fallen sie in Wasser, werden sie durch Reaktion mit im Wasser gelösten Eisen schwarz.

Eine andere Art, Geheimschrift zu erzeugen, wird wieder von *Halle* beschrieben: *"Die dritte Art ist ohne Farbe, aber nach der Trocknung etwas klebrig, und man macht sie dadurch scheinbar, daß man ein zartes Farbenpulver über sie ausstreut. Man bedient sich dazu der Säfte von Aepfeln, Birnen, Citronen, Quitten, Kernschleim, des Zwiebelsaftes, der Milch. Die damit geschriebene Schrift kann durch dunkelblaue Smalte, Florentinerlack, oder Kohlenstaub bepudert werden."*

Schließlich sei noch ein Verfahren erwähnt, das auf die Besonderheiten des *"mineralischen Chamäleons"*, Cobaltchlorid beruht. Erstmals wird davon in der alchimistischen Schrift: *"Schlüssel zu dem Cabinet der geheimen Schatzkammer der Natur"*, berichtet, die dem Gothaer Jacob *Waitz* zugeschrieben wird und im Jahre 1705 erschien. *Kopp* teilt in der *"Geschichte der Chemie"* mit: *"Hierin wird angegeben, wenn man die (kobalthaltige) Wismuthminer mit Salmiak sublimire und den Rückstand mit destilliertem Essig auskoche, so erhalte man nach der Abdunstung ein Salz, das in der Wärme grasgrün, bei dem Erkalten aber himmelblau, violett und endlich rosenfarben werde. Koche man das Wismutherz mit destilliertem Essig, etwas Salz, Salpeter und Alaun, so lange bis der Essig rosenfarben werde, und dunste man dann gelinde bis zur Saftconsistenz ein, so sehe das Präparat in der Wärme grasgrün aus, und gehe bei dem Erkalten durch himmelblau und violett in die Rosenfarbe über. Neues Erwärmen bringe dieselbe Aufeinanderfolge der Farben hervor. Auch wenn man das Erz in Scheidewasser löse, Kochsalz zur Solution setze und zur Trockene abdunste, oder wenn man das Erz mit Glaubersalz schmelze, den Rückstand mit Salzsäure ausziehe und zur Trockne bringe, erhalte man ein Salz, das in der Kälte rosenfarben, in der Wärme grün sei."*

Im Jahre 1744 weist Johann Albrecht *Gesner* in seiner *"Historia cadmiae fossilis metallicae sive cobalti"* nach, daß Cobalt, nicht Bismut (früher Wismut) die farbliche Veränderung erzeugt. Diese Erkenntnisse machte sich auch *Halle* zunutze: *"Simpathetische Tinte von der sechsten Art entsteht, wenn man unter 4 Loth reinem Salpetergeist, in einem kleinen Kolben, nach und nach so viel zerstoßenen Farbenkobalt schüttet, als sich darinnen auflösen kann. Man bemerke dabey das Gewicht des eingetragenen Kobaltes; seihe die gemachte Auflösung durch, man wasche den Bodensatz, der unauflösbar geblieben, in Wasser, trockne und wäge ihn ebenfalls, um ihn von dem aufgelösten abzuziehen. Soviel, als der Salpetergeist in sich aufgenommen, ebensoviel Kochsalz wird in eine proportionierliche Retorte von Glas geworfen, man übergieße dieses mit der durchgeseihten Kobaltsolution, und treibe es, mit gehörigem Feuer, aus einer Sandkapelle, fast bis zur Trockne herüber. Das herübergegangene trägt zu unseren Versuchen nichts, wohl aber der Retortensatz bey, wenn man ihn mit 3 oder 4 Loth Wasser übergießt, und so viel als möglich darinnen auflöset und filtrirt. Die mit dieser Tinte verfertigte Zeichnung kommt nur dann zum Vorschein, wenn man das Papier gelinde erwärmet, oder in die heiße Sonne trägt, und die Figuren erscheinen alsdenn in einer meergrünen Farbe. Das Sonderbare dabey ist, daß die meergrünen Züge wieder verschwinden, so bald das Papier kalt wird, und allezeit da sind, wenn das Blatt erwärmt wird, wofern man nur diese Hitze nicht zu übertreiben die Vorsicht hat."*

Halle nutzte als Gaukler der Chemie seine Kenntnisse zur Belustigung des Publikums durch ein *"Magisches Wintergemählde, so aus einer winterlichen Landschaft, ohne Zeitverlust eine Zeichnung hervorbringet, die den grünen Frühling mit seinem angenehmen Laube vorstellet."* Er verwendet einen Kupferstich oder eine Tuschelandschaft, die mit sympathetischen Tinten ausgemalt wird. Legt man das Wintergemälde an die Sonne oder in die Wärme, *"so keimen und wachsen die verborgenen Blätter, Kraft der Tinte, mit ihrer grünen Farbe, zusehens, aus den Zweigen hervor... Wenn das Gemählde kalt geworden, so kehret es in seine erste dürre Gestalt zurücke."*

Mithilfe von Cobaltchlorid verfertigte man auch sogenannte *Wetterfiguren* (Wetterbilder, Wetterblumen, "Barometerblumen"). Karl *Heumann* beschreibt die Herstellung bis ins Detail: *"Das wasserfreie Salz wird aus dem wasserhaltigen rothen Chlorür [Cobaltchlorid] durch schwaches Erhitzen ... als blaue Masse erhalten, welche nach dem Erkalten an feuchter Luft allmälig unter Wasseraufnahme roth wird; beim Befeuchten mit Wasser tritt die Farbänderung sofort ein ... Stücke weissen Baumwollstoffs, welche in mässig concentrierte, wässerige rothe Kobaltchlorürlösung getaucht und an der Luft getrocknet werden, zeigen eine rosenrothe Farbe, wenn die Luft feucht ist, werden aber beim Verweilen in trockener Luft blau; bei mäßigem Feuchtigkeitsgehalt der Luft erscheinen die Streifen violett und können also als annähernde Hygrometer dienen."*

Sympathetische Tinten nannte man in der Zeit des galanten Rokoko auch *Damentinten*, da sie ausgiebig zum Abfassen geheimer Liebesbotschaften verwendet wurden. Zunächst verfaßte man den Geheimbrief und überschrieb ihn mit belanglosen Neuigkeiten über das Wetter, Theater oder die letzten Reiseerlebnisse. Besonders beliebt waren Tinten, die sich nach einiger Zeit von selbst aus der Welt schafften, so daß sie die Herzensdame nicht mehr bloßstellen konnten. Einige mysteriöse Rezepte bietet die *"Neu eröfnete Vorrathskammer"* von 1760:

"*Wie man eine Schrifft schreiben kan, die in gewisser Zeit auf dem Papier verschwindet.*

Nun wollen wir auch einen Versuch thun, ob eine Schrift zu erdenken auf Papier, oder wohin zu schreiben, die in gewisser Zeit verschwinde; Oder auch eine andere die erstlich unsichtbar seye, und hernach in gewisser Zeit sichtbar werde; deren man sich nicht allein zu verborgenen Briefen, sondern auch zu anderen Nothdurften unsers Leben, gebrauchen könne. Nun können die verschwindenden Buchstaben auf zweyerley Weise gemachet werden, nemlich entweder mit Scheidwasser, dardurch das Papier zerfressen wird, oder mit andern Wasser hernach verrauchen, oder daß die Buchstaben durch weniges schlechtes Anrühren abfallen, daß auch der Ort, wo sie gestanden, nicht den geringsten Flecken hat, darum wollen wir ernstlich lernen.

Wie man eine Schrift machen solle, darvon das Papier zerfressen wird.

Wann wir Vitriol-Oel unter die Dinte mischen, oder unter eine andere schwarze Farbe, so wird darvon in wenig Tagen das Papier zerfressen, und die Dinte selbst, und verschwinden die Buchstaben alsobalden, oder in Monats-zeit, nachdeme man viel oder wenig Vitriol-Oel darein geust, welches man versuchen kan ehe man die Schrift verfasset; dann wann es zu langsam wirket, so giest man mehr Oel darein, so es aber zu geschwinde angreifft, nimmt man weniger oder geust Wasser darunter. Dergleichen geschiehet auch, wenn die schärfste Laugen, die man insgemein das Capitell, oder Meisterlaugen nennet, unter die Dinte geust, so werden die Buchstaben erstlich gelb, und hernach verschwinden sie gar. Dergleichen thut auch das Weinstein-Oel von Alcali-Salz, oder von Salz, nicht weniger das Scheidwasser zum Goldscheiden. Dann darvon werden Papier und Schriften zerfressen, daß nicht eine Spur mehr von den Buchstaben übrig bleibet.

Wie man Buchstaben machen soll, die gar bald verschwinden.

So macht man ein sehr subtiles Aqua Vita, oder Campher-Wasser, und braucht verbrannt Stroh, dann das Wasser verrauchet mit der Zeit, so verschwinden auch die Buchstaben darmit, und weilen die klebenden Wasser vergehen, so fällt die Schwärze ab. So macht man auch ein sehr zartes Pulver von Probierstein, dann weilen derselbe etwas sandigt ist, so scheidet er sich desto eher vom Papier, daß nicht eine einige Spur übrig bleibet von einem Zuge.

Eine Dinte, die in 40. Tagen ausgehet.

Nehmet Scheidwasser, lasset Galläpfel darinnen kochen, Römischen Vitriol und Salmiac, so viel als gemeldtes Wasser solviren kan, und zuletzt thut hinzu Gummi Arabicum, hernach schreibet damit, so ist sehr schwarz, ehe sie ausgehet.

Atramentum evanescens.

Solve Vitriolum in gemeinem Wasser, dardurch ziehe einen Bogen Papier, und laß wieder trocknen, darauf schreibe, was du wilst, & intra breve tempus evanescunt literae, quae tamen iterum adparent, si illanatur charta aqua, in qua galla insusa steterint.

Dinte, die nur 24. Stunden währet.

Lasset Galläpfel mit Scheidwasser kochen, hernach thut darein Vitriol, und ein wenig Salmiac, und Gummi Arabicum, so ist sie fertig.

Eine Dinte die sich auslöscht, wie man will.

Nehmet gebrannten und geglüheten Kalch, der in guten Brandwein ausgelöschet ist,

hernach reibet ihn auf einem Marmelstein zu einer Massa, die thut in einen klei-
nen neuen irdenen Topf, und decket ihn wohl zu, damit er nicht zu Aschen werde;
vermischet ihn mit Gummi- oder gemeinen Wasser und schreibet darmit, die Schrift
wischet allerley Wasser hinweg.

Noch eine Dinte zu machen, die ein Monat lang schwarz scheinet, und daß man sie
hernach nicht mehr sehen kann.
Nimm ein gefältes starkes Scheidewasser, und lasse in demselben türkisches Gallos
und Vitriol sieden, in einem wol verstopften Glas-Kolben, in heissen Sand 2. Stun-
den lang stehen, alsdann von sich selber erkalten lassen, und rein abgegossen, thue
hernach so viel Salmiac darein, so viel du in dem Wasser solviren kanst, thue auch
Gummi Arabicum darein, laß auch solviren, so ist die Dinte bereitet, darmit kanst
du dasjenige verrichten, weil es wie eine andere Dinte schwarz ist, wird aber nicht
viel über ein Monat lang dauern, sondern auf dem Papier von sich selbsten wieder
verschwinden."

Im nachhinein sei aus der *"Vorratskammer"* noch ein Rezept zur Bereitung von
gewöhnlicher Tinte abgedruckt:
"Der beste Modus eine gute Dinten zu machen.
Nimm 8. Loth Gallus, zerstosse ihn fein zart, 1. Maas Bier Essig darauf, setze es
auf einen warmen Ofen in einer Stube, lasse es eine Nacht also stehen; dann thue
des andern Tages darzu 6. Loth Vitrioll, lasse es aber eine Nacht stehen, darnach
thue darein 3. Loth Gummi, und lasse die Dinte also stehen, rühre sie alle Tage
um, so hast du gute Dinte, die wird nicht schimmeln. Schlehen-Wurzel gesotten,
und allezeit in die Dinten gegossen, so offt man Bier oder Essig daran gießen will,
ist der Dinten auch sehr gut."

Unzulängliche Schreibgeräte verursachten besonders bei Kindern durch Kleckserei
häßliche Tintenflecken. Hatte man Eisengallustinte benutzt, rückte man den Flecken
mit *Klee-* oder *Oxalsäure* zu Leibe. *Postel* schreibt hierzu: *"Die Klee- oder Oxal-*
säure ... erhält man, wenn man eine Zuckerauflösung mit Salpetersäure erhitzt, und
zwar erscheint sie bei der Abkühlung der Flüssigkeit in säulenförmigen Krystallen.
Sie ist giftig und dient unter Anderm zur Entfernung der Dintenflecke aus der
Wäsche, indem sie mit dem einen Hauptteil der Dinte ausmachenden Eisenoxydul
ein lösliches Salz bildet. Sie kommt im Pflanzenreiche fertig gebildet vor, insbeson-
ders mit Kali verbunden im Sauerklee (Oxalis), von dem sie auch den Namen hat,
ist also auch eine organische Säure ... Sehr interessant ist es für den Chemiker,
daß sich die im Pflanzenorganismus verbreitete Oxalsäure aus der unorganischen
Kohlensäure herstellen läßt. Leitet man nämlich über geschmolzenes Natriummetall
einen raschen Strom von Kohlensäure, so bildet sich oxalsaures Natrium. Im thieri-
schen Körper erscheint die Oxalsäure an Kali gebunden, besonders im Harn, und
manche Blasensteine bestehen ganz aus oxalsaurem Kalk. Erhitzt man sie mit
Schwefelsäure, so zerfällt sie in Kohlensäure und Kohlenoxyd. In der Flamme der
Spirituslampe verbrennt sie ohne Schwärzung und ohne Rückstand zu Kohlensäure.
-Oxalsäure und Kleesalz sind sehr giftig."

Im Jahre 1769 hat Johann Christian *Wiegleb* (1732 - 1800) die Oxalsäure im Sauerklee zum ersten Male nachgewiesen, 1776 wurde sie von Carl Wilhelm *Scheele*
(1742 - 1786) und Tobern *Bergmann* (1735 - 1784) dargestellt. *Römpp* schreibt zur
Oxalsäure: *"Oxalsäure findet sich (in Salzform) u.a. im Sauerklee, Sauerampfer, in*
Salicornia-Arten (Natriumoxalat), in einigen Grasblättern (Magnesiumoxalat), in den

Blättern, Wurzeln und Rinden vieler Pflanzen (Calciumoxalat), im Guano (Ammoniumoxalat) usw. Größere Mengen (z.B. 4 - 5 g) von freier Oxalsäure können beim Menschen und den Tieren tödlich wirken, offenbar werden hierbei die lebensnotwendigen Ca-Ionen in Form von unlöslichem und unwirksamem Calciumoxalat ausgefällt, das die feinen Nierenkanälchen verstopft." Statt Oxalsäure verwendet man heute meist *Kleesalz* [Kaliumoxalat; $(COOH)_3 \bullet COOK$]. Es bildet weiße, geruchlose, primatische Kristalle, die giftig sind. Es wurde schon 1773 von *Savary* durch Eindampfen von Sauerkleesaft als *Sal acetosellae* gewonnen. Gibt man eine Kleesalzlösung zu reiner Eisengallustinte, hellt sich diese sofort auf. Das Kleesalz löst das Eisen der Tinte unter Entfärbung heraus. Dabei entsteht das gelbe Kaliumtrioxalatoferrat(III) der Formel $K_3[Fe^{III}(C_2O_4)] \bullet 6 H_2O$ als Niederschlag, der durch Reiben entfernt werden kann. Auch Essig- und Citronensäure wirken auf Tinte entfärbend. Anschließend müssen die Säuren gründlich aus dem Gewebe ausgewaschen werden, da sie die Cellulose der textilen Faser brüchig machen. Durch die oben genannten Säuren lassen sich auch Rostflecken mühelos entfernen.

Da Eisengallustinten meist organische Farbstoffe beigemengt sind, müssen diese gesondert behandelt werden. Hierzu eignet sich sehr gut *Chlorkalk* $(CaOCl_2)$. Verreibt man auf Tintenschrift etwas Chlorkalk, den man in Speiseessig gelöst hat, so verblaßt diese vollkommen, da sie von Chlor zersetzt wird. Dies ist das Prinzip der *Radierwässer* und der *Tintenentferner in Stiftform* (kurz Tintenkiller genannt). Diese enthalten Seifen, Soda und als Lösemittel das giftige *Formaldehyd*. Chlorkalk läßt nicht nur organische Farbstoffe verblassen, sondern entfernt auch Eisengallustinte (ohne Zusatz von organischen Säuren!). Selbst rote Tinte wird durch Chlor ausgebleicht. Statt Chlorkalk eignet sich zur Entfärbung auch *Natriumdithionitlösung* $(Na_2S_2O_4)$.

Bemerkenswerte Rezepte zur Fleckenentfernung finden sich in dem oben erwähnten Werk *"Neu eröfnete Vorrathskammer"*:

"Dintenflecken aus dem weissen Zeug zu bringen.
Nimm Sauerklee, thue es in frisch Wasser und laß es zerschmelzen; netze die Dintenflecken damit ein; reibe sie hernach mit Seiffenwasser; und lasse sie trücknen. Man wird nimmer sehen, wo solche Dintenmase gewesen ist. Jedoch muß es auf frischer That geschehen."

"Dintenflecken aus Tüchern und wollenen Zeuchen zu bringen.
Nimm die Helfte von einem frischen Ey und mische dreysig bis fünf und dreyßig Tropfen Vitriol darunter, wasche den Fleck damit aus, wasche es wohl mit einem weissen Tuch nach dem Strich ab, biß es fast trocken, alsdann laß es von sich selbst trocken werden."

Hier noch ein besonders kurioses Rezept des 18. Jhdt's, das ich dem geneigten Leser nicht vorenthalten möchte:

"Tücher, seidene und andere Zeuge zu putzen, wenn sie von Hunden oder Mäusen angebrunzt, oder vom Weine verderbt werden.
Nimm Benzoe-Tinctur, gieß sie in frisch Wasser, lege das Beflekte darein, so wird es wieder sauber, und erlangt seine vorige Farbe. Ist es aber ein alter Flek, so muß er ein oder zwey Tage darinnen liegen bleiben."

Experimente: Herstellung von Tinten, Tuschen, Wetterbildern

A. Herstellung einer schwarzen Eisengallustinte

Durchführung

Vermische 1 g Gerbsäure (Tannin); 0,3 g Gallussäure; 1,5 g Eisen(II)-sulfat und 0,5 g Gummi arabicum miteinander! Füge 50 ml dest. Wasser hinzu und säure mit einigen Tropfen konz. Salzsäure an. Rühre gut um!

Beobachtung und Auswertung

Die Flüssigkeit färbt sich blauschwarz. Möchte man, daß die Tinte sofort dunkel und kräftig aus der Feder fließt, gibt man noch etwas Anilinblau hinzu. Gerb- und Gallussäure bilden mit Eisensalzen blauschwarze Tintenkomplexe. Innerhalb einer Woche bilden sich durch Luftsauerstoffaufnahme aus den Eisen(II)-Ionen eine blauschwarze, sehr haltbare, festgebeizte Komplexverbindung, die dreiwertiges Eisen enthält. Die Eisengallustintenschrift ist äußerst licht- und luftbeständig. Daher wird sie als Dokumententinte eingesetzt. Die zugefügte Säure verhindert Schimmelbefall und verbessert die Komplexbildung.

B. Herstellung einer roten Eosintinte

Durchführung

Mit 1 g Eosin wird 0,1 g Gummi arabicum vermischt. Als Konservierungsmittel wird z.B. ein Tropfen *Formalin* [Vorsicht! Formalin ist toxisch (**T**)!] zugefügt. Es wird auf 50 ml mit dest. Wasser aufgefüllt.

Beobachtung und Auswertung

Es bildet sich eine hellrot leuchtende Tinte, die eine Lösung eines Natrium- oder Kaliumsalzes des Tetrabromfluoreszins darstellt. Gummi arabicum verbessert die Adhäsion und macht die Tinte dickflüssig.

C. Herstellung einer schwarzen Rußtusche

Durchführung

Zu 100 ml dest. Wasser füge man 0,5 g Glycerin; 0,1 g Gummi arabicum und ganz wenig Calciumcarbonat. Man rühre solange Ruß ein, bis die Tusche eine dickliche Konsistenz erhält und gutdeckend schwärzt. Statt Ruß lassen sich auch andere Farbstoffe zumischen.

a. Rezept mit Cobaltchlorid

Durchführung

Man stelle eine 5%ige Cobaltchloridlösung her, mit der man auf Papier schreibe. Später wird das Papier mithilfe eines Föns erwärmt.

Beobachtung und Auswertung

Die anfangs unsichtbare Schrift wird in blauer Farbe sichtbar. Das kristallwasserhaltige Cobalt(II)-chlorid $(CoCl_2 \bullet 6H_2O)$ ist schwachrosa und auf Papier nicht sichtbar. Bei Erwärmung (Fön, Kerze, Bügeleisen) gibt es leicht sein Kristallwasser ab. Es entsteht kristallwasserarmes, gut sichtbares Cobalt(II)-chlorid $(CoCl_2 \bullet H_2O)$.

b. Rezept mit Gerbsäure und Eisenvitriol

Durchführung

Mit farbloser Gerbsäurelösung (Tannin) wird auf Papier geschrieben. Die unsichtbare Schrift wird "entwickelt", indem man mit einer Lösung von grünem Eisenvitriol $(FeSO_4)$ darüberwischt oder -pinselt.

Beobachtung und Auswertung

Es erscheint auf dem Papier ein schwarzblaues Schriftbild. Gerbsäure bildet mit Eisenvitriol einen schwarzen Tintenkomplex (Eisengallustinte), der gut sichtbar ist.

E. Entfernung eines Tintenflecks

Durchführung

Auf einem Baumwolletuch wird mit reiner Eisengallustinte (Selbsterzeugnis!) ein kleiner Fleck hervorgerufen. In einem Reagenzglas löst man in 10 ml dest. Wasser 2 g Kleesalz durch Erhitzen auf. Die Kleesalzlösung wird auf den Fleck getropft. Es wird fest gerieben oder gebürstet. Anschließend wird gründlich mit entspanntem Wasser (Spülizugabe!) nachgespült.

Beobachtung und Auswertung

Der Tintenfleck wird schnell gelblich und verblaßt. Es bildet sich gelbes Kaliumoxalatoferrat(III). Durch Reiben und Spülen mit Wasser wird der Fleck vollends entfernt.

F. Herstellung eines Wetterbildes

Durchführung

In 60 T. warmem Wasser löst man 20 T. Cobalt(II)-chlorid, 10 T. Kochsalz, 1 T. Glycerin und 2 T. Gelatine. Damit bestreicht man eine Farbfotografie, die viel Himmel zeigt oder den Schirm oder die Schürze einer Porzellanfigur, die man zuvor mit Gelatine bestrichen hat.

Beobachtung und Auswertung

Bei trockener Luft (gutes Wetter wird angekündigt) zeigen Fotografie oder Figur eine blaue, bei feuchter Luft (schlechtes Wetter wird angekündigt) eine rosarote Farbe. Durch die Schwankungen der Feuchtigkeit nimmt das Cobalt(II)-chlorid unterschiedlich viel Kristallwasser auf und ändert dadurch seine Farbe von tiefblau nach schwachrosarot. $CoCl_2 \cdot H_2O$ ist blauviolett, $CoCl_2 \cdot 1\frac{1}{2}\, H_2O$ dunkelblauviolett, $CoCl_2 \cdot 2\, H_2O$ rosaviolett, $CoCl_2 \cdot 4\, H_2O$ pfirsichblütenrot und $CoCl_2 \cdot 6\, H_2O$ rosa gefärbt. Schon bei schwachem Erwärmen wird ein großer Teil des Kristallwassers abgegeben, so daß die tiefblaue Färbung zum Vorschein kommt.

Tips und Tricks

- Zur Bereitung weißer Tusche eignet sich Zinkweiß, blaue Tusche erhält man durch Zugabe von Ultramarin, rote Tusche aus Pulverfuchsin A.
- Weitere "chemische Partner" zur Bereitung einer *Geheimtinte:*

Schriftzug	*Entwickler*	*Farbe*
Lauge	Phenolphthalein	rot
Soda	Phenolphthalein	rot
Bleiacetat	Natriumsulfid	schwarz
Salicylsäure	Eisen(III)-chlorid	blauviolett
Kaliumrhodanid	Eisen(III)-chlorid	blutrot

- Wetteranzeigende Bilder enthalten kristallwasserhaltige, farbige Salze, die man in Gelatine einbettet. Es eignen sich insbesondere Chloride, Nitrate und Sulfate. Im Handel sind Porzellanfiguren der unterschiedlichsten Art, meist mit Cobaltsalzen bestrichen, erhältlich. Es lassen sich auch Dias präparieren. *Römpp* gibt in seinem *"Chemielexikon"* ein interessantes Wetterbildrezept an, das an das Hallesche *"Wintergemählde"* erinnert: *"Durch eine Kombination von geeigneten Salzen lassen sich besondere Effekte erzielen: man kann z.B. bei einem Landschaftbild den Himmel mit ... Kobalt-II-chloridlösung bestreichen, die Felder und Straßen des Bilds überzieht man mit einer Lösung von 10 g Gelatine und 1 g Kupferchlorid in 10 ccm W., während man zum Färben der Bäume und Wiesen eine Lösung aus 1 g Kobalt-II-chlorid, 0,25 g Kupferchlorid, 0,75 g Nickel-II-oxyd und 20 g Gelatine in 200 ccm W. verwendet. Bei trockenem Himmel zeigt ein solches Bild einen blauen Himmel, gelbe Felder und Straßen sowie grüne Bäume und Wiesen, während bei feuchtem Regenwetter graue Farbtöne auftreten."*
- *Cobalt(II)-chlorid* eignet sich auch gut zur Herstellung eines *Indikatorpapiers* zur Anzeige von Feuchtigkeit *(Cobaltchloridpapier)* und zur Herstellung von Silicagel mit Indikatoreffekt *(Blaugel)*
- *Sicherheitshinweise:*
  Formalin ist toxisch!

T

Anilin. Nach R. *Waeber*:*"Anilin, Phenylamin, Amidobenzol,* $C_6H_5NH_2$. *Das reine Anilin ist eine farblose Flüssigkeit, die mit leuchtender, rußender Flamme brennt, mit Alkohol, Äther, flüchtigen und fetten Ölen sich mischt, unter Einwirkung von Luft und Sonne sich dunkel färbt und verhartz ... Durch wässerige Chlorkalklösung wird das Anilin blauviolett, nach Zusatz einer Säure rötet es sich. Konzentrierte Schwefelsäure und etwas gelöstes doppelt chromsaures Kalium färben es blauviolett. Diese und ähnliche Reaktionen haben zur Darstellung der Anilinfarben geführt. Der blauviolette Farbstoff führt im Handel den Namen Anilinpurpur oder Mauve."* Postel schreibt zu Anilin: *"Das Anilin ist eine in neuester Zeit für die Industrie höchst wichtig gewordene Base, die an sich farblos, bei der Einwirkung sehr verschiedener Chemikalien die prachtvollen, an Schönheit unübertroffenen Anilinfarben liefert, besonders: Anilinroth, Anilinviolett, Anilinblau und Anilingelb. Der Name Anil stammt aus dem Sanskrit, und zwar von nili, mit dem Artikel: Al-nil oder Anil, indisch nila = blau. Schon Linné bezeichnete eine südamerikanische Art des Indigo mit dieser Benennung (Indigofera Anil). Als man nun den krystallisirten Farbstoff des Indigo darstellen lernte, gab man diesem den Namen Anilin. Bald entdeckte man denselben auch im Steinkohlentheer (Runge in Oranienburg), und gegenwärtig stellt man ihn gewöhnlich ... aus dem Nitrobenzol dar. Schon 1859 werden von England und Frankreich aus große Quantitäten von Anilin in den Handel gebracht, und man färbt jetzt mit demselben roth in vielen Schattirungen, blau, violett, gelb, grün, braun und schwarz. Die prächtigsten Kleiderstoffe werden mit Anilin gefärbt, Photographien colorirt man mit demselben und als rothe oder blaue Tinte ist es dem viel theureren und viel weniger haltbaren Carmin bei Weitem vorzuziehen. Auf ein Fläschchen von der Größe der gewöhnlichen Carminfläschchen genügen wenige Anilinkörnchen oder 3 - 8 Tropfen Anilinlösung zu reinem Wasser, um das schönste Roth zu haben."* Anilin wurde im Jahre *1826* von Otto *Unverdorben* (1806 - 1873) bei der Kalkdestillation des Indigos entdeckt und als *Krystallin* bezeichnet. Im Jahre 1843 fand A. W. *Hofmann* heraus, daß dieser Stoff identisch war mit dem *Kyanol* (1834) von Friedlieb Ferdinand *Runge* und dem *Anilin* (1841) von Carl Julius v. *Fritzsche* (1808 - 1871). Fritzsches Bezeichnung setzte sich bei der Benennung des neuen Stoffes durch.

Blauholz (Blauspäne, Blutholz, Campecheholz). *Zängerle* schreibt hierzu: *"Das unter diesem Namen vorkommende rothbraune Kernholz eines amerikanischen Baumes (Haematoxylon campechianum) enthält ein Chromogen, das Hämatoxylin ..., welches durchsichtige, gelbe Prismen von süssem Geschmack bildet ... Die wässrige Lösung wird durch den O der Luft nicht verändert, aber bei der Gegenwart der geringsten Menge Ammoniak wird sie roth, indem das Hämatoxylin in die Ammoniakverbindung des Hämateins ... übergeht. Die Lösung des Hämatein-Ammoniaks gibt mit Aluminiumsalzen eine violette, mit Ferrisalzen eine blauschwarze, unlösliche Verbindung. Man benutzt das Blauholz zum Blau-, Violett- und Schwarzfärben von Zeugen, zur Erzeugung von Mischfarben und zur Bereitung der Copirtinte."* Postel fügt hinzu: *"Das Blauholz gehört zu den angewandtesten Farbmaterialien, obschon die daraus gewonnenen Farben wenig ächt sind."*

Eosin (gr. eos = Morgenröte). Es wurde im Jahre 1871 durch Heinrich *Caro* (1834 - 1910) bei Experimenten mit dem von *Baeyer* entdeckten *Fluoreszin* und Brom gewonnen. Eosin ist ein Kalium- oder Natriumsalz des Tetrabromfluoreszins. Es ist im festen Zustand ein rotes Pulver, das in Wasser gelöst, grünlich fluoresziert. Der

Bromanteil im Eosin beträgt 45%! Eosin ist ein nichtlichtechter Farbstoff, der vorwiegend zur Tintenerzeugung angewendet wird.

Galläpfelgerbsäure (Tannin). Hierzu meint *Postel: "Der Galläpfelgerbstoff, den man besonders aus den Galläpfeln darstellt. Diese sind krankhafte Auswüchse an den Blattstielen und jungen Zweigen der Eichen, und entstehen durch den Stich der Gallwespe (Cynips Quercus folii), die ein in einen scharfen Saft eingehülltes Ei in das Loch legt, welches bald von dem Gallapfel umschlossen wird. Von dem Inhalte desselben zehrt die Larve und verpuppt sich dann; endlich frißt sich das vollkommene Insekt durch den Gallapfel und fliegt davon. Die besten Galläpfel entstehen auf der morgenländischen Galläpfeleiche (Quercus infectoria). Auch im Gerbersumach (Schmack, Rhus coriaria), so wie im grünen Thee ist Gallusgerbstoff enthalten. Da derselbe mit Eisenoxydsalzen einen blauschwarzen Niederschlag giebt, so dient er zum Färben und zur Darstellung der schwarzen Dinte, deren Hauptbestandtheile Gerbsäure und Eisenoxyd (gerbsaures Eisenoxyd) sind. Zwar wendet man gewöhnlich Eisenvitriol, also ein Eisenoxydulsalz an, aber das Oxydul wird an der Luft zu Oxyd. Will man Brunnenwasser auf Eisengehalt prüfen, so legt man zerschnittene Galläpfel in ein Glas davon, und läßt es einige Stunden stehen; ist auch nur eine Spur von Eisen vorhanden, so sind die Galläpfel von einer violetten Hülle umgeben. Von der im Obste nie fehlenden Gerbsäure rührt auch das Schwarzwerden der zum Schälen und Zerschneiden derselben angewendeten Messer her."* Zängerle schreibt zu Tannin: *"Mit Ferrisalzen gibt es einen schwarzblauen Niederschlag von Ferritannat und in beträchtlicher Verdünnung der Lösung des Ferrisalzes noch eine violette Färbung ... Hieraus erklärt sich der Umstand, dass die gewöhnliche schwarze Dinte, die man durch Mengen eines Galläpfelauszuges mit einer Lösung von Ferrosulfat erhält, in Berührung mit Luft an Schwärze zunimmt ... Legt man ein Stückchen Haut oder Blase in eine Tanninlösung, so wird alles Tannin von derselben aufgenommen und diese wird dadurch biegsam und haltbar, sie wird zu Leder (Gerberei) ... Bei Luftabschluß hält sich eine wässrige Lösung des Tannins gut, bei Luftzutritt dagegen schimmelt sie, nimmt aus der Luft O auf, gibt Kohlensäureanhydrid ab und zerfällt in Gallussäure und Zucker. Dieselbe Zersetzung erfolgt unter der Einwirkung eines in den Galläpfeln enthaltenen Fermentes."*

Glastinten. Sie dienen dazu, Chemikalienflaschen dauerhaft zu beschriften. Man stellt sie meist aus Wasserglas, einem Bindemittel und einem mineralischen Färbepulver her. So ergibt 5 g Bariumsulfat mit 20 g Wasserglas vermischt eine weiße Glastinte. Zur Bereitung schwarzer Glastinte eignet sich chinesische Tusche, die man in die gleiche Menge Wasserglas einrührt. Neben Wasserglas eignet sich auch Flußsäure, welche das Glas anätzt, aber sehr gefährlich in der Handhabung ist.

Krapp. Nach *Postel* ist *"Krapp die getrocknete und gemahlene Wurzel der Färberröthe (Rubia tinctoria). Im frischen Zustande enthält sie noch keinen Farbstoff, wohl aber ein Chromogen, welches bei längerem (2 - 3 Jahre dauerndem) Liegen der Wurzel auf unbekannte Weise in Farbstoff übergeht ... Durch die Wirkung eines in den Krappwurzeln enthaltenen Ferments, ebenso durch Kochen mit verdünnter Salzsäure und Alkalien spaltet sich das Chromogen in Alizarin (Krapproth), Purpurin (Krapppurpur), Zucker u.s.w.... Mit Krapp färbt man türkischroth, und diese Farbe ist so schön und dauerhaft, daß die Stoffe nach dem Waschen fast noch lebhafter erscheinen."* Der Name Alizarin kommt von Alizari, einer levantinischen Bezeichnung für die Krapppflanze. Krapp wird schon seit Jahrtausenden in Kleinasien kultiviert und in Ägypten, Indien und Persien zur Tuchfärbung eingesetzt. Vom 16.

Jhdt. an wurde die Krapppflanze auch in Europa angebaut. Ab dem Jahre 1871 wird
Alizarin künstlich hergestellt.

Kupfertinte. Soll Kupfer beschriftet werden, so eignet sich das Eisen(III)-chlorid wegen seiner oxidierenden Eigenschaften vorzüglich hierzu:

$$Cu + 2\ FeCl_3 \longrightarrow CuCl_2 + 2\ FeCl_2$$

Hierbei wandelt sich das Kupfer in Kupfer(II)-chlorid um, das später durch Wässern entfernt wird. Das Verfahren wird auch zur Platinenätzung elektronischer Schaltungen und zum Ätzen von Kupferplatten beim Kupfertiefdruck (Radierung) angewendet.

Sepia. Der im Mittelmeer verbreitete gemeine Tintenfisch (Sepia officinalis), ein Kopffüßler, scheidet bei drohender Gefahr einen schwarzbraunen Saft, Sepia genannt ab. Dieser wird durch After und Trichter des Tieres ausgespritzt, verdunkelt das umgebende Wasser und erleichtert ein Entkommen. Die Sepiadrüsen des Tintenfisches bilden getrocknet Brocken von muscheligem Bruch. Aus ihnen wird der Farbstoff mithilfe von Kaliumhydroxid (Ätzkali) herausgelöst, mit Salzsäure gefällt und getrocknet. Man erhält einen grauschwarzen Stoff, der sich in Soda mit rotbrauner Farbe auflöst. Sepiafarbe war schon dem Römer *Plinius* bekannt. Man stellte daraus braune Tusche her. Der Dresdener *Seydelmann* verarbeitete Sepia im 18. Jhdt. zu Tuschen und Aquarellfarben mit Gummi arabicum als Bindemittel.

Siegellack (lat. sigillum = Siegel). Unter einem Siegel versteht man den Abdruck eines Stempels in einen formbaren Stoff wie Wachs, Metall, Ton, Papier und Siegellack. Durch Versiegeln beglaubigte man anfangs Urkunden, später diente das Siegeln auch zum Verschließen einfacher Briefe. Es sollte das heimliche Öffnen von Briefen verhindern. Gesiegelt wurde häufig mit einem Siegelstempel (Petschaft), der in Metall, Holz oder Elfenbein eingraviert war. Der Siegellack wurde aus Schellack gewonnen. Man schmolz 10 Teile Schellack bei gelinder Hitze, gab 2 Teile venitianischen Terpentin hinzu, vermischte mit 2 Teilen Zinnober und 1 Teil Schlämmkreide, rührte um und goß die Masse schließlich in eine Form. Der beigemischte Zinnober sorgte für die Rotfärbung des Siegellacks. Billigeren Siegellack erhielt man, wenn man Schellack durch Colophonium (Geigenharz) ersetzte. Gefärbt wurde mit Eisenrot oder Mennige. Heute wird Siegellack auch aus Kunstharz hergestellt (synthetischer Siegellack). Siegellack wurde auch zur *"eleganten Flaschenversiegelung"* verwendet. Dazu mischte man 10 T. Colophonium, 20 T. Ether und 30 T. Colodium miteinander und fügte die gewünschten Farbpigmente bei.

Terpentin (Balsam). Man versteht darunter Auflösungen von Harzen in ätherischen Ölen. Im 19. Jhdt. unterschied man u.a.

a) *gemeinen Terpentin* aus Kiefern (Pinus sylvestris),

b) *Straßburger Terpentin* aus Tannen (abies pectinata),

c) *venitianischen Terpentin* aus Lerchen (Larix europaea),

d) *Storax* aus dem Storaxbaum (storax officinalis),

e) *canadischen Balsam* aus der Balsamtanne (Pinus balsamea),

f) *Balsam von Gilead* (Mekkabalsam) aus dem echten Balsambaume (Amyris opobalsamum)

Heute gewinnt man Terpentin aus angeritzten, harzreichen Kieferarten in den USA und in Frankreich. Terpentin ist zähflüssig, trübe fast weiß und klärt sich beim Erwärmen. Der Geruch ist harzig, der Geschmack bitter.

Weißblechtinte. Unter Weißblech versteht man gebeiztes Eisenblech, das man auf galvanischem Wege oder durch Feuerverzinnung mit einem dünnen, weißglänzenden Zinnüberzug versehen hat. Aus Weißblech werden insbesondere Konservendosen gefertigt. Weißblechtinte ist eine Kupfernitratlösung [$Cu(NO_3)_2 \bullet 6\,H_2O$), die man auf Weißblech aufbringt. Dabei scheidet sich aufgrund der Spannungsreihe Kupfer auf dem Zinn ab und färbt das Blech dunkel.

Brennender Berg und Blaufabrik

Als Naturwunder der besonderen Art gilt der im Saarbrücker Steinkohlengebirge liegende "Brennende Berg". Bereits Johann Wolfgang von Goethe (1749 - 1832) berichtet anläßlich seines "Westrichritts" im Jahre 1770 in *Dichtung und Wahrheit* im 10. Buch von dieser merkwürdigen Stätte: *"Hier [bei der Bereisung des Landes an der Saar] wurde ich nun eigentlich in das Interesse der Berggegenden eingeweiht, und die Lust zu ökonomischen und technischen Betrachtungen, welche mich einen großen Teil meines Lebens beschäftigt haben, zuerst erregt. Wir hörten von den reichen Dudweiler Steinkohlengruben, von Eisen- und Alaunwerken, ja sogar von einem brennenden Berge, und rüsteten uns, diese Wunder in der Nähe zu beschauen... bald überraschte uns, obgleich vorbereitet, ein seltsames Begegnis. Wir traten in eine Klamme und fanden uns in der Region des brennenden Berges. Ein starker Schwefelgeruch umzog uns; die eine Seite der Hohle war nahezu glühend, mit rötlichem, weißgebranntem Stein bedeckt; ein dicker Dampf stieg aus den Klunsen hervor, und man fühlte die Hitze des Bodens auch durch die starken Sohlen. Ein so zufälliges Ereignis, denn man weiß nicht, wie diese Strecke sich entzündete, gewährt der Alaunfabrikation den großen Vorteil, daß die Schiefer, woraus die Oberfläche des Berges besteht, vollkommen geröstet daliegen und nur kurz und gut ausgelaugt werden dürfen. Die ganze Klamme war entstanden, daß man nach und nach die kalzinierten Schiefer abgeräumt und verbraucht hatte. Wir kletterten aus dieser Tiefe hervor und waren auf dem Gipfel des Berges. Ein anmutiger Buchenwald umgab den Platz, der auf die Hohle folgte und sich ihr zu beiden Seiten verbreitete. Mehrere Bäume standen schon verdorrt, andere welkten in der Nähe von andern, die, noch ganz frisch, jene Glut nicht ahneten, welche sich auch ihren Wurzeln bedrohend näherte.*

Auf dem Platze dampften verschiedene Öffnungen, andere hatten schon ausgeraucht, und so glomm dieses Feuer bereits zehen Jahre durch alte verbrochene Stollen und Schächte, mit welchen der Berg unterminiert ist. Es mag sich auch auf Klüften durch frische Kohlenlager durchziehn: denn einige hundert Schritte weiter in den Wald gedachte man bedeutende Merkmale von ergiebigen Steinkohlen zu verfolgen; man war aber nicht weit gelangt, als ein starker Dampf den Arbeitern

Der brennende Berg bei
Dudweiler zur Goethezeit

*entgegendrang und sie vertrieb. Die Öffnung ward wieder zugeworfen; allein wir
fanden die Stelle noch rauchend ..."*

Auch im 19. Jahrhundert gehörte der zwischen Sulzbach und Dudweiler liegende
"Brennende Berg" zur besonderen Reiseattraktion. So schreibt Fr. *Blaul* in seinen
*"Reisebildern aus Rheinbayern und den angrenzenden Ländern. Aus den Papieren
eines Müden"*, die er unter dem Titel *"Träume und Schäume vom Rhein"* 1823
veröffentlicht: *"Bald waren wir an der preußischen Grenze, und es war bereits Mit-
tag vorüber, als wir das preußische Dorf Duttweiler erreichten.... nach kurzer Zeit
traten wir aus dem Walde auf eine Höhe, von der wir in eine kleine dampfende
und rauchende Talschlucht zu unseren Füßen hinabschauten. Schwefelgeruch hatte
uns schon vorher die Nähe des brennenden Erdreichs verkündet, und nun lag die
ganze talwärts sich erweiternde Schlucht vor uns... Die rotbraunen Felsen bilden
die schroffe nördliche Wand der Schlucht und weißliche Dämpfe dringen mit starkem Zischen und Brausen aus ihren Spalten; gegenüber ein sanfter Abhang, fast
ganz mit dem schönsten grünen Rasen begleitet, teilweise mit Gebüsch bewachsen
und nur an einzelnen kahlen Stellen rauchend; die Tiefe mit einem Gerölle von
rotbraunem Gestein bedeckt, zwischen dem an mehreren Stellen ebenfalls Dämpfe
aufsteigen.*

*Wir stiegen hinab in die Schlucht und unter den Sohlen fühlten wir bald das ver-
borgene Feuer. Wir standen auf dem einzigen tätigen Vulkane der Rheingegend.
Freilich nur einer en miniature, aber merkwürdig genug, um von Naturforschern
und Reisenden besucht zu werden. Die Felsspalten, aus denen der dicke weiße
Dampf auszischt, sind mit einem gelblich weißen und weißgrauen Anflug inkrustiert,
den wir mit einem Messer abkratzten und der nach Aussehen und Geschmack aus
Schwefelblume, Alaun und Salmiak zu bestehen scheint. Ein Beweis, daß vor längerer Zeit eine Kohlenflöze sich entzündet, die von alaunhaltigen Erdschichten
umgeben ist. Stärkeres Rauchen des Bodens, lauteres Brausen des Dampfes aus den
Feldsspalten nach anhaltendem Regen sprechen für diese Vermutung.*

Bei der Operation an den Spalten brachte unser industrieller Begleiter die Hand zu nahe an den Dampf und zog sie fast gesotten zurück, aber wie von allem, wußte er auch davon bald eine Nutzanwendung zu machen. Er untersuchte Boden und Felsen an vielen Stellen: und fand alle Grade der Temperatur, von der Lauwärme bis zur Siedhitze, an den Dämpfen. Er schien über mancherlei Gedanken zu brüten. Unterdessen hatte der Zweibrücker sich heimlich am Boden zu schaffen gemacht und brachte nach kurzer Zeit eine Anzahl gesottene Eier, die uns hier trefflich behagten. Er hatte ohne unser Vorwissen diese Eier in Duttweiler mitgenommen, die Erde aufgewühlt und sie hinein gelegt. In der kürzesten Frist waren sie gar... Darauf rückte der Vierte mit seinen Projekten heraus. Alle Frühgemüse meinte er, müßten sich hier auf das Beste erzielen lassen. Ich staunte das Ungeheure seines praktischen Sinnes an. Frühgemüse im brennenden Tale! – wie romantisch! Ein anderer Gedanke, den er aber nicht für den seinen ausgab, sondern von einem Arzte in Zweibrücken gehört haben wollte, ließe sich eher hören. Jener würde nämlich, wenn's auf ihn ankäme, das brennende Tal in das deutsche Ischia umwandeln. An die Felsspalten, denen der meiste Dampf entströmt, würde er Badehäuschen anbauen, wie auf jener Insel und die Dämpfe durch Röhrenleitungen nach Bedürfnis in minderem oder verstärktem Grade auf die Badenden einwirken lassen... Ein deutsches Ischia, gar nicht übel! Aber der Raum ist verdammt eng und kaum ein paar Dutzend Menschen möchten hier eingepfercht werden können."

Besonders intensiv hat sich Kammerrat Christian Friedrich *Habel* in seinen *"Beiträgen zur Naturgeschichte und Ökonomie der Nassauischen Länder"*, die er im Jahre 1784 zu Dessau veröffentlichte, mit den rätselhaften Vorgängen im *"Brennenden Berg"*, mit dem erstaunlichen Flözbrand im Erdinnern, beschäftigt. *"Bey dem Dorf Dutweiler, in dem Fürstenthum Nassau-Saarbrücken, 2 kleine Stunden von der Stadt gleichen Namens, ist ein brennender Berg, der auswärts nicht so bekannt ist, als er es wohl verdiente... Das Gebirge ist flötzartig, worin der puddingartige graue mit vielem Thon vermischte Sandstein, blaue Alaunschiefer, thonartiger Kräuterschiefer und Steinkohlen miteinander abwechseln. Auf dem Berge, welcher der brennende genannt wird, werden gegenwärtig drey neben einander liegende Steinkohlenflötze, Landgrube, Warmegrube und Bernessergrube betrieben...* [Ich] *führe ganz allein das eine Flötz, Landgrube genannt an, als worauf gegenwärtig das Feuer steht. Dieses Flöz setzt quer über das Gebirge, von Dutweiler nach dem Sulzbacher Thal... Es ist 14 Schuh mächtig, wovon die guten Kohlen, die gewonnen werden, gegen 10 Schuh mächtig, und die Bühnenkohlen vier Schuh stark, weil die Schiefer, die darüber liegen, etwas mürbe sind, und anstehen bleiben, ungeachtet sie zu verschiedenem Gebrauch könnten angewendet werden.*

Die alten Einwohner von Dutweiler, denen es frey stund, dieses unterirdische Produkt, womit von der gütigen Vorsehung keine Provinz in Deutschland so reichlich, als das Nassau-Saarbrückische, bedacht worden, nach Gefallen zu nutzen und zu verkaufen, fiengen ungefähr vor 200 Jahren an, da dieses Flötz bis zu Tag mit seinen Blumen aussetzte, Steinkohlen von der Landgrube zu gewinnen.

Die ehemaligen Unterthanen dieser Gegend, die noch nichts vom Bergamt wußten, keine bergmännische Regeln kannten, nur auf ihre Zeit dachten und der Vorsicht die Zukunft überließen, setzten vorzüglich auf diesem Flötz ein, und arbeiteten so lange darin, als es die Wetter, Wasser, Länge und Bequemlichkeit der Förderstrekken, und die von allzugroßen Weitungen und zu schwachen Kohlenmitteln, sc. her-

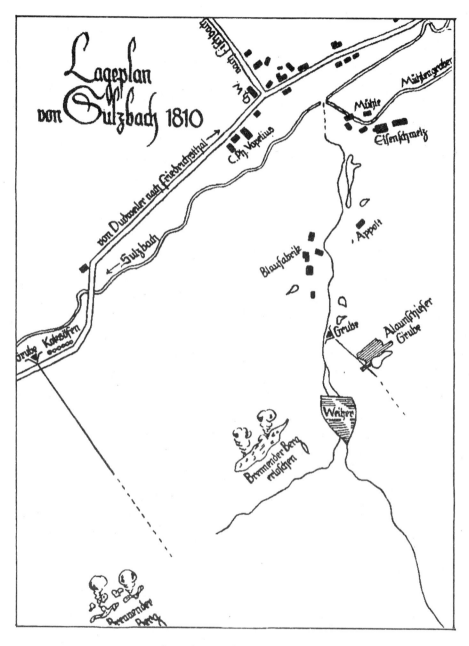

Lageplan von Sulzbach 1810

Aus Sulzbach, Dr. Staerck

rührende Brüche, verstatteten. Sie blieben also meistens auf der Oberfläche mit einer Art von Gewühl stehen, welches auch bis zur preißwürdigen Regierung Wilhelm Henrichs fortdaurete, der nach einer gewissen Vergütung und Vorzug der besitzenden Unterthanen auch dieses Kohlenflötz zu dem Bergregal zog, und die Kohlengruben regelmäßig oder bergmännisch betreiben ließ. Dieses geschieht unter dem Feuer her vermöge eines Stollens, der gegenwärtig 212 bis 220 Lachter lang ist, und vier Schemel ["angehauener Ort im Flöz mit zwei Wänden"] mit 11 Arbeitern hat...

Man fragt nun oftmalen, ob das Feuer auf diesem Flöz von selbst, durch die unterirdische entzündliche oder brennbare Schwaden und Wetter, oder durch Menschen ausgekommen sey? Ich habe bey meinem Aufenthalt im Saarbrückischen hinter die Wahrheit zu kommen gesucht, und von den ältesten Leuten in Dutweiler ... als eine übereinstimmende Erzählung und gewisse Tradition vernommen, daß vor 120 Jahr das Feuer durch einen Hirten von Dutweiler sey angegangen. Dieser habe Feuer auf einem in der Halde vom Landgruber Kohlenflötz gestandenen Stock gemacht; das Feuer sey an diesem in den Raum oder Rüsch (Mit dem Raum oder Rüsch hat man die Tagkohlen, Bühnenkohlen, und dasjenige aus der Grube benennt, so zur ordinairen Feuerung nicht gebraucht, und deswegen vor die Halde gelaufen wird; allein doch viele brennbare Materie enthält. Unter Tagkohlen versteht man einen Thon oder Schiefer, so nur etwas weniges mit Erdpech durchzogen ist, und sich nahe zu Tag vorfindet; allein zum Feuerwerk noch nicht dienlich sind. Zerwittern diese, und setzen zu Tag aus, wie im Saarbrückischen häufig zu sehen ist, so werden sie Kohlenblumen genannt, und als Blüthe von dem unten befindlichen Flötz ... angesehen. Bühnenkohlen werden diejenigen genannt, welche das Dach von den guten Kohlen ausmachen. Es sind gewöhnlich Steinkohlen, die noch Schiefer und Gebirge eingemischt enthalten. Zu Duttweiler ist es eine Art von Gagathkohlen, die aus vielen dünnen Striefen von Steinkohlen und Kräuter-Schiefer bestehen.) nieder in die alte Arbeit darunter gegangen, wozu ein heftiger Wind behülflich gewesen wäre."

Dr. P. *Guthörl* vermutet in seinem Aufsatz: *"Der Brennende Berg bei Dudweiler"*, den er 1944 im *"Bergmannskalender"* veröffentlichte, daß sich die *"bei den damaligen wilden Kohlengräbereien anfallenden Berge in Form von Ton- und Brandschiefer, die die Flöze begleiten, häuften"* und *"bildeten eine Bergehalde ..."* Guthörl nimmt an, daß die Temperaturen innerhalb einer Bergehalde durch Zersetzung und Druck so stark angestiegen sei, daß es zu einer Selbstentzündung gekommen sei, ein Vorgang, der noch in jüngster Zeit im Saarland eine Bergehalde schwelen ließ, wobei für benachbarte Anwohner unzumutbare Ausdünstungen auftraten. Der Haldenbrand in Dudweiler griff auf das Landgruber Flöz über und entzündete es.

Habel berichtet weiter von den Ereignissen am *"Brennenden Berg"*: *"Bis hierher waren die Einwohner von Dutweiler unbesorgt. Als es aber in die alte Arbeit kam, wurde es ihnen erst bange, es möchten ihnen alle Gruben in Brand gerathen. Man führte Wasser herbey, und löschte; je mehr man aber Wasser zuschüttete, um so viel stärker wurde der Brand. Man ließ das Feuer also brennen, weil man sich nicht zu helfen wußte. Und wer hätte denken sollen, daß es für die Folge gut war, daß man nicht helfen konnte.*

Es nahm seinen Anfang oberhalb des jetzigen Landgruber-Stollen, auf der Seite des Berges, der sich nach Dutweiler zu verflächet, zog allmählig den sanften Berg hinauf, auf die alten Arbeiten und überwältigte nach und nach die schwachen Mit-

tel und Kohlenbänke. *Es dauerte auf 100 Jahre, bis das Feuer über den Berg, der sich auf jener Seite nach dem Sulzbacher Thal verflächet, kam. Inzwischen hatte man darauf gedacht, aus diesem Brand, der einige Kohlen verzehrte, auch wieder Nutzen zu ziehen. Man fand die Schieferlagen, welche das Dach von den Landgruber Kohlen ausmachten, sehr alaunhaltig. Man wußte dazumal noch nicht, daß aller Thonschiefer in seiner Mischung eine Alaun-Erde enhielte. Man entdeckte in dem vom Feuer gerösteten Schiefer Stücke von calcinirtem Alaun, der sich vermuthlich durch Regengüsse aus dem gerösteten Schiefer ausgelaugt, zusammengesetzt, und durch eine geschwinde Ausdünstung erzeuget hatte. Dieses machte, daß man nun aus dem vom brennenden Berg selbst calcinirten Schiefer Alaun zu sieden trachtete, welches auch in der Folge ganz zu Stande gekommen, und bisher glücklich fortgesetzt wird. Ich habe mir daselbst noch ganze Stücke von dem calcinirten Alaun gesammlet, und auch geröstete Schiefer aus dem Berg erhalten, die ganz mit dem Alaun überzogen waren. Machte man hier durch die Kunst Halden, welche Arbeit hierbey gespart wird, so würde man eine größere Auswahl unter dem Schiefer selbsten treffen; denn nicht alle Thonschiefer geben gleich viel Alaun. Der beste, so sich hier findet, enthält eine Menge Schwefelkies, ist 8 bis 10 Schuh mächtig, wird von einem schwärzlich-grauen Schiefer Thon ... eingefaßt ... Dieser Alaunschiefer brennt, so er Luft hat, von selbsten, so wie das Steinkohlen-Flötz, fort, wenn er nur gehörig, wie bald unten folgen soll, behandelt wird. Man fieng jetzo, da man einen guten Gewinn, ohne sonderlichen Aufwand und Arbeitskosten, aus dem Alaun zog, und der Abgang der Kohlen eben nicht so beträchtlich, also auch nicht so einträglich war, an, mehr auf die Dauer des Feuers bedacht zu seyn, als daß man es noch zu ersticken gesucht und gewünscht hätte... Man suchte also nur das Feuer, da es einmal da war, geschickt zu leiten, sowohl daß der Brand fortdauerete, als auch daß die Schiefer gehörig geröstet wurden.*

Das Feuer steht ...in den alten Gruben, geht beständig der alten Arbeit nach, bleibt vor den Kohlenbänken und Kohlenmitteln stehen, bis es dieselben, weil man sie bey den Alten nicht stark genug gelassen, nach und nach durchfrißt, oder sich durch die Bühnenkohlen, weil diese nicht so derb, als die ganzen Kohlen, sind, oder durch die Schiefer fort schleicht, ist bereits 60 Lachter lang ausgebreitet, und noch über 110 Lachter lang brennend. Die Hitze und Gluth in den Schiefern ist ungemein stark: doch ohne Flamme. Vor dem Verdecken im Herbst haben die Schiefer am Ausgehenden des Feuers das Ansehen, als lauter glüende Kohlen. In der Nähe der Öfnung fühlt man die Hitze gar bald durch die Schuhe. Der Schwefel und Alaun legt sich zuweilen häufig an die eingebrochenen Wände an, und die Arbeitsleute kochen noch in einiger Entfernung von der Öfnung des Feuers, und sogar die an dieser Wärme gebratenen Kartoffeln nehmen keinen üblen Geschmack an.

Wo das Feuer einen starken Zug hat, backen die Schiefer zusammen, und überziehen sich mit einem Glas, und werden in eine sehr harte feuerschlagende Materie, die ihre vorige Gestalt behält, verwandelt. Zuweilen aber bey heftigerem Feuer entstehet daraus eine schwarze löcherichte Schlacke, eine Art des schwarzen Bimmsteins und Trasses ...Es ist schon bekannt, daß die Alaunschiefer, die vielen Schwefelkies enthalten, wenn sie einmal angesteckt sind, und einigermaßen Luft haben, für sich selbst fort brennen, und daß man, um diese Gluth nicht allzu heftig zu machen, weil sie einem Rösthaufen sehr schädlich, und oftmalen denselben in eine Schlacke verwandelt, wovon man bey Sulzbach alte Beweise sehen kann, die Schiefer, die zu viel Steinkohlen bey sich haben, von den Alaunhalden abzusondern sucht...

Das Berg-Öl und der Schwefel dringt aber dennoch durch die darüber befindliche Erde hervor, und letzterer legt sich darauf häufig in Blumen an.... Alles Gebirge, was durch das Feuer geröstet wird, ist gut zu Alaun; besonders aber dasjenige auf dem schon angeführten 6 bis 8 schuhigten Flötz, der eigentlichen Alaunschiefer, wovon der Centner an 2 Pfund Alaun, und 8 Pfund Schwefel und Eisentheile mit dem Salz innigst verbunden, enthalten soll."

Habel beschreibt die Struktur des Gebirges als flözartig: grauer, stark tonhaltiger Sandstein wechselt mit blauem Alaunschiefer, tonartigem Schieferton und Steinkohlen ab. Der Alaunschiefer wurde durch das im Berg schwelende Feuer vollkommen geröstet. Alaunschiefer ist ein an Eisenkies (FeS_2) reicher Tonschiefer. Durch den Brand im Kohlenflöz erhielt er eine rötliche, porphyrartige Färbung. Es bildeten sich durch Sublimationsvorgänge Alaun, Salmiak, Eisensulfat, Bittersalz, Porzellanjaspis und Haarsalz. Salmiak und Schwefel kristallierte auf dem Tonschiefer in einem bis zu 1 cm dicken Überzug aus. Der Porzellanjaspis trat in den Farben Rosa, Weiß, Grau, Violett und Grauschwarz auf.

Aus dem Alaunschiefer ließ sich durch Auslaugen mit Wasser *Alaun* gewinnen. Alaun ist ein schon seit alters her bekanntes Salz, das man in der Weißgerberei zur Herstellung alaungarer Leder, in der Medizin und als Beize in der Färberei nutzte: Textilien wurden mit Alaun-Lösung behandelt und wurden dadurch für Farbstoffe aufnahmefähig. Das *Universallexikon* von 1734 schreibt über diesen Stoff: *"Alumen ..., Teutsch Alaun, Allaun. Wird vor eine Bitterkeit der Erden gehalten, und ist ein mineralisches, saures Saltz, welches entweder natürlicherweise in Silber-Gruben gefunden, oder durch Kunst aus Erden, Steinen oder Schiefern gezogen wird, und wenn es erhartet, fast einem Crystall gleichet ... Man findet dessen unterschiedliche Gattungen. Er ist warmer, trockner, zusammenziehender, verdickender Natur, wird meistenteils äusserlich gebraucht; wiewohl ihn auch innerlich in der weissen und rothen Ruhr, auch anderen Blutstürtzungen einnemen lassen ... Sonst gebraucht man ihn vornehmlich bey Färbereyen und in der Schmeltzkunst. Alaun gepulvert und mit Regenwürmern gemischt, und eine Salbe daraus gemacht, dienet wider den Krebs, darüber gestrichen, und als ein Pflaster darauf gelegt ... In Eßig zerlassene Alaune dienet wider die Fäulung des Mundes, öffters damit gewaschen. Das Haupt mit Allaun-Wasser gewaschen, tödtet die Läuse und Nisse, hilfft wider das Zahn-Weh, Jucken und Grind, den Krebs und Auflauffen der Lefftzen ... Das Wort Alumen kömmt her von* αλμη, *salsugo, saumure, Lackke, weil die Allaune fast so schmeckt, wenn man sie hat in Wasser oder sonst zergehen lassen ..."*

Unter dem Stichwort *Alumen rupeum, crudum, de Rocha* finden wir in demselben Lexikon: *"Teutsch gemeine Allaune, Englische Alaune. Ist ein saurer, herber, urinosischer, scharffer, metallischer Safft, einem weissen und durchsichtigen Crystall gleich, welcher von dem sauren Erd-Geist, und von demselben durchfressenen Steinen gezeugt wird, auch nach deren Unterschied vielerley Gestalt und Farben an sich nimmt, und entweder hart als eine Ader, sonderlich in Silber-Gruben unter der Erden, oder flüßig, wie eine Milch gefunden; oder durch Kunst aus Erden, Steinen und Schieffern gezogen wird. Es werden nemlich erstlich die Allaun-Steine gebrochen, darauf in einem Kalck-Ofen gebrannt, nach dem werden sie Hauffenweise an geraume Plätze geführet, wohl einen Monat lang alle Tage viermahl mit Wasser besprenget, darauf in grosse Kessel gethan, Wasser darüber gegossen, unter*

Alaunbereitung aus Schiefer um 1556

stetem Rühren gekocht, bis die Allaun-Schärffe ausgezogen ist: Hernach wird das
klare Wasser von den Hefen abgelassen, und in eichene, höltzerne Gefäße gethan,
und darinnen zu Crystallen anschiessen gelassen, welche gemeiniglich acht- und
zehen-eckigt sind. Der Schieffer hingegen wird in grosse Hauffen, oben etwas platt
geschüttet, ein Jahrlang an der Luft gelassen, und alle 14 Tage starck mit Wasser
begossen, folgendes gelauget, die Lauge in bleyernen Kesseln gesotten, das Allaun-
Mehl daraus gewonnen, nachmahls gesotten, und solche Sode in ein Faß gelassen,
da endlich der Allaun anschiesset..."

Das eben geschilderte Verfahren der Alaunbereitung durch Rösten wird schon in dem
von Georg Agricola (1494 - 1555) verfaßten Werk *"Vom Berg- und Hüttenwesen"*
("De re metallica libri XII") vom Jahre 1556 beschrieben: *"Alaunhaltiges Gestein*
wird zuerst in einem Ofen gebrannt, der dem Kalkbrennofen ähnlich ist. Auf dem
Boden des Ofens stellt man aus diesem Gestein eine gewölbte Feuerstelle her und
füllt den übrigen leeren Raum des Ofens mit dem gleichen Alaungestein aus, das
durch das Feuer gebrannt wird, bis es rot glüht und einen schwefelhaltigen Rauch
ausstößt... Nach dem Abkühlen zieht man dann das Gestein aus dem Ofen heraus,
bringt es auf den Lagerplatz und schichtet es übereinander ... Man besprengt ihn
40 Tage lang mit Wasser, das man mit tiefen, löffelartigen Gefäßen schöpft ... Durch
das lange Anfeuchten zerfällt das Gestein wie gelöschter Kalk, und es bildet sich
sozusagen eine neue Masse, die den später zu gewinnenden Alaun enthält und
weich ist, ähnlich wie das in Gesteinen vorkommende flüssige Steinmark. Die Masse
ist weiß, wenn das Gestein vor dem Brennen weiß war, und sie ist rötlich, wenn das
Gestein rot mit einem weißen Schimmer war. Aus dem ersteren entsteht weißer
Alaun, aus letzterem rötlicher Alaun." Auch im 19. Jhdt. wird das Alaungestein,
jetzt aber meist in großem Rahmen geröstet. So schreibt das *"Buch der Erfindun-*
gen": *"Komplizierter ist dagegen die Darstellung des Alauns aus den Alaunerzen, zu*
denen auch der Alaunschiefer und die Alaunerde zu rechnen sind. Der Hauptmas-

Alaunfeld mit
Röstofen – 19. Jhdt.

se nach bestehen diese Gesteine aus kieselsaurer Thonerde (Thon, Aluminiumsilikat)
mit beigemengtem Schwefelkies. Der letztere soll sich durch Sauerstoffaufnahme aus
der Luft in Schwefelsäure verwandeln und in dieser Form an die Thonerde binden.
Es geschieht dies bei lockeren, porösen Gesteinen, in denen die einzelnen Schwe-
felkiespartikelchen für die Einwirkung der Luft frei daliegen, schon bei gewöhnli-
cher Temperatur; dichtere Erze müssen dagegen durch Erhitzen, beziehentlich
Glühen, vorher mürbe gemacht, geröstet werden. Man schichtet die Steine auf einen
dichten, undurchlässigen Thonboden zu Haufen zusammen, in denen ihre bituminö-
sen Bestandteile verbrennen und durch die dabei entstehende Erhitzung die Schwe-
felmetalle oxydieren sollen. Die Entzündung geschieht entweder durch beim Aufset-
zen besonders angelegte Feuerkanäle, in denen bei Beginn des Röstprozesses ein
Feuer angemacht wird, oder dadurch, daß man über und um ein brennendes Koh-
lenfeuer zuerst größere Schieferstücke schichtet und, sowie diese in Brand geraten
sind, den Aufbau des Haufens weiter und weiter fortführt, so daß sich derselbe wie
ein Kohlenmeiler selbst in Brand erhält. Formen und Dimensionen der Rösthaufen
sind sehr verschieden. In den großartigen Alaunwerken von Hurlet und Campsie bei
Glasgow umfassen die Rösthaufen zweier Fabriken allein einen Raum von ungefähr
20 Morgen und enthalten bei einer Länge von 40 – 60 m, einer Breite von 7 m und
einer Höhe von 5 m bis zu 26000 Tonnen Erz. Die Behandlung der Haufen in
bezug auf Regulierung der Hitze bedient sich ganz derselben Mittel, welche bei der
Verkohlung in Meilern angewendet werden. Die Erfahrung hat festgestellt, wann auf
den Haufen nicht mehr aufgebaut werden darf; es wird derselbe dann mit einer
Decke ausgelaugten Erzes umgeben, bemantelt, und der Abkühlung überlassen. Im
allgemeinen gebraucht ein Haufen von den angegebenen Größenverhältnissen, um
vollständig durchgeröstet zu werden, eine Zeit von 5 – 12 Monaten."

Es folgt nun nach *Agricola* das Auslaugen des gebrannten alaunhaltigen Gesteins.
Hierzu füllt man einen heizbaren, runden Kessel mit Wasser und erhitzt dieses bis

zum Sieden. Dann wird das alaunhaltige, gebrannte Gestein eingefüllt und mit dem Wasser vermischt. Unlösliche Bestandteile werden mit Schaufeln aus der Pfanne herausgeholt. Die Lösung wird mit tiefen, löffelartigen Gefäßen ausgeschöpft und in rechteckige Wannen aus Eichenholz gefüllt. Dort erstarrt die Lösung und der Alaun scheidet sich ab. Der Alaun wird mit einem Schabeisen ausgekratzt, gewaschen, getrocknet und verkauft. Das eben geschilderte Verfahren zur Gewinnung von Alaun geht ursprünglich auf Vannoccio *Biringuccio* (1480 - 1538) zurück, der es in seiner *Pirotechnia* beschreibt.

Im Dudweiler des 18. Jhdt's wird das Alaunbrennen "im Berg" besorgt, will aber dennoch organisiert sein. *Habel* schreibt darüber: *"Die Arbeit bey dem Alaunschiefer wird in Campagne getheilt. Man fängt damit an, wenn es nicht mehr friert, und fährt damit fort, bis man wieder Frost zu befürchten hat, ungefähr vom März bis Martini. So bald es nicht mehr friert, werden die eingestürzten und über den Winter mit Grund bedeckten Schiefer, die den Winter hinlänglich geröstet sind, in die Kutten so warm und heiß, als es nur möglich, mit Schubkarn gelaufen, und ausgelaugt. Man bricht gewöhnlich von dem nächsten vom Feuer angegriffenen Felsen etwas dazu, wenn man es zum Auslaugen tauglich findet. Was nicht genug geröstet ist, läßt man auf die künftige Campagne zurück, damit sie noch besser brennen. Den ganzen Sommer über holt man von dem brennenden Berg diejenigen Schiefer, die man für tauglich zum Auslaugen hält. Gegen den Herbst sucht man nach der Teufe in den Alaunschiefer zu brechen, und zu verschrämen, so viel, als man kann, immer dem Feuer nach, da man indessen das Verschrämte zurückwirft, verwahrt es mit Bolzen oder Stützen, und dieses so weit, daß, wenn die Bolzen heraus geschlagen, das Gebirge von selbsten sich loszieht, und einstürzt. Man schüttet hierauf vom reinsten Schiefer, den man haben kann, darüber, und wirft mit Schaufeln noch Decke darauf ...*

Dann folgt das Auslaugen, das sich kaum von Agricolas Vorschriften unterscheidet: *"Die guten Schiefer werden dreymal ausgelauget. Die erste Lauge wird durch hölzerne Canäle gleich in die Alaunhütte geleitet; die beyden letztern aber, sowohl die Nachlauge, als das Wasser, welches zur Nachlauge genommen wird, auf die frische Schiefer gebracht, und Gaarlauge daraus gemacht. Die Gaar-Lauge kommt bey der Hütte in einen Vorrathskasten, aus diesem in die beyernen Pfannen, die viereckigt sind, und gegen 6 Ohm* [altes Flüssigkeitsmaß, 130 - 160 Liter] *halten. An einer Pfanne sind 16 bis 17 Centn. Bley. Die Pfannen ruhen auf eisernen Platten, weil die Steinkohlen, als womit allein gefeuert wird, sonsten leicht Löcher in denselben verursachen. Alle 48 Stunden ist eine Pfanne eingesotten. Für vier Pfannen braucht man alle 24 Stunden 18 bis 20 Centn. Steinkohlen, wozu man aber jedesmal die von schlechterer Qualität nimmt, und vier Pfannen können allein von dem brennenden Berg geführt werden. Aus diesem Berg können jährlich, wenn er gehörig eingebrochen und verdeckt ist, ungefähr 300 bis 320 Centn. Alaun verfertiget werden."*

Im 19. Jhdt. wurden die Verfahren nach und nach verfeinert. Im *"Buch der Erfindungen"*, 1886 von F. Releaux zu Leipzig und Berlin herausgegeben, lesen wir darüber: *"Die Auslaugung geschieht in gemauerten Zisternen, in welche in falscher Boden von Latten eingelegt ist. Auf diesen werden die gerösteten Erze etwa 50 cm hoch aufgeschichtet und mehrmals mit immer schwächerer Lauge von früheren Waschungen behandelt, bis endlich die letzte Erschöpfung mit reinem Wasser erfolgt. Hat man dadurch schließlich eine siedewürdige Lauge erhalten, so schreitet*

Abdampfofen für Alaunlösung

man, nachdem dieselbe durch Absetzen sich hinlänglich geklärt hat, zur Eindam-
pfung, die in eisernen Pfannen oder auch in Flammöfen geschehen kann. In die
Verdampfpfannen dd kommt die Lauge, über deren Oberfläche a die Flamme vom
Rost r ausgehend wegschlägt und durch den Schornstein e entweicht. Die Lauge
wird aus den Gefäßen hh mittels der Hähne i in die Pfanne gelassen; die ver-
schließbaren Öffnungen mm dienen zum Reinigen der Pfannen, nn zur Beobach-
tung des Prozesses. Durch das Rohr f leitet man die Lauge aus der höheren Pfanne
in die tiefere und durch op läßt man die konzentrierte Lauge ab. ...

Ist der entsprechende Konzentrationsgrad [der ausgelaugten Alaunerde] erreicht, so
setzt man (je nachdem es sich um die Darstellung von Kalialaun oder von Ammo-
niakalaun handelt) so viel schwefelsaures Kali oder schwefelsaures Ammoniak zu,
als notwendig ist, um die schwefelsaure Thonerde zu binden. Ein Teil der begleiten-
den Salze hat sich als weniger löslich bereits während des Abdampfens ausgeschie-
den und ist entfernt worden; ein Rest dagegen setzt sich noch in den Schüttelkästen
ab, in welche die Lauge geleitet und in welchen der Zusatz des Alkali vorgenommen
wird. Sobald die heißen Flüssigkeiten zusammenkommen, beginnt die Bildung und
Abscheidung von Alaunkristallen, weil dies neue Salz weniger löslich ist als jedes
der beiden ersten für sich.... In den Schüttelkästen sorgt man nun dafür, daß die
Mischung fortwährend durch Umrühren oder Schütteln gestört wird, um die Ausbil-
dung großer Alaunkristalle, welche viel von der unreinen Mutterlauge einschließen
würden, zu verhindern. Man gewinnt also lauter kleine Kristallchen, sogenanntes
Alaunmehl, und dies ist für die Reinigung des Salzes vor anhängender Eisenlösung
durch Waschen von Belang; denn eisenhaltiger Alaun ist für die meisten Zwecke,
namentlich in der Färberei und Zeugdruckerei, untauglich.... Das Alaunmehl wird
hierauf durch mehrmaliges Umgießen mit kaltem Wasser von der anhängenden
Mutterlauge befreit, in einer Pfanne durch hineingeleitete Wasserdämpfe zur Auflö-
sung gebracht und die konzentrierte Lösung der Ruhe überlassen. Es bilden sich
aber auch hier noch keine großen, durchsichtigen Kristalle, vielmehr setzt sich das
Salz als eine dichte weiße Masse an den Wänden ab, und man hat daher ein noch-
maliges Auflösen, mit dem man wiederholte Waschungen verbindet, nötig, um die im
Handel beliebte Form zu gewinnen."

Die Alaungewinnung am "Brennenden Berg" wird in einem Schreiben der verwitweten Gräfin Eleonora Clara zu Nassau-Saarbrücken vom 22. September 1691 erstmalig erwähnt. Darin erlaubt sie einem Christian *Jebel* aus Böhmen *"die Materie zu alaun und Kupferwasser zu graben und zu machen."* Etwas später erhält derselbe einen Erbbestand: *"... demnach wir in erfahrung kommen, wie dass der, uff deren angesteckt und brennendten steinkohlgruben, zwischen beyden dörffern Dutweyler vndt Sultzbach allhier in der grafschaft Saarbrück sich befindtender grundt dientlich seye, alaun kupferwasser vndt dergleichen darauss zu machen ..."* Jebel darf ein Alaunwerk bei den Kohlegruben errichten. Zum Alaunsieden darf er deren Steinkohlen nutzen. Um 1728 gab es bei Dudweiler zwei Alaunhütten, welche jährlich über 600 Ztr. Alaun lieferten und 600 Fuder Steinkohlen zum Alaunsieden verbrauchten.

Anfangs wurden zur Alaunsiederei nur die gerösteten Schiefer vom "Brennenden Berg" verwendet. Seit 1725 baute man Alaunerz bergmännisch in Stollen ab, die zur Kohlengewinnung nicht mehr benutzt wurden. In den Stollen wurde der Schiefer mithilfe von Karren, in den Schächten mithilfe einer Haspel gefördert. Man schüttete den Alaunschiefer auf Halden und röstete ihn an der Luft. Unter Tage gewonnener Alaunschiefer war wesentlich teurer als der, den man schon geröstet dem "Brennenden Berg" entnahm. Habel schreibt über die Wirtschaftlichkeit: *"Für die Alaunschiefer, die man durch einen besondern darauf geführten Grubenbau auf eben diesem Berg, besser nach Saarbrück zu, gewinnt, können, wenn es ordentlich betrieben wird, jährlich 200 Centn. Alaun gerechnet werden. Diese erfordern aber mehr Aufwand, weil man einen besondern Bau darauf unterhalten, führen und die gewonnenen Schiefer oder Alaun-Erz in besondern Halden rösten muß. Da der Unterschied der Kosten der Alaunschiefer vom brennenden Berg, und desjenigen, der durch einen besondern Bau muß gewonnen werden, sehr beträchtlich ist, so hat man vor zwanzig Jahr ... auch den Blockersberg, unweit der Rußhütte, und eine Stunde von Saarbrücken zu einen brennenden Berg zu machen gesucht, und mit Fleiß, ohne vorhergegangene gründliche mit dem Schiefer gemachte Proben, angesteckt. Dieses hätten sich die alten Dutweiler Unterthanen gewiß nicht vermuthet, als sie den jetzigen brennenden Berg zu löschen so besorgt waren! Es wird aber gegenwärtig auf dem Blockersberg kein Alaun gemacht, weil die Schiefer zu arm, und der Alaun zu wohlfeil ist. Das Feuer brennt aber bisher in und über einem acht Schuh mächtigen Kohlenflöz fort."*

Habel betrachtet in seiner sehr ergiebigen Untersuchung den "Brennenden Berg" auch aus ökologischer Sicht und liefert sehr interessante Ausführungen im Hinblick auf ein schon damals aktuelles Waldsterben: *"Auf der rechten Seite, so man von Sulzbach herauf kokmmt, stehen noch die schönsten großen Bäume über den brennenden Berg, ganz nahe, so man kann sagen, weil es donlegig einschießt, über den brennenden Flötzen. Das Feuer muß daselbst sehr tief stehen. Es erhitzt aber dennoch den obern Boden in so viel, daß an einigen Orten das Öl von dem Steinkohlen-Flötz hervordringt, und auch in dem strengsten Winter kein Schnee in der Nähe liegen bleibt, welches auch die Ursache abgiebt, daß sich im Winter das Wild häufig an diesem Berg auf diesen bloßen Orten versammelet hält, wenn sonsten alles mit Schnee bedeckt ist. Es ist zu verwundern, daß sich die Bäume nach und nach mehr Hitze, als sie sonsten vertragen können, auszusstehen angewöhnen. Es stehen Hainbuchen, Buchen und Eichen darüber, welche ungefähr von einem Alter von 60 bis 80 Jahr seyn mögen. Die Hainbuchen stehen gut; die Buchen mittelmäßig; allein alle Eichen fangen an, dürre Spitzen zu bekommen, oder es stirbt beständig etwas von dem äußersten der obersten Aeste ab. Vermuthlich, weil die Eiche mit ihren Wurzeln weit mehr in die Tiefe, als erst erwehnte Bäume, geht, wobey also die untersten Wurzeln von der Hitze schon allzu stark angegriffen werden. Auch in der Gegend des brennenden Berges, wo das Feuer mit seiner Gluth sich zu Tag zeigt, wo die unterminirten Alaunschiefer zusammenstürzen, und natürliche Halden formieren; da, wo sich eine Menge Schwefelblumen ansetzen, und auf dessen Seite das Erdöl sehr stark heraus schwitzt; wo Bimsteinart und vulkanische Schlacken entstehen; wo der natürliche Alaun zusammen lauft, und das gebrannte Gestein entweder überzieht, oder besondere Alaunzapfen bildet; wo, sage ich, eine Menge scharfer besonders schweflichter Ausdünstung ist, daselbst merkt man keinen Nachtheil, den die Bäume, die sich in der Nähe befinden, davon nehmen, wovon man bey der Frankenscharner Hütte zu Clausthal [Harz], und bey einigen sächsischen Schmelzwerken das Gegentheil bemerket, als woselbst sie in einer beträchtlichen Entfernung sämmtlich von den mineralischen Dämpfen und Schwaden abstehen. Man sieht hieraus, daß die böse Wirkung und das Absterben der Bäume nicht von don sohwoflichton Dämpfen, welches man mich an einigen Hütten hat bereden wollen, sondern allein von den arsenicalischen Dämpfen herkomme. Die, besonders wenn sie nicht allzu häufig, sind weder den Thieren noch Pflanzen schädlich; zu häufig schaden allerdings die sauren Schwefeldämpfe der Brust und ersticken die Tiere."* An anderer Stelle läßt sich *Habel* auch über den Begriff "Schwaden" aus: *"Die gewöhnlichen Schwaden sind nicht brennbar, sondern löschen die Lichter aus. Die entzündlichen Schwaden werden allein in Steinkohlenwerken gefunden. Da die Saarbrückische Flötze gewöhnlich so mächtig sind, daß man noch zur Zeit und vielleicht nach vielen hundert Jahren keine Krumhölzer Arbeit vorzurichten nöthig hat, so sind die brennbaren Schwaden schon seltener daselbst. In der Landgrube nach Sulzbach zu habe ich, jedoch vor einem Schemel, sehr warme Wetter angetroffen, welche aber vermuthlich von dem darüber stehenden Feuer mit mögen hergekommen seyn. Sie waren so hartnäckig und hatten sich so festgesetzt, daß man sie durch einen Durchschlag, den man mit einem unterm Schemel machte, der sehr gute Wetter hatte, im geringsten nicht zu heben im Stande war."*

Die Alaungewinnung bei Dudweiler wurde ab etwa 1733 auf landesherschaftliche Rechnung übernommen, im selben Jahr wurde eine Kohlengrube für das Alaunwerk eröffnet. Von 1753 bis 1762 war die Alaungewinnung an eine "General-Ferme" verpachtet. 1765 erbaute Fürst Wilhelm Heinrich ein neues Alaun- und Farbenwerk, so daß man die älteste Alaunfabrik, unmittelbar unter dem "Brennenden Berg" gelegen, aufgeben konnte. Ab 1790 wurde nur noch besonders geförderter Schiefer (Alaunerz) zur Alaungewinnung verwendet. In den Kriegsstürmen der französischen Revolution der Jahre 1793/94 wurden beide Alaunhütten zerstört. In den nachfolgenden Jahren suchte der *"inspecteur des mines"* Watremez einen Pächter für die Alaunhütten. Er schlug vor, sie an den Kaufmann und Fabrikanten C. Ph. *Vopelius* zu verpachten, der seit 1786 die Alaunhütten geleitet hatte. Dieser schrieb am 27. 1. 1796 *"Soultzbach, le 7 Pluviose 4e année de la république une et indivisible. Le citoyen Vopelius au citoyen Vatremetz, inspecteur des mines et usines des pays de Nassau-Sarrebruck",* unter welchen Bedingungen er zur Übernahme der Alaunfabrik bereit sei. Nach der *"Geschichte der Familie Vopelius"* von Dr. Walter Lauer, 1936 herausgegeben, sollten nach dem Wunsch von *Vopelius* folgende Konditionen gelten:"

1. *wollte er auf eigene Kosten die Gebäude und Öfen usw. instandsetzen lassen,*
2. *sollte ihm Holz zum ortsüblichen Preise von der Forstverwaltung Sulzbach zur Reparatur zur Verfügung gestellt werden,*
3. *für die zu verwendeten Kohlen wollte er von der Grube Dudweiler drei livres pro Fuder zu zirka 30 Zentner bezahlen,*
4. *versprach er, die Alaunhüttengruben in gutem und dauerhaftem Zustand zu unterhalten, wofür er*
5. *einen jährlichen Canon von 600 livres in bar zahlen wollte."*

Vopelius bemerkte am Ende seines Schreibens: *"Die Alaunherstellung ebenso wie die von Preußischblau und die von Salmiak erfordern eine lange Erfahrung und Kenntnisse in Chemie. Wie Sie aus meinen Berechnungen ersehen konnten, deren Glaubwürdigkeit ich Ihnen auf Ehre und Gewinn garantiere, erfordert die Manufaktur ein beträchtliches Betriebskapital und kann nur in ruhigen Zeiten auf einen rechten Gewinn hoffen ... Ich bitte Sie aber, keine Zeit zu verlieren, da man sofort mit den notwenigen Vorbereitungen zur Fabrikation beginnen muß, wenn die nächste Campagne rechtzeitig beginnen soll."* Am *"28 Ventose an IV"* (18. März 1796) wurden die Alaunhütten nebst Rechten zur Alaunschiefergewinnung an den "Bürger" Carl Philipp *Vopelius* in Sulzbach auf 9 Jahre verpachtet. Alle Wiederaufbauarbeiten gingen auf seine Kosten. Zum Betrieb erhielt er jährlich 420 Fuder Steinkohlen zu 3 livres das Fuder. Ihm wurde außerdem Bauholz bewilligt.

Im Jahre 1798 entstand der *"Rapport de l'inspecteur des Mines Watremez, du 16 Fructidor an 6 (pages 14 & 15)":* "Zwischen der Gemeinde Duttweiler und der Steinkohlengrube des gleichen Namens, liegen 2 Alaunhütten, 100 Klafter entfernt voneinander an der Landstraße, die von Saarbrücken nach Ottweiler führt. Sie sind Nationaleigentum. Vor dem Krieg waren sie an zwei Einwohner von Frankfurt verpachtet; aber zwischenzeitlich wurden sie zerstört und waren in einem baufälligen Zustand. Sie wurden am 28 Ventose des Jahres 4 für 9 Jahre an den Bürger Vopelius zu Sulzbach verpachtet, gegen einen jährlichen Canon von 600 frs., unter der Bedingung, daß er sie auf seine Kosten wiederherstelle und sie am Ende der Pachtzeit in gutem Zustande übergebe. Man fördert den Alaunschiefer am "Brennenden Berg", aber im südlichen und nicht abgebrannten Teil; 500 Schubkarren oder Kubikfuß dieses kalzinierten Alaunschiefers liefern 550 Pfund Rohalaun, der bei der Reinigung ein Drittel verliert. Die Jahreserzeugung kann sich auf 1000 Zentner reinen Alaun belaufen, dessen Preis im Handel schwankt. Aber man kann ihn auf den mittleren Preis von 30 frs. pro Zentner taxieren. "

Die Konzession von *Vopelius* wurde von Jahr zu Jahr verlängert. Vopelius forderte aber zu seiner wirtschaftlichen Sicherheit eine möglichst lange Konzessionsdauer. Die Verhandlungen waren für *Vopelius* äußerst schwierig. Die Regierung zu Paris wollte sämtliche Saargruben an ein und dieselbe Gesellschaft verpachten. Die Alaunschiefer-Konzession war aber mit der Kohlenkonzession verquickt. Erhalten ist ein Brief vom 9. März 1807: *"Vopelius fermier des Aluneries de Doutwiler et propriétaire des Manufactures des Bleu de Prusse et de sel ammoniac à Soulzbach à Mr. Keppler, Prefet du Département de la Sarre. Membre de la Légion d'honneur."* In diesem Schreiben bat *Vopelius* Mr. Keppler um Fürsprache beim Innenminister, sein Gesuch *"Alaunschiefer auf dem Gebiet von Doutweiler und Sulzbach zu fördern, sowie die mit diesen Schiefern verbundene Steinkohle zur Beschickung meiner Fabriken"* zu genehmigen. Gleichzeitig setzte sich *Duhamel*, der Inspektor der Gruben und Hütten in Saarbrücken bei dem Präfekten in Trier für die Forderung von *Vopelius* ein.

Durch Dekret *"au camp Impérial de Dantzick le Ier juin 1807"* erhielt *Vopelius* von *"Napoléon, Empereur des français et Roi d'Italie"* endlich doch noch die so heiß herbeigesehnte Alaun-Dauerkonzession. Im 1. Artikel heißt es: *"Dem Herrn Charles Philippe Vopelius, Besitzer der Manufakturen für Preußischblau und Salmiak wird die Konzession übertragen, mit vollem Recht Alaun und Eisenvitriol in Dudweiler, im Saar-Departement zu fördern, in einem Bezirk von 3 Quadratkilometern und 36 Quadrathektometern gemäß dem angehängten Plan."*

Eine weitere Alaunhütte war im benachbarten St. Ingbert in der Rothdell gegründet worden. Zur Alaungewinnung durften nach dem Muster des "Brennenden Berges" die verlassenen Kohlenstollen der St. Ingberter Kohlengruben in Brand gesteckt werden und der so geröstete Alaunschiefer ausgelaugt werden. Die Alaunhütten zu Dudweiler und St. Ingbert lieferten um 1820 jährlich gegen 60.000 kg Alaun und 10.000 kg Vitriol. Die Alaunhütten zu Dudweiler stellten um 1840 ihren Betrieb ein, da die Alaunschiefergruben erschöpft waren. Diese wurden 1843 vom preußischen Staate aufgekauft und der Grube Dudweiler zugeschlagen.

Die Alaunfabrik zu St. Ingbert bildete mit einer benachbarten *Bittersalzfabrik* eine wirtschaftliche Einheit. Die Bittersalzfabrik wurde ab 1786 von *Röchling, Ritter und Karcher* betrieben. Im Jahre 1809 kam diese Fabrik zum Erliegen und wurde von Carl Philipp *Vopelius* aufgekauft, der dort die "Sulzbach-Schnappacher-Glashütte" errichtete. Im *"Saarbrücker Intelligenzblatt"*, Nr. 26 vom 27. Mai 1809 lesen wir folgende Nachricht, die vom Unterprefekten des Bezirks *Bouvier du Molart* unterzeichnet wurde: *"In Gemäßheit des Gesetzes vom 13ten Pluviose 9ten Jahres wird bekannt gemacht, daß man durch eingegebenes Gesuch begehrt autorisiert zu werden die Fabrik von Bittersaltz, der Herren Röchling und Ritter auf dem St. Ingberter Bann gelegen in eine Glashütte von 6 bis 12 Glastiegel zu verwandeln und sogleich daselbst Bouteillen und Trinkgläser und späterhin Christalglas zu verfertigen ..."* In seinem Gesuch verspricht *Vopelius*, kein Holz, sondern nur Kohlen zur Feuerung zu verwenden. Obwohl sich die benachbarten Glashütten von Friedrichsthal, Quierschied und Gersweiler, ja sogar die Eisenhütten von Neunkirchen, St. Ingbert, Halberg und Goffontaine gegen sein Gesuch wandten, erreichte es *Vopelius* aufgrund seiner excellenten Beziehungen zu den Franzosen, eine Konzession zu bekommen. Die Glashütte wandte aus wirtschaftlichen Gründen sich sehr bald der Fensterglasproduktion zu. Im Jahre 1823 hat Theodor *Müllensiefen* die Glashütten des Rheinlandes bereist und schreibt über die Sulzbach-Schnappacher Glashütte: *"Solsbach, im Bairischen, Vobelius & Appolt, d. 28 ten July. Im ganzen sehr kostbar, fast verschwenderisch schön angelegt. Fabricirt Bouteillen, grünes Fensterglas, klares do. und Hohlgläser. Letzteres aus Soda, Kalk, Pottasche, sehr grauem Sand und Glasscherben. - Besteht aus 2 Öfen, wovon eben nur einer im Betrieb war, der zwar auf beyden Seiten 6 Löcher hatte, vor deren 4 aber nur Häfen standen ... Jeder Blaser stand auf einer besonderen Bank, von welcher er arbeitete. 2 von ihnen machten eben Bouteillen und 4 Walzen zu Tafeln. Kühlöfen bildeten an jeder Seite mit dem Schmelzofen einen halben Mond. Aus jedem der ersten stieg ein vor angebrachter 3' h Schornstein von Thon hervor ..."* In einem weiteren Brief schreibt *Müllensiefen: "Diese übrigens so schöne Fabrik kränkelt deshalb so bedeutend, weil sie schon im Bairischen liegt, und wegen des hohen Zolles nicht ins Preußische absetzen kann. Wäre diese Anlage nicht zu unnütz kostbar, wie der Herr Commis [Vopelius] selber sagt, würde man schon längst einen Ableger davon auf unseren für sie so fruchtbaren preußischen Boden verpflanzt haben. Wie schlecht die Zeiten hier sind und wie elend der gemeine Mann sein kummervolles Daseyn träumt, übersteigt in unserem Arkadien jede Vorstellung. ... Schwelgend lebt dagegen der höhere Bergbaubeamte, legt jährliche kostbare gewölbte Stollen an und leert sie nur halb. Würde nicht der König, wenn er erwachte, blutige Thränen weinend über seine Verblendung, den so geführten Scepter reuevoll von sich schleudern? Solsbach, ohneweit Saarbrück ..."* Die Schnappacher Hütte bestand bis zu Beginn des 1. Weltkrieges fort und war ohne Unterbrechung im Vopeliusschen Familienbesitze.

Von der Bevölkerung der saarländischen *"Berggegenden"* zeichnet *Müllensiefen* ein wenig einladendes Bild: *"Die Leute sind hier sonderbarer Art. Die Sprache ist unverständlich, man flucht, trinkt, zankt häufig, und obgleich ich hier in einem kleinen Dörfchen bin, grüsst man doch höchst selten. Wäre ich Regent, anstatt meine Missionare in die Wüsten Afrikas zu schicken, würde ich sie erst in hiesiger Gegend auf ihren künftigen Beruf vorbereiten lehren. Stark und kerngesund ist übrigens der Körper. Man sieht sowohl Säuglinge als Kinder der folgenden Stufen wie des Morgens vor so des Abends nach Sonnen Untergang hächstens mit einem hinten ganz offnen Hemdchen, sonst ganz nackt, der kalten Herbstluft preisgegeben ..."*

Kommen wir nun zu einem weiteren wichtigen Kapitel der Industriegeschichte der "Berggegenden", der Herstellung eines blauen Farbstoffes: *"Wer wüßte nicht, wieviel im Menschenleben auf die bloße Außenseite ankommt, welche Summe menschlicher Bestrebungen sich rein auf die Oberfläche der Dinge bezieht! Demzufolge arbeitet auch eine vielartige Menge technischer Zweige lediglich auf den Schein, auf Farbe und Anstrich. Bedürfnis und Luxus, oder vielmehr ein angeborener Farbensinn, ein besonderes Wohlgefallen an dieser oder jener Farbe führte den Menschen frühzeitig darauf, den Gegenständen seiner Umgebung durch Färben oder Bemalen eine andre, ihm besser behagende Außenseite zu geben, und wir finden schon bei den sogenannten wilden Völkern vielfache Färbekünste in Anwendung."* So beginnt das Kapitel *"Die Farben und ihre Bereitung"* im *"Buch der Erfindungen und Entdeckungen"*.

Von der Entdeckung des *Berliner Blaus* gibt uns zuerst die *"Miscellanea Berolinensis"* Nachricht. In einer *"notitia coerulei Berolinensis"* wird die Schönheit des neuen Blaustoffs gelobt. Er sei für die Malerei anwendbar, viel preiswerter und besser als bisherige blaue Farben und völlig unschädlich, enthalte er doch kein *Arsenik*. Man könne sogar Lebensmittel mit ihm verzieren oder sich den Pinsel beim Malen durch die Lippen ziehen. Georg Ernst *Stahl* (1660 - 1734) berichtet 1731 über die Entdeckung des neuen Farbstoffes: Im Jahre 1704 wollte der Berliner Farbenfabrikant *Diesbach* roten Florentiner Lack bereiten. Hierzu schüttete er einen Cochenilleabsud mit Alaun und Eisenvitriol zusammen und fügte ein Alkali hinzu, das er von Chemiker Johann Conrad *Dippel* (1673 - 1734) bezog. Dippel war Alchemist und verfaßte chemische Schriften unter dem Pseudonym Christianus *Demokritus*, z.B. im Jahre 1729: *"Chymischer Versuch zu destillieren"*. Er hatte das *Dippelsche Öl* (auch *Stinkendes Tieröl* oder *oleum animale Dippelii aethereum* genannt) erfunden, das er aus eingetrocknetem Blut durch trockene Destillation gewann. Es ist ein Gemisch aus ammoniakalischen und brenzlich öligen Destillationsprodukten, die übel riechen und sich an der Luft braun verfärben. Es enthält außer Kohlenstoff vor allem Stickstoff. Dippels Tieröl enthält viele alkalisch reagierende, z.T. giftige Stickstoffverbindungen wie Ammoniumsalze, Anilin, Nitrile und Pyridin. Man benutzte es als Beruhigungsmittel und zur Vertreibung lästiger Bremsen.

gen": "Diesbach erhielt nun, als er mit diesem Kali [von Dippel] *arbeitete, zu seiner Verwunderung statt eines roten Niederschlags von Kochenillelack einen solchen
von ganz entschieden blauer Nüance. Nach einer andern Lesart habe er die Kalilö-
sung, als zu unrein, gleich weggeschüttet, und zwar an eine Stelle seines Hofes, wo
vorher Eisenvitriollösung hingekommen war, so daß sich nun die Pflastersteine in
schöner blauer Färbung gezeigt hätten. So oder so brachte also der Zufall zum erstenmal das merkwürdige Blau zu Tage, das sich so leicht und sicher bildet, wo die
Elemente dazu, auch versteckt unter andern Dingen, zusammenkommen. Dippel sah
in dieser Erscheinung eine eigentümliche Wirkung des Blutes und vereinfachte das
Experiment bald dahin, daß er Blut mit Pottasche glühte und den Auszug aus der
erhaltenen Masse, Blutlauge genannt, mit Eisenvitriollösung mischte. Die Entdecker
behielten das Rezept der Berliner Blaubereitung für sich, bis ein Engländer, Woodword, der Sache auf die Spur kam und 1724 das Geheimnis bekannt machte."*

Woodword's Vorschrift, 1724 in den *"Philosophical Transactions"* zu London veröffentlicht, besagt, man solle gleiche Teile Weinstein und Salpeter verpuffen lassen
und calciniere dann das entstehende Alkali mit getrocknetem Rindsblut, lauge aus
und fälle mit Eisenvitriol und Alaun. Es bilde sich ein grünlicher Niederschlag, der
bei Salzsäurezusatz blau werde. In den Jahren 1782/83 untersuchte Carl Wilhelm
Scheele (1742 - 1786) das Berliner Blau. Er erhitzte es mit verdünnter Schwefelsäure und trieb dadurch das *"färbende Prinzip"* als flüchtige, brennbare Verbindung
aus. Er erhielt giftige *Berlinerblausäure,* die später in *Blausäure* [HCN] umbenannt
wurde. Scheele zeigte auch, daß sich die bisher zur Darstellung des Berliner Blaus
verwendete Tierkohle durch Graphit ersetzen ließ. Im Jahre 1761 erschienen zu Berlin *"Andr. Siegm. Marggraf's Directors und Chymici der Königl. Preuszischen Akademie der Wissenschaften und der Churmaynz. Akademie nützlicher Wissenschaften
ordentlichen Mitglieds Chymischer Schriften Erster Teil".* Darin beschreibt Marggraf Versuche, in denen er *Blutlauge* als Vorstufe *"zur Verfertigung des Berliner
Blaus"* durch einen Glühprozeß (Calcinierung) darstellt. Die "Präparation" der Blutlauge beschreibt Marggraf in der chemischen Schrift *"Von der Solution verschiedener Metalle, nemlich des Goldes wie auch des Mercurii, des Zincks und des Wis-
muths, in einem mit Wasser aufgelösten Alcali.": "Man nehme ... Alcali, es sey
gemacht, woraus es wolle, ... vermische ein Theil davon mit 2 Theilen getrockneten
und pulverisirten Rinds-Blutes. Man thue das Mixtum in einen guten Hessischen
Schmelz-Tiegel, dasz ohngefehr ein Drittheil davon leer bleibe, calcinire es so
lange, bis weder Flamme noch Rauch mehr zu sehen, nehme darauf etwas davon
aus dem Tiegel, extrahiere es mit so wenigem Wasser, als möglich, sehe zu, ob das
Lixivium noch gelblich aussehe, probire es mit einer Solution des Silbers in Aqua-
fort; präzipitiert es das Silber noch bräunlich oder schwärzlich, ... muß es ... noch
so lange im Glühen gehalten werden, bis dieses Merkmal sich zeiget. Darauf ... ex-
trahire es mit so wenigem Wasser, als möglich, (zu 4 Unzen puris Salis Tartari sind
6 bis 7 Unzen Wassers genug) filtrire es, so ist das Lixivium alcalinum fertig."* Damit hat *Marggraf* zum ersten Male die Bereitung einer, wenn auch unreinen *Cyankaliumlösung,* beschrieben. Er erkannte, daß dieses *"Lixivium alcalinum"* Gold- und
Silbersalze auflöste. Er bemerkte aber nicht, daß sogar gediegenes Gold durch das
"Lixivium" gelöst wurde. Marggraf war sich bewußt, daß er hier ein neues Reagenz
geschaffen hatte, schrieb er doch: *"Es scheinet also, daß dem Alcali durch die
Calcination mit Blut etwas besonders aus demselben beytrete."*

Die neuentdeckte *Blutlauge* (eine sehr unreine Kaliumcyanidlösung) wandte er bei seiner *"Chymischen Untersuchung des Wassers"* von 1751 an. Er nahm an, *"weil es eine bekannte Sache ist, daß das sogenannte Berliner Blau seine blaue Farbe dem Eisen zu danken habe"*, daß er *"vermittelst der Blut-Lauge ... die bey Kalk-Erden vorhandenen Eisen-Theile glücklich sollte entdecken können"*. Marggrafs analytische Untersuchungen von Wasserproben mit der oben beschriebenen *Blutlauge* ließen tatsächlich das charakteristische *"blaue Präzipitat"* entstehen.

Das *Universallexikon* von 1734 schreibt zu *Berliner Blau* (oder *Preußisch-Blau*): *"Ist eine neu erfundene Mahler-Farbe. Denn nachdem das kostbare Ultramarin-Blau oder Lasur, so aus dem Lapide Lazuli gemacht wird, nicht mehr in beliebiger Quantitaet zu haben, zu wenigsten ungewiß, wie lange es zu bekommen, auch eines unleidlichen Preisses ist, daß es von wenig Künstlern bezahlet werden kan; ist dise Erfindung einigen Liebhabern an. 1704 zu Berlin gelungen, also, daß man das Loth von feinen oder dunkeln für einen Thaler, das hell-blau aber das Loth für 6. gute Groschen haben kan. Es ist in Oel- und Wasser-Farben gut, und von solcher Dauerhaftigkeit, daß es auch das Scheide-Wasser nicht verderben kan."* Das hier erwähnte Ultramarin-Blau der Alten, eine sehr kostbare und dauerhafte Farbe wurde aus dem *Lasurstein* (Lapis lazuli) durch mechanische Trennung gezogen. Johann *Kunckel v. Löwenstern* (1630 - 1702) überlieferte folgendes Verfahren, um Ultramarin zu bereiten: *"Man zerkleinert den Lasurstein in Stückchen einer Erbse groß, löscht ihn nach dem Rösten in starkem Weinessig ab, und zerreibt ihn mit Essig zu einem feinen Pulver. In einer irdenen glasurten Schüssel lasse man nun die Hälfte reines Jungfernwachs und die Hälfte Colophonium zergehen, und bringe unter beständigen Umrühren das Lasursteinpulver hinzu, gieße die Masse in kaltes Wasser und lasse sie darin 8 Tage lang liegen. Es werden nun zwei Gefäße mit sehr warmem Wasser gefüllt, und ein Stück von der Masse in dem einen Gefäße ausgeknetet, und wenn man glaubt, das schönste herausgezogen zu haben, in dem zweiten Gefäße noch einmal ausgeknetet... Nach Verlauf von 4 Tagen schlägt sich die Farbe aus der Flüssigkeit in den beiden Gefäßen als ein schönes blaues Pulver zu Boden, welches, sorgfältig gesammelt, das Ultramarinblau darstellt."*

Die Herstellung von Berliner Blau wurde bald allgemein populär, so daß sie auch in dem *"Technisch-chemisches Recept-Taschenbuch. Enthaltend 1500 Vorschriften und Mittheilungen aus dem Gebiete der technischen Chemie und Gewerbskunde von Dr. Emil Winckler, Leipzig, 1863"* Aufnahme fand: *"Hellblaues Berlinerblau zu machen. Man löse neutralen Alaun (3 Theile, bei gewöhnlichem 2 Theile) in Wasser, gebe 1 Theil Eisenoxydlösung zu und dann blausaures Kali. Der Niederschlag wird getrocknet. Den neutralen Alaun erhält man, wenn man 1 Pfund gewöhnlichen Alaun mit 3 Loth Kreide versetzt, bis sich Flocken bilden. Man kann auch Eisenoxyd in dem Alaun lösen, wodurch er ebenfalls neutral wird. Statt des Alauns kann man auch Bleizucker ohne Zusatz anwenden, und erhält dann viel und besser deckendes Berlinerblau. Besprengt man die getrocknete Farbe mit verdünntem Salmiakgeist, so wird sie violet."*

Weitere Rezepte *"Von dem Berliner-Blau und dessen zubereitung"* finden sich in der *"Neueröfneten Vorrathskammer"* von 1760: *"Von dieser in Berlin neu erfunden Farbe, wird in denen Miscellaneis Berolinensibus ... zum erstenmahle Nachricht gegeben, und daselbst ... derselben besondere Eigenschaften, welche bey denen übrigen bekannten blauen Farben nicht anzutreffen, erzehlet: Wie nemlich solche sich so wohl mit Oel als mit Wasser auch andern Feuchtigkeiten, mit welchen man zu mahlen pflegte, vermischen liesse, sie behielten ihren Glanz, und wäre so dauer-hafft, so gar, daß auch das Scheide-Wasser, diese Farbe nicht veränderte, viel weniger auslöschete, vielmehr durch solches heller und schöner gemachet würde... Übrigens wäre ... diese Farbe ganz unschädlich, hätte nichts gifftiges bey sich, welches der Gesundheit zuwider, sondern vielmehr eine Arzney. Dannenhero könn-te auch das Zuckerwerk, so damit gemahlet worden, ohne Schaden geessen werden. Die Mahler könnten ihre Pinsel, so sie zu dieser gebraucht, sicher durch den Mund ziehen, welches mit andern nicht ohne Lebens-Gefahr geschehen könnte."* Es folgen nun 9 Schritte zur Bereitung des Berliner Blaus: *"Die erste Arbeit, Nimm ro-then Weinstein und Salpeter jedes 3. Pfund, zerstosse beydes gröblich, und mische es durcheinander, diese Mixtu thue in einen irdenen unverglasurten Topf, zünde solche an, und laß es völlig ausbrennen, so bleibt, ein fixes alcalinisch Salz zurük-ke, welches nichts anders ist, als der sonst bekannte schnelle Fluß."* Dann wird Ochsenblut durch Kochen völlig ausgetrocknet und mit dem aus dem ersten Schritt erhaltenen *"fixen Salz"* calciniert. Dadurch wird Blutlauge hergestellt. Als nächstes wird die Bereitung von alaunhaltiger *"Vitriollauge"* [offensichtlich eine Eisensulfat-lösung] beschrieben. Das wichtigste des chemischen Prozesses ist *"Die achte Arbeit. Lehret, wie die beyderley Laugen miteinander zu vermischen, als wodurch sie sich niederschlagen, und ein blaues Magisterium zum Vorschein kommt. Man nimmt also die ... verfertigte alcalinische Lauge* [alkalische Blutlauge], *giesset solche in die ... aus Vitriol und Alaun zusammen gesetzte* [alaunhaltige Vitriollauge], *und giesset solche zu verschiedenenmahlen aus einem Topf in den andern, so wird nicht allein eine grosse Aufwallung, sondern auch ein unerträglicher Gestank, wie nicht weniger ein Magisterium, welches sich aus denen zusammen gegossenen Laugen nieder-schläget, in blauer Gestalt wahrgenommen werden."* Der letzte Arbeitsschritt *"Be-stehet darinnen, wie diese Farbe erhöhet und zu seiner Vollkommenheit gebracht werden soll."* Es folgen mehrere chemische und mechanische Prozeduren zur Farb-vertiefung und zur Reinigung des Berliner Blaus. Der Autor der *"Schatzkammer"* machte sich damals schon seine Gedanken über die chemischen Zusammenhänge. Er nahm an *"die blaue Farbe entstünde von dem sauren und harzigten oder schweflig-ten Theile des Blutes, welcher in der Calcination mit dem alcalischen Salze fixiret"* wurde.

In den *"Beiträgen zur Geschichte der Blausäure"* stellte 1809 Franz v. Ittner (1786 - 1821), Professor der Chemie und Mineralogie zu Freiburg im Breisgau fest, daß Blausäure nur Stickstoff, Kohlenstoff und Wasserstoff enthalte. *"Er betrachtete"*, wie Kopp in seiner *"Geschichte der Chemie"* beschreibt, *"die Verbindungen des Eisenoxyduls mit Blausäure und anderen Basen als Doppelsalze. Durch ihn wurden die giftigen Eigenschaften der Blausäure außer Zweifel gesetzt... Dioskorides und andere Schriftsteller des Alterthums erwähnen bereits der giftigen Wirkung der bitteren Mandeln auf Thiere. Poli lehrte 1713 aus Kirschlorbeerblättern ein betäubendes flüchtiges Oel bereiten; das Kirschlorbeerwasser wandte zuerst der Engländer Bay-lies 1773 als Heilmittel innerlich an.* "Emil Postel sieht die Giftwirkung des *Cyan-wasserstoffs* oder der *Blausäure* in seiner *"Laienchemie"* realistischer: *"Diese fürch-terliche giftige Säure, von der wenige Tropfen schon ein kleines Thier tödten, wird aus Cyankalium mittelst der Schwefelsäure dargestellt, und das sich entwickelnde Gas wird von dem Wasser der Vorlage aufgenommen, wodurch man flüssige Blau-säure erhält. Dies ist eine farblose, betäubend riechende Flüssigkeit, welche aber im verdünnten Zustande angenehm nach bittern Mandeln riecht. Sie erzeugt sich auch in geringerer Menge, wenn die Kerne bittrer Mandeln oder Pflaumen-, Kirsch- oder Pfirsischkerne zerstoßen, mit Wasser zu einem Brei angerührt und warm ge- stellt werden, ja schon beim Kauen dieser Kerne, daher sind dieselben für manche kleine Thiere, z.B. die Eichhörnchen, tödtlich. Wie schon bemerkt, ist die Blausäure farblos. Ihren Namen hat sie davon, daß eine Verbindung des Cyans mit dem Eisen, das Eisencyanürcyanid, prachtvolle blaue Farbstoffe, das Berliner- und Pariserblau giebt. Cyanos heißt blau."* Auch Römpp erwähnt die Blausäure: *"Das deutsche Zyklon B ist flüssige Blausäure, vermischt mit stark riechendem (daher den Menschen warnendem) Chlorkohlensäuremethylester ... Man kann damit Schädlinge in ge- schlossenen Räumen ... wirksam bekämpfen."* Der Holocaust des jüdischen Volkes durch dieses schreckliche Giftgas wird in dem 1950 erschienenen Chemielexikon nicht erwähnt!

Neben der Blutlauge wurden auch bald die *Blutlaugensalze* entdeckt. Im *"Buch der Erfindungen"* wird deren Geschichte wie folgt beschrieben: *"1752 lieferte Macquer einen wertvollen Beitrag zur näheren Erkenntnis, indem er fand, daß das Blau durch Kochen mit Kali zerstört wird, daß sich dabei Eisenoxyd abscheidet und die überstehende Flüssigkeit wieder Blutlauge ist. Hiermit war ihm die Möglichkeit gegeben, das darin enthaltene Salz, das Blutlaugensalz, rein darzustellen. Aber noch immer waren Blutlaugensalz und Berliner Blau undefinierte Körper, und erst die Arbeiten vieler und der namhaftesten Chemiker konnten allmählich Licht in die Sache bringen.... Die Entdeckungen gingen regelrecht nach rückwärts, vom Zusam- mengesetzten zum einfachen, ... im Cyan haben wir die Wurzel nicht nur des Berliner Blau, sondern einer ganzen Reihe andrer chemischer Produkte, ja den Grundstein eines wichtigen Teils der ganzen Chemie.*

Kohlenstoff und Stickstoff, die zwei vornehmsten Bestandteile unserer Nahrung, unsres eignen Körpers, geben in einer, frei in der Natur allerdings nicht vorkom- menden Paarung ... jenen gasförmigen, farblosen höchst giftigen Stoff Cyan, der in einigen Verbindungen (Blausäure, Cyankalium) seine Giftigkeit eher noch steigert, in andern dagegen, wie eben im Blutlaugensalz und Berliner Blau, wieder verloren hat. Das Cyan ist noch besonders merkwürdig dadurch, daß es sich in den Verbin- dungen, die es eingeht, trotz seiner Zweistoffigkeit ganz wie ein einfaches Element verhält, und zwar ein solches, welches seine Stelle unter den sogenannten Haloiden oder Salzbildnern, Chlor, Jod, Brom u.s.w., finden würde. Ganz analog diesen bildet auch das Cyan mit andern Elementen Paarungen in zweierlei Verhältnis als Cyanüre und Cyanide. Beide Verbindungsklassen des Cyans haben aber eine starke Neigung, sich untereinander wieder zu paaren und Doppelcyanverbindungen zu bilden. Aus solcher elementarischen Quadrupelallianz besteht das Blutlaugensalz, Kalium-Eisen- cyanür; Cyankalium und Eisencyanür sind darin zu einem neuen Körper miteinan- der verbunden. Das Blutlaugensalz, dessen Bereitung für die technische Chemie ei- ne sehr interessante Aufgabe von jeher gewesen ist, tritt in seiner gewöhnlichen Form als ein Salz von schön gelber Farbe und in großen tafelartigen Kristallen aus- gebildet auf, die beim Erhitzen unter Verlust von Kristallwasser weiß werden und zerfallen."

Nun folgt die technische Seite der Blutlaugensalze: *"Die Fabrikation des Blutlau- gensalzes bedarf demnach folgender Rohmaterialien: 1) stickstoffhaltige organische Substanzen, 2) Kalisalz, am zweckmäßigsten Pottasche, und 3) Eisen, entweder als gediegenes Metall oder im Oxydzustande. Von diesen dreien ist die Rubrik Nr. 1* eine sehr viel umfassende, und es streift für den Nichtkenner das Spaßhafte, zu erfahren, was alles zur Bereitung von Blutlaugensalz gebraucht werden kann und auch gebraucht wird. Da sind Blut, allerhand Abgänge von Horn-, Haar-, Lederarbeiten, Fleisch- und Wollabfälle, wollene und seidene Lumpen, altes Schuhwerk, Federn, Därme, Hörner und Klauen, getrocknete Fische, gesammelte Maikäfer; selbst Pilze kommen wegen ihres reichlichen Stickstoffgehalts mitunter zur Verwendung.

Aber so verschiedenartig die organischen Rohstoffe auch erscheinen mögen, so werden sie doch durch Hitze alle auf einen sehr gleichartigen Zustand gebracht; sie verwandeln sich in eine blasige Kohle, schlechthin Tierkohle genannt, die neben andern Eigenschaften sich durch einen Stickstoffgehalt von 3 - 5 1/2 Prozent von der gewöhnlichen Kohle unterscheidet und dadurch eben sich zur Fabrikation von Blutlaugensalz geeignet zeigt. Einzelne Fabriken beginnen denn auch den Gang der Arbeit mit dieser Erzeugung der Tierkohle mittels trockener Destillation aus eisernen Retorten, wobei natürlich die flüchtig werdenden Stoffe, die namentlich einen starken Anteil kohlensaures Ammoniak enthalten, in gekühlten Vorlagen aufgefangen und besonders zu Gute gemacht werden... Während man in diesem Falle die erhaltene Tierkohle mit Pottasche mengt und das Gemenge in die nun folgende Schmelzarbeit nimmt, mischen andre Fabriken gleich die Rohstoffe, wie sie sind, unverkohlt mit der Pottasche und gelangen so mit einer Feuerung zur Schmelzung. Zu dem Schmelzsatz gehört, wie schon erwähnt, Eisen, welches entweder als Eisenfeile oder als Hammerschlag beigegeben werden muß, damit nicht die eisernen Schmelzgefäße zerfressen werden.

Bei der Verarbeitung der Rohstoffe gehen alle Methoden darauf hinaus, daß das Gemisch schließlich bis zum lebhaften Glühen erhitzt und während dieses Glühens unter möglichstem Abschluß der atmosphärischen Luft öfter umgerührt werde. Die Abhaltung der Luft ist nötig, weil der Sauerstoff derselben die glühende Masse zum Teil oxydieren und dadurch cyansaures Kali anstatt Cyankalium entstehen würde. Man schmilzt gewöhnlich in eisernen Kesseln, welche in die Sohle der Flammöfen eingelassen sind, so daß man erst mit Pottasche beschickt, und wenn diese in Fluß geraten ist, die tierische Kohle einträgt. In Wechselwirkung treten dabei kohlensaures und schwefelsaures Kali, stickstoffhaltige Kohle und Eisen. Das Alkali verliert zuerst seinen Sauerstoff an die Kohle, es entsteht und entweicht Kohlenoxydgas, dagegen bleiben Kalium und Schwefelkalium. Der Kohlenstoff und der Stickstoff der Tierkohlen treten zu Cyan zusammen, welches sich mit dem frisch gebildeten Kalium sofort zu Cyankalium verbindet; auch das Kalium gibt seine Verbindung mit dem Schwefel auf und zieht die des Cyans vor, während der Schwefel seinerseits sich mit dem Eisen zu Schwefeleisen paart. Die Schmelze enthält also nicht, wie früher geglaubt wurde, schon fertiges Blutlaugensalz, sondern hauptsächlich Cyankalium, vermischt mit etwas Schwefeleisen. Daneben findet sich gewöhnlich noch unzersetzte Kohle und ein Teil unverändert gebliebener Pottasche, welche letztere durch Eindampfen der Mutterlauge zurückgewonnen (Blaukali oder Blausalz) und wieder in den Betrieb gegeben wird.

Die geschmolzene und erkaltete Schmelze wird nunmehr zuerst klein geschlagen und mit Wasser behandelt. Dabei geschieht die Bildung des Blutlaugensalzes, indem erst unter Einwirkung der Feuchtigkeit das Eisen in die Verbindung mit Cyan und Kalium eingeht, welche eines bestimmten Wassergehalts zu ihrem Bestehen notwen-

Schmelzraum einer Blutlaugensalzfabrik

dig bedarf. Haben sich die löslichen Bestandteile sämtlich gelöst, die unlöslichen nach einigen Stunden Ruhe zu Boden gesetzt, so zieht man die klare Lauge (Blutlauge) von dem aus Kohle, Eisen, Aschenbestandteilen u.s.w. bestehenden Bodensatz ab. Sie ist schmutziggelb und kommt zunächst wieder in flache eiserne Abdampfpfannen, in welchen sie rasch so lange erhitzt und eingedampft wird, bis der Kristallisationspunkt erreicht ist, nämlich 32 Grad der Baumeschen Senkwaage. Dann gibt man sie noch heiß in die Kristallisationsgefäße. Was hier während des Erkaltens anschießt, ist ein noch ziemlich unreines Produkt, das Rohsalz; man dampft die abgegossene Mutterlauge noch weiter, bis zu 40 Grad, ein und erhält ein noch unreineres zweites Produkt, das Schmiersalz; die übrige Mutterlauge läßt dann beim Eindampfen bis zur Trockne das schon erwähnte Blausalz zurück.

Die jetzt folgenden Arbeiten haben das Reinigen der Produkte zum Zweck. Durch Auflösen des Schmiersalzes in wenig heißem Wasser, Abklären und Kristallisieren erhält man eine Ware, die dem Rohsalze aus der ersten Kristallisation ziemlich gleich ist; man thut daher in der Regel beides zusammen, löst wiederholt in heißem Wasser, klärt durch Stehenlassen und Filtrieren, erhitzt die Lauge nochmals und läßt sie in großen Gefäßen möglichst langsam erkalten, um recht große Kristalle zu erhalten. Zur Beförderung der Kristallisation hängt man in die Kristallisierbottiche Bindfäden ein, an deren Ende ein kleiner Kristall von Blutlaugensalz befestigt ist; er bildet den Ausgangspunkt für die anschießenden Kristalle, welche sich vergrößern, sowie die Abkühlung der Lösung und die Verdunstung derselben vorschreitet. Nach 10 - 12 Tagen ist das Wachsen der Kristalle beendet; die Wände des Bottichs sind mit einer prachtvollen gelben Kristallkruste belegt. Dies ist das gelbe Blutlaugensalz des Handels, das den meisten Lesern aus den Schaufenstern der Droguenhandlungen oder von den Industrieausstellungen, wenigstens dem Aussehen nach, bekannt sein wird....

Eine Hauptverwendung findet das gelbe Blutlaugensalz sowie das aus diesem dargestellte rote Blutlaugensalz in der Färberei zur Herstellung gewisser blauer Farben-

nüancen (Sächsischblau, Kaliblau u.s.w.). Somit wären wir bei den blauen Zersetzungsprodukten des Blutlaugensalzes angelangt, in welchen eben dessen hauptsächliche technische Wichtigkeit liegt. Durch Vermischen von Blutlaugensalz- und Eisenlösungen entstehen blaue Niederschläge, die aber nach Umständen in ihrer chemischen Zusammensetzung verschieden sein können. Dieses Verhalten des Salzes beschränkt sich nicht auf das Eisen allein, sondern die meisten übrigen Metalle geben ebenfalls Niederschläge, die aber anders gefärbt sind, namentlich weiß, rotbraun, gelbgrün, und deren Farbensortiment noch vermehrt wird durch das gleich zu besprechende rote Blutlaugensalz, welches meistens andre Farbentöne gibt. Durch diese Eigenschaft wird das Blutlaugensalz für die analytische Chemie ein wichtiges Reagenz zur Unterscheidung der Metalle.

Durch Herausnahme von ein Viertel des im gelben Blutlaugensalz enthaltenen Kaliums, dessen Cyangehalt an das Eisencyanür übergeht und dasselbe in Eisencyanid verwandelt, wird das gelbe in rotes Blutlaugensalz verwandelt, aus Kaliumeisencyanür wird Kaliumeisencyanid, oder, um die jetzt gebräuchliche Namengebung zu gebrauchen, aus Ferrocyankalium wird Ferricyankalium. Das Mittel zu dieser Umwandlung besteht in einer Durchleitung von Chlorgas durch eine heiße Auflösung des gelben Salzes. Das Chlor entzieht dem Salz Kalium und bildet damit Chlorkalium, während die übrig bleibenden Bestandteile sich nunmehr anders ordnen und das neue Salz bilden. Dasselbe wird häufig zum Wollefärben und zum Zeugdruck gebraucht, und man versendet entweder gleich die Lösung ... oder man dampft es ein und läßt das rote Salz auskristallisieren ... auch stellt man das feingepulverte Salz in Kammern in dünnen Schichten auf und leitet Chlorgas zu, welches von dem Pulver aufgesogen wird und in demselben die nämliche Veränderung bewirkt wie in der wässerigen Lösung. Das Pulver ... geht unter dem Namen Blaupulver in den Handel.

Das rote Blutlaugensalz kann bei einiger Vorsicht in schönen, langen, rubinroten Kristallen erhalten werden; gewöhnlich trifft man es in warzigen, blumenkohlartigen Massen an. Es hat die Eigentümlichkeit, daß es mit Eisenoxydlösung keinen Niederschlag und keine blaue Färbung gibt. Nicht als ob keine Zersetzung stattfände, aber die dabei entstehenden Verbindungen sind sämtlich in Wasser löslich und scheiden sich deshalb nicht wie das Berliner Blau in fester Form aus. Wir können jedoch mit Hilfe des roten Blutlaugensalzes ebenfalls einen blauen Niederschlag in Eisenlösung erzeugen wie mit gelbem, wenn wir bei dem ersteren Eisenoxydullösung anwenden. Das Verhalten der beiden Blutlaugensalze gegen Eisenlösungen ist also kurz zusammengestellt folgendes:

Gelbes Blutlaugensalz gibt mit Eisenoxydullösungen einen hellblauen Niederschlag, der an der Luft nach und nach dunkelblau wird (bei ganz abgehaltener Luft würde derselbe weiß erscheinen); mit Eisenoxydsalzlösungen entsteht dagegen sofort ein dunkelblauer Niederschlag. Rotes Blutlaugensalz gibt mit Eisenoxydulsalzlösungen einen dunkelblauen Niederschlag, mit Eisenoxydsalzlösungen gar keinen Niederschlag, sondern nur eine dunkelbraune Färbung. Der im ersten Falle entstehende bei Luftabschluß weiße Niederschlag ist Einfachcyaneisen mit Anderthalbcyaneisen in verschiedenen Verhältnissen, also Eisencyanürcyanid. Die Verschiedenheit der Zusammensetzung der beiden dunkelblauen Niederschläge gibt sich auch durch eine geringe Verschiedenheit in der Nüance des Blau zu erkennen und wird die aus gelbem Blutlaugensalz mittels Eisenoxydsalzen erhaltene blaue Farbe Berliner Blau genannt, während die aus rotem Blutlaugensalz mit Eisenoxydulsalzen gewonnene als Turnbulls oder Pariser Blau bezeichnet wird. Wendet man bei der Bereitung dieser Farben einen Überschuß der Blutlaugensalze an, so entstehen Niederschläge, die sich beim Auswaschen mit Wasser nach und nach wieder mit blauer Farbe lösen; es ist dies das sogenannte lösliche Berliner Blau...Der schöne blaue Farbstoff des Berliner Blaus wird von Säuren nicht zerstört, wohl aber - und das ist seine schwache Seite - von ätzenden Alkalien, kann daher auch auf frische Kalkwände nicht gebracht werden, da er durch ausgeschiedenes Eisenoxyd sich in schmutziges Braun verwandeln würde. Durch Kleesäure wird er aufgelöst, und diese Lösung bildet die gebräuchlichste blaue Tinte... Es ist selbstverständlich, daß die zur Erzeugung schöner Farbtöne gebrauchten Substanzen von der höchsten Reinheit, namentlich frei von andern Metallen sein müssen... Für geringere Farben nimmt man es freilich nicht so ängstlich, sucht wohl auch durch Zusatz von andern Bestandteilen die Masse des Farbstoffs noch zu vermehren. Man vermischt zu diesem Zwecke z.B. die Eisenlösung mit Alaun, der durch kohlensaures Natron zersetzt wird und Thonerde abscheidet. Durch Zumischung von größeren Mengen Thonerde wird die Farbe natürlich heller.... Diese helleren und wohlfeileren Sorten heißen gewöhnlich Mineralblau."

Die im "Buch der Erfindungen" sehr detailliert geschilderten Produktionsverfahren beruhten z.T. auf reiner Empirie und waren nicht alle wissenschaftlich geklärt. So soll Justus v. Liebig (1803 - 1873) bei einem Aufenthalt in England eine Blutlaugensalzfabrik besucht haben. Dabei sei ihm aufgefallen, daß die Mischtrommeln der Eindick-Maschinen unverschämt laute Quietschgeräusche von sich gaben. Man erläuterte ihm, daß die Ausbeute an Salz unerklärlicher Weise bedeutend größer sei, wenn die Maschinen laut quietschten und daher unterlasse man das Ölen. Liebig erkannte damals als gebildeter Chemiker - im Gegensatz zu den Fabrikanten - den eigentlichen Grund: Wurden die Maschinen nicht geölt, wurde bedeutend mehr Eisen abgeschabt, das ein wesentlicher Bestandteil des Blutlaugensalzes ist.

Die Farbe Blau wird vom Universallexikon von 1734 folgendermaßen definiert: "Blau, Lateinisch Coeruleus, Glaucus, Caesius Color, Frantzösisch Bleu. Unter denen fünff Hauptfarben die vierdte. Nachdem sie lichter oder dunckeler ist, bekommt sie verschiedene Zunamen, daß sie bleich-blau, bleumourant, Himmelblau, bleu celeste, violet-blau, violet, dunkel - oder Tauben - blau, bleu foncé, ... Blau zu färben braucht man einen Stein, der zuweilen unter dem Silber-Ertz und in denen Gold-Adern sich findet, als dem Lazur-Stein, der die schönste blaue Farbe giebet. Aus dem Quecksilber oder Kupfer kan man durch Kunst, mit Beyhülffe des Salis Armoniaci und Salpeters eine schöne blaue Farbe bereiten. Seit etliche 80 Jahren hat man im Meißnischen Gebürge [Erzgebirge] aus dem häuffig gefundenen Cobald eine blaue Farbe zu machen angefangen. Die Chymici wissen auch mit einem geschickten Hand Griffe, wie wohl nicht ohne grosse Mühe und Vorsichtigkeit, aus Blumen und Kräutern dergleichen hervorzubringen. Die Färber bedienen sich zu ihren blaufärben Waid-Blumen u. Röthe, Alant-Wurtzel, Weinstein, des Americanischen Indigo, und des Campeschen Holtzes ... Auch werden die gemeinen Heydel-Beeren zum Blaufärben gebrauchet ...

Die Produktion blauer Farbe hat auch im Saarland Tradition. In St. Barbara bei Wallerfangen hat man schon zur Römerzeit Kupfererze ergraben. Diese treten feinverteilt in kleinen, walnußgroßen Nestern im Buntsandstein (Voltiziensandstein) unter einer Tonschicht auf. Der Buntsandstein nahm vom Kupfer eine bläuliche Farbe an, was verschiedene Flurnamen wie Blauloch, Blaufels oder Blauwald prägte. Man findet als Kupfererz *blaue Kupferlasur* [Bergblau, 2 $CuCO_3 \bullet Cu(OH)_2$] oder *grünen Malachit* [$CuCO_3 \bullet Cu(OH)_2$]. Diese Kupferverbindungen stiegen in einer tektonischen Bruchspalte, der Felsbergverwerfung auf und schieden sich im Voltziziensandstein ab. Malachit wurde von den Römern bergmännisch abgebaut und einerseits zu Wandmalereien verwendet, andererseits zu Kupfer im benachbarten Pachten verhüttet. Man entdeckte einen zweigeschossigen römischen Stollenbau, dessen mannshohe Galerien durch Rundschächte miteinander verbunden waren. Eine Inschrift besagt: *"Incepta officina Emiliani Nonis Mart."* [Emilian eröffnete am 7. März diesen Stollen]. Leider hat Emilian das Datum der Inbetriebnahme verschwiegen. Vom 15. bis 17. Jhdt. und dann wieder im 19. Jhdt. baute man Kupferlasur ab, aus der man eine leuchtend blaue Farbe herstellte, die als Himmelsfarbe ("Azurro") in der Malerei Verwendung fand. "Wallerfanger Blau" war so berühmt, daß es als Lasurfarbe von *Dürer* eingesetzt wurde. Die schöne blaue Farbe wurde auch nach Italien und den Niederlanden exportiert. Sie hatte allerdings einen entscheidenden Nachteil: Sie verwandelte sich durch Umwelteinflüsse in den grünen Malachit, so daß mittelalterliche, in Lasurblau ausgeführte Gemälde, häufig verfärbt sind. Kupferlasur wird seit dem 18. Jhdt. auch künstlich hergestellt. Die von J.S. *Esch* und J. G. *Gruber* im Jahre 1823 zu Leipzig herausgegebene *"Allgemeine Encyclopädie der Wissenschaften und Künste"* schreibt hierzu: *"Bergblau (Berglasur, blaue Aschen), Caeruleum montanum; Cendre bleue, Bleu de montagne; Verditer etc., welches in der Natur angetroffen oder auch künstlich bereitet wird, wurde lange Zeit hindurch ausschließlich aus Großbritannien bezogen; gegenwärtig wird es aber auch in vielen andern Ländern von Europa bereitet. Um es künstlich darzustellen, operiere man nach Pelletier folgendergestalt: man löse Kupfer in einer niedern Temperatur in verdünnter Salpetersäure auf, bringe in die Auflösung gepulverten frisch gebrannten Kalk, verrühre das Ganze wohl durcheinander, damit die Zersetzung besser erfolge. Pelletier nahm nun zu einem zweiten Versuche eine etwas größere Portion salpetersaures Kupfer, wodurch aller Kalk absorbirt wurde. Die obenstehende Flüssigkeit wurde nun abgegossen und der Niederschlag zu wiederholten Malen mit Wasser ausgesüßt und auf ein leinenes Tuch zum Abtropfen gebracht. Nach dieser Vorrichtung wird die breiartige Masse auf einen Reibestein gebracht, und während des Reibens 7 bis 10 Proz. ätzendes Kalkpulver hinzugesetzt. Die Farbe des Niederschlags, welche anfänglich blaßgrün erscheint, verwandelt sich durch den Kalkzusatz augenblicklich in Blau ... dem Bergblau seinen qualitativen Bestandtheilen nach analog, ist auch das sogenannte Bremerblau, welches durch die Kunst bereitet wird. Ein angenehm blaßblaugrünliches, mit kohlensaurem Kalk verbundenes Kupferoxyd, das, sehr leicht an Gewicht, ziemlich weich, leicht zerreiblich und im Bruche etwas rauh, stark abfärbt, und eine auch an der Luft unveränderliche Malerfarbe auf frische Kalkwände gibt."*

Im Jahre 1780 wurde in Sulzbach im Saarland eine Farbenfabrik begründet, die auf der Basis der Blutlauge arbeitete. Am 24.7. 1785 wurde Johann Peter *Saueracker* aus Niederroth bei Frankfurt am Main vom Fürsten von Nassau-Saarbrücken die Konzession zum Betrieb einer *"Preußisch-Blau- und Salmiakfabrik"*, kurz *Blaufabrik* genannt, erteilt. Diese wurde von Saueracker nicht persönlich geleitet, sondern von Carl Philipp *Vopelius* (1764 - 1828) dem Stammvater einer einflußreichen Sulzbacher Fabrikantenfamilie, die anfangs als Alaun- und Blaufabrikeigner, später durch die

Gründung mehrerer Glashütten, die Ortsgeschichte bis ins 20. Jahrhundert prägte. Die Konzessionsurkunde auf 30 Jahre zum Betrieb der Blaufabrik wurde im Jahre 1807 wie schon im Kapitel unter Alaun erwähnt, von Kaiser *Napoleon* persönlich unterzeichnet. Neben Salmiak stellte Vopelius hauptsächlich Berliner Blau her. Im Jahre 1806 betrug die Produktion an Berliner Blau 10.000 kg, außerdem wurden 1000 kg Salmiak hergestellt. Gustav Adolf *Walter* schreibt zur Blaufabrik: *"Die Sulzbacher Fabrik ist standortlich außerordentlich interessant. Einesteils liegt sie unmittelbar auf der Kohle, dem größten Gewichtsverlustmaterial, da man zur Herstellung von einer Tonne blausaurem Kali die siebenfache Menge Steinkohlen gebrauchte, andererseits liegt sie weitab von städtischer Siedlung in einem stillen Seitentale der Saar. Diese stille Lage erklärt sich aus der Fabrikation des Blutlaugensalzes an sich. Das Einkochen der Klauen, Hörnern von Rindern, Pferdehufen und Tierblut etc. verursachte einen üblen, bestialischen Geruch. Deshalb nannten die Sulzbacher die Blaufabrik Stinkhütt."*

Friedrich *Blaul*, der die preußischen Rheinlande im Jahre 1823 bereiste, bemerkte in seinem Werk: *"Träume und Schäume vom Rhein"* zur Sulzbacher Blaufabrik: *"Der Abend war nicht mehr fern, als wir uns diesem Dampfbade [des vorher besichtigten "Brennenden Berges" bei Dudweiler] entzogen und unsern Weg nach dem eine Viertelstunde entfernten gewerbereichen Sulzbach fortsetzten. Bei unverstopfter Nase ist es leicht zu finden. Noch ehe wir aus dem Walde traten, bemerkten wir, daß die stille Abendluft geschwängert war - von Blumenduft etwa? nein, aber von entsetzlichem Gestank. Eine Salmiak- und Berlinerblau-Fabrik ist es, die dem Auge zuerst begegnet, wenn man aus dem Walde tritt und in das schöne Tälchen hineinschaut, das hier sich auftut. Die Gebäude derselben sind schön, aber ihre Umgebung scheußlich, ein wahrer Schindanger im erhabenen Stil, wo die verfaulenden und verkohlenden Äser die Luft dergestalt verpesten, als sei dieses Tal der Aufenthaltsort der Mephitis selbst. Und da, hör' ich, wohnen Damen, vornehme, gebildete Damen. Was mögen die für Nasen haben? Weder klassische noch romantische sondern solche, wie unser vierter Mann. Der tat die Nüstern weit auf, als er der Fabriken ansichtig wurde, sprach viel von der Salmiakbereitung aus Tierleichen, nannte das Verfaulen nicht anders, als einen Gährungsprozeß, wir aber sagten: Es stinkt eben! Für heute war's zu spät, Einsicht von der Fabrik zu nehmen. Wir brachten die Nacht in Sulzbach zu, am Morgen aber betraten wir den Tempel der Mephitis. Es kostete mich Mühe, meinen Widerwillen einigermaßen zu überwinden, doch war ich froh, daß es mir insoweit gelang, daß ich mir die ganze Art der Salmiak- und Berlinerblau-Bereitung an Ort und Stelle zeigen und erklären lassen konnte."* Leider endigt hier der literarisch bemerkenswerte Erguß des Schriftstellers im Hinblick auf die Sulzbacher Fabrik. Wir haben aber bemerkt, daß die Herstellung von Blutlaugensalz und Berliner Blau wegen der widerlichen Ausdünstungen als unzumutbar verschrien war.

Anderenorts suchte man den unangenehmen Geruch zu vermeiden. Im *"Neuesten Handbuch für Fabrikanten, Künstler, Handwerker und Ökonomen"* von F.C. *Leuchs* 1820 in Nürnberg herausgegeben, werden mehrere Verfahren zur Vermeidung der ungeheuren Geruchsbelästigungen vorgeschlagen: *"a) wenn die Verbrennung thierisch. Substanzen zur Kohle nicht an entfernten Orten verrichtet werden kann, so verbrenne man diese in einem kleinen Reverberirofen [Flammofen], der zuvor sehr erhitzt ist, ehe man das Gemenge hineinbringt. Die große Hitze bewirkt, daß die Zersetzung vollständig erfolgt, und der Geruch des brenzlichen Öles und des koh-*

GEBR. APPOLT G.M.B.H., SULZBACH ᴮ/SAARBRÜCKEN
Gegründet 1780

Salmiak- und Berlinerblau-Fabrik zu Sulzbach

lenhaltigen Wasserstoffgases zerstört wird. In Paris arbeiten die Gebrüder Gohin mit gutem Erfolg nach diesem Verfahren. b) eine zweite Methode besteht darin, daß man die Calcinationstiegel mit einem Helm von Eisenblech, der einen langen Schnabel hat, bedeckt. Diesen führt man in einen Schornstein, der über die Nachbarshäuser ragt, damit die Dämpfe in die Höhe gehen und Niemand belästigen. Der Helm oder die Kuppel hat eine kleine Thür, um die Calcinationsmasse mit einer eisernen Stange umrühren zu können. Durch diese Vorrichtung wird die Hitze zusammengehalten, und daher an Zeit und Brennmaterial erspart. Sind die Dämpfe, welche sich entwickeln heiß genug, so kann man sie in Flammen setzen, wodurch der Geruch zerstört wird. Auch erreicht man seinen Zweck, wenn man c) die thierischen Körper in eine Destillirvorrichtung bringt. Diese besteht aus einer Röhre von Gußeisen oder starkem Eisenblech, welche durch den Ofen in eine pneumatische Wanne geht. Das Gas wird hiedurch durchs Wasser, und von da wieder in den Ofen geleitet, wo es verbrent. Auch dieses Verfahren hat den doppelten Nutzen, daß erstens der unangenehme Geruch verschwindet, und zweitens in dem Wasser der pneumatischen Wanne kohlensaures Ammonium abgesetzt wird, welches gesamlet werden kann. d) den unangenehmen Geruch, der sich bei Fällung des blausauren Eisens zeigt, wenn die Blutlauge mit der Eisenvitriol- und Alaunauflösung zusammengebracht wird, zu zerstören, wird nachfolgendes Mittel empfohlen. Die Füllungskufe wird ganz luftdicht verschlossen, und die Flüssigkeit mittelst eines verschließbaren Trichters eingegossen. Man muß sie aber auch umrühren können, und das Gas durch eine Röhre in die Flamme eines Feuerherds leiten, wo es verbrent... Das sich entwickelnde, und durch diese Vorrichtung sich zerstörende Gas, ist schwefelhaltiges Wasserstoffgas, welches giftige Eigenschaften besitzt..."

Der saarländische Schriftsteller Ludwig *Harig* griff in seiner im Jahre 1992 herausgegebenen Novelle: *"Die Hortensien der Frau von Roselius"*, einem herausragenden Werk der Gegenwartsliteratur, die Blaufabrikation in Sulzbach auf. Harig läßt um die alte Produktionsstätte eine geistreich erdachte Geschichte ranken. Eine der

Hauptpersonen, der Preußischblaufabrikant *Vopelius* [von Harig zu Roselius verfremdet] sei wie ein mittelalterlicher Alchimist *"durch seine stinkende Kochküche geschritten, ... mit hellgelben Kalbslederstiefeln sei er über Berge von Hörner und Klauen, Schweinsborsten und Pferdehufen hinweggestiegen, in Salzlauge und Vitriolwasser herumgetappt, durch Lachen von Ziegenschmalz und Rinderblut gewatet. Nach den Erzählungen der Alten kommt es mir vor, als habe er den stinkenden Qualm seiner Farbfabrik durchmessen wie Äneas die Salpeterdünste im Krater von Cumä. Einmal, als er mitten in diesem Pestbrei stand, woraus Männer in blauen Kitteln den Farbsud kochten, soll er die rechte Hand in einen Bottich voller Blaufarbe getaucht, sie wieder herausgezogen und in den schwelenden Rauchgestank hineingerufen haben: »In dieses Blau werde ich Pferdedecken und Uniformröcke und alle Blumen tunken, die mir unter die Augen kommen, und sie werden ihre blaue Farbe nicht mehr los! Das Vergißmeinnicht ist das Symbol königlich preußischer Gesinnung, nicht die Kornblume, nicht das Stiefmütterchen!« Er sagte dies, obwohl Preußischblau dunkler als Kornblumenblau, Sulzbacherblau kräftiger als Vergißmeinnichtblau ist... Jedenfalls, als er die Hand wieder aus dem Bottich zog, war sie blau gefärbt, und sie soll blau geblieben sein bis an sein Lebensende."*

Die Sulzbacher Bevölkerung hatte, was ihre *"Stinkhitt"* anging, viel Ungemach zu erdulden. *Harig* schreibt über die Billigentsorgung der Fa. *Vopelius: "Aus eisernem Rohr quoll es* [das Abwasser der Blaufabrik] *in einen gemauerten Graben, wallte dunkel und dickflüssig unter dem Kirchpfädchen hindurch und mengte sich als zähe Brühe ins perlende Gewässer des Sulzbachs. Das Wasser war blau. Einem Fremden wäre es als ein giftiges, ein todbringendes Blau erschienen, und er hätte keinen Schluck davon trinken mögen. Als Kind kam ich oft in Versuchung, einen Mundvoll zu nehmen, bückte mich nieder, schaute, ob niemand mich beobachtete, doch immer, wenn ich dem Wasser nahekam, stieg mir ein Gestank von faulen Eiern in die Nase, und ich blickte halb lüstern, halb angeekelt in meine zur Schöpfkelle geformten Hände, die das Wasser des Blaubachs wie breiige Tinte stauten. Das Wasser rann zwischen den Fingern hindurch in den Graben zurück, Finger und Handflächen waren blau gefärbt, preußischblau, denn es war den Kesseln und Kübeln der Blaufabrik entquollen."*

Im Stadtarchiv der Stadt Sulzbach hat sich eine sehr interessante, bisher noch unveröffentlichte Darstellung zur Gewinnung von Berliner Blau unter dem Titel: *"Manufacture de Bleu de Prusse de Sulzbach"* gefunden. Verfasser und Kopist sind nicht genannt, es ist lediglich erwähnt, daß die Urschrift Zeichnungen enthielt, die aber bislang verschollen sind. Der Text ist in die Anfangszeit der Blaufabrik zu datieren. Ich möchte diesen Text allen Interessierten zugänglich machen, gibt er doch wesentliche Einblicke in die vielfältigen Vorgänge einer chemischen Manufaktur des 18. Jahrhunderts. Hier die mit Kommentaren versehene Übersetzung:

"Herstellung von Preußisch Blau in Sulzbach.

1. Arbeitsgang

Man nimmt ein Gemisch von 100 Pfund weißer, sehr reiner Pottasche [Kaliumcarbonat, K_2CO_3] *auf 150* [Pfund] *einer schwärzlichen, aufgequollenen, kohligen Masse, die beim Glühen von Hufen und von Ochsenblut entsteht, die man jedes für sich destilliert hat. Um daraus das Ammoniumcarbonat* [$(NH_4)_2CO_3$] *in dem angrenzenden Fabrikgebäude zu gewinnen, füllt man dieses Gemisch in einen 14*

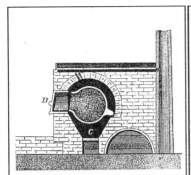 

Birnenförmiger Schmelzofen   Niedriger Flammofen

*Zentner wiegenden Schmelzkolben ein, welcher fast die als Schnitt beiliegende Form
hat und den man schief, wie man es nebenstehend sieht* [hier ein Verweis auf
verschollene Skizzen!] *ins Innere eines sehr kleinen quadratischen Flammofens
einstellt, der zwei Öffnungen hat: die eine in A am unteren Ende der senkrechten
Vorderseite, durch die die Luft eintritt und von wo der Rost ausgeht, der das Heiz-
material trägt (und das Ende des Kolbens); der andere (in B) um den Rauch her-
auszulassen. Diese Öffnung ist kaum größer als die des Kolbens, der dort angepaßt
ist.*

*Mithilfe der Hitze schmilzt alles und damit die Stoffe besser vermischt werden,
rührt man ständig mit einem Schmelzschüreisen, dessen Ende mindestens 10 cm
Durchmesser hat."*

Die Arbeitsanleitung des unbekannten Verfasser nennt zunächst die verwendeten
Rohstoffe, deren Mengen bzw. Massenverhältnisse und als Zielprodukt das kohlensaure *Ammoniaksalz* [$(NH_4)_2CO_3$]. Ein vergleichbarer Schmelzofen wird im *"Lehrbuch der Chemie"* von Dr. Max *Zängerle*, 1875, widergegeben: *"Fig. 83 zeigt den
Schmelzapparat, a ist ein gusseiserner, birnförmiger Kessel, welcher mit einem
hinteren Ansatze, sowie dem etwas geschweiften Halse über dem Roste b auf dem
Mauerwerk liegt. Die Verbrennungsgase sowie die Gase aus a gelangen durch die
Oeffnung c unter die Abdampfpfanne i und in den Schornstein l."* Das Zusammenschmelzen des Rohstoffgemisches wird *"Calcinierung"* genannt.

Karl *Karmarsch* beschreibt im elfbändigen *"Technischen Lexikon für Gewerbe und
Industrie"*, herausgegeben zu Prag von 1876 - 1892, eine Weiterentwicklung des
Calcinierofens: *"Zum Schmelzen wurden früherer Zeit birnförmige, nur an einer
Seite mit einer relativ kleinen Oeffnung versehene, gusseiserne Gefässe verwendet,
und wurde diese Form deshalb gewählt, um so weit als möglich den Zutritt der Luft
hintanzuhalten, da bei freiem Luftzutritt nicht nur die eingeworfenen organischen
Substanzen verbrennen würden (wogegen eine trockene Destillation angestrebt wird),
sondern auch schon gebildetes Cyankalium zu cyansaurem Kali sich oxydieren
würde. Die Bildung des letzteren macht sich überhaupt durch eine starke Ammoniakentwicklung bei dem nachfolgenden Auslaugen bemerklich. Diese birnförmige,
geschlossene Form der Schmelzgefässe erwies sich jedoch als unpraktisch, und
werden gegenwärtig allenthalben an anderer Stelle flache, ovale Gusseisenkessel*

*angewendet, welche die Sohle eines sehr niedrigen Flammenofens bilden; im glei-
chen Niveau mit dem Kessel befindet sich in der Ofenbrust eine Oeffnung mit
einem Schieber verschliessbar, der nur im Falle des Bedarfes gehoben wird, und
zwar beim Eintragen der Rohmaterialien und Ausschöpfen der Schmelze. ... Als
Brennmaterial wird gewöhnlich gut ausgetrocknetes Holz verwendet. Die abzie-
henden Gase werden nicht direct in den Schornstein abgeleitet, sondern zur Erwärmung der Auslauge- und Abdampfwannen verwendet. Doch ist eine zu weitgehende
Ausnützung der abgehenden Wärme nicht empfehlenswerth, da in Folge dessen die
Gase zu stark abgekühlt werden, der Zug im Kamin vermindert und die Verbrennung im Heizraume eine weniger lebhafte wird; dadurch sinkt die Temperatur im
Schmelzraume unter das zum Gelingen des Processes nothwendige Minimum."* Dann
geht Karmarsch auf die eingesetzten Mengenverhältnisse der Rohstoffe und schildert
den Ablauf der Schmelzung: *"Ein bestimmtes Verhältniss zwischen Pottasche (resp.
Blaukali) und thierischen Abfällen lässt sich nicht angeben, da dasselbe nothwendi-
gerweise mit der Qualität der Rohmaterialien variieren muss, ausserdem noch von
anderen Umständen (z.B. Jahreszeit etc.) abhängig ist. Beispielsweise wurden in
einem Falle verwendet: 130 Pfd. Horn, 35 Pfd. Lumpen, 25 Pfd. Pottasche, 70 Pfd.
Blaukali und 15 Pfd. Eisen ... Bei dem Betriebe wird in den zur Rothgluth erhitzten
Ofen vorerst die Pottasche (event. Blaukali) nebst dem Eisen eingeworfen, zum
Schmelzen gebracht und nun in die dünnflüssig gewordene Masse die thierischen
Abfälle schaufelweise eingetragen, wobei ununterbrochen mit einer Eisenkrücke
umgerührt wird."* Nun weiter im französischen Text:*"*

2. Arbeitsgang.

*Dieser dauert etwa .... Man schöpft die geschmolzenen und gut vermischten Stoffe
mithilfe einer großen Eisenkelle, die man immerzu durch die Öffnung B einführt
und man füllt sie in kleine Eisenkessel, in denen sich die Masse durch Abkühlung
verfestigt. Man entfernt sie dann aus dem Kessel, deren Form sie beibehalten hat.
Sie ist in diesem Moment eine schwärzliche, poröse Masse, die man zerschlägt und
die man in einen Kessel setzt, in dem man sie mit Wasser zum Kochen bringt."*

Karmarsch schildert denselben Vorgang mit etwas anderen Worten: *"Zum Schlusse
wird der Ofen gänzlich geschlossen, eine Weile stärker gefeuert, und die dünnflüs-
sige Masse in bereitstehende eiserne Kessel herausgerückt und darin erkalten
gelassen. Eine Schmelzung dauert durchschnittlich 3 Stunden. Die erstarrte
Schmelze bildet eine schwarze, poröse Masse, in deren Poren zeitweilig grössere
Krystalle von Schwefeleisenkalium sichtbar sind, und besteht vorwiegend aus Cyankalium, kohlensaurem Kali, Kohle, Schwefeleisenkalium, metallischem Eisen, nebst-
dem aus einer Reihe anderer Kali- und Natronsalze."*

Folgen wir nun der Schilderung des französischen Textes:*" Man gießt die Flüssigkeit auf Filter, die die kohligen Materialien zurückhalten und in die Kübel, die darunter stehen, eine klare, grünliche Lösung von blausaurer Pottasche fließen lassen
mit einem Überschuß an Base, die man durch einen Holzkanal in einen großen
Holzbottich von gut 1,30 m Höhe und 4 m Durchmesser leitet.*

Man gießt noch eine Lösung von grünem Eisensulfat [Eisenvitriol, $FeSO_4$] *hinzu,
außerdem eine kleine Menge Alaunlösung* [Kaliumaluminiumalaun, $KAl(SO_4)_2 \cdot 12
H_2O$]. *(Man löst diese beiden Salze in warmem Wasser in einem Kessel auf und
gießt sie schließlich in den Bottich).*

Es entwickelt sich sofort unter Aufbrausen Schwefelwasserstoffgas [H$_2$S], *so reichlich, daß Silber davon zuerst gelb, dann schwarz gefärbt wird. Dieses Gas entsteht aus der Zersetzung der Blutlauge durch den fein verteilten Kohlenstoff…*

Es bildet sich ein weißer Niederschlag, der zum größten Teil aus blausaurem, wenig sauerstoffhaltigem Eisen besteht; man rührt die Mischung im Kübel drei oder vier Tage lang oft mit einem Holzrührer, um die Kontakte zu verstärken, damit die Fällung vollständig abläuft.

Bei diesem Arbeitsgang wird das durch den Glühvorgang gebildete "gelbe Blutlaugensalz" {Kaliumhexacyanoferrat(II); K$_4$[Fe(CN)$_6$]} ausgelaugt. Durch Zugabe von grünem *Eisenvitriol* (Fe^{II}SO$_4$) bildet sich ein weißer Niederschlag von "Eisencyanid", der sogenannte *Weißteig*.

$$2\ Fe^{2+} + Fe(CN)_6^{4-} \longrightarrow Fe^{II}[Fe_2^{II}(CN)_6]\ oder\ 3\ Fe(CN)_2$$

Der unter Aufbrausen entweichende Schwefelwasserstoff entwickelt sich wahrscheinlich aus dem Schwefel der Tierkohle, aber auch dadurch, daß rohe Pottasche Sulfate enthielt, die durch die Kohle zu Sulfiden reduziert werden. *Zängerle* gibt daher als Zwischenstufe die Bildung von Eisen(II)-sulfid [FeS; früher Eisensulfür] an, das zusammen mit in der Schmelze gebildetem Kaliumcyanid (früher KCy, heute KCN) Blutlaugensalz ergibt:

$$"\ FeS + 6\ KCy = K_4FeCy_6 + K_2S\ "$$

Aus Kaliumsulfid wird im sauren Milieu durch "Austreiben" der "leichtflüchtige" Schwefelwasserstoff frei.

"3. Arbeitsgang

Man läßt die Flüssigkeit mithilfe eines unten gelegenen Hahns in eine kleine Holzrinne ablaufen, die über einer Reihe von 12 quadratischen Filtern von ungefähr 8 bis 9 Dezimetern Durchmesser steht.

Über jedem Filter ist ein Spund, der auf ein passendes Loch derselben Form aufgesetzt ist. Wenn man den Spund öffnet, fließt die Flüssigkeit auf die Filter; es handelt sich um ein auf einen Rahmen, der ein von 4 Stöcken geformtes Quadrat aufspannt, befestigtes Tuch.

Die in Suspension gehaltenen Stoffe bleiben auf dem Filter (hängen) und es geht eine leicht grünlich-gefärbte Flüssigkeit hindurch, die durch einen Kanal in einen Holzbottich geleitet wird, von wo man sie in 4 Schmelzkessel einläßt, die in einem besonderen Arbeitsraum stehen, der sich am Ende des ersten befindet.

Man filtert eine kleine Flüssigkeitsmenge durch graues Papier, um die fehlenden Teile [Anteile von Stoffen; hier wird offensichtlich eine Probe gezogen] *hinzuzufügen; wenn es zuviel Eisenvitriol enthält ist das Blau schwarz; es* [das Blau] *ist bleich, wenn es nicht genug* [Eisenvitriol] *enthält. Es scheint, daß der Alaun selbst im Übermaß nicht schadet. Er belebt die Farbe und seine Base dient ihm als Bindemittel."*

In diesem Arbeitsgang wird die Flüssigkeit durch intensives Filtrieren gereinigt, so daß eine grünliche Lösung von "Eisencyanid" entsteht.

"4. Arbeitsgang

Der auf dem Filter verbliebene, noch weiße, leicht grünliche Rückstand, wird in einen flachen Bottich in derselben Werkstatt gegeben. Er hat fast eine sirupartige Konsistenz. Man rührt ihn dort, er verfärbt sich nach und nach, zuerst ins grünliche, schließlich ins blaue und nachdem Wasser hinzugefügt wurde und man ihn verdünnt hat, hebt man ihn mithilfe einer Pumpe, die fast bis auf den Boden eintaucht in einen großen Bottich, der in der ersten Werkstatt gegenüber dem Bottich steht, in dem man die Stoffmischung hergestellt hat.

Man rührt noch mit einem Rührholz und der Niederschlag ist dann von einem recht schönen Blau; man läßt ruhen und man dekantiert das oberflächige Wasser, welches sich nach und nach klärt, mithilfe von Dübeln, die Löcher auf verschiedenen Niveaus zustopfen, bis zu 2/3 der Höhe.

Man entfernt zuerst die Stöpsel, die am weitesten oben liegen und von diesem Wasser, das fast geschmacklos und wenig oder gar nicht gefärbt ist, fängt man nichts auf; man läßt es aus der Werkstatt fließen.

Man erneuert dieses Wasser, man rührt und dekantiert wieder, man verdünnt schließlich den Niederschlag in etwas Wasser, damit er in einer Holzrinne weggeführt werden kann, die ihn vollständig, wie weiter oben, über eine Reihe von Filtern führt, parallel zur ersten und auf der anderen Seite derselben Werkstatt befindlich.

Die Flüssigkeit fällt zunächst durch ein Sieb und von da auf den Filter. Das Wasser, das durch den Filter läuft, enthält, obwohl es ein wenig gefärbt ist, nicht genug Stoff, um es aufzufangen; es fällt in einen Holzkanal, der es aus der Werkstatt führt.

Man wendet den Filter über dem Preußisch-Blaulager um und man trägt ihn unter eine Presse, um das Abtropfen zu beschleunigen. Es gibt unter derselben Presse 5 oder 6 voneinander durch Brettchen getrennte Filter; man preßt das ganze mithilfe einer Spindelpresse [inmitten der Werkstatt gibt es zwei Pressen].

Man setzt ihn [den Farbstoff] der Luft aus, um ihn trocknen zu lassen; man schneidet ihn mithilfe eines Metalldrahtes in kleine Quaderstücke und setzt ihn erneut zum Trocknen auf Brettern der Sonne aus; die Farbe entwickelt sich beim Trocknen nach und nach; man trägt ihn in die Trockenkammer, um ihm die letzen Wasserreste zu entziehen, die ihm sehr anhaften.

Die Farbe ist schöner, wenn sie an der Sonne getrocknet worden ist; dies ist einer der Gründe, warum man die Farbe nicht im Winter bereitet; im Freien würde das Wasser gefrieren, das Blau würde rissig werden und in zu großer Menge zurückbleiben; man müßte also im Ofen trocknen, was ihm [dem Blau] eine unendlich weniger schöne Farbe verleihen würde.

Herr Vopelius, Besitzer dieses Unternehmens, bringt das schönste Blau mit einem Salz hervor, das er selbst herstellt; es ist vielleicht ein sehr reines blausaures Kalium; er mischt eine Lösung dieses Salzes mit einer anderen Flüssigkeit, die sicherlich sauerstoffarmes Eisensulfat darstellt; es bildet sich in Folge ein Niederschlag von schönem Blau.

Dieses Blau kostet bis zu 18 [frs.] das Pfund und das gewöhnliche Blau 6 bis 12 [frs.] das Pfund. Das Wasser, das man für diese Manufaktur benötigt, wird über

Röhren aus einem Weiher herbeigeführt, dessen Niveau mit dem Dach des Fabrikgebäudes übereinstimmt. Diese Fabrik beschäftigt eine Familie, die im Werk selbst wohnt und sich aus zwei Männern, einer Frau und zwei Kindern zusammensetzt."

Beim 4. und letzten Arbeitsgang findet die Umwandlung des Cyanids in Berliner Blau durch Luftoxidation statt. Für Außenstehende ist dies ein Vorgang, der an Zauberei erinnert. Daher hieß es oft: "Er kann hexen und blaufärben." Es entsteht nach und nach ein Niederschlag von *Preußischblau* (Eisenhexacyanoferrat). Auch hierbei wird immer wieder gereinigt. Schließlich wird das Wasser durch einen Preßvorgang ausgetrieben. Es folgt die Lufttrocknung, die unabdingbar ist, da hierbei die endgültige Oxidation des Eisencyanids erfolgt und damit die Umwandlung in einen blauen Farbstoff stattfindet. Durch den Oxidationsvorgang bildete sich Preußischblau, das auch nach dem Anstrich einen hervorragenden kupferartigen Glanz zeigte. Man nennt das Verfahren über die Zwischenstufe des "Weißteigs", der an der Luft oxidiert wurde, *"indirektes Verfahren". Direkt* ließ sich das berühmte Blau durch Fällung von gelbem Blutlaugensalz und Eisenchlorid darstellen. Zur Streckung des Farbstoffs wurde bisweilen Alaun, Ton, Gips oder Schwerspat zugefügt: *"Der Zusatz von Alaun bei Bereitung des Berlinerblau trägt nichts zur Bildung der Farbe bei, indem nur dessen weiße und zarte Erde (Thon- oder Alaunerde), welche ausgeschieden wird, die Farbe heller macht, und das Gewicht derselben vermehrt. Je dunkler man das Blaue haben will, um so weniger darf man Alaun zugeben. Das reine englische Blau und das sogenante Pariserblau ist ganz frei von Thonerde."* Durch Alaunzusatz erhielt man ein minderwertiges Blau, dem der kupferne Samtglanz des *Vopeliusschen Sulzbacher Blaus* fehlte. In der allgemein gehaltenen *"Manufacture de Bleu de Prusse"* wird das "Betriebsgeheimnis" der Blaufabrik Vopelius teilweise gelüftet. Offensichtlich bestand Vopelius Erfolg in der Produktion eines sehr reinen Blutlaugensalzes oder Cyankaliums, das das beste Blau weit und breit hervorbrachte. Der *"rapport de Duhamel, ingénieur en chef des mines, le 5 floréal an 8* [1799] über die *"fabrique de bleu de prusse Vopelius de Soulzbach"* fällt daher auch sehr schmeichelhaft aus: *"Es gibt in keinem Departement der Republik eine* [Preußisch-Blau-Fabrik], *die mit der im Norden von Sulzbach, 8 km von Saarbrücken liegenden, rivalisieren kann. Die Vielfalt der Nuancen, die außerordentliche Stärker ihrer ersten Qualität, die Feinheit der Farbe, die daraus resultiert, macht dieses Fabrikat erstrangig unter den wichtigsten dieser Art in Europa."*

Drei Jahre später findet auch *Zégowitz* im *"Annuaire histoire et stat. du dépôt* de la Sarre, Treves, an XI [1802] lobende Worte: *"Derselbe Bürger* [Vopelius] *fabriziert auch enbendaselbst Preuss. Blau, welches mit dem englischen wetteifert. Von dem Preisgericht, welches man mit der Untersuchung der Produkte beauftragt hatte, wurde ihm bei der Ausstellung im Jahre 10 eine Ehrenurkunde überreicht."* Neben der Preußisch-Blau-Manufaktur betreibt *Vopelius* auch die Herstellung von *Ammoniak-Salz*. Im eben erwähnten Jahrbuch von *Zégowitz* finden wir darüber folgenden Eintrag: *"Ammoniak-Salz. Dieses Salz, welches so wichtig ist auf dem Gebiete der Künste, besonders aber für die Malerei, wurde ehedem in Ägypten aus dem Urin der Kamele gewonnen. Ein neues, von einem französischen Chemiker eingeleitetes Verfahren, wonach dieses Salz durch die Destillation des Fleisches aller Tiere gewonnen wird, gab mehreren Werken die Anregung, derartige Versuche anzustellen und weiter auszubauen. Von diesen Werken befindet sich eins in Sulzbach, im Gebiet von Arnewal* [heute: Arnual]. *Das dort gewonnene Salz ist, wie man sagt, von erster Güte. Fabrikant ist Herr Vopelius."* Auch über dieses Verfahren existiert im Archiv der Stadt Sulzbach eine Abschrift: *"Manufacture de sel ammoniac de Soulz-bach."* Hier nur die kurze Einleitung, da die Widergabe den Rahmen dieses Kapitels sprengen würde: *"Man unterscheidet* [zur Herstellung des Salmiaks] *5 aufeinan-derfolgende Arbeitsschritte: die Bereitung von Ammoniumcarbonat, seine Mischung mit Salzsole, die Konzentrierung der Mischung, die Kristallisation, die Reinigung des Rohsalzes durch Sublimation."* Auch hier ist der französisch schreibende Ver-fasser der Arbeitsanleitung nicht bekannt. Salmiak wurde dem Schnupftabak zuge-setzt. Weiter benötigte man ihn für die Medizin, für die Färberei und Gerberei. Nach Dr. W. *Lauer,* der die *"Geschichte der Familie Vopelius"* schrieb, gab es im Archiv der Familie *Appolt,* der ab 1830 die Blaufabrik als Alleinbesitzer gehörte, noch eine zweite, ausführlichere Schrift in deutscher Sprache über die Bereitung des Berlinerblau. Leider ist das Appoltsche Archiv, das später in den Besitz der Fam. *Langguth* gelangte, untergegangen, da Frau Sanitätsrath Langguth die *"lästigen Kisten mit den alten Akten der Blaufabrik"* vor Jahren verbrannte.

Neben der Preußischblaufabrik leitete *Vopelius* "auf der Fischbach" bei Saarbrücken eine *Rußhütte,* die im Jahre 1748 von dem Fürsten von Nassau-Saarbrücken gegrün-det wurde. Im Jahre 1793 wurde sie von Vopelius auf 9 Jahre gepachtet. Sie besaß 17 Öfen zur Rußbereitung. Nach Dr. W. *Lauers "Geschichte der Familie Vopelius"* wurde die Herstellung des Rußes *"etwa ein Doppelzentner Kohlen dicht bei der Oeffnung des Ofens auf einen Haufen geschüttet und angesteckt. Wenn die Kohlen gut in Brand waren, wurden sie mit langen Eisenstangen umgerührt und wieder ge-häufelt, wobei sich bei der behinderten Verbrennung der Ruß entwickelte. Diese Manipulation wurde alle Viertelstunde wiederholt. Durch einen Kanal zog der Ruß in einen kleinen Raum, wo er sich niederschlug und aufgefangen wurde. Ein Ofen ging gewöhnlich 20 - 21 Tage und wurde dann 2 - 3 Tage gelöscht, um den Ruß zu sammeln und eventuelle Reparaturen zu machen. Der Ruß wurde in Säcke gefüllt und von Frauen mit nackten Füßen in dieselben gestampft. Ein gefüllter Sack wog ca. 50 Kilogramm... Die Verwendung des Rußes war verschieden, teils brauchte ihn die Marine zum Teeren der Kabel, wobei er mit etwas Oel gemischt wurde, teils wurde er als Wagenschmiere verwandt, teils als Durckerschwärze in den Druckerei-en."* Ob Vopelius mithilfe dieses Rußes auch *"Erlanger Blau"* ["Bleu d'Erlinghen"] hergestellt hat, ist nicht überliefert. Dieses Blau *"auch blausaures Eisen, wird* [nach Professor *Poppe] ebenso bereitet* [wie Berliner Blau], *nur daß man statt thierischer Kohle Glanzruß, und statt Pottasche Soda bei der Bereitung der Blut-lauge anwendet."*

Nach der *"Allgemeinen Enzyclopädie der Wissenschaften und Künste"* sind die *"charakteristischen Kennzeichen eines guten im Handel vorkommenden Berliner-blaus ...: feurig und lebhaft von Farbe; nicht zu hart; auf dem Bruche nicht glasig und ziemlich leicht zerbrechlich, denn wenn es zu hart ist, enthält es gewöhnlich noch inhärirende Salze, welche durch übereiltes Aussüßen nicht fortgeschaft sind: auf Papier muß man damit leicht einen blauen Strich machen können."* Das *"Poly-technische Journal von Dingler"* schreibt im 1. Band zum Berliner Blau: *"Es gibt von diesem Farbstoff im Handel mehre feine, oder dunkelblaue, mittlere und ordi-näre, oder schlechtblaue Sorten, die zum Theil durch Pressen ihren äußern Glanz erhalten. Je feuriger und dunkler seine Farbe ausfällt, desto ergibiger ist er in der Malerei und Färberei. Gutes Berlinerblau muß ganz trocken, leicht zerbrechlich, im Bruche glatt seyn, auf Papier leicht einen schön rein- und dunkelblauen Strich geben, weder in siedendem Wasser, noch in absolutem Alkohol, noch auch in nur etwas gewässerten Säuren sich verändern oder auflösen, sondern durch verdünnte Schwefelsäure um vieles höher von Farbe werden. Dagegen wird durch Pottasche sein sonst so schöner Schein ganz verwischt, und seine Farbe von der Sonne in Kurzem ausgezogen... "*

Wilhelm *Busch* (1832 - 1908), der große Zeichner und Dichter, äußerte sich zu Berliner Blau sehr kritisch: *"Die neuen grünen und blauen Farben haben so etwas Giftiges und Grelles; besonders das Berliner Blau gegenüber dem alten feinen Ultramarinblau hat etwas Schreiendes und Unverschämtes. Ich weiß, die Maler im Gebirge brauchtens mal und gabens den neugierigen Kindern in die Hand oder wischten ihnen eins mit dem Pinsel. Da war bald das ganze Dorf blau... Preußischblau hält freilich, was Färbevermögen betrifft, den Rekord. Das in Aufsicht so friedlich erscheinende caput mortuum und andere Oxidrote (Farben), Oxidrot-Pigmente, stehen im Färbevermögen dem Preußischblau nicht viel nach, haben aber ein besonders gutes Deckvermögen, d.h. auch in feinstem, lasierendem Auftrag decken sie darunterliegende Farben ab, während Preußischblau eine gute Transparenz besitzt."*

Berliner Blau wurde großenteils als Anstrichfarbe, im Tapeten- und Papierdruck, in der Aquarellmalerei sowie als Leimfarbe verwendet. Bis zum Aufkommen der blauen Anilinfarben färbte man auch Wollstoffe mit Berlinerblau. Zuerst tränkte man die textilen Fasern in einer Eisensalzlösung und tauchte sie dann in eine gelbe Blutlaugensalzlösung. *Napoleon I.* setzte - da es den Färbereien an ost- und westindischen Blaupigmenten mangelte - im Juli 1810 per Dekret einen Preis von 25.000 frs. auf den aus, der *"ein sicheres und leichtes Verfahren angibt, Schafwolle und Seide mit blausaurem Eisen so zu färben, daß die Farbe eine ebene, glänzende, gleiche und durch Reiben und Waschen unveränderte Beschaffenheit erhält."* Berliner Blau fand mit Stärke vermischt auch als *Waschblau* Verwendung. Waschblau diente dazu, den bei Verwendung von eisenoxidhaltigem Waschwasser auftretenden Gelbstich durch Zusatz von etwas blauer Komplementärfarbe zu Weiß zu ergänzen ("Weißmacher"). Mischte man ihm *Chrom-* oder *Zinkgelb* zu, so erhielt man eine grüne Farbe. Da Berliner Blau eine große Feinheit der Teilchen aufweist, besitzt es eine sehr große Deckkraft. Es setzt sich aufgrund seiner kolloidalen Eigenschaften in Öl und Lack kaum ab, manche Sorten sind sogar öllöslich. Die Lichtechtheit von Berliner Blau wird auch von den modernen *Teerfarben* nicht erreicht.

Zu Ende des 19. Jhdt's wurde ein Verfahren erfunden, aus der *Gasreinigungsmasse der Leuchtgasfabrikation* Blutlaugensalz zu gewinnen. Dr. Fr. *Rüdorffs* *"Grundriß der Chemie"*, bearbeitet von Dr. Robert *Lüpke*, zu Berlin 1902 herausgegeben, schreibt dazu: *"Die ... nicht beseitigten Schwefel- und Cyanverbindungen* [des Leuchtgases] *werden auf chemischem Wege in einem System hintereinandergeschalteter Trockenreiniger größtenteils gebunden. Ein solcher Reiniger ... besteht aus einem eisernen Kasten ... Auf einer Anzahl von Hürden ..., über welche die Gasmasse gefüllt wird, ist ein Gemisch von Sägespänen und Raseneisenerz* ($Fe(OH)_3$) *ausgebreitet. Letzteres bildet mit den Gasen Berliner Blau ..."* Die Gasreinigungsmasse wurde nach Gebrauch an chemische Fabriken abgegeben. Dort behandelte man sie mit Ätzkalk, laugte das entstandene *Calciumferrocyanid* mit Wasser aus und führte es mittels Pottasche in Kaliumsalz über.

Die Berliner Blaufabrik zu Sulzbach blieb bis zum 31. Dezember 1829 im Besitze

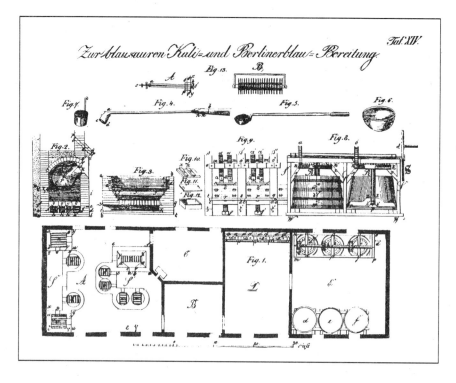

Fig. 2   Muffel (Schmelzofen)   Fig. 5   Schöpfe (Eisen)
Fig. 3   Pfanne aus Gußeisen (zum Abrauchen) Fig. 6   Schale
Fig. 4   Schmelzkolben (Rührer)   Fig. 7   Handschöpfe (für Lauge)

Kali- und Berlinerblaubereitung, Weimar 1836

der Familie Vopelius. Sie wurde an J.G. *Appolt* veräußert. Im 2. Artikel des Kaufvertrages, der zwischen den Söhnen Louis und Carl Vopelius als Erben des verstorbenen Carl Ph. Vopelius geschlossen wurde: *"Von den bisher gemeinschaftlich gewesenen und in gedachtem Societätscontract genannte Etablissements, übernimmt Herr J.G. Appolt die dahier im Neuweiler Thale gelegene chemische Materialien und Carbonfabrik, mit allen dazu gehörigen Geländen und Grundstücken, Weyher und Wasserleitung, wozu der ehemalige Kohlengrubenhaldenplatz und das in den unteren Mohrwiesen gelegene Wiesenstückchen mit innbegriffen sind mit allen auf diesem Etablissement ruhenden Rechten und Verpflichtungen, für seine alleinige Rechnung, dergestalt, daß Herren Louis und Carl Vopelius vom ersten Januar 1830 ab, keinen Antheil mehr daran haben."*

A. Herstellung von Kalialaun

Durchführung (nach Heumann)

"Eine kalte konzentrierte Lösung von schwefelsaurem Aluminium (käuflich) [Aluminiumsulfat, Al_2SO_4] *wird mit etwa gleichviel einer kalten gesättigten Lösung von schwefelsaurem Kalium* [Kaliumsulfat, K_2SO_4] *... in einem Kolben vermischt und dessen Inhalt tüchtig geschüttelt."*

Beobachtung und Auswertung

Es entsteht ein weißer, feinkristalliner Niederschlag von *Kalialaun* [Kaliumaluminiumsulfat] nach der Gleichung:

$$K_2SO_4 + Al_2(SO_4)_2 + 2\ H_2O \longrightarrow 2\ KAl(SO_4)_2 \bullet 12\ H_2O$$

Die Lösung reagiert aufgrund von Hydrolyse deutlich sauer. Durch Abdampfen scheidet sich ein weißes, kristallines Pulver ab. Dieses schmeckt säuerlich und hat eine zusammenziehende (adstringierende) Wirkung. Bei mäßigem Glühen entsteht gebrannter Alaun (alumen ustum).

B. Kristallzüchtung von Alaun

Durchführung

In 100 ml destilliertem Wasser werden 10 g *Kaliumchromium(III)-sulfat* [Chromalaun, $KCr(SO_4)_2$] und 40 g *Kaliumaluminiumsulfat* [Kalialaun, $KAl(SO_4)_2$] unter Umrühren und Erwärmung gelöst. Ein Blumendraht wird in eine Sternform gebogen und in die heiße Lösung gehängt.

Beobachtung und Auswertung

Beide Salze kristallisieren sehr gut. Sie sind *isomorph*, d.h. ihre Bestandteile lassen sich beliebig in das jeweils andere Kristallgitter einbauen. Die Salze lösen sich in Wärme deutlich besser als in Kälte. Bei der Abkühlung der heißgesättigten Lösung bilden sich Kristalle am Blumendraht.

C. Synthese von Berliner Blau

Durchführung

Man fülle eine Petrischale einen halben Zentimeter hoch mit dest. Wasser. An einem Schalenrand löst man etwas *gelbes Blutlaugensalz* (bzw. rotes Blutlaugensalz), am entgegengesetzten Rand etwas *Eisen(III)-chlorid* (bzw. Eisen(II)-chlorid). Die Schale wird auf den Overheadprojektor gestellt.

Die Salze lösen sich in Wasser. Durch die unterschiedlichen Lösungsdichten bilden sich Materialströme, die in der Durchleuchtung sichtbar werden. In der Schalenmitte bildet sich ein schmaler, blaugefärbter Streifen, der sich in kleinen Wolken über die gesamte Fläche verbreitet.

D. Runge-Bilder ("Bilder, die sich selber malen")

Der folgende Versuch wurde in dem 1850 in Berlin erschienenen Buch *"Musterbilder für Freunde des Schönen und zum Gebrauch für Zeichner, Maler, Verzierer und Zeugdrucker"* von Ferdinand Friedrich *Runge* zum ersten Male beschrieben.

Durchführung

Man fertigt Lösungen der Konzentration c = 0,1 mol/l von *Kaliumhexacyanoferrat(III)* [rotes Blutlaugensalz], *Kaliumhexacyanoferrat(II)* [gelbes Blutlaugensalz], *Eisen(III)-chlorid* und *Eisen(II)-chlorid* an und gibt sie in je eine Pipettenflasche. Auf einem *weichen* Filtrierpapier von 15 cm Durchmesser markiert man die Mitte durch einen Bleistiftpunkt und legt es in eine Petrischale. Nun tropft man gelbes Blutlaugensalz (bzw. rotes) auf. Wenn sich der Fleck nicht weiter ausbreitet, wird an dieselbe Stelle ein Tropfen Eisen(III)-chlord (bzw. Eisen(II)-chorid) gegeben. Zusätzlich kann in der Filtrierpapiermitte eine *Ammoniumsulfatlösung* aufgetüpfelt werden.

Beobachtung und Auswertung

Bei beiden Blutlaugensalz-Eisenchloridkombinationen bildet sich der Farbstoff *Berliner Blau*. Es entstehen schöne *"Runge-Bilder"*, deren Zentrum ähnlich den Jahresringen von Bäumen von Farbringen umgeben ist. Das Lösemittel Ammoniumsulfat treibt den Farbstoff nach außen, so daß das Zentrum aufgehellt erscheint.

Tips und Tricks

a. Herstellung von Kaliumalaun

- Dieser Versuch kann auch auf einem Objektträger oder einer Uhrglasschale durchgeführt werden.
- Das Abdampfen geschieht im Trockenschrank oder auf dem Wasserbad (zur Not auf einem Heizkörper).
- Es bilden sich *Alaunoktaeder*, die man mithilfe eines Mikroskops betrachten kann.

b. Kristallzüchtung von Alaun

- *Einfache Kristallzüchtung:* Man stellt konzentrierte Alaunlösungen her und gibt diese ca. 1 - 2 cm hoch in Kristallisierschalen. Man stellt die Schalen erschütterungsfrei auf und läßt die Lösung möglichst bei gleichmäßiger Temperatur *langsam* eindunsten. Es bilden sich oft mehrere sehr große Kristalle aus.

- *Züchtung besonders großer Kristalle:* Nach dem eben geschilderten Verfahren stellt man bis zu 1 cm große *Impfkristalle* her. Dann gießt man die Flüssigkeit ab und entnimmt geeignete Kristalle mithilfe einer Pinzette. Man läßt sie auf Filterpapier trocknen. Dann befestigt man den Impfkristall mittels eines verschiebbaren Knotens (Fischerknoten) an einem Zwirnsfaden und hängt ihn in eine gesättigte Alaunlösung (ca. 3 cm über den Boden). Die Kristalle läßt man darin mehrere Wochen weiterwachsen. Durch das langsame Verdunsten der Flüssigkeit stellt sich immer wieder eine übersättigte Lösung ein, so daß sich die Salzteilchen auf dem Kristall absetzen und ihn stetig vergrößern.
- Chromalaunkristalle dürfen nur auf ca. 40° C erwärmt werden, da sich sonst die violette Lösung (durch Änderung des Wassergehalts) grün färbt. Die grüne Lösung kristallisiert kaum aus. Besonders gute Ergebnisse werden durch Mischung von Kali- und Chromalaun erreicht.

c. Synthese von Berliner Blau

- Der Versuch ist auch in Bechergläsern durchführbar: Ein großes Becherglas von 100 ml Inhalt wird halbvoll mit Wasser gefüllt und eine Spatelspitze *gelbes Blutlaugensalz* darin gelöst. Ein weiteres Becherglas wird zu einem Viertel mit Wasser gefüllt. Man löst darin 2 Spatelspitzen *Eisen(III)-chlorid*. Die Inhalte beider Bechergläser werden miteinander vermischt, bis sich kein Niederschlag mehr bildet. Das entstandene *Berliner Blau* wird abfiltriert und der Rückstand durch Trocknen (z.B. im Trockenschrank) gewonnen.
- Man erhält ein sehr intensiv blaues Farbpigment, das sich in Leinöl einrühren läßt. Dabei muß ein Ölüberschuß vermieden werden. Eine gute Trocknung wird durch Hinzufügen von etwas Blei(IV)-oxid erreicht.
- Man kann Berliner Blau auch in farblosen Lack einrühren und erhält so einen gut deckenden blauen Lack.

d. Runge-Bilder

- Runge-Bilder haben ein gemeinsames Kennzeichen: Es kommt wegen des uneinheitlichen Papieraufbaus zu einer ungleichmäßigen Verteilung der Salzlösung auf dem Papier. Dies führt zu gefleckten Farbfeldern. Es entstehen auch gezacktstrahlige Ringe. Durch die "Treibwirkung" z.B. zugesetzten Ammoniumsulfats bilden sich aufgehellte Höfe um die Mitte.
- Jedes Runge-Bild ist individuell einmalig und sein Aussehen hängt von vielerlei Bedingungen wie z.B. der Lösungsintensität, der Temperatur, der Papierbeschaffenheit, dem Einsatz eines *Treibmittels* ab.
- Man kann auch Papier verwenden, das von einer bestimmten Reagenzlösung, z.B. gelbem Blutlaugensalz, durchtränkt ist, die man antrocknen läßt.
- Interessant ist es, aus *Buntsandstein,* der seine gelbbraune Farbe durch Eisenablagerungen erhält, durch Kochen mit konz. Salzsäure eine Extraktion herzustellen. Man erhält eine Lösung, die durch Filtrieren gereinigt wird. Dann trägt man das mit Wasser verdünnte Filtrat auf Filterpapier auf und tüpfelt mit Blutlaugensalzlösungen. Es ergeben sich meist merkwürdig gezackte Ringe.
- Zur Herstellung von Runge-Bildern läßt sich auch die Kapillarwirkung eines Baumwollefadens oder eines eingerollten Filterpapiers nutzen, das man durch ein mit Lösung präpariertes Filterpapier steckt. Das präparierte Filterpapier legt man

auf eine mit einer Gegenlösung 1 cm hoch gefüllte Kristallisierschale, der "Docht" sollte in die Lösung hineinreichen. Der Docht saugt nun stetig Flüssigkeit aus dem "Reservoir" an und es ergeben sich strahlig-gezackte Rungebilder.

- Die Wirkung von Runge-Bildern kann durch "Räuchern" mit Ammoniak (z.B. über einer mit Ammoniak gefüllten Schale; Abzug!!) verstärkt werden. Die Farbvertiefung erklärt sich durch Veränderung des pH-Wertes. Stabilisiert wird durch Aufsprühen von Klarlack oder Fixativ. Lack verleiht dem Bild eine milchglasähnliche Transparenz, so daß es an Ästetik gewinnt.

e. Sicherheitshinweise

- *Ammoniak* ist toxisch und fruchtschädigend! $\boxed{\text{T}}$
- Von *Berliner-Blau* sind keinerlei Giftwirkungen bekannt.
- *Blei(IV)-oxid* wirkt mindergiftig. $\boxed{\text{Xn}}$
- *Blutlaugensalze* werden beide als ungiftig eingestuft. Dennoch muß man bedenken, daß das rote Blutlaugensalz aufgrund seiner geringeren Beständigkeit bei oraler Einnahme von der Magensalzsäure zersetzt wird, so daß sehr giftige *Blausäure* abgespalten wird.
- *Eisen(II)-chlorid* und *Eisen(III)-chlorid* sind mindergiftig. $\boxed{\text{Xn}}$
- *Kaliumsulfat, Kaliumaluminiumsulfat* (Kaliumalaun) und *Chromiumaluminiumsulfat* (Chromalaun) sind völlig ungefährlich.
- *Salzsäure, konz.* ist stark ätzend. $\boxed{\text{C}}$

Alaune. Man versteht darunter *Doppelsalze* der Struktur $M^I M^{III}(SO_4)_2 \cdot 12\,H_2O$,
bei denen M^I = Alkalimetalle und Ammonium
und M^{III} = Al, Mn, Fe, Co u.v.a. sein können.

Alaunkristallgruppe

Krone aus Alaunkristallen

Sie kristallisieren hervorragend zu Oktaedern
und Würfeln, die oft eine beträchtliche Größe
erreichen. Alaun wurde früher gewonnen aus:
1) *Alaunschiefer* (= bitumen- und schwefel-
   kieshaltiger Tonschiefer)
2) *Alaunstein* (Alunit, basisches Kaliumalumi-
   numsulfat)
Heute behandelt man Bauxite und Tone mit
konz. Schwefelsäure und fügt Kaliumsulfat hinzu, so daß Alaun auskristallisiert wird. Alaun
hatte früher eine große Bedeutung in der
Färberei und Gerberei. Es wurde von *Aluminiumsulfat* [schwefelsaure Tonerde , $Al_2(SO_4)_3$]
verdrängt. Alaun dient wegen seiner adstringierenden (= zusammenziehenden) Wirkung als *Rasierstein*. In der Medizin verabreicht man bei *Bleisalzvergiftungen* Alaunlösungen. Es bildet sich daraus unlösliches und damit ungiftiges Bleisulfat.

Alaungerberei (auch *Weißgerberei*, nach M. *Zängerle*). *" Als Gerbemittel wird
ein Gemenge von Alaun und Kochsalz (also Aluminiumchlorid) oder ausnahmsweise
Aluminiumacetat verwendet. Man zieht die Häute, vorzüglich Hammel-, Schaf- und
Ziegenfelle, mehrfach durch die Gerbebrühe, lässt sie dann einen Tag übereinan-
dergeschichtet liegen, worauf sie ausgewaschen und getrocknet werden. Die durch
die letzte Operation bewirkte Steifigkeit wird den Fellen durch das Stollen - Ausziehen über einem abgerundeten stumpfen Eisen - benommen. Zu Handschuhen
werden die Häute von jungen Ziegen und Lämmern mittelst eines Gemisches von
Alaun, Kochsalz, Weizenmehl, Eidottern und Wasser gegerbt und darauf gestollt,
wonach man das Glänzen oder Glaciren folgen lässt, welches durch Bearbeiten der
reinen oder mit Eiweiss, Gummi oder Traganth angestrichenen Narbe mittelst der
Blankstosskugel geschieht. - Die weissgaren Leder zeichnen sich von den lohgahren
durch einen höheren Grad von Weichheit und Geschmeidigkeit aus, sind aber nicht
so fest als diese."*

Berliner Blau [Historische Namen: Blausaures Eisen, Diesbachblau, Preußischblau, Stahlblau, Eisenblau, Erlanger Blau, Modeblau, Chinablau, Miloriblau, Bleu de
Prusse, Bleu de Berlin, Toning blue, Turnbulls Blau, Ferriferrocyanid, Eisencyanürcyanid; aktuelle Bezeichung: *Kaliumhexacyanoferrat (II, III)*]. Versetzt man Lösungen von gelbem Blutlaugensalz mit Eisen(III)-salz bzw. von rotem Blutlaugensalz
mit Eisen(II)-salz, so entsteht kolloidal gelöstes Berlinerblau:

$$K_4[Fe^{II}(CN)_6] + Fe^{3+} \longrightarrow K[Fe^{III}Fe^{II}(CN)_6] + 3\,K^+$$

Die intensiv blaue Farbe wird durch die *gleichzeitige* Anwesenheit von 2 Wertig-
keitsstufen von Eisen erklärt. Die Wertigkeiten der Eisen-Ionen sind nicht mehr lo-
kalisierbar. Man spricht von einem *Charge-transfer-Komplex*. Dieser tritt auch bei
Farbpigmenten wie roter *Mennige* [Blei(II, IV)-oxid] oder schwarzgrünem Eisen(II,
III)-hydroxid auf. Bei Zugabe weiterer Fe^{3+} - Ionen bildet sich *unlösliches* Berliner
Blau:

$$3 \, K \, [Fe^{III} Fe^{II} (CN)_6] + Fe^{3+} \longrightarrow Fe_4^{III} [Fe^{II} (CN)_6] + 3 \, K^+$$

Das so entstehende Farbpigment löst sich nicht in verdünnten Säuren, ist äußerst lichtecht und thermostabil. Erst bei Temperaturen über 250° C beginnt es, sich zu zersetzen. Früher unterschied man noch *Turnbulls Blau* oder *Pariserblau*. Es stellte sich jedoch heraus, daß zu Berlinerblau, chemisch gesehen, kein Unterschied besteht. *Verwendung:* Berliner Blau ist ein Anstrichmittel, wird zur Herstellung von Tinte, Kohle- und Durchschlagpapier, für Farbbänder und als Druckfarbe benutzt. Außerdem ist es ein Gegenmittel (Antidot) bei Vergiftung mit radioaktivem *Caesium*.

Blaue organische Farbstoffe (nach E. *Postel*)."

1. Indigo. Er wird aus mehreren in heißen Ländern wachsenden Pflanzen aus den Gattungen Indigofera, Isatis und Nerium gewonnen ... Man schneidet die blühenden Gewächse ab und läßt sie, mit Wasser übergossen, gähren, wodurch man einen blauen Niederschlag erhält, der abgepreßt, in Stücke zusammengeknetet und getrocknet in den Handel kommt. Reibt man dieselben mit einem glatten Körper, so zeigen sie einen Kupferglanz. ... Der eigentliche Farbstoff des Indigo heißt Indigblau oder Cörulin; er giebt die dauerhafteste aller blauen Farben, da dieselbe sogar durch die stärksten Säuren nicht geröthet wird."

2. Waid (Isatis tinctoria) war vor der Bekanntwerdung des Indigo die einzige Pflanze, in welcher man dauerhaft blau färben konnte, daher war ihr Anbau sehr lohnend, und die Thüringer Waidbauer nannten den ihren Erwerb schmälernden Indigo eine gefährliche Teufelsfarbe. ... Der Farbstoff des Waid ist derselbe, wie der im Indigo.

3. Blauholz (Blauspäne) oder Campecheholz liefert ein in Mexiko wachsender Baum, Haematoxylon campechinanum; sein Farbstoff heißt daher Hämatoxylin. Er verbindet sich außerordentlich leicht mit Ammoniak zu Hämatein-Ammoniak, aus welchem man das Hämatein durch Kochen mit Essigsäure abscheidet. Es erscheint als grüner Niederschlag, liefert aber beim Zerreiben ein rothes Pulver. Das Blauholz gehört zu den angewandtesten Farbematerialien, obschon die daraus gewonnenen Farben wenig ächt sind. Es färbt nach Umständen blau, violett, braun oder schwarz in den verschiedensten Abstufungen.

4. Auch mit dem Safte der Heidelbeeren (Vaccinium Myrtillus) färbt man blau oder roth, mehr aber Flüssigkeiten (Wein) als Zeuge. In neuester Zeit verwendet man zur Färbung der Rothweine häufig den Saft aus den Blüthen der schwarzen Malve.

5. Flechtenblau. Aus verschiedenen Flechtenarten (Lichenes), besonders aus der auf den kanarischen Inseln wachsenden Orseilleflechte (Roccella tinctoria), gewinnt man, indem man dieselben zwischen Mühlsteinen mit Wasser zu einem Brei reibt, und diesen mit gefaultem Urin und gebranntem Kalk gähren läßt, einen violetten Farbstoff, die Orseille. Ein ähnlicher Farbstoff ist das Persio. Im nördlichen England, in Schottland und Schweden stellt man aus einigen Flechten, besonders aus Lecanora tatarea, einen rothen Farbstoff dar. Diesen verwandelt man in Holland nach einem geheim gehaltenen Verfahren durch Zusatz von Kali in den Lackmus, mittelst dessen wir unser Probirpapier bereiten. Im Lackkmus ist eine rothe Flechtensäure mit Kali zu einem blauen Salze verbunden. Durch eine stärkere Säure wird diesem die Base entzogen, und die rothe Säure wird frei. Umgekehrt verbindet sich eine lösliche Base mit der freien Säure des geröteten Lackmus zu einem blauen Salze."

altet: Gelbkali, Kaliumeisencyanür, Kaliumferrocyanid}. Bildet zitronengelbe, monokline Prismen. Wird von Licht zersetzt. Bei starkem Erhitzen erfolgt Zerfall:

$$K_4[Fe(CN)_6] \xrightarrow{\quad \vartheta \quad} 4\;KCN + FeC_2 + N_2$$

Dabei bildet sich giftiges *Kaliumcyanid* (Zyankali). Bei Chlor- oder Wasserstoffper-
oxidzugabe erfolgt Oxidation des zweiwertigen Eisens zu dreiwertigem: Es bildet
sich rotes Blutlaugensalz, Chloridionen werden frei.
Gelbes Blutlaugensalz fällt Kuper(II)- und Eisen(II)-Ionen aus und dient daher zum
Schönen von Wein. Kupferionen bilden einen braunen, Eisenionen einen weißen Niederschlag, der sich an der Luft durch Oxidation rasch blau färbt. Der weiße Niederschlag trat früher bei der Berlinerblaubereitung als *Weißteig* auf.

$$2\;Cu^{2+} + [Fe^{II}(CN)_6]^{4-} \longrightarrow Cu_2[Fe(CN)_6]$$

$$2\;Fe^{2+} + [Fe^{II}(CN)_6]^{4-} \longrightarrow Fe_2^{II}[Fe^{II}(CN)_6]$$

Gelbes Blutlaugensalz gibt Spuren von *Blausäure* ab und ist daher schwach giftig.
Blutlaugensalz, rotes {Kaliumhexacyanoferrat(III), $K_3[Fe(CN)_6]$; früher Rotkali, Kaliumeisencyanid, Kaliumferricyanid; 1822 von L. *Gmelin* entdeckt}. Bildet
große, dunkelrote, monoklin prismatische Kristalle. Starkes Oxidationsmittel. In der
Sonne (20 sec. reichen aus) zersetzt es sich zu gelbem Blutlaugensalz und einer
dem Berliner Blau ähnlichen Verbindung. Aufbewahrung unter braunem Glas.
Verwendung: In der Fotografie als *Abschwächer.* Überschüssiges Silber wird nach
folgender Gleichung gelöst:

$$4\;K_3[Fe(CN)_6] + 4\;Ag \longrightarrow Ag_4[Fe(CN)_6] + 3\;K_4[Fe(CN)_6]$$

Doppelsalze. Sie besitzen folgende Kennzeichen:
1. Sie setzen sich aus einfachen Salzen zu einer neuen Verbindung zusammen, z.B.
   Kaliumalaun entsteht aus Kaliumsulfat und Aluminiumsulfat
2. Doppelsalze besitzen eine eigene Kristallstruktur, die sich von derjenigen der
   Ausgangssalze unterscheidet.
3. Doppelsalze bilden bei der Dissoziation alle Ionenarten der Ausgangssalze (Wesentlicher Unterschied zu den Komplexsalzen!)
Färberei und **organische Farbstoffe** (nach E. *Postel*). *"Unter organischen
Farbstoffen (Pigmenten) versteht man solche animalische oder vegetabilische Substanzen, welche entweder schon in der Pflanze (oder dem Thiere) ursprünglich eine
bestimmte Farbe besitzen, oder eine solche nach ihrer Abscheidung aus dem orga-
nisch Körper unter gewissen Verhältnisse erlangen, und diese Farbe auf andere
Körper überzutragen vermögen. Letztere nennt man richtiger Chromogene, d.h.
Farbenerzeuger.... Die Farbstoffe sind entweder stickstofffrei (CHO), und haben
dann schwach saure Eigenschaften, so daß sie sich mit Basen zu Salzen verbinden
können, welche häufig viel schöner gefärbt sind, als die reinen Farbstoffe, und
Lackfarben genannt werden; oder sie sind stickstoffhaltig (CHON) und dann neutral.... Das Auftragen der Pigmente geschieht theils mittelst des Pinsels, Malen, An-
streichen, theils werden die Farben mittelst Formen auf die zu färbenden Stoffe gebracht, Drucken, – in beiden Fällen sind nur die Oberflächen der Körper gefärbt –
oder es findet ein eigentliches Färben statt, wobei das Pigment sich mit allen einzelnen Theilchen des Körpers möglichst innig verbindet. Das Drucken und das*

Färben im engeren Sinne sind der Gegenstand der Färbekunst, welche eine sehr wichtige Rolle spielt, da der gebildete Mensch von angemessen gefärbten Gegenständen einen angenehmen Eindruck erhält, und deshalb darauf bedacht ist, seine Umgebungen und insbesondere seine Kleidung durch den Farbenreiz zu verschönern. Die verschiedenen Pigmente haben zu den mannigfachen zu färbenden Gegenständen einen verschiedenen Grad der Verwandtschaft (Affinität), und verbinden sich daher mehr oder weniger leicht mit diesen. Im Allgemeinen haften die Farbstoffe an Wollenzeugen leichter, als an Baumwollenzeug, an Seide leichter, als an Leinewand. Ist die Verbindung zwischen dem Farbstoffe und dem gefärbten Körper nur eine lose, so wird sie sehr oft schon durch Wasser aufgehoben, die Farben gehen beim Waschen aus, und man sagt dann, sie seien unächt. Der Färber und Drucker müssen also auf Mittel denken, durch welche die Affinität zwischen dem zu färbenden Stoffe und dem Pigment von dem zu färbenden Körper stark angezogen werden, andererseits das Pigment kräftig anziehen. Diese Mittelglieder heißen Beizen. Mit ihnen tränkt man entweder die Körper vor dem Färben, oder man wendet die Beizen gleichzeitig mit den Farbstoffen an, oder man läßt die Beize erst nach der Färbung auf die Farben einwirken. Unter den Beizen nimmt wohl der Alaun (schwefelsaure Kali-Thonerde) den ersten Rang ein, denn er wird am häufigsten angewendet, um eine innige Verbindung zwischen dem Farbstoffe und der Thier- oder Pflanzenfaser zu bewirken ...

Gasreinigungsmasse. Das aus Steinkohle gewonnene *Leuchtgas* mußte vor Gebrauch von vielen Schadstoffen befreit werden. Hierzu bediente man sich einer hochwirksamen Reinigungsmasse, deren Herstellung von M. *Zängerle* folgendermaßen beschrieben wird: *"Zur Bereitung der Reinigungsmasse mengt man gleiche Theile Kalk und Sägespäne, begiesst das Gemenge mit einer Lösung von Eisenvitriol ... und läßt es an der Luft liegen bis es eine braune Farbe angenommen hat. Die Mischung [nach ihrem Erfinder Laming'sche Masse genannt] besteht dann aus einem Gemenge von Eisenhydroxyd, Calciumhydroxyd und Calciumsulfat."* Durch die Laming'sche Masse werden die im Leuchtgas vorhandenen Gase Kohlenstoffdioxid, Ammoniak und Schwefelwasserstoff gebunden. Es entstehen Eisensulfit, Ammoniumsulfat, Calciumcarbonat und Wasser. *"Die Laming'sche Masse hat vor anderen Reinigungsmassen den Vortheil, dass sie nach dem Erschöpfen wieder regenerirt und neuerdings angewendet werden kann."* Dies ging natürlich nicht beliebig oft. Unbrauchbar gewordene Reinigungsmasse wurde dann an Farbenfabriken verkauft, die aus ihr Berliner Blau herstellten.

Hornstoff (oder *Keratin*) spielt als Ausgangsmaterial der Bereitung von Berliner Blau eine sehr wichtige Rolle. Daher eine eingehende Beschreibung durch M. *Zängerle: "Der Hornstoff bildet die Hauptmasse der Oberhaut (Epidermis) der thierischen Haut und der Fortsetzungen und Bedeckungen derselben, wie Nägel, Klauen, Hörner, Haar, Borsten, Federn, des Fischbeins und Schildpatts. Er kommt in seiner chemischen Zusammensetzung mit den Eiweisskörpern und den Leimsubstanzen darin überein, dass er so reich an N ist wie diese, unterscheidet sich aber von denselben durch seinen hohen Schwefelgehalt ... Dieser reiche Schwefelgehalt ist die Ursache, dass Haare, Federn, Horn etc. durch Erwärmen mit einer Bleiauflösung geschwärzt werden, indem sich eine Schicht von Bleisulfid bildet... Alle Horngebilde gehören zu den abgestorbenen unempfindlichen Theilen des Thierkörpers. Sie lösen sich leicht in Alkalien auf; Säuren schlagen aus dieser Lösung unter Entwicklung von Schwefelwasserstof eine gallertartige stickstoffreiche Substanz nieder."*

Komplexsalze (Durchdringungskompexe). Salze mit folgenden Merkmalen:
1. Sie entstehen aus der Vereinigung zweier Salze zu einer neuen Verbindung:
    z.B. entsteht rotes Blutlaugensalz aus Kaliumcyanid und Eisen(III)-cyanid.
2. Komplexsalze besitzen eine eigene Kristallstruktur. Diese unterscheidet sich von
    der Strukur der Ausgangssalze.
3. Sie enthalten *Komplexionen*, z.B. [Fe(CN)$_6$]$^{4-}$, die den Salzen besondere Eigen-
    schaften verleihen.

Nomenklatur, lateinische (Anfang 20. Jhdt., Auswahl aus dem *"Lateinischen
Unterrichtsbuch für Drogisten"* von Otto *Ziegler*, München 1914).

Acidum oxalicum = Oxalsäure (auch Klee- oder Zuckersäure)

Alumen = Kalialaun

Alumen chromicum = Chromalaun

Alumen plumosum = Federalaun (Asbest)

Alumen ustum = gebrannter Kalialaun

Aluminium sulfuricum = schwefelsaure Tonerde [Aluminiumsulfat]

Ammonium chloratum = Salmiak

Caput mortuum = Totenkopf [roter Farbstoff]

Ferrum chloratum = Eisenchlorür, Ferrochlorid [Eisen(II)-chlorid]

Ferrum sulfuricum = schwefelsaures Eisen, Ferrosulfat, grüner Vitriol, Kupferwas-
             ser (!!), Eisenvitriol

Kalium ferrocyanatum = Kaliumeisencyanür, Kaliumferrocyanid, gelbes Blutlaugen-
             salz, Ferrocyankalium, gelbes blausaures Kalium

Kalium cyanatum = Cyankalium, Kaliumcyanid

Kalium ferricyanatum = Kaliumeisencyanid, Kaliumferricyanid, rotes Blutlaugensalz,
             Ferricyankalium

Liquor ammonii caustici = Salmiakgeist

Liquor ferri sesquichlorati = Eisenchloridlösung, Ferrichloridlösung [Eisen(III)-chlo-
             rid; sesqui bedeutet: ein- und eineinhalbfach]

Anmerkungen zur Nomenklatur:
1) *"Verschiedene Metalle, z.B. Eisen - Ferrum ... bilden »höhere« und »niedere«
    Salzverbindungen; die »höheren« heißen »Oxydsalze«, die »niederen« »Oxydul-
    salze«. Wissenschaftlich heißen solche Oxydverbindungen »i« -Verbindungen,
    während die Oxydulverbindungen »o« -Verbindungen heißen mit Voranstellung
    des gekürzten, meist lateinischen Metallwortes. Demnach heißen wissenschaftlich:
    Eisenoxydverbindungen Ferriverbindungen ... Eisenoxydulverbindungen Ferro-
    verbindungen."*
2) *"Merke: lateinische Endsilbe »atus « = deutsche Endsilbe »haltig« = wissen-
    schaftliche Endsilbe »id«. Auswendig zu lernen sind: ... ferrocyanatus eigent. ei-
    sencyanhaltig. Die Salze: Ferrocyanide (Oxydulform des Eisens); ferricyanatus
    eigent. eisencyanhaltig. Die Salze: Ferricyanide (Oxydform des Eisens)."*
3) *"Bei den Chlor-, Brom-, Jod-, Cyan- und Schwefelverbindungen von Eisen, ...
    u.s.w. werden die niederen Verbindungen auch als »ür« -Verbindungen, die hö-
    heren Verbindungen als »id« -Verbidnungen bezeichnet mit Voranstellung des
    deutschen Metallwortes"*, z.B. Ferrochlorid = Eisenchlorür [Eisen(II)-chlorid]
    oder Ferrichlorid = Eisenchlorid [Eisen(III)-chlorid], Berliner Blau heißt Eisency-
    anürcyanid, da es Eisen in einer niedrigen ("ür") und einer hohen Wertigkeitsstufe
    ("id") enthält.

Salmiak [Ammoniumchlorid, NH$_4$Cl; nach M. Zängerle]. *"Früher erhitzte man
den durch die Verbrennung des Kamelmistes entstandenen Russ in Glasgefäßen, das*

Ammoniumchlorid verflüchtigte sich alsdann aus demselben und sublimirte an die oberen kalten Stellen der Flaschen, von wo man es durch Zerbrechen der Flaschen erhielt. Heutzutage stellt man das Ammoniumchlorid dar, indem man die Condensationswasser der Gasfabriken, sowie die von der trockenen Destillation thierischer Substanzen herrührenden Wasser mit Kalk destillirt, das auftretende Ammoniakgas in wässrige Salzsäure leitet, und die erhaltene Flüssigkeit zur Krystallisation eindampft. Oder man stellt duch Sättigung derselben mit Schwefelsäure zuerst Ammoniumsulfat dar und sublimirt dieses innig mit Natriumchlorid gemengt ... wobei Salmiak sich verflüchtigt und condensirt, während Natriumsulfat zurückbleibt. Die

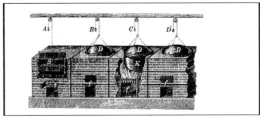

Sublimation wird in dem ... [nebenstehend] dargestellten Apparate vorgenommen. Man bringt in die Kessel K das Gemenge von Ammoniumsulfat und Natriumchlorid, erwärmt sie vorsichtig, legt dann auf den Kesselrand einen Leimring und drückt in diesen einen Deckel von Gusseisen D von der Form eines Uhrglases. Das Feuer wird nun verstärkt, wodurch der Salmiak an die Deckel sublimirt. Der aus den Deckeln genommene Salmiak wird in dem mit Schieberthür verschliessbaren Luftbade S getrocknet. Das so dargestellte Ammoniumchlorid stellt entweder ein weisses Krystallpulver, oder durch Sublimation erhalten, eine durchscheinende, zähe, weisse Masse von faserig krystallinischem Gefüge dar. Es krystallisirt in kleine, regulären Octaedern, die gewöhnlich faserig aneinandergereiht sind ... Beim Erhitzen verflüchtigt es sich vollständig und unzersetzt, ohne zu schmelzen ...; stark erhitzt, zerfällt sein Dampf in Chlorwasserstoffgas und Ammoniakgas ... Es schmeckt salzig und scharf und löst sich leicht in Wasser ... unter starker Temperaturerniedrigung ..." Nach Römpp findet Salmiak Verwendung als Düngemittel (Kalkammon), Gerberei, Farbenfabrikation, als Lötstein (Salmiakstein) um störende Oxidschichten zu entfernen, in Taschenbatterien als Elektrolyt und in Salmiakpastillen als schleimlösendes Mittel.

Quelle. Wie Blaul bereiste auch August Becker in der ersten Hälfte des 19. Jahrhunderts den "Industrie- und Kohlenbezirk" im Sulzbachtal. In seinem 1857 herausgegebenen Werk: "Die Pfalz und die Pfälzer" beschreibt er ebenfalls Blaufabrik und Brennenden Berg: "Das schwarze Tal, welches dort die Grenze [zwischen Bayern und Preußen] bildet, ist das schmutzigste und kotigste, das man treffen kann, aber auch eines der gewerbsamsten ... Durch den fußhohen Kot watet man an zahllosen Fabrikgebäuden, Arbeiterwohnungen und Wirtshäusern vorüber bis nach dem preußischen Ort Sulzbach, wo die Industrie an allen Ecken und Enden ihren Wohnsitz aufgeschlagen hat. Der Ort ist bei unverstopfter Nase leicht zu finden, denn es befindet sich hier eine Salmiak- und Berlinerblaufabrik und faulende Tierleichname und Äser füllen die Luft mit mephitischen Dünsten. Den Bach entlang kommt man nach Dudweiler, einem preußischen Flecken, wo der modernen Göttin Industrie aus den Alaunfabriken stinkende Opferdünste aufsteigen. Der Alaun wird aus den Schieferbrüchen gewonnen. Der Talbach zerstört die Leinwand, was 1793 die Preußen erfuhren, denn das Wasser führt eine Menge Alaunbestandteile zur Saar.

Das Tal hat auch seine Romantik. Seine Linien an und für sich sind oft schön und *lieblich. Kommt aber die Nacht herbei, so gewinnt es einen märchenhaften und abenteuerlichen Charakter, - die Romantik der Hölle selbst breitet sich über dasselbe und infernalische Wunder beginnen es zu durchleuchten, die das Tageslicht nicht zur Erscheinung kommen ließ. Gewaltige Feuer erhellen die Nacht, feenhaft, furchtbar schön ist der Anblick dieser langen Reihen von aufqualmenden Feuerströmen über den Koksöfen. Zwischen diesen höllenartigen Feuergluten hin trägt die Eisenbahn, welche an den Berghalden des Tales hart an der bayerischen Grenze dahinläuft, ihre Passagiere.*

Menschenwerk und Natur vereinigen sich um dieser Gegend den infernalischen Anstrich zu verleihen. Zwischen Dudweiler und St. Ingbert finden wir den brennenden Berg. Die Anhöhe ist mit Wald begrenzt, dann öffnet sich eine jähe, kraterähnliche Felsenschlucht, in welche man durch Gestrüpp hinabsteigen kann. Aus den rotbraunen Felswänden und aus dem Boden, auf welchem man steht, drängt sich zischend heißer Dampf in weißen Wölkchen, Rauch steigt zwischen dem Gebüsche auf. Die Umgebung ist nicht grandios, wild und grotesk, aber der Anblick immerhin neu und überraschend. Nach Regen und bei trüben Tagen braust und zischt es stärker aus den Felsspalten. Besucher machen sich das Vergnügen Eier an dem Boden zu sieden. Alle Felsen fühlen sich warm an und an den dampfsprudelnden Spalten kann man wohl auch die Hände und auch die Nase noch heutzutage verbrennen. Den Pflanzenwuchs beeinträcht der Brand jedoch nicht; im Gegenteile rankt besonders üppiger Farren um die Felsen. Über den Ursprung und den Charakter des Feuers wurden schon viele Vermutungen ausgesprochen. Ein Blitzstrahl oder ein Hirtenfeuer soll das mächtige Steinkohlenflötz im Innern des Berges entzündet haben, und zwar im Jahre 1700. Als die Arbeiter hier nach Alaun gruben, schlug ihnen plötzlich die Flamme entgegen, so daß sie entsetzt flohen und erst mit großer Mühe konnte der Bergbrand durch Überschütten mit Erde geschwächt werden. Doch sprechen viele Gründe gegen brennende Steinkohlen, da diese ohne Luftzugang schon längst hätten erlöschen müssen. Schwefelgeruch dringt aus den Spalten, Schwefelkies und Salmiak hat das schieferartige Gebrüche überkrustet."

Versuch. Blaupausen. In 100 ml aqua dest. werden 0,4 g Oxalsäure und 0,6 g Eisen(III)-nitrat [$Fe(NO_3)_3 \cdot 9 H_2O$] auf einem Overheadprojektor in einer Petrischale gelöst. Es bildet sich eine lichtempfindliche Lösung von *Eisen(III)-oxalat* von gelber Farbe, der 1 ml rotes Blutlaugensalz (10 g auf 100 ml Wasser) zugesetzt wird. Die Lösung wird durchstrahlt. Sie färbt sich allmählich blau. Die Farbintensität ist der Belichtungsdauer proportional. Nach der Gleichung:

$$Fe_2[(COO)_2]_3 \xrightarrow{\text{h} \cdot \nu} 2\ Fe(COO)_2 + 2\ CO_2$$

wird Licht absorbiert, das die Eisen(III)-ionen zu Eisen(II)-ionen reduziert. Diese bilden mit dem roten Blutlaugensalz Berliner Blau. Oxalsäure ist mindergiftig (**Xn**). Dieser Versuch ist ein Grundlagenversuch zur *Cyanotypie* (Blaupause, Blaudruck), bei der mit obiger Lösung weißer Karton beschichtet wird, auf den man z.B. ein getrocknetes Baumblatt oder andere Pflanzenteile legt. Als Stoppbad eignet sich angesäuertes Wasser. Es muß anschließend gut gewässert werden!

Allgemeines

Agricola Georg; Vom Berg- und Hüttenwesen, Basel 1556; Reprint durch Beck'sche Buchdruckerei, Nördlingen 1977

Arendt-Dörmer; Grundzüge der Chemie, Leipzig 1941

Arendt-Dörmer; Technik der Experimentalchemie, Leipzig 1925

Autorenkollektiv; ABC Geschichte der Chemie, Leipzig 1989

Autorenkollektiv; Brockhaus der Naturwissenschaften, Wiesbaden 1965

Autorenkollektiv; Wie funktioniert das?, Mannheim 1963

Beck, L; Die Geschichte des Eisens in technischer und kulturgeschichtlicher Beziehung, Braunschweig 1893

Bersch, Josef; Chemisch-technisches Lexikon. Eine Sammlung von mehr als 17000 Vorschriften und Rezepten für alle Gewerbe und technische Künste, Wien u. Leipzig, undatiert

Berthelot, Marcellin; Die Chemie im Altertum und Mittelalter, Leipzig-Wien 1909

Bugge, Günther; Chemie und Technik, Leipzig 1911

Bugge, Günther; Das Buch der grossen Chemiker, Berlin 1929

Cohn, L.; Ad. Stöckhardt's Schule der Chemie, Braunschweig 1908

Dammer-Tietze; Die nutzbaren Mineralien, Stuttgart 1913

Diderot, Denis; Enzyklopädie, Die Bildtafeln, Nachdruck der Ausgabe Paris; München 1979

Dilg, Peter und *Güttner, Guido;* Pharmazeutische Terminologie, Frankfurt/ M. 1975

Dumas, J.; Handbuch der angewandten Chemie für technische Chemiker, Künstler, Fabrikanten, ...; Nürnberg 1830

Döbereiner, Franz; Chemie in Beziehung auf Leben, Kunst und Gewerbe; Stuttgart 1850

Döbereiner, Franz; Die Lehren von den giftigen und explosiven Stoffen der unorganischen Natur, welche im gewerblichen und häuslichen Leben vorkommen; Dessau 1858

Dörr, Karl-Dieter; Chemische Versuche für Auge und Ohr, Staatl. Institut für Lehrerfortbildung im Saarland, undatiert

Eggs, Chr. v.; Magisch-physikalisches Taschenbuch oder natürliche Zaubereien; Frankfurt/M. und Leipzig 1804

Ercker, Lazarus; Beschreibung aller vornehmsten mineralischen Erze und Bergwerksarten vom Jahre 1580; Neuausgabe Berlin 1960

Ersch J.S. und *Gruber J.G.;* Allgemeine Encyclopädie der Wissenschaften und Künste, Leipzig 1823

Erxleben, Johann Christian Polykarp; Anfangsgründe der Naturlehre; Göttingen 1787

Feldhaus, Franz Maria; Die Technik der Vorzeit, der geschichtlichen Zeit und der Naturvölker; Wiesbaden 1970

Fester, G.; Die Entwicklung der chemischen Technik, Berlin 1923

Figurowski, N.; Die Entdeckung der chemischen Elemente und der Ursprung ihrer Namen, Moskau 1970

Fischer, J.C.; Geschichte der Naturlehre, Göttingen 1808

Fischers Physikalisches Wörterbuch oder Erklärung der vornehmsten zur Physik ge- **347**
hörigen Begriffe und Kunstwörter, Göttingen 1800

Gamauf, Gottlieb; Erinnerungen aus Lichtenbergs Vorlesungen über Erxlebens Anfangsgründe der Naturlehre; Wien, Triest 1808 - 1812

Gmelin, J.F.; Geschichte der Chemie seit dem Wiederaufleben der Wissenschaften
bis an das Ende des 18. Jhdt's, Göttingen 1797-99

Gottlieb, D.J.; Lehrbuch der reinen und technischen Chemie; Braunschweig 1853

Gren, F.A.; Grundriß der Chemie. Nach den neuesten Entdeckungen entworfen und
zum Gebrauch akademischer Vorlesungen eingerichtet, Halle 1796 - 1797

Gren, F.A.; Systematisches Handbuch der gesamten Chemie, Halle 1806

Gugel, Kurt F.; Johann Rudolph Glauber; Karlstadt/M., 1954

Halle, Johann Samuel; Magie oder die Zauberkräfte der Natur, Berlin 1783

Haller, E.; Kulturgeschichte des neunzehnten Jahrhunderts in ihren Beziehungen zu
der Entwicklung der Naturwissenschaften, 1889

Heinig, K.; Biographien bedeutender Chemiker, Berlin 1976

Henry, D. William; Chemie für Dilettanten oder Anleitung, die wichtigsten chemischen Versuche ohne große Kosten und ohne weitläufige Apparate anzustellen...; aus
dem Englischen übersetzt von D. Johann Bartholomä *Trommsdorff*, Erfurt 1807

Hermbstädt, S.F.; Scheeles sämtliche Werke, Berlin 1792

Heumann, Karl; Anleitung zum Experimentieren bei Vorlesungen über anorganische
Chemie, Braunschweig 1904

Hollemann-Wiberg; Lehrbuch der anorganischen Chemie; Berlin 1964

Häusler, Karl (zusammen mit *H. Rampf* u. *R. Reichelt*); Experimente für den Chemieunterricht, München 1991

Imhoff, Maximus; Anfangsgründe der Chemie, München 1803

Jander-Blasius; Lehrbuch der analytischen und präparativen anorganischen Chemie,
Stuttgart 1970

Johannsen, O.; Geschichte des Eisens, Düsseldorf 1925

Just Manfred und *Albert Hradetzky* (Herausgeber); Chemische Schulexperimente,
Frankfurt/M. und Thun 1987

Jöcker, Chr. Gottl.; Allgemeines Gelehrten Lexicon, Leipzig 1750/51

Karmarsch, Karl; Geschichte der Technologie seit der Hälfte des sechzehnten Jahrhunderts, Oldenburg 1872

Karmarsch, Karl; Handbuch der mechanischen Technologie, 2 Bde, Hannover
1875/76

Karmarsch Karl und *Heeren's* Technisches Wörterbuch Bde. 1 - 11 (auch Technisches Lexikon für Gewerbe und Industrie), Prag 1876 - 1892

Klapproth und *Wolf;* Chemisches Wörterbuch, Berlin 1807

Kopp, Hermann; Geschichte der Chemie; Braunschweig 1843-47; 1966 als Reprint
bei Georg Olms Verlagbuchhandlung Hildesheim

Krätz, Otto; Historische chemische Versuche, Köln 1991

Krätz, Otto; Faszination Chemie, München 1990

Krätz, Otto; Goethe und die Naturwissenschaften, München 1992

Ladenburg, A.; Vorträge über die Entwicklungsgeschichte der Chemie in den letzten
100 Jahren, Braunschweig 1869

Lippmann, v.; Die chemischen Kenntnisse des Plinius, Leipzig 1906

Maldener, Reiner; Malles Chemiebuch, Allgemeine und Anorganische Chemie für die
Schule, Frankfurt/M u. Thun 1993

348 *Mayer, Johann Tobias;* Anfangsgründe der Naturlehre zum Behuf der Vorlesungen über die Experimental-Physik, Göttingen 1812

Meyer, Richard; Vorlesungen über die Geschichte der Chemie, Leipzig 1922

Moesta, Hasso; Erze und Metalle, Berlin 1983

Neuburger, Albert; Die Technik des Altertums, Leipzig 1919; als Reprint beim Voigtländer Verlag, Leipzig 1977

Ost, Hermann; Lehrbuch der technischen Chemie, Hannover 1898

Osteroth, Dieter; Chemisch-technisches Lexikon, Berlin 1979

Ostwald, W.; Herausgeber der Klassiker der exakten Wissenschaften, Leipzig ab 1889; ab 1893 von A. v. Oettingen herausgegeben

Ostwald, W.; Leitlinien der Chemie, Leipzig 1906

Poggendorff, J. Chr.; Biographisch-Literarisches Handwörterbuch zur Geschichte der exakten Wissenschaften, Bde. I und II, Leipzig 1863 bis 1926 fortgeführt

Poppe, Johann Heinrich Moritz; Geschichte der Naturwissenschaften, Göttingen 1811

Poppe, Johann Heinrich Moritz; Geschichte der Technologie, Göttingen 1807

Postel, Emil; Laien-Chemie, Langensalza 1879

Pott, Johann Heinrich; ... neue wichtige und mit vielen ... Experimenten ... ausgeführte Physikalisch-Chymische Materien ...; 1762

Prandtl, W, Deutsche Chemiker in der ersten Hälfte des 19. Jhdts., Weinheim 1956

Pötsch, Winfried R.; Lexikon bedeutender Chemiker, Frankfurt/M., Thun 1989

Ramsauer, Carl; Grundversuche der Physik in historischer Darstellung, Berlin-Götting-Heidelberg 1953

Reiss, Jürgen; Alltagschemie im Unterricht, Köln 1992

Reuleaux, F.; Das Buch der Erfindungen, 8. Auflage, Leipzig u. Berlin 1886

Richter, A.D.; Lehrbuch einer für Schulen faßlichen Naturlehre, Leipzig 1769

Richter, Viktor v.; Lehrbuch der anorganischen Chemie; 1884

Roesky, H.W. u. *Möckel, K;* Chemische Kabinettstücke, Weinheim 1994

Runge, Friedlieb Ferdinand; Hauswirtschaftliche Briefe (1. bis 3. Dutzend); Reprint der Originalausgabe 1866, Weinheim 1988

Runge, Friedlieb Ferdinand; Technische Chemie der nützlichsten Metalle für jedermann, Berlin 1838/39

Ruska, Julius; Das Buch der großen Chemiker; Reprint Weinheim 1955

Römpp, H. und *Raaf, H.;* Chemie des Alltags, Stuttgart 1982

Römpp, Hermann; Chemielexikon, Stuttgart 1950

Römpp, Hermann; Chemische Experimente, die gelingen; Stuttgart 1965

Römpp, Hermann; Organische Chemie, Stuttgart 1961

Rüdorff, Fr.; Grundriß der Chemie; Berlin 1902; neubearbeitet von R. Lüpke

Samuel Schillings kleine Schul-Naturgeschichte der drei Reiche, Neubearbeitung durch *R. Waeber,* Breslau 1891

Schmeil, O.; Leitfaden der Zoologie, Leipzig 1918

Schmidt u. *Drischel;* Naturkunde für höhere Mädchenschulen u. Mittelschulen, Teil VI., Breslau 1906

Schröter, Werner u.a.; Taschenbuch der Chemie, Frankfurt/M und Thun 1995

Strube, Wilhelm; Der historische Weg der Chemie, Leipzig 1976

Strunz; Die Chemie im klassischen Altertum; In: Die Kultur, 1905, S. 474

Stöckardt, Ad.; Stöckardt's Schule der Chemie oder erster Unterricht in der Chemie versinnlicht durch einfache Experimente. Zum Schulgebrauch und zur Selbstbelehrung insbesondere für angehende Apotheker, Landwirte, Gewerbetreibende., Braunschweig 1900

Trommsdorff, J.B.; Versuch einer allgemeinen Geschichte der Chemie, Erfurt 1806, Reprint Leipzig 1965

Vorratskammer, neu eröfnete, allerhand rarer und nützlicher auch lustiger Kunststücke ..., Frankfurt und Leipzig 1760

Waeber, R.; Lehrbuch für den Unterricht in der Chemie, Leipzig 1892

Walden, P.; Goethe als Chemiker und Techniker, Berlin 1943

Wagner, Georg; Chemie in faszinierenden Experimenten, Köln 1991

Wiegleb, Johann Christian; Geschichte des Wachstums und der Erfindungen in der Chemie der neueren Zeit, Berlin u. Stettin 1790-91

Wiegleb, Johann Christian; Handbuch der allgemeinen Chemie; Berlin, Stettin 1781

Wiegleb, Johann Christian; Historisch-kritische Untersuchung der Alchimie oder der eingebildeten Goldmacherkunst, Weimar 1777

Wiegleb, Johann Christian; Onomatologia cvriosa artificiosa et magica oder ganz natürliches Zauber-Lexicon ..., Leipzig 1759

Winckler, Emil; Technisch-chemisches Recept Taschenbuch, Leipzig 1863

Witt, Otto Nikolaus; Narthekion, Nachdenkliche Betrachtungen eines Naturforschers, Berlin 1901 - 1908

Willmes, A.; Taschenbuch chemische Substanzen, Frankfurt/M. u. Thun 1993

Winderlich, Rudolf; Chemie für Jedermann; Leipzig 1922

Wolff, Robert; Die Sprache der Chemie, MNT Bd. 11, Bonn 1971

Zedler, J.H.; *Universallexikon* aller Wissenschaften und Künste, großes vollständiges; Halle und Leipzig 1732 - 1754

Ziegler, Otto; Lateinisches Unterrichtsbuch für Drogisten, München 1914

Zippe, F.X.; Geschichte der Metalle, Wien 1857

Zängerle, Max; Lehrbuch der Chemie, München 1875

Döbereiner-Feuerzeug

Berzelius, Jöns Jacob v.; Lehrbuch der Chemie, deutsch v. Fr. *Wöhler,* Dresden u. Leipzig 1836

Bratranek, F.Th.; Goethes naturwissenschaftliche Korrespondenz (1812 - 1832), Leipzig 1874-76

Brauer, Kurt; Goethe und die Chemie (Briefwechsel Goethe - Wackenroder); In: Zeitschrift angewandte Chemie von 1924, S. 185

Chemnitius, Fritz; Die Chemie in Jena von Rolfinck bis Knorr (1629 - 1921); Jena 1929

Dissinger, Arthur; Goethe als Förderer von Döbereiner und dessen Platinerforschung; In: Geistige Welt 4, Heft 1, Sept. 1949

Döbereiner, J.W.; Briefwechsel zwischen Goethe und Johann Wolfgang Döbereiner (1810 - 1830); 1914

Döbereiner, J.W.; Chemische Eigenschaften und physische Natur des auf nassem Wege reducirten Platins - In: Annalen der Physik und Chemie 31 (1834)

Döbereiner, J.W.; Die neuesten und wichtigsten physikalisch-chemischen Entdeckungen von Dr. J.W. Döbereiner. Über neu entdeckte, höchst merkwürdige Eigenschaften des Platins und die pneumatisch-capillare Tätigkeit gesprungener Gläser: ein Beitrag zur Corpuscularphilosophie, Jena 1823

Döbereiner, J.W.; Essiglämpchen, aus Schweigg. Journal 47 (1826)

350 *Döbereiner, J.W.;* Grundriß der allgemeinen Chemie zum Gebrauch bei seinen Vorlesungen entworfen, Jena 1816

Döbereiner, J.W.; Über die Entwicklung des Sauerstoffgases vermittelst Schwefelsäure und Braunstein - In: Journal für Chemie und Physik, XXVIII, Nürnberg 1820

Döbereiner, J.W.; Über die depotenzierende Wirkung des Ammoniaks auf den Platinschwamm; In: Liebigs Annalen 1 (1832), S. 29

Döbereiner, J.W.; Zur Chemie des Platins in wissenschaftlicher und technischer Beziehung, Stuttgart 1836

Döbling, Hugo; Die Chemie in Jena zur Goethezeit, Jena 1928

Gerzabeck, Johann; Anleitung zum Gebrauch der Zündmaschine des Mechanikus Joh. Gerzabeck; München 1820

Gutbier, A; Goethe, Großherzog Carl August und die Chemie in Jena, Jena 1926

Mittasch, Alwin; Kurze Geschichte der Katalyse in Praxis und Theorie, Berlin 1939

Mittasch, Alwin; Döbereiner, Goethe und die Katalyse, Stuttgart 1951

Mittasch, A. und *Theis, E.;* Von Davy und Döbereiner bis Deacon, ein halbes Jahrhundert Grenzflächenkatalyse, Berlin 1932

Pauschmann, Joh. Alois Gottfried; Das Feuer und die Menschheit; Erlangen 1908

Weller, Klaus; Zur Entwicklung und Fabrikation des Döbereinerschen Feuerzeuges; In: Chemiker Zeitung v. 1945, S. 8

Winderlich, R.; Johann Wolfgang Döbereiner, Unterrichtsblätter für Mathematik und Naturwissenschaften, 1939

Wolf, Michael; Döbereiners Entdeckungen über die Wirkung von Katalysatoren, Naturwissenschaften im Unterricht - Physik/Chemie 10/88, S. 25

V.S. (v. Vietinghoff-Scheel); Ein Brief Liebigs an Döbereiner über die Platinkatalyse - In: Chemikerzeitung 31 (1907)

Zistl, Max; Über Zündung; Historische Darstellung, Kritische Besprechung und Einteilung der Feuerzeuge nach den Grundsätzen der Energielehre; Straubing 1896/97

Davys Glühlampe

Bauer, Alexander; Humphrey Davy (Vortrag), Wien 1904

Buchka, K.v.; Humphry Davy und seine Beurteilung in der Geschichte, Chemiker Zeitung 32 (1908)

Büttner, Dietrich; Die aphlogistische Lampe nach *Humphrey Davy* - In: Naturwissenschaften im Unterricht, Ph/Ch, 3/93 S. 43

Davy, John; Denkwürdigkeiten aus dem Leben Sir Humphry Davys, deutsch bearbeitet von *Carl Neubert*, Leipzig 1840

Davy, Humpry; Tröstende Betrachtungen auf Reisen oder die letzten Tage eines Naturforschers, Nürnberg 1833

Davy, Humpry; Über die Sicherheitslampe zur Verhütung von Explosionen in Gruben, gasbeleuchteten Häusern ... mit einigen Untersuchungen über die Flamme, Ostwalds Klassiker Bd. 242, Leipzig 1930

Hemgesberg, Franz; Licht und Schutz - Das Geleucht des Steinkohlenbergmannes an der Saar ...; In: Mitteilungen aus saarländischen Museen, 2. Jahrgg. 1996; Heft 1

Mittasch A. und *Theis E.;* Von Davy und Döbereiner bis Deacon. Ein halbes Jahrhundert Grenzflächenchemie, Berlin, 1932

Prandtl, Wilhelm; Große Naturforscher. Humphry Davy - Jöns Jacob Berzelius, Stuttgart 1948

Explosion im Kugeltrichter

Buch, P; Lavoisier, A.L., Bad Salzdetfurth 1983
Egl, Lennart; Ballons und Luftschiffe (1783 - 1973), Zürich 1973
Grieder, Karl; Zeppeline, Giganten der Lüfte, Zürich 1971
Hildebrandt, Alfred; Die Luftschiffart nach ihrer geschichtlichen und gegenwärtigen Entwicklung; München, Berlin 1910
Kindermann, Eberhard Christian; Die Geschwinde Reise auf dem Lufft-Schiff nach der obern Welt, 1744 (Faksimile-Druck, Berlin 1925)
Lavoisier, A.L.; Das Wasser, Ostwald's Klassiker Bd. 230, Leipzig 1930
Lavoisier, A.L.; Oevres de Lavoisier, 1864 - 93; Reprint Johnson 1965
Rey, Jean; Abhandlungen Jean Rey's ... über die Ursache der Gewichtszunahme von Zinn und Blei beim Verkalken; Ostwald's Klassiker Bd. 172, Leipzig 1909
Strube, I.; Georg Ernst Stahl, Leipzig 1984
Szabadvary, Ferenc; A.L. Lavoisier. Der Forscher und seine Zeit 1743 - 1794, Stuttgart 1973
Weber, Rudolf; Der sauberste Brennstoff der Welt - Wasserstoff

Lötrohr und Bunsenscher Brenner

Becker, U.; Der Gasbrenner, 1957
Benno, Karl; Probierkunst, 1882
Bernthsen; Die Heidelberger chemischen Laboratorien für den Universitätsunterricht, Zeitschrift für angewandte Chemie 42 (1929)
Bunsen, R.W.; Gesammelte Abhandlungen im Auftrag der Deutschen Bunsen-Gesellschaft ..., herausgegeben von W. Ostwald, Leipzig 1904
Bunseniana, Eine Sammlung von humoristischen Geschichten aus dem Leben von Robert Bunsen, Heidelberg 1904
Cavendish, Henry; Experiments on Air, Papers published in the Philosophical Transactions (1784 - 1785), Edinburg 1961
Danzer, K.; Robert W. Bunsen und *Gustav R. Kirchoff.* Die Begründer der Spektralanalyse, Leipzig 1972
Darmstaedler, Ernst; Berg-, Probier- und Kunstbüchlein, München 1926
Feldhaus, Franz Maria; Die geschichtliche Entwicklung der Technik des Lötens; Berlin 1929
Kirchhoff, G. und *Bunsen, R.;* Chemische Analyse durch Spektralbeobachtungen, Ostwald's Klassiker, Nr. 72, Leipzig 1895
Kohlbeck, F.; Plattners Probierkunst mit dem Lötrohr, 1927
Kunckel, Johann; Laboratorium chymicum, hrsg. v. *Engelleder,* Hamburg u. Leipzig 1716
Lockemann, Georg; R.W. Bunsen, Lebensbild eines deutschen Naturforschers, Stuttgart 1949
Plattner, Carl Friedrich; Plattner's Probierkunst mit dem Löthrohre oder vollständige Anleitung zu qualitativen und quantitativen Löthrohruntersuchungen, neu bearbeitet von *Theodor Richter,* Leipzig 1865

352 *Scheele, Carl Wilhelm;* Chemische Abhandlung von der Luft und dem Feuer. Nebst einem Vorbericht von Tobern Bergman, Upsala und Leipzig 1777 auch als *Ostwalds* Klassiker der exakten Wissenschaften, Bd. 58 veröffentlicht.

Scheerer, Theodor; Lötrohrbuch, Braunschweig 1857

Schlosser, Edmund; Das Löten und Schweißen. Die Lote, Lötmittel und Lötapparate; Wien, Leipzig 1916

Thon, C.F.G.; Legir- und Lötkunst, Weimar 1864

Wolters, Jochem; Zur Geschichte der Löttechnik; aus Degussa 1975

Knallgasgebläse und Acetylenbrenner

Bernsdorf, Günter; Auf heißen Spuren, Leipzig 1986

Hjelt, Edv.; C.W. Scheele, von einem Zeitgenossen geschildert, Chemikerzeitung 37 (1913), 277

Schillinger, Klaus; Solare Brenngeräte, Katalog Staatlicher Mathematisch-Physikalischer Salon Dresden, Zwinger; Dresden 1992

Vogel, J.H.; Acetylen als Mittel zur Beleuchtung ... , Halle a.S. 1905

Auer-Licht und elektrische Glühlampe

Beschreibung der von Frankenstein erfundenen Solar- und Lunarlampen (aus Hassenstein's polytechnischem Wochenblatte), Leipzig 1848

Dettmann, Joachim B.; Vom Hoffnungsfunken zum Lichtblick, erschienen in Naturwissenschaft im Unterricht 3/93

Dudweiler Geschichtswerkstatt; Neue Beiträge zur Ortsgeschichte, u.a. die Sache mit dem Gaslicht von *Werner Arend.*

Faraday, Michael; Naturgeschichte einer Kerze, 6 Vorlesungen für die Jugend, herausgegeben von *Richard Meyer,* Leipzig 1917

Fürst, Arthur; Das elektrische Licht. Von den Anfängen bis zur Gegenwart; München 1926

Jahn, C.F.A.; Das Gasbüchlein, Dresden 1868

Hassenstein, C.H.; Das elektrische Licht, Weimar 1859

Hedinger, Firma Aug.; Experimente zur Elektrochemie mit einer Volta-Säule, herausgegeben von *Hansjörg Kurtz* u.a., Stuttgart

Häseler, Johann Friedrich; Einige optische Beyträge zur nächtlichen Erleuchtung, Braunschweig 1773

Leimbach, Gotthelf; Das Licht im Dienste der Menschheit, Leipzig 1912

Schilling, Nicolaus Heinrich; Handbuch der Steinkohlengas-Beleuchtung mit einer Geschichte der Gasbeleuchtung; München 1879

Schäfer, Franz; Das Gas im bürgerlichen Hause; München, Berlin 1907

Strahringer, Wilhelm; Kommt die Gaslaterne wieder?, Frankfurt/M. 1955

Urbanitzky, Alfred Ritter von; Das elektrische Licht und die hierzu angewandten Kohlen und Beleuchtungskörper; Wien, Pest, Leipzig 1890

Über, Rudolf; Die Ersparnis an Gas und Elektrizität. Mit Abbildungen und praktischen Ratschlägen für die Behandlung der Gasglühlichtbrenner und Gaskochplatte, Berlin 1917

Voltmer, Erich; 125 Jahre Gas für Saarbrücken (1857 - 1982), Dillingen, undatiert

Schäffer, Jacob Christian; Abbildung und Beschreibung der elektrischen Pistole und eines kleinen zu Versuchen sehr bequemen Electricitätsträgers, Regensburg 1778

Schäffer, Jacob Christian; Fernere Versuche mit dem beständigen Elektrizitätsträger, Regensburg 1777

Volta Alessandro; Beschreibung einer neuen elektrischen Gerätschaft, Elektrophor genannt (aus dem Ital. übersetzt), Prag 1777

Volta Alessandro; Untersuchungen über den Galvanismus 1796 bis 1800, Ostwalds Klassiker Bd. 118; Leipzig 1900

Knallgaseudiometer

Cavallo, Tiberius; Abhandlung über die Natur und Eigenschaften der Luft; Schickert 1783

Kratzenstein, Christian Gottlieb; Abhandlung über das Aufsteigen der Dünste und Dämpfe, Halle 1746

Körner Friedrich; Die Luft, ihr Wesen, Leben und Wirken; Jena 1876

Mensing, J.G.W.; Des Geheimen Hofrats und Professors Dr. Joh. B. Tromsdorffs Lebensbeschreibung; Jena 1913

Priestley, Joseph; Versuche und Beobachtungen über verschiedene Gattungen der Luft; Wien, Leipzig 1778 - 1780

Rumpel, K.J.; Ein über 200 Jahre altes Verfahren zu quantitativen Sauerstoffbestimmung, Manuskript, Deuselbach 1993

Scherer, Johann Andreas; Luftgüteprüfung für Ärzte und Naturfreunde, Wien 1785

Schwarzl S.M.; Quantitative Sauerstoffmessung in Gasgemengen mit historischen und modernen Methoden; Gymnasium Birkenfeld, unveröffentlicht, 1993

Silberspiegel und Dianenbäume

Beeg, J.C.; Manuskript zur Silberverspiegelung, undatiert (1856/57), Sondersammlung Dt. Museum, Nr. 1229

Blunck, Richard; Justus v. Liebig. Die Lebensgeschichte eines Chemikers, Berlin 1938

Comenius, Amos; Orbis sensualium pictus; Nürnberg, 1658; Reprint bei Bibliophile Taschenbücher, Dortmund 1978

Engelhardt, Th.; Die Spiegelfabrik auf den Werkern. Ein Beitrag zur Geschichte der Spiegelindustrie im fränkischen Raum, Erlangen 1990

Frommhold; Spiegelschleife ... churfürstliche Industrieanlagen an der Weisseritz in Dresden, Dresden 1929

Hartlaub, Gustav Friedrich; Zauber des Spiegels. Geschichte und Bedeutung des Spiegels in der Kunst; München 1951

Lenk, Emil; Die Herstellung der Silberspiegel nach Liebig - In: Zeitschrift für angewandte Chemie 28 (1915)

Liebig, Justus v.; Über Versilberung und Vergoldung von Glas - In: Annalen der Chemie und Pharmacie 98 (1856); Versilberung von Glas - In: Annalen der Chemie und Pharmacie, 5. Suppl.-Bd. (1867); Ueber die Silberspiegelfabrikation - In: Dingler's Polytechnisches Journal 157 (1860)

354 *Schoenlank, Bruno;* Die Fürther Quecksilberbelegen ..., Stuttgart 1888

Sendivigius, Michael; Novum Lumen chemicum, aus dem Brunnen der Natur durch handangelegte Erfahrung bewiesen (deutsch), Nürnberg 1766

Vaupel, E. Chr.; Justus von Liebig und die Glasversilberung - In: Praxis der Naturwissenschaften Chemie 5/40 (Juli 1991)

Volhard, Jacob; Justus v. Liebig - In: Zeitschrift für angewandte Chemie 11 (1898)

Wiegleb, Johann Christian; Die natürliche Magie aus allerhand belustigenden und nützlichen Kunststücken bestehend erstlich zusammengetragen von Johann Christian Wiegleb, Berlin und Stettin 1790 [18 Bände, ursprünglich entwickelt von Johann Nikolaus Martius]

Diamantenfeuer und Bleyweißstift

Autorenkollektiv; Edler Rauhreif (hauchfeine künstliche Diamantschichten), In: Zeitschrift "Der Spiegel" v. 8/1987

Autorenkollektiv; Störenfriede im Staub (Fullerene), In: Zeitschrift "Der Spiegel" v. 31/1993

Heuchler, E.; Die Bergknappen, 1857; Neufassung: Essen 1975

Kropfmühl, Graphitbergbau in Kropfmühl, Broschüre des Bergwerks Kropfmühl

Putz, Heinrich; Erstreckt sich das Vorkommen von Graphit im Bayerischen Walde in bedeutende Teufen oder nicht? Passau 1911

Tolansky, S.; Diamanten für die Technik, Magazin "Naturwissenschaft und Technik" Heft 3, 3. Jahrg.

Töpper, Wolfgang; Beitrag zum Mineralbestand und zur Geochemie der Graphitlagerstätte Kropfmühl-Pfaffenreuth, Berlin 1961

Wedepol, Karl Hans; Diamant, seine Eigenschaften und seine Bildung, Wiesbaden 1984

Pottasche, Soda und Alkalien

Andes, Louis; Wasch-, Bleich-, Blau- ... mittel, Leipzig 1922

Bohn, Johann Carl; Gottfried Christian Bohns neueröffnetes Waarenlager ..., Hamburg 1763

Buchholz, Wilhelmine; Wasser und Seife, Hamburg 1868

Dechend, Herta von; Justus v. Liebig in eigenen Zeugnissen und solchen seiner Zeitgenossen, Weinheim 1963

Frank A.; Über die Anfänge der Staßfurter Kalifabrikation, Sondersammlung Dt. Museum, ohne Signatur

Germershausen, Christian Friedrich; Die Hausmutter, Leipzig 1791

Harm, Ernst; Salpeterarten - In: Naturwissenschaften im Unterricht Chemie, Nr. 7, 1981

Hoffmann, A.W.v.; Nicolas Leblanc und die Entstehung der Alkaliindustrie - In: Chemische Industrie 14 [1891]

Hohncamp F.; Justus v. Liebig als Begründer der Agrikulturchemie - In: Zeitschrift für angewandte Chemie 41, 1928

Kohut, Adolph; Justus v. Liebig: sein Leben und Wirken; Gießen 1908

Liebig, J.v.; Brief an A. Frank, 26-2-1865, Sondersammlung Dt. Museum, Sign. 3445

Lippmann, E.O. v.; Ein "angewandter Chemiker" [*Marggraf*] des vorigen Jahrhunderts - In: Zeitschrift für angewandte Chemie 9 [1896]

Mayer Adolf; Die Grenzen der Liebigschen Agrikulturchemie - In: Naturwissenschaft 12 (1924)

Orland Barbara; Kulturgeschichte des Waschens, Dt. Museum; Hamburg 1991

Osteroth, Dieter; Soda, Teer und Schwefelsäure, Dt. Museum, Hamburg 1985

Rassow B.; Justus v. Liebig und die chemische Industrie (Zeitschrift für angewandte Chemie 36, 1923

Schelenz, H.; Dizé, der Erfinder des Leblanc-Prozesses - In: Chemiker Zeitung 30 [1906] 31 [1907]

Wiegleb, J.Chr.; Chemische Versuche über die alkalischen Salze; Berlin 1781

Animalische Elektrizität und Voltasche Säule

Arrhenius, Svante; Untersuchungen über die galvanische Leitfähigkeit der Elektrolyte, Ostwald's Klassiker, Bd. 160, Leipzig 1907

Bosscha, J.; La Correspondance de A. Volta et M. van Marum, Leyden 1905

Coulomb, C.A.; Vier Abhandlungen über die Elektrizität und den Magnetismus, Ostwald's Klassiker, Bd. 13, Leipzig 1890

Davy, Humphry; Über einige chemische Wirkungen der Elektrizität, Ostwald's Klassiker, Bd. 45, Leipzig 1895

Doppelmayr, Johann Gabriel; Neu entdeckte Phaenomena von bewundernswürdigen Würkungen der Natur ..., Nürnberg 1744

Faraday, Michael; Experimental-Untersuchungen über Elektricität, 1. und 9. Reihe, Ostwald's Klassiker, Bde. 81 und 126, Leipzig 1896 und 1901

Fraunberger, Fritz; Elektrische Spielereien in Barock und Rokoko, München 1967

Fraunberger, Fritz; Elektrizität im Barock, Köln 1964

Fraunberger, Fritz; Illustrierte Geschichte der Elektrizität

Fraunberger, Fritz; Vom Frosch zum Dynamo, Köln 1965

Galvani, Luigi; Abhandlung über die Kräfte der thierischen Elektricität auf die Bewegung der Muskeln; Prag 1793 [auch als Ostwald's Klassiker, Bd. 51, Leipzig 1894]

Galvani, Luigi; Briefe über tierische Elektrizität, Ostwald's Klassiker Nr. 114

Gerland, E. und *Traumüller, F.;* Geschichte der physikalischen Experimentierkunst, Leipzig 1899

Hittorf, J.W.; Über die Wanderung der Ionen während der Elektrolyse, Ostwald's Klassiker, Bd. 21, Leipzig 1903

Hoppe, Edmund; Die Accumulatoren, Berlin 1888

Hoppe, Edmund; Geschichte der Elektrizität, 1884, Neudruck Wiesbaden 1969

Koppe, Karl; Anfangsgründe der Physik, bearbeitet von *W. Dahl*, Essen 1881

Lichtenberg, Georg Christoph; Über eine neue Methode, die Natur und die Bewegung der elektrischen Materie zu erforschen ("Lichtenbergsche Figuren"), Ostwald's Klassiker Bd. 246; Leipzig 1956

Lindner, Helmut; Strom, Erzeugung, Verteilung und Anwendung der Elektrizität; Hamburg 1985

Netoliczka, Eugen; Illustrierte Geschichte der Elektrizität ..., Wien 1886

Ostwald, W.; Elektrochemie, ihre Geschichte und Lehre, Leipzig 1896

356   *Priestley, J.;* Geschichte und gegenwärtiger Zustand der Elektrizität nebst eigentümlichen Versuchen. Nach der zweiten vermehrten und verbesserten Ausgabe aus dem Englischen übersetzt und mit Anmerkungen begleitet von *Johann Georg Krünitz,* Berlin u. Strahlsund 1772

Püning, H.; Grundzüge der Physik, Münster i.W. 1909

Ritter; Elektrochemie, Ostwald's Klassiker, neue Folge Bd. 2, Leipzig

Rödl, Ernst; Der gebändigte Blitz, Illustrierte Geschichte der elektrischen Entdeckungen und Erfindungen; Oldenburg, Hamburg 1972

Schimank, Hans; Die Erfindung der Voltaschen Säule, Wuppertal 1950; In: Elektrotechnische Zeitschrift, Jg. 71, 1950

Sue, P. d. Ältere; Geschichte des Galvanismus und seiner Entdeckung ..., Leipzig 1802-03

Volta, Alessandro; Briefe über die thierische Elektricität, Ostwald's Klassiker, Bd. 114; Leipzig 1900

Volta, Alessandro; Galvanismus und Entdeckung des Säulenapparates, Ostwald's Klassiker, Bd. 118, Leipzig 1900

Waitz, Jacob H.; Abhandlung von der Electricität und deren Ursachen, Berlin 1745

Wilke, Hans-Joachim; Historische physikalische Versuche, Köln 1987

Winkler, Johann Heinrich; Gedanken von den Eigenschaften, Wirkungen und Ursachen der Elektrizität, nebst einer Beschreibung zwo neuer elektrischer Maschinen, Leipzig 1744

Yelin, Julius Conrad v.; Versuche und Beobachtungen zur näheren Kenntniss der Zambonischen trockenen Säule; München 1820

Davys Basen der Alkali

Buchka, K.v.; Humphry Davy und seine Beurteilung in der Geschichte, Chemiker Zeitung 32 (1908)

Davy, John; Denkwürdigkeiten aus dem Leben Sir Humphry Davys, deutsch bearbeitet von *Carl Neubert,* Leipzig 1840

Mittasch, A. und *Theis, E.;* Von Davy und Döbereiner bis Deacon, ein halbes Jahrhundert Grenzflächenkatalyse, Berlin 1932

Daguerreotypie und Magnesiumblitz

Beck, Adolf; Magnesium und seine Legierungen, Berlin 1939

Coe, Brian; Erstes Jahrhundert der Photographie: 1800 - 1900; München 1979

Darmstaedter, Johann, Ludwig; Johann Rudolf Glauber - In: Chemiker-Zeitung 50 (1926)

Haberkorn, Heinz; Anfänge der Fotografie; Dt. Museum, Kulturgeschichte der Naturwissenschaften und der Technik, Hamburg 1991

Koschatzky, Walter; Die Kunst der Photographie: Technik, Geschichte, Meisterwerke; Herrsching 1989

Newhall, Beaumont; Geschichte der Photographie, München 1984

Walden, Paul; Rudolf Glauber als anorganischer und organischer Chemiker - In: Chemiker-Zeitung 1928

Berthelot, Marcellin; Matières explosives; Paris 1883

Biringuccio, Vanoccio; De la pirotechnia, Libri X; Venetia 1540

Blümel, Johann Daniel; Deutliche und gründliche Anweisung zur Lust-Feuerwerkerey besonders in denjenigen Stücken, die das Auge der Zuschauer am meisten erlustigen, und in Verwunderung setzen, Straßburg 1765

Bossert u. *Storck;* Mittelalterliches Hausbuch, Leipzig 1911

Buddemeier, H; Panorama, Diorama, Photographie; München 1970

Eder, J.M.; Geschichte der Photographie, Halle 1932

Fähler, Eberhard; Feuerwerke des Barock: Studien zum öffentlichen Fest und seiner literarischen Deutung vom 16. bis 18. Jhdt., Stuttgart 1974

Fizeau, H.; Über ein Verfahren, die Lichtbilder zu fixieren; In: Dinglers Polytechnisches Journal, Bd. 78, 1840, S. 61-62

Gernsheim, H. u. A.; The History of Photographie, London 1955

Guttmann, Oscar, Schieß- und Sprengmittel, Braunschweig 1900

Harm, Ernst; Salpeterarten, eine kleine Kultur- und Wirtschaftsgeschichte ergänzt durch chemische Schulversuche, - In: Naturwissenschaften im Unterrricht Ph/Ch 29 (1981), Nr. 7, S. 259

Hassenstein, Wilhelm; Das Feuerwerkbuch von 1420; 600 Jahre deutsche Pulverwaffen und Büchsenmeisterei; Neudruck des Erstdrucks von 1529; München 1941

Hoffmann, E.T.A.; Lebensansichten des Katers Murr; 1819

Johannsen, Otto; Biringuccios Pirotechnia, ein Lehrbuch der chemisch-metallurgischen Technologie und des Artilleriewesens aus dem 16. Jahrhundert, Braunschweig 1925

Jähns, Max; Geschichte der Kriegswissenschaften vornehmlich in Deutschland; München 1889 - 1891

Koch, Johann Baptist Veit; Kleines Handbuch für neu angehende Büchsenmeister und Feuerwerker in Frag und Antwort; Bamberg, Würzburg 1770

Kramer, Gerhard W.; Berthold Schwarz: Chemie und Waffentechnik im 15. Jahrhundert; München 1995

Kramer, Gerhard W.; Das Feuerwerkbuch. Eine unausgeschöpfte chemie- und waffengeschichtliche Quelle; In: Nobel-Hefte 49, 1983, S. 88-89

Lippmann, Edmund; Zur Geschichte des Schießpulvers und Salpeters; In: Chemikerzeitung 52 (1928), S. 2

Lotz, Arthur; Das Feuerwerk. Seine Geschichte und Bibliographie. Beiträge zur Kunst- und Kulturgeschichte der Feste und des Theaterwesens in 7 Jahrhunderten, Leipzig 1941

Romocki, Siegfried J. v.; Geschichte der Explosivstoffe; Berlin 1895

Schmidtchen, Volker; Bombarden, Befestigungen, Büchsenmeister; Düsseldorf 1980

Serviere, Joseph; Pyrotechnie oder die Lehre von der Entstehung, vom vortheilhaftesten Gebrauche, von der nützlichsten Anwendung und gänzlichen Beherrschung des Feuers in allen Verhältnissen des bürgerlichen Lebens, Frankfurt 1821

Sincerus, Alexius; Der wohlerfahrene Salpetersieder und Feuerwerker; Frankfurt, Leipzig 1755

Speter, Max; Roger Bacons Angaben über das Schießpulver; In: Zeitschrift ges. Schieß- und Sprengstoffwesen 24 [1929]

Vorrathskammer, neu eröfnete, Frankfurt und Leipzig 1760

Andés, Louis Edgar; Schreib-, Kopier- und andere Tinten. Praktisches Handbuch der Tintenfabrikation, Wien 1922

Andreä, F.W.; Vollständiges Tintenbuch. Enthaltend: Die bewährtesten Vorschriften zu den schönsten u. dauerhaftesten schwarzen, rothen, grünen, blauen ... u. zu lithographischen Tinten. Mit bes. Berücksichtigung der engl. Stahlfedertinten; Weimar 1858

Bayerl, Günther; Papier: Produkt aus Lumpen, Holz u. Wasser; München 1986

Becher Karl; Die Fabrikation der Tinten, Tuschen und Stempelfarben, Augsburg 1934; In: Seifensieder-Zeitung

Bersch Josef; Die Fabrikation der Mineral- und Lackfarben; Wien, Pest, Leipzig 1893

Deutliche und gründliche Anweisung zur Selbstbereitung guter ... Schreibtinten; Grätz 1819

Eco, Umberto; Der Name der Rose, München 1985

Franke, Herbert; Kulturgeschichtliches über die chinesische Tusche, München 1962

Friedrich Johannes, Geschichte der Schrift, 1966

Fugger, Wolfgang; Ein nutzlich und wolgerundt Formular mancherley schöner schriefften: Wolfgang Fuggers Schreibbüchlein. Faksimile Ausg. d. 1553 erschienenen Werkes, Leipzig 1958

Geheimnisse, alle Arten von Tinten zu machen; Grätz 1804

Geier, Dietmar; Schreibgeräte sammeln, München 1989

Harsch, G. und H.H. Bussemas; Bilder, die sich selber malen. Der Chemiker *Runge* und seine Musterbilder für Freunde des Schönen, Berlin 1985

Hinrichsen, F.W.; Die neuen Grundsätze für amtliche Tintenprüfung, - In: Chemiker Zeitung 37 (1913)

Hinrichsen, F.W.; Die Untersuchung der Eisengallustinten, Stuttgart 1909

Kapff, Friedrich; Beyträge zur Geschichte des Kobolts, Koboltbergbaues und der Blaufarbenwerke; Breslau 1792

Lehner, Sigmund; Die Tinten-Fabrikation. Eine erschöpfliche Darstellung der Anfänge aller Tinten, der Tusche ...; Wien, Leipzig 1909

Lüders, G.L.D. (Herausgeber); Die Kunst, alle Arten Schreib- und Zeichentinten als schwarze, rothe, gelbe, ... selbst zu verfertigen ...; Quedlinburg, Leipzig 1829

Martell, Paul; Einige Beiträge zur Geschichte der Tinte, - In: Zeitschrift für angewandte Chemie, 1913

Menzel, Ferdinand; Anweisung zur Bereitung der chin. Tusche, so wie zur Darstellung der Sepia ...; Quedlinburg 1857

Poe, Edgar A.; Der Goldkäfer u. andere Novellen (The gold bug); München 1919

Ratgeber für die Herstellung von Farblacken, Tinten, Tuschen, ... Für das Färben von Seifen, Siegellack ...; Höchst/M. 1922

Runge, F.F.; Der Bildungstrieb der Stoffe, veranschaulicht in selbständig gewachsenen Bildern, Oranienburg 1855

Runge, F.F.; Zur Farbenchemie. Musterbilder für die Freunde des Schönen und zum Gebrauch für Zeichner, Maler, Verzierer und Zeugdrucker, Berlin 1850

Runge, F.F.; Grundriß der Chemie, München 1847

Schlieder, Wolfgang; Papier: Traditionen eines alten Handwerks, Leipzig 1985

Schluttig, O.W./ Neumann, G.S.; Die Eisengallustinten. Grundlagen zu ihrer Beurteilung. Im Auftrag der Firma Aug. Leonhardi in Dresden, Dresden 1890

Tintenfaß, das aufs neue wohl zubereitete Tintenfaß: oder, Anweisung, wie man gute schwarze, buntfärbige, auch andere curiöse Tinten auf mancherlei Weise zubereiten ... soll; Hemstädt, um 1740

Brennender Berg und Blaufabrik

Autorenkollektiv; Führer zu vor- und frühgeschichtlichen Denkmälern, Band 5 Saarland, herausg. vom Römisch-Germanischen Zentralmuseum Mainz, Mainz, 1966

Becker, August; Die Pfalz und die Pfälzer, Ludwigshafen 1858

Blaul, F.; Träume und Schäume vom Rhein, Kaiserslautern 1923

Bläs, Hans; Brennender Berg – seit dreihundert Jahren; In: Saarbrücker Bergmannskalender 1968

Bersch Josef; Die Fabrikation der Mineral- und Lackfarben; Wien, Pest, Leipzig 1893

Capot-Rey, Robert; La région industrielle Sarroise. Territoire de la Sarre et Bassin Houiller de la moselle, Paris 1934

Delamore, C.H.; Annuaire du département de la Sarre, Trier 1810

Goebel, Joseph; Malen mit Acryfarben, 1971

Guthörl, Paul; Der Brennende Berg bei Dudweiler; In: Saarbrücker Bergmannskalender 1944

Habel, Christian Friedrich; Beyträge zur Naturgeschichte und Oekonomie der Nassauischen Länder, Dessau 1784

Haßlacher, A; Der Steinkohlenbergbau des Preussischen Staates in der Umgebung von Saarbrücken (II. Teil), Berlin 1904

Haßlacher, A; Das Industriegebiet an der Saar, Bonn 1911

Harig, Ludwig; Die Hortensien der Frau von Roselius, Eine Novelle; München u. Wien 1992

Jung Rita; Alte Industriezweige in Sulzbach (Schriftliche Hausarbeit); Fischbach 1968

Lauer, Walter; Die Glasindustrie im Saargebiet (Inaugural-Dissertation), Tübingen 1922

Lauer, Walter; Geschichte der Familie Vopelius (1. Teil 1446 – 1854), Jena 1936

Manufacture de bleu de Prusse de Soulzbach, Abschrift ohne Zeichnungen und Datum; Archiv der Stadt Sulzbach/ Saarland

Manufacture de sel ammoniac de Soulzbach, Abschrift ohne Zeichnungen und Datum; Archiv der Stadt Sulzbach/ Saarland

Meyer, Rudolf; Die Blaufarben- und Ultramarinfabrikation, Quedlinburg, Leipzig 1845

Müllensiefen, Theodor; Reisebericht von 1823

Müller, E.; Der Steinkohlenbergbau des Preußischen Staates in der Umgebung von Saarbrücken, Teil VI., Berlin 1904

Neuwinger, Hans-Dieter; Der "Brennende Berg" bei Dudweiler und die Alaungewinnung – In: Geschichte und Landschaft, Saarbrücken 1966

Pictorius, Johannes Paptista; Joh. Paptistae Pictorii Neuerfundene Illuminierkunst Darinnen viele rare ... Geheimnisse die Farben künstlich zu bereiten ... befindlich sind; Nürnberg 1730

Ploss, Emil Ernst; Ein Buch von alten Farben. Technologie der Textilfarben im Mittelalter mit einem Ausblick auf die festen Farben, München 1967

360 *Rösling, Carl Wilhelm;* Fabrikation des Beinschwarzes und aller sich dabei ergebenden Nebenprodukte, als: Ammoniak, Salmiak, Glaubersalz ingleichen des Phosphors, der Phosphorsäure und der für die Färberei höchst wichtigen Fabrikation des blausauren Kalis, Pariser- und Berlinerblaus; Weimar 1836

Sachsse, Robert; Die Chemie und Physiologie der Farbstoffe; Leipzig 1877

Schmitt Armin; Denkmäler saarländischer Industriekultur, Staatliches Konservatoramt Saarbrücken, Saarbrücken 1989

Stoeckardt, J.A.; Über die Zusammensetzung, Erkennung und Benutzung der Farben im Allgemeinen und der Giftfarben insbesondere ...; Leipzig 1844

Tholen, Günter; 100 Farben für den Maler, Göttingen 1950

Walter, Brigitte; Sulzbach: Die Entwicklungsgeschichte einer Gemeinde im saarländischen Industriegebiet (Diplomarbeit), Saarbrücken 1961

Vopelius, Max; Die Tafelglasindustrie im Saartale (Inaugural-Dissertation), Sulzbach-Halle 1895

Zégowitz; Anuaire historique statistique du Département de la Sarre par le Cit. Zégowitz, Trèves an XI

Abraham a Santa Clara...............................1644 - 1709
Agricola, Georgius.....................................1494 - 1555
Archer, Scott..1813 - 1857
Argand, Francois Pierre Ami.....................1750 - 1803
Aristoteles.....................................v.u.Z. 384 - 322
Auer von Welsbach, Carl..........................1858 - 1929
Averani, Giuseppe....................................1662 - 1738
Avogadro, Amadeo...................................1776 - 1856
Bacon, Roger..1214 - 1294
Baeyer, Adolf v. ....1835 - 1917
Barbaro, Daniele......................................1513 - 1570
Beccaria, Giovanni Battista.......................1716 - 1781
Becher, Johann J.....................................1635 - 1682
Bennet, Abraham......................................1750 - 1777
Bergmann, Tobern....................................1735 - 1784
Bertin, Pierre Theodore............................1751 - 1819
Berzelius, Jöns Jacob v............................1779 - 1848
Biringuccio, Vannoccio.............................1480 - 1538
Black, Joseph..1728 - 1799
Blanchard, Francois..................................1753 - 1809
Bohnenberger, Johann Gottlieb Friedrich v. 1765 - 1831
Boyle Robert...1627 - 1691
Bunsen, Robert Wilhelm...........................1811 - 1899
Bussy, Antoine Alexandre Brutus..............1794 - 1882
Böttger, Johann Friedrich.........................1682 - 1719
Böttger, Rudolf Christian..........................1806 - 1881
Caro, Heinrich...1834 - 1914
Castner, Hamilton Young..........................1858 - 1899
Cavallo, Tiberio.......................................1749 - 1809
Cavendish, Henry.....................................1731 - 1810
Charles, Jacques Alexandre Cesar.............1746 - 1823
Clanny, William Reid................................1776 - 1830
Claude, Georges.......................................1870 - 1960
Cleve, Per..1840 - 1905
Comenius, Johann Amos............................1592 - 1670
Coolidge, William David............................1873 - 1975
Cramer, Johannes Andreas.........................1710 - 1777
Crell, Lorenz v. ....1744 - 1816
Crookes, William......................................1832 - 1919
Cunäus, Andreas...................................... 1712 - 1748
Curie, Pierre..1853 - 1906
Daguerre, Louis Jaques Mande...................1789 - 1851
Daniell, John Frederic...............................1790 - 1845
Darwin, Charles..1809 - 1882
Davy, Humprey..1778 - 1829
Deimann, Johann Rudolph..........................1743 - 1808
Desbassayns de Richemont, E....................   19. Jhdt.
Deville, Henri Sainte-Claire.......................1818 - 1881
Diderot, Dennis..1713 - 1784
Diphilus......................................v.u.Z.   um 300
Dippel, Johann Conrad...............................1673 - 1734
Drummond, Thomas...................................1797 - 1840
Dräger, Alexander Bernhard........................1870 - 1928
Dräger, Heinrich.......................................   - 1917
Dufay, Charles...1698 - 1738
Döbereiner, Johann Wolfgang.....................1780 - 1849
Eastmann George......................................1854 - 1932

Edison, Thomas Alva.............................1847 - 1931
Euklid.............................v.u.Z.   um 300
Faraday, Michael...............................1791 - 1867
Fizeau, Hippolyte..............................1819 - 1896
Fletcher, Thomas...............................1840 - 1903
Fouché Edmond.................................1858 - 1931
Franklin, Benjamin.............................1706 - 1790
Fritzsche, Carl Julius v. ....1808 - 1871
Gahn, Johann Gottlieb.........................1745 - 1818
Galenus.. 129 - 199
Galvani, Luigi.................................1737 - 1798
Gassiot, John Peter...........................1797 - 1877
Gay-Lussac, Joseph-Louis......................1778 - 1850
Geißler, Heinrich.............................1815 - 1879
Gilbert, Ludwig Wilhelm........................1769 - 1824
Gilbert, William...............................1540 - 1604
Glauber, Johann Rudolf.........................1604 - 1668
Goebel, Heinrich...............................1818 - 1893
Goethe, Johann Wolfgang, v.....................1749 - 1832
Goodwin Hannibal..............................1822 - 1900
Gray, Gustave le...............................1820 - 1862
Gray, Stephen..................................1670 - 1736
Gren, Friedrich Albert Carl.....................1760 - 1798
Grotthuß, Theodor..............................1785 - 1822
Grove, William Robert..........................1811 - 1896
Guericke, Otto v...............................1602 - 1686
Gärtner, Andreas...............................1684 - 1724
Hales, Stephen.................................1677 - 1764
Helmarshausen, Roger v. .... 12. Jhdt.
Helmont, van...................................1577 - 1644
Herschel, John Frederick William..............1792 - 1871
Hisinger, Wilhelm..............................1766 - 1852
Hoffmann, Friedrich............................1660 - 1742
Hofmann, August Wilhelm v......................1818 - 1892
Hooke, Robert ....1635 - 1703
Humboldt, Alexander v..........................1769 - 1859
Ingenhousz, Jan................................1730 - 1799
Ittner, Franz v. ....1786 - 1821
Jottrand, Felix................................1863 - 1907
Jungius, Joachim...............................1587 - 1657
Jäger, Karl Chrstoph Friedrich.................1773 - 1828
Kipp, Petrus Jacobus...........................1808 - 1864
Kircher Athanasius.............................1602 - 1680
Kirchhoff, Gustav..............................1824 - 1887
Klapproth, Martin Heinrich.....................1743 - 1817
Klaus, Karl....................................1796 - 1864
Kleist, Ewald Jürgen v. ....ca.1700 - 1748
Kunckel v. Löwenstern, Johann..................1630 - 1702
Lampadius, Wilhelm August......................1772 - 1842
Lavoisier, Antoine Laurent.....................1743 - 1794
Leblanc, Nicolas...............................1742 - 1806
Leclanche, George..............................1839 - 1882
Lecoq de Boisbaudron, Paul Emile..............1838 - 1912
Leibniz, Wilhelm v.............................1646 - 1716
Leidenfrost, Johann Gottlob.....................1715 - 1794
Lemery, Louis..................................1677 - 1745
Lemery, Nicolaus...............................1645 - 1715

Libavius, Andreas...1550 – 1616
Lichtenberg, Georg Christian.....................1742 – 1799
Liebig, Justus v..1803 – 1873
Linde, Carl v...1842 – 1934
Linnemann, Eduard.....................................1841 – 1886
Lomonossow, Michail Vasil'evic.................1711 – 1765
Macbride, David...1726 – 1776
Magnus, Albert (A. v. Bollstädt)...............1193 – 1280
Magnus, Gustav...1802 – 1870
Marggraf, Andreas Sigismund.....................1709 – 1782
Marquard, August....................................   18. Jhdt.
Meidinger, Johann Heinrich........................1831 – 1905
Menné Ernst..1869 – 1927
Morveau, Guyton de...................................1737 – 1812
Muspratt, James...1793 – 1886
Neeff, Ernst Christian.................................1782 – 1849
Nernst, Walter...1864 – 1941
Nièpce, Nicephore......................................1765 – 1833
Nilson, Lars Frederick................................1840 – 1899
Ostwald, Wilhelm.......................................1853 – 1932
Paracelsus...1494 – 1541
Picard, Jean...1620 – 1682
Plattner, Carl Friedrich..............................1800 – 1858
Plinius, Gaius P. Secundus (d.Ä.)...............   –   79
Poggendorff, Johann Christian....................1796 – 1877
Pontin, Magnus Martin af............................1781 – 1858
Porta, Giovanni Battista della....................1538 – 1615
Priestley, Joseph..1733 – 1804
Reich, Ferdinand..1799 – 1882
Richter, Robert Julius.................................1823 – 1869
Ritter, Johann Wilhelm...............................1776 – 1810
Roscoe, Henry..1833 – 1915
Runge, Friedrich Ferdinand.........................1795 – 1867
Rutherford, Daniel.....................................1749 – 1819
Sainte-Claire Deville, Henry.......................1818 – 1881
Sala, Angelus...1576 – 1637
Scheele, Carl Wilhelm................................1742 – 1786
Scherer, Johann Baptist Andreas................1755 – 1844
Schulze, J. Heinrich...................................1687 – 1744
Sendivogius, Michael.................................1566 – 1636
Senefelder, Alois.......................................1771 – 1834
Siemens, Werner v. ....1816 – 1892
Sinssteden, Joseph.....................................1803 – 1891
Solvay, Ernest..1838 – 1922
Stahl, Georg Ernst......................................1660 – 1734
Steinheil, Carl August v..............................1801 – 1870
Sulzer, Johann Georg.................................1720 – 1779
Talbot, William Henry Fox.........................1800 – 1877
Targioni, Cipriano Antonio.........................1672 – 1748
Teclu, Nicolaus...1839 – 1916
Tennant, Smithon......................................1761 – 1815
Thénard, Louis Jacques de ....1777 – 1857
Theophilus, siehe R. v. Helmarshausen
Theophrastus v. Hohenheim siehe Paracelsus
Tourrachon Felix.......................................1820 – 1910
Trommsdorff, Johann Bartholomäus............1770 – 1837
Troostwijk, Adrian Paets v. ....1752 – 1857

Tschirnhaus, Ehrenfried Walter,Graf v......1651 – 1708
Tudor, Henri Owen....................................1859 – 1882
Ulloa, Antonio de.......................................1716 – 1795
Unverdorben, Otto......................................1806 – 1873
Vinci, Leonardo da.....................................1492 – 1519
Volhard, Jacob...1834 – 1910
Volta, Graf Alessandro................................1745 – 1827
Vopelius, Carl Philipp................................1764 – 1828
Waitz, Jacob Siegismund v..........................1698 – 1777
Wedgewood, Thomas...................................1771 – 1805
Wiegleb, Johann Christian...........................1732 – 1800
Wilcke, Johann Karl...................................1732 – 1796
Winckler, Johann Heinrich..........................1703 – 1770
Wiss, Ernst...   19. Jhdt.
Wolf, Carl..1838 – 1925
Wollaston, William Hyde............................1766 – 1822
Wöhler, Friedrich......................................1800 – 1882
Zamboni, Giuseppe....................................1776 – 1846
Zeppelin, Ferdinand Graf v.........................1838 – 1917

Abdampfpfanne 320, 327
Abgasreinigung 5
Abgeplattete Kügelchen 183
abies pectinata 297
Abklären 320
Abraham a Santa Clara 276
Abraum 127
Abraumsalz 128
Abschußrampe 247
Abschwächer 65, 341
Absinth 274
Absoluter Alkohol 333
Absperrventil 56
Abtritt 273
Accademia del Cimento 28, 107
Aceton 49, 51, 55, 206
Acetylen 46, 48-51, **55**, 56
Acetylen-Sauerstoffbrenner 48
Acetylenbeleuchtung 50
Acetylendarstellung **55**
Acetylengasentwickler 49, 56
Acetylengasflasche **55**
Achat 99
Achatbecher 178
acide carbonique 109
acide mephitique 112
acidum aereum 109
acidum oxalicum 343
Ackerboden 127
acta eroditorum 103
ADELHELMUS 273, 277
Adhäsion 202
Adsorption 8
Adstringierende Pflanzenteile 273
Adstringierende Wirkung 339
Aerostatischer Mann 20
Affinität 212, 342
Agens 17, 26, 111, 285
AGRICOLA 27, 124-126, 253, 306, 307
air fixe 109
Akazienholz 172
Akku 171
Akkumulator **170**
Alabaster 58
Alant 265
Alantwurzel 322
Alaun **265, 239**
Alaun- und Farbenwerk 311
Alaunbrennen 308
Alaundauerkonzession 313
Alaunerde 304, 306, 331
Alaunerz 306, 310
Alaungares Leder 305
Alaungerberei **339**
Alaungewinnung 310, 311
Alaunhalde 304
Alaunhaltige Vitriollauge 317

Alaunhaltiges Gestein 306, 307
Alaunhütte 308, 310, 312, 313
Alaunhüttengrube 312
Alaunlösung 305
Alaunmehl 309
Alaunschiefer 301, 304-306, 308,
    310-312, 339
Alaunschiefergewinnung 312
Alaunsieden 310
Alaunstein 305, 306, 339
Alaunwerk 299, 307
Alaunzapfen 311
Alcali Acte 132
Alchemie 91, 92, 226
Alchemist 90, 100, 115, 134, 326
Alchemistisches Symbol 90
Aldehyd 87, 91
Aleppische Galläpfel 281
Alge 114
Alikantesoda 132
Alizarin 272, 281, 282, 296, 297
Alizarintinte 281-283
Alkahest 181
Alkali 254, 309, 315, 319
alkali fixum 126
alkali fixum minerale 126
alkali volatile 126
Alkalien 27, 109, 134, 136, 144, 145,
    177-179, 181, 187, 296, 322, 342
Alkalisalz 289
Alkalilauge 57, 135
Alkalimetall 33, 62, 180-182, 208, 254
Alkalinisch Salz 317
Alkalisch-muriatische Quelle 143
Alkalische Blutlauge 317
Alkalische Erde 209
Alkalische Quelle **143**
Alkalische Seife 143
Alkalischer Liquor 160
Alkalischer Rauch 182
Alkalischer Säuerling 112
Alkohol 60, 86, 264, 283, 295
Allerbrennenstes Feuer 235
Allergische Reaktion 143
Allotrope Modifikation 107
Altartrompeten 102
alumen 265, 305, 343
alumen calium 266
alumen catinum 265
alumen chromicum 343
alumen citrinum 265
alumen crudum 305
alumen glebosum 265
alumen longum 265
alumen petrosum 265
alumen plumosum 343, 265
alumen rocha 305

* Fette Zahlen weisen auf Schlagwörter hin!

alumen roduntum 265
alumen rupeum 305
alumen scisile 265, 266
alumen ustum 343
alumen zuccarinum 265
Aluminium 89, 212, 221, 222
Aluminiumacetat 339
Aluminiumchlorid 339'
Aluminiumfeder 278
Aluminiumfolie 212
Aluminiumgewinnung 169
Aluminiumpulver 212
Aluminiumsalz 295
Aluminiumschicht 89
Aluminiumsilicat 307
Aluminiumspäne 253
Aluminiumsulfat 263, 339, 341, 343
aluminum sulfuricum 343
Aluminumbronze 278
Alunit 339
Amalgam 84, 85, **98**, 99, 152, 183, 203
    209
Amalgam-Verfahren 88
Amalgamdestillation 209
Amalgamieren 84, 85, 202, 220
Amalgamierte Zinkplatte 194
Amalgamplombe 101
Amalgamspiegel 206
Amerikanischer Indigo 322
Amianth 178
amiantis lapis 265
Amidobenzol 295
Ammoniak 8, 41, 55, 86, 87, 126, 133,
    138, 178, 231, 283, 295, 319, 340
Ammoniakalaun 309
Ammoniakalisches Silbernitrat 87, 101
Ammoniakalisches Wasser 283
Ammoniakentwicklung 327
Ammoniaksalz 327, 331
Ammoniakverbrennung 231
Ammoniakverfahren 132
ammonium chloratum 343
Ammoniumcarbonat 326, 332
Ammoniumchlorid 99, 343, 344
Ammoniumchloroplatinat 1
Ammoniumhydrogencarbonat 132
Ammoniumhydroxid 100
Ammoniumoxalat 291
Ammoniumsalz 9, 314
Ammoniumsulfat 344
Amorphe Struktur 114
Amtliche Tintenprüfung 282, 283
amyris opobalsamum 297
Analyse 126
Analysenmethode 28
Analytische Chemie 255
anatomia vitrioli 93

Anfangsgründe der Metallurgie 30
Anfeuerungssatz 222
Anilin **295**, 314
Anilinblau 138, 295
Anilinfarbe 282, 295, 333
Anilingelb 295
Anilinpurpur 295
Anilinrot 295
Anilinschwarz 283
Anilintinte 283
Anilinviolett 295
Animalische Elektrizität 159, 161
Animalische Substanz 341
Anode 81, 178
Anonymus Byzantinus 238
Ansatzstutzen 56
Anstrichfarbe 333
Anstrichmittel 340
Antidot 340
Antimon 251
antimonium 267
Antimonkalk 29
Antiphlogistische Nomenklatur 109
Aphlogistische Lampe 11, 13
Apothekergewicht 91
APPOLT 332, 334
aqua vita 289
Aquarellfarbe 297
Aquarellmalerei 333
Arabin 263
Arabisches Gummi 263, 271, 272, 281,
    283
Arbeitsdruck 56
arbor Dianae 90
arbor Martis 92
arbor Saturni 91
arbor Veneris 92
ARCHER 207
ARGAND 32
Argand style Bunsenbrenner 32
Argand-Prinzp 32
Argentinien 100
argentum vivum 266
Argon 62
ARISTOTELES 16, 17, 92, 125, 198
Arnual 331
ars magna lucis 199
ars vitraria experimentalis 29
ars voltacustica 157
Arsen 67
Arsen(III)-sulfid 286
Arseniakalische Dünste 47
Arsenik 267, 314
Arsenikglas 267
Arsenikwasserstoff 67
Artillerie 252
Artilleristische Handschrift 265

Asbest 209, 343
Aschblei 115
Asche 123-127, 134, 136, 137, 143, 144,
    147, 229, 265, 290
Aschebad 26
Aschenfall 229
Aschenfrau 143
Aschenlauge 147
Aschenmann 143
Aschenraum 131
Aschentiene 144
Asphalt 193, 238
asphaltus 265
Asphaltverfahren 200
astragalus 118
astragalus gummifer 263
Atacamawüste 230
Atemloses Blasen 31
Atemtechnik 31
Athanor 26
Atmosphäre 20, 180
Atmosphärische Elektrizität 159
Atmung 112
Atom 93
Atomtheorie 93
atramentum 271
atramentum chinense 272
atramentum commune 271
atramentum evanescens 289
atramentum indicum 272
atramentum librarium 272
atramentum scriptorium 271
atramentum siniticum 272
atramentum sympatheticum 287
AUER VON WELSBACH 59, 62, 65
Auerbrenner 50, 51, 59-61
Auerglühstrumpf 212
Auerlicht 59
Auermetall 65
Aufbrausen 178, 180, 184
Aufladung 148, 171
Aufsatz für Lötrohrarbeiten 39
Aufschlagzünder 222
Aufschließung 27
Aufschlämmung 270
Aufschwellen von Baumwolle 148
Auge 198
Augenkrankheiten 156
Aureole 15
Auripigment 236, 286
aurum 265
Ausdünstungen der Erde 74
Ausfällung 168
Auslaugen 147, 307, 308
Autobeleuchtung 50
Autobombe 240
Autogenschweißen 47, 48, 55

Autogentechnik 47, 48
Autokatalysator 5
Außenkapillarfeder 278
AVERANI 102
AVOGADRO 77
azurro 323

BACON 104, 198, 225
Bad Pyrmont 111
BAEYER 295
Bagdadbatterie 193, 194
Baker-Vorlesung 177, 178, 184
Bakterium 143
Ballon 21, 22
Balsam 264, 297
Balsam von Gilead 297
Bambusfaser 62
Bambusstab 272
BARBARO 198
Barec 129
Barilla 147
Barium 209, 253
Bariumchlorid 256
Bariumnitrat 222
Bariumoxid 209
Bariumsulfat 296
Barometer 21
Barometerblume 288
Barometerröhre 150
Barytwasser 245
Base 135, 177, 208, 295, 341
base de sel d'Epsom 210
Basis der Magnesia 209
Basis des Kali 180-182
Basis des Natriums 184
Basis des Natron 180, 181, 184
basis of potash 180
Bassorin 263
Batterie 155, 162, 167, 170, 173, 180,
    193
Bauernsilber 89
BAUME 107
Baumesche Senkwaage 320
Baumharz 144
Baumversuch 92
Baumwolle 138, 202, 241
Baumöl 137
Bauxit 339
BAYLIES 317
Beamtenfeder 278
BECCARIA 153
BECHER 16
Beize 305, 342
Beizvorgang 275
Belegen der Spiegel 85
Belichten 220
Belichtung 204

Belichtungsdauer 203
Bellefortis 240
Bengalisches Feuer 253
Bengalisches Licht 222
Bengalsalpeter 229, 230
BENNET 153
Bennetsches Elektrometer 161
Benzin 60
Benzin-Luft-Gemisch 67
Benzin-Sicherheitslampe 15
Benzinbrenner 40
Benzinfeuerzeug 24
Benzinvergaser 34
Benzochinon 193
Benzoe-Tinktur 291
Benzol 60, 240
Bequerel'sche Kette 194
Bergblau 323
Bergehalde 303
Berggegend 299
Bergkristall 58, 102
Berglasur 323
BERGMANN 30, 102, 109, 290
Bergsturz 128
Bergöl 305
Berliner Blau 283, 314-318, 321, 324,
    331-333, **339**, 341-343
Berlinerblausäure 315
Bernessergrube 301
Bernstein 81, 148
BERTHOLD DER SCHWARZE 226
BERTHOLLET 138
BERTIN 40
BERZELIUS 5, 8, 12, 31, 32, 34, 65,
    107, 177, 184, 209, 273
Berührungsspannung 161
Beschreibstoff 270, 275
Besteck 89
Beuchen 147
Bibel 123
Bienenstich 57
Bienenwachs 58
Bier 113, 271, 273
Bigsee 145
Bims 275
Bimsstein 123, 304
Bindemittel 170, **263**, 272, 296, 297, 329
Bindungskraft 8
Binsen 125
Binsenrohrfeder 270
BIOT 263
BIRINGUCCIO 225, 245, 308
Birkeland-Eyde-Verfahren 231
Birnbaum 250
Birne 287
Birnenförmiger Kessel 327
Bismut 288

bithumen judaicum 265
Bittere Mandeln 317, 318
Bittererde 209
Bittersalz 168, 209, 305
Bittersalzerde 209
Bittersalzfabrik 313
Bitterspat 223
BLACK 20, 109, 134
BLANCHARD 21
Blankstoßkugel 339
Blasebalg 27, 28, 30
Blasenstein 290
Blasige Kohle 319
Blasrohr 238
Blattfolie 99
Blattgold 83, **99**
Blattsilber 83, **99**
Blau 322
Blaue Asche 323
Blaue Lackschicht 213
Blaue organische Farbstoffe **340**
Blaue Tinte 283
Blauer Niederschlag 321
Blauer Vitriol 92, 93, 101, 267
Blaues Präzipitat 316
Blaufabrik 323, 324, 331, 332
Blaufabrikation 325
Blaufarbe 326
Blaugrund 121
Blauholz 273, 280, **295, 340**
Blauholzabsud 280
Blauholztinte 282
Blaukali 319, 328
BLAUL 300, 324
Blaupigment 333
Blaupulver 321
Blausalz 319
Blausaure Pottasche 328
Blausaures Eisen 325, 332, 339
Blausaures Kali 316, 324, 330
Blauspäne 295, 340
Blausäure 315, 317, 318, 341
Blechteller 153
Blei 26, 91, 92, 98, 115, 160, 170, 226,
    265, 267
Blei(II)-oxid 286
Blei(II,IV)-oxid 272, 339
Blei(IV)-oxid 171
Bleiacetat 143, 286
Bleiacetatpapier **143**
Bleiakkumulator 171
Bleibaum 91, 92
Bleibehälter 29
Bleichen 57, 138
Bleicherei 128
Bleichmittel 138

Bleichmittelherstellung 196
Bleielektrode 170
Bleiessig 286
Bleiglanz 115
Bleiglätte 286
Bleikalk 29
Bleikristalle 92
Bleilegierung 195
Bleilöten 29
Bleinitrat 143
Bleioxid 91
Bleipapier 143
Bleiplatte 170, 171
Bleiröhre 286
Bleisalzvergiftung 339
Bleiseife 143
Bleistift 116
Bleistiftfabrik 116
Bleistiftmasse 121
Bleistiftmine 278
Bleistiftzeder 116
Bleisulfat 171, 339
Bleisulfid 143, 286, 342
Bleiweiß 265, 267, 271
Bleiweißstangen 116
Bleiweißstifte 116
Bleizucker 91, 316
Blendkugel 234
bleu d' Erlinghen 332
bleu de Berlin 339
bleu de montagne 323
bleu de Prusse 339
Blitz 225
Blitzableiter 155, 172
Blitzkette 155
Blitzlicht 24, 212, 213
Blitzlichtbirnchen 212
Blitzlichtmischung 212
Blitzrad **167**
Blitztafel 155
Blitzzeit 213
Blumen 301, 305
Blut 109, 319
Blutholz 280, 295
Blutlauge 315–317, 320, 323, 325, 329, 332
Blutlaugensalz 128, 204, 318, 319, 321, 322, 324, 329, 331, 333
Blüte 272, 303
Bodenbakterien 229
Bodenerschöpfung 128
Bodensatz 288, 320
BOHNENBERGER 174
BOLLSTÄDT 198
BOLTON 62
bombarda elektrica 66
Bombardierkäfer 193

Bomben 252
Borax 30, **39,** 40
Boraxperlenversuch 39
Boraxsee 39
BOREL 286
Borglas 39
borit 123
Bornitrid 121
Borrowdale 115
Bort 121
Bottich 124, 125, 145
Bouteille 44, 91, 313
BOUTIGNY 195
BOYLE 18, 181, 273
BRANDER 4
Brandfackel 238
Brandladung 238
Brandsatz 222, 225
Brandschiefer 303
Branntkalk 238
Branntwein 232, 235, 266
Braun-Le-Chateliersches Prinzip 63
Braune Tusche 297
Braunkohle 25
Braunstein **55,** 57, 101, 170, 209, 212
Braunstein-Element 170
Brecheschlagen 238
Brechungszahl 120
Bremerblau 323
Brennbare Erde 16, 18, 19
Brennbare Schwaden 311
Brennbares Wesen 16
Brennender Berg 299, 301, 303, 310, 311, 324
Brennender Funken 251
Brennendes Holz 124
Brenner 265
Brenneraufsätze **39**
Brennerflamme 33
Brennessel 126
Brenngas 32, 41
Brennglas 58, 102, 107, 122
Brennlinse 103
Brennlupe 26
Brennofen 116
Brennpunkt 106
Brennsatz 222
Brennschneiden **55**
Brennspiegel 17, 26, 42, 83, 103, 104, 122
Brennstoff 49, 133
Brennvorgang 270
Brenzliches Öl 324
Briefbombe 240
Briefmarkengummi 263
Brillant 108
Brillantschliff 120

Brille 198
BRISSON 103, 107
Brom 202, 295, 318
Bronze 29, 59, 98, 160, 250, 284
Bronzespiegel 83
Brunnenwasser 147, 296
Buchbinder 275
Buchbinderlack 264
Buche 310
Bucheinbinden 275
Buchenasche 143
Buchenholzasche 123
Buchsholz 250
Buckyball 118
Bullauge 146
Bundeslade 172
BUNSEN 32, 33, 40, 59, 169, 170, 210,
    211, 253-54, 256
Bunsenbrenner 32, 33, **39**, 40, 59
Bunsenflamme 32
Bunsensche Gaslampe 255
Bunsensche Wasserluftpumpe 34
Bunsensche Zinkkohlenkette **169**
Bunsenscher Brenner 255
Bunte Seife 138
Buntsandstein 284, 322
Buntwäsche 147
BUSCH 333
BUSSY 210
Butanfeuerzeug 24
Butangasbrenner 40
Butter 147
Buttermilch 147
Byzantinisches Feuer 238
Büchse 226, 238, 241
Büchsenmeister 237
Büchsenmeisterfrage 237
Büchsenpulver 231
Bühnenkohle 301, 303, 304
Büroleim **263**
Bütte 145, 277
Bärlappsame 155
Bärlappspore 157
Böller 247, 250, 252
Böttgers Amalgam 99
BÖTTGER, R. 4

CADET 103, 107
caeruleum montanum 323
CAESALPINUS 115
Caesium 340
caesius color 322
Calcination 317
Calcinationstiegel 325
Calcinieren 126
Calcinierter Alaun 304
Calcinierung 133, 315, 327

Calcium 50, 111, 209, 253
Calciumbicarbonat 133
Calciumcarbid 48, 50, **56**
Calciumcarbonat 134
Calciumchlorid 133
Calciumferrocyanid 333
Calciumhydrogencarbonat 133
Calciumhydroxid 137, 342
Calciumlauge 275
Calciumoxalat 291
Calciumoxid 56, 134, 135, 144, 209
Calciumphosphid 56
Calciumsalz 230, 263
Calciumstearat 118
Calciumsulfat 342
Calciumsulfid 56, 131, 132
CALIGULA 286
calmus 270
camera clara 199
camera obscura 198-200, 202, 203, 205
Campagne 212, 308
Campecheholz 295, 322, 340
Campferwasser 289
Campher 236
camphor 265
camphura 265
Campinggasleuchte 61
Capauta-See 29
Capelle 250
Capitell 289
capsa 270
caput mortuum 333, 343
Carbid 56
Carbidbehälter 49
Carbidgas 50
Carbidgeruch 56
Carbidlampe 49-51, 56
Carbonado 121
Carboneum 109
Carbonfabrik 334
CARDANUS 280
Carmin 295
Carnallit 223
CARO 295
Castner-Zelle 195
CAVALLO 20, 153, 163
CAVENDISH 1, 19, 20, 43, 66, 72, 73
Cellulose 291
cendre bleue 323
Cer 59, 65
Cereisen 59, **65**
Cereisenfeuerzeug 59
Cereisenlegierung 24
Ceres 65
Cerium **65**
Cerium(IV)-oxid 59, **65**
Ceriumnitrat **65**, 212

Chalzedon 102
CHANCEL 1
Chaos 72
Charbon 109
CHARLES 21
Charliere 20, 21
CHARON 211
charta 277
Chemische Analyse 17, 254, 255
Chemische Reaktion 168, 282
Chemische Tinte 283
Chemische Verbindung 203
Chemische Wirkung 176
Chemischer Prozeß 208
Chemisches Element 176, 255
CHEVALIER 199
Chilesalpeter 230
Chinablau 339
Chinasalz 229
Chinesischer Schnee 225, 229
Chinesisches Brillantfeuer 250
Chlor 129, 138, 186, 187, 210, 211, 253,
    318, 321
Chlorbariumpulver 255
Chlorgold 194, 206
Chlorid 186, 202, 230, 256
Chlorkalium 255, 321
Chlorkalk 138, 291, 295
Chlorknallgas 24
Chlormagnesium 210
Chlornatrium 136, 206, 255
Chlorsaures Natron 254
Chlorsaures Salz 256
Chlorsilber 89, 90, 206
Chlorsilberpapier 204
Chlorstrontium 255
Chlorsäure 1
Chlorverbindungen 255
Chlorwasser 283
Chlorwasserstoff 131, 132
Chlorür 288
Chochenille 283
Christbaumschmuck 89
Chrom(III)-salz 170
Chromalaun 343
Chromblauholztinte 280
Chromgelb 333
Chromogen 295, 296, 341
Chromsaures Kali 169, 295
Chromsäure 169
Chromsäuretauchelement **169**
Chymische Schrift 129
cinabaris 267
Citronensäure 143, 291
CLANNY 15
CLAUDE 49
CLEVE 255

Cobalt 288, 322
Cobaltchlorid 213, 287, 288
Cobaltverbindung 41
Cochenillelack 315
coeruleus 322
Collodium 207
COMENIUS 83, 250, 252
CONTE 116
COOLIDGE 62
Copirtinte 282
COSMUS 102, 107
CRAMER 30
CRELL 19
CROOKS 255
Cudowa 112
Cumberlandgebirge 115
CUNÄUS 9, 154
cuprum 266
Curcuma-Tinktur 183
Curcumapapier 185
CURIE, J. 71
CURIE, P. 71
Cyan 318
Cyanid 318, 331
Cyankalium 90, 194, 317-319, 327, 328,
    341
Cyansaures Kali 319, 327
Cyanverbindung 333
Cyanwasserstoff 317
Cyanür 318
cynips qercus folii 296
Cäsium 255, 265
Cörulin 340

D'ARCET 103
DAGUERRE 200, 202
Daguerre-Verfahren 204
Daguerreotype 202, 203
Daguerreotypie 206, **220**, 221
Damenfeder 278
Damenkleid 138
Damentinte 288
Dammerde 129
Dampfatmosphäre 195
Dampfkessel 133
Dampfwaschen 146
Dampfwaschtopf 146
DANIELL 46, 168, 194
Daniellelement **168**, 169
Daniellscher Hahn 46, 59, 65
Darmschlinge 99
DARWIN 199
Dauerfeuerzeug 4
DAVY E. 180
DAVY H. 10, 107, 177-181, 183, 184,
    186, 199, 208, 209, 254
Davy'sche Glühlampe 12

Davy'sche Sicherheitslampe 11, 15
Davy-Nachtlampe 12
DE LA ROCHE 202
de magnete 148
de re metallica 27, 253, 306
de rerum varietate 280
décomposition de l'eau 176
décomposition of the earths 208
DEIMAN 77
DEMOKRITUS 314
Dendritische Silberkristallstruktur 91
Dendritische Struktur 90
Dephlogistierte Materie 17
DESBASSAYNS 46
Desinfektionsmittel 143
Desoxidieren 30
Destillation 101, 182, 319
Destillationsofen 26
DEVILLE 19, 47, 211
Dextrin 263
Diamant 102, 105-108, 111, 113, 121, 122
Diamantbearbeitung 120
Diamantbeschichtung 120
Diamantbord 108
Diamanten, künstliche 122
Diamantenröhre 121
Diamantfarbe 120
Diamantfeuer 120
Diamantfilm 120
Diamantkreissäge 120
Diamantkörnung 120
Diamantlagerstätte 121
Diamantseife 121
Diamantspitze 278
Diamantstaub 121
Diamantziehstein 121
Diana 90
Diaphragma 168, 195, 210
Dichtung und Wahrheit 299
DIDEROT 122
Dieelektrikum 156
DIESBACH 314
Diesbachblau 339
Diffusion 25
Dinatriumtetraborat 39
Diorama 201
DIOSKIRIDES 317
DIPHILUS 171
Diphtychon 270
DIPPEL 200, 314
Dippel-Öl 200
Dippels Tieröl 314
Dippelsches Öl 314
Dispersion 120
Dissousgas 49
Distel 126
Docht 58

Doha 114
Dolomit 223
Donner 225
Donnerhaus 155
Donnerkraut 225
Doppelbild 89
Doppelcyanverbindung 318
Doppellinie 255
Doppelsalz 317, 339, 341
Doppelchromsaures Kalium 170
Doppeltkohlensaurer Kalk 133, 134
Doppeltkohlensaures Ammon 132
Doppeltkohlensaures Natrium 132
Doppelwendelung 63
Dornentinte 273, 274
Downszelle 196
Drahtknäul 213
Drahtnetz 11, 32, 59
Dreielemententheorie 16
Dreischenkelgerät 78
Dresdener Diamant 120
Drucken 271
Druckerfarbe 263, 271, 272
Druckerschwärze 332
Druckgasbehälter 56
Druckgasflasche 55
Druckguß 221
Druckminderungsventil 56
Druckspritze 238
Druckwelle 61
DRUMMOND 59
Drummondsches Kalklicht 45, 59, 65
DRÄGER 47
Dualistisches System 157
Dudweiler 299, 301, 308, 310-13, 324
DUFAY 148
Duftlampe 12, 15
Duftstoff 143
DUHAMEL 312, 331
Dung 229
Dunkelkammer 203
Dunst 111, 157
Dunstbad 111
Dunsthöhle 111
Duplikator 161
Dupontsee 145
Durchbrechendes Gewölbe 85
Durchdringungskomplex 343
Durchschlag 311
Durchschlagen des Brenners 41
Durchschlagpapier 340
Durchschreibekraft 278
Dynamisches Feuerzeug 1
Düngemittel 344
Düngemittelindustrie 231
Düngesalz 128
Düngung 126

Düngungsstoff 273
Dürckheimer Solwasser 255
Düse 32, 48
Döbereiner Essiglämpchen 12
Döbereiner Feuerzeug 1, 3, 4, 7
Döbereiner Platineudiometer 74
Döbereiner Zündmaschine 2
Döbereiner-Pastillen 74
DÖBEREINER 1, 4, 5, 8, 9, 12, 15, 21, 74
DÜRER 115, 323

EASTMAN 207
Eau de Cologne 12
Eau de Javelle 138
Eau de Labarraque 138
Ebenholz 167, 201
ECO 284
Echter Balsambaum 297
Edelerde 102
Edelgas 118, 265
Edelgaszusatz 62
Edelmetall 100
Edelmetallüberzug 194
Edelstein 44, 45, 102, 104, 148
EDGERTON 213
EDISON 62
Efeu 58
Eibisch 263
Eiche 125, 296, 310
Eichel 272
Eichenholz 124, 145, 272, 308
Eichenholzasche 125
Eichenholzbottich 145
Eichenlaub 273
Eichenrinde 126
Eidotter 339
Einbalsamieren 263
Einblattdruck 247
Eindampfen 39, 229
Einfache Stoffe 186
Einfärben 113
Einweichen 147
Eis 148, 182
Eisen 3, 18, 19, 42, 59, 65, 93, 115, 121, 160, 177, 287, 291, 316-320, 329
Eisen(II)-chlorid 343
Eisen(II)-sulfid 329
Eisen(II)-verbindung 41
Eisen(II,III)-hydroxid 339
Eisen(III)-chlorid 297, 343
Eisen(III)-cyanid 343
Eisen(III)-salz 339
Eisen-Kupfer-Element 193
Eisenbaum 92
Eisenbeimengung 127
Eisenblau 339

Eisenblech 145
Eisenchlorid 92, 331, 343
Eisenchlorür 343
Eisencyanid 321, 329
Eisencyanür 318, 321
Eisencyanürcyanid 318, 339, 343
Eisendraht 45, 152
Eisenfeder 277
Eisenfeile 319
Eisenfeillicht 92
Eisenfeillichtbad 26
Eisenfeilspäne 222
Eisenflasche 98
Eisengallustinte 273, 275, 280, 282, 283, 290, 291
Eisengehalt 296
Eisenhaltiger Alaun 309
Eisenhexacyanoferrat 331
Eisenhydroxid 342
Eisenkathode 186
Eisenkies 1, 305
Eisenlösung 309
Eisenmesser 287
Eisennagel 287
Eisenoxid 55, 56, 194, 316, 321, 322
Eisenoxid-Aluminiummischung 222
Eisenoxidsalz 296
Eisenoxydul 101, 290, 296, 317
Eisenplatte 85
Eisenquelle 112
Eisenrot 194
Eisensalz 112, 281, 287, 321, 333
Eisenspäne 21, 253
Eisenstab 193
Eisenstampfer 144
Eisensulfat 93, 101, 267, 273, 317, 328, 330
Eisenverbrennung 48
Eisenvitriol 101, 159, 273, 280, 281, 296, 313, 315, 325, 328, 329, 342, 343
Eisenwerk 299
Eisenzeit 113
Eiserne Pfanne 309
Eiserne Walze 130
Eiweiß 44, 207, 236, 273, 286, 339
Eiweißstoff 229
Elastische Flüssigkeit 105
Elastische Teilchen 72
Elektrisch-galvanischer Apparat 179
Elektrische Aufladung 154
Elektrische Batterie 154
Elektrische Energie 154, 178, 193
Elektrische Entdeckung 154
Elektrische Erscheinung 151, 153
Elektrische Figur 172
Elektrische Flasche 154-156
Elektrische Flüssigkeit 157

Elektrische Glühlampe 61, 62
Elektrische Influenz 7
Elektrische Kraft 148, 174
Elektrische Ladung 153
Elektrische Maschine 153
Elektrische Materie 151, 157
Elektrische Mitteilung 148
Elektrische Pistole 66-69, 155
Elektrische Schlange 150
Elektrische Sonne 231
Elektrische Spannung 160
Elektrische Spinne 148
Elektrische Staubfigur 157
Elektrische Säule 173, 177
Elektrische Säure 157
Elektrische Tür 155
Elektrische Zündung 81
Elektrischer Fisch 171
Elektrischer Funke 68, 150
Elektrischer Gasanzünder 24
Elektrischer Knallgasentwickler 78
Elektrischer Kuß 148
Elektrischer Leiter 148, 154, 181
Elektrischer Lichtbogen 208
Elektrischer Sandwirbel 148
Elektrischer Schlag 151, 155, 171
Elektrischer Schwamm 148
Elektrischer Strom 62, 146
Elektrisches Bad 156
Elektrisches Ei 150
Elektrisches Feld 71
Elektrisches Feuerzeug 2, 4, 5, 66, 154
Elektrisches Fluidum 151, 157, 161
Elektrisches Glockenspiel 148
Elektrisches Licht 10, 59
Elektrisches Organ 164, 171
Elektrisches Phänomen 150, 151
Elektrisches Spielwerk 148
Elektrisiermaschine 67, 68, 74, 99, 150, 151, 154, 158, 176
Elektrisierter Körper 151, 174
Elektrizität 148, 150, 151, 153, 154, 156, 159, 162, 163, 170, 173, 187
Elektrizitätsentladung 255
Elektrizitätsprüfung 153
Elektrizitätsspeicher 154
Elektrizitätsträger 153
Elektrochemie 164
Elektrochemische Untersuchung 177, 186
Elektrochemischer Vorgang 168
Elektrode 4, 78, **81**, 90, 167, 168, 178
elektroforo perpetuo 153
Elektrolyse 78, 176, 178, 186, 196, 208
Elektrolyse des Wassers 77, 176
Elektrolyseapparat 78

Elektrolyt 79, 164, 168, 170, 344
Elektrolytbad 100
Elektrolytlösung 168
Elektrometer 153, 161, 163, 173
Elektromotorische Kraft 168, 170
Elektron 7, 29, 148, 153, 222
Elektron-Thermit-Brandbombe 222
Elektronenblitz 213
Elektronische Schaltung 297
Elektronmetall **221**
Elektronstange 222
Elektrophor 4, **7**, 66, 68, 74, 153, 154-158
Elektrophormaschine 155, 176
Elektroschock 172
Elektroskop 153, 174
Elektrostatik 153
Element 16, 253
Elementarfeuer 157
elementis artis docimasticae 30
elettricita metallica 162
Elfenbein 117, 284
Elfenbeinspäne 251
ELKINDI 286
Empirie 129
Ems 112, 143
encre gangster 284
Endlose Schreibfeder 279
Endothermischer Stoff 55
Englische Schwefelsäure 101
Englischer Alaun 305
Englischer Gasbrenner 32
Englisches Blau 331
Englisches Salz 209
Englischrot 85
Entfärbung 291
Entfärbungsmittel 55
Entladen 171
Entladungsfunken 152
Entladungsschlag 162
Entleuchtete Flamme 32, 33
Entsauerstoffen 30
Entzündliche Luft 43
eos 295
Eosin 118, **295**
Epidermis 342
Epsomer Salz 209
Erbsen 133
Erdalkalimetall 209
Erdboden 154
Erden 92, 134, 148, 177, 178, 187, 208, 209
Erdgas 25
Erdgrube 147
Erdiger Charakter 209
Erdpech 265, 267, 303
Erdspalte 111

Erdöl 58, 311
Erdöllampe 58, 60
Erlanger Blau 332, 339
Erquickstunden 279
Erregung 150
Erschütterung 151, 155, 163, 167, 171
Erschütterungsflasche 154
Erster Graber 113
Erz 27, 83, 85, 86, 160, 307
Erzbergbau 50
Erzgebirge 322
Erzgrube 267
Espsomer Salz 209
Essig 91, 227, 235, 265, 271, 274, 280,
  286, 287, 290, 305
Essiglampe 12, 13
Essigsäure 143, 193, 263, 291, 340
Etagenofen 85
Ethanal 91
Ethanol 12, 91
Ethin 48, 55
Ethylen 66
Etrusker 83
Eudiometer 33, 72, 73, 76, **81**
Eudiometerröhre 74
EUKLID 104
Ewige Lampe 225
Ewiger Gasanzünder 9
Ewiges Feuerzeug **24**
Exkremente 273
Exotherme Reaktion 98
Experimental Essays 109
explosio electra 151
Explosion 11, 15, 19, 45, 50, 66, 68, 180,
  182, 184, 185, 213, 225, 238
Explosionsbereich 24
Explosionsrohr 73
Explosivkraft 252

Fabrikbleiche 138
Facette 182
Fackel 10, 236
Fahrradbeleuchtung 50
Fallende Sucht 265
FARADAY 32, 58
Faradaysches Gesetz 78
Farbdrüse 272
Farbe 116, 138, 251
Farbencobalt 288
Farbenerzeuger 341
Farbenfabrik 323
Farbenfabrikaktion 344
Farbenpulver 287
Farbenspiel 108
Farbenzerstreuung 120
Farbige Flammen 253
Farbiges Licht 222

Farblack 280
Farbpigment 297, 339, 340
Farbreaktion 39
Farbstoff 143, 270, 296, 297, 305
Farbtinte 283
Faule Eier 326
Feder 148, 271, 272, 282, 286
Federalaun 343
Federbüchse 271
Federhalter 277
Federmesser 270
Feder 342
Federschnabel 278
Federtasche 278
Federweiß 265
Feigenart 264
Feinseife 143
Feinwäsche 123
Feldschlange 247, 252
Feldspatgestein 126
Felsensalz 229
Felsspalte 300
Fensterglas 313
Ferment 296
Ferrichlorid 343
Ferricyankalium 321, 343
Ferriferrocyanid 339
Ferrisalz 295, 296
Ferritannat 296
Ferrochlorid 343
Ferrocyanid 343
Ferrocyankalium 321, 343
Ferrosilicium 223
Ferrosulfat 296, 343
ferrum chloratum 343
ferrum sulfuricum 343
Fett 143
Fettes Öl 148, 264
Fettfleck 138
Fettsaures Alkali 137
Fettsaures Kali 136
Fettsaures Natron 136
Fettsäure 137
Feuchter Bindfaden 148
Feuchter Leiter 160
Feuer 58, 225, 231, 235, 236, 241, 265,
  267, 288
Feuer-Ballen 252
Feueranzünder 222
Feuerbläser 42
Feuererscheinung 98
Feuergarbe 225
Feuerhandbuch 29
Feuerherd 325
Feuerkanal 307
Feuerkugel 238
Feuerluft 18, 19

Feuerpfeil 238, 248
Feuerprobe 195
Feuerquirl 1
Feuerrad 248, 250, 252
Feuerreigen 251
Feuerschlagende Materie 304
feuersicher 138
Feuerspeiender Drache 240, 241
Feuerspiegel 83
Feuerspiel 245
Feuerstein 1, 24
Feuerstrahl 247
Feuertopf 250, 253
Feuerung 229
Feuervergolden 98
Feuervergoldung 194
Feuerversilbern 98
Feuerversilberung 89
Feuerverzinnung 297
Feuerwerfendes Handrohr 238
Feuerwerk 225, 237, 247, 250-52
Feuerwerkbuch 225-27, 229, 231, 232,
     237, 245, 265
Feuerwerker 252
Feuerwerksatz 247
Feuerwerkskunst 225
Feuerzeug 31
Fichte 264
Fichtenharz 264
Fichtenholz 126
Fidibus 11, 20, 67
Filter 329
Filtration 127
Filtrieren 320
Firnis 235, 264
Firnisschicht 156
Fisch-Schwärze 272
Fischleim 272
Fissures 121
Fixation 202
Fixe Alkalien 126, 134, 179, 209
Fixe Luft 73, 105, 109, 115, 134
Fixes Salz 317
Fixierer 221
Fixiersalz 203, 204, 221
Fixstern 253, 254
FIZEAU 221
Flachdocht 58
Flachglastafel 85
Flachs 237
Flamme 185, 225, 229, 255, 264
Flammenbasis 34
Flammenfarbe 253
Flammenfärbung 33, 253, 255, 264, 265
Flammenkegel 29, 33, 34
Flammenkranz 40
Flammenlose Lampe 12

Flammenreaktion 33
Flammenspitze 34
Flammensäule 179
Flammentemperatur 33
Flammenwerfer 29, 225, 238
Flammofen 130, 319, 324, 327, 328
Flaschendruck 56
Flaschenelektrometer 162
Flaschenfarbe 56
Flaschenventil 56
Flechtenblau **340**
Flechtensäure 340
Fleck 138, 145
Fleckenbeseitigung 147
Fleischkonservierung 229
FLETCHER 32, 40, 47
Fliegende Feder 148
Fliegendes Feuer 238
Fließpapier 185
Flinsberg 112
Flintglasprisma 256
Flinz 114, 121
Flockengraphit 114, 121
Florentiner Elle 102
Florentiner Lack 287, 314
Flotationsverfahren 114
Flugzeugmotor 196
Fluidum 151, 160
Fluoreszin 295
Flußmittel 29, 40
Flußsäure 296
Flußwasser 137, 273
Flüchtiges Alkali 126
Flüchtigkeit 33
Flächenzentrierter Elementarwürfel 221
Flöz 301, 303
Formaldehyd 291
Formalin 88
Fotograf 206, 212
Fotografie 204, 206-208, 295
FOUCHE 48
Fraktionierte Destillation 187
FRANK 127, 128
Frankenscharner Hütte 311
Franklins Zaubergemälde 155
Franklinsche Tafel 9, 175
FRANZ I. 103
Franzensbad 112
Französisch Blau 322
FRAUNHOFER 253
Fraunhofer'sche Linien 253
Freie Kohlensäure 112
Freie Säure 282
FRIZSCHE 295
FRONSPERGER 251
Frosch 158
Froschlampe 15

Froschschenkel 159, 161
Froschschenkelnerv 160
Froschversuch 160
Frostpunkt 182
Frostschutzmittel 286
Fruchtsäure 193
Frühlingstinte 284
Fuchsschwanz 154
fucus 129
FULLER 118
Fulleren 117
Fullone 123
Funke 4, 148, 152-154, 156, 159, 162,
    171, 173, 182, 213, 255
Funkenregen 253
Funkensprühen 45, 180, 184
Funkenstrecke 4, 7, 71
Funzel 58
Fuß 162
Fußpilz 57
Fußschweiß 57
Füller 279
Füllfeder 279
Füllfederhalter 280
Füllfederspitze 9
Fäkalienduft 273
Fällung 329
fälschungssicher 283
Färbekunst 342
Färben 144
Färbendes Prinzip 315
Färberei 305, 309, 332, 339
Färberei und organische Farbstoffe **341**
Färberröte 296
Fäulnis 109

Gaffer **265**
Gagathkohle 303
GAHN 30
Galeerenofen 26
GALEN 100, 134
Galitzenstein 267
Gallapfel 112, 273, 280, 289, 296
Galle 123
Gallier 123
Gallium 255
gallus 271, 290
Gallusgerbstoff 296
Gallussaures Eisen 282
Gallussäure 273, 281, 296
Gallustinte 273, 282
Gallwespe 296
Galläpfel 271, 272
Galläpfelgerbstoff 296
Galläpfelgerbsäure **296**
GALVANI 158, 160, 161
Galvanische Batterie 10, 78, 167, 193, 194

Galvanische Elektrizität 177, 194
Galvanische Kette 91, 161, 170
Galvanische Kraft 171
Galvanische Nachbildung 194
Galvanische Säule 164, 196
Galvanische Vergoldung 193, **194**
Galvanische Versilberung 90
Galvanischer Reiz 157
Galvanischer Strom 90, 176, 194
Galvanisches Element 62, **167**, 168, 170,
    193
Galvanisierkunst 193
Galvanismus 157, 158, 171, 172, 177,
    187
Galvanoplastik 194
Galvanostegie 194
Ganggraphit 122
Gardine 138
Garlauge 308
Garwerden 134
Gas 153
gas sylvestre 108
Gasauffanggefäß 81
Gasausdünstung 61
Gasautomat 49
Gasbehälter 43
Gasbeleuchtung 60
Gasbrenner 32
Gaschemie 72
Gasentladung 213
Gasentwicklung 49
Gasexplosion im Saarland **24**
Gasfabrik 344
Gasfeuerung 32, 71
Gasflamme 11, 208
Gasflasche 47
Gasglühlicht 59
Gasheilbad 111
Gasherd 25, 32, 34
Gaskartusche 50
Gaskocher **39**
Gaslampe 50, 211
Gaslaterne 25
Gasleck 24
Gasleitungsbruch 24
Gaslötkolben **40**
Gasometer 24, 34, **56**, 81, 179
Gasreinigungsmasse 333, **342**
Gasschweißung 46
Gasselbstzünder 24
GASSIOT 168
Gasunglück 24
Gaswerk 138
gautschen 277
GAY-LUSSAC 77, 186
Gazesack 55
Gebläse 40, 65

Gebläselampe 33, **40**
Gebrannter Kalialaun 343
Gebrannter Kalk 109, 134–136, 238, 286, 340
Gebranntes Gestein 308
Gebrauchsspiegel 88
Gebundene Luft 109
Gechlortes Wasserstoffgas 72
Gedächtnisschwäche 85
Gefeilt Gold 265
Gefärbte Flamme 253
Gegenspannung 168, 169
Gegenspannungseffekt 168
Gegossene Ätzkali 135
Geheimschrift 287
Geheimtinte 280, 286
Gehörfehler 156
Geigenharz 234, 264, 297
Geißlersche Röhre 153, 265
Gelbes blausaures Kalium 343
Gelbes Blutlaugensalz 320, 321, 331, 339, **341,** 343
Gelbkali 341
Gelbstich 333
Gelehrtenfeder 278
Gelöschter Kalk 113, 306
Gemachtes Salz 266
Gemeiner Alaun 305
Gemeiner Terpentin 297297
Gemeines Wasser 290
Gemüse 133
Gerbebrühe 339
Gerbemittel 339
Gerber 275
Gerberei 296, 332, 339, 344
Gerbersumach 296
Gerbsaures Eisen 282
Gerbsaures Eisenoxid 296
Gerbstoff 287
Gerbstoffreiches Obst 287
Gerbsäure 273, 281, 287
Geschirr 89
Geschlossener Kreis 161
Geschlämmtes Gold 273
Geschmack 160
Geschmolzenes Eisen 195
Geschoß 237
Geschütz 237, 247, 251, 252
GESNER 288
GESSNER 115
Gestärkte Wäsche 138
Gesundbrunnen 112
Getötetes Quecksilber 267
Gewalztes Zinn 154
Gewebepore 145
Gewehrsalve 252
Gewitterblitz 213

Geysir 144
Gicht 143, 266
Gießer 15
Gießtisch 84
Gift 286
Gifttal 111
Gilb 138
GILBERT 148, 153, 184
Gips 84, 145, 148, 170, 331
Gipspfeife 20
Girandola 250, 252
Glanzruß 332
Glas 27, 148, 150, 175, 264
Glasballon 150
Glasband 88
Glasblasen 26, 44
Glasbläser 28
Glaselektrizität 148
Glasfabrikation 144
Glasfeder 278
Glasgefäß 26
Glasglocke 81
Glasieren 339
Glaskugelmaschine 151
Glasmacherkunst 26
Glasmacherseife 55
Glasröhre 151
Glassatz 84
Glasschmalz 29, 129
Glasspiegel 83
Glassäule 152
Glastafel 83, 153
Glastinte **296**
Glaszersprengung 155
GLAUBER 201
Glaubersalz 130, 132, 144, 145, 176, 287
glaucus 322
Gleismühl 275
Glimmerzusatz 284
Glitzerfontäne 253
Glocke 49, 186
Glockengasometer 56
Glycerid 136, 143
Glycerin 263
Glycerinseife 143
Glyphantie 202
Glühende Kohlen 304
Glühender Dampf 255
Glühendes Gas 254
Glühfeuer 129
Glühgasstrumpf 61
Glühlampe 10, 51
Glühstift 212
Glühstrumpf 50
Glänzende Flamme 182, 183
Glänzende Phänomene 179
Glänzendes Licht 182

Gläserne Achse 152
Glätte 286
GMELIN 341
Gneis 114, 121
GODIGNO 164
GOEBEL 10, 61
Goebellampe 62
GOETHE 1, 5, 15, 111, 299
GOHIN 325
Gold 9, 26, 27, 58, 93, 98, 160, 221, 226, **265**, 266, 286
Gold-Kupfer-Legierung 29
Gold-Silber-Legierung 29
Goldader 322
Goldauflösung 194
Goldblattelektroskop 153, 156
Goldblech 172
Goldblättchen 155, 161, 174
Goldchlorid 194
golden bug 285
Goldener Löffel 30
Goldfarbe 226, 286
Goldfolie 161
Goldgewinnung 196
Goldkäfer 285
Goldpapier 174
Goldsalz 203, 315
Goldsand 284
Goldschaum 99
Goldscheiden 289
Goldschicht 194
Goldschmied 28
Goldschnitt 99
Goldschnur 148
Goldtinte 283
Goldtonen 221
Goldtoner 206
Goldtusche 273
Gondel 21
GOODWIN 207
GOSSAGE 131
Granatapfel 273
Granate 252
Granaten-Schalen 272
Granit 114
graphein 114
Graphit 81, 113-115, 118, **121**, 160, 194, 315
Graphitabbau 113
Graphiterz 114
Graphitgitter 121
Graphitgrube 115
Graphithandel 113
Graphitlager **121**
Graphitlinse 121
Graphitmine 116
Graphitschreibstifte 115

Graphitstiftproduktion 116
Graphitstäbchen 115
GRAY 148, 206
Grelles Frontallicht 213
GREN 159
Grenadier 252
Griechisches Pech 235, 251
Griffel 270, 271
Grind 305
GROTTHUSS 176
GROVE 169
Grovesche Zink-Platten-Kette **169**
Grovesche Batterie 169
Große Wäsche 124
Großer Salzsee 145
Großmogul 108
Grubengas 10, 15, 25
Grubenlampen im Saarbergbau **15**
Grubenluft 74
Grubenstollen 75
Grüne Seife 137
Grüner Tee 296
Grüner Vitriol 93, 101, 267, 343
Grünes Gewölbe 120
Grünspan 236
Guano 291
GUERICKE 150
Gummi 272-74, 280, 281, 290, 339
gummi africanum 263
gummi arabicum **263**, 273, 283, 289, 290, 297
gummi elasticum 20
gummi tragacantha 118, 263
Gummiart 263
Gummiharz 264
Gummilack **264**
Gummischleim 281
Gummisäure 263
Gummiwasser 290
Gute-Luft-Messer 72, 81
Guter Leiter 148
Guttapercha 194
Gußeisen 115
Gußeisenkessel 327
Gußeiserne Flasche 86
gymnotus tremulus 164
Gänsebein 236
Gänsefeder 277
Gänsekiel 277
Gärung 109
Gärungsprozeß 26, 111
GÄRTNER 104
Göpel 28

Haar 148, 229, 342
Haarentfernungsmittel 286
Haarpomade 123

Haarröhrchen 58, 148
Haarsalz 305
HABEL 301, 305
Haber-Bosch-Verfahren 231
Hackfruchtanbau 128
Hadern 276
haematoxylon campechianum 295, 340
Hafen 232, 236
Hagel 238
Hainbuche 310
Halbleiter 118, 148
Halde 127, 131, 132, 303
HALES 72
HALL 122
HALLE 285-288
Halogenlampe 63
Haloide 318
Halophyt 29
Hammerlötkolben 40
Hammerschlag 319
Handrohr 238
Hanf 236, 237
Hanföl 137
HANNIBAL 29
HARE 42
Hares Spirale 178
HARIG 325
Harn 44, 290
HARSDÖRFFER 247
Hartgummiplatte 7
Hartgummischeibe 153
Hartharz 264
HARTMUTH 116
Harz 10, 29, 127, 148, 154, 175, 234, 238, **263**, 264, 272, 297
Harzduft 263
Harzelektrizität 148
Harziger Körper 150
Harzkuchen 4, 7, 153-57
Haselholz 125, 225
Haspel 113
Haushaltsgasanzünder 71
Hausseife 136
Hautreinigung 143
Hautreste 229
Hautschaden 143
Heber 127, 135
Hefe 274
Heidelbeere 322, **340**
Heiliges Feuer 225
Heizspirale 77
Heizung 25
Helenenquelle 111
Heliographie 200
Helium 22, 25, 65, 118
Helm 325
HELMARSHAUSEN 40

HELMONT 108
Henleyischer Auslader 157
HENLY 153
Herdfeuer 143
HERSCHEL 253
Hervorrufung des Bildes 205
HESS 49
Hessischer Tiegel 222
Heuler 225, 253
Hexachloroplatin(IV)-säure 9
Hexagonales System 121
Hexenmehl 157
Hieroglyphen 270
Himmelsfarbe 323
HINRICHSEN 282
Hinterlegter Spiegel 83
Hirschhornspiritus 138
Hirsekörnermethode 68
HISINGER 177
Hitzefleck 120
Hochofenstichloch 47
HOFFMANN, E.T.A. 250
HOFMANN 75-78, 109, 295
Hofmannscher Wasserzersetzungsapparat 78
Hohldocht 58
Hohlglas 313
Hohlspiegel 199
HOLBACH 103
Holländischer Krapp 281
Holunderholz 236
Holundermarkkügelchen 153
Holz 58, 148, 229, 284, 287
Holzasche 124, 126
Holzaschenlauge 138
Holzessigsaure Eisenlösung 281
Holzessigsaures Eisen 281
Holzfarbstifte 118
Holzkohle 29, 30, 42, 105, 107, 225
Holzkohlenfeuer 28, 40
Holzkohlenfeuerung 31
Holzkohlenpulver 243
Holzlöffel 145
Holzmehl 144
Holzzange 145
Homburg 284
Homburger Sand 284
HOMER 58
Homunculus 90
Honig 123
HOOKE 199
Horn 148, 229, 324, 328, 342
Hornblendeasbest 178
Hornisierter Kautschuk 148
Hornröhre 279
Hornstoff **342**
HOUNG TI 272

Huf 229, 326
HUMBOLDT 74, 77
Hundsgrotte 111
Hundstage 125
Hungersnot 128
Hydro-Oxygengas-Mikroskop 59
Hydrogencarbonat 144
Hydrogene 19
Hydrogengas 176
Hydrogenium 135
Hydrogenpol 175
Hydroxide 179
Hygrometer 288
Hypothese 77, 126, 157
Hypothetischer Stoff 16
Hühnerbein 236
Hämatein 295
Hämatein-Ammoniak 295, 340
Hämatoxylin 295, 340
Hängende Gärten 29
Härte 147
Höhlenzeichnung 116
Höllenmaschine 240, 241
Höllenstein 90, 100, 205, 206, 283
Höllensteinstift 101
Höllisches Feuer 235
HÖSE 104

Idria 85
Igel 238
illuminator 275
IMPERATO 115
Implosion 24
Incandescenzlicht 65
Indianische Tinte 272
Indianisches Weißfeuer 267
Indigo 272, 281, 295, **340**
Indigoblau 138, 340
Indigoblauer Schleier 211
indigofera 340
indigofera anil 295
Indigoprisma 33
Indigosulfonsäure 281, 282
Indikator 153, 161, 177
Indikatorperle 213
Indirektes Verfahren 331
Indischer Spiegel 104
Indium 255
Induktionsfunken 75
Industriebetrieb 72
Industriediamant 121
Inertgasfüllung 62
infernal machine 242
inflammable air 18
Influenz 152, 155
influenzieren 154
Influenzmaschine 155, 156, 176

Infusorienerde 170
INGENHOUSZ 66
Initiale 275
Initialzünder 250
Inka 104
Innere Flamme 30
Innerer Flammenkegel 33
Inquisitorische Reglementierung 198
Interferenz des Lichtes 92
Interhalogenverbindung 220
Invar 121
Iod 205, 211, 318
Iodchlorid 220
Ioddampf 201, 202, 220
Iodieren 202, 220
Iodierte Platte 203
Iodkalium 205
Iodsilber 202, 203, 205, 206
IR-Strahlung 120
Irdene Flasche 135
Irdischer Körper 254
Iridfeuerzeug 5
Iridium 5, 9
Irritable Fiber 158
irritamentum metallicum 158
isatis 340
isatis tinctoria 340
Ischia 301
ISIDORUS 271, 273, 277
Isolator 148, 155, 157
Isolierschemel 153
Isolierschicht 156
Israel 172
ITTNER 317

JACOBI 194
Jagdpulver 242, 243
JAHN 210
Javellesche Lauge 138
JEBEL 310
Jericho 265
Johannisbrotbaum 108
JOTTRAND 47
Jucken 305
Judenleim **265**
Judäapech 200
Jungfernpergament 275
JUNGIUS 93
Jupiter 92, 266, 267
JÄGER 175

K-Lampe 63
Kaffeesatz 147
Kali 126, 134-137, 147, 179-181, 183,
    184, 194, 265, 290, 315, 318, 340
kali causticum fusum 135
Kali chlorsauer 15

Kalialaun 309, 343
Kalibasis 183
Kaliblau 321
Kalichlorid 128
Kaliglas 128
Kalihydrat 185
Kalilauge 86, 101, 137, 178
Kalipflanze 126
Kalisalpeter 128, 222, 229, 230, 231, 266
Kalisalz 128, 318, 328
Kalisalzlagerstätte 127
Kaliseife 143
Kalium 126, 135, 182-187, 209, 210, 253, 254, 265, 319, 321
kalium ferricyanatum 343
kalium ferrocyanatum 343
Kalium-Eisen-Cyanür 318
Kalium-Natrium-Legierung 182
Kaliumalaun 341
Kaliumaluminiumalaun 328
Kaliumaluminiumsulfat 339
Kaliumcarbonat 29, 124, 126, 128, 178, 283, 326
Kaliumchlorat 1, 212, 253
Kaliumchlorid 127, 187, 230, 256
Kaliumcyanid 316, 329, 341, 343
Kaliumdichromat 170, 264, 280
Kaliumeisencyanid 321, 341, 343
Kaliumeisencyanür 321, 341, 343
Kaliumferricyanid 341, 343
Kaliumferrocyanid 341, 343
Kaliumhexacyanoferrat(II) 329, 341
Kaliumhexacyanoferrat(III) 341
Kaliumhexcyanoferrat (II,III) 339
Kaliumhydrochlorit 138
Kaliumhydrogencarbonat 134
Kaliumhydroxid 135, 137, 178, 179, 186, 297
Kaliummanganat **57**
Kaliumnitrat 101, 212, 222, 231
Kaliumoxalat 134, 291
Kaliumoxid 125, 135, 184
Kaliumpermanganat **57**, 212
Kaliumsalz 263, 295, 333
Kaliumsulfat 128, 178, 341, 339
Kaliumsulfid 243, 329
Kaliumtrioxalatoferrat(III) 291
Kaliumverbindung 253, 255
Kaliwasserglas 128
Kalk 44, 8, 108, 130, 132, 134, 143, 208, 229, 286, 287, 289, 323, 342, 344
Kalk-Ofen 305
Kalkammon 344
Kalkbrennofen 306
Kalkbrühe 275, 286
Kalkdestillation 295

Kalkerde 130, 208, 209
Kalkflöhe 143
Kalkkugel 59
Kalklicht 59
Kalkmetall 111
Kalkmilch 137, 160
Kalksalpeter 229
Kalksalz 147
Kalkseife 137, 143
Kalkspat 211
Kalkstein 111
Kalkwasser 109, 245, 286
KALLINIKOS 238
Kalotypien 204
Kalte Vergoldung 99
Kalte Versilberung 89
Kalter Blitzstrahl 171
Kamel 331
Kamelmist 343
Kamerakontakt 213
Kammasse 148
Kampfer 234-236, 251, 266
Kamperwasser 289
Kanadischer Balsam 297
Kanonenschlag 225, 229, 250
Kaolin 118
Kapillarkraft 280
Karat 108
Karlsbad 112, 134
Karmin 283
Kartoffel 126
Kartoffelstärke 138
Katakombe 207
Katalysator 5, 8, 55
Katalysatorwirkung v. Platin u. Palladium **8**
Katalyse 8
Katalytischer Effekt 12
Katalytischer Gasanzünder 24
Kater Murr 250
Kathode 81, 178
Katoptrik 104
Katzenfell 154
Katzenschwanz 4
Kaustifizierung 134
Kaustizität 134
Kautschuk 20, 44
Kautschukstreifen 170
Kegelventil 41
Keilbauen 113
Keilschrift 270
Kelp 129
Kelpbrennerei 129
Keramik 113
Keratin 342
Kernreaktor 196
Kernschleim 287
Kernseife 143, 147

Kerze 26, 31, 58, 60, 130, 236
Kerzenruß 274
Kessel 124, 229
Kesselstein 133
KFZ-Technik 222
Kiefer 297
Kiefernholz 241
Kiel 277
Kienmaiersches Amalgam 99
Kienruß 117, 272
Kienspan 10
Kies 160
Kieselerde 208
Kieselgur 49, 55, 170
Kieselsaure Tonerde 307
Kieselstein 102
Kieselsäure 102, 126
Kimberley 121
Kinderluftballon 25
Kippscher Apparat 3
Kippscher Gasentwickler **8**, 49
KIRCHER 199
KIRCHHOFF 253, 255, 256
Kirschbaum 263
Kirschkern 318
Kirschlorbeer 317
Kitt 264
Kittherstellung 44
Kittrezepte 44
Klamme 299
KLAPPROTH 65
Klarschleifen 84
Klaue 229, 324
KLAUS 9
Klebmittel 263
Klebstoff 263
Kleesalz 290, 291
Kleesäure 290, 322, 343
Kleie 123
KLEIST 9, 154, 155
Kleister 170
Kleistsche Flasche 154, 171
Klingeleinrichtung 170
Klostertinte 274
Klotz 237
Klunsen 299
Knall 152, 154
Knallgas 1, 2, 11, 18, 19, 21, 22, **24**, 43-45, 66, 79, 153
Knallgasbakterien **25**
Knallgaseudiometer 74
Knallgasexplosion 69, 78
Knallgasflamme 59
Knallgasgebläse 46, 57, 59, 211
Knallgaskanone 69
Knallgaspistole 73
Knallgasprobe 24, **25**

Knallgasvoltameter 79
Knalluft 44
Knistern 148
Knisternder Schall 151
Knochen 148
Knochenfett 144
Knochenkohle 117
Knotenschrift 270
Kochsalz 173, 194, 206, 229, 231, 264-66, 273, 286, 339
Kohinur 108
Kohleanode 186
Kohleelektrode 169
Kohlefaden 62
Kohlefadenlampe 62
Kohlenbank 304
Kohlenflöz 122, 300, 305
Kohlengewinnung 310
Kohlengrube 303, 310, 311, 313
Kohlenlager 299
Kohlenmittel 304
Kohlenoxid 290, 319
Kohlenpulver 186
Kohlensaure Alkalien 109
Kohlensaurer Kalk 133, 323
Kohlensaures Kali 135, 136, 319, 328
Kohlensaures Natron 112, 132, 322
Kohlenssaures Ammonium 325
Kohlenstaub 31, 235, 287
Kohlenstoff 314, 329
Kohlenstoffdioxid **122**, 342
Kohlenstoffdioxidquelle 112
Kohlenstoffmonooxid 25, 56
Kohlensäureanhydrid 243
Kohlensäule 169
Kohlensäure 245, 290
Kohlensäureanhydrid 283, 296
Kohlenwasserstoff 59
Kohlepapier 340
Kohleplatte 170
Kohleprisma 170
Kohlestaubfeuerung 29
Kohlezinkelement 210
kohärentes Licht 265
Kohäsion 183
Kokerei 25, 138
Kokillenguß 221
Kokosöl 136
Koks 48, 176
Koksturm 131
Kolben 44
Kollektorplatte 156
Kollodiumverfahren 207
Kolophonium 40, 154, 236, **264**, 297, 316
Komplementärfarbe 333
Komplexion 343
Komplexsalz 9, 221, 341, **343**

Kompressionspumpe 44
Kondensation 76
Kondensationsgefäß 131
Kondensationskammer 86, 223
Kondensationswasser 344
Kondensator 4, 9, 156, 161–163, 213
Kondensatorplatte 156
Kondensatorprinzip 175
Konduktor 68, 148, 152–154, 159, 176
Konifere 264
Konservendose 297
Konstante Kette 170
Konstantes Element 169
Konstanz 168
Kontakt 8
Kontaktgift 8
Kontakttheorie 163
Kontaktträger 5
konvertieren 230
Konvexspiegel 104
Konvulsion der Glieder 164
Kopffüßler 297
Kopie 203, 205
Kopiermethode 200
Kopierstift 118, 282
Kopiertinte 282, 283, 295
Kork 44, 45
Korkkügelchen 153
Kornblumenblau 326
Korrosion 278
Kosmetische Seife 143
Kosmische Wirkkraft 150
Kosmologie 92
Kot 266
Kotkrater 74
Kracher 250
Krampffisch 164, 171
Krapp 282, **296**
Krapppflanze 272, 297
Krapprot 296
Krappurpur 296
Krappwurzel 281
Kraut 234
Krebs 305
Kreide 44, 45, 59, 89, 111, 131, 148,
   275, 316
Kreide von Meudon 130
Kreidepulver 201
Kreidesäure 109
Kreuzschlitzaufsatz 39
Kriegschemie 241
Kristall 127, 168, 220, 231, 309
Kristallbildung 90
Kristallisation 177
Kristallisationsversuch 90
Kristallisierbottich 320
kristallisieren 126, 320

Kristallspiegel 83
Kristallviolett 118
Kristallwasser 127, 132, 144, 318
Kronenaufsatz 39
Kropfmühl 113
KROTO 117
Krypton 63
krystallin 295
Krücke 130
Kräftewirkung 148
Kräuterschiefer 301, 303
Kufe 125
Kugelbehälter 56
Kugelknie 30
Kugelmühle 128
Kuhkot 236
Kulturzustand 137
KUNCKEL 26, 29, 44, 316
Kunckelglas 26
Kunstfeuer 252
Kunstharz 297
Kunstlicht 208
Kupfer **266**
Kupfer-Zinn-Legierung 29
Kupferamalgam 101
Kupferbaum 92
Kupferblech 193
Kupferchlorid 283
Kupferdrahtnetz 15
Kupfererz 322
Kupferkolben 40
Kupferlasur 323
Kupfernitrat 298
Kupferoxid 30, 92, 323
Kupferplatte 201, 202
Kupferspiegel 103
Kupfersulfat 92, 93, 101, 168, 194, 267
Kupfertiefdruck 297
Kupfertinte **297**
Kupferverbindung 41
Kupfervitriol 168, 194, 274
Kupferwasser 310, 343
Kupferzylinder 32, 168
Kyanol 295
KYESER 240
Kühlmittel 196
Kühlofen 84, 313
Künstliche Düngung 127
Künstliches Licht 211
Köln 271
Königswasser 9, 93, 240
Körnerlack 264
Körperbemalung 113
Körperpflege 123
KÖNIG 193

Laboratorium 204
Laborbrenner 32
Laborgasbrenner 32
Laborgasometer 56
Laborzelt 207
Lache 266
Lack 272
Lackfarbe 341
Lackmus 340
Lackmuspapier 185
Lackmustinktur 112, 177
Lackschildlaus 264
Ladie's life preserver 138
Ladungssäule 175
lagenae armatae 154
Lagergraphit 122
Laming'sche Masse 342
LAMPADIUS 60
Lampenmann 15
Lampenofen 26
Lampenöl 15
Landgrube 301
Landgruber Kohlenflöz 303
Langer Alumen 265
Langzeit-Glühlampe 63
Lanthan 65
lapis causticus 135
lapis infernalis 100
lapis lazuli 316
LARGUS 156
larix europaea 297
Lasur 316
Lasurfarbe 270
Lasurstein 316, 322
Latenezeit 113
Latentes Bild 203
Latrine 123
LAUER 332
Lauge 123, 125, 126, 137, 144, 145, 147, 160, 164, 183, 289, 309, 317, 320
Laugenbottich 147
Laugensack 124
Laugensalz 123
Laus 305
lavare 123
Lavendel 123
LAVOISIER 1, 17-19 42, 103, 104, 106-109, 112, 208, 210, 242
Lavoisiersches System 208
Lebendes Bild 201
Lebendiger Kalk 134, 236
Lebendiger Schwefel 231
Lebenskraft 90
LEBLANC 129, 131-133
Leblanc-Soda 134
Leblanc-Verfahren 132
lecanora tatarea 340

Lechlanché-Element **170**
LECLANCHE 170
LECOQ DE BOISBAUDRAN 255
Leder 150, 162, 173, 296
Lederblasebalg 27
Lederherstellung 275
Lederkissen 85, 152
Legierung 59, 98, 101, 121
LEIBNIZ 150
Leichtflüssigkeit 280
Leidener Flasche 4, **9**, 67, 69, 74, 155, 156, 159-162, 172, 213
Leidener Vakuum 150
LEIDENFROST 195
Leidenfrostsches Phänomen **195**
Leim 131
Leimfarbe 333
Leinen 138
Leinenwäsche 147
Leinsamen 263
Leinwand 127
Leinöl 10, 144, 235, 272
Leitende Verbindung 152
Leiter erster Klasse 160
Leiter zweiter Klasse 160, 161, 193
LEMERY L. 273
LEONHARDI 280
Lepidolith 255
Leuchtgas **25**
Leuchgasanstalt 32
Leuchten des luftleeren Raumes 150
Leuchtende Namen 155
Leuchtender Funke 151
Leuchtendes Strahlenbüschel 151
Leuchtgas 25, 32, 49, 50, 59, 61, 333, 342
Leuchtgasfabrikation 333
Leuchtgasflamme 32
Leuchtgaslampe 59
Leuchtgasproduktion 133
Leuchtkugel 225, 240, 250, 253
Leuchtrakete 247
Leuchtsatz 222, 247, 248
Leuchtspurgeschoß 240
Leuchtstein 10
Leuchtturm 59
LEWERY 18
LEWIS 280
LIBAVIUS 108
liber illuministorum 273
lichenes 340
Lichtbild 204
Lichtbildnerei 202
Lichtbildtechnik 201
Lichtblitz 98
Lichtbogen 48, 55, 231
Lichtbogenofen 56

Lichtechtheit 333
Lichteffekt 213
Lichtempfindlicher Asphalt 200
Lichtempfindlichkeit 201
LICHTENBERG 157, 172
Lichtentwicklung 151, 256
Lichterscheinung 153
Lichterstrauß 252
Lichtflamme 44
Lichtglanz 211
Lichtkugel 29
Lichtmaterie 157
Lichtröhre 247, 252
Liebestinte 284
LIEBIG 27, 31, 44, 75, 86–88, 127, 128,
    131, 132, 137, 206, 210, 322
Likör 283
LINDE 47
Lindenholz 232, 234
Lindenkohle 241
Linie 161, 162, 194
Linienloses Spektrum 253
Linienspektrum 253, 255
Linienziehen 115
LINNE 295
LINNEMANN 65
Linnemannsches Licht **65**
Linz–Donauwitz–Verfahren 57
liquor 91, 93
liquor ammonii caustici 343
liquor ferri sequichlorati 343
Lithargyrum 286
Lithium 253, 254
Lithiumglimmer 255
Lithiumverbindung 255
Lithografie 277
Lithographenstein 200
lixivium alcalinum 315
Lochkamera 198
Lorbeer 58
Lot 28, 40, 46, 91, 264
louge 123
Luft 72, 132, 144, 145, 148, 150, 152, 237
Luftfahrt 222
Luftgüte 74
Luftgüteprüfungslehre 113
Luftmeer 72
Luftpumpe 150
Luftqualität 113
Luftregulierungsdüse 39
Luftregulierungsplatte 41
Luftsauerstoff 282
Luftschiff 22
Luftsäure 109
Luftverdrängung 25
Luftverdünnter Raum 153
Luftverflüssigungsverfahren 47

LULLUS 134
Lumpen 277
Luna 92
Lunte 212, 242
Lustfeuerwerk 245
Lustkugel 252
LUTHER 123
Lähmung 156
Lärm 252
Löslichkeit 144
Lösung 125
Lötapparat 46
Lötdraht 40
Löten 28, 29, **40**
Lötfett 40
Lötkolben 40
Lötlampe 31, **40**
Lötrohr 28–31, 33, 102
Lötrohranalyse 30, 31
Lötrohrblasen 30
Lötrohrflamme 29, 33
Lötrohrgebläse 31
Lötrohrprobierkunst 28
Lötrohrsalz 39
Lötrohrstichflamme **41**
Lötrohrversuch 33
Lötsalz 39, 40
Lötstein 344
Lötwasser 40

MACBRIDE 109
MACQUER 103, 106, 107, 318
Magadisee 144
magia naturalis 84, 199
Magie 90, 285
Magisches Feuer 253
Magisches Wintergemälde 288
Magisterium 93, 317
Magma 114
Magnesia 138, 209, 210
magnesia alba 209, 210
magnesia nigra 209, 210
Magnesiastäbchen 59
magnesie 210
Magnesit 223
Magnesium 65, 208, 209, 211, 212, 222
Magnesiumband 222
Magnesiumblock 222
Magnesiumcarbonat 209, 222, 223
Magnesiumchlorid 127, 210, 211, 222,
    223
Magnesiumdarstellung 209
Magnesiumfackel **222**
Magnesiumfeuerstarter **222**
Magnesiumgitter 221
Magnesiumherstellung **222**
Magnesiumhydroxid 222

Magnesiumlegierung 221
Magnesiumlicht 208, 211, 212
Magnesiumnitrid 56
Magnesiumoxalat 290
Magnesiumoxid 62, 208, 209, 212, 222
Magnesiumoxid-Rauch 212
Magnesiumpulver 212
Magnesiumsalzlagerstätte 222
Magnesiumsulfat 127
Magnet 236
Magneteisenstein 209
Magnetische Kraft 237
Magnium 209
Magnesiumsulfat 168
MAGNUS, A. 44, 198, 255
MAGNUS, G. 87
Maiglöckchenduft 284
Maikäfer 319
Maisstärke 138
Malachit 323
Malergummi 263
Malerschwarz 271
Malve 340
Malzessig 273
Mandelbaum 263
MANDELBROT 90
Mandelöl 137
Mangandioxid 209
Manganoxid 55
Manganverbindung 41
Manometer 47, 56
Mantelrohr 77
manufacture de bleu de Prusse 326, 331
manufacture de sal ammoniac 332
MARCET 42
MARGGRAF 129, 315, 316
Markasit 1, 236, **265**, 266
Marmor 111, 148
Marmorplatte 85
MARQUARD 40
Mars 92
Marsbaum 92
Marseiller Seife 136
MARTELL 282
Maschinenelektrizität 176
Massen des Feuerwerkbuches **264**
Materie 16
Mathematisch-physikalischer Salon 104
Matrize 194
Mauerausblühung 29
Mauersalpeter 229
Mauve 295
Mechanische Energie 154
Meckerbrenner **41**
Medizin 128
Medizinische Elektrizität 156
Medizinische Seife 143

Meer 147
Meerschaum 209
Meerwasser 125, 147, 222, 253
Mehl 44
Mehlpulver 250
MEIDINGER 168
Meidinger Element **168**
Meisterlauge 289
Meißen 103
Mekkabalsam 297
Menlo Park 62
MENNE 47
Mennige 267, 272, 275
Menschenhaut 275
Mephitis 112, 324
mephitis inflammabilis 112
mephitis vinosa 112
mephitisch 112
Mephitische Luft 73, 112
Mephitischer Dunst 113
Mercurialischer Phosphor 150
Mercurium 236, 266
Merktinte 283
Merkur 92, 99, 266
Merkurialismus 85
MERRYWEATHER 15
Mesopotamien 29, 193
Messing 98, 99, 104, 160, 162, 164, 250,
    266, 271, 277
Messinglot 40
Messingreflektor 50
Metall 29, 30, 39, 98, 148, 154, 164,
    178, 181, 184, 208, 265
Metallauflösung 177
Metallbad 211
Metallbase 136
Metalldrahtnetz 10
Metallelektrode 168
Metallfaden 148
Metallfadenlampe 60
Metallfarbe 253
Metallgehalt 27
Metallglanz 99, 121, 181, 182
Metallinse 242
Metallische Elektrizität 162
Metallische Vegetation 90, 91
Metallischer Schlamm 168
Metallkalk 17, 29
Metallkönig 208
Metallmaterie 266
Metalloxid 17, 29, 39, 41, 59, 181
Metallpulver 222
Metallregulus 210
Metallreiz 158
Metallröhre 279
Metallspektrum 256
Metalltinte 284

Metallurgie 27
Metamorphose 93
Methan 25, 66
Methan-Luft-Gemisch 12
Methan-Wasserstoff-Gemisch 120
Methangas 15
Methanknallgas 66
Methylalkohol 4
Methylcellulose 118
Methylenblau 118
Miasmen 113
Mikroskop 103, 182
Mikrowelle 120
Milch 287
Milchsäure 143
Milchzucker 86, 87, 254
Milde Alkali 134
Militärpulver 242
Miloriblau 339
Minamatakrankheit 85
Mineral 27
Mineralanalyse 27, 29
Mineralblau 322
Mineralchemie 127
Mineralfarbe 118
Mineralien 28, 111, 126
Mineralische Alkali 129
Mineralische Dämpfe 311
Mineralisches Chamäleon 57, 287
Mineralisches Laugensalz 126
Mineralogie 31
Mineralquelle 112
Mineralreich 126
Mineralschwarz 194
Mineralwasser 108, 111, 112
miniator 275
Miniaturen 275
Mischkatalysator 8
Mischkristallbildung 221
Mischrohr 39, 41
MITSCHERLICH 8
Mittagskanone 104
Mittelalter 123
Mißernte 128
Modeblau 339
Mofette 112
Mohs-Skala 121
molybdaena 115
Molydänglanz 115
Monazitsand 65
Mond 90
Mondsichel 100
Monsun 144
Morgenländische Galläpfeleiche 296
MORVEAU 111, 112
Moschus 272
Most 113

Muffel 27
Mumifizierung 229
Mundblasrohr 30
Muriatischer Sauerbrunnen 112
Muskelkontraktion 161
Muskelzuckung 159
MUSPRATT 131
Mutter der Metalle 99
Mutterlauge 319
Myrobalane 273
Mysteriöse Tinte 284
Münze 89
Möbelindustrie 131
Mörser 236, 242, 243, 247, 251, 252
MÜLLENSIEFEN 313, 314

Nachtgeschirr 273
Nachtlampe 13
Nachträglicher Farbstoff 282
Naphtha 58, 181, 182, 184, 209
Naphthaquelle 75
NAPOLEON 162, 177, 240, 313, 324, 333
Nasse Säule 173
Nasse Versilberung 89
Natrium 98, 182, 184-186, 195, 196, 209, 253-55
Natriumamalgam 98
Natriumammoniumhydrogenphosphat 41
Natriumcarbonat 29, 144, 178, 283
Natriumchlorat 283
Natriumchlorid 127, 186, 196, 204, 230, 256, 344
Natriumcyanid 196
Natriumdampf 265
Natriumdampflampe 196, 264, 265
Natriumdithionit 291
Natriumhydrogencarbonat 132, 134, 143, 144
Natriumhydroxid 178, 179, 184, 195
Natriumhypochlorit 138
Natriumhyposulfit 207
Natriumion 264
Natriumlicht 264, 265
Natriumlinie 254
Natriummetall 290
Natriummetaphosphat 41
Natriumoxalat 290
Natriumoxid 185
Natriumperoxid 196
Natriumsalz 264, 295
Natriumsulfat 130-132, 178, 344
Natriumsulfid 132
Natriumthiosulfat 204
Natriumthiosulfatoargentat(I) 221
Natriumverbindung 255
Natriumverwendung 195

Natron 112, 125, 137, 144, 145, 180, 181, 184, 186
Natronium 184
Natronlauge 86, 99, 101, 178, 231
Natronsalpeter 230, 231
Natronsalz 254, 328
Natronsee 129, 144
Natronseife 143
natrun 123
Naturdiamant 121
Naturgeschichte einer Kerze 58
Natursoda 134
Naßversilberung 86, 88
Naßversilberungsverfahren 87
Naßöl 272
Nebenkonduktor 152
NEEFF 167
Negativ 200
Negativ-Positiv-Verfahren 204
Negatives Bild 205, 207
Negatives Gewicht 17
NEHON 84
nerium 340
NERNST 62
Nernstlampe 62, 212
neter 123
NEUDÖRFFER 277
Neutrales kohlensaures Kali 126
Neutralisation 143
Neutralisierung 282
Neutralsalz 178
Neuweiler Tal 334
NEWMANN 42
Nibelungenlied 275
Nichtflüchtiger Feststoff 136
Nichtleiter 148
Nichtleuchtende Flamme 32, 59
Nickel 121
Nickelrost 41
Niederschlag 143, 177, 323, 330
Niedrigtemperaturverfahren 133
NIEPCE 200-202
Nierenkanälchen 291
NILSON 255
Nilwasser 125
Nitrile 314
Nitrobenzol 295
Nitrose Gase 169
Nitrosprengstoff 240
nitrous air 72
Nobili'sche Farbringe 92
Nomenklatur 19, **343**
Nordhäuser Schwefelsäure 101
Norgesalpeter 231
Notentinte 283
Nußbaumholz 234
Nürnberg 116, 247, 284

Nürnberger Pfund 264

Oberflächenspiegel 89
Oberhaut 342
Obsidian 83
Ochsenblase 44
Ochsenblut 317, 326
Ochsengalle 272
Ochsengurgel 168
Ocker 144
Oculus artificialis 199
Oktaeder 9, 108, 121, 339
oleum animale dippelii 314
oleum benedictum 240, **265**, 266
oleum petra 267
oleum saxeum 267
Olivenöl 10, 120, 136, 235
on light 253
Operment 286, 287
Optische Geräte 222
Optisches Glas 65
opus majus 104
orbis sensualium pictus 83, 252
Orchidee 263
Organische Säure 290
Organischer Farbstoff 291
Organischer Stoff 137
Origines 271, 277
Orloff 108
Ornamentfeder 278
Orseille 340
Orseilleflechte 340
ORSINI 240
Osmium 9
Osmium-Iridium-Splitter 278
Osmium-Metallfadenlampe 62
OSTMEIER 212
OSTWALD 231
Ottomotor 67, 71
oxalis 290
Oxalsaurer Kalk 290
Oxalsaures Kalium 134
Oxalsaures Natrium 290
Oxalsäure 283, 290, 291, 343
Oxid 29, 30, 208, 211
Oxidation 12, 18, 25, 72, 73, 138, 282, 331, 241
Oxidationsflamme 30, 33, 41
Oxidationsmittel 1, 193, 212, 222, 341
Oxidationsprozeß 17, 29
Oxidationsraum 34
Oxidbildung 167
Oxidierte Körper 177
Oxidrot 333
Oxidsalze 343
oxigene 18
Oxydulsalze 343

Oxygenium 135
Oxygenpol 175
Ozon 79, 138

Palladium 8, 9
Palmöl 136
Papier 148, 174, 270, 271, 275, 276, 280, 282, 286-89
Papierdruck 333
Papierherstellung 277
Pappe 162, 175
Pappelholz 232
Papyrus 270, 272, 275
Papyrusrolle 270
PARACELSUS 16-18, 42, 84, 100
Paraffin 58, 60
Parfümierter Alkohol 12
Parfümtinte 283, 283
Parfümzerstäuber 34
Pariserblau 318, 322, 331, 340
Parther 193
Passau 113, 116, 121
Passauer Graphitlager 114
Passauer Graphittiegel 113
Pastellfarbe 263
Patrone 243, 245
Pech 10, 235, 265
Pelikanfeder 277
Pelzwerk 150
penna avis 277
Pergament 240, 270, 271, 275-77, 285
Pergamentdeckel 275
Pergamentpapier 243
Pergamentrolle 270
Pergamentsäckchen 274
pergaminarius 275
Permutation 93
perpetuum mobile 154
PERRY 277
Persio 340
PERSOZ 263
Perspektive 198
Petrischale 90
Petroleum 186, 234, 235, 241, 267
Petroleumlampe 59
Petschaft 297
Pfanne 125, 131, 309
Pfeil 238
Pfeiler 128
Pferdegöppel 113
Pferdehuf 324
Pferdemist 44
Pfirsischkern 318
Pflanze 126, 127
Pflanzenasche 136
Pflanzenchemie 127
Pflanzenextrakt 283, 284

Pflanzenfarbstoff 109
Pflanzenfaser 342
Pflanzenkali 29
Pflanzenschleim 263
Pflanzentinte 283
Pflanzlicher Gerbstoffextrakt 283
Pflaster 138, 143, 305
Pflaumenbaum 263
Pflaumenkern 318
Pfund **264**
pH-Wert 143
Phenylamin 295
philolae Leidenses 154
PHILON VON BYZANZ 281, 287
philosophical transaction 208
Phlegma 17
Phlogistische Elektrizität 157
Phlogiston 16-19, 115
Phlogistonierte Luft 17
Phlogistontheorie 17, 18, 29
Phosophor-Wasserstoffgas 182
Phosophoreszenz 107
Phosphin 56
Phosphor 10, 62, 73, 111, 155, 183
Phosphorbronze 120
Phosphoreudiometer 73
Phosphorgeruch 151
Phosphorsalz 30, **41**
Phosphorsaures Kali 183
Phosphorwasserstoff 55, 56
Photoflash 212
physica subterranea 16
PICARD 150
Pickels Geschwindigkeitspistole 155
Piezoelektrische Kraft 71
Piezoelektrischer Effekt **71**
Piezoelektrischer Zündfunkengeber **71**
Piezoelektrizität 24
Piezozünder 71
Pigment 341, 342
Pille der Unsterblichkeit 99
Pilz 143
Pilzaufsatz 39
Pinne 153
pinus balsamea 297
pinus larix 264
pinus sylvestris 297
Pinzlein 272
Pirotechnia 225, 245, 308
Pistill 212
Planet 92, 99
Planspiegel 104
Plantagensalpeter 230
Plasma 120
Plastiksprengstoff 240
Platin **9**
Platin-Palladium-Tonerdekugel 24

Platina-Zündmaschine 4
Platinammoniumchlorid 9
Platinblech 169
Platinchlorid 9
Platindraht 29, 44, 153
Platindrahtöse 30
Platinelektrode 79, 169
Platinenätzung 297
Platinfeuerzeug 4
Platinglühlampe 15
Platingruppe 9
platinieren 74
Platinierte Glaskugel 12
Platinlöffel 179
Platinmetall 169
Platinmohr 1, 8, 9, 24
Platinpille 4
Platinsalmiak 1, 9
Platinschmelzofen **57**
Platinschwamm 1, 2-4, 7, 8, **9**, 74
Platinschwarz 1, **9**, 22
Platinstaub 2, 5
Platinsulfat 1
Platintiegel 195
plattieren 89, 202
PLATTNER 30
PLINIUS 83, 101, 102, 108, 123, 134,
    286, 297
plumbago 115
plumbum 265
plumbum candidum 267
Pluspol 169
Pneumatische Abhandlung 73
Pneumatische Wanne 72, 81, 243
Pneumatischer Quecksilberapparat 182
Pneumatischer Wasserapparat 182
Pneumatisches Auffangen von Gasen 72,
    81
POCCI 128
Podagra 156
POE 285
POGGENDORFF 169
Polarisation 169
Polarisiertes Licht 263
Poldraht 167
POLI 317
polieren 85
Poliermittel 65
Polierschiefer 202
Polyptychon 270
Pomade 283
Pomeranzenschalen 280
Pompeji 123
PONTIN 209
Populäres Experiment 21
PORTA 84, 199
Portraitfeder 278

Porzellan 27, 103, 264
Porzellanjaspis 305
Porzellanmanufaktur 122
Porzellantiegel 210
Porzellantrog 178
Poröses Material 162
Positiv 200
Positives Bild 206, 207
Positives Papierbild 207
potash 125, 178
potassium 184, 209
POTT 115, 125
Pottasche 146, 184, 186, 229, 232, 253,
    315, 319, 326, 328, 329, 332, 333
Pottaschenlauge 124
Pottaschsiederei 126
Pottlot 115
Praeductal 115
Presse 242
Preußischblau 312, 313, 316, 326, 331,
    339
Preußischblaufabrik 331, 332
Preußische Grenze 300
PRIESTLEY 17, 18, 42, 72
PRISCANUS 123
Probieren 27
Probierkunst 27
Probierpapier 126, 340
Probierstein 289
Problemata 198
Proton 8
Präparat 255
Pudergraphit 121
Pulver 234, 236, 237, 251
Pulverdampfgeruch 284
Pulverfabrikation 242
Pulvergase 243
Pulverkörner 242
Pulvermischung 225
Pulvermüller 252
Pulversack 252
Pulverschußwaffe 225
Pumpbrunnen 147
Pumpwerk 147
Purpurbakterium 144
Purpurfarbstoff 272
Purpurin 296
Purpurschnecke 272
Purpurtinte 272
Putzmittel 143
Pyridin 314
Pyrit 1
Pyrmont 112
Pyrogallol 205
Pyrogallussäure 205
Pyrotechnisches Element 250
Pyrotechnisches Theaterstück 247

Püsterich 42

Quadrantenelektrometer 153
Quadrupelallianz 318
Quantitative Analyse 78
Quantitative Synthese 78
Quart **264**
Quartel 264
Quarz 71
Quarzfilm 89
Quarzkolben 120
Quarzlampe 283
Quecksilber **99, 266**
Quecksilber in der Medizin d. 18. Jhdt's.
  99
Quecksilber-Erz 267
Quecksilberbeleganstalt 88
Quecksilberchlorid 280
Quecksilberdampf 85, 88, 99
Quecksilbereudiometer 76
Quecksilberherz 153
Quecksilberiodid 264
Quecksilberkalk 17
Quecksilbersalbe 99
Quecksilberspiegel 87, 88, 194
Quecksilbersulfid 272
Quellgasbad 111
Quentchen **264**
quercus infectoria 296
Quickbrei 84
Quintat 264
Quinte 264
Quintel 264
Quirl 145
Quitte 287
Quittenkern 263

Radierung 297
Radierwasser 291
Radioaktivität 121
Radiowelle 120
raja torpedo 164, 171
Rakete 225, 250-53
Raketenstock 250
Raketentisch 247
Rasenbleiche 138
Raseneisenerz 333
Rasierschaum 143
Rasierseife 143
Rasierstein 339
Rauch alkalischer Natur 182
Rauchende Salpetersäure 211
Rauchentwicklung 212
Rauchfahne 253
Rauchgestank 326
Rauhschleifen 84
Rauschgelb 286

Rauschrot 267
Reaktionsprodukt 168
Realgar 267
REDI 171
Redoxprozeß 91
Redoxreihe 90, 92
Redoxtheorie 30
Reduktion 29, 63, 88, 90, 91, 93, 210,
  211
Reduktionsflamme 30, 33, 41
Reduktionsmittel 87, 88, 101, 196
Reduktionsprozeß 17, 29
Reduktionsraum 34
Reduktionsreaktion 202
Reduzieren 30
Reduzierventil 47, 56
Reflektierende Schicht 89
Reflexionsgesetz 83
Regen 132
Regent 108
Regenwasser 137
Regenwürmer 305
Regulus 210
Reibende Substanz 150
Reibestein 323
Reibfeuerzeug 65
Reibung 148
Reibungselektrizität 77
Reibzeug 150, 151, 176
Reibzeugkonduktor 152
Reibzünder 24
REICH 255
Reincaliche 230
Reine Erde 44
Reinigung 123, 127
Reinigungskraft 147
Reinigungsmittel 123-125, 137, 143
Reinlichkeit 137
REINTHALER 199
Reiseattraktion 300
Reisefeder 279
Reisefeuerzeug 5
Reiseknallgaseudiometer 74
Reiseschreibfeder 279
Reißblei 115
Reißfeder 270, 271
Reißklappe 21
Reißleine 222
Reservoir 278
Resina 263
Retorte 31, 44, 72, 134, 169, 186, 209,
  319
Retusche 205
Reverberirofen 324
Rheinbayern 300
Rheumatische Zufälle 156
Rhodium 9

Rhombisches System 231
rhus coriaria 296
RICHTER 255
Riesenbrennspiegel 104
Rinde 291
Rinderblut 326
Rindergalle 146
Rinderhorn 274
Rindertalg 144
Rindsblut 315
RITTER 163, 164, 169, 172, 175, 176
Rizinusöl 10
roccella tinctoria 340
ROEBUCK 138
ROGERUS VON HELMARSHAUSEN 273
Rohcaliche 230
Roheisen 57
Roher Kalk 134
Rohr 125
Rohrfeder 277
Rohsalz 320
Rohsoda 131
Rollfilm 207
ROSCOE 32, 33, 254
Rose 272, 273
Rosenduft 284
Rosetten 108
Rost 277
Rosten 16
Rostfleck 147, 291
Rote Ruhr 272, 305
Rote Tinte 283
Roter Farbstoff 343
Rotes Blutlaugensalz 320, 321, 339, **341**
    343
Rotglut 209
Rotglühendhitze 184
Rotkali 341
royal institution 10
Roßschwefel 267
rubia tinctoria 296
Rubidium 255, 265
rubidus 255
Rubin 103
Rubinglas 26
Rubinschwefel 267
rubricator 275
RUNGE 280, 295
RUTHERFORD 73
Ruß 17, 113, 116, 272, 343
Rußhütte 332
Rußkastanie 287
Rußschwärze 271
Rübe 126
Rübenanbau 128
Rüböl 15, 137
Rückflächenspiegel 88

Rückstand 330
Rüsch 303
Räucherkerze 263
Räucherlampe 15
Röhrenblitz 213
Römische Wäscherei 123
Römischer Mörtel 134
Römischer Vitriol 289
Römisches Licht 253
Rösten 85, 316
Rösthaufen 307
Röte 322
Rötel 271
Rötelstift 271
Rötlicher Alaun 306
RÖCHLING 313

Saarbergbau 15
Saarbrücken 332
sal acetosellae 291
sal alcali 266
sal commune 266
sal des Weinsteins 134
sal fossilis 266
sal gemma 266
sal indus 266
sal microcosmicum 41
sal petrae 266
sal tartari 134
sal vegetabile 134
SALA 93
salammoniacum 266
salamoniacus 266
salarmoniac album 266
Salbe 305
Salbeneichel 273
salia alcina fixa 129
Salicornia 129, 290
Salmiak 40, 132, 283, 286, 287, 289,
    290, 300, 305, 313, 324, **343**, 344
Salmiakbereitung 324
Salmiakgeist 316, 343
Salmiakpastille 344
Salmiakspiritus 138
Salmiakstein 344
salmiax 266
salniter nitrium 266
Salpeter **266**
Salpeteranbau 230
Salpeterbereitung 252
Salpeterdunst 326
Salpetererde 229
Salpeterfabrikation 242
Salpetergas 74
Salpetergeist 288
Salpetergüte 229
Salpeterlagerstätte 229

Salpeterluft 73
Salpeterlufteudiometer 73
Salpeterpapier 212
Salpeterpflanzung 229
Salpetersaures Kali 178
Salpetersaures Kupfer 323
Salpetersaures Silberoxid 86, 205
Salpetersieden 229
Salpetersole 230
Salpetersäure 72, 100, 111, 115, 169, 201,
    229, 231, 240, 290, 323
Salpeterwasser 227, 240
salpetrae 229
Salpetriger Dampf 245
Salpratica 266
Salsola 129
salsola soda 147
salsugo 305
Salz 16, 147, 265, **266**, 341
Salzbildner 318
Salzdom 57
Salzgebirge 128
Salzkraut 29, 129, 266
Salzlösung 177
Salzmelde 29
Salzperle 33
Salzpflanzen 29, 147
Salzsaures Anilin 283
Salzsaures Eisen 177
Salzsiederei 132
Salzsole 133
Salzstein 124, 266
Salzsäure 3, 40, 92, 130-132, 143, 177,
    211, 223, 296, 287, 297, 344
Salzsäuredampf 131
Salzsäuregas 131
Salzwasser 44, 124, 136, 164, 266
Sammelglas 42
Sammelglocke 195, 196
Sammellinse 198
Sand 147
Sandarach 267
Sandbad 26
Sandguß 221
Sandkapelle 288
Sandl 265
Sandstein 301, 305
sapo 123
saponarius 123
Sashalite 212
Satit 264
Saturn 92, 265
Saturnbaum 92
SAUERACKER 323
Sauerampfer 147, 290
Sauerbrunnen 112
Sauerklee 290, 291

Sauerkleesaft 291
Sauerstoffgasgebläse 42
Sauerstofflanze **57**
Sauerstofflieferant 212
Sauerstoffschneidestrahl 48
Sauerstoffüberschuß 48
Saugring 152
Saugstutzen 34
saumure 305
Saurer Wein 286
Saures Medium 168
SAVARY 291
scalprum 270
Scandium 255
Schachtofen 131
Schafleder 173
Schaflederner Beutel 86
Schallplattenherstellung 264
Scharfe Lauge 136
Schaukelwaschmaschine 146
schedula diversarum artium 40
SCHEELE 18, 43, 44, 101, 115, 202,
    273, 290, 315
Scheibengasometer 56
Scheidewand 195
Scheidewasser 91, 286, 287, 289, 290,
    316, 317
Schellack 154, 194, 264, 297
Schellackfirniß 264
SCHELLER 279
Schemel 303, 311
SCHERER 112
Schiefer 301, 303-06, 308, 310
Schieferlage 304
Schiefertafel 270
Schieferton 305
Schiefriger Alumen 265
Schießbaumwolle 207
Schießpulver 155, 225, 226, 232, 234,
    235, 237, 242, 243, 245
Schießpulverbereitung 129, 225, 230
Schießpulverladung 29
Schießpulverproduktion 231, 242
Schießwasser 240
Schiffpech 234
Schiffsschlacht 238
Schildkrötenurin 272
Schildpatt 342
Schimmel 280, 281
Schlagende Wetter 11, 50, 74
Schlagholz 145
Schlagschatten 213
Schlagweite 152
Schlangenbiß 57
Schlaucheudiometer 81
Schlechter Leiter 148
Schlehe 273

Schlehenwurzel 290
Schleifbank 84
Schleifen 85, 108
Schleifware 121
Schleim 263
Schleimharz 264
Schleudern 146
Schleuse 147
Schließungsbogen 159
Schlitzaufsatz 39
Schloßberghöhle 284
Schlüpfriger Alaun 266
Schlägel 113
Schlämmkreide 297
Schmack 296
Schmelzapparat 327
Schmelzarbeit 319
Schmelzfluß 186
Schmelzflußelekltrolyse 179, **195**, 208,
    210, 222, 254
Schmelzkolben 327
Schmelzlampe 40, 211
Schmelzofen 26, 267
Schmelzraum 33, 34
Schmelzschweißgerät 46
Schmelztemperatur 28
Schmelztiegel 27, 103, 113
Schmelzung 130, 211, 328
Schmetterlingsblütler 263
Schmiedeeisen 111
Schmiedekohle 122
Schmiedeteile 221
Schmiermittel 113, 143
Schmiersalz 320
Schmierseife 128, 136, 137, 143
Schminke 286
Schmirgel 84
Schmucksache 89
Schmuckstein 120
Schmutz 137
Schmutzwäsche 147
Schnabel 325
Schneidbrenner 48
Schneidflamme 55
Schnupftabak 332
Schnurfeuerwerk 248
Schornsteinaufsatz 39
Schreiben 271
Schreiber 270
Schreibertinte 271
Schreibesucht 274
Schreibfeder 271
Schreibstube 275
Schreibtinte 271, 282-84
Schreibtinte in Tafelform 282
Schrift 289, 290
Schriftzeichen 270

SCHULE 210
SCHULZE 201
Schutzmantel der Haut **143**
Schußweite 237
Schwaden 11, 303, 311
Schwamm 272
Schwarze Magnesia 209, 210
Schwarze Seife 137
Schwarzer Schwefel 267
Schwarzes Naß 271
Schwarzfärben 101
Schwarzgeschirr 113
Schwarzkünstler 237
Schwefel **266**
Schwefelblume 243, 300, 311
Schwefeldampf 311
Schwefeldioxid 8, 131, 132, 267
Schwefeleisen 319
Schwefeleisenkalium 328
Schwefelgeruch 299, 300
Schwefelgrube 111
Schwefelkali 183
Schwefelkies 304, 307
Schwefelkugel 150
Schwefelmetall 307
Schwefelsaure Kalitonerde 342
Schwefelsaure Tonerde 309, 339, 343
Schwefelsaurer Kalk 133
Schwefelsaures Ammoniak 178, 309
Schwefelsaures Eisen 343
Schwefelsaures Indigo 281
Schwefelsaures Kali 178, 309, 319
Schwefelsaures Natron 132, 178
Schwefelsäurebleiche 138
Schwefeltrioxid 8
Schwefelverbindung 253, 333
Schwefelwasserstoff 55, 67, 131, 132,
    143, 286, 329, 342
Schweflig Wesen 266
Schweflige Säure 86, 195
Schweinefett 99
Schweineschmalz 150
Schweinsblase 45, 66
Schweiß 127
Schweißabscheidung 143
Schweißbrenner 55
Schweißen 46
Schweißflamme 55
Schweißfuge 55
Schweißnaht 55
Schweißraupe 55
Schwelendes Feuer 305
Schwemmen 147
Schwere Versilberung 100
Schwererde 208
Schwermetall 65
Schwerspat 331

Schwärmer 247, 248, 250, 252
Schüttelkasten 309
Schärfe 137
Schäumkraft 147
SCHÄFER 145
Schönen 341
Schöpfer 125
Schöpfkübel 145
scriptor 275
scriptorium 275
Scudo 162
Sechseckschicht 121
Sechtelkorb 147
Sechteln 147
Sechter 145
Seepflanze 129
Seesalzmutterlauge 127
Seetang 129
Seetangbrenner 125
Sehvorgang 83
Seide 148, 150, 152, 272
Seidener Faden 148
Seidschützer Salz 209
Seife 123, 134, 136–138, 147
Seifenarten 143
Seifenbereitung 143
Seifenbildung 136
Seifenblase 20
Seifenfabrikation 144
Seifenfreie Seife 143
Seifenkraut 146
Seifenlauge 145
Seifenleim 136, 143
Seifenrest 147
Seifensee 145
Seifensieder 123, 136, 144
Seifensiederei 126
Seifenspiritus 138
Seifenwasser 160, 283, 291
Seignettesalz 87
SEIP 111
Sekundärelement 170
Selbstentzündliches Feuer 238
Selbstentzündung 212
Selters 143
Selterswasser 112
semen lycopodii 157
SENDIVOGIUS 92
SENEFELDER 200, 277
sensibilisieren 201, 204
Sensibilisierung 220
Sensible Fiber 158
Sepia 297
sepia officinalis 297
Sepiadrüse 297
Serpentin 209

Serpentingestein 121
sesqui 343
SEYDELMANN 297
Sicherheitslampe 10, 11, 15
Sicherheitsrohr 9
Sicherheitszündholz 4
Siderallicht 59
Siegelerde 123, 148, 151, 154, 264, 297
Siegellack 297
Siegelstempel 297
SIEMENS 62
Sierra Nevada 145
sigillum 297
Signalfeuer 253
Signallicht 59
Silber 100
Silberacetonnitrat 206
Silberamalgam 89
Silberauflage 100
Silberbarren 100
Silberbaum 90
Silberbeleganstalt 88
Silberbromid 204
Silbercarbonat 283
Silberchlorid 200, 202, 204
Silberdendrit 90
Silbererz 322
Silberfaden 148
Silberglätte 287
Silbergrube 305
Silberhaltige Salbe 100
Silber in der Medizin 100
Silberiodid 202, 203, 220
Silberion 91
Silberner Kessel 135
Silberner Löffel 30
Silbernitrat 87, 88, 90, 100, 101, 199,
    201, 206, 283
Silberoxid 100
Silberpapier 174
Silberplatte 201, 204, 220
Silbersalz 87, 92, 201, 202, 206, 315
Silberschicht 202
Silberschmied 28
Silberschnur 148
Silberspiegel 83, 87, 88, 194, 203
Silberspiegelreaktion 101
Silberspiegelteleskop 87
Silberspritzverfahren 88
Silbersulfat 101
Silbertinte 283
Silbertusche 273
Silberwürfel 100
Silberzinnamalgam 101
Silberzinnlegierung 101
Silika-Oberfläche 120
SIMIENOWICZ 237, 251

SINSSTEDEN 170
Skeptischer Chemiker 181
Skrupel 266
SMALLEY 117
Smalte 287
Soap Lake 145
Soda 178, 184, 231, 297, 332
Sodablock 130
Sodaboden 144
Sodaeinfuhr 129
Sodafabrik 132, 134
Sodagrube 125
Sodakraut 129
Sodamineralien 144
Sodapatent 131
Sodaproduktion 138
Sodaproduzent 132
Sodaschicht 144
Sodasee 144
Sodateich 144
Sodavorkommen 129, 143, **144**
Sodaweltmonopol 134
Sodawerk 131
sodium 184, 209
Sol 92, 236, 265
solution 287, 315
solutum 93
SOLVAY 132-134
Solvayverfahren 133, 134
solvens 93
Sonne 99, 253, 254
Sonnenbleiche 138
Sonnenfest 104
Sonnenfinsternis 198
Sonnenlicht 104, 212, 283
Sonnenmikroskop 59
Sonnenspektrum 253
Sonnensystem 254
Sonnenwärme 125
soudure autogene 47
Spanischer Reiter 252
Spannung 152, 161, 167, 168
Spannungsreihe 91, 93, 160
Sparflamme 39
Spat 284
Spatel 130, 135
specimen Becherianum 29
Speckstein 49
Specksteindüse 50
Spektralanalyse 253, 254
Spektralapparat 255-56
Spektraler Fingerabdruck 253
Spektrallampe 265
Spektrallinie 253, 255
Spektroskop 254-56
SPENCER 194
Sperrflüssigkeit 72, 81

Spezialtinte 283, 284
Sphären 92
Spiegel 58, 83, 103
Spiegelbelegarbeit 85
Spiegelbeleger 85
Spiegelbelegung 206
Spiegelbild 83
Spiegelfabrik 84
Spiegelfabrikation 88
Spiegelfolie 84
Spiegelglas 83, 88, 152, 267
Spiegelglasguß 84
Spiegelglastafel 84
Spiegelmacher 83, 88
Spieker 274
Spießglanz 234, 237, **267**
Spiritus 26, 138, 153
spiritus letales 108
spiritus mineralis 109
spiritus sulfuris 93
Spirituslampe 32, 203, 290
Spitzbeutel 124
Sprengarbeit 128
Sprengkugel 252
Sprengmittelgesetz 222
Sprengpulver 242
Sprengsatz 247
Sprengschiff 241, 242
Sprengstoff 240
Sprudel 122
Sprudelstein 134
Sprudelwascher 146
Spundloch 147
Spurlose Diamantenverflüchtigung 103
Spülen 146, 147
Späroidische Gestalt 195
St. Ingbert 313
Stadtgas **25**
Stadtgasfabrik 60
Stahl 111
STAHL 16-18, 29, 46, 57, 60, 271, 314
Stahlblau 339
Stahlblock 48
Stahlbombe 55, 56
Stahlfeder 280, 281, 283
Stahlfederproduktion 277
Stahlfedertinte 283
Stahlflasche 49, 56
Stahlplatte 55
Stahlquelle 112
Stahlschreibfeder 277
Stahlstich 207
Stalagmit 134
Stalaktit 134
Stampfe 277
Stampfen 242
Stange 238

Stanniol 9, 84, 85, 152, 154, 155
stannum 267
Starkbrenner 47
Starrluftschiff 21
Statische Elektrizität 148
Staude 145
Staßfurt 127
Staßfurter Abraumsalze 127, 223
Staßfurter Kalisalzlagerstätte 128
Stearin 58, 60, 194
Stearinkerze 212
Stearinseife 143
Steifungsmittel 263
Steiger 15
Stein der Weisen 92, 93, 99, 100, 134,
    271
Steinbrecher 128
Steine 148
Steineiche 125
Steingut 26
STEINHEIL 87
Steinkohlenflöz 10, 301, 310
Steinkohlengas 32
Steinkohlengebirge 299
Steinkohlengrube 11, 299
Steinkohlenteer 295
Steinmark 306
Steinsalz 127, 238, 266
Steinsalzlager 127
Steinöl 181, 182, 185, 186, **267**
Stern des Südens 108
Sternbutzen 251
Stichflamme 28, 40-42
Stickgas 11, 72, 111, 112
Stickstoff 19, 56, 62, 72, 73, 76, 314,
    317, 318
Stickstoffdioxid 169, 231
Stickstoffmonooxid 72
Stickstoffoxid 73
Stiefelwichse 117
Stiftshütte 172
stilus 270
Stinkendes Tieröl 314
Stinkhütte 324, 326
Stocklack 264
Stoffkalk 16, 17
Stoffteilchen 148
Stollen 310, 339
Storax 297
Storaxbaum 297
Strahlengattung 255
Strahlensender 83
Strangguß 221
Straßburger Terpentin 297
Streichholz 55
Streusandbüchse 284
Strohhalmelektrometer 161

STROMER 275
Stromstärke 167, 211
Strontium 209, 253, 254
Strontiumchlorid 256
Strontiumoxid 209
Strontiumsalz 253
Stubenheizer 124
Stärke 207
Stärkegummi 263
Sublimation 332, 344
Sublimationsvorgang 305
Sudangummi 263
Sudsalz 266
suggestus electricus 151
Sulfat 101, 130, 145, 267, 329
Sulfatofen 130
Sulfid 329
Sulfidion 143
sulphur 266
sulphur fossile 266
sulphur gabalium 267
sulphur mortuum 266
sulphur vivum 266
Sulzbach 300, 304, 310, 323-25
Sulzbach-Schnappacher-Glashütte 313
Sulzbacher Tal 301, 304
Sulzbacherblau 326
SULZER 159
Sumach 272
Sumpf 113, 136
Sumpfgas 25
Sumpfgasquelle 66
suphur extinctum 266
Supraleiter 118
Suspension 282, 329
Suspensionstinte 282
Sympathetische Kugel 236
Sympathetische Tinte 284, 286-88
Synchronisator 213
synchronisieren 213
Syntheseapparat 77
Synthetischer Diamant 122
Synthetischer Siegellack 297
Synthetisches Waschmittel 143
Synthetisches Wasser 19
Süßwasser 125
Süßwassersee 114
Sächsischblau 321
Sächsische Schmelzwerke 311
Sächsische Schwefelsäure 101
Sägespäne 170, 333, 342
Säuerling 112
Säulenapparat 162, 164
Säure 109, 135, 177, 178, 280, 295, 322,
    340

Tableau des substances simples 109, 110
Taft 21, 175
Tageslicht 49
Tagkohlen 303
TALBOT 204, 206
Talbotsches Verfahren 204
Talg 10, 58, 123, 134, 136, 137, 206, 243
Talgabscheidung 143
Talgkerze 144
Talk 115, 118, 137, 209
Talkerde 208, 209
Tanne 264, 297
Tannenholz 232
Tannenholzkohle 272
Tannin **296**
Tantalfaden 62
Tanz der papiernen Puppen 148
Tanzende Kugeln 148
Tapetendruck 333
TARGIONI 102
Taschenbatterie 344
Taschenfeuerzeug 65
Taschenlampenbatterie 55
Taschenuhr 277
Tassenkrone 164
Tauchapparat 178
Tauchelement 170
Tausendfüßler 193
TECLU 41
Teclubrenner 39, **41**
Teeblatt 147
Teer 57
Teerfarbe 333
Teerfarbenindustrie 282
Teerfarbstoff 118
Teerfleck 138
Teeröl 240, 241, 266
Telegraphie 168
Telephonie 170
Tellur 181
TENNANT 9, 109
tensione elettrica 161
Teplitz 112
termini technici **265**
Terpentin 138, 236, **264**, 272, **297**
Terpentinöl 42, 202, 235, 264
terra muriatica 209
terra nobilis 102
terra pinguis 16
TESSIE DU MOTAY 59
Tetrabromfluoreszin 295
Tetraphosphordecaoxid 73
Teufelsfarbe 340
Textile Faser 283, 291
Textilie 305
THALES 148
Thallium 255

THENARD 186
THEOPHILUS 115, 273
THEOPHRASTUS BOMBASTUS 42
Thermische Reduktion 223
Thermit 222
Thermolyse 63
Thermonatrit 144
Thorarolle 172
Thorium **65**, 212
Thoriumdioxid 65
Thoriumnitrat **65**, 212
Thoriumoxid 59, **65**
Thüringer Waidbauer 340
THÖLDE 134
Tiegel 27, 65, 39, 130, 241
TIEN-TSCHEN 272
Tierblut 324
Tierelektrizität 164, 171
Tierfaser 342
Tierhaut 275
Tierische Blase 194
Tierische Elektrizität 159, **171**
Tierische Haut 342
Tierische Kohle 332
Tierischer Abfall 328
Tierisches Fett 137
Tierknochen 200
Tierkohle 315, 319, 329
Tierleiche 324
Tinkal 39, 271-73, 277, 279, 281, 286-91,
    295, 296, 322, 340
Tintenbuch 280
Tintenentferner 291
Tintenerzeugung 296
Tintenfaß 26, 283
Tintenfaßmacher 284
Tintenfisch 297
Tintenfleck 290, 291
Tintenfluß 279
Tintenfraß 274
Tintenkiller 291
Tintenleiter 279
Tintenpulver 280, 282
Tintenreservoir 279
Tintenschrift 291
Tintensortiment 283
Tintenstift 118
Tintenverkäufer 274
Tireligne 271
Tischlerpolitur 264
Toilettenseife 143
Tollens Reagenz 101
Toluochinon 193
Tonerde 208, 307, 322, 331
Tonfixierbad 221
Tonflasche 193
toning blue 339

Tonkügelchen 5
Tonpfeife 20, 107
Tonschiefer 303-05, 339
Tontafel 270
Tonzylinder 168-70
Topfasche 126
Torfmull 170
Tote Materie 90
Totenkopf 343
Totental 111
TOURRACHON 207
Traganth 118, **263**, 339
Traganthschleim 263
Tragbare Dunkelkammer 199
Tran 137
Transmutation 93, 99, 100
Transparente Kopie 200
Transparentseife 143
Transportreaktion 63
Transvaal 121
Treibwirkung 237
tria prima 16
Triebmittel 128
Trinkwasser 147
Trioxybenzol 205
Tripelpulver 202
Triptychon 270
Trockene Destillation 25, 59, 314, 344
Trockene Luft 148
Trockenelement 170
Trockener Leiter 160
Trockenkammer 330
Trockenmittel 133
Trockenplattenentwickler 205
Trockenreiniger 333
Trockensäule 173
Trockentinte 282
Trockne Säule 173
Trogapparat 178, 179, 182, 184
Trommelwaschmaschine 146
TROMMSDORFF 72-74
Trona 144
Tropfendes Harz 123
Tropfsteinhöhle 134
TROSTWIJK 77
Tschernobyl 121
TSCHIRNHAUSEN 102, 103, 122
Tschirnhaussches Brennglas 103
Tubus 245
TUDOR 171
Tunkfeuerzeug 1
Turmalin 71
Turnbulls Blau 322, 339, 340
Tusche 116, 270, 272, 297
Tuschebehälter 270, 284
Tuschefaß 284
Türkisches Gallos 290

Uhrfeder 45
Uhrwerk 242
ULLOA, DE 9
Ultramarin 138, 316
Ultraschall 71
Umkehrspiegel 199
Umwandlungsprozeß 136
Umweltgesetz 132
Umweltproblem 131
Unelastische Teilchen 72
Unerschöpfliche Ladung 162
Ungelöschter Kalk 144, 287
unguentum cinereum 99
Unschlitt 137, 144
Unsichtbare Botschaft 281
Unterfeder 278
Unterschwefligsaures Natron 203, 206
Untertagespeicher 56
UNVERDORBEN 295
Unvergängliche Tinte 282
Unverlöschliche Tinte 101
Unverlöschliche Wäschezeichentinte 283
Unverlöschliches Feuer 241
Unzerlegter Körper 208
Uran 65
Urao 144
Urerde 16
Urin 123, 146, 229, 331, 340
Urkilogramm 9
Urmeter 9
UV-Bereich 89

Vakublitz 212
Vakuum 105
VALENTINUS 134, 266
vapor inflammabilis 18
vegetabilia adstringentia 271
Vegetabilische Alkali 129
Vegetabilische Substanz 341
Vegetabilischer Talg 144
Vegetabilisches Fett 137
Vegetation 129, 132
Veilchenparfum 284
Veilchensaft 176, 177
Veilchentinte 284
Venitianische Seife 136, 137
Venitianischer Terpentin 154, 297
Venusbaum 92
Verbindung 255
Verbindungsgesetz 77
Verborgener Brief 289
Verbrannter Lack 272
Verbrennen 180, 181
Verbrennlicher Körper 179
Verbrennung 42, 46, 127
Verbrennungsprodukt 212
Verbrennungstheorie 17

Verbrennungsvorgang 16
Verdampfpfanne 309
Verdickungsmittel 263, 282
Verdünnte Luft 153
Verdünnung 150
Vergoldete Initiale 99
Vergoldung 193
Vergrößerungsglas 17
Vergängliche Tinte 282
verkalken 16
verkupfern 194
Verkupferung 87
vernebeln 240
verpuffen 243
Verpuffung 25, 231
Verquickung 84
Versatzmaterial 128
Verschwindende Buchstaben 289
Versilbern 89, 99, 194
Versilberung von Glas 86
Versilberungsflüssigkeit 86
versorium 153
Verwandtschaft 91
Verwendung von Natrium 196
Verwesung 111
Verwittern 145
Vesuv 123
Vierdung **264**
Vierelementenlehre 16
VIERKÖTTER 212
VINCI 198, 241
vino rectificato 236
vis electrica 148
vis vitalis 90
Viseglia 234
vitraria experimentalis 26
Vitriol 93, **101**, 201, **267**, 271, 273,
    286, 290, 291, 317
Vitriolgeist 286
Vitriollauge 317
Vitriolluft 101
Vitriolsäure 101
vitriolum romanum 267
vitriolus 267
Vitriolwasser 326
Vitriolöl 18, 101, 289
VITRUV 272
Vogelfeder 212
VOLHARD 31
VOLTA 7, 66, 73, 74, 77, 153, 155, 156,
    159-164, 172, 173
Voltaische Säule 77, 157, 164, 171, 178,
    187
Voltasche Batterie 175
Voltasche Zündkerze 73
Voltasches Eudiometer 75
Voltiziensandstein 322

Volumengesetz 76
VOPELIUS 311-13, 323, 326, 330, 332,
    334
Vorlage 101
Vorwärmpfanne 229
Vulkan 112, 129
Vulkaneifel 112
Vulkanglas 83
Vulkanischer Schlot 121

Waage 27
Wachholderasche 236
Wachs 10, 206, 236, 270, 297
Wachskerze 211
Wachspapier 243
Wachstafel 270
Wachstaffet 152
Wachstuch 173
Wagenschmiere 147, 332
Wahlverwandtschaft 136
Waid **340**
Waidblume 322
WAITZ 153, 287
Waldsterben 310
Walkerde 123
Wallenborn 112
Wallerfangen 322
Wallerfanger Blau 323
WALTER 324
Walzerzeugnis 221
Wanne 125
Warme Wetter 311
Warmegrube 301
Warmwasserbereitung 25
Warzen 57
Waschbank 147
Waschbenzin 138
Waschblau 138, 333
Waschbrett 145
Waschbrettmechanismus 145
Waschen 127, 134, 137, 144, 146, 342
Wascherde 144
Waschfrau 147
Waschgeräte 143, **145**
Waschhaus 147
Waschkahn 147
Waschkessel 147
Waschkristall 133
Waschküche 124
Waschlauge 125, 146, 147
Waschmaschine **145**
Waschmittel 123, 124, **145**, 283
Waschmittelgewinnung 147
Waschmittelherstellung 196
Waschschiff 147
Waschseife 137
Waschvorgang **147**

Waschwasser 123, **147**
Waschzusatz 138
Wasser des Diamanten 121
Wasserbad 26
Wasserblei 115
Wasserdichter Anstrich 264
Wasserfarbe 316
Wasserfrei-flüssige Schmelze 178
Wasserfreies Schmelzen 179
Wasserglas 296
Wasserkugel 252
Wasserstoffautomat 5, 8
Wasserstoffbakterien 25
Wasserstoffballon 21
Wasserstoffentwickler 46
Wasserstoffeudiometer 74
Wasserstoffeuerzeug 4
Wasserstoffknallgas 24, 68, 77
Wasserstofflampe 67
Wasserstoffperoxid 8, **55**, 138
Wasserstoffquelle 75
Wasserstrahlpumpe 34
Wassersynthese 19
Wassersynthese-Apparat
Wasserzersetzung 1, 176
Wasserzersetzungs-Versuch 185
Wasserzersetzungsapparat 77
WATERMAN 279
WATRAMEZ 311
WEDGEWOOD 199
Weichharz 264
Wein 227, 266, 271, 273, 274, 280, 286,
   291, 340
Weinessig 286, 316
Weinfleck 147
Weingeist 91, 207, 263, 264
Weingeistflamme 40
Weingeistlampe 4, 12, 26, 31, 42
Weinprobe 286
Weinstein 29, 89, 129, 134, 283, 315,
   317, 322
Weinsteinsalz 134
Weinsteinöl 289
Weinstock 126
Weizenmehl 339
Weizenstärke 138
Weißblech 297
Weißblechtinte **297**
Weißbuche 250
Weiße Magnesia 210
Weißer Alaun 306
Weißer Vitriol 101, 267
Weißfeuer **267**
Weißfeuersatz 267
Weißgerberei 305, 339
Weißmacher 138, 333
Weißteig 329, 331, 341

Wellenspektrum 253
Weltall 254
Werg 242
Wermut 126, 274
Westrichritt 299
Wetter 303
Wetterbild 288
Wetterblume 288
Wetterfigur 288
Wetterlampe 15
Widerstand 150, 161
Wiegebewegung 146
WIEGLEB 90, 290
WILCKE 153
Wilckenscher Elektrophor 153
Wilde Kohlengräberei 303
WILDENSTEIN 122
WILKE 7
WILSON 48
Windgott 42
Windofen 27
WINKLER 155
WINTERNITZ 282
Wirksame Lichtstrahlen 208
Wirtschaftwunderwaschmaschine 146
Wismut 266, 288
Wismuterz 236, 287
WISS 47, 48
WITT 124, 138
Wohlriechende Seife 137
Wohlriechendes Wasser 137
WOLF 15
Wolfram 62, 63
Wolframdraht 213
Wolframfaden 62
Wolframoxid 63
Wolframsaures Natron 138
Wolfsmilchgewächs 273
WOLLASTON 9, 178, 253
Wollastonscher Trogapparat 178
Wolle 124, 148
Wollefärben 321
Wollwaschmittel 138
WOODWORD 315
Wucherungen 101
Wunderbatterie **196**
Wurzel 291
Würfel 339
Würtemberger Weinprobe 287
Wärme 148
Wärmeleiter 181, 183
Wärmequelle 255
Wärmestoff 157
Wäsche 123, 135, 145, 146
Wäschebleuel 145, 147
Wäschebrett 147
Wäschefaser 143

Wäschekochen 147
Wäschepracker 145
Wäscherin 138
Wäscherumpel 145
Wäschestampfer 145
Wäschestift 101
Wäschestücke 283
Wässern 221
Wäßrige Lösung 133
WÖHLER 48

ZACH 253, 267
Zahnamalgam **101**
Zahnweh 305
ZAMBONI 174
Zambonische Säule 174
Zauberkräfte der Natur 285
Zaubertinte 284
Zedernholz 116
ZEGOWITZ 331
Zeichenmaschine 199
Zeichnen der Wäsche 101
Zelluloidfilm 207
Zentrale Wasserversorgung 147
Zepata 241
ZEPPELIN 21
Zerlegung des Wassers 185
Zersetzung 151
Zersetzungszelle 210
Zerstreuung der Elektrizität 152
Zeug 137, 138, 295, 340
Zeugdruck 321
Zeugdruckerei 309
Ziegenschmalz 326
Ziehbrunnen 147
Ziehfeder 270, 271
Ziehkanal 121
Ziehstein 121
Zimmerofen 113
Zinkamalgam 150
Zinkblende 71
Zinkchlorid 40
Zinkelektrode 168, 170
Zinkgelb 333
Zinkoxid 169
Zinkstab 170
Zinksulfat 2, 101, 267
Zinkzylinder 168, 169
Zinn **267**
Zinnamalgam 85, 150
Zinnfolie 160
Zinnlot 29, 40, 47
Zinnober 85, 99, 153, 209, **267**, 272, 297
Zinnplatte 200
Zinnüberzug 297
Zirkonium 212
Zirkoniumnitrat 212
Zitronensaft 286
Zitteraal 164, 171

Zitterrochen 156, 163, 164, 171
Zitterwels 164
Zoll 162
Zucker 1, 243, 273, 296
Zuckersäure 343
Zunder 1, 58, 242
Zunderpilz 1
Zungentestreihe 160
Zurückschlagen 32, 41
Zuschlag 27
Zwiebelsaft 286, 287
Zwischensatz 222
Zyklon 318
Zylinderbrenner 32
Zünddraht 242
Zünder 4
Zündflamme 39, 61
Zündfunkengeber 71
Zündholz 1, 15
Zündkerze 67, 68
Zündmaschine 21
Zündpille 213
Zündpulver 232
Zündquelle 24
Zündschnur 212, 238, 240, 247, 248
Zündstein 60
Zündung 222, 243
Zündvorrichtung 69
ZÜMERMANN 104

Ägypten 9, 28, 29, 83, 100, 125, 129,
    134, 229, 263, 270, 272, 296, 331
Äolus 42
Äscher 136
Äscherer 143
Äser 324
Äther 153, 207, 264, 295, 297
Ätherisches Öl 263
Ätherisches Öl 264, 297
Ätzende Alkali 134
Ätzende Materie 134
Ätzender Kalk 132
Ätzkali 73, 134, 178
Ätzkalihydrat 135
Ätzkalilauge 135, 136
Ätzkalk 50, 56, 134, 231, 297, 333
Ätznatron 178
Ätzstein 135
Äußere Flamme 30
Äußerer Flammenmantel 33

Öl 137, 143, 144, 226, 295
Ölfarbe 316
Ölkeller 15
Öllampe 10, 15, 26, 58
Ölseife 136

Überlauter Schuß 240
Übersponnene Saite 148

R. Maldener
Malles Chemiebuch
Allgemeine und Anorganische Chemie für die Schule
1993, 544 Seiten, zahlr. Abbildungen, kart.,
DM 36,-
ISBN 3-8171-1325-0
Die Ausführungen des Lehrbuches sind an den Bedürfnissen der Schüler
orientiert. Experimente bilden die Grundlage zur Vermittlung der
Lehrinhalte. Sie werden mit Zeichnungen eingeführt und in schülernaher
Sprache protokolliert. Viele Seiten sind dabei als Tafelbilder, Kopier-
vorlagen oder für Overheadfolien einsetzbar. Die chemischen Gleichungen
sind in Wort- und in Formelgleichungen dargestellt. Ein klares Inhalts-
verzeichnis und ein ausführliches Register ermöglichen einen schnellen
Zugriff auf Informationen.

W. Schröter, K.H. Lautenschläger u.a.
Taschenbuch der Chemie
17., korrigierte Auflage 1995, 858 Seiten, 115 Abbildungen,
52 Tabellen und 8 Tafeln, Plastikeinband,
DM 38,-
ISBN 3-8171-1472-9
Das Taschenbuch gliedert sich in die Hauptteile Allgemeine Chemie,
Anorganische Chemie und Organische Chemie. Diese werden ergänzt
durch Abschnitte über Sondergebiete, makromolekulare Werkstoffe und
die Nomenklatur chemischer Verbindungen. Es informiert den Benutzer
schnell und gründlich über Fakten und Zusammenhänge. Begriffe werden
definiert, Gesetzmäßigkeiten und Beziehungen hergeleitet, ihre Anwendung wird - vielfach an Hand von Beispielen - erläutert.

Aus unserem Verlagsprogramm

Band 110
J. van`t Hoff
Die Gesetze des chemischen Gleichgewichts
für den verdünnten, gasförmigen oder gelösten Zustand
Übers. und Hrsg.: G. Bredig
3. Auflage 1997, 107 Seiten, kt.,
DM 19,80
ISBN 3-8171-3110-0

Band 257
W. Ostwald ·
Gedanken zur Biosphäre
Sechs Essays
Einl. und Anm.: H. Berg
2. Auflage 1996, 84 Seiten, kt.,
DM 14,80
ISBN 3-8171-3257-3

Band 271
J.W. Ritter
Entdeckungen zur Elektrochemie, Bioelektrochemie und Photochemie
Ausw., Einl. und Erl.: H. Berg und K. Richter
2. Auflage 1997, 135 Seiten, kt.,
DM 19,80
ISBN 3-8171-3271-9

Irrtümer und Preisänderungen vorbehalten